Die Schriften Der Römischen Feldmesser: Gromatici Veteres / Ex Recensione Caroli Lachmanni ; Diagrammata Edidit S. Rvdorffvs

Theodor Mommsen, Karl Lachmann, Friedrich Bluhme, Adolf August Friedrich Rudorff, Conrad Bursian, E Bursian

GROMATICI VETERES

EX RECENSIONE

CAROLI LACHMANNI

DIAGRAMMATA

EDIDIT

ADOLFVS RVDORFFIVS

BEROLINI

IMPENSIS GEORGII REIMERI

1848

DIE

CHRIFTEN DER RÖMISCHEN FELDMESSER

HERAUSGEGEBEN UND ERLÄUTERT

VON

F. BLUME K. LACHMANN UND A. RUDORFF

ERSTER BAND
TEXTE UND ZEICHNUNGEN

BERLIN
BEI GEORG REIMER
1848

INDEX AVCTORVM.

INDEX CODICVM.

A Arceriani pars prior.

B eiusdem pars altera.

   J Ienensis et

   V Vaticanus, ex Arceriano descripti.

E Erfurtensis.

   M Mutinensis et

   S Scriuerii. his ubi Erfurtensis deficiebat usi sumus.

G Gudianus.

   P Palatinus, ubi dissentit a Gudiano.

R Rostochiensia excerpta.

a demonstrationis artis geometricae schedae Monacenses, olim Augusta-
     nae.

b eiusdem codex Bambergensis,

m Monacensis,

r Rostochiensis.

v Boethii editio Veneta a. 1499. paginarum numeri sunt Basileensis a.
     1570.

z geometriae quae Boethio adscribitur codex Monacensis.

om omittit.

add addit.

pr prima manu.

corr correctus manu antiqua,

rec recentiore manu.

cursiuis litteris in codicum scriptura indicanda expressimus quae ipsi
     librarii deleuerunt.

A 1-18. Nipsi p. 291,13-296,3. 297,1-301,14.

55-57. Coloniae p. 245,3-246,9.

60-82. Frontini p. 1,1-34,14.

82-110. Coloniae p. 209,1-225,3. 14-228,2. 229,10-239,19.

110-159. Hygini grom. p. 166,1-182,14. 192,17-193,15. 182,14-192,17. 194,1-208,4.

159-161. Lex Mamilia p. 263,1-266,4.

161. 163-179. Agennii p. 59,1. 2. 77,20-90,21 (46,17-58,22. 34,15-35,11).

179. 180. Nipsi p. 285,1-286,10.

J 142. Coloniae p. 244,1-17.

J 142. *A* 181. 182. De sepulchris p. 271,12-272,23.

A 183. 184. Coloniae p. 242,7-243,17.

?*J* 146. Coloniae p. 225,4-13. 246,3. 4. 10-23.

A 185-190. Casae p. 327,4-331,7.

190-192. 193. Coloniae p. 246,24-249,33. 251,1-19.

B 1-38. Agennii p. 77,20-90,21 (46,17-58,22. 34,15-35,11).

39-43. Eiusdem p. 62,16-64,1 (35,13-37,5).

43-59. Eiusdem p. 71,18-77,18 (40,20-46,15).

59-71. Eiusdem p. 65,14-70,9 (37,15-39,15).

71-75. Eiusdem p. 64,1-65,12 (37,5-15).

75-77. 77-83. Agror. inspect. p. 283,21-284,17. 281,1-283,21.

83-91. Agennii p. 59,4-62,15.

91-97. Hygini p. 111,8-113,18.

97-101. Siculi Flacci p. 138,3-139,19.

101-129. Hygini p. 115,15-128,4.

129-137. Siculi Flacci p. 139,20-141,22. 145,2-146,21.

137-149. Hygini p. 128,4-133,1.

149-153. Siculi Flacci p. 146,21-148,19.

153-156. Hygini p. 133,1-134,13.

207-283. Hygini grom. p. 166,1-182,14. 192,17-193,15. 182,14-192,17. 194,1-208,4.

283-278. Lex Mamilia p. 263,4-266,4.

288. *J* 123-140. Balbi p. 91,1-108,8.

M 1. *E* 1,1-6. Balbi p. 91,3-93,10. 93,10-94,3.

E 1,6-17. Siculi Flacci p. 135,23-136,18.

1,17-2,4. Balbi p. 94,3-95,4.

2,5-3,14. Theodos. cod. p. 267,1-270,9.

IVLI FRONTINI.

. . . .

Agrorum qualitates sunt tres; una agri diuisi et adsig- *A* 61
nati, altera mensura per extremitatem conprehensi, tertia
arcifinii qui nulla mensura continetur. 5

1. IVLI *P*, IVLII *G*, Iñc iuli *A*. ‖ 2. DE AGRORUM QUALITATE
Qualitatē Filiciter *A*) *AG*. ‖ 3. assignati *G plerumque*. ‖ 4. perea
A. ‖ extremitates compr. *G*. ‖ 5. arcifini *P*, arcofini *A*. ‖ contene-
tur *A*.

AGGENI VRBICI. G 16

Suscepimus qualitates agrorum tractandas atque plano sermone et lucido exponendas, et uolumus [ut] ea quae a ueteribus obscuro sermone conscripta sunt apertius et intellegi-
bilius exponere ad erudiendam posteritatis infantiam et quo 10
dulcius possit disciplinam appetere quam timere. nam prime-
uae aetati quam sint radices amarissimae litterarum, scientes
litteras non ignorant: ideoque ita planum facimus iter, ut ex-
euntes a prioribus studiis litterarum, in his secundis ac libe-
ralibus uenientes, disciplinam hanc uelut suauitatem quandam 15
post amaritudinem concupiscant.

Iam nunc ergo pergamus exponere. «Agrorum qualita-
«tes tres esse Iulius Frontinus ostendit, dicens unam agri
«diuisi et assignati.» uideamus qui sit hic ager diuisus et assignatus. sine dubio uideo alicuius formam agri magnam, quae 20
diuisa est atque assignata in tempore. et nisi esset quaedam
materialis agri forma, quomodo poterat | diuidi? an totum mun- G 17
dum aut prouinciam totam unius possumus agri, qui sit diuisus (*om pr G*), qualitatem accipere? et quia (*immo* atquin)
hoc ita intellegere omnino mihi uidetur absurdum, eo quod 25
subiungit continuo idem Frontinus «altera mensura per ex-
«tremitatem conprehensi». uideo ergo illum agrum, qui *dum*
in se ducenta et eo amplius iugera contineret, postea iussu prin-

1

AG   Ager ergo diuisus adsignatus est coloniarum. hic ha-

G 10 bet condiciones duas; unam qua plerumque limitibus | con-

2. conditiones *G semper, non AP.* ‖ duas *om pr A.* ‖ que *A.* |
contenetur *A.*

G cipum intercisiuis limitibus distributus quinquagenis iugeribus, uel
amplius, ut qualitas locorum inuenta est. quae intercisiones per
5 *trifinia et quadrifinia siue interuenientium uel interpositorum ra-*
tione signorum cernuntur esse dispositae. «Alteram qualitatem
«dicit mensura (mensurā *G*) per eiusdem agri extremitatem
«conprehensam.» iuxta hunc agrum de quo locuti sumus, uidemus confinem esse modum mensura conprehensum *subseciui,*
10 *qui frequenter in extremitatibus assignatorum agrorum incidens*
mensura linea cernitur conprehensus. de hoc inferius suo loco
apertius disputauimus. nam quidam centuriam uolunt intellegi
«mensuram» dictam «per extremitatem conprehensam». quod
et ipsud potest accipi, quia, etsi *centenis hominibus duocen-*
15 *tena iugera data* legimus, *quorum propter numerum* sit *appel-*
lata centuria, legimus *in quibusdam locis ab uno mille et tre-*
centa iugera fuisse possessa. «Tertiam arcifinii agri qualita-
«tem» assignat. arcifinius ager ab arcendis hostibus nuncupatur, sicut paulo inferius subsequens lectio manifestat. hic
20 et *occupatorius ager dicitur eo quod in tempore occupatus est*
a uictore populo, territis exinde fugatisque hostibus. quia non
solum tantum occupabat unus quisque quantum colere praesenti
tempore poterat, sed quantum in spe colendi habuerat ambie-
G 18 *bat. finis* (fines *P?*) *uero his signis | inter se diuidebant, fossis*
25 *manu factis, arboribus ante missis, fluminum interuenientium*
cursus, iugis quoque montium, quae ex eo nomine accipiuntur,
quod continuatione ipsa iugantur, superciliis, nec non itineribus,
uel diuersis quae aut loci natura aut sollers procurauit anti-
quitas.

30   «Ager ergo diuisus assignatus est coloniis» *siue muni-*
cipiis, uni cuique possessioni modum secundum terrae qualita-
tem. «Hic ager habet condiciones (*sic P,* conditiones *G*) duas;
«unam qua plerumque limitibus continetur, alteram qua per
«proximos possessionum rigores assignata est.» limes ergo

tinetur, alteram qua per proximos possessionum rigores ad-   *AG*
signatum est, sicut in Campania Suessae Aruncae.   quidquid autem secundum hanc condicionem in longitudinem
est delimitatum, per strigas appellatur; quidquid per latitudinem, per scamna (fig. 1). ager ergo limitatus hac simi-   **5**
litudine decimanis et cardinibus continetur: (fig. 2) ager
per strigas et per scamna diuisus et adsignatus est more

.

1. que *A*. ‖ assignata est *G*. ‖ 2. suesse arrunce *A*. ‖ quicquid
G semper, non semper P. ‖ 4. delimatum *G.* ‖ altitudinem *G,*
alltitudinem *A.* ‖ 5. camna *pr A.* ‖ semilitudine *A.*

est quodcumque in agro opera manuum factum est ad obser-   *G*
uationem finium. rigor uero suae rectitudinis naturalis nomen
accepit.   «Quidquid (*sic P,* quicquid *G*) autem secundum hanc   **10**
«condicionem in longitudinem est delimitatum, per strigas
«appellatur; quidquid per altitudinem, per scamna.» *strigatus*
ager est qui a septentrione in longitudinem in meridiano decur-
rit, scamnatus autem qui eo modo ab occidente in orientem
crescet (crescit *P?*). et altitudinem hanc secundum idioma ar-   **15**
tis uoluit Frontinus in orientem intellegi. nam dum superfi-
ciales nunc qualitates tantum modo uel mensuras exponat,
quomodo nos possumus soliditatis corpus aduertere, in quo altitudo aut crassitudo ponatur?   «Ager ergo limitatus hac si-
«militudine decimanis (decumanis *P*) et cardinibus continetur.»   **20**
ergo hic ager, quem in hac similitudine asserit contineri decimanis atque cardinibus, in re presenti considerari poterit.
nam *decumanum limitem traxerunt,* sicut Higenus describit,
ab occidente in orientem, cardinem uero a meridianum in sep-
tentrione duxerunt. quidam uero ex aduerso eos asserunt (as-   **25**
serent *GP*) constitutos. *nam et alibi limites facti sunt ab his*
qui solis ortum et occasum secuti sunt. quos fefellit ratio geo-
metriae. mihi tamen, | sicut Higenus constitui decreuit limi-   *G 19*
tes, ita *rationabile* uidetur, ut *decumanus* (decūmanus *G*) *ma-*
ximus in orientem crescat et cardo maximus in meridianum.   **30**
«Ager per strigas et per scamna diuisus et assignatus est more
«antiquo in hac similitudine, qua in prouinciis arua publica

1*

A 62 *G* antiquo in hanc similitudinem, | qua in prouinciis arua
publica coluntur. (fig. 3)

  Ager est mensura conprehensus cuius modus uniuersus ciuitati est adsignatus, sicut in Lusitania Salmaticensi-
5 bus aut Hispania citeriore Palatinis et conpluribus prouin-

  1. in hac similitudine *G*. ‖ 5. aut in *G*. ‖ spaniam citeriorem *A*.

G «coluntur». est ager ergo, siue per strigas siue per scamna
diuisus sit, siue quocumque alio ordine succedenti assignatus
est more antiquo atque antiquo arbitrio, in hac similitudine,
qua in diuersis prouinciis arua publica coli perspicimus. nam
10 quod publica arua coli dicit, ne ammiremini. nam ideo publica
hoc loco eum dixisse aestimo, quod omnes etiam priuati agri
tributa atque uectigalia persoluant. nam paulo inferius dicit «ea-
«dem ratione et priuatorum agrorum mensurae aguntur», ut
apertius ostenderet publicum cum priuato esse consortem,
15 quia dum priuatus laborat in proprio, et tributum publico et
sibi alimonia arua excolendo procurat.

  «Ager est mensura conprehensus cuius modus uniuersus
«ciuitati est assignatus.» istius agri mensuram in unum modum quodam modo uideo conprehendi. nunc hic modus uni-
20 uersalis sagacius a nobis inuestigari debet. uidemus igitur modum *per terminos territoriales et limitum cursus et titulos, id*
est inscriptis lapidibus, plerumque fluminibus, nec non aris la-
pideis, claudi territorium atque diuidi ab alterius territorio ci-
uitatis. idcirco quidquid intra hunc modum est mensura diui-
25 sum, suae constat ciuitati modis omnibus assignatum. «Sicut
«in Lusitania Salmaticensibus.» Lusitania prouinciae nomen
est. Salmaticenses enim uicani proprie (propriae *G*) nuncupantur. «Ita et in Hispania citeriore Palatinis et conpluribus
«prouinciis tributarium solum per uniuersitatem populis est
G 20 «definitum. eadem ratione | et priuatorum agrorum mensurae
«aguntur. hunc agrum multis locis mensores, quamuis extre-
«mum mensura conprehenderit, in formam in modum limitum
«condiderunt.» *formarum quinque sunt genera; unum quod*
ex flexuosa linea continetur, alterum quod ex flexuosa et ra-

ciis tributarium solum per uniuersitatem populis est defi- *AG*
nitum. eadem ratione et priuatorum agrorum mensurae
aguntur (fig. 4). hunc agrum multis locis mensores, quamuis extremum mensura conprehenderint, in formam in modum limitati condiderunt. (fig. 5)   5

Ager est arcifinius qui nulla mensura continetur. fini- *A* 63 *E* 13
tur secundum antiquam obseruationem, fluminibus, fossis,
montibus, uiis, arboribus ante missis, aquarum diuergiis,
et siqua loca a uetere possessore potuerunt optineri. nam

1. tributarius solus *G*. ‖ definitus *G*. ‖ 2. mensure *A*. ‖ 4. immo-
dum *G*. ‖ 5. limitum *AG*. limitatorum *Goesius*. ‖ 6. Incipit mensura rationabilium agrorum. *E*. ‖ arcefinius *A*, artifinius *E*. ‖ finitur autem secundum *E*. ‖ 8. uiis *om E*. ‖ diuergies *A*, dimergies
E. ‖ 9. a uetere] ante *A*, coluerunt ante *E*, hoc est quae ante a *G*. ‖
possessores potuit *E*. ‖ obtineri *EG*.

tionalibus, *tertium quod ex circum ferentibus, quartum quod ex* *G*
circum ferentibus et rectis, quintum quod ex rectis. horum sunt
species infinitae. hunc ergo agrum ne in formis uideamus tantum modo conditum, continuo subiungit «in modum limitum»,
ut sciamus plenissime non posse formam cuiuslibet agri sine
limitum rectura subsistere. sed praeuidere formam diligentius 15
ammonemur, ut originem cuius interfuerit limitis efficaciter
praedicemus, seu d. m. seu k. m., quinti quoque atque quintarii, nec non et illos in omnibus (*immo* illos nouerimus) de-
monstrare qui solis ortum et occasum secuti sunt; ut nostra
professio coram artificibus integra et omnem ueritatem inda- 20
gans approbetur.

«Est ager arcifinius qui nulla mensura continetur.» hic
est de quo superius diximus, qui et arcifinius et occupatorius
nominatur. «Finitur ergo secundum antiquam obseruationem,
«fluminibus, fossis, montibus, uiis, arboribus ante missis,   25
«aquarum diuergiis, et per ea loca quae antiquitus a posses-
«sore potuerunt obtineri.» mensura ergo hunc agrum minime actum esse conspicimus sicut ceteros agros: «interuentu
«uero licium postea, per ea loca quibus nunc finitur, ex ar-

AEG ager arcifinius, sicut ait Varro, ab arcendis hostibus est
appellatus: qui postea interuentu litium, per ea loca quibus finit, terminos accipere coepit. in his agris nullum
(*E*) ius subsiciuorum interuenit. (fig. 6)

5   Subsiciuum est quod a subsecante linea nomen accepit [subsiciuum]. subsiciuorum genera sunt duo; unum,
quod in extremis adsignatorum agrorum finibus centuria

1. ait barro *A, om E.* ǁ ostibus *A, om E.* ǁ et stupellanus *E.* ǁ
2. limitum *E.* ǁ 3. finitur minus *E.* ǁ accepere *A.* ǁ concepit his
agris *E.* ǁ 4. ius *om E.* ǁ subseciuorum *G semper.* ǁ 5. *conf.*
Agennius de controu. p. 168 *A.* ǁ 6. *conf. p.* 167 *A.* ǁ 7. extrimis *A.* ǁ adsignatur agrorum *A,* asignatorum *G.* ǁ finium *G.*

G «bitrio terminos accepit. in his autem agris nullum ius sub
«seciuorum interuenit.» recte ergo subseciuum interuenire
10 non potuit, quia mensura actus non est, de quo remanere
aut subsecari aliquid potuisset.
     «Subseciuum est quod a subsecante linea nomen accepit
G 21 «subseciuum. horum subseciuorum | duo sunt genera; unum,
«quod in extremis assignatorum finium centuria expleri non
15 «potuit.» hoc inuenitur *L et LX contineri iugeribus, et quam*
uis exigua parte minore fuerit inuentum *de modum centuriae,*
subseciuum dicitur. ita tamen si spatium maius fuerit, nomen
centuriae non carebit. nam haec subseciua et concessa plerum
que inueniuntur et reddita, aliqua assignata: nam et censum
20 *quaedam pro suo modulo susceperunt. secundum illam uero*
maiorem assignationem subseciuum maius centum iugera dictum
est, subseciuum minus L iugera nuncupatum. «in extremis
«uero assignatorum finium» ut sit assignatum, aut quae sit
extremitas, uideamus. *extremitas finitima linea est, quae in*
25 *teruenit aut per iter publicum, quod transcendi non potest se*
cundum legem colonicam, quia omnis limes (limis *P) itineri*
publico seruire debet; aut per limites siue terminos aliaque signa
quibus territoria finiuntur; aut ubi insoluta loca remanserunt.
haec autem sunt loca quae insoluta dicuntur, quae aut in sa
30 *xuosis et sterelibus locis sunt aut in paludibus, ubi nulla potuit*

expleri non potuit (fig. 7). aliut genus subsiciuorum, quod *AG*
in mediis adsignationibus et integris centuriis interuenit:
quidquid enim inter IIII limites | minus | quam intra clu- *A* 6i. *G* ii
sum est, si fuerit adsignatum, in hac remanet appella-
tione, ideo quod is modus qui adsignationi superest, linea 5
cludatur et subsecetur (fig. 8). nam et reliquarum mensurarum actu quidquid inter normalem lineam et extremitatem interest subsiciuum appellamus. (fig. 9)

1. expl¹ *A*. ‖ aliud *G*. ‖ 2. asign. *G*. ‖ 3. interclusum *G*. ‖ 4. si
om AG. ‖ 5. ideoquae his *A*. ‖ modis *G*. ‖ assignationis *G*. ‖
7. actus *G*. ‖ 8. subsicium *A*. ‖ appellatur *G*.

exerceri cultura; quia dum non esset quod excoli potuisset, *G*
nullis necesse fuit limitum regulis obligari. propterea et soluta 10
loca uocata sunt. «Aliud genus subseciuorum quod in me-
«diis assignationibus et integris centuriis interuenit. quid-
«quid enim inter quattuor limites minus quam intra clusum
«est, fuerit assignatum, in hac remanet appellatione.» bene
igitur et recte subseciuum uocari debet quidquid inter quat- 15
tuor limites fuerit assignatum minus quam intra eisdem potuit claudi limitibus, quia unus quisque limes (limis *P*) centuriae suae modum claudens adductus est. at ubi omnes IIII
aequis mensuris centurias continentes uno in loco conuene-
runt (sicut in subsequenti libello nostro designauimus (*for-* 20
tasse designatum), quem | diazografum nuncupauimus, poterit *G* ?s
agnosci) et minus clauserunt agri spatium quam quod centuriae singulae, quibus seruitutem prestabant, poterant continere, subseciuum iuste meruit appellari, «ideo quod is mo-
«dus qui assignationi superest, linea claudatur et subsece- 25
«tur. nam et reliquarum mensurarum actus quicquid inter
«normalem lineam et extremitatem (extremitate *P*) interest
«subseciuum appellatur.» de hoc superius disputauimus. normalis linea mensuralis dicitur; extremitas uero, ubi, centuria,
ut expleretur, transiri (transire *GP*) non potuit. 30

AG   Est et ager similis subsiciuorum condicioni extra clusus et non adsignatus; qui si rei publicae populi Romani, aut ipsius coloniae cuius fine circum datur, siue peregrinae urbis, aut locis sacris aut religiosis aut quae ad po-
5 pulum Romanum pertinent, datus non est, iure subsiciuorum in eius qui adsignare potuerit remanet potestate
A 65 (fig. 10). | ager extra clusus est qui inter finitimam lineam et centurias interiacet; ideoque extra clusus, quia ultra limites finitima linea cludatur. (fig. 11)

1. Ager est similis *Boethius* p. 1539. et *om G.* ‖ conditionis *Boethius.* ‖ 2. r̄p̄ *AG.* ‖ populo romano *Boethius*, p̄r̄ *A.* ‖ 3. 4. siue ... quae] aut *Boethius.* ‖ 4. urbi *G.* ‖ aut quae] aeque *G*, aequae corr *A*, aequam pr *A.* ‖ 5. pertinet *Boethius*, pertinentibus *G.* ‖ iure subs. *om Boethius.* ‖ 6. potestatem *G.* ‖ 7. intra *AG* et *Boethius* p. 1538. ‖ 8. ideo *Boethius.* ‖ lusus qui intra limites *A.* ‖ 9. finitimos (*om* linea) *Boethius.* ‖ clauditur *G*, cluditur *Boethius.*

G   «Est ager similis subseciuorum condicioni extra clusus «et non assignatus; qui si r. p. populi Rom. aut ipsius colo- «niae cuius fine circum datur, siue peregrinae urbi, aut locis «sacris et religiosis aeque ad populum Romanum pertinenti- «bus, datus non est, iure subseciuorum in eius qui assignare
15 «potuerit remanet potestatem.» in ambiguo uidetur hic ager et uelud indefinite remansisse: si enim his omnibus supra dictis datus non est, utique in assignantis remanet potestate. hunc agrum Frontinus ita remansisse testatus est: *sed uideamus ne forte postea iussu principis alicui datus sit, qui terram*
20 *metiri denuo praeceperit, sicut Caesaris Augusti temporibus factum est. nam alia subseciua Vespassianus uendidit, alia autem quae remanserunt Domitianus donauit atque concessit.* propterea hic ager succedentibus huc usque temporibus ita, hoc est in ambiguo, non potuit remanere. qui si remansit, in eius
25 potestate profecto qui assignare potuerit, hoc est qui acceperit a principe assignandi licentiam (licentia *G*). nam agri mensor omnis doctus centurias delimitare potest ac suis redintegrare limitibus, assignare autem nullo modo potest, nisi sacra fuerit praeceptione firmatus.

. . . . *AG*

Materiae controuersiarum sunt duae, finis et locus.
harum alterutra continetur quidquid ex agro disconuenit.
sed quoniam in his quoque partibus singulae controuersiae diuersas habent condiciones, proprie sunt nominan- 5
dae. ut potui ergo conpraehendere, genera sunt controuersiarum xv; de positione terminorum, de rigore, de fine,
de loco, de modo, de proprietate, de possessione, de al-
luuione, de iure territorii, de subsiciuis, | de locis publi- *A* 66
cis, de locis relictis et extra clusis, de locis sacris et re- 10
ligiosis, de aqua pluuia arcenda, de itineribus.

1. De controuersiis *A et Boethius*, ITEM CONTROUERSIAE *G*. ‖
2. Controuersiarum materiae *Boethius*. ‖ 3. arum *A*. add conditio
G. ‖ alterutraque *Boethius*. ‖ disconuenit *A et Boethius*, dehis
inter uenit *G*. ‖ 4. in *om Boethius*. ‖ 5. diu. proprias habent *G*. ‖
condicionis *A*. ‖ propriae *AG*. ‖ nominande *A*, dominandae *G*. ‖
6. ut potui ego conpraeh. *Boethius ante* proprie. ‖ 7. XIIII *Boethius*,
numero xv *G*. ‖ 8. de domo proprietatis *Boethius*. propiaetate *A*. ‖
allinione *A*. ‖ 9. subsicibis *A*, subsicciuis agris *Boethius*. ‖ 10. ac
relig. de aquae *Boethius*. ‖ 11. pluuiae *G et Boethius*. ‖ accessu
et de *Boethius*. ‖ iteneribus *A*.

EXPLICIT COMMENTVM DE AGRORVM QVALITATE.
INCIP. DE CONTROVERSIIS. *G* 23

Suscepimus quoque tractandos controuersiarum status
cum diuino praesidio. 15

«Materiae, inquit, controuersiarum sunt duae, finis et
«locus. harum condicio alterutra continetur. sed quoniam
«singulae controuersiae diuersis condicionibus obligantur, pro-
«prie (propriae *G*) nominandae sunt. genera autem contro-
«uersiarum, ut ait Frontinus, sunt numero xv.» sed quia his 20
generibus species non dedit, et quia secundum regulam dia-
lecticam neque genus sine specie neque sine genere species
potest dici, omnino dixit inproprie: nos tamen suum illi idioma relinquentes ad intellegendas eas atque exponendas, sicut
promisimus (promissimus *G*), transeamus. 25

AG   De positione terminorum controuersia est inter duos
pluresue uicinos; inter duos, an rigore sint ceterorum siue
ratione; si inter plures, trifinium faciant an quadrifinium.
G 12 de horum ordinatione cum constitit | mensori, si secun-
5 dum proximi temporis possessionem non conueniunt, di-

1. duas *A*. ‖ 2. plures *A*, pluresque *Boethius*. ‖ an in *G et Boethius*.
‖ sit *AG et Boethius*. ‖ citerorum *AG*. ‖ 3. rationes *A*, rationis
G et Boethius, *omnes omisso* si. ‖ faciat *AG*. facit aliquibus locis
et quadrifinium secundum proximas possessiones dum hoc nesciunt
non eis conuenit et diuersas controuersias ipsi possessores inter se
faciunt alii de loco alii uero de fine lineae litigant *Boethius p.*
1538. ‖ 4. de orum *A*. ‖ opinione *AG*. ‖ mensuris secundum *A*.

G   «De positione (POSIONE *G*) terminorum controuersia est
«inter duos pluresue uicinos; inter duos, an in rigore sit po-
«situs terminus citerorum, siue rationis; inter plures, trifi-
«nium facit (faciat *P*?) an quadrifinium.» *cum ergo possessor*
10 *inuenerit terminum in possessione sua aliter formatum aut ali-*
ter positum quam ceteri qui in ea possessione sunt, aut inscrip-
tum ut adsolet, agit de eo, in qua sit positus ratione, seu ipse
trifinium faciat siue ab alio lineam procedentem excipiat: dum-
que uicinus possessor huic extiterit ambiguitati contrarius, magna
15 *inter utrosque controuersia agitatur. solent enim hae* (haec *G*)
controuersiae de conportionalibus nasci terminibus. nam si de
eorum latere linea quasi (quaesi *G*) *ex artificis manu compo-*
sita uideatur exire atque in unius termini angulum inpingere
qui in limite est positus, in istis, ut ait Frontinus, uelud ins-
20 *tantium argumentorum oportunitas controuersialis aptatur. hoc*
enim plerumque potest in limitibus inueniri. nam si ueteranus,
filiis suis unam possessionem diuidens in tres aut quattuor por-
G 24 *tiones, terminos uoluit interesse, potuit quiddam tale | contin-*
gere, ut ex multis quicumque respiceret angulum illius termini
25 *qui in maximo est limite constitutus. hos siquidem terminos,*
qui intra possessionum fines inueniuntur, cumportionales appel-
lauit antiquitas. «Qui si secundum pristini temporis posses-
«sionem non conueniunt, diuersas attiguis possessoribus con-
«trouersias generabunt: sed alius forte de loco, alius de fine

uersas attiguis possessoribus faciunt controuersias, et ab *AG* integro alius forte de loco alius de fine litigat. (fig. 12)

De rigore controuersia est [finitimae condicionis,] quotiens inter duos pluresue terminos ordinatos siue quae alia signa secundum legem Mamiliam intra quinque pedes 5 agitur. (fig. 13)

1. attigues *A.* ‖ sed *G.* ‖ ad *A.* ‖ 3. finitime condiciones *A.* ‖
4. plurisue *A.* ‖ quae *G*, q-in *A.* ‖ 5. mamilia *A.*

«litigat.» *uidendum hoc diligenti cura: et circuiri agrum ante G omnia oportet, de quo intentio uertitur. et redintegrato suis fundo limitibus per maximorum limitum rationem, tum de conportionalium terminorum positione (possitione G, positionem P), 10 quos uice tabellarum antiqui intercidendis porciunculis inter filios suos defigebant, integra ab artifice ratio proferatur.*

De rigore atque de fine licet similem posuerit controuersiam, unamque eis condicionem esse firmauerit, tamen credo inter eas aliquid posse differri (differre *Turnebus*). *rigor* 15 *enim* naturalis *est. qualiscumque enim rigor interuenit constituentibus limites, rarioribus locis terminos posuerunt. et seruari iubetur rigor, si inuentus fuerit de triginta pedum latitudine, ut ne ab utroque possessore tangatur: quod si plus de* XXX *pedibus patuerit, iam collis est. quod exigit ut superior* 20 *possessor in planum usque descendat et sibi defendat omnem deuexum locum. hoc enim lex propter malignitatem inferioris possessoris instituit, ne aut arando aut fodiendo superioris possessoris terras inuaderet. termini quoque quibusdam locis positi (possiti G) sunt, ut ab uno ad unum dirigantur, per pe-* 25 *des a* CCCXX *et supra usque ad* CCCCLXXX *et infra hoc si licet. nam Tiburtini distant a se in pedibus a* CCXL *et supra usque ad* DCLX *et infra. quod si spissiores non sunt, riparum et rigorum cursus seruabant; harum tamen quae per multa milia pedum recturas separationes suae agrorum ab initio suo* | *usque G* 23 *ad occasum custodiunt. et ne eas ripas aut rigores sequendos obseruarent quae intra corpus agri nascuntur et in suo latere decidunt, lex limitum eas praedamnauit. ne id aliquando se-*

A 67 G   De fine similis est controuersia [. nec dubium est
quin supra de finis condicione dixerim]: nam et eadem
lege continetur, et de quinque pedum agitur latitudine.
sed de fine disconuenit per flexus quibus arcifinii agri
5 continentur, ut per extrema arui, aut promuntoria, aut
summa montium, aut fluminum cursus, aut locorum natû-
ram quam supercilium appellant. (fig. 14)

1. duuium *A*. ‖ 2. et aedem *A*. ‖ 3. latitudinis *A*. ‖ 4. disconuenit]
quidquid *A G. potest etiam scribi* quaeritur *uel* quaestio est. ‖ arci-
fines *A*. ‖ 5. contenentur *A*. ‖ rui aut *A*, om *G*. ‖ conpromo'ntoria
G. ‖ 6. naturaalii *A*, natura *G*.

G quamini, quod maior potestas limitum recturarumue cursus non
confirmat. sed si conuentionis causa ea partes inter se con-
10 *seruanda censuerunt, non recturae imputandum, sed concur-*
renti definitioni fides est adhibenda.
    De fine enim lex Mamilia (MANILIA *GP*) *quinque aut sex*
pedum latitudinem praescribit, *quoniam hanc latitudinem uel*
iter ad culturas accidens (accedens *P?*) *occupat uel circumactus*
15 *aratri. quod usu capi non potest: iter enim non, qua ad cul-*
turas peruenitur, capitur usu (usus *P*), *sed id quod in usu bi-*
ennio fuit. finis enim multis documentis seruabitur, terminibus,
et arboribus notatis, et fossis, et uiis, et riuis, et uepribus, et
saepe normalibus, et ut comperi aliquibus locis inter arua mar-
20 *ginibus quibusdam tamquam puluinis, saepe etiam limitibus, item*
petris notatis. quae in finibus sunt, pro terminibus habebitis.
si arboribus notatis fines obseruabuntur, uidendum quae partes
arborum notatae sint. notae enim in propriis arboribus a fo-
ras ponuntur, ut arbores liberas in parte a nota relinquat. si
25 *communes sunt arbores mediae notantur et ad utrumque per-*
tinent. nam si fossa erit finalis, uidendum utrum unius an
utriusque sit partis, et si in extremo fine facta; itemque utrum
publica an uicinalis, si iugis montium, quae ex eo nomine
accipiuntur, quod continuatione ipsa iungantur. haec autem
30 *omnia genera finitionum putato in uno agro posse sine dubio*
repperiri.

De loco controuersia est quom quid excedit supra *AG* scriptam latitudinem, cuius modus a petente non proponitur. haec autem controuersia frequenter in arcifiniis agris uariorum signorum demonstrationibus exercetur, ut fossis, fluminibus, arboribus ante missis, aut culturae discrimine. (fig. 15) 5

De modo controuersia est in agro adsignato. agitur *A* 6s

1. quom]quid *AG*. ‖ excidit quidquid scr. *A*. ‖ 2. modis *G*. ‖ ad patentem *AG*. ‖ 3. arcifinis *A*. ‖ 4. exercitur *A*. ‖ 5. culture *A*. ‖ 7. signato *G*.

De loco si agitur. quae res hanc habet questionem, ut G
nec ad formam nec ad ullum scripturae reuertatur exemplum,
nisi tantum hunc locum hinc dico esse, et alteri contrario sim
uel quaeret ex similitudine fere culturae comparationem accipit. 10
id est si silua, cuius sit aetatis par caesurae | et aetas arbo- G₂₆
rum, ut solent relinqui quas ante missas uocant, et siluarum
quoque aetates an sint pares. si uineae, similes erunt in com-
paratione; an ordines aequidistantes, an pari constitutione, et
an simile genus uitium constabit. tamen rem magis esse iuris 15
quam nostri operis, quoniam fere usu capiuntur loca quae bi-
ennio possessa fuerint. respiciendum erit ne quem ammodum
solemus uidere quibusdam regionibus particulas quasdam in me-
diis aliorum agris, numquid simile huic interueniat. quod in
agro diuiso accidere (acce'dere G) non potest, quoniam conti- 20
nuae possessiones et assignantur et redduntur. et his forte in-
cidit ut tale quid committeretur, ut locus pro loco, ut continua
sit possessio. . ita, ut dixi, in assignatis fieri non potest. so-
lent quidam complurium fundorum suorum domini duos aut
tres agros uni uelle contribuere, terminos qui finiebant singulos 25
agros relinquere preterea cui contributi sunt. uicini non con-
tenti suis finibus tollunt terminos quibus possessio eorum fini-
tur, et eos qui inter fundos unius domini sunt sibi defendunt,
ita et haec dispicienda (despicienda P) erunt.

De modo quaestiones fere in agris diuisis et assignatis nas- 30
cuntur, item quaestoriis et uectigalibus subiectis, quoniam scili-
cet in aere scripturae modus conprehensus est. quod semper

AG enim de antiquorum nominum propria defensione; ut si
L. Titius dextra decimanum tertium, citra cardinem quartum, acceperit sortis suae partes tres, Seius quod huic
similem quartam habeat in quacumque proxima centuria:
5 huic enim uniuersitati limes finem non facit, etiam si publico itineri seruiat. nam et in ceteris agris de modo fit
controuersia, quotiens promissioni modus non quadrat.
(fig. 16)

1. propri *A.* ‖ 2. l. c. titius *A.* ‖ quartam *GP et in litura A.* ‖
3. acciperit *A.* ‖ partes Iɪɪ. *A.* ‖ Seius] siue *AG.* ‖ 4. simile *G.* ‖
6. iteneris *A,* itinere *G.* ‖ seruit *A.* ‖ et om *G.* ‖ 7. promissionis
G, repromissioni *A.*

G erit ad formam respiciendum. et hoc si duobus possessoribus
10 *conueniat. alioquin ex modo illo qd aere scriptura contine-*
tur, forma liquebit, etiam si dominus aliquid uendidisset. nam-
que hoc comperi in Samnio, ut agri quos diuus Vespasianus
(uespassianus G) ueteranis assignauerat, eos ab ipsis quibus
assignati erant iam aliter possideri. quidam enim emerunt ali-
15 *qua loca, adieceruntque suis finibus et ipsud, uel uia finiente*
uel flumine uel alio quolibet genere: sed nec uendentes exceptis
G27 suis | aut ementes adicientesque ad acceptas suas certum mo-
dum taxauerunt, sed ut quisque modus aliqua, ut dixi, aut uia
aut flumine aut aliquo genere finiri potuit, ita uendiderunt
20 *emeruntque. ergo ad aes commodi reuocari potest, si duobus,*
inter quos controuersia est, conuenerit. in eis autem qui uec-
tigalibus subiecti sunt, proximus quisque possessionis suae iun-
xit. nam soliti erant antiqui in conductiones et in emptiones
modum *conprehendere, atque ita cauere,* FVNDVM ILLVM, IV-
25 GERA TOT, IN SINGVLIS IVGERIBVS. *tantum itaque si in ea*
regione agitur ubi haec erit consuetudo, aut cautiones scilicet
aut emptiones *intuendae erunt. inter quos disputabitur acta*
utriusque mensura: si nihil ad cautionem conueniat, ne utrius
possessio modum cautione conprehensum impleat, magna erit
30 *rei confusio, quaerendumque tunc quomodo in uniuersa regione*
magis opinione quam mensura modum complecti soliti sint.

De proprietate controuersia est plerumque ut in Cam- *AG*
pania cultorum agrorum | siluae absunt in montibus ultra G₁₃
quartum aut quintum forte uicinum. propterea proprietas
ad quos fundos pertinere debeat disputatur (fig.17). | est *A* 69
et pascuorum proprietas pertinens ad fundos, sed in com- **5**
mune; propter quod ea conpascua multis locis in Italia
communia appellantur, quibusdam prouinciis pro indiuiso.

3. propterea *om A*, quarum siluarum *Agennius de controu. p.*165
A,6 B. ‖ 3. 5. propriaetas *A.* ‖ 4. aut alii de fundis adtendunt *Boe-*
*thius p.*1538. ‖ e debeat disputatur *periit ex A.* discutiatur *G:*
conf. *Agennius de controu.*, ubi *A* 165 et *B*6 habent *uindica-*
tur. ‖ 6. cumpascua *A.* ‖ 7. indiuisa *AG. sic etiam G*28, item *A*
165 et *B*6.

«De proprietate controuersia est plerumque ut in Cam- G
«pania cultorum agrorum siluae absunt in montibus ultra
«quartum aut quintum forte uicinum.» *nam ubi mons fuit* **10**
proximus asper seu sterelis, super quo fundi constitui nequiue-
runt aut forte aquae inopia habitatio hominibus prorsus negata
est, siluae tamen dum essent glandiferae, ne earum fructus
perirent, diuiso monte particulatim datae sunt proprietates quae-
dam fundis in locis planis et uberibus constitutis, qui paruis **15**
funibus stringebantur. nam et in Suessano culti sunt, qui ha-
bent in monte Marico plagas siluarum determinatas, «quarum
«proprietates ad quos fundos pertinere debeant, discutiatur.»
nam et formae antique declarant ita esse. respiciendum erit
et illud, sicut dixi superius, *quem admodum solemus uidere* **20**
quibusdam regionibus particulas in mediis aliorum agris. hoc
argumentum prudentiae est quam professionis. uidendum | quo- G₂₈
que quoniam «est et pascuorum proprietas pertinens ad fun-
«dos, sed in commune; propter quod ea conpascua multis
«locis communia appellantur, quibusdam prouinciis pro indi- **25**
«uisa.» *haec fere pascua certis personis data sunt depascen-*
da, sed in communi: quae *multi per potentiam inuaserunt et*
colunt. de eorum proprietate ius ordinarium solet moueri, atque *interuentu mensurarum* demonstratur ut *sit assignatus ager.*

AG (fig. 18) nam et per hereditates aut emptiones eius generis controuersiae fiunt, de quibus iure ordinario litigatur.

De possessione controuersia est de qua ad interdictum [hoc est iure ordinario] litigatur.

5   De alluuione fit controuersia fluminum infestatione.
(*A*) hinc fundi multas habent cond|iciones. (fig.)

1. sed auido modo quaerendum est prius origo causae. nam *Boe-*
thius. ‖ et *om G et Boethius.* ‖ aut emtiones *A*, opinionis *Boe-*
thius. ‖ huius *Boethius.* ‖ 2. de quibus *G*, q. *A*, quare *Boethius.*
‖ litigantur *A.* ‖ 3. possione *A.* ‖ 4. *add* prius tamen in iudicio super possessione quaestio finiatur, et tunc agri mensor ad loca ire pre-
cipiatur, ut patefacta ueritate huius modi litigium terminetur. *Boe-*
thius. conf. p. 28 *G.* ‖ 5. fl...... infestatione hae........... habet cond *A:*
cetera usque ad finem pag. 69 *perierunt.* ‖ infestationem *G.*

G «Nam per emptiones uel hereditates huius generis controuer-
«siae fiunt.»   quaedam loca feruntur *ad personas publicas* at-
tinere. nam personae publicae etiam coloniae appellantur.
10 quae *habent assignata in alienis finibus quaedam loca, quae*
solemus praefecturas appellare. harum praefecturarum proprie-
tates manifeste ad colonos pertinent, non ad eos quorum fini-
bus sunt diminuti. solent et priuilegia quaedam habere benefi-
cia principum, quod longe et remotis (semotis *P*) *locis saltos*
15 *quosdam reditus causa acciperunt. quae proprietas ad eos qui-*
bus data est indubitate pertinet. sunt et alie proprietates quae
municipiis a principibus sunt concessae.

«De possessione fit controuersia» *quotiens* de totius fundi
statum «per interdictum, hoc est iure ordinario, litigatur.»
20 hoc non est disciplinae nostrae iudicium, sed apud praesidem
prouintiae agitur, et ex lege restituitur possessio cui poterit
adtineri. *in his secundum locum habet disciplina nostra,* sicut
lex ait NISI DE POSSESSIONIS (possitionis *G*) STATVM QVESTIO
FVERIT TERMINATA, NON LICET MENSOAI PREIRE AD LOCA.

25   *De alluuione obseruatio est, si haec in occupatoriis agitur*
agris, quidquid uis aquae abstulerit, repetionem nemo habet.
quae res necessitatem ripae muniendae iniungit, ita tamen ut
sine alterius damno quicquam fiat. si uero in diuisa et as-

De iure territorii controuersia est de his quae ad *G*
ipsam urbem pertinent, siue quid intra pomerium eius
urbis | erit quod a priuatis operibus optineri non opor- *A* 70

1. est denique ad *G*. ‖ 2. pertinens *G*. ‖ quod *G*. ‖ 3. priuua-
tis *A*. ‖ obt. *G*.

signata regione tractabitur, | *nihil ammittet possessor, quoniam* *G* 29
formis per centurias certus cuique modus ascriptus est. circa 5
Padum autem cum ageretur, quod flumen torrens et aliquando
tam uiolentum decurrit ut alueum mutet et multorum late agros
trans ripa, ut ita dicam, transferat, saepe etiam insulas efficit,
at (a¹d *G*) *Cassius Longinus, uir prudentissimus, iuris auctor,*
hoc statuit, ut quicquid aqua lambiendo abstulerit, id possessor 10
amittat, quoniam scilicet ripam suam sine alterius damno tueri
debet; si uero maiore ui decurrens alueum mutasset, suum
quisque modum agnosceret, quia non possessoris neglegentia sed
tempestatis uiolentia abreptum apparet; si uero insulam fecisset,
a cuius agro fecisset, id possideret; aut si ex communi, quisque 15
suum reciperet. scio enim quibusdam regionibus cum assigna-
rentur agri, adscriptum aliquid (aliquo'd *G*) *per centurias flu-*
mini. hoc autem prouidit auctor diuidendorum agrorum, ut
quotiens tempestas fluuium concitasset, non per regionem exce-
dens alueum uagaretur, sed sine iniuria cuiusquam deflueret. 20
hos tamen agros, id est, hunc omnem modum qui flumini ads-
criptus est, r. p. quibusdam uendidit. hae (Haec *G*, Haec *P*)
questiones maxime in Gallia tota mouentur, quae multis con-
texta fluminibus inmodicas Alpium niues in mare transmittit
et subitarum regelationum repentinas inundationes patitur. ali- 25
quibus locis impetrauerunt possessores a presidae prouintiae ut
aliquam latitudinem flumini daret. nam et in Italia Pisaurum
flumini latitudo est assignata eatenus quo usque alluebat.

«De iure territorii controuersia est,» cum quidam priuatorum aut «pomerium eius urbis» priuatis operibus inue- 30
recunde uult peruadere aut arare (*fortasse* aut aliquem) de
locis publicis, hoc est «ad ipsam urbem pertinentibus», quid-
dam priuatorum usurpare temptauerit. pomerium autem ur-

AG tebit. eum ·dico locum quem nec ordo nullo iure a populo poterit amouere. habet autem condiciones duas,
unam urbani soli, alteram agrestis; agrestis, quod in tutelam rei fuerit adsignatum urbanae; urbani, quod ope-
5 ribus publicis datum fuerit aut destinatum. huius soli ius
quamuis habita oratione diuus Augustus de statu municipiorum tractauerit, in proximas urbes peruenire dicitur,
quoniam ex uoluntate conditoris maxima pars finium coloniae est adtributa, aliqua portione moenium extremae per-
10 ticae adsignatione inclusa; sicut in Piceno fertur Interam-
natium Praetutianorum quandam oppidi partem Asculano-

1. nollo *A.* ‖ 2. peterit *A.* ‖ 3. agrestis *semel AG. correxit Turnebus.* ‖ tutela *G.* ‖ 4. fuerat *G.* ‖ urbanae *G,* urbani *A.* ‖ 5. fuerat *G.* ‖ 6.
ratione *AG. correxit Goesius.* ‖ diui aa gg *A.* ‖ 8. quoniam *Rudorf-*
fius, quarum *AG.* ‖ uolumtate *A.* ‖ 9. adtribute *A.* ‖ portio *AG: corr*
Rudorffius. ‖ extrima *A.* ‖ 10. absignationis *G.* ‖ inter montium
AG. correxit Goesius praeeunte Cluuerio in Italia antiqua
p. 746. ‖ 11. praecutianorum *G,* praecuttianorum *A.* ‖ quamdam
A. ‖ ascalunorum *A.*

G 30 bis est quod ante ·muros spacium (spatium *P*) | sub certa men-
sura demensum (demissum *G,* dimissum *P?*) est. sed et aliquibus urbibus et intra muros simili modo est statutum prop-
15 ter custodiam fundamentorum. «quod a priuatis operibus op-
«tineri non oportebit. hic locus est qui a publico nullo iure
«poterit amoueri. habet autem condiciones duas, unam ur-
«bani soli, alteram agrestis; urbani soli, quod in tutela rei
«urbanae assignatum est; agrestis, quod publicis operibus da-
20 «tum est aut destinitatem (destinatum *P?*).» in tutela rei urbanae *assignatae sunt siluae, de quibus ligna in reparatione*
publicorum moenium traherentur. hoc genus agri tutelatum di-
citur. nam aliquarum urbium «maxima pars finium coloniae
«est adtributa». *coloniae sunt quae ex eo nomine accipiun-*
25 *tur, quod Romani in eisdem ciuitatibus* colones (colonos *P?*)
miserunt. illarum ergo urbium maxima finium pars data est
coloniis, *quae in remotiora loca et longe a mari positae uide-*
bantur, ut numerus ciuium, quem multiplicare diuus Augustus

rum fine circum dari. [quod si ad haec reuertamur,] hoc *AG*
conciliabulum fuisse fertur et postea in municipii ius relatum. nam [non] omnia antiqua municipia habent suum
priuilegium. quidquid enim ad coloniae municipiiue | pri- *G₁₄*
uile|gium pertinet, territorii iuris appellant. [sed si ratio- *(A)*

1. finem *A.* ‖ 1–5. quod si ... priuile] ......d haec reuertamur hoc conci-
lia ....r et postea in muni.....................antiqua mu...................
.........m quoddā ....li *A.*

conabatur, haberet spacia in quae subsistere potuisset. «*nam et* .*G*
«*in Piceno fertur inter montium Praecucianorum quandam*
«*partem oppidi Asculanorum fine circum dari. sed hoc con-*
«*ciliabulum fuisse et postea fertur in municipii ius relatum.*
«*nam omnia antiqua municipia habent suum priuilegium;*» *ut* 10
Tudertini, qui apud principes egerunt ut Fanestres (*fanes tres*
G) *incolae, si essent alienigenae, qui intra territorium incole-*
rent, honoribus fungi in colonia non deberent. sed Fanestres
(*fanes tres G*) *hoc postea impetrauerunt, ut eis liceret* (*addit*
et P) *fungi honoribus territorii. aeque iuris controuersia agi-* 15
tatur, quotiens propter exigenda tributa de possessione litiga-
tur; cum dicat una pars in sui eam fine territorii constituta,
et altera e contrario similiter quaeret. haec autem controuer-
sia territorialibus est finienda terminibus. nam inuenimus saepe
in publicis instrumentis | *significanter inscripta territoria ita ut* *G₃₁*
EX COLLEGIO QVI APPELLATVR ILLE, AD FLVMEN ILLVD,
ET SVPER PLVMEN ILLVD AD RIVVM ILLVM *aut* VIAM IL-
LAM, ET PER VIAM ILLAM AD INFIMA MONTIS ILLIVS, QVI
LOCVS APPELLATVR ILLE, ET INDE PER IVGVM MONTIS IL-
LIVS IN SVMMO, ET PER SVMMVM MONTIS PER DIVERGIA 25
AQVAE AD LOCVM QVI APPELLATVR ILLE, ET INDE DEOR-
SVM VERSVS AD LOCVM ILLVM, ET INDE AD COMPITVM IL-
LIVS, ET INDE PER MONVMENTVM ILLIVS AD *locum unde*
primum coepit scriptura esse. saepe enim quorundam aut
monumenta aut fossae aut quorundam sacellorum aut fontium, 30
unde riui fluminaque incipiunt, obseruantur fines territoriorum.

2*

G nem appellationis huius tractemus, territorium est quidquid hostis terrendi causa constitutum est.]

A 71 *E* 13   De subsiciuis controuersia est quotiens aliqua pars centuriae siue tota non est adsignata et possidetur. [aut quidquid
5 de extremitate perticae possessor proximus aliusue detine-
E 14 bit, ad subsiciuorum controuersiam | pertinebit.] (fig. 19)

De locis publicis siue populi Romani siue coloniarum municipiorumue controuersia est quotiens ea loca
quae neque adsignata neque uendita fuerint umquam, ali-
10 quis possederit; ut alueum fluminis ueterem populi Romani, quem uis aquae interposita insula elisa proximi

3. subsicibis *A*. ‖ 4. siue *om E*. ‖ 8. loca *E*, *om AG*. ‖ 9. que *A*. ‖
uendit, *omisso* fuerint, *E*. ‖ umquam] quam *A*, aquas *E*, quae *G*. ‖
10. possiderit *G*, possidebit *E*. ‖ uetere in *A*, uetere *G*. ‖ 11. quem
uis *E*, quam uim *A*, quamuis *G*. ‖ aq. *A*, aqua *G*. ‖ interiecta *E*. ‖
insula et diuisi *AEG*.

G «Si autem rationem appellationis huius tractemus, territorium
«est quidquid hostis terrendi causa constitutum est.»

De iure subseciuorum subinde questiones mouentur. sub-
15 *seciua autem ea dicuntur quae assignari non potuerunt. id*
est, cum sit ager centuriatus in loca culta quae in centurias
erant, cum *centuria expleri non potuit,* subseciuum appellant
(appellauit *GP*). *haec aliquando auctor diuisionis aut sibi re-*
seruauit, aut aliquibus concessit aut r. p. aut priuatis personis;
20 *quae subciua quidam uendiderunt, quidam uectigalibus certo*
tempore locant. inspectis ergo perscrutatisque omnibus condi-
cionibus inueniri poterit quid sequi debeamus. nam *Domitianus*
per totam Italiam subseciua possidentibus donauit, edictoque hoc
uniuersis notum fecit. leges *itaque* semper curiose (curiosae *P*)
25 *legendae interpretandaeque* (interpretandeque *P*) *erunt.*

«De locis publicis siue populi Romani siue coloniarum
«municipiorumue controuersia est, quotiens ea loca quae ne-
«que assignata neque uendita fuerint,» «ab aliis obtinebun-
«tur (obte'nebuntur *G*), ut subseciua concessa.» multis enim
G 32 locis comperimus loca publica repperiri, «ut ex proxi|mo in

possessoris finibus reliquerit; aut siluas quas ad populum *AEG*
Romanum multis locis pertinere ex ueteribus instrumentis
cognoscimus, ut ex proximo in Sabinis in monte Mutela
(fig. 20). | nam et coloniarum aut municipiorum similis est *A* 72
condicio, quotiens loca quae rei publicae data adsignata 5
fuerint ab aliis obtinebuntur, ut subsiciua concessa. (fig. 21)

De locis relictis et extra clusis controuersia est in
agris adsignatis. relicta autem loca sunt quae siue loco-

1. possessores *AG.* ‖ reliq.rit *A*, reliquerint *G.* ‖ ut *E.* ‖ siluae *AG.* ‖
aequas *E.* ‖ ad prm *A.* ‖ 3. montem *E.* ‖ mutila *A*, utelli *E.* ‖ 4. et
mun. *E.* ‖ 5. que *A.* ‖ assignataque *E.* ‖ 6. fuerant *G.* ‖ obtenebun-
tur *G.* ‖ et *A.* ‖ 8. que *A.*

«Sabinis in monte Mutela», qui nunc a priuatis operibus *G*
obtinetur. *nam et regione Reatina* itidem *sunt loca p. R.* 10
(PR *P*, RP *G*). loca autem quae sint publica uideamus. sunt
*siluae de quibus lignorum copia in lauacra publica ministranda
caeduntur. sunt et loca publica quae in pascuis sunt relicta
quibuscumque ad urbem uenientibus peregrinis.* sunt in suburbanis *loca* publica *inopum destinata funeribus, quae loca cu-* 15
linas appellant: sunt *et loca noxiorum poenis destinata. ex
his locis, cum sint suburbana, sine ulla religionis reuerentia
solent priuati aliquid usurpare atque hortis suis applicare.* sunt
*autem loca publica coloniarum, ubi prius fuere conciliabula, et
postea sunt in municipii ius relata.* sunt *et alia loca publica* 20
quae praefecturae appellantur. nam et pomeria urbium, de
quibus iam superius suo loco disputauimus, publica loca esse
noscuntur. *multis modis loca publica dici possunt, sed dum
diuersis condicionibus constringuntur, non possunt nisi sua suis
locis incedere.* nam et *ubi uis aquae aluei Tiberis populi Ro-* 25
*mani tantum modo insulam fecit, locus est publicus. siluae
etiam sunt iuxta hoc alueo suis circum datae terminibus, quae
casalia non utuntur.*

«De locis relictis et extra clusis controuersia est in
«agris assignatis. relicta autem ea loca sunt quae siue ini- 30
«quitate locorum assignari nequiuerunt, siue ex uoluntate

AEG rum iniquitate siue arbitrio conditoris [relicta] limites non
acceperunt. haec sunt iuris subsiciuorum (fig. 22). extra
clusa loca sunt aeque iuris subsiciuorum, quae ultra limites et intra finitimam lineam erint. finitima autem linea aut
5 mensuralis est aut aliqua obseruatione aut terminorum
ordine seruatur. multis enim locis adsignationi agrorum
inmanitas superfuit, sicut in Lusitania finibus Augustino-
(*A*) rum.

G 15   De locis sacris et religiosis | controuersiae plurimae
10 nascuntur, quae iure ordinario finiuntur, nisi si de loco-

1. iniquitates *G.* ‖ siue in arbitrium *A.* ‖ relecta *A.* ‖ 2. acciperunt
A. ‖ 3. aequae *G,* quae *E.* ‖ q. *A.* ‖ 4. intra *Goesius:* ultra *AG,*
om *E.* ‖ finitima *E.* ‖ erunt *EG.* ‖ finitimam *A.* ‖ aut *om E et Boe-*
thius p. 7 r. ‖ 5. aut aliquo terminorum *E* et omisso ordine *Boe-*
thius. ‖ 6. assignationes *E.* ‖ 7. et inmanitas *E,* inmunitas *G.* ‖ superfuit *post* augustinorum *E* ‖ sicut *EG,* et *A.* ‖ lussitania *A,* lusi-
taniae *E.* ‖ 10. nascuntur quae *om G.* ‖ iurae *G.* ‖ nisi *om E.*

G «conditoris», hoc est mensoris, «relicta limites minime
«acceperunt.» dicuntur et ea relicta loca quae uis aquae
obtinuit. haec loca et insoluta uocantur et «iuris subseci-
«uorum esse» noscuntur. «Extra clusa loca sunt aeque iu-
G 33 «ris subseciuorum, quae ultra limites et ultra finitima | li-
«nea erunt. finitima autem linea aut mensuralis est, aut ali-
«qua obseruatione aut terminorum ordine seruatur.» *ergo*
fines coloniae inclusi sunt montibus. propterea haec loca, quod
assignata non sint, relicta appellantur; et extra clusa, quod
20 *extra limitum ordinationes sint et tamen fine cludantur. haec*
plerumque proximi possessores inuadunt et oportunitate loci ir-
ritati agrum obtinent. cum his controuersiae a rebus publicis
solent moueri.

«De locis sacris et religiosis controuersiae plurimae iure
25 «ordinario finiuntur.» *si enim loca sacra aedificabantur, quam*
maximae apud antiquos in confinio constituebantur, ubi trium
uel quattuor possessionum terminatio conueniret. et unus quis
possessor donabat certum modum sacro illi ex agro suo, et

rum eorum modo agitur; ut lucorum publicorum in mon- *EG*
tibus aut aedium, quibus secundum instrumentum fines
resti|tuuntur; similiter locorum religiosorum, quibus se- *E* 15
cundum cautiones modus est restituen|dus. habent enim *E* (15) 21
et Moesilea iuris sui hortorum modos circum iacentes aut 5
prescriptum agri finem.

 De aquae pluuiae transitu controuersia est, in qua si
collectus pluuialis aquae transuersum secans finem in al-

1. eorum *om E.* ‖ lucorum *Goesius:* locorum *EG.* ‖ 2. finis consti-
tuendus est *E.* ‖ 4. cautionis *E.* ‖ habeat *E,* habeant *G.* ‖ 5. misolea
E. ‖ sui *om E.* ‖ modum *E.* ‖ 6. rescripta *E.* ‖ 7. TRANSITUM *G,*
ductu *E.* ‖ 8. contumelia pluuialis quae *E.* ‖ in *om G.*

quantum donasset scripto faciebat, ut per diem sollemnitatis *G*
eorum priuatorum agri nullam molestiam inculcantis populi sus- 10
tinerent. sed et siquid spatiosius caedebatur, sacerdotibus tem-
pli illius proficiebat. in Italia autem multi crescente religione
sacratissima Christiana lucos profanos siue *templorum loca oc-*
cupauerunt et serunt. sed hoc ideo existimaui dicendum, ut
magisterium suum si uult mensor ostendere, modum conces- 15
sum fano illi demonstret. «Locorum autem religiosorum si-
«milis est condicio. et his namque secundum cautionem mo-
«dus» restituebatur antiquitus. nam sanctum est plerumque
ut incorruptum, et a sanciendo sanctum dicitur; religiosum
a religando (relegando *GP*) mentes, ne male agant homines. 20
sacrum autem proprie (propriae *G*) dei est, religiosum
enim (*sic GP.* hominum *Goesius edidit*). uel a relinquendo.
profanum autem | quod dum sanctum fuisset, postea in usu *G* 34
hominum factum, hoc est extra fano, extra sanctuario, profa-
num dictum est. «Moesilea uero habent iuris sui hortorum 25
«modum circum iacentem uel prescriptum agri finem.» *nam*
lucos frequenter in trifinia et quadrifinia inuenimus, sicut in
suburbanis et circa publica itinera constitutum esse perspicimus.

 «De aqua pluuia et transitu controuersia est, in qua si
«collectus pluuialis quae transuersum secans finem alterius 30
«fundi influit.» *si aqua ex pluuia collecta riuum fecerit per*

EG terius fundum influit, et disconuenit, ad ius ordinarium
pertinebit: quod si per ordinationem finis ipsius agitur,
exigit mensoris interuentum, et controuersia tollitur.

De itineribus controuersia est quae in arcifiniis agris
5 iure ordinario finitur, in assignatis mensurarum ratione.
omnes enim limites secundum legem colonicam itineri publico seruire debent: sed multi exigente ratione per cliuia
et confragosa loca eunt, qua iter fieri non potest, et sunt
in usu aliquorum: eorum locorum qui proximus possessor
A 73 est, cuius forte | silua limitem detinet, transitum inuere-
cunde denegat, cum itineri limitem aut locum limitis debeat. (fig. 23)

> 1. fundum *E*, flumen *G*. ‖ 3. et controuersia tollitur *om G*. ‖ 4. arci-
> fineis *E*. ‖ 5. finiuntur iure ordinario *E*. ‖ rationem *E*. ‖ 7. exigenti
> *G*, exigent *E*. ‖ rationem *E*. ‖ diuia *G*, deuia *E*. ‖ 8. loca *om G*. ‖
> 9. aliquorum] agrorum *G et ante* usu *E*. ‖ ubi *EG*. ‖ 10. est *om E*. ‖
> 11. iteneri *A*. ‖ limis *E*. ‖ locum limetis (limiti *G*) *AG*, limis loco *E*. ‖
> debeatur *E*.

G longinquitatem temporum, et ut solet uideri, ripam ex utraque
parte mediam secans erexerit, et hoc intra fines alterius; dum-
15 *que riuus ille limite includitur, possessor uicini agri calumniose*
sibi uelit fines ad riuum usque defendere, non mediocris ex-
inde controuersiae genus exoritur. sed hoc mensoris est peritia
finiendum.

«De itineribus controuersia est, quae in arcifiniis agris
20 «iure ordinario finitur, in assignatis mensurarum ratione. sed
«multi limites exigente ratione per diuia et confragosa loca
«eunt, qua iter fieri non potest, et sunt in usu agrorum in
«eis locis ubi proximus possessor est, cuius forte silua limi-
«tem detinet, et transitum inuerecunde denegat, cum itineri
25 «limitem aut locum limiti debeat.» *nam plerumque uia, dum*
cum limite currit, etiam si uicinalis est aut lignaria aut pri-
uata, finem prestat. ρegammante uero uia uel limite, dum a
se utrique discesserint, desit uia finem prestare, erit controuer-
G 35 *sia: sed inspec|tio artifici eam finiet.*

| Est et controuersiae genus quod ad solum non *AE* 31 *G*
pertinet, de arborum fructibus. earum quae in fine sunt
| siue intra, nec ullam ad radicem habent controuersiam, (*E* 31)

2. earum *om E p*.21. || finem *E p*. 31. || 3. infra *E*. || neccullam *A*.

Satis, ut puto, dilucide genera (deluci degenera *G, sed pri- G*
ma manu correctum) *controuersiarum* uel primum agri qua- 5
litatem *exposui. nam et simplicius enarrare condiciones earum*
existimaui, quo facilius ad intellectum peruenirent. nunc quem
ammodum singula pertractari debeant persequendum est, uel
quod sint status earum, id est iniectiuus expositiuus subiectiuus reciperatiuus assumptiuus initialis materialis effectiuus. 10
sunt enim VIII. ex his omne genus controuersiarum exoritur.
iniectiuus ergo status est generalis: nam siue de possessione siue
de fine controuersia nascatur, per hoc repetitio iusta iniustaque
inicitur. expositiuus est status *controuersiae, quotiens finitimo-*
rum argumentorum caret demonstrationem, et partium magis 15
exiget narrationem, per quam exponendum sit·quo sint genere
terminandae, aut persuadendum iudici etiam si loci natura fini-
timam exhibeat similitudinem. subiectiuus status *est controuer-*
siae, cum relinquitur status generalis et alio quolibet statu con-
trouersia defenditur. reciperatiuus est status, *quotiens non a* 20
trifinia aut quadrifinia sed ex quolibet alio finis loco incipien-
tis termini recturam dirigit, et per incessum definitionis loca
quaedam alteri fundo adquirit aut solum auferet et eius loco
redditur. assumptiuus primae controuersiae status est, qui est
de positione (possitione *G*) *terminorum, in rigorem aut in finem* 25
transcendit. initialis controuersiae status de rigore pertinens
ad materiam transcendit in controuersiam quae est loco tertio
de fine, status materialis non condicionem mutat neque materia
efficit. materialis status est ex quo omnes controuersiae | in- *G* 36
cipiunt, *de loco dum taxat: nam transcendentiam non habet* 30
de hoc effectiuus, sed dum consummatus fuerit nascitur. nam
effectiuus est cum de loco litigatur et idoneas partes ad litigium
aduocationes instituunt.

Respicio etenim quantum sit quod mensoris prouidentiae
iniungatur; sed nec minus aduocatis. quorum ars licet *diuersa* 35

AE 12 *G* quotiens inclinatae in alterutram partem fructum | iacta-
uerunt, inter adfines mouent disputationem. (fig. 24)

EX LIBRO FRONTINI SECVNDO.

. . . .

5 Sunt et aliae limitum condiciones, quae ad solum non
pertinent[, hoc est ad artem nostram]. solum autem quodcumque coloniae est adsignatum, id uniuersum pertica appellatur: quidquid huic uniuersitati adplicitum est ex al-
A 74. *G* 16 terius ciuitatis fine, | [siue solidum siue cultellatum | fue-
10 rit,] praefectura appellatur. (fig. 25)
Cultellandi ratio quae sit, saepe quaeritur, cum per-

1. inclinata *E*. ‖ alter utrum *G*, alterius *E*. ‖ partem *om EG*. ‖ 2. af-
fines *EG*. ‖ molient *P et pr G*, mollien *A*, molientur *E*. ‖ 3. *haec*
*ex G p.*213 *huc reuocaui*. ‖ 5. conditione *E*. ‖ que *A*. ‖ 7. lolo-
niae *A*. ‖ id *G*, in *AE*. ‖ perticam *E*. ‖ 8. appl. *EG*. ‖ 9. finem *E*. ‖
tutelatum *G*, titulatum *E*, utilatum *A*. ‖ 11. q. sit saepae q. ritur *A*. ‖
cum *Goesius*: curae *A*, cuius *G*, cur ea quae *E*. ‖ premens *A*, pre-
mensi *G*, praemensum *E*.

G sit, prudentiam tamen et simplicitatem *eandem habere debent*
et qui iudicaturi sunt et qui aduocationes sunt prestaturi. in
iudicando autem mensor bonus uir et iustus agere debet, nulla
15 *ambitione aut sordibus moueri, seruare opinionem et arte et*
moribus. omnis illi artificii ueritas custodienda est, exclusis il-
lis similitudinibus quae falsae pro ueris subiciuntur. quidam
enim per imperitiam, quidam per inprudentiam peccant: totum
autem hoc iudicandi officium hominem bonum iustum sobrium
20 castum modestum *et artificem egregium exigit. hoc autem*
possessores aequo animo ferre non possunt: nam cum his ue-
ritas exposita fuerit, aduersus sinceritatem artis facere cogunt.
multa sunt enim in professione quae generaliter pro ueris of-
ferantur, multa quae specialiter, quaedam quae argumentaliter.
25 *quaedam coniecturaliter etiam mentiri artifices coguntur.*
G 36 .. 48   LIBER DIAZOGRAFVS.
(Figg.)

penso **soli spatium** consummamus, ut illam cliuorum in- *AEG*
aequalitatem planam esse cogamus, dum mensurae lateribus inseruimus (fig. 26). [cultellamus ergo agrum eminentiorem, et ad planitiam redigimus inaequalitatem.] hanc
nobis ipsa seminum natura monstrauit: omnis enim illa 5
soli inaequalitas quare colligi poterit, nisi quod e terra
quidquid nascitur in aëre rectum existit, et illam terrae
obliquitatem crescendo adterit, nec maiorem | numerum *E(22)* 16
occupat quam si ex plano nascatur? | quod si monti or- *(AG)*
dinata semina nascerentur omnia, secundum loci naturam 10
metiremur: cum mons totidem arborum ordines capiat
quot pars eius in campo, lineis recte cultellabitur.

Limitum prima origo, sicut Varro descripsit, a dis-
ciplina Etrusca; quod aruspices orbem | terrarum in duas *E* 17
partes diuiserunt, dextram appellauerunt quae septentrioni 15
subiaceret, sinistram quae ad meridianum terrae esset, ab
oriente ad occasum, quod eo sol et luna spectaret, sicut

1. solis *E.* ‖ consumamus *P*, comsummamus *A.* ‖ et *G.* ‖ 2. plenam
E. ‖ cogimus *G.* ‖ dum ... inseruimus *om E.* ‖ 3. inseruemus *A.* ‖
Cultellamur *E.* ‖ autem *Boethius* 23 *b.* ‖ 4. et *om A.* ‖ adplanitiem
E, a planitie *Boethius.* ‖ recidimus *Boethius.* ‖ aequalitatem *AEG
et Boethius.* ‖ haec *E et Boethius.* ‖ 5. nobis ratione ipsa *G.* ‖
ipsa planities ab una parte seminus *Boethius.* ‖ monstrabit *A.* ‖
6. quare]re *A*, *om EG.* ‖ collegi non poterit *E.* ‖ de terra *EG.* ‖
7. extistit *A*, exit *EG.* ‖ 8. adteret *AG*, atterit *E.* ‖ numerum *AE*,
spatium *G.* ‖ 9. si *G*, si si *A*, nisi *E.* ‖ ordinato *E.* ‖ 10. nascantur
E. ‖ 11. mererentur cum non idem hoc est totidem *E.* ‖ 12. quod
pares *E.* ‖ in planitia uero limites recte cultellanimus *Boethius p.*
1538, sed recte eum cultellanimus *Boethius* 23 *b.* ‖ limites *E.* ‖ 13.
ad disciplinam rusticam *E.* ‖ 15. quae *om E.* ‖ septentrionis subiare
E. ‖ 16. sinistram ... 17. ad] sinistramque a meridiano terrae esse
orientem et *Scriuerius ex codice interpolato S: eadem ex E recisa sunt, sed angustia spatii docet* orientem *defuisse, quod ne
Hyginus quidem agnoscit de limit. const. p.* 209 *B.* ‖ expectari
et sicut *E.*

E quidam architecti delubra in occidentem recte spectare
scripserunt. aruspices altera linea ad septentrionem a meridiano diuiserunt terram, et a media ultra antica, citra
postica nominauerunt.

5   Ab hoc fundamento maiores nostri in agrorum mensura uidentur constituisse rationem. primo duo limites
duxerunt; unum ab oriente in occasum, quem uocauerunt
decimanum; alterum a meridiano ad septentrionem, quem
A 78 uocauerunt cardinem. decimanus autem | diuidebat agrum
10 dextra et sinistra, cardo citra .et ultra.

Quare decumanus a decem potius quam a duobus,
cum omnis ager eo fine in duas diuidatur partes? ut duopondium et duouiginti quod dicebant antiqui, nunc dicitur dipondium et uiginti, sic etiam duodecimanus decu-
15 manus est factus (fig. 27). kardo nominatur quod directus ad kardinem caeli est: nam sine dubio caelum uertitur in septentrionali orbe.

1. quidam garriunt architecti delubra *S, recisa ex E. siquid addendum est, ex Hygino p.215 B potius adsumam* antiqui. ‖ occidente *E.* ‖ expectare *E.* ‖ 2. aruspices altera *S, recisa ex E.* ‖ lineam a septentrione a meridianum *E.* ‖ 3. uiserunt terram et a meri-
dia *S, recisa ex E.* ‖ no ultra *E.* a media (*non a meridiano*) ultra
Hyginus de limit. constit. p.209 B. ‖ 5. fundamenta *E.* ‖ mensura uidentur constituis *S, recisa ex E.* ‖ 7. um ab oriente in *S, recisa ex E.* ‖ 8. meridiano ad septentrio *S, recisa ex E.* ‖ ne *E.* ‖
9. diuidit agrum dextra et sinistra *S, recisa ex E.* ‖ 10. dextram et
sinestram *A.* ‖ 11. decimanus, *ut solet, E.* ‖ ius quam a duobus uocatur cum omnis ager *S, recisa ex E.* ‖ 12. diuiditur *E.* ‖ ut *E,* et
A. ‖ 13. ndium *et proxima usque ad* cimanus est factus (15) *recisa
ex E, qui uidetur omisisse* et duouiginti ... dipondium. ‖ quid *A.* ‖
14. duopondium et .xx. *A,* dupondium et deuiginti *S.* ‖ et in *A,* et
S. ‖ 15. factus] *add* Sicut dipondium et ˣˣ quod dicebant antiqui
duouiginti nunc dicimus uiginti similiter duodecimanus decimanus eᵘ
factus *A.* ‖ minatur quod directim a cardine cae *S, recisa ex E.* ‖
16. a kardinem *A.* ‖ sine dubium *A.* ‖ uertetur *A.* ‖ titur in septentrionali orbe postea *S, recisa ex E.* ‖ 17. urbe *A.*

Postea hoc ignorantes non nulli aliud secuti; ut qui- *AE*
dam agri magnitudinem, qui qua longior erat, fecerunt
decumanum.   et quidam ortum spectant, sed ita aduersi
sunt ut sint contra sanam rationem; ut in agro Campano
qui est circa Capuam, ubi est kardo in orientem et de- 5
cimanus in meridianum. (fig. 28)

Ab his duobus omnes agri partes nominantur. reli- *A* 76
qui limites fiebant angustiores et inter se distabant paribus
interuallis. qui spectabant in orientem, dicebant prorsos:
qui dirigebant in meridianum, dicebant transuersos. haec 10
uocabula in lege quae est in agro Vritano in Gallia, item
in quibusdam locis adhuc permanere dicuntur (fig. 29).
limites autem appellati transuersi sunt a limo[. id est] an-
tiquo uerbo [transuersi]; a quo dicunt poetae | limos ocu- *E*(17) 22
los, item limum cinctum quod purpuram transuersam ha- 15
beat, item limina hostiorum. alii et prorsos et transuersos dicunt limites a liminibus, quod per eos in agro intro
et foras eatur. hi ab incolis uariis ac dissimilibus uoca-

1. ignorantes maiores nostri non *E.* ‖ lli ita secuti sunt ut quidam
agri mag *S, recisa ex E.* ‖ sicuti *A.* ‖ 2. qui qua *A,* quia *E.* ‖ 3. et
quidam *etc.*] itaque non ortum expectant sed ita *A,* itaque nostram
quidem plagam spectant sed ita *S, recisa ex E.* ‖ 4. contra septentrionem *AE, sed* nem ... est cir *recisa sunt ex E.* ‖ 5. oriente *AS,*
orien *proximis recisis E.* ‖ 6. meridiano *S,* no *E.* ‖ 7. tes nominantur reliqui limites *recisa ex E.* ‖ 8. fiebant *om A.* ‖ istabant paribus interuallis *recisa ex E.* ‖ partibus *A.* ‖ 9. expectabant in oriente
E. ‖ decebant *A.* ‖ prorsus *AE.* ‖ 10. qui dicebant (dirigebantur *S*)
in meridianum *AS, recisa ex E.* ‖ dicebant et *AE.* ‖ transuersus
E. ‖ haec *E,* e *A.* ‖ 11. in les° queq. est in agro °ritano *A.* ‖ in galliis et in quibusdam locis ad *S, recisa ex E.* ‖ 13. transuersos (sunt
transuersi *S*) a limo id est antiquo *AS, recisa ex E.* ‖ 14. uerbo
trangressa a quo dicent *A,* uerbo quod dicunt *E. conf. Hyginus de
limit. const. p.211 B.* ‖ patae *A.* ‖ limes *A,* limis *E.* ‖ oculis *E.* ‖
15. cunctum quod purpura transuersum *E.* ‖ 16. item *Hyginus de
limit. const. p.211 B:* ut *AE.* ‖ prorsus *AE.* ‖ transuersus *E.* ‖
17. limitatibus *A,* limitibus *E.* ‖ intro *om E.* ‖ 18. inculis *A.*

AE bulis a caeli regione aut a loci natura sunt cognominati
in alio loco; sicut in Vmbria circa Fanum Fortune qui
ad mare spectant maritimos appellant, alibi qui ad montem montanos. (fig. 30)

A 71   Primum agri modum fecerunt quattuor limitibus clausum

plerumque centenum pedum in utraque parte (quod Greci
plethron appellant, Osci et Vmbri uorsum), nostri cen-
10 tenum et uicenum in utraque parte, cuius ex IIII unum
latus, sicut diei XII horas, XII menses anni, XII decempedas esse uoluerunt. ex actibus conicio acnuam primum
E 23 appellatum, ... dictum fun|dum (fig. 31).
hi duo fundi iuncti iugerum definiunt. deinde haec duo
15 iugera iuncta in unum quadratum agrum efficiunt, quod
sint in omnes partes actus bini, in hunc modum. (fig. 32)
quidam primum appellatum dicunt sortem, et centies ductum centuriam. sunt qui centuriam maiorem modum ap-
A 78 pellant, ut Cremone denum et ducenum; | sunt qui mi-
20 norem, ut in Italia triumuiralem iugerum quinquagenum.
nam et omnes in subsiciuis extremae centuriae, que non
sunt quadratae, in eadem permanent appellatione.

1. aut loci *E*. ‖ cognita et nominata *E.* ‖ 2. sicut in tuscia et umbria
E. ‖ quia mare expectant *E.* ‖ 3. alii quia (*omisso* ad) *E.* ‖ monte
AE. ‖ 7. figuram similem *AE loco diagrammatis.* ‖ 8. centum
AE. ‖ in utraque parte *om E.* ‖ 9. plectron *E.* ‖ tusci *E.* ‖ umbri^{bar}
sum nostri cente^{nos} et uicenos *A.* uicenos et centenos *E.* ‖ 11. XII
menses ... uoluerunt *om E.* mensis *A.* ‖ 12. exactum *E.* ‖ connicium
locorum *A*, conciuium locum *E.* ‖ 13. appellatum *om E.* ‖ 14. Si *E.*
‖ diffiniunt *E.* ‖ haec *A*, hi *E.* ‖ duo *om A.* ‖ 16. partes *om E.* ‖
17. primum *om E.* ‖ centus *E.* ‖ 18. d. centuria *A*, d. centurias *E.* ‖
19. cremonam *E* ‖ decem *AE.* ‖ ducentam *A*, ducenta *E.* ‖ minore
A. ‖ 20. ut *om E.* ‖ triumuirale *A*, triumuirales *E.* ‖ quinquaginum
A. ‖ 22. appellationem *A.*

Optima ergo ac rationalis agrorum constitutio est cuius *AE* decimani ab oriente in occidentem diriguntur, kardines a meridiano in septentrionem.

Multi mobilem solis ortum et occasum secuti uaria- runt hanc rationem. sic utique effectum est ut decumani 5 spectarent ex qua parte sol eo tempore quo mensura acta est oriebatur. et multi, ne proximae coloniae limitibus ordinatos limites mitterent, exacta conuersione discreue- runt. et sic per totum orbem terrarum est una queque limitum constitutio ubi proxima (fig. 33) 10

. . . .

Principium artis mensoriae in agendi positum est | ex- *A* 79 perimento. exprimi enim locorum aut modi ueritas sine rationabilibus lineis non potest, quoniam omnium agrorum extremitas flexuosa et inaequali cluditur finitione, quae 15 propter angulorum dissimilium multitudinem numeris suis manentibus et cohiberi potest et extendi: nam sola mobile habent spatium et incertam iugerum enuntiationem. sed ut omnibus extremitatibus species sua constet et intra clusi modus enuntietur, agrum quo usque loci positio 20 permittet rectis lineis dimetiemur: ex quibus proximam quamque extremitatium obliquitatem per omnes angulos facta normatione conplectimur, et cohercitam mensuralibus

1. optimae *A*, optime *E*. ‖ ac *om E*. ‖ rationabilis *E*. ‖ constitutio- nest *A*. ‖ 2. card. et a *E*. ‖ 3. ad *E*. ‖ 4. mobiles *E*. ‖ sicut *A*. ‖ uaria- rum *A*, uariauerunt *E*. ‖ 5. uti *AE*. ‖ 6. expectarent *AE*. ‖ 7. proxi- marum *E*. *conf. Hyginus de limit. const. p.*215 *B*. ‖ 8. conuersa- tione *E*. ‖ dicreuerunt *A*, descripserunt *E*. ‖ 9. et sit per totam *A*. ‖ 12. mensurie *A*, mensurae *E*. ‖ agendis *AE*. ‖ dispositum est expe- rimentum *E*. ‖ 13. aut modi *A*, modum aut *E*. ‖ ueritatem *E*. ‖ 14. rationabiles *A*. ‖ potes *A*. ‖ 15. inaequalis *AE*. ‖ cluditur *E*. ‖ 17. cohibere *E*. ‖ sol *A*, soli *E*. ‖ mobilem *AE*. ‖ 18. incerta iugera rerum *E*. ‖ enutiationem *A*. ‖ 19. ut] et *E*. ‖ specie *E*. ‖ et *om E*. ‖ 20. clusus *E*. ‖ enunciatur *E*. ‖ 21. permittit *E*. ‖ dimietiet͞ur *A*. ‖ proxima quam *E*. ‖ 22. extremitatem *AE*. ‖ obliquitatem *om E*. ‖ 23. factam normationem *E*. ‖ conpeltimur *A*. ‖ coherentem *AE*.

AE moetis certo praecenturiato spatio simili futurae tradimus
formae: modum autem intra lineas clusum rectorum an-
E 24 gulorum ratione subducimus; subiectas | deinde extremi-
tatium partes, areas tangentium nostrarum postulationum,
5 podismis suis adaeramus, et adscriptis spatio suo finibus
ipsam loci reddimus ueritatem.

　　　Haec ubique una ratione fieri multiplex locorum natura non patitur, oppositis ex alia parte montibus, alia
A 30 flumine aut ripis aut quadam iacentis | soli uoragine, cum
10 pluribus confragosorum locorum iniquitatibus, saepe et
culturis; propter que maxime ad artis copiam est recur-
rendum: debet enim minima queque pars agri in potestate
E (24) 19 esse mensoris et habita | rectorum angulorum ratione sua
postulatione constringi. itaque maxime prouidere debe-
15 mus, quo usu ferramenti quidquid occurrerit transeamus;
adhibere deinde metiundi diligentiam, qua potius actus incessus limitationis effectum laterum longitudine aequet;
ferramento primo uti, et omnia momenta perpenso dirigere, oculo ex omnibus corniculis extensa ponderibus et
20 inter se conparata fila seu neruias ita perspicere donec

1. statutis *AE*. ‖ procentemato *A*, proextimato *E*. ‖ simile *AE*. ‖
forturae *A*. ‖ 2. lineam clausum *E*. ‖ 3. rationem subdicimus *A*. ‖
in extremitatum *E*. ‖ 4. areas *S*: are *E*, adrec *A*. ‖ tam°gentium *A*,
tangentibus *E*. ‖ postulationibus podimissius *E*. ‖ 5. aderamus *A*,
adheramus *E*. ‖ spaciis suis *E*. ‖ 6. ipsa *E*. ‖ rationem *E*. ‖ 7. ratio
E. ‖ natura *om E*. ‖ 9. fluminibus *E*. ‖ ingentibus loci *E*. ‖ compluribus *E*. ‖ 10. cumfragosorum *A*. ‖ 11. culturas *A*, cultores *E*. ‖ ad
om E. ‖ copia *AE*. ‖ 12. dibet *A*. ‖ enim *om E*. ‖ numina *A*, no-
minatim *E*. ‖ quae *E*. ‖ 13. esse mensuris *A*, mensoris esse *E*. ‖ ha-
bitura *AE*. *correxit Salmasius.* ‖ rationem *A*. ‖ sua postulatione
om E. ‖ 15. quod sub f. *E*. ‖ 16. a^dibere *A*. ‖ quae *A*, que *E*. ‖ inces-
sae imilitationis *A*, incensiti imitationis *E*. ‖ 17. lateris *E*. ‖ longitudines. *A*, longitudinem *E*. ‖ aeque et *AE*. ‖ 18. ferramentum primum *E*. ‖ ut *AE*. ‖ et *om E*. ‖ omnium *pr A*. ‖ indomita *AE*. ‖
19. oculo] cuius *AE*. ‖ expensa *AE*. ‖ et *om E*. ‖ 20. comparia *E*. ‖
filax °eu neruia *in fine uersus, tum proximo* sita *A*, fila tenuere
uitas ita *E*. *correxit Scriuerius.* ‖ dum haec *E*.

proximam consumpto alterius uisu solam intueatur; tunc *AE*
dictare moetas, et easdem transposito interim extrema meta
ferramento reprehendere eodem momento quo tenebatur,
et coeptum rigorem ad interuersuram aut ad finem perducere. omnibus autem interuersuris tetrantis locum per- 5
pendiculus ostendat.

Cuiuscumque loci mensura agenda fuerit, eum cir-
cum ire ante omnia oportet, | et ad omnes angulos signa *A* 81
ponere, quae normaliter ex rigore cogantur; posito deinde
et perpenso ferramento rigorem secundum proximo lateri 10
dictare, et conlocatis moetis in alteram partem rigorem
mittere, qui cum ad extremum peruenerit, parallelon primi
rigoris excipiat.

Sed si in rigore dictando quaedam deuitanda incurrunt, ualles, loca confragosa, arbores quas propter moram 15
aut fructum succidere non oportet, item aedificia, maceriae, petrae aut montes, et his similia, haec quacumque
ratione optime poterint, mensuram accipere debebunt.

Si fuerit ergo uallis quae conspectum agentis exupe-
ret, per ipsam metis ad ferramentum adpositis erit des- 20
cendendum. cuius rigoris incessum ut sescontrario aequemus, adficta ante linea ad capitulum pertice aequaliter ad

1. proxima *AE*. ‖ consumptio *E*. ‖ uisum *E*. ‖ sola *E*, sola si *A*. ‖
mentiatur *AE*. ‖ 2. moetaseuasdem *A*. ‖ interim *A*, inter *E*. ‖
4. aut finem *E*. ‖ 5. perpendiculos *A*. ‖ 7. cum *E*. ‖ 8. et ut ad *E*. ‖
agnos *A*. ‖ 9. aguntur *E*. ‖ 10. ob secundum *E*. ‖ maximo *AE*. ‖ 11.
et *A*. ‖ metis *S*, respectis *A*, ereptis *E*. ‖ in *om E*. ‖ 12. ad *om*
E. ‖ paralelon *A*, pararilon *E*. ‖ 13. exeat *E*. ‖ 14. et seu in *E*. ‖
dubitando incurrunt loca uallis confragosa *E*. ‖ 15. mora *E*. ‖ 16.
fructus succidi non possunt *E*. ‖ nam *AE*. ‖ 17. et haec *E*. ‖ quicumque *A*, quaecumque *E*. ‖ 18. poterit *E*. ‖ 19. Si fiunt *A*. ‖ ualles
A. ‖ quae in conspectu *E*. ‖ exoperet *A*, exsuperet *E*. ‖ 20. dicen-
dendum *A*, discedendum *E*. ‖ 21. incensum *A*. ‖ sisincontrario *A*,
se in contrario *E*. ‖ aeque *A*. ‖ 22. adficta ante *E*, adflectante *A*. ‖
adcapitulum *A*, capitolum *E*. ‖ ad *A*, et *E*.

AE 80 per|pendiculum cultellare debemus, tum ad permensum rigorem extendere lineam quam in cultrum locatam perpendiculus adsignat. nam quotiens sine linea cultellamus, cum conspectum moetarum excedimus, et festinantes ex

5 eo loco iterum rigorem conspicimus, tunc in illa pertica-

A 82 rum | quamuis exigua conuersione non minus fit dispendi quam si iacentia sequamur.

Conpressiorem autem uallem, et ultra quam prospici poterit, euadendae difficultatis causa licet transire, in ul-

10 teriorem partem dictare moetas ne minus tres, quibus reprehensis transposito ferramento respicere priores oporteat, et perpenso coeptum rigorem quo usque res exege-

(*AE*) rit perducere.

. . . .

A 178 *B* 35   Satis, ut puto, dilucide . . . . . genera controuersiarum

B 36 exposui: * | nunc quem admodum singulae tractari debeant persequendum est. respicio enim quantum sit quod mensori iniungatur, et puto diligentius exequenda quae ad prouidentiam pertinent artificis. difficillimus autem locus

20 hic est, quod mensori iudicandum est; sed nec minus

E 3 ille exactus, quod est | aduocatio praestanda *: prudentiam

---

1. nam et perpensum *AE*. ‖ 2. linea *A*. ‖ in quam (qua *E*) cultum locum *AE*. ‖ perpendiculis *pr A*. ‖ 3. adsignant *A*, assignatus *E*. ‖ cultellamus sine linea *E*. ‖ 4. cum *addidi*. ‖ moetarum *A*, iterum, *E. add* sepe *E*. ‖ excidimus *A*. ‖ 5. illam *E*. ‖ 6. distendi *AE*. ‖ 7. sequamur] quam *A*, quamuis *E*. ‖ 8. comprehensiore *E*. ‖ ᵇallem *A*. ‖ prespici *A*, perspici *E*. ‖ 9. potuerit euadendi *E*. ‖ difficultates *A*. ‖ licet] sic *AE*. ‖ ut *E*. ‖ 10. dictare minus metas tres *E*. ‖ 11. recipere *E*. ‖ prioris *A*. ‖ 12. et pensis *A*. ‖ caelium *A*, celi *E*. ‖ rigore *E*. ‖ quo usquae *A*, quatenus *E*. ‖ exigerit *A*. ‖ 13. perducere debemus *E*. ‖ Iuli Frontonis lib. exp̄ feliciter *A*, Iuli. frontini. siculi. lib'. I. explic̄. *E*. ‖ 15. *addendum, ubi puncta posui,* in priore libro. ‖ 16. *asteriscis significaui Agenniorum uerba a me praetermissa.* ‖ singula et *AB*. ‖ 18. que *A*. ‖ 19. pertinent i nunc artificis *AB*. ‖ 21. aduocato *E*. ‖ prestanda *A*, praestandum est *E*.

tamen eandem | artifices habere debent et qui iudicaturi *A B* 37 *E*
sunt et qui aduocationes sunt praestituri. in iudicando
autem mensorem bonum uirum et iustum agere decet,
neque ulla ambitione aut sordibus moueri, seruare opinionem et arti et moribus.* quidam enim per imperitiam, 5
quidam per inpudentiam peccant: totum autem hoc iudicandi officium et hominem et artificem exigit egre'gium. *B* 38
erat aequissimum et in aduocatione |eandem fidem exi- *A* 179
beri * a mensoribus. sed hoc possessores aequo animo
ferre non possunt: nam cum his ueritas exposita est, aduer- 10
sus sinceritatem artis facere cogunt. * (*AE*)

. . . .

*Prima enim condicio possidendi haec est ac per Ita- *B* 39
liam; ubi nullus ager est tributarius, sed aut colonicus,
aut municipalis, aut alicuius castelli aut conciliabuli, aut 15
saltus priuati.

At si ad prouincias respiciamus, habent agros colonicos eiusdem iuris, habent et colonicos qui sunt inmu-

1. tamen *E et Boethius* p. 1540, tamende *A*, tamendem *B*. ‖ ean-
dem] hii *Boethius*. ‖ artificis *AB*, mensores *Boethius*. ‖ et om
E et Boethius. ‖ 2. et quos *Boethius*. ‖ aduocationis sunt *AB*,
aduocant ut *E et Boethius*. ‖ praestatores *E et Boethius*. ‖ 3. debet *B*, debent *A*, diuersorum fides quaerenda est *E*, om *Boethius*.
‖ 4. ut nulla *Boethius*. ‖ moueatur *idem*. ‖ 5. et arti *AB*, metris *E*
et Boethius. ‖ moribus debet *Boethius*. ‖ enim om *Boethius*. ‖ imperitiam *AB*, imprudentiam *E*, *et sic uel* inpudentiam *Boethius*. ‖
6. inpudentiam *AB*, inperitiam *Boethius*, auariciam *E*. ‖ sed totum
hoc *Boethius*. antem om *E*. ‖ 7. officium et om *E et Boethius*. ‖
et *alterum om iidem*. ‖ exiget egregium *E*, oportebit *Boethius*. ‖ 8.
aequissimum *E*. ‖ aduocationem *ABE*. ‖ de eadem *E*. ‖ exiberi om
E. ‖ 9. a om *E*. ‖ 10. exposita fuerit *E*. ‖ 11. cogant *AB*, coguntur
E. ‖ 13. ac] ut *posset ferri. sic* p. 15,1 de proprietate controuersia est plerumque ut in Campania. ‖ 14. nullus aiugerum tributarius
B. ‖ 17. ac si *B*. ‖ 18. eiusdem] quidem *B*. ‖ colonicos stipendiarii
qui sunt in communem *B*. *haec Rudorffius correxit*.

3*

B nes, habent et colonicos stipendiarios. habent autem prouinciae et municipales agros, aut ciuitatium peregrinarum.

B 40   Et stipendia|rios ..... qui nexum non habent, neque
possidendo ab alio quaeri possunt. possidentur tamen a
5 priuatis, sed alia condicione: et ueneunt, sed nec manci-
patio eorum legitima potest esse. possidere enim illis
quasi fructus tollendi causa et prestandi tributi condicione
concessum est. uindicant tamen inter se non minus fines
ex aequo ac si priuatorum agrorum. etenim ciuile est
10 debere eos discretum finem habere, quatenus quisque aut
colere se sciat oportere aut ille qui iure possidet possi-
B 41 dere. nam et controuersias | inter se tales mouent, quales
in agris inmunibus et priuatis solent euenire. uidenimus
tamen an interdicere quis possit * de eius modi pos-
15 sessione.

Multa enim et uaria incidunt, quae ad ius ordinarium
pertinent, per prouinciarum diuersitatem. nam cum in
Italia ad aquam pluuiam arcendam controuersia non minima concitetur, diuerse in Africa ex eadem re tractatur.
20 quom sit enim regio aridissima, nihil magis in quaerella
habent quam siquis inibuerit aquam pluuiam in suum
B 42 in|fluere: nam et aggeres faciunt, et excipiunt et continent
eam, ut ibi potius consumatur quam effluat. *

Etenim ad artificium defendendi plurimum prode erit,
25 si persecuti ius omni diligentia fuerimus. non enim a

---

1. habentem et colonis *B*. || 3. *adde* quidem dicimus, uel tributarios,
|| 4. possidendi ab alio quam possident possidente tamen *B*. || 5. con-
dicionem *B*. || et ueneunt *pr*, eueniunt *corr manu antiquissima B.*
|| 7. condicio concessa est *B. correxit Rudorffius.* || 9. ciuile] si-
mile *B*. || 10. decertum *pr*, desertum *corr B.* || quatenus *Husch-
kius*: quo unus *B*. || 11. qui] quo *B*. || 14. iterdicere *pr B*. || posses-
sionem *B*. || 16. munta *pr B*. || 18. ad] ob *Rudorffius.* || aquae *B*. ||
controuersiam *B*. || 19. diuersae *B*. ||20. quam sit *B*. || 21. habet *B*.
|| 22. ageres faciunt excipiunt *B*. || 23. adfluat *B*. || 25. huius omnis *B*.

qualibet parte adgrediendum est in controuersia, sed dispi-   *B*
ciendum cui postulationi absolutio pro|xima sit, ne inpli-   *B* 45
catione aliqua et iudicem inpediamus et controuersiam faciamus obscuriorem. nihil puto deformius esse quam cum
de eius modi causis inperiti | idoneas uolunt exhibere ad-   *B* 71
uocationes; * cum ab exiguo quidem exemplo secundum
locorum naturam colligere possint quid potissimum sequi
| debeant.   *B* 72

Quamquam non ignorem inter professores inmodice
controuersiarum quaestionem frequenter agitatam, necessa-   10
riam studiis exercitationem huius quoque partis existimaui.
uno enim libro instituimus artificem, alio de arte disputauimus. * et de adsignationibus et partitionibus agrorum
et de finitionibus terminorum actenus * meminimus: super-
est nunc ut de controuersiis dispiciamus, *|* quoniam in   *B* 59
priore * sequentium rerum ordo absolute de his disputari
inhibuit. reddendum itaque hic locum tam necessariis par-
tibus | existimo.   *B* 60

Omne genus controuersiarum * constat * aut in fine
aut in loco; non sine illa controuersia quae de positione   20
terminorum praescribitur: *| namque in ordine controuer-   *B* 61
siarum haec quoque materia litis locum suum optinet.

De fine subtilior exigitur disputatio, quae a rigore nullo
modo distat nisi specie, *| num praeterea lex Mamilia   *B* 62

---

1. partem *B.* ‖ controuersiam *B.* ‖ despliciendum *B.* ‖ 2. cui *Rudorffius*: q. *B.* ‖ inpublicationem (ub *litteris ab antiquo correc-
tore deletis*) *B.* ‖ 4. cum *om B.* ‖ 5. idoneas partes ad litigium
aduocationes instituunt *G p.* 36. ‖ aduocationis *B.* ‖ 6. quid exemplo
secundorum natura *B.* ‖ 7. quia *B.* ‖ 8. debeat *B.* ‖ 9. quamquam
omni quoniam in professores inmodica controuersia cum quaestione
frequenter agitata *B.* ‖ 11. studii *B.* ‖ 12. unum *B.* ‖ substituimus *B.*
‖ 15. disponam *B.* ‖ 16. priorem partem libri sequentium *B.* ‖ absoluti
B. ‖ 21. ordinem *B.* ‖ 22. materialis locum *B.* ‖ 24. destat *B.* ‖
speciae *B.* ‖ ne *B.* ‖ manilia *B.*

B fini latitudinem praescribat.   de qua lege iuris periti adhuc habent quaestionem, neque antiqui sermonis sensus proprie explicare possunt, quini pedes latitudinis dati sint, an in tantum quinque * ut dupondium et semissem una quaeque
5 pars agri finem pertinere patiatur. *

. . . .

B 64. 65 transcendunt controuersiae, quotiens | loci de quo agitur specialia argumenta nulla existunt, neque ullum finitimae similitudinis monumentum, sed tantum aboliti finis quae-
10 rella exponitur, et excipiens extantium argumentorum quadam expositione defenditur.   nam * et si proximitas aliqua naturalis fuit, quae similitudinem finis adferre possit, * certus agrorum finis, qui aut loci natura aut terminorum distinctione firmatus est, relinquitur et per uanas demons-
B 66 trationes con|trouersiae includitur.   hoc modo controuersiae plerumque ab ambitiosis possessoribus proximis mouentur. *

A quocumque autem controuersiae de agris mouentur, effectus habent * . . . . ; quotiens consentientibus angu-
20 lis exploratus agrorum finis ad modum rationis accipit
B 67 deter|minationem inlaeso utriusque agri solo: quod genus finitionis plerique inter se conuenientes potius quam iudices sortiti factum consignare malunt; * . . . . cum determinatio alterius partis solum desecat et ita qualitatem agri

2. sermones *B.* ‖ propriae *B.* ‖ 3. latitudo *B.* ‖ 4. semisse *B.* ‖ 7. transcidunt *B.* ‖ 9. monumentum *Rudorffius:* momentum *B.* ‖ fines *B.* ‖ 10. excipient *B.* ‖ quodam ea positione *B.* ‖ 11. proximiaetas *B.* ‖ 12. similitudine fines adferre possint *B.* ‖ 13. agro fines *B.* ‖ 15. controuersia est includitur *B.* ‖ 16. ab ambitio possessoribus pro suis *B. correxit Huschkius.* ‖ 18. controuersia *B.* ‖ 19. *supple* diuersos: *quod Agennius suis deliramentis locum facturus resecuit.* ‖ 20. exproratus *B.* ‖ fines *B.* ‖ rationes accepit *B.* ‖ 21. utroque agris *B.* ‖ quod *om B.* ‖ 22. se *om B.* ‖ 23. sortiti *Rudorffius:* sentiret *B.* ‖ *intellege Frontinum scripsisse* aut. ‖ 24. desecata est a aequalitate *B.*

diuersam dissimili solo applicat, ut plerumque aut ex prato *B*
siluae aliquid adiungatur aut ex silua fine distincto adplicetur ad pratum, et similiter per alias agrorum qualitates;*..... cum est demonstratio finitimis argumentis ex
maxima parte fundata, ita ut et dubiis quoque locis aspec- 5
tum praebeat finitionis;*|..... quotiens finitimorum argu- *B* 63 *G* 34
mentorum caret demonstratione, et partium magis exigit
narrationes, per quas exponendum sit quo rigore termini
desint, aut persuadendum iudici, etiam si loci natura finitimam exhibeat similitudinem, quomodo sint reponendi;* 10
|.... quotiens a trifinia aut quadrifinia aut ex quolibet alio *B* 69
finis loco in excipientem terminum rectura dirigitur et per
incessum definitionis loca quaedam alteri fundo adquirit;
aut quotiens solum aufert et eius loco reddit | utrique (*G*)
fundo.* (*B*)

· ·

De positione terminorum...............

Cum ergo possessor inuenerit terminum in posses- *G* 23
sione sua aliter formatum aut aliter positum quam ceteri
qui in ea possessione sunt, aut non inscriptum ut adso- 20
let, agit de eo, in qua sit positus ratione, seu ipse trifinium faciat siue ab alio lineam procedentem excipiat:
dumque uicinus possessor huic extiterit ambiguitati contrarius, magna inter utrosque controuersia agitatur.

1. diuisis ac simili *B*. ‖ plerumq. euenit ex *B*. ‖ 3. simili per *pr B.*
‖ 4. *adde* item. ‖ cuius *B*. ‖ 5. dubis *B*. ‖ 6. *intellege* aut. ‖ 7. demonstrationem *G*. ‖ partes *B*. ‖ exiget narrationem per quam *G*. ‖
8. quo... desint] *ita Rudorffius:* quod in genere terminandae sit
B, quo sint genere terminandae *G*. ‖ 9. finitimum *B*. ‖ 10. quomodo
sint reponendi *om G*. ‖ 11. *adde* item. ‖ quotiens non a *G*. ‖ aut
alterum om B, sed *G*. ‖ 12. loco excipientis termini recturam *G*. ‖
dirigit *BG*. ‖ 13. incensum *B*. ‖ 14. quotiens *om G*. ‖ auferet *BG*. ‖
et *om B*. ‖ redditur *G*, redditus *B*. ‖ 17. *haec addidi*. ‖ 20. non
add Goesius.

G   Solent enim hae controuersiae de conportionalibus nasci terminibus, * si de eorum latere linea quasi ex artificis manu composita uideatur exire atque in unius termini angulum inpingere qui in limite est positus.* hoc
5 enim plerumque potest in limitibus inueniri. nam si ueteranus, filiis suis unam possessionem diuidens in tres aut quattuor portiones, terminos uoluit interesse, potuit

G 84 quiddam tale | contingere, ut ex multis quicumque respiceret· angulum illius termini qui in maximo est limite
10 constitutus. hos siquidem terminos, qui intra possessionum fines inueniuntur, comportionales appellauit anti-

(*G*) quitas.

G 84 . . . . uidendum hoc diligenti cura. et circuiri agrum ante omnia oportet, de quo intentio uertitur; ut redinte-
15 grato suis fundo limitibus per maximorum limitum rationem, tum de conportionalium terminorum positione, quos uice tabellarum antiqui intercidendis portiunculis inter

(*G*) filios suos defigebant, integra ab artifice ratio proferatur.

. . . .

B 43 secundum locorum naturam mouet causas.

    Si uero in alio loco terminus translatus est usurpandi finis causa, numquam non utique locum desicauit: non enim cito quisquam propter exiguam partem terminum mouet. erit in prouidentia mensoris secundum angulorum
25 finitimorum positionem arbitrari, in quantum sit terminus

B 44 |translatus et qua ratione sit in locum suum restituendus.

    Facillimum est inperitiam artificis aliusue retundere non putantis rationem inesse ordinationi: nam et frequen-

---

11. cumportionales *G*. ‖ 14. et *G*. ‖ 16. po*ss*itione *G*, positionem *P*. ‖ 17. porciunculis *G*. ‖ 20. natura *B*. ‖ 22. causam *B*. ‖ desiccauit *pr B*. ‖ 23. cito *om pr B*. ‖ 24. prouidentiā *B*. ‖ 25. possessionum *B*. ‖ 26. sit] sed *B*. ‖ 27. 28. inperitia artificis alia uerentur non putant rationi inesse ordinem *B*.

ter euenit ut inperitia mensorum audaciam possessoribus *B*
praebeat. numquam non concurrentium inter se finium
anguli, non tantum recti, uerum etiam hebetes aut acuti,
habent aliquam rationem; in quam, si non dissimulemus,
facile quod inperiti turbauerunt artificio restituemus.* 5

De rigore* | refert in quo agro agatur. si limitatus *B* 45. 46
est, aut ordo limitis ordinati desideratur, aut subrunciui
aut linearis aut interiectiui rigoris incessus. at si in agro
arcifinio sit, qui nulla mensura continetur, sed finitur aut
montibus aut uiis aut aquarum deuergiis aut notabilibus 10
locorum naturis, aut arboribus quas finium causa agricolae relinquunt et ante missas appellant, aut fossis aut quodam culture discrimine, ... *(B)*

De fine . . . .

Extremitas finitima linea est quae interuenit aut per *G* 21
iter publicum, quod transcendi non potest secundum legem colonicam, quia omnis limes itineri publico seruire
debet, aut per limites siue terminos aliaue signa quibus
territoria finiuntur, aut ubi in soluto loca remanserunt.
haec autem sunt loca quae in soluto dicuntur, quae aut 20
in saxuosis et sterelibus locis sunt aut in paludibus, ubi
nulla potuit exerceri cultura; quae, dum non esset quod
excoli potuisset, nullis necesse fuit limitum regulis obligari. propterea et soluta loca uocata sunt. *(G)*

. . . . 25
Nam plerumque uia, dum cum limite currit, etiam si *G* 34
uicinalis est aut lignaria aut priuata, finem prestat. regammante uero uia uel limite, dum a se utrimque disces-

---

1. anaudacia possessionib. *B.* ‖ 4. habeant *B.* ‖ in qua *B.* ‖ 6. refe-
rent *B.* ‖ 7. limites ordinari *B.* ‖ 8. interiettibi *B.* ‖ ac si *B.* ‖ 9.
sint *B.* ‖ 11. finiunt *B.* ‖ agriculae *B.* ‖ 13. descrimine *B.* ‖ 14. De
fine *addidi.* ‖ 18. aliaque *G.* ‖ 19. *et* 20. insoluta *G.* ‖ 22. quia
dum *G.* ‖ 25. utrique *G.*

G serint, desinit uia finem prestare, et erit controuersia: sed
G ₃₈. (*G*) inspec|tio artificis eam finiet.

. . . .

B ₄₆. ₄₇ agetur. cum enim loci sit tanta iniquitas, | et aut prae-
5 rupta aut abrupta, quae aut ruere aut minui possent, uetus consuetudo est terminos relatis pedibus in solido agro
ponere. quamquam non erat necessarium, cum ipsa loci
natura talis esset ut neque inferiorem uicinum admitteret
in partem superiorem neque superiori descensum ullo
10 modo praeberet. sed diligentes agricolae propter inpudentium uicinorum consuetudinem parum se tutos credunt, nisi ita fundauerint agros, ut etiam aliquid extra
mensurarum ordinem faciant.

In superciliis autem maioribus non defuerunt qui ita
B ₄₈ finem seruari | uellent, ut quatenus attingere unus quisque
possessor posset, eatinus possideret. uidebimus an aliquam rationem sint secuti, cum sit totum supercilium superioris agri fundamentum, nec, si subruatur, possit sine
iniuria superioris fieri. ideoque magis certior ratio illa
20 uidetur, ut fundamento tenus in agro arcifinio possessio
G ₂₁₃ seruari debeat, | si termini desint.

Frequenter inter se possessores propter loci difficultatem totum supercilium, quod angerentur ipso subiacente,
B ₄₉ inferioribus cesserunt, et contenti fuerunt ter|minos per

1. desit *G.* ‖ et *om G.* ‖ 2. artifici *G.* ‖ 4. et] sed *B.* ‖ 6. terminas
B. ‖ 7. non erant *corr*, nouerant *pr B.* ‖ 8. admittere *B.* ‖ 9. des-
censu *B.* ‖ 10. sed licentia *B. correxit Huschkius.* ‖ agriculae *B.*
‖ inpudentiam *B.* ‖ 11. persecutus credunt *B. correxit Rudorffius.*
‖ 12. fundauerint *Goesius :* fidauerint *B.* ‖ aliquod *B.* ‖ 14. defue-
rit *B.* ‖ 15. finem praes | alii seruari | tari uellent *B.* ‖ 16. possessor possideat in
usu possidere *B.* ‖ uideremus *pr B.* ‖ 17. tutum *B.* ‖ 21. sed termini *pr B,* EX LIBRO FRONTINI SECUNDO. Si termini *G.* ‖ 22. possessoris *B.* ‖ difficultate *B.* ‖ 23. augentur ipsa subiacet *BG.*

summum iugum disponere, nullam secuti rationem. haec *BG*
tamen si occurrunt, non quasi noua intueri debebimus.

Plurimis deinde locis terminos sacrificales non in fine
ponunt, sed ubi illud sacrificii potius oportunitas suadet,
hoc est loci conmoditas, in quo sacrificium abuti conmode 5
possint. hos terminos non statim finitimos obseruare debebimus, etiam si non longe a fine positi fuerint: frequenter enim uiae finiunt, iuxta quas arbores solent esse
laetiores, sub quas defigere terminos sacrificii causa pos-
sessores consue|runt. uerum tamen multi non tantum sa- *B*10
crificii secuntur consuetudinem, sed etiam rationem, et
ipso fine defigunt: propter quod adimi fides sacrificalibus
palis in totum non debet. (fig. 34.)   (*B*)

Nam et locorum elationes et cliuia et colliculi finem *G*214
faciunt.   15

Termini autem si transuersi positi fuerint, gammam
faciunt, sed non statim trifinium ostendunt. (fig. 35.)   (*G*)

. . . .

De loco . . . .
haberi ordinem legis Mamiliae excessum plurimum, prae- *B*
cipue in agris archifiniis, sed nec minus in adsignatis.
cum enim modum loci nulla forma praescribit et controuersia oritur, * solent quidam per inprudentiam mensores
arbitros conscribere aut sortiri iudices finium | regundo- *B*51
rum causa, quando in re praesenti plus quidem quam de 25
fini regundo agatur. sic fit ut post sententia inrita sit, et

---

2. quisi *G.* ‖ debemus *G.* ‖ 4. illo *G.* ‖ suadet poni. hoc *G.* ‖ 5. commoditas *G.* ‖ commode *G.* ‖ 11. sequuntur *G.* ‖ rationem in ipsis
finitionis defigere maluerunt. *G.* ‖ 14. dationes et triuia *G. correxit
Scriverius.* ‖ 19. *addidi.* ‖ 20. praecipuae magis archifiniis *B.* ‖ 22.
cum] cuius *B.* ‖ 23. quidem *B.* ‖ 26. finium *B.* ‖ sic ... et] si fit
ut possentiam inritum sit *B.*

B rescindi possit quod aut iudex aut arbiter pronuntiauerint, neque ullum commissum faciat qui sententiam non sit secutus, quando de alia re iudicem aut arbitrum sumpserint.

De loco, si possessio petenti firma est, etiam inter-
5 dicere licet, dum cetera ex interdicto diligenter peragantur: magna enim alea est litem ad interdictum deducere, cuius est executio perplexissima. si uero possessio minus
*B*⁵² firma est, mutata formula |iure Quiritium peti debet proprietas loci; iudicari praeterea, si locus de quo agitur aut
10 terminis aut arboribus aut aliquo argumento finem aliquem agri declaret et a continuatione soli quasi quibusdam argumentis eximatur.

Ne praetereat nos, illut etiam tractare debemus, si arbores finitimas habet et locus est fere siluester, quo in
15 genere est possessio minus firma, ne certetur interdicto. quod si silua cedua sit, post quintum annum parcissume repetatur. qui autem appellent arbores notatas, scire de-
*B*⁵³ bemus idioma regionis. qui claui|catas uocant quas finis declarandi causa denotant, ut in Brittiis, alii in Piceno si-
20 tiagitat, in aliis regionibus insignes aut notas.

Si uero pascua sit et dumi ac loca pene solitudine derelicta, multo minorem possessionis habent fidem. propter quod minime de his locis ad interdictum iri debet.

De quibus autem locis ad interdictum iri potest, sunt
25 fere culta, quae possessionem brebioris temporis testimonio adipiscuntur, ut arba aut bineae aut prata aut aliut ali-

---

2. sententia *B*. ‖ 3. iudicum *B*. ‖ 4. de hoc loco *B*. ‖ 5. peraguntur *B*. ‖ 7. perpexissima*s* *B*. ‖ 13. praeterea *B*. ‖ 15. ne certetur interdicto *Huschkius:* decernatur ideo *B*. ‖ 16. partes sumere petatur *B. correxit Rudorffius.* ‖ 17. appellant *B*. ‖ 18. ininigoma *B*. ‖ qui clauicatas *B: puto* quidam plagatas. ‖ fines *B*. ‖ 19. denotantur. in *B*. ‖ *fortasse* signatas, ‖ 20. insignis *B*. ‖ 21. et dum haec loca *B*. ‖ 22. minorum *B*. ‖ 23. inime *B*. ‖ 24. ire possunt fere *B*. ‖ 26. ut arua *Huschkius:* aut arbor *B*. ‖ prata *B*.

quod genus culturae. haec tamen cum in demonstratione *B*
allegabuntur, etiam si partes quaedam proximae | et in- *B* 54
teriacentes culture fuerint propriae, non erit satis illas
sui generis agro adsignare, sed circuire oportebit totum
fundum et ita fidem obligare, ne demonstratione negle- 5
genter soluta appareat.

De modo controuersia*frequenter in agris adsignatis
exercetur: agitur enim ut secundum acceptam eius ueterani
qui in illud solum deductus est, modus restituatur; | aut *B* 55
si quando praescribtus est lege aliqua agri modus. 10

Quom autem in adsignato agro secundum formam
modus spectetur, solet tempus inspici et agri cultura. si
iam excessit memoria abalienationis, solet iuris formula [non
silenter] interuenire et inibere mensores, ne tales controuersias concipiant, neque quietem tam longae posses- 15
sionis inrepere sinit. si et memoria sit recens, et iam
modus secundum centuriam conueniat et loci natura indicetur et cultura, nihil inpediet secundum formas aestimatum petere: lex enim modum petiti definite prescribit,
cum ante quam | mensura agri agatur modus ex forma *B* 56
pronuntiatus cum loco conueniat. hoc in agris adsignatis
euenit. nam si aliqua lege uenditionis exceptus sit modus, neque adhuc in mensuram redactus, non ideo fide
carere debebit, si nostra demonstratio eius in agro non
ante finiri potuerit quam de sententia locus sit designatus. 25

1. cultum *B*. ‖ 2. abligabuntur *B*. *correxit Goesius*. ‖ quadam *B*.
‖ iniacentes *B*. ‖ 3. propria *B*. ‖ erint *B*. ‖ illa *add corr B*. ‖ 4.
sua *B*. ‖ 5. fundum finem et ita obligare *B*. ‖ 8. ueterani *Huschkius:* aeterni *B*. ‖ 11. Quom] quae *B*. ‖ 12. culturae *B*. ‖ 13.
memoriam *B*. ‖ 14. mensores et alii controuersiae concipiat *B*. ‖
16. inrepere nisi et *B*. ‖ 17. inretetur *B*. ‖ 18. formas nec est ini-
tum deterre lex *B*. ‖ 19. modo petitis definita *B*. ‖ prescribit *add
corr B*. ‖ 24. nostra] non *B*. ‖ 25. locutus *B*. ‖ *in fine uer-*

. . . .

B in hac controuersia, quod inter priuatos tractatur.

Nam inter res publicas non mediocriter eius modi
controuersia solet exerceri, quam frequenter coloniae ha-
5 bent cum coloniis aut municipiis aut saltibus Caesaris aut
B 57 priuatis. | *nec enim refert, cuius sit solum aut cuius
iuris, ad mouendam controuersiam: tunc autem habet differentiam, prout a iudice tractatur.

Obseruari in hac controuersia a mensore debebit li-
10 neis: * et habet aes, quoius formam respicit, cum modus
B 58 in discrimine | est. ars triplici adtestatione firmatur: ha-
bere enim debet aes primo locum, deinde modum, deinde
speciem. at si inter res publicas agatur aut rem publicam et Caesarem, instrumentis forte ueteribus continebi-
15 tur, ut solet, adaeratio. * . . . .

. . . .

A 163 *B* 1 ad lu|cum Feroniae Augustinorum iugera M. haec in discri-
men si uenerunt, omnia supra dicta conuenienter habere
debent, ut illa sint quae secundum formam proponuntur.

20 . . . .

geminus in prouinciis modus ab alio possidetur, ab alio

sus uacuum spatium *B,* cui corrector antiquus inscripsit
dragma. ‖ 2. iter *B.* ‖ 3. inter res precas non *B. debebat scribi*
p̄cas. ‖ 5. colonis *B.* ‖ 6. referri cuius sint *B.* ‖ 7. habent differentia prius ali adice (*corr* adigent) *B.* ‖ 9. a om *B.* ‖ lineis *Goesius*:
in eis *B.* ‖ 10. 11. et habent in se quib. formam redigit cuius modus
in crimine | deside pars *B. in his* ars *Blumio debetur.* ‖ 12. debet
in se primu *B.* ‖ 13. at] ut *B.* ‖ res publicas om *B.* ‖ agatur au-
rum praeca et caesarum *B.* ‖ 14. forte] fouet *B.* ‖ continebatur *B.*
‖ 15. adiuratio *B. conf. Frontinus supra p.*32,5 ‖ 17. ad lu *ad-*
didi. Cum per omnium *AB. conf. p.*47,3 *et* 19. ‖ agustinorum *A.*
Colonia Iulia Felix Luco Feronensis est in Orellii inscript.
4099. ‖ iugerum haec in discrimine se uenerunt *AB.* ‖ 19. debentur
illa sit *AB.* ‖ que *A.* ‖ forma *AB.* ‖ 21. geminus *Huschkius*: me-
mini *AB.* ‖ possedetur *A et pr B,* possederetur *corr B.*

ne quidem simplex. quem admodum autem fieri soleat, trac- *AB*
tare non alienum iudico. potest enim fieri ut illa mille
iugera secundum ordinationem mensoris a luco quidem incipiant, at in diuersa regione. quod falsum manifesto ap-
paret: sed in de|monstratione inperitis obscurissimum est *B* 2
dinoscere an secundum formam regio conueniat praesens, si
ut aquae diffusae regiones pareant et argumentis aut arborum aut aliarum rerum careant; sicut in Africa, ubi spatiositas et inundatio camporum eius modi controuersias facillime in errorem deducit. quod si eadem mille iugera, 10
in eodem sane loco quo forma indicat, cohibitis angulis

in re presenti minoribus lineamentis deformentur, ut mo-
dum non expleant, se|quitur falsum futurum, quando nihil *B* 3
amplius demonstrationi quam locus conueniat, et specie 15
disconueniente, uelut AD pro CA scripta, modus item dis-
conueniat. at si in eodem loco uelim eadem mille iugera
aliis lineamentis describere, conuenient quidem mille iu-
gera, et ad lucum Feroniae | esse conueniet, sed specie *A* 164
disconueniente inter peritos manifeste falsum apparebit.* 20
|conuenire autem omnino in restitutione formarum omnia *B* 4
debent, ut secundum signa in formis nominata locus qui-

1. quedem semplex *A*. ‖ solet ac *AB*. ‖ 2. iudicio *AB*. ‖ 3. sermonis
AB. ‖ 4. et in diuersam regionem *AB*. ‖ falsam manifestum *AB*. ‖
6. presens *A*. ‖ si ut aquae] itaquae *A*, itaq. *B*. ‖ 7. diffuse *B*. ‖ 11.
quo om *AB*. ‖ formam de (dictat *B et corr A*) cohibitis *AB*. ‖ 12.
ubi diagramma posui, AB habent nihil deest ‖ 13. liniamentis *B*.
‖ 15. species, *omisso* disconueniente, *pr B*. ‖ 16. ad pro centa
adscripta *AB*. ‖ item] antem *AB*. ‖ 17. ut si *A*, aut si *B*. ‖ uelit in
eadem *AB*. ‖ 18. aliis liniamentis *usque ad* mille iugera *corr B om
pr* ‖ discribere *AB*. ‖ 19. speciae *A*. ‖ 21. omni homini restitutione
AB.

AB cumque erat restituatur, aut artificio signorum loca requirantur, si erint, ut frequenter euenit, turbata. ea docere
nos angulorum positiones poterint. sic erit ut et artis
sinceritas seruetur et ordo ueteris adsignationis non prae-
5 termittatur.

B 5   *De proprietate agitur plurimum iure ordinario,
neque est hic mensurarum interuentus, nisi cum queritur
quatenus agatur.

(AB)   Proprietas non uno genere uindicatur. |

G 27   Nam ubi mons fuit proximus asper seu sterelis, super
quo fundi constitui nequiuerunt, aut forte aquae inopia habitatio hominibus prorsus negata est, siluae tamen dum
essent glandiferae, ne earum fructus perirent, diuiso monte
particulatim datae sunt proprietates quaedam fundis in
15 locis planis et uberibus constitutis, qui paruis fluminibus
AB stringebantur. | et sunt plerumque agri, ut in Campania
in Suessano, culti, qui habent in monte Massico plagas
A 165 B 6 siluarum determinatas: (fig. 36.) * | nam et formae antiquae
(G) declarant ita esse | adsignatum, quoniam solo culto nihil
20 fuit siluestre iunctum quod adsignaretur.

Relicta sunt et multa loca quae ueteranis data non
sunt. haec uariis appellationibus per regiones nominantur: in Etruria communalia uocantur, quibusdam prouin-
G 18 ciis pro indiuiso. | haec fere pascua certis personis data
25 sunt depascenda tunc cum agri adsignati sunt. haec pas-
B 7 cua multi per inpotentiam inuaserunt | et colunt: et de

2. erit *AB*. || ea *addidi*. || 6. propietate *A*. || 7. est] enim *AB*. ||
nisi conqueritur *B*, nisi conquiritur *A*. || 9. propietas *A*. || non *om*
AB. || 15. funibus *G*. || 16. ea sunt ... culti *AB*, nam et insuessano
culti sunt *G*. | 17. habeant *A*. | marico *ABG*. mons aricus *in dia-*
grammate A. || 18. antique *AG*. || 20. siluestrae *AB*. | 22. per re-
gionibus *A*. || 23. eatruria *A*, aetruria *B*. || 24. pro indiuisa *AB*. |
25. tunc eum agrum ... pascua *AB*, sed in communi quae *G*. || 26.
per potentiam *ABG*. || et *ante* de *om G*.

eorum proprietate solet ius ordinarium moueri, non sine *ABG*
interuentu mensurarum, quoniam demonstrandum est quatenus sit adsignatus ager. (*G*)

Nam per emptiones quasdam solet proprietas qua-
rundum possessionum ad priuatas personas pertinere. quae 5
iure magis ordinario quam mensuris explicantur.

Nunc ut ad publicas personas respiciamus, coloniae
quoque | loca quaedam habent adsignata in alienis fini- *G*₂₈
bus, quae loca solemus praefecturas appellare. * | solent *B*₈
et priuilegia quaedam habere beneficio principum, ut longe 10
[et] semotis locis saltus quosdam reditus causa accepe-
rint. | * sunt et alie proprietates quae municipiis a princi- (*AB*)
pibus sunt concessae. | * (*G*) *AB*

De possessione * | plurimum interdicti formula liti- *A*₁₆₇*B*₁₀
gatur. de qua et in superiore parte meminimus: ideoque 15
non puto eam iterum retractandam. (fig. 37.) (*AB*)

De allubione * . . . . *A*₁₆₉*B*₁₄
in hac controuersia plurimum sibi uindicat ius ordinarium.
agitur enim de eo solo quod alluat flumen, et subtiles
intro ducuntur questiones, an ad eum pertinere debeat 20
cui in altera ripa recedente aqua solum creuit, an hic qui
aliquid agri sui desiderat transire et possidere illud debeat quod flumen reliquid. nisi quod illud subtilissime

---

1. propriaetate *A*. ‖ ius ordinarium solet *G*. ‖ non sine *AB*, atque
G. ‖ 2. quoniam . . . quatenus *AB*, demonstratur ut *G*. ‖ 3. adsignatum *A*. ‖ 4. Nam] non *AB*. ‖ propriaetas *A*. ‖ 5. possessionem *B*. ‖
priuatas *add Rudorffius*. ‖ 8. 9. habent assignata in alienis finibus
quaedam loca quae solemus *G*. ‖ 8. quedam *A*. ‖ 10. beneficia *ABG*.
‖ ut *B*, ut *A*, quod *G*. ‖ 11. semotis *P*, remotis *A*, remotis
BG. ‖ saltos *G*. ‖ acciperunt *G*. ‖ 14. interiecti *AB*. ‖ formula
A. ‖ 15. *conf. p.* 44. ‖ 18. controuersiam *A*. ‖ 19. flumem *A et
pr B*. ‖ 21. an *om AB*. ‖ 22. transsire *B*. ‖ illa *AB*. ‖ 23. quo flumen *B*. ‖ subtilissimae *B*, subtulissime *A*.

4

A B 15 profertur, | quod is solum amisit, non statim transire in
alteram ripam, sed abductum esse et elotum. et illud,
contra uicinum longe dissimilem agrum habere; quod hic
forte cultum et pingue solum amiserit, aput illum autem
5 harenae lapides et limum abluuio inuectum remanserit. illud praeterea, quod finem illis semper aqua fecerit et nunc
A 170 quoque | facere debeat.

Sunt et multi casus de quibus subtiliter tractatur:
sed nec uno tantum genere per alluuionem flumina pos-
B 16 sessoribus iniurias faciunt. sicut | Padus relicto albeo suo
per cuiuslibet fundum medium inrumpit et facit insulam
inter nouum et ueterem alueum. ideo de hac re tractatur, ad quem pertinere debeat illud quod reliquerit; cum
iniuriam proximus possessor non mediocrem patiatur, per
15 cuius solum amnis publicus perfluat. nisi quod iuris periti aliter interpraetantur, et negant illud solum quod solum p. R. coepit esse, ullo modo usu capi a quoquam
mortalium posse. et est uerissimum. ita neuter possessor
B 17 excedere finem | illum ueteris aquae ullo iure potest aut
G 29 debet. | hae quaestiones maxime in Gallia togata mouen-
tur, quae multis contexta fluminibus inmodicas Alpium
niues in mare transmittit et subitarum regelationum re-
(*G*) pentina inundatione patitur | iniurias.

Quaeritur tamen qualia et quanta sint flumina in qui-

---

1. perfertur cuius solum misit *AB*. ‖ 2. esset elotum *AB*. ‖ 4. pin-
guae *AB*. ‖ 6. preterea *A*. ‖ aque *A*. ‖ 8. casus *addidi*. ‖ tractaret,
A. ‖ 10. palus *AB*. ‖ 12. idem de hoc re *AB*. ‖ tractur *A*. ‖ 14.
possor non mediocres *A*. ‖ 15. prefluat *A*, praefluat *B*. ‖ 16. illum
AB. ‖ 17. capi at *AB*. ‖ 18. ueri (uiri *A*) simile *AB. correxit
Huschkius*. ‖ 19. excidere *A*. ‖ adque *AB*. ‖ 20. haec *G*, haec *in
litura corr B*. ‖ questiones *AG*. ‖ tota *ABG*. ‖ 22. nibes *A*. ‖ trans-
mittet et *AB*. ‖ relegationum *AB*. ‖ repentinas inundationes (-nis
B) *ABG*. ‖ 24. et *om AB*.

bus alluuio obseruari debeat. nam et iure continetur ne- *AB*
quis ripam suam in iniuriam uicini munire uelit.

Multa flumina et non mediocria in adsignationem
mensurae antiquae ceciderunt: nam et | deductarum co- *B* 18
loniarum formae indicant; ut multis fluminibus nulla la- 5
titudo sit relicta. sequitur in his fluminibus artem men-
soriam aliquem locum | sibi uindicare, quatenus acto li- *(A)*
mite accepta finiatur, qua uel aquam uel agrum uel
utrumque habere debeat unus. fuit enim fortasse tunc
ratio non simplex, qua deberet quis quid deductorum 10
etiam aquae accipere. primum quod exiguitas agrorum
conditorem ita suadebat. deinde quod non erat ingratum
possessori proximum esse aquae commodo. tertio | quod, *B* 19
si sors ita tulerat, aequo animo ferendum habebat. in his
agris exigitur fere mensura secundum postulationem aeris 15
formarumque. quo pertica cecidit, eatenus acceptae designantur.

Videbimus an inter mensores et iuris peritos esse
de hoc quaestio debeat, cursum an perticam sequamur,
si qua usque potuit ueteranis est adsignatum. scio in 20
Lusitania, finibus Emeritensium, non exiguum per mediam
coloniae perticam ire flumen Anam, circa quod agri sunt
adsignati qua usque | tunc solum utile uisum est. propter *B* 20
magnitudinem enim agrorum ueteranos circa extremum
fere finem uelut terminos disposuit, paucissimos circa 25

1. et *om A.* ‖ contenetur *A.* ‖ 2. in iniuria *AB.* ‖ munere *A.* ‖ 3.
adsignatione *B.* ‖ 4. antique *A.* ‖ 5. formae ita dicant *AB. correxit
Huschkius.* ‖ 6. relitta *AB.* ‖ mensuriam *A.* ‖ 7. aliquod *AB.* ‖
sibi uindicare *alia manu A.* ‖ quando exacto *B.* ‖ 8. quae uel
aqua *B.* ‖ 10. quis quod *B.* ‖ 11. aquae] quam *B.* ‖ 12. quod *addidi.* ‖ 13. adq. *B.* ‖ 14. fors *N. Heinsius ad Ouidii metam.*
1,297; *non recte.* ‖ 15. aeris] eius *B.* ‖ 18. uiderimus *B.* ‖ 19.
perticam sequamur *Rudorffius*: praetium etiam *B.* ‖ 20. usquae *B.* ‖
21. exiguam *B.* ‖ 22. perticam prae fluminanam *B.*

B coloniam et circa flumen Anam: reliquum ita remanserat,
ut postea repleretur. nihilo minus et secunda et tertia
postea facta est adsignatio: nec tamen agrorum modus
diuisione uinci potuit, sed superfuit inadsignatus. in his
G 29 agris cum subsiciua requirerentur, | inpetrauerunt posses-
B 21 sores a praeside prouinciae eius, ut aliquam latitu|dinem
(*G*) Anae flumini daret. | quoniam subsiciua quae quis occu-
pauerat redimere cogebatur, iniquum iudicatum est ut
quisquam amnem publicum emeret aut sterilia quae allue-
10 bat: modus itaque flumini est constitutus. hoc exempli
G 29 causa regerendum existimaui. | nam et in Italia Pisauro
flumini latitudo est adsignata eatenus qua usque ad-
(*G*) lababat. (fig. 39.)

B 22   De iure territorii controuersia * | non tantum inter
A 171 res publicas sed et inter |rem p. et priuatos exercetur, nec
tantum iure ordinario sed et arte mensoria conponitur.

   Inter res p. autem controuersiae eius generis mouentur, ut quaedam sui territorii iuris esse dicant, quamuis sint intra aliaenos fines, munificentiamque coloniae
B 23 aut municipio ex his locis | deberi defendant. sed haec
quaedam coloniae aut beneficio conditorum perceperunt,
G 30 | ut Tudertini, aut postea aput principes egerunt, ut Fa-
nestres, ut incolae, etiam si essent alienigenae, qui intra territorium colerent, omnibus honeribus fungi in colonia de-

---

1. flumina reliquum *B*. ǁ 6. presidae prouintiae ut *G*. ǁ 7. Anae] an
B, om *G*. ǁ 10. flumi *B*. ǁ 11. reigerendum, *rec alii* referendum, *B*.
ǁ pisaurum *G*. ǁ 12. eitenus *pr B*. ǁ quo usque alluebat *G*. ǁ 16. artem *AB*. ǁ mensuria *B*, mensuriam *A*. ǁ componitur *B*. ǁ 18. quidam *AB*. ǁ 19. munificentiam quoque *AB*. ǁ 20. locus *AB*. ǁ haec]
ae *A et pr B*, aec *corr B*. ǁ 21. perciperunt *A*. ǁ 22. tŭdestini *A
et pr B*, tŭdettini *corr B*. ǁ aut postea *AB*, qui *G*. ǁ utfanes tres
incolae si *G*. ǁ 23. aliaeniginae *A*. ǁ 24. incolerent *G*. ǁ omnibus]
alii hominibus *AB*, om *G*. ǁ honoribus *ABG*. *correxit Rudorffius*.
ǁ coloniam *AB*, colonia non *G*.

berent. hoc Fanestres nuper inpetrauerunt, | Tudertini *AB (G)*
autem beneficio habent conditoris.

Inter res p. et priuatos non facile tales in Italia controuersiae mouentur, sed frequenter in prouinciis, praeci-
pue in Afri|ca, ubi saltus non minores habent priuati *B* 24
quam res p. territoria: quin immo multis saltus longe
maiores sunt territoriis: habent autem in saltibus priuati |
non exiguum populum plebeium et uicos circa uillam in
modum munitionum. tum r. p. controuersias de iure territorii solent mouere, quod aut indicere munera dicant 10
oportere in ea parte soli, aut legere tironem ex uico, aut
uecturas aut copias deuehendas indicere * | eis locis quae *B* 25 *A* 171
loca res p. adserere conantur. eius modi lites non tantum
cum priuatis hominibus habent, sed et plerumque cum
Caesare, qui in prouincia non exiguum possidet. * | *B* 26

D e subsiciuis * | maximae controuersiae agitantur.   *A* 167 / *B* 10. 11
cum enim adsignatio in agro adsignato fieret, non potuit
omnis modus intra IIII limites ueteranis | adsignari. * in *A* 168
his subsiciuis quidam iterum miserunt quibus agri adsignarentur, quidam et subsiciua coloniis concesserunt. ideo- 20
que semper hoc genus controuer|siae a rebus publicis *B* 12
exercentur. per longum enim tempus attigui possessores
uacantia loca quasi inuitante otiosi soli oportunitate inuaserunt, et per longum tempus inpune commalleauerunt.

---

1. sed fanes tres hoc postea impetrauerunt ut eis liceret fungi honoribus *G*. ‖ fanestras *A*. ‖ 2. beneficium *AB*. ‖ conditores *A*. ‖
3. controuersias *AB*. ‖ 4. praecipuae *AB*. ‖ 6. qui immo multi *AB*.
‖ 7. priuatis *AB*. ‖ 9. municipiorum *AB*, *omisso* tum. ‖ territori
A. ‖ 10. solet *AB*. ‖ 11. autem legere *AB*. ‖ 13. reb. p̄. *AB*. ‖ 15. qui
om AB. ‖ 16. agantur *A*. ‖ 17. cum autem *AB*. ‖ 18. omnes *AB*.
‖ 20. colonis *AB*. ‖ 21. reb. p̄. *B*. ‖ 22. attingui *AB*. ‖ 23. inritante
AB. ‖ soli *addidi*. loci *pro* otiosi *Rigaltius ex p.*56,10. ‖ oportu-
nitatem *AB*. ‖ inuenerunt *A*. ‖ 24. commaluerunt *AB*.

AB horum subsiciuorum multae res p. etiam si sero mensuram repetierunt, non minimum aerario publico contulerunt. pecuniam etiam quarundam coloniarum imp. Vespasianus exegit, quae non haberent subsiciua concessa: non enim *B*13 fieri poterat ut solum | illud quod nemini erat adsignatum, alterius esse posset quam qui poterat adsiguare. non enim exiguum pecuniae fisco contulit uenditis subsiciuis. sed posquam legationum miseratione commotus est, quia quassabatur uniuersus Italiae possessor, intermisit, non 10 concessit. aeque et Titus imp. aliqua subsiciua in Italia recollegit. praestantissimus postea Domitianus ad hoc beneficium procurrit et uno edicto totius Italiae metum liberauit.

*B*14   Haec controuersia numquam a priuatis exercetur. (*AB*) (fig. 38.)

*A*172*B*26   De locis publicis *................

*A*173   Sunt autem loca publica haec quae inscribuntur ut SILVAE ET PASCVA PVBLICA AVGVSTINORVM. haec uidentur nominibus data; quae etiam uendere possunt.

20   Est alia inscribtio, quae diuersa significatione uidetur *B*27 esse, in quo loco | inscribitur SILVA ET PASCVA, aut FVN-DVS SEPTICIANVS, COLONIAE AVGVSTAE CONCORDIAE. haec inscribtio uidetur ad personam coloniae ipsius pertinere,

---

1. subsiciuorum subsiciuorum *bis AB*. ‖ multe *A*. ‖ 2. non minimum *B*, nominum *A*. ‖ in italia *post* contulerunt *supra scriptum A*. ‖ 4. exigit *AB*. ‖ haberunt *AB*. ‖ 7. uinditis *A*. ‖ 8. miserationem *B*. ‖ 9. non *bis A*. ‖ 11. prestantissimus *A*. ‖ 12. liuerauit *A*. ‖ 14. hae *B*. ‖ exercetur. Postea domitianus ad hoc beneficium procurrit et uno edicto suscem *A*. ‖ 17. scribuntur silua *Boethius p*. 1538. ‖ 19. nominibus *Rudorffius*: hominibus *AB*. ‖ 20. qua *AB*. ‖ significatio *AB*. ‖ 22. auguste *B*.

neque ullo modo abalienari posse a re publica. item si- *AB*
quid in tutelam aut templorum publicorum aut balneorum adiungitur. *(AB)*

Sunt siluae de quibus lignorum cremia in lauacra *G*₃₂
publica ministranda caeduntur. sunt et loca publica quae 5
in pascuis sunt relicta quibuscumque ad urbem uenientibus peregrinis.

Habent et res p. loca suburbana inopum funeribus *AB*
destinata, quae loca culinas appellant. habent et loca
noxiorum poenis destinata. ex his locis, cum sint subur- 10
bana, sine ulla religionis reuerentia solent priuati aliquid
usurpare et hortis | suis adplicare. | de his locis, si r. p. *B* ₂₈. *(G)*
formas habet, cum controuersia mota est, ad | modum men- *(A)*
sor locum restituit: sin autem, utitur testimoniis et quibuscumque potest argumentis. *(B)*

Sunt autem loca publica coloniarum, ubi prius fuere *G*₃₂
conciliabula et postea sunt in municipii ius relata. sunt
et alia loca publica quae praefecturae appellantur.

*Nam et ubi uis aquae alueo Tiberis prominentem *G*₃₂
modo insulam fecit, locus est publicus, si siluae etiam 20
sunt iuxta hunc alueum suis circum datae terminibus,
quae communalia nominantur. *(G)*

*Loca autem relicta et extra clusa non sunt nisi in *A* ₁₇₄ *B* ₂₈

---

1. neque] qui *AB*, quae *Boethius*. ‖ ablienari *AB*. alienari (*uel* alienare) nequeunt et possident tutelam aut templorum publicorum aut
balnearum [adiungitur] *Boethius*. ‖ a rei publicae *AB*. ‖ it̄ siquid
supra scripta AB, et quidem A alia manu. ‖ 2. autem templorum
A. ‖ 4. cremia] copia *G.* ‖ 8. Sunt in suburbanis loca publica inopum destinata funeribus *G.* ‖ 9. collina *uel* collinas *Boethius.* ‖ habent *AB*, sunt *G.* ‖ 12. et *AB*, atque *G.* ‖ 13...15. *ima pars paginae* 173 *A recisa.* ‖ 13. mensor *om B.* ‖ 19. aluei tiberis populi
romani tantum modo *G.* ‖ 20. si *om G.* ‖ 21. hoc alueo *G.* ‖ 22. casalia *G.* ‖ nominantur *Rigaltius*, non utuntur *G.*

AB finibus coloniarum, ubi adsignatio peruenit usque qua cultum fuit, quatenus ordinatione centuriarum intermissa *B* 89 | finitur. ultra autem siluestria fere fuerunt et iuga quaedam montium, quae uisa sunt finem coloniae non sine *G* 33 magno argumento facere posse. | ergo fines coloniae inclusi sunt montibus. propter quod haec loca, quod adsignata non sint, relicta appellantur; extra clusa, quod extra limitum ordinationem sint et tamen fine cludantur. haec plerumque proximi possessores inuadunt et oppor-

10 tunitate loci inuitati agrum optinent. cum his controuer-

(G) siae a rebus publicis solent moueri.

A 176 *B* 30 De locis sacris et religiosis * primum * quaeritur an ea loca ullo modo usu capi possint: deinde, quatenus possunt, secundum locum habent mensurae.

15 Locorum autem sacrorum secundum legem populi Rom. magna religio et custodia haberi debet: nihil enim magis in mandatis etiam legati prouinciarum accipere so- *B* 31 lent, | quam ut haec loca quae sacra sunt custodiantur. hoc facilius in prouinciis seruatur: in Italia autem densi-

20 tas possessorum multum inproue facit et lucos sacros occupat, quorum solum indubitate p. R. est, etiam si in finibus coloniarum aut municipiorum. de his solet quaestio non exigua moueri inter r. p. et priuatos.

Sed et inter res publicas frequenter eius modi con-

25 tentio agitatur de his locis in quibus conuentus fiunt maiores et aliquod genus uectigalis exigitur.

---

1. utque *A et pr B*. ‖ 2. ordinatio *AB*. ‖ 3. quedam *A*. ‖ 6. propterea haec *G*. ‖ 7. non sit *AB*. ‖ et extraclusa *G*. ‖ 8. ordinationes *G*. ‖ cludantur *A*, cludatur *B*. ‖ 9. plerumquæ *A*. ‖ opportunitatem *AB*, oportunitate *G*. ‖ 10. inritati *AB*, irritati *G*. ‖ obt. *G*. ‖ 12. queritur *A*. ‖ 13. possit *B*. ‖ 14. possint *AB*. ‖ mensure *B*. ‖ 15. locurum *A*. ‖ 19. densisas *A*. ‖ 20. locus sacrus *A*. ‖ occupant *AB*. 22. questio *A*. ‖ 24. r̄. p̄. *A*. ‖ contentio *Rudorffius*: sententia *AB*. ‖ 25. agitantur *B*. ‖ 26. uectigales *A*, uettigales *B*.

Nam et de aedibus sacris, | quae constitutae sunt in *AB* 32
agris, * similes * oriuntur quaestiones; sicut in Africa inter
Adrumentinos et Tysdritanos de aede Mineruae, de qua
iam multis annis litigant. (fig. 40.)

Sunt et loca sacra quae re uera priuatis finibus rei 5
p. coloni debent. haec plerumque interuentu longe obli-
uionis casu a priuatis optinentur, | quamquam in tabula- *A* 176
riis forme eorum plurimae extent. | si enim loca sacra *(AB)G* 33
aedificabantur, quam maxime apud antiquos in confinio
constituebantur, ubi trium uel quattuor possessionum ter- 10
minatio conueniret. et unus quis possessor donabat certum modum sacro illi ex agro suo, et quantum donasset
scripto sanciebat, ut per diem sollemnitatis eorum priuatorum agri nullam molestiam inculcantis populi sustine-
rent. sed et siquid spatiosius cedebatur, sacerdotibus 15
templi illius proficiebat. in Italia autem multi * templorum loca occupauerunt et serunt. *

Nam lucos frequenter in trifinia et quadrifinia inue- *G* 34
nimus, sicut in suburbanis et circa publica itinera consti-
tuta Moesilea*. | haec maxime aut in loco urbis aut subur- *(G)AB*
banis locis a priuatis detinentur.

De aqua plubia arcenda controuersia * | per regio- *B* 33
nes uariis generibus exercetur. * in Italia [aut quibusdam
prouinciis] non exigua est iniuria, si in alienum agrum
aquam inmittas; in prouin|cia autem Africa, si transire non *B* 34
patiaris.

---

1. Nam *om B.* ‖ hedibus *B,* hedebus *A.* ‖ constitute *A.* ‖ 3. adsdru-
mentinos *A.* ‖ tysdrytanos *A,* tisdytranos *B.* ‖ minerbe *A.* ‖ 5. bera a
pribatis *A.* ‖ finibus pr. coli *AB.* ‖ 6. hec *A.* ‖ interuento *AB.* ‖ obli-
bionis *A.* ‖ 7. causa *A, om B.* ‖ 8. furme *A.* ‖ earum *AB.* ‖ 9. maximae
G. ‖ 13. sanciebat *Scriuerius:* faciebat *G.* ‖ 15. cædebatur *G.* ‖ 18.
in trifinio et quadrifinio *Turnebus. sed uide supra* p. 39,11. ‖ 19.
constitutum *G.* ‖ 20. Moesilea] esse *G.* ‖ 21. detenentur *AB.* ‖ 22.
publia *B.* ‖ 23. uaris *AB.*

A (77 *B*   Eiusdem | condicionis est controuersia de cloacis du-
cendis et fossis caecis. quod totum, nisi per finem aga-
(*AB*) tur, ad ius ordinarium pertinet. (fig. 41.)

*G*³⁴   Si aqua ex pluuia collecta riuum fecerit per longin-
5 quitatem temporum, et ut solet fieri ripam ex utraque
parte mediam secans erexerit, et hoc citra fines alterius;
dumque riuus ille liti includitur, possessor uicini agri calumniose sibi uelit fines ad riuum usque defendere, non
mediocris exinde controuersiae genus exoritur: sed hoc
(*G*) mensoris est peritia finiendum.

AB   De itineribus * quaestio multipliciter tractatur.

Nam in agris centuriatis excipitur limitum latitudo
causa itineris: sed cum illi recturas suas per qualiacum-
*B*³⁵ que loca extendant, hoc | est qua ratio dictauit, per cli-
15 uia et montuosa, qua iter nullo modo fieri potest, quae
loca fortasse possessori siluae causa sint utilia, horum loco
non inique, per quae possit loca commode iri, iter commutant.

A 178   Nam quae sit condicio itinerum, | non exigua iuris
20 tractatio est. agitur enim utrumne actus sit an iter an
ambitus. per quae loca quid liceat populo, iure con-
(*AB*) tinetur.

---

2. fosis *AB*. ǁ caesis *A*. ǁ 5. fieri *Goesius:* uideri *G*. ǁ 6. citra]
intra *G*. ǁ 7. limite *G*. ǁ 11. questio multiplicetur *A*. ǁ 13. iteneris
A. ǁ 14. per diuia *AB*. ǁ 15. que loca fortassae *A*. ǁ 16. possessores *AB*. ǁ 17. per quam posset loca commodiora iter *AB*. ǁ 19. ite-
nerum *A*. ǁ 20. actu *A*. ǁ sit an inter ambitus *AB*. ǁ 21. per que *A*.
ǁ contenetur *A*.

INC. AGENI VRBICI
DE CONTROVERSIIS AGRORVM.

. . . .

aduersantur, nequid in rerum natura finitum esse uidea- *B 83*
tur. ac si rationis actum uniuersaliter adpraehendere pro- 5
ponimus, ut ab initio quodam ad certam finium dispositionem procedit et exigit ornatum, silentio transire nequeo.

Si enim uox, quam uaria uerborum significatione di-
uidimus, naturalis est, uerborum significatio naturaliter
sui exigit institutionem. ipsa quoque litterarum initia ne- 10
cessariam habent sui institutionem. nisi enim constet li-
nearum illam figurationem capere | nomen et esse aliquid, *B 84*
itemque similiter certas uocis distinctiones certa significatione seruari, numquam scribturae ullus ordo ad notitiam
mentis admittetur. et si ad numeros respiciamus, et non 15
putemus esse unum neque duo pluraue, et a primo ad
secundum tertiumque distantias non substituamus, nullius
ordinis modo numerorum rationalium gradus distinguemus.
et quid pluribus fatigamur exemplis? si ad rationem homo
pertinet, et rationis nexus humana tangitur prouidentia, 20
ad quam non tantum peruenire ne quidem institutus quis-
quam mortalium potuisse, | de contrario falsa persuasione *B 85*
decipimur, et naturaliter inesse nobis etiam sapientiam
credimus. custos est disciplina, nisi fallor, infantiae: quae

---

1. ĪNC. ... AGRORVM *habet A p.* 161. ‖ 5. rationes artum *B.* ‖ ad-
praehenderet *B.* ‖ 6. certa *B.* ‖ 7. exigit ornatam *B.* ‖ neq. eos *B.*
‖ 8. uos *B.* ‖ significationem *B.* ‖ 11. habent substitutionem *B. cor-*
rexit Huschkius. ‖ 13. ceteras uoces *B.* ‖ 14. ullius *B.* ‖ ad iusti
tiam *B. correxit Blumius.* ‖ 15. admittitur *B.* ‖ 16. et *add Blumius.*
‖ 17. tertium quod *B.* ‖ 18. numerorum] rum *B.* ‖ distinguamus *B.* ‖
19. exempla *B.* ‖ 21. tantum] *uelim* putatur. ‖ 23. et] si *Blumius.*
‖ inisse *B.* ‖ 24. custus *B.* ‖ infantia *B.*

B cum ita naturalia ad notitiam mentis admittit, ut sint in
quae dirigi possit animus, alia procul et semotiore ratione
continentur; ad quae cognoscenda, ne uulgaribus abdu-
camur opinionibus, ratio non deerit.

5　　Ac si instituamus ante positas disputationes in trac-
tatum aut ordine persequamur, quam multa praecedunt
quibus ad hanc disputandam materiam instrui debeamus!
tali enim operatione naturae regimur, ut uniuersa, ad quae
B 86 pertinemus aut quae ad nos perti nent, sensibus nostris
10 uelut confusa offerantur, ipsaque animo didicerimus dinoscere. quid quod id ipsum, quod quid est, aut quale,
prius quadam in parte uidemus, nec statim totam partis
proprietatem cernimus, nisi in singulas portiones auocatum
undique uisum direximus, ut relicta magnitudinis occupa-
15 tione paulatim ad notitiam rei animus inducatur. eadem
ratione etiam ceterae intellectu qualitates tenentur. per
quae ad aliud opus festinantibus satis dilucida existit probatio, capacitatem rerum generi humano esse concessam,
B 87 quarum multitudine oneramur | adque in uniuersa distrin-
20 gimur, ut ad certa et electa nisi elaborato studiorum iudicio peruenire nequeamus. ut enim nec ferrum in genere secare potest, nisi ad secandum habilem acceperit
figuram, sic animus naturalium capax rerum, nisi certo
disciplinae ordine adiutus, subtilioribus indiget argumentis.

1. admittitur aut sunt in qui dirigi possint animum alia procubet se-
motior rationem continetur atq. cognoscenda *B*. ‖ 3. adducamur *B*.
correxit Huschkius. ‖ 4. rationis decreti *B*. ‖ 5. ac instituamus ad-
posita *B*. ‖ tractum aut ordinē *B*. ‖ 6. procedunt *B*. ‖ 7. disputan-
dum materia *B*. ‖ 8. operationem *B*. ‖ adq. *B*. ‖ 9. aut quam *B*. ‖
10. confessa referantur ipsa quoq. animi didicerimus dinoscimus *B*.
‖ 11. ipsum quidquid est aquale *B*. ‖ 12. quadam] quam *B*. ‖ totum *B*. ‖ 15. animum *B*. ‖ 16. etin ceterae intellectum qualitatis *B*.
‖ 17. quae ad] quas *B*. ‖ dilucide *B*. ‖ 18. opacitatem *B*. ‖ 19.
multitudinem onerauit ad in *B*. ‖ 21. neq. eamus *B*. ‖ nec *Blu-*
mius: est *B*. ‖ in *om B*. ‖ 22. secundum *B*. ‖ 23. animum *B*. ‖
24. ordinem autus *B*. *correxit Blumius.*

quam **ob rem** inter praecipua honestarum amore artium *B*
conpungere animum et bonae mentis instrumentis fundare
debemus. si quidem secundum cognitas mihi artes huius
partis sit aut experimenti copia, perferendi quoque suffe-
cerit facultas, poterit | labori nostro non inter minimarum *B 88*
utilitatium profectus locus uindicari.

Quoniam itaque de controuersiis meminimus agrorum, hae quod partibus diuidantur et in quod genera possessionum, aut quas habeant qualitates, tractemus. *◆*

Quom autem quaerendum uideatur quid sit ager et 10
ubi sit, ad ordinem mundi partesque reuocamur. mundus
autem, ut stoici decernunt, unus esse intellegitur: sed
qualis et quantus, geometricis spectaminibus aperitur. eo
enim elementorum natura terrae equilibratur. huius ter-
rae pars die fulget, pars nocte fuscatur. diuiditur, | ut *B 89*
supra diximus, in quattuor partes. quarum una inter At-
lanticum et eoum mare meridiano ac septentrionali clauditur Oceano, habitabilis atque cognita: appellatur a Graecis oecumene. reliquae igitur habitabilis ratione colliguntur.
contraria autem pars parti oecumene finitur Oceano Atlan- 20
tico atque eoo, et inter meridianum et australem cohibetur
Oceanum: appellatur antoecumene. post Oceanum septem-
trionalem atque australem duae terreni partes meridiano
diffinduntur Oceano: quarum Graeci austro propiorem
antictonon appellauerunt; | alteram propiorem septentrioni *B 90*

---

2. conpunere *B.* ‖ 3. artis *B.* ‖ 4. sint *B.* ‖ sufficerint facilitas *B.* ‖
5. laborari *B.* ‖ minimum *B.* ‖ 8. hae] hoc *B.* [‖ 9. habeat
B. ‖ 10. quam autem quorundam *B.* ‖ 11. mundum partesq *B.* ‖
12. ut instoici (*id est* istoici) decerunt *B.* ‖ 13. et *add Huschkius.
conf. p.* 50,24. ‖ 15. diei *B.* ‖ 17. et eoum] ut eum *B.* ‖ 18.
habeshabiles *B.* ‖ 19. cacumine reliquitur habitabilis *B.* ‖ 20. oecumene *om B.* ‖ 21. eoo] egeo *B.* ‖ austrantem cohibitur *B.* ‖ 22. an-
tecumene *B.* ‖ 24. diffunditur *B.* ‖ propriorum *B* ‖. 25. *dic* ἀντιχθόνων
et mox ἀντικόθαν. ‖ propriorum *B.*

B antipodon, quoniam emisperiou aliut latus optinet et ad
rationem habitabilis tetartemorii. contrariis ambulantium
gressibus premitur. oecumene autem, hoc est habitabilis
et cognita terreni portio, ad notitiam spatiorum incrementis
5 redigitur umbrarum. huius latitudinem definit orientis occidentisque dimensio, altitudinem septentrionalis facit kardo:
intra haec spatia terminatur utroque Oceano. tripertita
regionum diuisione distinguitur, Europa Libya atque Asia.
B 91 Europam a Libya Gallicum Tyrrenum Egeum, hoc | est
10 intestinum, mare diuidit, Asiam ab Europa Tanais, a Li-.
bya Nilus. ex his argumentaliter inclinamentorum condicio
cognoscetur, intra quae ager imperii Romani spatioso fine
diffunditur, cuius controuersias generaliter exequi propo-
suimus.

15   Ager est finiruris . . . .
B 39 . . . .

non praetermittimus nominata sententia condicionibus possessionum.

   Prima enim condicio possidendi haec est ac per
20 *Italiam; ubi nullus ager est tributarius, sed aut coloni-*
cus, aut municipalis, aut alicuius castelli aut concilia-
buli, aut saltus priuati.

   At si ad prouincias respiciamus, habent agros colo-
nicos eiusdem iuris, habent et colonicos qui sunt inmu-
25 *nes, habent et colonicos stipendiarios. habent autem*
prouinciae et municipales agros, aut ciuitatium peregri-
narum.

---

1. emisperion *B*. ‖ 2. etartemerii *B*. ‖ ambulantiam *B*. ‖ 3. permittitur ecumene *B*. ‖ hoc est habitabulis *B*. ‖ 6. latitudine *B*. ‖ 7. terminantur *B*. ‖ 8. regionem diuisionem *B*. ‖ libia *B*. ‖ 9. a lubia gallicum tyrenum *B*. ‖ 10. Asiam ... argumentaliter] asia ab europa na his
aligaliter *B*. *correxit Huschkius*. ‖ 12. cognoscet intra quā *B*. ‖
15. EXP. LIB. *B*. ‖ 16. incipit lib. *B*, Incipit liber agri mensurae *E*
p. 5. ‖ 17. nomina conuenientia *Huschkius*.

Et stipendia|rios . . . . . . qui nexum non habent, B 40
*neque possidendo ab alio quaeri possunt. possidentur
tamen a priuatis, sed alia condicione: et ueneunt, sed
nec manipatio eorum legitima potest esse. possidere enim
illis quasi fructus tollendi causa et prestandi tributi con-* 5
*dicione concessum est. uindicant tamen inter se non
minus fines ex aequo ac si priuatorum agrorum. etenim
ciuile est debere eos discretum finem habere, quatenus
quisque aut colere se sciat oportere aut ille qui iure*
possidet possidere. nam et controuersias | inter se tales B 41
*mouent, quales in agris inmunibus et priuatis solent
euenire. uideuimus tamen an interdicere quis possit, hoc
est ad interdictum prouocare, de eius modi possessione.*

*Multa enim et uaria incidunt, quae ad ius ordina-
rium pertinent, per prouinciarum diuersitatem. nam* 15
*cum in Italia ad aquam pluuiam arcendam controuer-
sia non minima concitetur, diuerse in Africa ex eadem
re tractatur. quom sit enim regio aridissima, nihil magis
in quaerella habent quam siquis inibuerit aquam plu-
uiam in suum in|fluere: nam et aggeres faciunt, et* B 42
*excipiunt et continent eam, ut ibi potius consumatur
quam effluat.*

In omnibus his tamen agris superius nominatis quod
genera controuersiarum exerceantur, tractare incipiamus.
nam et qualia sint et quod status habeant generales, di- 25
ligenter intueri debemus.

*Etenim ad artificium defendendi plurimum prode
erit, si persecuti ius omni diligentia fuerimus. non enim
a qualibet parte adgrediendum est in controuersia, sed
dispiciendum cui postulationi absolutio pro|xima sit, ne* B 43
*inplicatione aliqua et iudicem inpediamus et controuer-
siam faciamus obscuriorem. nihil puto deformius esse*

24. conf. p. 88 et 39 B, tum 59 et 69 B. || 25. generalis B.

B 71 *quam cum de eius modi causis inperiti | idoneas uolunt*
exhibere aduocationes. quaecumque autem in artificio
generaliter eueniunt, colligi utcumque possunt: reliqua
omnia sunt infinita. in quantum potero tamen a generali-
5 bus specialia argumentis tractabo, *cum ab exiguo quidem*
exemplo secundum locorum naturam colligere possint
B 72 *quid potissimum sequi | debeant.*

Quamquam non ignorem inter professores inmodice
controuersiarum quaestionem frequenter agitatam, neces-
10 *sariam studiis exercitationem huius quoque partis existi-*
maui. uno enim libro instituimus artificem, alio de arte
disputauimus. [cuius tripertitionem sex libris, ut puto, satis
conmode sumus executi. exigit enim ars scientiam metiundi, cui datur libri tertii pars, quam quinto et sexto
15 libro continuabimus.] *et de adsignationibus et partitio-*
nibus agrorum et de finitionibus terminorum actenus
[deputato arti mensoriae ordine] *meminimus: superest*
B 73 *nunc ut de controuersiis dispiciamus.* | quae pars [, quam-
uis quarta sit uniuersitatis, seiungitur, quoniam] com-
20 munis est cum aliis artibus et priuatae disputationis exigit curam. quam ita capere ac persequi poterimus, si
anticipalia quoque, quibus initia substituuntur, non prae-
termiserimus.

Omnium igitur honestarum artium, quae siue natura-
25 liter aguntur siue ad naturae imitationem proferuntur, materiam optinet rationis artificium geometria, principio ar-
dua ac difficilis incessu, delectabilis ordine, plena praes-
tantiae, effectu insuperabilis. manifestis enim rationis exe-

---

2. quocumque *B.* ‖ 3. ueniunt *B.* ‖ 12. sex] ex *B.* ‖ 13. conmodis
B. ‖ pars scientiam metiuna cludatur libra tertia *B.* ‖ 15. conminua-
uimus *B.* ‖ 17. artis *B.* ‖ 19. uniuersitati *B.* ‖ 20. cum] quam *B.* ‖
exigit cum qua ita *B.* ‖ 22. inita *B.* ‖ *an* substruuntur? ‖ 24. sibi
B. ‖ 25. sibi a *B.* ‖ 28. effectum separabilis *B.* ‖ rationibus *B.*

cutionibus declarat rationalium ma|teriam, ita ut geometriam *B* 74
inesse artibus aut artes ex geometria esse intellegatur.
si enim rationis incrementa tractamus arte, simplicibus ac
planis solidisque adhibitam etiam ante nomen potestatem
cognoscimus: quin et geometrica analogia aut armonica 5
aut arithmetica, ut contraria aut quinta aut sexta et ceteros ordines, exercemus; ut non tantum artificiorum, uerum etiam omnium rerum qualitates probabiliter ostendat. sed quoniam tanta naturalium rerum magnitudo
exercitatioris acuminis exigit curam, non facile geometria 10
uulgari tangitur | opinione et ad intellectum sui nisi quos *B* 75
ad naturalem philosophiam prouehat admittit.

. . . .

Prius quam de transcendentia controuersiarum trac- *B* 59
tare incipiam, status earum exponendos existimo, *quoniam* 15
in priore parte libri *sequentium rerum ordo absolute de*
his disputari inhibuit. reddendum itaque hic locum tam
necessariis partibus | *existimo.* *B* 60

Omne genus controuersiarum ex quadam materiali
uipertitione generatur. constat autem haec bipertitio *aut* 20
in fine aut in loco; non sine illa controuersia quae de
positione terminorum praescribitur. Quem admodum unum
extra positum est, quo separato a cetero numero duo
primum numerantur, in hoc quoque numero controuersiarum de positione terminorum ad unius omnino condi- 25
cionem respicit, et quamuis sit origo quaedam litium, mi-

1. declarationalium *B.* ‖ geometria in eos se artibus aut arte *B.* ‖
2. intellegat *B.* ‖ 3. arte *Rudorffius,* aete *B.* ‖ 4. adhibita etiam
nomen potestate *B.* ‖ 5. quin et] quam ut *B.* ‖ armoniaca aut arem-
netica aut *B.* ‖ 9. tantuma *B.* ‖ 10. exercitatiores commune (acumen
corr) in his exigit B. ‖ 11. tegitur opinionem *B. correxit Rudorf-*
fius. ‖ nisi quod *B.* ‖ 12. probeat admitti *B.* ‖ 15. incipitaliistatus
tus earum exponendus *B.* ‖ 16. priorem partem *B.* ‖ 24. numeratur *B.* ‖ 25. omnino] nomine *B.*

B nime tamen adiungi materialibus controuersiis uidetur
B 61 posse, quoniam singulariter omnium litium | anticipalis
existit, et si quaerella eius ad solum descendit, desinit
controuersia esse de positione terminorum: finis enim in-
5 cipit esse aut loci. ergo legitimi materiales status controuersiarum hii duo uidentur exstare, de fine aut de loco:
reliquae controuersiae, quaecumque sunt, ex hac materia oriuntur, et aut ordine mensurarum aut partibus iuris ad status generales priuatos reuocantur. *namque in ordine con-*
10 *trouersiarum haec quoque materia litis locum suum optinet.*

De fine subtilior exigitur disputatio, quae a rigore
nullo modo distat nisi specie. De quibus est diligentius
B 62 | disputandum: quotiens enim de fine aut de rigore dici-
mus, non pusilla quaestio oritur, unam pluresue lineas
15 sentiamus; ne *praeterea lex Mamilia fini latitudinem prae-*
scribat. de qua lege iuris periti adhuc habent quaestio-
nem, neque antiqui sermonis sensus proprie explicare
possunt, quini pedes latitudinis dati sint, an in tantum
quinque. uidetur tamen his, quinque pedum esse latitu-
20 dinem ita *ut dupondium et semissem una quaeque pars*
agri finem pertinere patiatur.

Ergo si corpus habet finis, aliter sentire debemus
B 63 ac si singularem tantum lineam intueamur. | in omni enim
genere disterminationis, cui uel singularis linea interue-
25 niat et ex uno duas diuidat partes, ipsius mediae lineae
secutus singularem habet contemplationem, sed efficit duas
partes horum locorum diuisorum, et si proprius sentire

---

2. uitium *B*. ‖ 3. desint controuersiæ De *B*. ‖ 5. locus *B*. ‖ materialis *B*. ‖ 6. existare *B*. ‖ 8. et aut] aut *in litura corr B*. ‖ ordinem
B. ‖ 9. generalis priuatus reuocatur *B*. ‖ 14. non plus illa *B*. *cor-*
rexit Huschkius. ‖ una *B*. ‖ 19. uidentur *B*. ‖ 22. finis *Goesius:*
fines *B*. ‖ 23. ac si] ut *B*. ‖ linea *B*. ‖ 24. cui] qui *B*. ‖ 25. duab.
B. ‖ 26. secutus] *fortasse* strictus. ‖ singularum *B*. ‖ 27. diuersorum *B. correxit Goesius.*

uelimus, triplex incipit esse contemplatio rei diuisae, ... *B*
uideuimus tamen an tota sit corporalis. nam quidquid
terreni est diuisum, sequitur ut et omnino corporale esse
constet. inter uersuras autem duas illud genus lineamenti
quod mensura distrinxit, quom ex inferiore parte terreno 5
finiatur, etiam si graciliter, in modum tamen | sulci. per *B*64
supplementum aëris conspicitur. secundum rationem quorundam philosophorum aut geometrarum [non duplex]
illud quoque quod aëre distinguitur corporale esse de-
cernitur. nunc quem admodum . . . . *(B)*

. . . .

Iniectiuus ergo status est generalis. nam siue de pos- *G*35
sessione siue de fine controuersia nascatur, per hoc repetitio iusta iniustaue inicitur.

(G)

. . . . 15

Falsa pro|positio est, cum controuersia alium habeat *B*
statum generalem et alio ad litem deducatur. uera pro-
positio est cum per statum generalem controuersia ad
litem deducitur. ex falso ergo in uerum transcendentia
est, cum a quolibet alio statu ad generalem statum con- 20
trouersia reuocatur. ex uero in falsum transcendit, cum
relicto generali statu quolibet alio statu controuersia ins-
truitur.

Ex non stante propositione in stantem *transcendunt*
controuersiae, quotiens | *loci de quo agitur specialia ar-* *B*65

---

1. diuersae *B. addendum* non duplex *e proximis, ubi uncinaui.*
2. sint *B.* ‖ 3. omnino *Huschkius:* animo *B.* ‖ 5. quod uersura distinxit *Huschkius.* ‖ quom] quam *B.* ‖ 7. suplimentum heres *B.*
‖ 8. philosoporum aut geametrarum *B.* ‖ 9. quod heres distinguit
B. ‖ 13. per hoc] *id est per ius ordinarium.* ‖ 14. iniustaque *G.*
16. Falsa pro *non habet B.* ‖ 18. cum praestat generalem controuersiam *B.* ‖ 21. 22. reuocatur . . . controuersia *in margine corr B.*
‖ 21. cum] fit ut *B.* ‖ 22. generalis status *B.* ‖ 23. istruitur *pr B.* ‖ 24.
in testante transcidunt *B.*

B gumenta nulla existunt, neque ullum finitimae similitu-
dinis monumentum, sed tantum aboliti finis quaerella
exponitur, et excipiens extantium argumentorum quadam
expositione defenditur. nam nec uno genere, sed *et si*
5 *proximitas aliqua naturalis fuit, quae similitudinem finis*
adferre possit, in illam quoque uelut extantium argumentorum oportunitas aptatur. ex re stante in non stantem
fit transcendentia, cum *certus agrorum finis, qui aut loci*
natura aut terminorum distinctione firmatus est, relin-
B 66 *quitur et per uanas demonstrationes con|trouersiae inclu-*
ditur. hoc modo controuersiae plerumque ab ambitiosis
possessoribus proximis mouentur. euenit autem ut eius
modi demonstrationes, si ratione deficiantur, interibiles
fiant; si contra pro ueris habeantur, ut interibilis inpru-
15 dentia iudicantium fiat uidelicet finitio.

A quocumque autem controuersiae de agris mouen-
tur, effectus habent aut coniunctiuus aut deiunctibus aut
spectibus aut exposcit aut subiectiuus aut reciperat. coniunctiuus est effectus, *quotiens consentientibus angulis*
20 *exploratus agrorum finis ad modum rationis accipit de-*
B 67 *ter|minationem inlaeso utriusque agri solo: quod genus fini-*
tionis plerique inter se conuenientes potius quam iudices
sortiti factum consignare malunt. disiunctibus est effectus,
cum determinatio alterius partis solum desecat et ita qua-
25 *litatem agri diuersam dissimili solo applicat, ut plerum-*
que aut ex prato siluae aliquid adiungatur aut ex silua
fine distincto adplicetur ad pratum, et similiter per alias
agrorum qualitates. spectiuus est effectus, *cum est demons-*
tratio finitimis argumentis ex maxima parte fundata, ita

---

7. aptatur res extanti non stante fit *B.* ‖ 13. demonstrationis si *B.*
‖ defendatur interribilis fiant si natura pro *B. correxit Huschkius.*
‖ 14. interribilis *B.* ‖ 15. fiant *B.* ‖ finitio] fine ut *B.*

ut et dubiis quoque locis aspectum praebeat finitionis. nam- *B*
que ani|mum non tantum ratione orationis intrauit, sed etiam *B* 68
contemplandi potestate confirmatur. | expositiuus est effectus *G* 36
controuersiae, *quotiens finitimorum argumentorum caret*
demonstratione, et partium magis exigit narrationes, per 5
quas exponendum sit quo rigore termini desint, aut per-
suadendum iudici, etiam si loci natura finitimam exhibeat
similitudinem, quomodo sint reponendi. subiectiuus effectus est controuersiae, cum relinquitur status generalis
et alio quolibet statu controuersia defenditur. recipera- 10
tiuus est effectus | controuersiae, *quotiens a trifinia aut* *B* 69
quadrifinia aut ex quolibet alio finis loco in excipien-
tem terminum rectura dirigitur et per incessum definitio-
nis loca quaedam alteri fundo adquirit. aut quotiens solum
aufert et eius loco reddit | utrique fundo, effectus quasi (*G*)
reciperatiuus existit.

Per hos effectus omnium controuersiarum status inuicem habent transcendentias aut necessarias aut queuntes
aut nequeuntes, saepe interibiles. cum enim status gene-
ralis | adsumptiuus primae controuersiae, quae est de po- *G* 36
sitione terminorum, in rigorem | aut in finem transcendit, *B* 70
| est quidem necessarius causa argumentorum, sed in illo (*G*)
genere controuersiae nequiens habetur: ad si uere de fine
agatur et omnino terminatus distinctio ei desit, manifeste
transcendentia eius non tantum nequiens sed interibilis 25
apparet. eadem ratione in ceteris controuersiis haec transcendentia efficitur, ut aut non necessaria aut nequiens aut

1. namquae *B*. ‖ 3. confirmat *B*. ‖ effectus *B*, status *G*. *ita semper*.
‖ 11. controuersiae *om G*. ‖ 15. quasi *Huschkius*: quosse *B*. ‖ 18.
transcendentia *B*. ‖ aut quae euntes aut neq. euntes saepe interrebi-
lis *B*. ‖ 20. quae] qui *B*, status est qui *G*. ‖ 22. est] et *B*. ‖ 23.
nequeenim *B*. ‖ uero *B*. ‖ 24. terminus *B*. ‖ 25. neq. his sed interribilis *B*. ‖ 26. haec] habet *B*. ‖ 27. adfigitur *B*. ‖ necessaria aut
neque interribilis *B*.

BG 35 interibilis appareat. cum secunda | controuersia de rigore, initialis status pertinentis ad materiam, transcendit in controuersiam quae est loco tertio de fine, status materialis,

B 71. (*G*) speciem non con¦dicionem mutat neque materia efficit. | se-

5 cunda controuersia de rigore, status initialis, quom transcendit in controuersiam quae est de loco materialis, transcendentia eius non necessaria efficitur. secunda . . . . controuersiam quae est loco quinto de modo, status ef-

(*B*) fectiui, transcendunt, ...

10 . . . .

G 35. 36   Materialis status est ex quo omnes controuersiae | incipiunt, de loco dum taxat. nam transcendentiam non habet de hoc effectiuus, sed dum consummatus fuerit nascitur. nam effectiuus est cum de loco litigatur [et idoneas par-

15 tes ad litigium aduocationes instituunt].

. . . .

*D*e positione terminorum . . . .

G 21   *Cum ergo possessor inuenerit terminum in possessione sua aliter formatum aut aliter positum quam ce-*

20 *teri qui in ea possessione sunt, aut non inscriptum ut adsolet, agit de eo, in qua sit positus ratione, seu ipse trifinium faciat siue ab alio lineam procedentem excipiat: dumque uicinus possessor huic extiterit ambiguitati contrarius, magna inter utrosque controuersia agitatur.*

25   *Solent enim hae controuersiae de conportionalibus nasci terminibus. nam si de eorum latere linea quasi ex artificis manu composita uideatur exire atque in unius termini angulum inpingere qui in limite est positus, in*

1. cum *om B.* ‖ |Initialis controuersiae status de rigore pertinens ad materiam *G.* ‖ 2. descendit *B.* ‖ 4. speciem *om G.* ‖ neque materialis efficitur *Rudorffius ex p.* 66,1 ‖ 5. quam *B.* ‖ 6. controuersia qui est loco *B.* ‖ 7. non necesseest *B.* ‖ *puto deesse* tertia quarta cum in ‖ 12. *confer p.* 74,20. ‖ 14. idoneas uolunt exhibere aduocationis *B p.* 71 (*supra p.* 64,1).

istis [ut ait Frontinus] uelut stantium argumentorum oportu- *G*
nitas controuersialis aptatur. *hoc enim plerumque potest*
in limitibus inueniri. nam si ueteranus, filiis suis unam
possessionem diuidens in tres aut quattuor portiones,
terminos uoluit interesse, potuit quiddam tale | contingere, *G* 24
ut ex multis quicumque respiceret angulum illius termini
qui in maximo est limite constitutus. hos siquidem ter-
minos, qui intra possessionum fines inueniuntur, compor-
tionales appellauit antiquitas.   ‑
· 10

   Videndum hoc diligenti cura. et circuiri agrum ante *G* 24
omnia oportet, de quo intentio uertitur; ut redintegrato
suis fundo limitibus per maximorum limitum rationem,
tum de conportionalium terminorum positione, quos uice
tabellarum antiqui intercidendis portiunculis inter filios 15
suos defigebant, integra ab artifice ratio proferatur.   (G)
· ·

secundum locorum naturam mouet causas.   *B* 43
   Si uero in alio loco terminus translatus est usurpandi
finis causa, numquam non utique locum desicauit: non 20
enim cito quisquam propter exiguam partem terminum mo-
uet. erit in prouidentia mensoris secundum angulorum finiti-
morum positionem arbitrari, in quantum sit terminus | trans- *B* 44
latus et qua ratione sit in locum suum restituendus.

   Facillimum est inperitiam artificis aliusue retundere 25
non putantis rationem inesse ordinationi: nam et fre-
quenter euenit ut inperitia mensorum audaciam posses-
soribus praebeat. numquam non concurrentium inter se
finium anguli, non tantum recti, uerum etiam hebetes
aut acuti, habent aliquam rationem; in quam, si non 30
dissimulemus, facile quod inperiti turbauerunt artificio
restituemus.

   1. *confer p.* 68,6. ǁ uelud instantium *G.*

B   Haec controuersia moti termini nullius in se aliae
B 45 controuersiae statum reci|pit: est enim anticipalis, et quasi
commune quaedam litium, declarans aut loci aut modi
futuram controuersiam.

5   *De rigore* controuersia est status initialis pertinen-
tis ad materiam operis; nec sine prioris controuersiae comparatione. nam cum de rigore agatur, potest fieri ut ante
motus sit terminus: ideoque haec secunda controuersia
prioris quoque controuersiae capax apparet; quamquam
10 et sine prioris controuersiae interuentu priuatim de rigore
B 46 controuersia suscitari possit: nec enim om|nibus locis agro-
rum, aut capientibus aut non capientibus, termini ponuntur.

      Refert in quo agro agatur. si limitatus est, aut ordo
15 *limitis ordinati desideratur, aut subrunciui aut linearis*
aut interiectiui rigoris incessus. at si in agro arcifinio
sit, qui nulla mensura continetur, sed finitur aut monti-
bus aut uiis aut aquarum deuergiis aut notabilibus locorum
naturis, aut arboribus quas finium causa agricolae re-
20 *linquunt et ante missas appellant, aut fossis aut quodam*
(*B*) *culture discrimine,*

. . . .

      De fine . . . .

G 81   *Extremitas finitima linea est quae interuenit aut*
25 *per iter publicum, quod transcendi non potest secundum*
legem colonicam, quia omnis limes itineri publico seruire
debet, aut per limites siue terminos aliaue signa quibus
territoria finiuntur, aut ubi in soluto loca remanserunt.
haec autem sunt loca quae in soluto dicuntur, quae aut
30 *in saxuosis et sterelibus locis sunt aut in paludibus, ubi*

---

1. nullus *B*. ‖ 3. commune] commotio, *puto, uel* comminatio. ‖ 4.
futura controuersia *B*. ‖ 5. initiales *B*. ‖ 6. materia *B*. ‖ 8. controuersiam *B*. ‖ 10. interuentum *B*.

nulla potuit exerceri cultura; quae, dum non esset quod G
excoli potuisset, nullis necesse fuit limitum regulis obli-
gari. propterea et soluta loca uocata sunt. (G)

. . . .

Nam plerumque uia, dum cum limite currit, etiam G 34
si uicinalis est aut lignaria aut priuata, finem prestat.
regammante uero uia uel limite, dum a se utrimque
discesserint, desinit uia finem prestare, et erit contro-
uersia: sed inspec|tio artificis eam finiet. G 35 (G)

. . . . 10

agetur. cum enim loci sit tanta iniquitas, | et aut prae- B 46. 47
rupta aut abrupta, quae aut ruere aut minui possent,
uetus consuetudo est terminos relatis pedibus in solido
agro ponere. quamquam non erat necessarium, cum ipsa
loci natura talis esset ut neque inferiorem uicinum ad- 15
mitteret in partem superiorem neque superiori descen-
sum ullo modo praeberet. sed diligentes agricolae prop-
ter inpudentium uicinorum consuetudinem parum se tu-
tos credunt, nisi ita fundauerint agros, ut etiam aliquid
extra mensurarum ordinem faciant. 20

In superciliis autem maioribus non defuerunt qui
ita finem seruari | uellent, ut quatenus attingere unus B 48
quisque possessor posset, eatinus possideret. uidebimus
an aliquam rationem sint secuti, cum sit totum superci-
lium superioris agri fundamentum, nec, si subruatur, 25
possit sine iniuria superioris fieri. ideoque magis certior
ratio illa uidetur, ut fundamento tenus in agro arcifinio
possessio seruari debeat, | si termini desint. G 213

Frequenter inter se possessores propter loci difficul-
tatem totum supercilium, quod angerentur ipso subiacente, 30
inferioribus cesserunt, et contenti fuerunt ter|minos per B 49
summum iugum disponere, nullam secuti rationem. haec
tamen si occurrunt, non quasi noua intueri debebimus.

Plurimis deinde locis terminos sacrificales non in

BG fine ponunt, sed ubi illud sacrificii potius oportunitas suadet, hoc est loci conmoditas, in quo sacrificium abuti conmode possint. hos terminos non statim finitimos observare debebimus, etiam si non longe a fine positi

5 *fuerint: frequenter enim uiae finiunt, iuxta quas arbores solent esse laetiores, sub quas defigere terminos sacrificii causa possessores consue|runt. uerum tamen multi non*

B 10 tantum sacrificii secuntur consuetudinem, sed etiam rationem, et ipso fine defigunt: propter quod adimi fides

(B) sacrificalibus palis in totum non debet. (fig. 34.)

G 214   *Nam et locorum elationes et cliuia et colliculi finem faciunt.*

    Termini autem si transuersi positi fuerint, gammam

(G) faciunt, sed non statim trifinium ostendunt. (fig. 35.)

15 *. . . . .*

De loco . . . .

B haberi ordinem legis Mamiliae excessum plurimum, praecipue in agris archifiniis, sed nec minus in adsignatis. cum enim modum loci nulla forma praescribit et con-

20 *trouersia oritur,* nullo alio statu ad litem deduci debet quam ut de loco agatur. *solent quidam per inprudentiam mensores arbitros conscribere aut sortiri iudices*

B 51 finium | regundorum causa, quando in re praesenti plus quidem quam de fini regundo agatur. sic fit ut post

25 *sententia inrita sit, et rescindi possit quod aut iudex aut arbiter pronuntiauerint, neque ullum commissum faciat qui sententiam non sit secutus, quando de alia re iudicem aut arbitrum sumpserint.*

    De loco, si possessio petenti firma est, etiam inter-

30 *dicere licet, dum cetera ex interdicto diligenter peragantur: magna enim alea est litem ad interdictum deducere, cuius est executio perplexissima. si uero posses-*

20. nulla alio statum *B.* ‖ 21. quam] quod *B.*

sio minus firma est, mutata formula | iure Quiritium peti B b₂
debet proprietas loci; iudicari praeterea si locus de quo
agitur aut terminis aut arboribus aut aliquo argumento
finem aliquem agri declaret et a continuatione soli quasi
quibusdam argumentis eximatur. 5

Ne praetereat nos, illut etiam tractare debemus, si
arbores finitimas habet et locus est fere siluester, quo
in genere est possessio minus firma, ne certetur inter-
dicto. quod si silua cedua sit, post quintum annum par-
cissume repetatur. qui autem appellent arbores notatas, 10
scire debemus idioma regionis. qui claui]catas uocant B b₃
quas finis declarandi causa denotant, ut in Brittiis, alii
in Piceno sitiagitat, in aliis regionibus insignes aut notas.

Si uero pascua sit et dumi ac loca pene solitudine
derelicta, multo minorem possessionis habent fidem. prop- 15
ter quod minime de his locis ad interdictum iri debet.

De quibus autem locis ad interdictum iri potest,
sunt fere culta, quae possessionem brebioris temporis tes-
timonio adipiscuntur, ut arba aut bineae aut prata aut
aliut aliquod genus culturae. haec tamen çum in demons- 20
tratione allegabuntur, etiam si partes quaedam proxi-
mae | et interiacentes culture fuerint propriae, non erit B b₄
satis illas sui generis agro adsignare, sed circuire opor-
tebit totum fundum et ita fidem obligare, ne demonstra-
tione neglegenter soluta appareat. 25

*D*e modo controuersia est status effectiui: ante enim
locus est ibi quam modus nominetur: aeque recipiens ante
dictarum controuersiarum omnes status, sed, ut superius
significaui, irritos et non necessarios.

Haec controuersia *frequenter in agris adsignatis exer-* 30
cetur: agitur enim ut secundum acceptam eius ueterani

26. est *om* B. ‖ 27. aeque] *malim* eaque. ‖ 28. superius] *p.* 70,8.
366. ‖ 29. irritus B. ‖ necessarius B.

B 66 *qui in illud solum deductɯ est, modus restituatur;* | *aut*
si quando praescribtus est lege aliqua agri modus.

    Quom autem in adsignato agro secundum formam mo-
dus spectetur, solet tempus inspici et agri cultura. si iam
5 *excessit memoria abalienationis, solet iuris formula* [*non*
silenter] *interuenire et inibere mensores, ne tales controuer-*
sias concipiant, neque quietem tam longae possessionis
inrepere sinit. si et memoria sit recens, et iam modus
secundum centuriam conueniat et loci natura indicetur
10 *et cultura, nihil inpediet secundum formas aestimatum*
petere: lex enim modum petiti definite prescribit, cum
B 66 *ante quam* | *mensura agri agatur modus ex forma pro-*
nuntiatus cum loco conueniat. hoc in agris adsignatis eue-
nit. nam si aliqua lege uenditionis exceptus sit modus,
15 *neque adhuc in mensuram redactus, non ideo fide carere*
debebit, si nostra demonstratio eius in agro non ante
finiri potuerit quam de sententia locus sit designatus.

. . . .

in hac controuersia, quod inter priuatos tractatur.

20   *Nam inter res publicas non mediocriter eius modi*
controuersia solet exerceri, quam frequenter coloniae ha-
bent cum coloniis aut municipiis aut saltibus Caesaris
B 67 *aut priuatis.* | nam et supra dictae controuersiae omnes
euenire et rebus publicis possunt. *nec enim refert, cuius*
25 *sit solum aut cuius iuris, ad mouendam controuersiam:*
tunc autem habet differentiam, prout a iudice tractatur.

    Obseruari in hac controuersia a mensore debebit li-
neis, num in similitudine dissimile interueniat; quoniam
nulla potest ueritas adprobari, si illi quid uel exiguum
30 falsi interueniat. ueritas enim habere debet suam similitudinem per omnia momenta: falsum siquid est, multa

23. non et *B*. ‖ 28. dum in similitudinem dissimile illorum ueniat *B*.
‖ 29. qui uel *B*. ‖ 30. enim] non *B*.

uarietate confunditur. *et habet aes, quoius formam res-* B
picit, cum modus in discrimine | est. ars triplici ad- B 66
testatione firmatur: habere enim debet aes primo locum,
deinde modum, deinde speciem. at si inter res publicas
agatur aut rem publicam et Caesarem, instrumentis forte 5
ueteribus continebitur, ut solet, adaeratio; ne falsa ueris
dissimilia sint, sed persuasione similia fiant, hoc est falsa
pro ueris adprobentur. in conparatione tamen hoc inter
est, quod falsa persuadendo adprobentur ueris, quae ad-
probatio in promptu est et quodam modo in prima acie 10
fertur, falsis latentius uera adprouentur. ita fit si conpa-
rare quis uelit hominis probationem et | statuae. cum B 69
uiuentem hominem omnibus bibere et ambulare constet,
siquis inquirere uelit anne uiuat, non potest illi non ab
ipsis probationibus persuaderi, id est quod bibat, quod 15
ambulet, quod loquatur: ad statuam .... multumque mens
infringenda est, ut similitudo ueritatis animam habere uideatur, de cuius simulatione est profecta.

. . . .

ad lucum Feroniae Augustinorum iugera M. *haec in dis-* A 163 B 1
crimen si uenerunt, omnia supra dicta conuenienter ha-
bere debent, ut illa sint quae secundum formam pro-
ponuntur..... geminus in prouinciis modus ab alio posside-
tur, ab alio ne quidem simplex. quem admodum autem
fieri soleat, tractare non alienum iudico. potest enim 25
fieri ut illa mille iugera secundum ordinationem menso-
ris a luco quidem incipiant, at in diuersa regione. quod
falsum manifesto apparet: sed in de|monstratione inpe- B 2

8. pro ueris] prouaberis *B*. ‖ 9. quae] qua *B*. ‖ 10. promptum *B*. ‖
quod ad modo *B*. ‖ aciae *B*. ‖ 11. uera] hoc uero *B*. ‖ fit] ut *B*.
‖ 12. homines *B*. ‖ 12. statuam et cum autem hominum *B*. ‖ uiuere *B*.
alii constet siquis inquirere
‖ 13. ambulare uelit   *corr B*. ‖ 14. annuebat *B*. ‖ 15.
ideo quo uibat *B*. ‖ 16. adstantium (n *corr B*: at in statua diu *Husch-*
kius. ‖ 17. infrigenda *B*. ‖ animum *B*. ‖ uideat *B*. ‖ 18. perfecta *B*.

AB *ritis obscurissimum est dinoscere an secundum formam*
regio conueniat praesens, si ut aquae diffusae regiones
pareant et argumentis aut arborum aut aliarum rerum
careant; sicut in Africa, ubi spatiositas et inundatio cam-
5 *porum eius modi controuersias facillime in errorem de-*
ducit. quod si eadem mille iugera, in eodem sane loco
quo forma indicat, cohibitis angulis [nihil deest] in re
presenti minoribus lineamentis deformentur, ut modum
*B*3 *non expleant, se'quitur falsum futurum, quando nihil*
10 *amplius demonstrationi quam locus conueniat, et specie*
disconueniente, uelut AD *pro* CA *scripta, modus item dis-*
conueniat. at si in eodem loco uelim eadem mille iugera
aliis lineamentis describere, conuenient quidem mille iu-
*A*164 *gera, et ad lucum Feroniae | esse conueniet, sed specie*
15 *disconueniente inter peritos manifeste falsum apparebit.*

Memineram et superius, ut aliquid uerum adprobari
possit, minime ei quicquam falsi posse interuenire. nam
et haec expositio declarat, quia, quamuis duae consen-
*B*4 tiant | partes, ab una dissentiente uincantur, neque uerum
20 esse possit, nisi illis quoque tertia pars illa consenserit.
conuenire autem omnino in restitutione formarum omnia
debent, ut secundum signa in formis nominata locus
quicumque erat restituatur, aut artificio signorum loca
requirantur, si erint, ut frequenter euenit, turbata. ea
25 *docere nos angulorum positiones poterint. sic erit ut et*
artis sinceritas seruetur et ordo ueteris adsignationis non
praetermittatur.

*B*5 De proprietate controuersia est status effectiui: efficitur enim ex omnibus ante dictis controuersiis. sed qua-

16. superius] *p.*76,29. ‖ 17. falsae possae *AB.* ‖ 18. quia *addidi.* ‖
28. De (m̅n̅ *add B*) proprietate (propietate *A*) mundi Controuersia
AB. ‖ statutus effecti^bi *A.*

rum status in hac propositione inriti habentur, dixi et *AB*
supra.

De proprietate agitur plurimum iure ordinario, ne-
que est hic mensurarum interuentus, nisi cum queritur qua-
tenus agatur. **5**

Proprietas non uno genere uindicatur. | **(AB)**

Nam ubi mons fuit proximus asper seu sterelis, super **Gr1**
quo fundi constitui nequiuerunt, aut forte aquae inopia
habitatio hominibus prorsus negata est, siluae tamen dum
essent glandiferae, ne earum fructus perirent, diuiso monte **10**
particulatim datae sunt proprietates quaedam fundis in lo-
cis planis et uberibus constitutis, qui paruis fluminibus
stringebantur. | *et sunt plerumque agri, ut in Campania* **AB**
in Suessano, culti, qui habent in monte Massico plagas
siluarum determinatas: quarum siluarum proprietas | ad *A* 165 *B* 6
quos pertinere debeat iudicatur. *nam et formae antiquae*
declarant ita esse | *adsignatum, quoniam solo culto ni-* **(G)**
hil fuit siluestre iunctum quod adsignaretur.

Relicta sunt et multa loca quae ueteranis data non
sunt. haec uariis appellationibus per regiones nominan- **20**
tur: in Etruria communalia uocantur, quibusdam pro-
uinciis pro indiuiso. | *haec fere pascua certis personis* **G23**
data sunt depascenda tunc cum agri adsignati sunt.
haec pascua multi per inpotentiam inuaserunt | *et co-* **B7**
lunt: et de eorum proprietate solet ius ordinarium mo- **25**
ueri, non sine interuentu mensurarum, quonium demons-
trandum est quatenus sit adsignatus ager. **(G)**

Nam per emptiones quasdam solet proprietas qua-
rundam possessionum ad priuatas personas pertinere.
quae iure magis ordinario quam mensuris explicantur. **30**

---

15. proprietates ad quos fundos *G.* ‖ 16. pertenere *A.* ‖ debeant *G.* ‖
uindicatur *AB*, discutiatur *G. conf. p.* 15,4: *inde enim petita haec*
Agennius inculcauit.

AB   *Nunc ut ad publicas personas respiciamus, coloniae*
G 28 *quoque* | *loca quaedam habent adsignata in alienis fini-*
bus, quae loca solemus praefecturas appellare. harum
B 8 praefectura|rum proprietas manifeste ad colonos pertinet,
5 non ad eos quorum fines sunt deminuti. *solent et priui-*
legia quaedam habere beneficio principum, ut longe [*et*]
semotis locis saltus quosdam reditus causa acceperint.
quorum proprietas indubitate ad eos pertinet quibus est
(AB) adsignata. | *sunt et alie proprietates quae municipiis a prin-*
(G)AB cipibus *sunt concessae.* | alia beneficia etiam quaedam
A 166 | municipia acceperunt, et priuatae personae, quae de prin-
cipibus illis temporibus bene meruerunt.

In hac controuersia plus potestatis habet ius ordi-
B 9 narium quam ars mensoria. ab eo enim statu lis | inci-
15 pit, ut de proprietate agatur, non de loco: mensura autem
nihil amplius quam secundum formam locum declarat. in
hac autem controuersia ars mensurarum locum secundum
habet, quoniam prius alii uacandum est an agenda sit
mensura. (fig. 36.)

20 De *possessione* controuersia est status effectiui,
quoniam primum possessio tempore efficitur, deinde, ut
ad solum respiciamus, omnes ante dictas controuersias
A 167 capit: si enim solum cogitemus, ut legitima | possessio
B 10 inpleri possit, indubitate | locus definiatur necesse est. et
25 de hac controuersia *plurimum interdicti formula litiga-*

4. propriaetas *A*, proprietates *G*. ‖ pertinent *G*. ‖ 5. diminuti *G*. ‖
8. quae proprietas ad eos quibus data est indubitate pertinet *G*. ‖ in-
dubite *A*, indubitae *B*. ‖ 11. acciperunt et priuate *A*. ‖ 14. quam ors
A. ‖ statuit lis *supra scripta A, addit corr B*. ‖ incipiat *A*. ‖ 15.
ut *om AB*. ‖ 18. alii *in A deletum pr aut certe antiquissima
manu*. ‖ an] quam *Goesius*. ‖ eganda *A*. ‖ 20. de mn. possessione
B. ‖ status *om AB*. ‖ effectui *AB*. ‖ 23. capti *B et pr A*. ‖ si enim
bis *A*. ‖ 24. expleri *corr B*. ‖ indubitae *AB*.

tur. de qua et in superiore parte meminimus: ideoque AB
non puto eam iterum retractandam. (fig. 37.)

D*e subsiciuis* controuersia est status effectiui, quoniam subsiciua rominari aut sentiri sine quadam loci latitudine aut modo non possunt. ideoque manifeste apparet 5
supra dictarum controuersiaram status in . . . . locum.

Subsiciuorum autem genera sunt duo; unum quod
extremis adsignatorum | agrorum finibus centuriam non B 11
explet. aliut etiam integris centuriis interuenit. de quo
maximae controuersiae agitantur. cum enim adsignatio 10
in agro adsignato fieret, non potuit omnis modus intra
IIII *limites ueteranis | adsignari.* in ea remansit aliquid, A 168
quod a subsecante linea nomen accepit subsiciuum. *in*
his subsiciuis quidam iterum miserunt quibus agri ad-
signarentur, quidam et subsiciua coloniis concesserunt. 15
ideoque semper hoc genus controuer|siae a rebus publicis B 12
exercentur. per longum enim tempus attigui possessores
uacantia loca quasi inuitante otiosi soli oportunitate in-
uaserunt et per longum tempus inpune commalleauerunt.
horum subsiciuorum multae res p. etiam si sero mensu- 20
ram repetierunt, non ñinimum aerario publico contule-
runt. pecuniam etiam quarundam coloniarum imp. Ves-
pasianus exegit, quae non haberent subsiciua concessa:
non enim fieri poterat ut solum | illud quod nemini erat B 13
adsignatum, alterius esse posset quam qui poterat ad- 25
signare. non enim exiguum pecuniae fisco contulit uen-
ditis subsiciuis. sed posquam legationum miseratione com-
motus est, quia quassabatur uniuersus Italiae possessor,

3. de. m̄n̄. subsiciuis. m̄n̄. controuersia *B*. controuersiast status *A*. ‖
4. latitudinem *AB*. ‖ 5. manifeste *supra scriptum A et corr B*. ‖
7. *Haec ex libro primo Frontini sumpta sunt,* p. 6, 6. ‖ 8. centuriarum *AB*. ‖ 9. explit *A*. ‖ 12. in ea *A*, in ae *B*. ‖ 13. *conf*.
p. 6,5.

AB *intermisit , non concessit. aeque et Titus imp. aliqua*
subsiciua in Italia recollegit. praestantissimus postea Do-
mitianus ad hoc beneficium procurrit et uno edicto totius
Italiae metum liberauit.

B 14   *Haec controuer|sia numquam a priuatis exercetur.*
(fig. 38.)

A 169   *D*e *allubione* controuersia est status effectibi: efficitur enim subinde et per tempora mutatur. *in hac con-*
trouersia plurimum sibi uindicat ius ordinarium. agitur
10 *enim de eo solo quod alluat flumen, et subtiles intro*
ducuntur questiones, an ad eum pertinere debeat cui in
altera ripa recedente aqua solum creuit, an hic qui ali-
quid agri sui desiderat transire et possidere illud debeat
quod flumen reliquid. nisi quod illud subtilissime pro-
B 15 *fertur, | quod is solum amisit, non statim transire in*
alteram ripam, sed abductum esse et elotum. et illud,
contra uicinum longe dissimilem agrum habere; quod
hic forte cultum et pingue solum amiserit, aput illum
autem harenae lapides et limum abluuio inuectum re-
20 *manserit. illud praeterea, quod finem illis semper aqua*
A 170 *fecerit et nunc quoque | facere debeat.*

Sunt et multi casus de quibus subtiliter tractatur:
sed nec uno tantum genere per alluuionem flumina pos-
B 16 *sessoribus iniurias faciunt. sicut | Padus relicto albeo suo*
25 *per cuiuslibet fundum medium inrumpit et facit insulam*
inter nouum et ueterem alueum. ideo de hac re tracta-
tur, ad quem pertinere debeat illud quod reliquerit; cum
iniuriam proximus possessor non mediocrem patiatur,
per cuius solum amnis publicus perfluat. nisi quod iuris
30 *periti aliter interpraetantur, et negant illud solum quod*
solum populi Romani coepit esse, ullo modo usu capi
a quoquam mortalium posse. et est uerissimum. ita

7. $\overline{\text{mn}}$. de allubione. $\overline{\text{mn}}$. *B.*

neuter possessor excedere finem | illum ueteris aque ullo *AB*71
iure potest aut debet. | hae quaestiones maxime in Gallia *G*29
togata mouentur, quae multis contexta fluminibus inmodicas Alpium niues in mare transmittit et subitarum re-
gelationum repentina inundatione patitur | iniurias. (*G*)

Quaeritur tamen qualia et quanta sint flumina in
quibus alluuio obseruari debeat. nam et iure continetur
nequis ripam suam in iniuriam uicini munire uelit.

Multa flumina et non mediocria in adsignationem
mensurae antiquae ceciderunt: nam et | deductarum co- *B*18
loniarum formae indicant; ut multis fluminibus nulla
latitudo sit relicta. sequitur in his fluminibus artem men-
soriam aliquem locum sibi uindicare, | quatenus acto li- (*A*)
mite accepta finiatur, qua uel aquam uel agrum uel
utrumque habere debeat unus. fuit enim fortasse tunc 15
ratio non simplex, qua deberet quis quid deductorum
etiam aquae accipere. primum quod exiguitas agrorum
conditorem ita suadebat. deinde quod non erat ingratum possessori proximum esse aque commodo. tertio
| quod, si sors ita tulerat, aequo animo ferendum ha- *B*19
bebat. in his agris exigitur fere mensura secundum
postulationem aeris formarumque: quo pertica cecidit,
eatenus acceptae designantur.

Videbimus an inter mensores et iuris peritos esse
de hoc quaestio debeat, cursum an perticam sequamur, 25
si qua usque potuit ueteranis est adsignatum. scio in
Lusitania, finibus Emeritensium, non exiguum per mediam coloniae perticam ire flumen Anam, circa quod
agri sunt adsignati qua usque | tunc solum utile uisum *B*20
est. propter magnitudinem enim agrorum ueteranos circa 30
extremum fere finem uelut terminos disposuit, paucissimos
circa coloniam et circa flumen Anam: reliquum ita remanserat, ut postea repleretur. nihilo minus et secunda et tertia
postea facta est adsignatio: nec tamen agrorum modus di-

6*

B uisione uinci potuit, sed superfuit inadsignatus. in his
G 29 agris cum subsiciua requirerentur, | inpetrauerunt posses-
B 81 sores a praeside prouinciae eius, ut aliquam latitu|dinem
(G) Anae flumini daret. | quoniam subsiciua quae quis oc-
5 cupauerat redimere cogebatur, iniquum iudicatum est ut
quisquam amnem publicum emeret aut sterilia quae alluebat: modus itaque flumini est constitutus. hoc exempli
G 29 causa regerendum existimaui. | nam et in Italia Pisauro
flumini latitudo est adsignata eatenus qua usque alla-
(G) babat. | (fig. 39.)

11 *De* iure territorii controuersia est status iniectibi.
inicitur enim solo quaedam controuersia e persona: tum
B 82 praecipue quid|quid est illud de quo agitur, aut locus
aut modus, generalem statum a iure ordinario trahit, etiam
15 si multis locis mensurarum exigat interuentum. haec enim
controuersia *non tantum inter res publicas sed et inter*
A 171 | *rem p. et priuatos exercetur, nec tantum iure ordina-*
rio sed et arte mensoria conponitur.

Inter res p. autem controuersiae eius generis mo-
20 *uentur, ut quaedam sui territorii iuris esse dicant, quam-*
uis sint intra aliaenos fines, munificentiamque coloniae aut
B 83 *municipio ex his locis | deberi defendant. sed haec quae-*
G 30 *dam coloniae aut beneficio conditorum perceperunt, | ut*
Tudertini, aut postea aput principes egerunt, ut Fanes-
25 *tres, ut incolae, etiam si essent alienigenae, qui intra*
territorium colerent, omnibus honeribus fungi in colonia
(G) *deberent.* hoc Fanestres nuper inpetrauerunt, | *Tudertini*
autem beneficio habent conditoris.

Inter res p. et priuatos non facile tales in Italia
30 *controuersiae mouentur, sed frequenter in prouinciis,*
B 84 *praecipue in Africa, ubi saltus non minores habent pri-*

---

11. de m̄n̄. iure territorii. m̄n̄. controuersia *B.* ‖ 12. cum praecipuae
quiquid *B.* ‖ 14. status iure *B.* ‖ 15. mensuram *pr B.*

uati quam res p. territoria: quin inmo multis saltus longe AB
maiores sunt territoriis: habent autem in saltibus pri-
uati non exiguum populum plebeium et uicos circa uil-
lam in modum munitionum. tum res publicae contro-
uersias de iure territorii solent mouere, quod aut indicere 5
munera dicant oportere in ea parte soli, aut legere tiro-
nem ex uico, aut uecturas aut copias deuehendas indi-
cere, aliquando et ex quadam parte soli; quamuis alium
statum generalem | controuersiae | accipere debeant quae B 25. A 172
de loco non exiguo mouentur. res tamen publicae cum 10
priuatis si agunt, quasi iure territorii solent uindicare, et
hunc statum generalem constituunt. *eis locis quae loca res*
p. adserere conantur. eius modi lites non tantum cum pri-
uatis hominibus habent, sed et plerumque cum Caesare,
qui in prouincia non exiguum possidet. 15

Non est dubium necessarias esse mensuras in eius
modi controuersia, quae quamuis alio nomine appellatur,
locorum ta|men facit quaestionem. (fig.) B 26

De locis publicis controuersia est aeque status in-
iectiui. suut autem loca publica complura, sed ex his quae- 20
dam loca priuatam exigunt defensionem: et quamuis haec
loca diuersis appellationibus contineantur, | unam tamen A 173
habent controuersiae condicionem.

Sunt autem loca publica haec quae inscribuntur ut
SILVAE ET PASCVA PVBLICA AVGVSTINORVM. *haec uidentur* 25
nominibus data; quae etiam uendere possunt.

Est alia inscribtio, quae diuersa significatione uidetur
esse, in quo loco | *inscribitur* SILVA ET PASCVA *aut* FVNDVS B 27
SEPTICIANVS COLONIAE AVGVSTAE CONCORDIAE. *haec inscribtio*

9. que A. ‖ 10. exiguo A. ‖ publicas AB. ‖ 11. iuri AB. ‖ 17. quae
om AB ‖ 18. locurum A. ‖ 19. m̅n̅. controuersia B. ‖ aequae AB.
‖ 20. cumplura sed his quidam A. ‖ 21. priuata AB. ‖ 22. una
A. ‖ 23. controuersia B, controuersiam A. ‖ condicionis AB.

AB *uidetur ad personam coloniae ipsius pertinere neque ullo*
     modo abalienari posse a re publica. item siquid in tute-
(*AB*) *lam aut templorum publiçornm aut balneorum adiungitur.*

*G*₃₂   *Sunt siluae de quibus lignorum cremia in lauacra*
     5 *publica ministranda caeduntur. sunt et loca publica quae*
     in pascuis sunt relicta quibuscumque ad urbem uenien-
     tibus peregrinis.

AB   *Habent et res p. loca suburbana inopum funeribus*
     destinata, quae loca cula culinas appellant. habent et
     10 *loca noxiorum poenis destinata. ex his locis, cum sint*
     suburbana, sine ulla religionis reuerentia solent priuati
*B*₂₅.(*G*) *aliquid usurpare et hortis | suis adplicare. | de his locis,*
(*A*) *si r. p. formas habet, cum controuersia mota est, ad |*
     modum mensor locum restituit: sin autem, utitur testi-
(*B*) *moniis et quibuscumque potest argumentis. (fig.)*

*G*₃₂   *Sunt autem loca publica coloniarum ubi prius fuere*
     conciliabula et postea sunt in municipii ius relata. sunt
     et alia loca publica. quae praefecturae appellantur.

*G*₃₂   Multis modis loca publica dici possunt: sed dum di-
     20 uersis condicionibus constringuntur, non possunt nisi sua
     suis locis incidere.

     Nam et ubi uis aquae alueo Tiberis prominentem
     modo insulam fecit, locus est publicus, si siluae etiam
     sunt iuxta hunc alueum suis circum datae terminibus,
(*G*) *quae communalia nominantur.*

A ₁₇₄ *B*   De locis relictis et extra clusis controuersia est sta-
     tus iniectibi: manifestum est enim de loco agi, sed per
     aliam personam. *loca autem relicta et extra clusa non*
     sunt nisi in finibus coloniarum, ubi adsignatio peruenit
     30 *usque qua cultum fuit, quatenus ordinatione centuriarum*
*B*₅₉ *intermissa | finitur. ultra autem siluestria fere fuerunt*

et iuga quaedam montium, quae uisa sunt finem colo- *AB*
niae non sine magno argumento facere posse. | ergo fines *G* 33
coloniae inclusi sunt montibus. propter quod haec loca,
quod adsignata non sint, relicta appellantur; extra clusa,
quod extra limitum ordinationem sint et tamen sine **5**
cludantur. haec plerumque proximi possessores inuadunt
et opportunitate loci inuitati agrum optinent. tum his
controuersiae a rebus publicis solent moueri. (fig.)   (G)

De locis sacris et religiosis controuersia est aeque *A* 176 *B* 10
status iniectibi: agitur enim de locis, sed cum aut sacra **10**
aut religiosa nominentur, statum generalem a iure ordinario accipiunt. primum enim quaeritur an ea loca ullo
modo usu capi possint: deinde, quatenus possunt, secundum locum habent mensurae.

Locorum autem sacrorum secundum legem populi R. **15**
magna religio et custodia haberi debet: nihil enim magis in mandatis etiam legati prouinciarum accipere so-
lent, | quam ut haec loca quae sacra sunt custodiantur. *B* 31
hoc facilius in prouinciis seruatur: in Italia autem den-
sitas possessorum multum inproue facit et lucos sacros **20**
occupat, quorum solum indubitate p. R. est, etiam si in
finibus coloniarum aut municipiorum. de his solet quaestio non exigua moueri inter r. p. et priuatos.

Sed et inter res publicas frequenter eius modi contentio agitatur de his locis in quibus conuentus fiunt **25**
maiores et aliquod genus uectigalis exigitur.

Nam et de aedibus sacris, | quae constitutae sunt in *B* 32
agris, mutata tantum persona *similes* tamen oriuntur quaestiones; sicut in *Africa* inter *Adrumentinos* et *Tysdrita-*
nos de aede *Mineruae*, de qua iam multis annis liti- **30**
gant.

---

9. m̅n̅. controuersia *B*. ‖ est ᵃeque *A*, est et aeque *B*. ‖ 10. iniecu-
tibi *B*.

AB   *Sunt et loca sacra quae re uera priuatis finibus rei*
p. coloni debent. haec plerumque interuentu longe obli-
A 176 *uionis casu a priuatis optinentur,* | *quamquam in tabu-*
(AB) G 33 *lariis forme eorum plurimae extent.* | *si enim loca sacra*
5 *aedificabantur, quam maxime apud antiquos in confinio*
constituebantur, ubi trium uel quattuor possessionum ter-
minatio conueniret. et unus quis possessor donabat cer-
tum modum sacro illi ex agro suo, et quantum·donas-
set scripto sanciebat, ut per diem sollemnitatis eorum
10 *priuatorum agri nullam molestiam inculcantis populi sus-*
tinerent. sed et siquid spatiosius cedebatur, sacerdotibus
templi illius proficiebat. in Italia autem multi templo-
rum loca occupauerunt et serunt.

G 34   *Nam lucos frequenter in trifinia et quadrifinia in-*
15 *uenimus, sicut in suburbanis et circa publica itinera*
(G) AB *constituta Moesilea perspicimus.* | *haec maxime aut in loco*
urbis aut suburbanis locis a priuatis detinentur. (fig. 40.)

B 33   D*e aqua plubia arcenda controuersia* est | status in-
iectibi: per quodcumque enim solum transit, ad ius ordina-
20 rium magis respicit condicio eius quam ad mensuras; nisi
si per extremitatem finis uadat: propter quod statum generalem etiam alium accersire debet et quasi geminatione
quadam defendi, quod et per finem eat et sit lis de pluuia arcenda. haec controuersia *per regiones uariis gene-*
25 *ribus exercetur,* sed quasi ad eandem respicit condicionem. in Italia [aut quibusdam prouinciis] non exigua
est iniuria, si in alienum agrum aquam inmittas; in
B 34 prouin|cia autem Africa, si transire non patiaris.

A 177   Eiusdem ⁝ condicionis est controuersia de cloacis du-

---

12. multi *et* 13. serunt] *hic omisi Christiana commentatoris.* ‖
13. publia arcenda m̄n̄ controuersia *B.* ‖ iniectitibi *pr B.* ‖ transitūm
A. ‖ 20. respicit *om A.* ‖ 22. et *om A.* ‖ 25. condicione *AB.*

cendis et fossis caecis. quod totum, nisi per finem aga-   *AB*
tur, ad ius ordinarium pertinet. (fig. 41.)   (*AB*)

   Si aqua ex pluuia collecta riuum fecerit per longin-   G 34
quitatem temporum, et ut solet fieri ripam ex utraque
parte mediam secans erexerit, et hoc citra fines alterius;   5
dumque riuus ille liti includitur, possessor uicini agri
calumniose sibi uelit fines ad riuum usque defendere,
non mediocris exinde controuersiae genus exoritur: sed
hoc mensoris est peritia finiendum.   (*G*)

De itineribus controuersia est status iniectibi: ini-   *AB*
citur enim loco quaestio, et defenditur populo quod forte
a priuatis possidetur. haec *quaestio multipliciter trac-*
tatur.

   Nam in agris centuriatis excipitur limitum latitudo
causa itineris. sed cum illi recturas suas per qualiacum- 15
que loca extendant, hoc | est qua ratio dictauit, per   B 35
cliuia et montuosa, qua iter nullo modo fieri potest, quae
loca fortasse possessori siluae causa sint utilia, horum
loco non inique, per quae possit loca commode iri, iter
commutant.   20

   Nam quae sit condicio itinerum, | non exigua iuris   A 175
tractatio est. agitur enim utrumne actus sit an iter an
ambitus. per quae loca quid liceat populo, iure conti-
netur.

   Satis, ut puto, dilucide genera controuersiarum ex- 25
posui: nam et simplicius enarrare condiciones earum
| existimaui, quo facilius ad intellectum peruenirent. nunc   B 36
quem admodum singula et tractari debeant persequen-
dum est. respicio enim quantum sit quod mensori in-
iungatur, et puto diligentius exequenda quae ad proui- 30

10. m̄n̄. controuersia *B.* ‖ est *supra scriptum A,* om *B.* ‖ 11. de-
fendetur *A.* ‖ 25. *ex his ea quae Frontini sunt dedi emendatiora*
p. 34. ‖ 27. ad *supra scriptum A,* om *B.* ‖ pertinerent *AB.*

AB *dentiam pertinent i nunc artificis. difficillimus autem lo-*
cus hic est, quod mensori iudicandum est; sed nec mi-
E6 *nus ille exactus, quod est | aduocatio praestanda.* quam-
quam diuersa sint et longe inter se discernere debeant,
B37 *prudentiam tamen eandem | artificis habere debent et qui*
iudicaturi sunt et qui aduocationis sunt praestituri. in
iudicando autem mensorem bonum uirum et iustum agere
debet, neque ulla ambitione aut sordibus moueri, seruare
opinionem et arti et moribus.

10   Omnis illi artifici ueritas custodienda est, exclusis
illis similitudinibus quae falsae pro ueris subiciuntur.
quidam enim per imperitiam, quidam per inpudentiam
peccant: totum autem hoc iudicandi officium et homi-
B38 *nem et artificem exigit egre|gium. erat aequissimum*
A179 *et in aduocationem | eandem fidem exiberi in contro-*
uersiam *a mensoribus. sed hoc possessores aequo animo*
ferre non possunt: nam cum his ueritas exposita est,
aduersus sinceritatem artis facere cogant. multa sunt in
professione quae generaliter pro ueris offerantur, multa
20 que specialiter, quaedam que argumentaliter. coniecturaliter etiam mentiri artifices coguntur.

4. sit *E*. ‖ diiscernere *AB*. discerni *Huschkius*. ‖ 10. omnes enim
artificis *E*, omni enim artifici *Boethius p.* 1540. ‖ exclusi sunt (sint)
illi qui falsa pro ueris opponunt. *Boethius*. ‖ 15. exiberi in controuersiam a *AB*, in controuersia *E*. ‖ 18. sunt ergo in *Boethius*. ‖ 19.
offerantur *AB*, subiciuntur *E*, adiciuntur per controuersiam *Boethius*.
‖ multa que specialiter *om E et Boethius*. ‖ 20. quaedam que *AB*,
et quidem quae *E*, *om Boethius*. ‖ argumentaliter et *Boethius*, *om*
E. ‖ 21. mentiri artifices *AB*, artifices metiri *E*, superflue metiri
(mentiri) artifices *Boethius, qui post* coguntur *addit ex superiori-*
bus Frontini sed totum hoc iudicandi hominem artificem oportebit. ‖
Ageni urbici l̅i̅b̅ ex̅p̅. (explicit *B*) *AB*.

BALBI AD CELSVM
EXPOSITIO ET RATIO OMNIVM B 288 G 1
FORMARVM.

J 183

Notum est omnibus, Celse, penes te studiorum nostrorum manere summam, ideoque primum sedulitatis meae
inpendium iudiciis tuis offerre proposui. nam cum sibi 5
inter aequales quendam locum deposcat aemulatio, nemi-
nem magis conatibus nostris profuturum credidi quam
qui inter eos in hac parte plurimum possit. itaque quo
cultior in quorundam notitiam ueniat, omnia | tibi nota (B)
perlaturus ad te primum liber iste festinet, apud te tiro- 10
cinii rudimenta deponat, tecum conferat quidquid a me
inter ipsas armorum exercitationes accipere potuit. et si
meretur publica conuersatione sufferre uniuersorum oculos, a te potissimum incipiat: quod si illi parum diligen-
tem adhibitam curam esse credideris et in aliqua cessasse 15
uidebimur parte, non exiguum laboris mei consequar fructum, quod te monente malignorum lucri fecerim existi-

1. ĪNC. (om J) LIB. BALBI...FORMARVM BJ, IVLIVS FRONTI-
NVS CELSO GP. *Florentinus nullum habet titulum, Mutinensis
recentissimus* M. Iunii Nypsi de mensuris: *libri E prima pagina
periit.* ‖ FORMARVM] *immo mensurarum. uide p.* 94,3. ‖ 3. paenes
té P. ‖ nostrorum GM, notitia B, notitiam JV. ‖ 5. iudicio tuo M. ‖
nam consequi inter M. ‖ 6. querenda V. ‖ locum deposita aemula-
tione magis M. ‖ 7. magis om V. ‖ profutura B, pro-
futurarum V. ‖ 8. qui inter eos G, inter eos qui M, qui BJV. ‖ possunt M. ‖ quod BJ. ‖ 9. cultior quorundam sit notitia apud te omnia perlaturus liber M. ‖ tibi G, tibique V, om J. ‖ 10. primus V. ‖
festinet JV, festinat ut G, festinat et M. ‖ 11. deponens tecum con-
feret M. ‖ quicquid G, non P. ‖ 12. ipsam armorum exercitationem
M. ‖ et JV, Nam et G, nam M. ‖ 13. publicam conuersationem MV.
‖ ut sufferat M. ‖ 14. incipiet V. ‖ diligenter M. ‖ 15. et JV, Et si
in paruo G, ut M. ‖ in aliquam cessare M. ‖ 16. uideamur GM. ‖
partem M. ‖ consequamur, *proximis* fructum ... existimationem
omissis, V. ‖ 17. existimatione J.

GJ mationem. quaeso itaque, si non est inprobum, habeat
apud te quandam excusationem, quod non potuerit eo
tempore consummari, quo genus hoc instrumenti feruentibus studiis nostris disparatum est. omnium enim, ut
5 puto, liberalium studiorum ars ampla materia est; cui in
hac modica re nequid deesset, ingenti animo admoueram
uires. interuenit clara sacratissimi imperatoris nostri ex-
peditio, quae me ab ipsa scribendi festinatione seduceret.
nam dum armorum magis exerceor cura, totum hoc ne-
10 gotium uelut oblitus intermiseram, nec quicquam aliud
G₂ quam belli gloriam | cogitabam. at postquam primum
hosticam terram intrauimus, statim, Celse, Caesaris nostri
opera mensurarum rationem exigere coeperunt. erant dandi
interueniente certo itineris spatio duo rigores ordinati,
15 quibus in tutelam commeandi ingens uallorum adsurgeret
molis: hos inuento tuo operis decisa ad aciem parte ferramenti usus explicuit. nam quod ad synopsim pontium
*J*₁₂₄ pertinet, fluminum latitudines | dicere, etiam si hostis in-

1. si monere non est improbum *M*. ‖ habeam *JMV*. ‖ 2. quid *V*. ‖
3. consumari *J*. ‖ quod *JV*. ‖ instrumenti *om GM*. ‖ feruentibus *et*
nostris *om JV*. ‖ 4. disputatum est *GM*, deseparatus sum *V*, deesse
paratus sum *J*. ‖ enim *om V*. ‖ 5. 6. cui (*om V*) in hac modica est
quidem (quid *V*) sed *JV*, cui nequid desit (*add* et *M*) in hac modica re *G et addito* siquid desit *M*. ‖ 6. admoueram uires *GJV*,
ueri *M*. ‖ 7. interea uenit *JV*, iudicis custodiendum est *M*. ‖ 8. quae
om M. ‖ ab *JV*, in *GM*. ‖ seduceret *JV*, praepediit *GM*. ‖ 9. exer-
ceo curam *JV*, exerceor curis *G*, excreor curis *M*. ‖ 10. quidquam
V. ‖ 11. primum *om V*. ‖ 12. horticam *J*. ‖ Celse] celsi *GM*,
celestia *JV*. ‖ Caesaris *om M*. ‖ 13. operam *J*. ‖ ratione *GV*. ‖ exigente *V*, exercere *G*. ‖ coeperit *V*, coepit *M*, coepi *G*. ‖ 14. interae-
niendi *M*. ‖ ordinati *om M*. ‖ 15. tutellam *J*. ‖ comeandi *G*, com-
mendandi *M*. ‖ ingens maiorum *M*. ‖ asurgeret *V*. ‖ 16. molis] *sic*
GJPV, moles *M*. ‖ hos inuento (inuentio *V*) tuo per operam ad
aciem (per ampla daciem *J*) partem *JV*, mox interuentuo (interuentu
MP) operis decisa parte *GM*. ‖ 17. senopsi *V*, notitiam *GM*. ‖ 18.
pertinet et *GM*. ‖ latitudinem *G*. ‖ discernere *M*. ‖ hosti *M*, hostis
nos *Boethius* p. 1538.

festare uoluisset, ex proxima ripa poteramus. expugnan- *GI*
dorum deinde montium altitudines ut sciremus, uenerabilis
diis ratio monstrabat. quam ego quasi in omnibus templis adoratam post magnarum rerum experimenta, quibus
interueni, religiosius colere coepi, et ad consummandum 5
hunc librum uelut ad uota reddenda properaui. postquam
ergo maximus imperator uictoria Daciam proxime resera-
uit, statim ut e septentrionali plaga annua uice transire
permisit, ego ad studium meum tamquam ad otium sum
reuersus, | et multa uelut scripta foliis et sparsa artis *E*₁,₁
ordini inlaturus recollegi. foedum enim mihi uidebatur,
si genera angulorum quot sint interrogatus responderem
'multa': ideoque rerum ad professionem nostram pertinen-
tium, in quantum potui occupatus, species qualitates condiciones modos et numeros excussi. per que satis ampla 15

1. *uoluisset om M.* ‖ eos ex *Boethius.* ‖ poterimus *M.* ‖ expugnando
rumpere *Boethius.* ‖ 2. ut . . . monstrabat] praeesse oratio monstrabat
Boethius p. 1538. ‖ scirem hos uenerabiles diis oratio monstrabit quam
M, scirem hanc mihi uenerabilis di rationem monstrabant quos *G.* ‖
3. diis] *nonne* dea? *J* quasi] quamuis *JV, om GM.* ‖ in omnibus
GM, nominibus *JV.* ‖ temporibus *M.* ‖ 4. adorabam. At postquam
magnorum deorum *G*, adorabam (anotabam *V*) posita magnarum rerum *JV*, optabam, at postquam magnorum habitum *M.* ‖ experientia
. *M.* ‖ quibus interueni *om GM.* ‖ 5. relegiosius *J*, religiosis *V.* ‖ ex-
colere coepit *M.* ‖ et *J, om GMV.* ‖ consumandum *JV.* ‖ 6. nunc
V. ‖ uelud *V.* ‖ properauit *M.* ‖ 7. uictoriam *GM.* ‖ dacicam *GJM.*
‖ reseruauit *V*, reseruabit *J.* ‖ 8. ut e] et *JV*, ad *GM.* ‖ septentrionalem *GM.* ‖ plagæ *JMV*, plagam *G.* ‖ annuam uicem *JMV, om G.*
‖ transigere *JV.* ‖ 9. *add* emendatus *ante* ego *J.* ‖ otium *GJM*,
utrum *V.* ‖ 10. uelud *G.* uelut Sibyllae foliis exsparsa *Scriuerius.*
folia *EM. huc usque quid Mutinensis haberet annotaui.* ‖ in artis ordini laturus *GP*, in ordinem artis laturus *E.* ‖ 11. fidum *JV.* ‖
enim *om V.* ‖ 12. si *om EJV.* ‖ quod sint *JV*, quod si *EGP.* ‖ res-
pondere *JV.* ‖ 13. multum *E.* ‖ 14. inquam potui *G, non P.* ‖ conditiones *EG.* ‖ 15. modus *J*, modum *EG.* ‖ numerum *EG.* ‖ excus-
sum persequens satis *E.*

EGJ mediocritatis meae opinio seruabitur, si illa uir tantae auctoritatis studentibus profutura iudicaueris.

E(1,6) 1,17   Ergo nequid nos praeterisse uideamur, | omnium mensurarum appellationes conferamus. [nam mensura non tantum

5 ista de qua loquimur appellatur, sed et quidquid pondere

G aut capacitate | aut animo finitur mensuram eque quam longitudinem appellant.] quid ergo mensura sit de qua quaeritur, tractemus.

R 27   Mensura est conplurium et inter se aequalium in-

10 teruallorum longitudo finita, ut pes per unciam, per pedem decempeda, per decempedam actus, per passum sta-

(*G*) dium, per stadium miliarium, | et his similia.

     Mensurarum appellationes quibus utimur sunt duodecim, digitus uncia palmus sextans pes cubitus gradus

G passus decempeda actus stadium miliarium. | minima pars

16 harum mensurarum est digitus: siquid enim infra digitum metiamur, partibus respondemus, ut dimidiam aut tertiam.

R 89 uncia habet digitum unum et tertiam partem digiti. pal-

J 125 mus habet digitos IIII, uncias III. sextans, que | eadem

---

1. illæ *V*. ‖ tanta auctoritatem *E*. ‖ 2. iudicaueris studentibus profutura *G*. ‖ iudicaueritis *E*. ‖ 3. uideamur *EGJV et Boethius p.* 1538. *malim* uideatur. ‖ omnium enim *E*. ‖ 4. nam mensurae notantur *E*. ‖ 5. ista *G*, ita et *JV*, ita ut *E*. ‖ appellatur *om J*. ‖ sed *om E*. | quidquid *P*, quicquid *EGJ*. ‖ 6. animi *JV*. ‖ mensura *GJV*, *om E*. ‖ aequae longitudinem mensura *E*. ‖ 7. appellant *GJ*, appellatur *E*, *om V*. ‖ 9. Mensura] *hanc definitionem Iulio Frontino adscribit Boethius p.* 1520. ‖ cumplurium *V*, quam plurimum *E*. ‖ et aequalium inter se *R*. ‖ 10. longitudo] mensura *E*. ‖ finitur. ut *E*, finita. Mensura est ut *G*. ‖ per uncias *GR*, *om E*. ‖ per pedum *R*. ‖ 11. per xpeda *GP*, *om JRV*. ‖ actus per *om R*. ‖ passus *G*. ‖ stadium per stadium *om JRV*, stadium *E*. ‖ 13. Mensuram *V*. ‖ 14. sextas *J*, sexta *E*. ‖ 15. passus *om E*. ‖ Maxima *E*. ‖ pars *post* mensurarum *G*. ‖ 16. earum *E*. ‖ infra *EJRV*, intra *G*. ‖ 18. uncia habet digitum unum et tertiam *Memmianus liber apud Rigaltium: om EGJRV*. ‖ digiti *om R*. ‖ 18 - p. 95,2 palmus ... digitos XII *ponunt post* digitos XVI p. 95,2 *GPR* 89. ‖ 19. uncia *V*. ‖ Sextan *GP*, sexta *E*. ‖ quae tamen *E*.

dodrans appellatur, habet palmos III, uncias VIIII, digitos *EGJR*
XII. pes habet palmos IIII, uncias XII, digitos XVI. in pede
porrecto semipedes duo. in pede constrato semipedes IIII.
in pede quadrato semipedes VIII. | cubitus habet sesqui- (*E₃ GR₂₉*)
pedem, sextantes duas, palmos VI, uncias XVIII. | gradus *G₇₆R₃₄*
habet pedes duo semis. passus habet pedes quinque. de- 6
cempeda, quae eadem pertica appellatur, habet pedes x.
actus habet longitudinis ped. CXX, latitudinis ped. CXX.
stadium habet pedes DCXXV, passus CXXV. miliarium habet
passus | mille, milia pedum v, stadios VIII. *G₇₇. (GR₂₇.₃₅)*

[Mensurae aguntur generibus duodecim. digitis. digitus est in pede pars XVI. unciis. uncia est in pede pars

---

1. dutrans *E*, dorans *J*. ‖ palmos tres *om JVR₂₇*. ‖ uncias VIII. *V*. ‖
digitos *om E.* ‖ 2. XII] XV *R₈₉*. ‖ pes … XVI *om EJVR₂₇*. ‖ in pede
porrecto … semipedes VIII *post* tertiam partem digiti *p.*94, 18 *G*, Vnciae XL.IIII. digiti CCLVI. *E.* ‖ 4. semipedes (sempedes *V*) II. in
palmo (II. palmi *JR*) IIII (III *R*) unciae XII. digiti XVI. in constrato
(prostrato *JR*) semipedes (sempedes *V*) IIII. palmi VIII. unciae
XXIIII. digiti XXXII. *JVR₂₇*. ‖ 4. in p. q. s. VIII *om VR₂₇* (*sed
uide infra p.*97, 1.): *add* palmi XL.IIII. Vnciae mille sexcentas.
XXVIII. digiti IIII. milia LX.VI. qui habet *E: etiam add* istam mensuram (Haec omnis mensura *G*) agrorum (*om G*) diligentius (diligenter *G*) et fideliter exquirenda est (sunt *E*). ideoque monemus ut
quisquis (ut unus quis *G*) suos fines teneat, non alienos lacessat (la-
cessit *E*). nam ideo limes agro positus est, litem ut (ut litem *G*) dis-
cerneret (discederet *E*) aruis. nam ante Iouem limites non parebant,
qui diuiderent agros. uicinorum autem exempla sumite, unde (de quibus *G*) possitis (positis *G*) inculpabiles proferre sententias. nam ideo
ager pedibus mensuratur ut ueritas declarentur *EGP. quibus GP
subiciunt* EXPLICIT EPISTOLA AD CELSVM, *Florentinus* Explicit
praefatio. ‖ 5. INCIPIUNT GENERA LINEAMENTORUM *G.* ‖ 6. duose-
mis *G*, II.s. *JVR₃₅*, II. *R₂₇*. ‖ 7. eamdem *V.* ‖ pedes *om R₂₇*. ‖
8. in longitudinem *JV*, in longitudine *R₂₇*. ‖ latitudinis ped. CXX *om
JR₂₇ V.* ‖ 9. DCXXIV *GJ*, CXXV *RV*, cd. XXV. XXV *R₃₅*. ‖ miliarius *J*.
‖ 10. passus mille *GV*, passus ∞ *J*, passus. ¯I. *R₃₅*, ¯I. passus *R₂₇*. ‖
∞ p. v *V*, pedes v̄ *GJR*. ‖ stad. *V*, stadia *JR*. ‖ 11. *conf. Boethius p.*1520. ‖ Digitus. digitus *J*. ‖ 12. uncias. s. uncia *V*, uncia.
uncia *J*.

J XII. palmis. palmus IIII. sextantibus. sextans, quae eadem dodrans appellatur, habet uncias VIIII, digitos XII. pedibus. pes palmos IIII. cubitis. cubitus pedem semis. gradibus. gradus habet pedes II*s*. passibus. passus habet pedes v.

5 decempedis. decempeda pedes x. actibus. actus habet pedes CXX. stadiis. stadium habet pedes DCXXV. miliariis. miliarium habet p. v̄.

Pes prostratus sic obseruabitur. ducis longitudinem per latitudinem: facit embadon.

10   Pes quadratus sic obseruabitur. longitudinem per latitudinem metiemur, deinde per crassitudinem: et sic efficit pedes solidos.

Pes quadratus concauus capit amforam trimodiam.

In centuria agri iugera CC, modii DC. in circuitu ped. 15 V̄IIIDC habet. in ea pedum ῑῑCCCC per ῑῑCCCC, passus CCCCLXXX per CCCCLXXX, actus XX per XX, cubita ∞DC per ∞DC.

Pedes ut in cubitos redigamus, semper duco octies, et sumo partem XII: erunt cubita. cubita uero ut in pedes redigamus, semper duco duodecies, et sumo partem 20 octauam: erunt pedes.]

*GJ*126 *R*35   Mensurae aguntur generibus tribus, per longitudinem

1. pal. *s*. Palmus III *V*, palmus. Palmus III *J*. ‖ sextas. Sextas quae *J*, Sextans *s* quae *V* omisso sextantibus. ‖ 2. uncias *V*, = *J*. ‖ pedibus *om V*, pes.*s*. *J*. ‖ 3. cubitas. *s*. cubitus *V et s omisso J*. ‖ 3.4. Gradus. gradus *J*. ‖ 4. passus. passus *J*. ‖ 5. decempeda. Decempeda *J*. ‖ actib. *s*. actus *V*, actus. Actus *J*. ‖ 6. stad. *s*. stadium *V*, stadium. Stadium *J*. ‖ miliar̄. *s*. miliarium *V*, miliarium Miliarius *J*. ‖ 7. pedes v̄ *J*. ‖ 8. obseruatur *V*. ‖ cuius longitudo *JV*. ‖ 9–11. facit ... per latitudinem *om V*. ‖ 10. Pes prostratus *J*. ‖ 13. concabus *V*. ‖ anfora *V*, amphora *J*. ‖ trimodia *JV*. ‖ 14. modi *J*, mod. *V*. ‖ ped. VIII.DC. *V*. ‖ 15. habet. in ea] Haec est linea *J*, hac linea *V*. ‖ ῑῑCCCC per ... per CCCCLXXX] II.CCCC.LXXX per CCCLXXX *V*. ‖ 16. cubita *J*, cubit. *V*. ‖ 16. 17. per ∞DC. Pedes] ped. *J*, p. *V*. ‖ 17. cubita *J*, cubit. *V*. ‖ 18. parte *J*. ‖ erunt cubit. uero *V*, erunt cubita Cubita uel *J*. ‖ 19. parte octaua *J*.

et latitudinem et altitudinem. hoc est rectum planum so- GJR
lidum. (fig. 68.) rectum est cuius longitudinem sine latitudine metimur, ut lineas, porticus, stadia, miliaria, fluminum longitudines, et his similia. (fig. 69.) planum est
quod Greci epipedon appellant, nos constratos pedes; in 5
quo longitudinem et latitudinem habemus; per quae metimur agros, aedificiorum sola, ex quibus altitudo aut crassitudo non proponitur, ut opera tectoria, inauraturas, tabulas, et his similia. (fig. 70.) solidum est quod Graeci
stereon appellant, nos quadratos pedes appellamus; cuius 10
longitudinem et latitudinem et crassitudinem metimur, ut
parietum structuras, pilarum pyramidum aut lapidum ma-
terias, et his similia. (fig. 71.) | (GR)

Omnis autem mensurarum obseruatio et oritur et de- J 127
sinit signo. signum est cuius pars nulla est. haec est om-

---

1. et *prius om* R. ‖ et altitudinem J, et crassitudinem GR, om V. ‖
solidum] *add* hi semipedes IIII. palm. XVIII. unc. c. XLIIII. Digit.
CCLVI. in pede quadrato. semipedes VIII. palmi LXIIII. = ∞. CC.
XLVIII. digiti IIII. XCVI. lXIIII. V, Hii semipedes IIII palmi XVIII.
uncias cxlIIII. Digiti cclVI. in pede quadrato semipedes VIII. palmi
lxIIII. = ∞ccxxVIII. Digiti IIII xcVI. J. ‖ 3. metiemur J. ‖ lineas,
perticas Goesius, *itaque* R idemque p. 27, lineae porticus Boethius p. 1520. ‖ et fluminum R. ‖ 4. latitudines GR *et* Boethius.
‖ 5. epipodon J, epipedum V. ‖ prostratos JV. ‖ 6. habemus J,
habeamus GRV. ‖ per quem J. ‖ metiemur J, metiamur V, etiam
GR. ‖ 7. aedificiorum areae absque tectoriis operibus et laque-
aribus ac tabulatis et his similibus Boethius p. 1520. ‖ 8. praeponi-
tur R. ‖ inauratas JR, inaureatas V. ‖ statuas R. ‖ 9. quod stereon
appellatur V. ‖ 10. pedes om V. ‖ 11. et *prius om* JV. ‖ latitudinem *om* J. ‖ 12. parietum structuram et pilam et lapides et ma-
ceriam itemque res cauas R p. 27. ‖ instructuras JV. ‖ pyrami-
damque, nec non etiam macerie lapidum Boethius p. 1521. ‖ aut
lapidum *om* JV. ‖ macerias G, maceries R 35. ‖ 14. desinunt V. ‖
15. hoc est J.

7

J nium extremitatium finitima contemplatio. signum autem sine parte est initium, a quo omnia incipiunt.

Extremitas est quo usque uni cuique possidendi ius concessum est, aut quo usque quisque suum seruat. (fig. 72.) 5 extremitatium genera sunt duo, unum quod per rigorem obseruatur, alterum quod per flexus. (fig. 73.) rigor est quidquid inter duo signa ueluti in modum lineae rectum perspicitur; per flexus, quidquid secundum locorum naturam curuatur, ut in agris archifiniis solet. decumanus est 10 longitudo rationalis, itemque cardo, constitutis in unum *G 78 R* | binis rigoribus, singulis spatio itineris interueniente. nam quidquid in agro mensorii operis causa ad finem rectum fuerit, rigor appellatur: quidquid ad horum imitationem in forma scribitur, linea appellatur. (fig. 74.)

J 128   Linea est longitudo sine latitudine, lineae autem fines 16 signa. ordinatae rectae lineae sunt quae in eadem plani-

---

1. extremitatum *V*. ‖ 2. suae partis *V*. ‖ est uinctum *JV*. ‖ 3. quod usque *JV*. ‖ 4. quod usque quaque qua suam seruat *V*, quod usque una quaeque res qualitatem suam seruat *J*. ‖ 5. Extremitatum *V et Boethius*. ‖ pro rigore *Boethius p.* 1517. ‖ 6. et aliud *Boethius* 23 *et* 28 *b*, et alterum *idem p.* 1517. ‖ rigoris est *Boethius* 23 *b*. ‖ 7. in duo *J*. ‖ ueluti *apud Boethium p.* 1517, uel *JV et Boethius b*, et *Boethii codex m*. ‖ directum *Boethius p.* 1517. ‖ 8. praespicitur *JV*, *et pars librorum Boethii*, prospicitur *p.* 1517. ‖ flexuosum *Boethius utrobique*. ‖ quicquid *Boethius*, quod qui *JV*. ‖ naturam locorum *Boethius b*. ‖ natura *J*. ‖ 9. curuantur *V*. ‖ ut om *J*. ‖ arcifinariis *V*. ‖ decimanus *J*. ‖ 10. item quod cardo *V*. ‖ constitui si omnem *JV*. ‖ 11. binis ... interueniente *V et J*, *qui tamen* singuli *habet:* Bini rigores [sunt quando *Boethius*] singulis spatiis interuenientibus (int. spac. *R*) per quibus (quos *R*) (intern. tendunt ut *Boethius*) itinera plerumque pergunt (peragunt *R*) *GR et Boethius p.* 1517. ‖ 12. quidquid *P*, quicquid *G*. ‖ in agris *V*. ‖ mensorii *R*, mensori *G*, mensoris *JV*, a mensore *Boethius*. ‖ operis om *JV*. ‖ causa om *RV*. ‖ aut finium *JV*. ‖ 13. ad eorum *R*. ‖ 14. in formam *JV*. ‖ scriber. *V*. ‖ 15. finis *P*, om *V*. ‖ 16. ordinata *GPR*, ordinant *JV*. ‖ rectae om *JV*. ‖ eadem om *Boethius* 23 *b*. ‖ planitiae *GJPR et Boethius*.

tia positae et eiectae in utramque partem in infinitum non JR
concurrunt. (fig. 75.)

Linearum genera sunt trea, rectum, circum ferens,
flexuosum. (fig. 76.) recta linea est quae aequaliter suis
signis rectis posita est; circum ferens, cuius incessus a 5
conspectu signorum suorum distabit. (fig. 77.) flexuosa linea
est multiformis, uelut aruorum aut iugorum aut fluminum; in
quorum similitudinem et arcifiniorum agrorum extremitas
finitur, et multarum rerum similiter, quae natura inaequali
linea formata sunt. (fig. 78.) 10

Summitas est secundum geometricam appellationem G79
quae longitudinem | et latitudinem tantum modo habet, J189
summitatis fines lineae. (fig. 79.) plana summitas est quae
aequaliter rectis lineis est posita. (fig. 80.) omnium autem
summitatium metiundi obseruationes sunt duae, enormis 15

---

1. et eiectae R, electae GP, adiectae JV, flexae Boethius. ‖ utraque JV et Boethius. ‖ parte J et Boethius, om V. ‖ in om GP. ‖ in
infinitum om Boethius. ‖ 3. treia G, trea P, tres J. ‖ 4. in suis Boethius p. 1516, non p. 28 b. ‖ 5. rectis JV, om GR et Boethius utrobique. ‖ incessu a P, incessum a R, ingressus a JV, incensura Boethius 28 b. ‖ 6. conspectum G, conspectum P, conspectus Boethius. ‖
distanit G. ‖ linea om R. ‖ 7. multis formis Boethius 28 b. ‖ uelut arborum aut (om Boeth.) signorum aut fluminum GJRV et Boethius 28b,
uelut arborum aut fluminum ceterorumque signorum idem p. 1517. ‖
8. similitudine GJR. ‖ archifiniorum (archifinorum V) extremitas JV
et Boethius 28 b, artissimorum agrorum extremitas R. ‖ 9. multarum rerum] multarum GJV et Boethius 28 b, multorum R et Boethius p. 1517. ‖ quae similiter inequali linea sunt formata naturaliter
Boeth. p. 1617. ‖ 10. lineae V. ‖ finita R. ‖ 11. aperitionem V. ‖ 12.
et altitudinem Boeth. 28 b. ‖ tantum modo (om V) habet JV, habet
tantum modo GR et Boethius 28 b: differt Boethius p. 1517. ‖
13. fines GJR et Boethius p. 1517, finis PV et Boethius 28 b. ‖ lineae GJP et Boethius b, lineae sunt R et Boethius p. 1517, linea
est V. ‖ plana JPRV, plena G, utrumque Boethius b, plana uero
Boethius 1517. ‖ 14. aequalem V. ‖ 15. summitatiim G, summitatum JRV. ‖ mentiundi V, in metiundo Boethius.

GJR et liquis; enormis, quae in omnem actum rectis angulis
continetur; (fig. 81.) liquis, quae minuendi laboris causa
et salua rectorum angulorum ratione secundum ipsam extremitatem subtenditur. (fig. 82.)

G 80   Genera angulorum rationalium sunt tria, rectum ebes
acutum. haec habent species VIIII; rectarum linearum tres,
rectarum et circumferentium tres, circumferentium tres.

J 130   Rectarum ergo | linearum species angulorum generis
sui tres, recta ebes acuta. (fig. 83.) rectus angulus est
10   euthygrammos, id est ex rectis lineis conprehensus, qui Latine normalis appellatur. (fig. 84.) quotiens autem recta super
recta linea stans ex ordine angulos pares fecerit, et singuli anguli recti sunt, et stans perpendicularis eius lineae
super quam insistit est. cuius sede si subtendens linea

1. enormis] inamis *J*, inames *V*. ‖ per omne latus rectis lineis *Boethius p.*1517. ‖ 3. ratione angulorum *GR*. ‖ ipsa extremitate *G, non
P,* ipsas extremitates *Boethius*. ‖ 5. rationabilium *R*. ‖ 5 *et* 9. hebes
G, postea ebes. *semper* ebes *P,* hebes *JRV*. ‖ 6. haec habet *JV,*
et (haec autem) habent *Boethius p.*1516 *et* 28 *b*. ‖ 6 - 8. Rectarum
linearum tres. rectarum et flexuarum tres. rectarum et circumferentium linearum species angulorum *V,* rectarum linearum tres rectarum
et circumferentium IIII linearum species angulorum *J,* rectarum linearum tres rectarum et circumferentium tres. ebes a circum (*uel* ebes
arcum) ferentium linearum species angulorum tres *Boethius b. confer eundem p.*1516. ‖ 8. generis sui *J,* sui generis *V,* om *GR*. ‖
10. entygrammus *J,* euthygramus *V,* ethygrammos *GR,* eotigrammus
Boethius 28 *b*. ‖ ex om *Boethius p.*1516. ‖ qui . . . appellatur om
V. ‖ 11. latitudine *Boethius b,* a latinis *R*. ‖ rectam (rectam *P,* recta
linea *R*), super rectam lineam *GR*. ‖ 12. stans *V et Boethius* 1516,
trans *GJR et Boethius b*. ‖ ex ordine *JV,* ordinem *GR,* ordine
uel ordinem *Boethius*. ‖ pares angulos *V*. ‖ et *GR,* ut *P et Boethius,* om *JV*. ‖ 13. sint *JPR et Boethius*. ‖ et instans *JV,* exstans *Boethius p.*1516, et linea *Boethius b*. ‖ eius lineae . . . *p.*101,1.
perpendiculari om *Boethius b*. ‖ eius *GV,* esse ius *J*. ‖ 14. supra *J*. ‖
uertex est *Boethius p.*1516. ‖ a cuius *Bachetus apud Rigaltium.*
‖ sedi *R,* side *JV*.

perpendiculari fuerit iniuncta, efficit triangulum recto an- *GJR*
gulo. (fig. 85.) ebes angulus est plus normalis, hoc est
excedens recti anguli positionem, et qui, si triangulus secundum hanc positionem constitutus fuerit, perpendicularem extra finitimas lineas habeat. (fig. 86.) acutus angulus 5
est conpressior recto; qui si a recta linea, quae sedis
| loco fuerit, rectam lineam secundum suam inclinationem *R* ³⁶
emiserit, similique cohibitione rectam lineam in occursum
exceperit, efficiet triangulum qui perpendicularem intra
tres lineas habebit. (fig. 87.) | rectus ergo angulus est *G* ³¹ *J* ¹³¹
normalis, ebes plus normalis, acutus minus normalis. (fig. 88.)

Rectarum linearum et circumferentium species angulorum generis sui tres, recta ebes acuta. (fig. 89.) quaecumque autem linea in dimensione medium secans circulum per punctum transiens ad circumferentem lineam pa- 15
res alternos secundum suam speciem rectos angulos faciet.
(fig. 90.) ebetes angulos faciet generis sui quaecumque ordinata dimensioni linea intra semicirculum, in eo tamen

---

1. perpendicularis *GJRV* et *Boethius b.* ‖ iniuncta *V*, iuncta *Boe-*
thius. ‖ efficiet *J* et *Boethius b.* ‖ triangula recta angulo *Boe-*
thius b. ‖ 2. plus *om Boethius b.* ‖ 3. et qui . . . hanc positionem
om Boethius b. ‖ et qui si] et quia si *G*, et quasi *JPRV*, quia et
si *Boethius.* ‖ 4. per pendiculare *GR*, perpendicularis *Boethius b.*
‖ 5. habent *V*, habebit *GR* et *Boethius.* ‖ 6. sedes *GJ.* ‖ 8. cohi-
hibitionem *J.* ‖ in hoc (hac *V*) cursum *JV.* ‖ 9. excepit *V.* ‖ perpendicularem *post* lineas *R.* ‖ intra tres *GJR* et *Boethius p.*
1516, inter finitimas *V.* ‖ 10. Triplex est angulus. hebes et acutus. Rectus *V.* ‖ ergo *GR* et *Boethius p.* 1516, *om JV* et
Boethius b. ‖ 11. normaliter, ebes angulus est plus normalis, acutus angulus *Boethius b.* ‖ 13. generis sui *post* tres *GR*, sunt
V. ‖ recta *om V.* ‖ hebes et *V.* ‖ quacumque *V.* ‖ 14. demensione *J*, dimensionem *G.* ‖ circulum *JV*, circum *GR.* ‖ 15. per iunctum *G.* ‖ transeat. ad *R*, transferat ad *G.* ‖ pares altero et *JV*, par
est (parem *R*) altero *GR*, partes altero *P.* ‖ 16. speciem] *add* al-
trinsecus *R.* ‖ 17. facient *JV.* ‖ 18. dimensionum *V*, dimensione
GR, demensione *J.* ‖ in *JV*, erit in *GR.* ‖ tantum *V.*

GJR spatio quod inter se et lineam quae per punctum semicirculi transiet interiacebit. (fig. 91.) quotiens intra semicirculum linea fuerit ordinata dimensionis lineae, acutos
angulos faciet generis sui, quos in circumferentia cludet.

J 132 (fig. 92.) | rectarum ergo et circumferentium linearum an-
guli rectus ebes acutus; rectus, quoniam recta linea quae
per punctum ad circumferentiam peruenit, medium secat
circulum et utraque parte pares angulos diuidit; ebes et
acutus ideo quod ordinata dimensioni linea intra semi-
10 circulum inferiores facit angulos maiores: nam quos intra
circumferentiam cludet, minores. (fig. 93).

G 82   Circumferentium linearum species angulorum generis
sui tres, recta ebes acuta. (fig. 94.) quotiens ex uno duorum punctorum diastemate duo circuli pares exeunt, ad
15 conexionem circumferentiarum interiores rectos angulos
facient; (fig. 95.) ebetes exteriores, qui sunt sescontrarii
rectis: acuti anguli sunt lunati, qui inter rectos et ebe-
J 133 tes includuntur. (fig. 96.) | circumferentium linearum rec-
tos angulos ideo quod si tres circuli pares inter se fue-
20 rint aequali diastemate conexi, intra scriptos angulos pares

1. quod *RV*, quae *J*, qui *G*. || linea *J*. || quae per *om V*. || puctum
V. || 2. transisset *V*. || infra semicirculum *GR*. || 3. in ea fuerit *G*,
fuerit linea *R*. || dimensionis lineae *V*, demensionis linea *J*, dimen-
sione *GR*. || 4. angulos facient *JV*, faciet angulos *R*. || cludet *R*. ||
5. anguli sunt *R*. || 6. rectum ebes acutum. rectum *G*. || rectam lineam
JV. || 7. 8. circulum secat *V*. || 8. parti *V*. || ebes et acutus *addidi.*
Ideo hebes *R*. || 9. dimensionis *V*, demensionis *J*, dimensione a recta
GR. || lineae *J*. || 11. circumferentia *J*, circum *V*. || cludit *GR*. ||
13. ter *V*, *om R*. || acuta] *add* hoc modo fiunt *R*. || 14. diastema
G. || circuli pars *V*, pares circuli *GR*. || 15. conexionem *P*, connexi-
onem *GR*, cognitionem *JV*. || angulos *om V*. || 16. faciunt *GR*. ||
Hebetis *V*. || sunt qui *V*. sunt *om R*. || recontrarii *JV*, contrarii
GR. || 17. angulis *J*. || qui *JV*, hi *GR*, hii *P*. || 18. rectus angulus
GR. || 19. pares fuerint inter se aquali (aeq. *PR*) *GR*. || 20. con-
nexi *JRV*. || intra se *G*.

alternos habebunt, per quorum signa si rectae lineae in- *GJR*
tra scribantur, in partes quas circulorum conexio consu-
met medias diuident. ebetes angulos exteriores, quod sunt
omnibus intra scriptis maiores. lunati autem acuti, quod
exilissima tenuitate finiuntur. (fig. 97.)   5

Rationalium linearum genera angulorum haec sunt.
quibus si flexuosa linea iniungatur, faciet species angulorum secundum suam inaequalitatem complures: (fig. 98.)
omnes tamen illae inaequalitates rationalibus lineis conprehendi et diuidi possunt. [flexuosa autem linea sicut eli-   10
cis aut cornualis.] (fig. 99.) | nam flexuosa linea ad mensu-   *(GR)*
ram redigitur, quem admodum ipsius loci natura permit- $E_{31,19}$
tit, qua proxima est rectae lineae adque circumferenti | cir- J_{434}
culari, si terminibus arboribus notatis aut fossis aut uiis
aut iugis montium et diuergiis aquarum fines obseruabun-   15
tur. (fig. 100.)

Angulus autem omnis species capit duas, planam et   *G₈₃ R*
solidam. (fig. 101.) planus angulus est in planitia duarum
linearum adtingentium, sed et non in rectum positarum,
alterius ad alteram inclinatio. (fig. 102.) solidus angulus est 20
cuius planitiae altitudo adiungitur aut aequatur. (fig. 103.)

1. alternos] altero *GR*, alter altero *J*, altero altero *V*. ‖ habebit *JV*.
‖ intra *JV*, intra se *G et post* scribantur *R*. ‖ 2. conexio *P*, con-
nexio *GJRV*. ‖ 3. medios *RV*. ‖ quod] qui *R*. ‖ 4. Luniati *R*, lina-
tis *V*. ‖ 6. Rationabilium *R*. ‖ 8. complures *om GR*. ‖ 9. illes *J*. ‖
aut comprehendi aut *V*. ‖ 10. sicut aeliciis (eliciis *P*, elicus *R*) aut
cornualis *GR*, sicut dilicis aut cornualibus *J*, sio delicis *V*. ‖ 12. natura ipsius, *omisso* loci, *E*. ‖ 13. est *om V*. ‖ adque *V*, atque *J*,
quae *E*. ‖ circunferente *J*, circumferentem *V*. ‖ circulari si] circulari *JV*, singulari circulari *E*. ‖ 14. terminibus ... 16. obseruabuntur]
flexuosa linea quae proxima est rectae lineae *E*. ‖ 17. planum et solidum *E*. ‖ 18. est angulus *V*. ‖ in planitiae *JR*. ‖ duae lineae *V*. ‖
19. attingentium *EGR*. ‖ sed non *GRV*, se et non *E*. ‖ 20. ad alterum *E*, ad altera *J*. ‖ inclinati *EG*, inclinat *J*. ‖ nam solidus *GR*. ‖
21. planities *J*, planiciei *R*. ‖ altitudo diungura ut aequatur *E*. ‖ aequaliter *R*.

EGJR
*(E*31,27*)*　　　Forma est quae sub aliquo aut aliquibus finibus continetur. |

*E*31,10
*G*20　　　Formarum genera sunt quinque. unum quod ex flexuosa linea continetur. alterum quod ex flexuosa et ra-
5　tionalibus. tertium quod ex circumferentibus. quartum quod
*(G*83 *R)*　ex circumferentibus et rectis. quintum quod ex rectis. | ho-
*(G*20*)*　rum generum sunt species multitudinis infinitae. | (fig. 104.)

*J*135　　　Flexuosarum linearum formae species habent multas
*(E*31,17*)*　in infinitum. |

10　　　Aeque multas ac uarias figuras habent formae, quotiens flexuosae lineae rationalis siue recta siue circularis linea interuenit. (fig. 105.)

*E*31,28
*G*83 *R*　　　Circumferentium linearum formae aliquae sunt sine angulo, aliquae uno, aliquae duorum, aliquae trium, ali-
*E*32　quae quattuor, | et aliquae super hunc numerum singulis
15　angulis accedentibus ut plurimum in infinitum. forma est sine angulo circuli unius pluriumue. circulus autem est plana forma ab una linea conprehensa, ad quam ab uno signo
*R*37　intra formam posi|to omnes accedentes rectae lineae sunt

---

1. sub aut aliquo aut *R.* ‖ 3. quinque sunt genera *G p.* 20. ‖ 4. rationabilibus *JR.* ‖ 5. quartum quod ex circumf. *om ER.* ‖ 6. et *om V.* ‖ quintum] quartum *ER.* ‖ quod *om V.* ‖ rectis] *add* circumferentibus et flexuosa. Quintum quod ex solis et pluribus flexuosis *R.* ‖ 7. generum *om G.* ‖ multitudines *JV, om G.* ‖ 8. Ex flexuosarum *E.* ‖ forma et species habet *JV,* forma species habet *E.* ‖ 9. in *om EJV.* ‖ 10. Aeque (atque *J,* adque *V*) multas ... interuenit *JV, om E.* ‖ habet forma. Quae quotiens *JV.* ‖ 11. rationalis *J,* nalis *V.* ‖ 12. inuenit *JV.* ‖ 13. linearum aliquae (aliquando *V*) sunt *JV,* formarum aliquae (aliae *R*) sunt *GR,* formarum aliae sunt lineae *E.* ‖ 14. aliquae uno *EJ,* aliquae (aliae *R*) unius *GR,* aliquando uno *V.* ‖ 14. 15. aliae *R semper.* ‖ 15. et *om GR.* ‖ super] sub *E.* ‖ 16. accedentibus *JV.* ‖ ut plurimum *E,* in plurimum *JV,* usque *GR.* ‖ in *om EJ.* ‖ 17. plurimumue *E.* ‖ autem *om V.* ‖ est *om R.* ‖ plana lineae forma *V.* ‖ 18. ab *EJV,* sub *GR.* ‖ ad quam] adque *V,* atq. *EGJR.* ‖ 19. positae *EG, om JV.* ‖ accedentes *JRV.* ‖ sint *V.*

inter se pares. (fig. 106). ex pluribus circulis forma sine *EGJR*
angulo, ut harenae ex quattuor circulis; (fig. 107.) | ex *G*84
pluribus quam quinque, ut in opere picturarum aut ar-
chitectura. (fig. 108.) forma anguli unius ex tribus circinis,
ut in opere marmoreo. duorum | angulorum forma e duo- *J*136
bus circinis, (fig. 109.) trium angulorum ex tribus circinis,
(fig. 110.) quattuor angulorum ex quattuor circinis, (fig. 111.)
reliquae accedentibus singulis plurilaterae in infinitum.
(fig. 112.)

Rectarum linearum et circumferentium [forma sine 10
angulo] duorum laterum totidemque angulorum forma est
ex recta linea et circumferenti semicirculo. (fig. 113). [rec-
tarum linearum et circumferentium formae sine angulo
lateris unius, duorum angulorum ex duobus lateribus,
trium angulorum ex tribus lateribus, quattuor ex quattuor, 15
reliquae singulis accedentibus plurilaterae.] (fig. 114.) | tri- *J*137
latera forma est trium laterum totidemque angulorum ex
duabus rectis lineis et una circumferenti, (fig. 115.) uel ex

1. ex plurimis *E.* ‖ formae *E.* ‖ sine anguliue aurae ex *V*, sine angulo ut in hac re ex *E*, sine angulo ut arthenae ex *P.* ‖ 2. circulis]
angulis *E.* ‖ quam quinque]. IIII. *E.* ‖ 3. epicturarum *J*, est picturarum *V.* ‖ aut arcitectura *G*, aut arcipictura *J*, om *E.* ‖ 5. ut ... mar-
moreo *om GR.* ‖ forma e] formae *EGR*, forma *JV.* ‖ 6. trium ex
GRV. ‖ 8. reliquae accidentibus singulis (*om V*) pluralitates (plu-
ritates *J*) et infinitum *JV*, reliqua ea colentibus singulis in pluribus
et infinitum *E*, reliqui (Reliquae *R*) ex multis in infinitum *GR.* ‖
10. Rectarum ... sine angulo *om EJV.* ‖ 11. duorum angulorum la-
terumque totidem forma *E.* ‖ forma ... 12. semicirculo] ex duabus
rectis lineis et una circumferenti uel ex duabus circumferentibus et
una recta *R.* ‖ 12. circumferenti (circunferentiae *J*) aut semicirculis
JV, circumferentibus circulis *E.* ‖ rectarum ... 16. plurilaterae *om*
EGR. ‖ 15. ex tribus lateribus quattuor *J et, qui addit* angulorum,
Memmianus apud Rigaltium, om V. ‖ 16. accidentibus *JV.* ‖ plurilatere *J*, pluraliter æ *V.* ‖ 16. trilatera ... *p.* 106, 3. et recta *om R.* ‖
16. Trialatera *E.* ‖ 18 - *p.* 106, 3. ex duabus circumferentibus (circumferentia *V*) et una recta, ex duabus ergo rectis et una (una a *J*) circumferentibus *JV* ‖ 18. lineis rectis et in una *E.* ‖ uel *G, et E.*

EGJR duabus circumferentibus et una recta. ex duabus ergo
rectis et una circumferenti (fig.). ex duabus circumferentibus
*G*₈₅ et recta. (fig.) | quadrilatera forma est quattuor laterum
tŏtidemque angulorum ex quattuor lineis comprehensa, ut
5 duabus rectis et duabus circumferentibus. (fig. 116.) plurilatera forma est quae plus quam quattuor lineis comprehensa est, ut quinque laterum totidemque angulorum
(*GR*) ex duabus rectis et tribus circumferentibus, (fig. 117.) |
ex tribus rectis et duabus circumferentibus. et quaecum-
10 que huic formae accedentibus singulis angulis et late-
(*E*) ribus similis fuerit, plurilatera appellatur. (fig. 118.)

    Planarum autem et rectis lineis comprehensarum aliae
sunt trilaterae, aliae quadrilaterae, aliae singulis adiectis
super hunc numerum plurilaterae in infinitum. trilatera
15 forma est quae tribus rectis lineis continetur. trilaterarum formarum et ex rectis lineis comprehensarum species
sunt quattuor. una qua rectus angulus continetur, et ef-
*J*₁₃₈ ficit | triangulum recto angulo, quod Graeci orthogonion
appellant. (fig. 119.)

20 . . . .

plurilatera forma est quae plus quam quattuor rectis lineis sub qualicumque specie continetur. . . . .

. . . .

quinque, quam formam Graeci pentagonon appellant. (fig.
25 120.) amplioribus quoque formis apud Graecos nomina

    1. ex duabus ergo . . . 3. et recta *E*, om *G*. ‖ 4. ex] et *E*. ‖ quattuor . . .
ut *om GR*. ‖ comprehensae *V*. ‖ ut rectis et duabus *V*, aut duabus
rectis *EJ*. ‖ 5. duabus circumferentibus et duabus rectis *GR*. ‖ 6.
quae *om E*. ‖ comprehensa est *JV*, comprehensa *E*, continetur *GR*.
‖ 7. quinque *EGR*, duo *J*, duorum (*i. e.* ıı *pro* u) *V*. ‖ 8. ex tribus
circumferentibus et duabus rectis *GR*, om *E*. ‖ 10. accidentibus *J*. ‖
angulis *om E*, *ante* singulis *V*. ‖ 11. similiter fuerint *E*. ‖ pluraliter *EJ*. ‖ 12. alia erunt trilatera *JV*. ‖ 13. alia *V*. ‖ quadrilatera *JV*.
‖ alia *V*. ‖ 14. plurilatere *J*, pluralitate *V*. ‖ in *om J*. ‖ 17. quae
rectis angulis *JV*. ‖ 18. quid *V*. ‖ 24. pentagonen *V*.

ab angulis dantur, ut hexagono heptagono et super hunc *J* numerum compluribus. has nos plurilateras appellamus adiecto angulorum numero, ut sex angulorum et septem. et quantumcumque super hunc numerum auxeris, eandem appellationem utamur. (fig. 121.)   5

Alia species est formae per quam frequenter archifiniorum agrorum quadratura concluditur ex rectis angulis [ex] pluribus quam quinque, accedentibus super hunc numerum in quantacumque multitudine cogitaueris.

[Qualemcumque rectorum angulorum formam rectis 10 lineis comprehendere.

Ex data recta linea ducere posito signo . . . . relato in utramque partem circino, aequali punctorum diastemate (fig. 122.) | circulos scribere opor- *J* 139 tet, per quorum conexionem recta linea transeat factura 15 normales in data linea angulos. (fig. 123.) sed quo in rectarum linearum forma circularis linea non interueniat rectis, a circumferentiarum parte chiasmi cuiusdam ratione utamur. (fig. 124.)

Quod si ab eadem recta linea ducenda fuerit quae 20 rectum angulum faciat, ex quolibet puncto qui per caput recta linea transeat rectam lineam eicere, per cuius signum quod est in circumferentem lineam a capite rectae lineae recta linea transeat factura in data linea rectum angulum.

1. ab *addidi*. ‖ exagonon eptagonon *J*, hexagonum heptagonum *V*. ‖ supra *V*. ‖ 2. plurilatera *JV*. ‖ 3. ut hexangulorum *V*, ut exangulorum *J*. ‖ 4. et *J, om V*. ‖ auxerit *JV*. ‖ eadem appellatione (appellationum *V*) metiamur *JV*. ‖ 6. Aliae species et formae *V*. ‖ archifinorum *V*. ‖ 7. concluderunt *V*. ‖ 8. accidentibus *J*. ‖ 9. in quantum cunque multitudinem *J*. ‖ 10. forma *J*. ‖ 13. lato *V*. ‖ utraque *J*, utroque *V*. ‖ parte *JV*. ‖ circinio *V*. ‖ 14. iunctorum *JV*. ‖ circulus *J*. ‖ 15. connexionem *V*, connexione *J*. ‖ 16. normalis in recta *JV*. ‖ angulus *J*. ‖ sed quoniam rectarum *V*. ‖ 17. interuenit *J*. ‖ 18. parte chiasmis eiusdem rationis *J*, partem chiasinis eiusdem rationem *V*. ‖ 21. iuncto *JV*. ‖ 22. transceat *V*. ‖ rectam lineam . . . 24. transeat *om V*.

J (fig. 125.) in hanc autem rationem sublata circumferentia
J 140 chiasmis utendum est. | nam quod ad extremam lineae
normationem pertinet, uulgaris consuetudinis est sex octo
et decem: haec de qua supra disputauimus (fig. 126.) cir-
5 culi ratio magis artificialis est, quae numeros non prae-
finit: habemus enim apud Eucliden, quocumque loco ad
circumferentem lineam ex signis dimensionis duae lineae
concurrerint, normam facturas.]

HYGINI.

. . . .

G 18   Nam decumanum limitem traxerunt, *sicut Higenus*
10 *describit,* ab occidente in orientem, cardinem uero a meridiano in septentrionem duxerunt.

. . . .

    Nam et alibi limites facti sunt ab his qui solis ortum
et occasum secuti sunt. quos fefellit ratio geometriae.
G 19 *mihi tamen,* | *sicut Higenus constitui decreuit limites,* *ita*
15 rationabile *uidetur,* ut decumanus maximus in orientem
crescat et cardo maximus in meridianum.

. . . .

G 21   Rigor *enim* naturalis *est.* qualiscumque enim rigor
interuenit constituentibus limites, rarioribus locis terminos
posuerunt. et seruari iubetur rigor, si inuentus fuerit de

---

2. chiasinis *V.* ‖ 5. quā *V.* ‖ 6. Euclidem *JV.* ‖ 7. demensionis *J.* ‖
8. concurrunt *V.* ‖ norma *V*, nonma *J.* ‖ Explicit liber Frontonis
primus *JV.* ‖ 10. a meridianum in septentrione *G.* ‖ 12. *immo* acti.
‖ 15. decūmanus *G.* ‖ 17. rigor naturalis *qui efficitur margine su-*
*percilii. ita in expositione terminorum p.*184 *G* collis riguram,
id est iugum.

triginta pedum altitudine, ut ne ab utro possessore tan- G
gatur: quod si plus de xxx pedibus patuerit, iam collis
est. . . . .
quod exigit ut superior possessor in planum usque descendat et sibi defendat omnem deuexum locum. hoc enim 5
lex propter malignitatem inferioris possessoris instituit, ne
aut arando aut fodiendo superioris possessoris terras in-
uaderet.

Termini quoque quibusdam locis positi sunt, ut ab
uno ad unum dirigantur, per pedes a cccxx et supra us- 10
que ad cccclxxx et infra hoc, silicei. nam Tiburtini distant a se in pedibus a ccxl et supra usque ad dclx et
infra. quod si spissiores non sunt, riparum cursus seruatur;
harum tamen quae per multa milia pedum recturas
separationesue agrorum ab initio suo | usque ad occur- G₂₅
sum custodiunt. et ne eas ripas sequendas obseruarent
quae intra corpus agri nascuntur et in suo latere deci-
dunt, lex limitum eas praedamnauit. [ne id aliquando se-
quamini, quod maior potestas limitum recturarumue cursus non confirmat.] sed si conuentionis causa eas partes 20
inter se custodiendas censuerunt, non recturae imputandum, sed concurrenti definitioni fides est adhibenda.

1. latitudine G. ‖ utroque G. ‖ 2. *fortasse* paruerit. ‖ 3. *haec ad maiora supercilia pertinent, quae usque in planitiam a superiori uergunt, et quidem in agro arcifinio et si desint termini. uide Frontinum p. 42 et Siculum Flaccum p. 55 G.* ‖ 9. possiti G. ‖ 11. silicei *p. 92 A, si licet G.* ‖ 13. riparum *p. 92 A,* riparum et rigorum *G.* ‖ seruatur *E p. 5,* seruaruatur *A,* seruabunt *G.* ‖ 15. separationes suae *G,* seperationissua *A.* ‖ occansum *A,* occasum *G.* ‖ 16. ripas aut rigores sequendos *G.* ‖ sperarent *A,* sperares *E,* speres *Boethius* 24 b. ‖ 17. desinunt *Huschkius.* ‖ 18. sequamini] sectemini *Boethius* 24 b. ita *p. 126 B* pro terminis habebitis. ‖ 19. cursus *om p. 92 A, item E et Boethius, qui habent* recturarum ripaeue. ‖ 20. eas *E,* ea *G,* eo *A.* ‖ 21. custodiendas *E,* constituendas *A,* conseruanda *G.* ‖ 22. *addunt aliqua A p. 93 et E p. 5.*

. . . .

G 16   Strigatus ager est qui a septentrione in longitudinem
in meridianum decurrit; scamnatus autem qui eo modo
ab occidente in orientem crescit.

. . . .

G 17   *Etsi* centenis hominibus duocentena iugera data *le-*
5 *gimus*, quorum propter numerum *sit* appellata centuria,
legimus in quibusdam locis ab uno mille et trecenta iugera *fuisse possessa.*

. . . .

G 17   *Agrum, qui* dum in se ducenta et eo amplius iugera
contineret, postea iussu principum intercisiuis limitibus est
10 distributus, quinquagenis iugeribus, uel amplius, ut qualitas locorum inuenta est. quae intercisiones per trifinia
et quadrifinia siue [interuenientium uel] interpositorum
ratione signorum *cernuntur esse* dispositae.

. . . .

Modum subseciui, qui frequenter in extremitatibus
15 assignatorum agrorum incidens mensurali linea *cernitur*
conprehensus.

. . . .

G 21   *Hoc inuenitur* L et LX contineri iugeribus, et quamuis exigua parte minus fuerit *inuentum* dimidio centuriae,
subseciuum dicitur. ita tamen si spatium maius fuerit, no-
20 mine centuriae non carebit. nam haec subseciua et concessa plerumque inueniuntur et reddita, aliqua assignata:
nam et censum quedam pro suo modulo susceperunt.
secundum illam uero maiorem assignationem subseciuum

---

2. in meridiano *G.* ‖ 3. crescet *G.* ‖ 9. est *om G.* ‖ 14. modum mensura conprehensum subseciui *G.* ‖ 15. mensura linea *G.* ‖ 18. minore
G. ‖ dimidio] de modum *G.* ‖ 19. nõm *G.* ‖ 23. maiorem assignationem *mire dicit eam cuius lex in libro Coloniarum prouinciae
Tusciae legitur p. 85. 86 A.*

maius centum iugeribus pro centuria est, subseciuum non *G*
minus L iugeribus pro dimidia centuria.

. . . .

Sed uideamus ne forte postea iussu principis alicui *G*²²
datus sit, qui terram metiri denuo praeceperit, sicut Caesaris Augusti temporibus factum est. nam alia subseciua 5
Vespasianus uendidit, alia autem quae remanserunt Domitianus donauit atque concessit.   (*G*)

. . . . *B*⁹¹

Limites lege late patere . . . . debent secundum constitutionem eorum qui agros diuidi iusserint. non quia 10
modus ullus ex mensura limitibus adscribitur: solum lex
obseruari debet. maximus decimanus et cardo plus patere
| debent, siue ped. XXX, siue ped. XV, siue ped. XII, siue *B*⁹²
quot uolet cuius auctoritate fit. ceteri autem limites, qui
subrunciui appellantur, patere debent ped. VIII.   15

In maximo autem decimano et cardine lapidem ponis,
et inscribis DECVMANVS MAXIMVS et CARDO MAXIMVS. forma
autem sic scribi debebit, DEXTRA DECVMANVM et SINISTRA,
CITRA CARDINEM et VLTRA. lapides ne minus duodrantales
poni oportet, altos ped. III. inscribi sic debent ut dextra 20
decumanum . . . . D. D. I: quae pars . . . ., erit inscribtura
sursum uersus ut ad septentrionem spectanti sit K. K. I.
| similiter dextra decumanum ultra cardinem sic inscribis *B*⁹³
ut D. D. I spectanti ad occidentem scribtura susum uersus
sit: quae pars ad cardinem spectat u. K. I, sic inscribi de- 25
bet ut inspectanti meridie scribtura sursum uersus sit
VLTRA CARDINEM PRIMVM. sinistra autem d. I K. K. I sic

1. 2. centum iugera dictum est subseciuum minus L iugera nuncupatum *G. quae emendaui ex lege p.* 86 *A.* ‖ 6. nespassianus *G.* ‖ 8.
INC. DE LIMITIB. HYGINI *B.* ‖ 9. legae latae paterae *B. fortasse*
lege late patere iussi patere ‖ 10. eorum *add Rigaltius.* ‖ 14. quod
B. ‖ 16. et cardine *add Goesius.* ‖ 19. circa *B.* ‖ 21. *adde* spectanti oriente scriptura sursum uersus sit ‖ *item adde* ad cardinem
spectat ‖ inscribturae *B.* ‖ 22. specteⁿti *B.* ‖ 23. inscribsit *B.* ‖ 24. ab
occidente *B.* ‖ 26. 27. sit VLTRA] si citra *B.* ‖ 27. d. I] dd. I. *B.*

B inscribi debet sursum uersus ut spectanti oriente sit SI-
NISTRA D. I: que autem pars ad cardinem spectat, sic inscribi debet ut septentrionem spectanti sit sursum uersus
inscribtum C. K. I. ultra autem sic inscribi debet ut quae
B 94 pars ad decimanum | spectat, spectanti occidentem sursum
uersus sit inscribtum S. D. I: quae pars ad cardinem spectat, sic inscribi debet ut meridie spectanti sit inscribtum
ultra cardinem primum V. K. I.

    Quintum quenque limitem diligenter agi oportet, et
10 praecidere mensura cardinem, ut quadraturae diligenter
cludi possint. lapidem autem in quintarios poni oportet,
reliquos autem roboreos.

    Solet de hac re esse disputatio, ut, si inscribatur D. M.
[et K. M.], ille qui a maximo proximus est dicatur inscribi
15 oportere siue DEXTRA siue SINISTRA D. siue PRIMVM siue
B 95 SECVNDVM. | quaestio ergo haec est, utrum qui proxi-
mus maximo est primus inscribi debeat an ultra primum.
ultra primum autem inscribi debet ideo quod hic qui maximus dicitur et primus est. ita idem capit hic: qui ultra
20 primum [autem] inscribitur, et secundus est et nouum usque ultra solum obseruare debet.

    Sed quacumque parte inscribis, siue ultra siue citra,
siue dextra siue sinistra, mensura territorii usque fieri debet
secundum legem diui Augusti QVA FALX ET ARATER IERIT.
25 in forma generatim enotari debebit LOCA CVLTA et INCVLTA,
B 96 | VILLAE.

---

1. debent *B.* ‖ 1.2. ut septentrio orientem sinistra undique autem pars
a cardinem *B, omisso* spectat. ‖ 3. spectanti sit] spectans sit totum
B. ‖ 6. sic inscribitur *B.* ‖ ad] a *B.* ‖ 10. praecedere *B.* ‖ uersura
puto. ‖ 14. est *om B.* ‖ 15. D.] dd. II. *B.* ‖ 17. primus] secundus *B.* ‖ an ultra primus *B.* ‖ 20. secundum est et nonum quae ultra
B. ‖ 24. arater] *prius* r *rec in litura B.* ‖ VILLAE] SILVAE, *nisi
fallor.*

Mensura peracta sortes diuidi debent, et inscribi no- *B*
mina per decurias [per homines denos]; et in forma se-
cari denum hominum acceptae, ut quot singuli accipere
debent [decem] in unum coniungantur; et in sortem inscribi SORS PRIMA, D. D. I ET SECVNDVM ET III ET IIII, CITRA 5
CARDINEM ILLVM, quo usque mensura expleri decem hominum debebit, id est in quot centuriis. similiter omnium
decuriarum nomina in sortibus inscribta sint, qua parte
quae aut cota sors modum habeat, utrum ultra et dextra, 9
utrum siuistra et ultra, aut citra; deinde ex decuriis, | ante *B* 97
quam sortes tollant, singulorum nomina in pittaciis et in
sorticulis. et ideo ipsi sortientur, ut sciant quis primo
aut coto cumque loco exeant. | igitur omnem sortem po- *G* 134
nere debent, in qua totius perticae modus adscribtus erit.
haec sortitio ideo necessaria est, nequis queri possit se 15
ante debuisse sortem tollere, et meliorem fortasse potuisse
incidere agri modum, aut sit dissertatio quis ante sortem
tollere debeat, cum omnes in aequo sint.   (*BG*)

. . . .

Coloniae sunt quae ex eo nomine accipiuntur, quod *G* 30
Romani in eisdem ciuitatibus colonos miserunt.   20

. . . .

Coloniis, quae in remotiora loca et longe a mari positae uidebantur, ut numerus ciuium, quem multiplicare
diuus Augustus conabatur, haberet spatia in quae subsistere potuisset.

1. sorte *B*. ‖ 2. sed in formas sectari *B*. ‖ 3. acceptas ut quod *B*. ‖
5. PRIMA] prima I. *B*. ‖ secunda *B*. ‖ CITRA] et *B*. ‖ 7. quod cen-
tuniis *B*. ‖ hominum *B*. ‖ 8. inscribtæ et qua *B*. ‖ 12. ideo] id *B*. ‖
13. INCIPIT EIVSDEM (*id est* Hygeni) *G*. ‖ 14. pecuniae *BG*. ‖
15. quaeri *G*, quaeri *B*. ‖ se *G*, re *B*. ‖ 16. et in *G*. ‖ potuisse *om*
G. ‖ 22. incedere *G*. ‖ 17. discertatio *BG*. disceptatio *Turnebus*.
‖ 20. colones *G*. ‖ 23. spacia *G*.

. . . .

G₁₈   *Assignatus est* coloniis siue municipiis, uni cuique
possessioni modum secundum terrae qualitatem.

. . . .

G₃₀   Assignatae sunt siluae, de quibus ligna in reparatio-
nem publicorum munerum traherentur. hoc genus agri
5 tutelatum dicitur.

. . . .

G₃₂   Nam et regione Reatina *itidem* sunt loca p. R.

. . . .

G₁₉   Per terminos territoriales et limitum cursus et titulos, id est inscriptis lapidibus, plerumque fluminibus, nec
non aris lapideis, claudi territorium atque diuidi ab alte-
10 rius territorio ciuitatis.

. . . .

G₃₀   Territorii *aeque* iuris controuersia agitatur quotiens
propter exigenda tributa de possessione litigatur, cum dicat una pars in sui eam fine territorii constitutam, et altera e contrario similiter. quae res territorialibus est finienda
15 terminibus. nam inuenimus saepe in publicis instrumentis
G₃₁ | significauter inscripta territoria, ita ut EX COLLICVLO QVI
APPELLATVR ILLE, AD FLVMEN ILLVD, ET SVPER FLVMEN IL-
LVD AD RIVVM ILLVM aut VIAM ILLAM, ET PER VIAM ILLAM
AD INFIMA MONTIS ILLIVS, QVI LOCVS APPELLATVR ILLE, ET
20 INDE PER IVGVM MONTIS ILLIVS IN SVMMVM, ET SVPER SVM-
MVM MONTIS PER DIVERGIA AQVAE AD LOCVM QVI APPELLA-
TVR ILLE, ET INDE DEORSVM VERSVS AD LOCVM ILLVM, ET
INDE AD COMPITVM ILLIVS, ET INDE PER MONVMENTVM IL-
LIVS AD locum unde primum coepit scriptura esse. saepe

3. 4. in reparatione publicorum moenium *G.* ‖ 6. p̄ r̄ *P*, r̄ p̄. *G. conf.*
Siculum Flaccum p. 50 *G.* ‖ 13. constituta *G.* ‖ 14. quae res] quaeret. Haec autem controuersia *G.* ‖ 15. *conf. Sic. Flaccum p.* 73 *G*,
ubi legitur descripta. ‖ 16. collegio *G. correxit Huschkius.* ‖ 20.
in summo et per summum *G.*

enim quorundam aut monumenta aut fossae aut quorun- *G*
dam sacellorum aut fontium, unde riui fluminaque incipiunt, obseruantur fines territoriorum.

. . . .

Hic et occupatorius ager dicitur eo quod occupatus *G* 17
est a uictore populo, territis exinde fugatisque hostibus. **5**

. . . .

Quia non solum tantum occupabat unus quisque,
quantum colere praesenti tempore poterat, sed quantum
in spem colendi habuerat ambiebat. fines uero his signis
| inter se diuidebant, fossis manu factis, arboribus ante *G* 18
missis, fluminum interuenientium cursu, iugis quoque mon- **10**
tium [*quae ex eo nomine accipiuntur, quod continuatione ipsa iugantur*], superciliis, nec non itineribus, uel
diuergiis aquae; quae aut loci natura aut sollers procurauit antiquitas.

. . . .

Quaestorii autem dicuntur agri quos populus Ro- *B* 101 *G* 134
manus deuictis pulsisque hostibus possedit, mandauitque **16**
quaestoribus ut eos uenderent. quae centuriae nunc ap-
pellantur, id est plinthi|des, hoc est laterculi, eosdem in *B* 102
quinquagenis iugeribus quadratos cluserunt limitibus, atque
ita certum cuique modum uendiderunt. quibus agris sunt **20**
condiciones uti p. R. . . . . ; quod etiam praestitutum ob-

---

1. *fortasse* aut quaedam sacella aut fontes. ‖ 4. quod] *addit Agennius* in tempore, *ut pag.* 1,21. ‖ 8. in spe *G.* ‖ Finis *G.* ‖ 10. cursus
G. ‖ 11. *uncis inclusa Agennius, quia non recte ceperat, inepte
repetiit ex Hygino de controuersiis p.* 138 *B.* ‖ 13. diuergiis aquae
Turnebus, diuersis *G.* ‖ 15. Quaestori *B.* ‖ 16. depulsisque *B.* ‖
possidet *B.* ‖ 17. quaestoribus *G.* ‖ nunc *G,* quae nunc *B.* ‖ 18. id
est *B, om G.* ‖ pplinthides *B.* ‖ hoc *B,* id *G.* ‖ easdem *G. fortasse* eos denis actibus. ‖ 19. quadratas cl•userunt *G.* ‖ limites *B.*
20. agri *G.* ‖ sunt conditiones *G, om B.* ‖ 21. uti p̄r populus romanus *B,* uti populi romani *G.* ‖ praestitum *G.* ‖ obserbant *B.*

8*

BG seruant. uetustas tamen longi temporis plerumque paene similem reddidit oocupatorum agrorum condicionem: non tamen uniuersos paruisse legibus quas a uenditoribus suis acceperant.

5   Vectigales autem agri sunt obligati, quidam r. p. p. R., quidam coloniarum aut municipiorum aut ciuitatium aliquarum. qui et ipsi plerique ad populum Romanum per-*B*103 tinentes ex hoste capti partitique | ac diuisi sunt per centurias, ut adsignarentur militibus quorum uirtute capti 10 erant, amplius quam destinatio modi quamue militum exigebat numerus: qui superfuerant agri, uectigalibus subiecti sunt, alii per annos ...., alii uero mancipibus ementibus, id est conducentibus, in annos centenos. plures uero finito illo tempore iterum ueneunt locanturque ita ut uectiga-15 libus est consuetudo.

   In quo tamen genere agrorum sunt aliquibus nomi-*G*115 natim redditae | possessiones. id habeant inscribtumque in formis, quantum cuique eorum restitutum sit. hi agri *B*104 qui redditi sunt, non obligantur | uectigalibus, quoniam 20 scilicet prioribus dominis redditi sunt.

   Mancipes autem qui emerunt lege dicta ius uectigalis, ipsi per centurias locauerunt aut uendiderunt proximis quibusque possessoribus. in his igitur agris quaedam loca propter asperitatem aut sterelitatem non inuenerunt empto-25 res. itaque in formis locorum talis adscribtio, id est IN MODVM CONPASCVAE, aliquando facta est, et TANTVM CON-

---

1. poene *B*. ‖ 2. conditionem *G. sic semper.* ‖ non tamen] *fortasse* nocet enim non. ‖ 3. paruis se *G*. ‖ 4. acceperunt *G*. ‖ 6. ciuitatum *G*. ‖ 8. ac *G*, hac *B*. ‖ 9. assignarentur *G, ut fere solet.* ‖ 10. quamue] quam uero *BG. correxit Rigaltius.* ‖ exigebant *B*. ‖ 12. quinos *Goesius addidit.* ‖ 13. *post* centenos *add* alii uinos *rec B*. ‖ 14. ueniunt *B*, uenduntur *G*. ‖ 16. alii quibus *B*. ‖ 17. reddite *B*. ‖ *fortasse* idque habent inscribtum. habeant scriptum in *G*. ‖ 18. in firmis *pr B*. ‖ hii agri *B*. ‖ 22. uendederunt *B*. ‖ 23. quedam *G*. ‖ 25. adscriptio *G. sic semper.* ‖ 26. tantum conpascue *B*.

PASCVAE; quae pertinerent ad proximos quosque posses- *BG*
sores qui ad ea attingunt finibus suis. quod genus agro-
rum, id est conpascuorum, etiam nunc in adsigna|tionibus *B* 105
quibusdam incidere potest.

Virginum quoque Vestalium et sacerdotum quidam 5
agri uectigalibus redditi sunt locatim. quorum agrorum
formae, ut comperi, plerumque habent quendam modum
adscribtum: sed in his extremis lineis conpraehense sunt
formae sine ulla quidem norma rectoque angulo. solent
uero et hi agri accipere per singula lustra mancipem: sed 10
et annua conductione solent locari.

Diuisi et adsignati agri sunt qui ueteranis aliisue
personis per centurias certo modo adscripto aut dati sunt
aut redditi, quiue | ueteribus possessoribus redditi com- *B* 106
mutatique pro suis sunt. hi agri leges accipiunt ab his 15
qui ueteranos deducunt, et ita propriam obseruationem
eorum lex data praestat.

In his agris et subsiciua sunt. et aliquando compascua, sicut in his qui uectigalibus seruiunt, et in hoc genere sunt; quaedam autem uectigalia, .quae intra perticam 20
in eam regionem compraehensa sunt. aut siquid superfuit
quod non adsignaretur, reseruatum aut redditum | reloca- *G* 136
tumue est cuiquam coloniae. hi autem quibus adsignati
sunt, deducebantur intra centuriationem: et quae super-
fuerant subsiciua, | his concessa esse, id est eorum rei 25

2. adtingunt *G.* ‖ quodque genus *BG.* ‖ 3. compascuorum *G.* ‖ 4. incedere *G.* ‖ 6. sunt et locati *G.* ‖ 7. forme ut comp*l*eri *B.* ‖ quedam
modum *corr B,* quem admodum *pr B.* ‖ 8. comprehensae *G.* ‖ 11.
et *G,* om *B.* ‖ 14. quiue] quib. *BG.* ‖ 16. propria obseruatione *G.* ‖
17. praestant *B.* ‖ 18. agris sed et *BG.* ‖ subseciua *G.* ‖ sunt et *om
G.* ‖ 20. pertica *B.* ‖ 22. reseruatum aut redditum *G,* om *B.* ‖ relo-
catumque *Goesius,* renocatumque *BG.* ‖ 24. centuriatione *B.* ‖ super fuerunt subseciua eis *G.* ‖ 25. concessa sunt *Turnebus. malim
concessere.*

BG publicae, ex quorum territorio sumpserant agros, ita ut
in eos quos donauerant r. p. agros, et in eos qui redditi
erant ueteribus possessoribus, iuris dictio salua esset eis
ex quorum territorio sumpti erant agri.

5   Ergo omnium coloniarum municipiorumque leges semper respiciendae erunt, itemque exquirendum numquid pos
legem datam aliquid, ut supra dixi, commentariis aut epis-
tulis aut edictis adiectum est aut ablatum.

Sed et haec meminerimus in legibus sepe inueniri.
B 108 cum ager est centuriatus ex alieno | territorio paratusque
ut adsignaretur, inscriptum QVOS AGROS, QVAE LOCA, QVAEVE
AEDIFICIA, INTRA FINES puta ILLOS, ET INTRA FLVMEN ILLVD,
INTRA VIAM ILLAM, DEDERO ADSIGNAVERO, IN EIS AGRIS IV-
RIS DICTIO COHERCITIOQVE ESTO COLONIAE ILLIVS cuius ci-
15 uibus agri adsignabuntur. uolunt quidam sic interpretari,
ut quidquid intra fines supra memoratos fuerit, id iuris
dictioni coloniae accedat. quod non debet fieri. neque
enim acceptum aliud defendi potest iuris dictioni coloniae,
quam quod datum adsignatumque erit. alioquin saepe et
B 109 intra | fines dictos et oppidum est aliquod; quod cum
in sua condicione remaneat, eidem est in id ipsum ius quoi
ante fuit: ita illa interpraetatione oppidum ciuesque coloniae
pariter adsignaret. sed nec fuisset necesse in legibus ita
complecti, QVOS AGROS, QVAE LOCA, QVAEVE AEDIFICIA, si uni-
25 uersa regio, quae cancellata erat, coloniae iuris dictioni

---

1. territorium *B*. ‖ sumpserunt *G*. ‖ 2. r̄p̄. *B*, *om G*. ‖ 6. respiciende
B. ‖ nequid *BG*. ‖ post *G*. ‖ 7. supra] *p*.111,3. ‖ epistolis *G*. ‖
11. quaeue loca *G*. ‖ 15. interpetrari *B*. ‖ 16. ut *om BG*. ‖ super
nominatos *G*. ‖ iuris dictionis *BG*. ‖ 17. debetur fieri *B*. ‖ 18.
acceptum] ceptum *B*, quietum *G*. ‖ iuris dictionis *BG*. ‖ 19. quam
om G. ‖ fuerit *G*. ‖ 20. infra *G*. ‖ aliquid quod non in suam condicionem *BG*. ‖ 21. remaneant *B*. ‖ eidem] item *BG*. ‖ id *om G*. ‖
quoi] quod *BG*. ‖ 22. oppidum *Turnebus*, epipedum *BG*. ‖ ciuis-
quae *B*. ‖ 23. fuisse *BG*. ‖ nec esse in legibus nec ita conplecti debet. quos *G*. ‖ 25. iuris dictionem *B*.

accederet: dixisset enim INTRA FINEM ILLVM ET FLVMEN *BG*
ILLVD ET VIAM ILLAM IVRIS DICTIO COHERCITIOQVE ESTO
COLONIAE ILLIVS. ita excipitur id quod | non adsignatum *G*137
est uocaturque subsiciuum. ergo, ut saepius | repetam, *B*110
hoc ait, QVOS AGROS QVAE LOCA QVAEVE AEDIFICIA DEDERO **5**
ADSIGNAVERO, IN EIS IVRIS DICTIO COHERCITIOQVE ESTO [CO-
LONORVM] COLONIAE ILLIVS quoius ciuibus adsignati erunt
agri. item quidam putauerunt, quod iam supra quidem
dixeram, sed iterum repetendum arbitror, ut eis agris qui
redditi sunt ueteribus possessoribus, iuris dictio esset co- **10**
loniae eius cuius ciues agros adsignatos accipiebant. non
autem uidetur; quoniam ait, ut dixi, in lege QVOS AGROS
QVAE LOCA QVAEVE AEDIFICIA DEDERO ADSIGNAVERO, IN EIS
IVRIS DICTIO COHERCITIOQVE ESTO, quo ueterani | deducti *B*111
sunt, quibus hi agri adsignati sunt. alioquin, cum ceteros **15**
possessores expelleret et pararet agros quos diuideret,
quos dominos in possessionibus suis remanere passus est,
eorum condicionem mutasse non uidetur: nam neque ciues coloniae accedere iussit.

Hoc quoque aspiciendum erit, quod aliquibus locis **20**
inueni, ut cum ex alieno territorio sumpsisset agros quos
adsignaret, proprietatem quidem daret scilicet cui adsignabat, sed territorio, intra quod adsignabat, ius non auferr-
ret. sunt quoque quaedam diui Augusti edicta, | quibus *B*112
significat ut quotiens ex alienis territoriis agros sumpsis- **25**

---

3. quod non est assignatum *G*. ‖ 4. subseciuum *G*. *sic semper*. ‖
5. quae ne loca *G*. ‖ 6. cohercitioquae *B*. ‖ 7. quoius] quorum *BG*.
7. erant *G*. ‖ 8. quidem supra *G*. ‖ 10. esse *G*. ‖ 11. cuius ciuis *B*.
‖ 12. ait *addidi*. ‖ 15. aliqui (alii qui *B*) cum ceteris possessoribus
BG. *correxit Turnebus*. ‖ 17. dominus *BG*. ‖ 18. condicione *B*. ‖
nam neque cuius *B*, Namque ciues *G*. ‖ 21. inuenimus *G*. ‖ ut] ui
B, *om G*. ‖ cum *om G*. ‖ sumpsisse *BG*. ‖ 22. quidem *om B*. ‖ 23.
territorium *G*. ‖ auferret Sunt *B*, auferri. et sunt *G*. ‖ 25. significant
quotiens *BG*. ‖ agros *om G*.

BG set et adsignasset ueteranis, nihil aliud ad coloniae iuris
dictionem pertineat quam quod ueteranis datum adsignatumque sit. ita non semper quidquid centuriatum erit ad
coloniam accedit, sed id tantum quod datum adsigna-
5 tumque fuerit. sunt nihilo minus quaedam municipia quibus extra murum nulla sit iuris dictio.

    Fluminum autem modus in aliquibus regionibus intra
centurias exceptus est, id est adscriptum FLVMINI TANTVM,
B 113 quod alueus occuparet. aliquibus | uero regionibus non
G 136 solum quod alueus occuparet, sed etiam | agrorum aliquem
11 modum flumini adscribsit, quoniam torrens uiolentior excedit frequenter circa alueum [et] centurias. illud uero
obseruandum, quod semper auctores diuisionum sanxerunt,
uti quaecumque loca sacra, sepulchra, delubra, aquae pub-
15 licae atque uenales, fontes, fossaeque publicae uicinales-
que essent, item siqua conpascua, quamuis agri diuiderentur, ex omnibus eiusdem condicionis essent cuius ante
fuissent. adiectumque ius ut et limites, id est decumani
B 114 et cardines, aperti populo essent. | et statuerunt decima-
20 nos et cardines maximos patentiores ceteris esse, quintarios autem et subrunciuos minime patentes, non minus
tamen quam qua uehiculo iter agi possit. in quibusdam
regionibus cum limites late patere iuberent, modus eorum
limitum in adsignationem non uenit. saepe enim et uia-

---

1. sumpsisset sed et adsignauit *B*. ‖ coloniam *B*. ‖ 2. pertineat *G*,
ad *B*. ‖ 3. sint *G*. ‖ quicquid *G saepe*. ‖ 8. adscriptus *B*. ‖ 9. alueis *G*, albeis *B*. ‖ occuparet nam *B*. ‖ 10. albeus *B*. ‖ 12. albeum
centurias *B*. ‖ 13. obseruari *G*. ‖ quod *G*, quo *B*. ‖ 14. delubbra
adq. publice *B*. ‖ 15. atque uenales] aquitenales *B*, aquintinales *G*.
uide Frontinum de aquis §.94. 95. ‖ fosseaque *B*. ‖ 17. ex omni
B. ‖ condicioni *B*, conditioni *G*. ‖ essent *om B*. ‖ 18. ut *om B*. ‖
id est *B*, idem *G*. ‖ decumanus *B*, dedecumani *G*. ‖ 19. et *K̇. G.* ‖
decumanos. et *K̇. G.* ‖ 22. minime *B*, minus *G*. ‖ 22. tamen *om G*.
‖ qua *om BG*. ‖ iter] *puto iri*. ‖ 24. sepe *B*.

rum publicarum per centurias modus exceptus est. item *BG* sancxerunt, sicubi limites in aedificium aliquod inciderint, is cuius aedificium esset daret iter populo idoneum per agrum suum, quod semper esset peruium. in quorundam uero uillis, | qua limites transeunt, ianuae sunt semper *B* 115 patentes praestantesque populo iter.

Nuper ecce quidam euocatus Augusti, uir militaris disciplinae, professionis quoque nostrae capacissimus, cum in Pannonia agros ueteranis ex uoluntate et liberalitate imperatoris Traiani Augusti Germanici adsignaret, in aere, **10** id est in formis, non tantum modum quem adsignabat adscribsit aut notauit, sed et extrema linea unius cuiusque modum compraehendit: uti acta est mensura adsignationis, ita inscribsit longitudinis et latitudinis modum. quo | facto *B* 116 nullae inter ueteranos lites contentionesque ex his terris **15** nasci poterunt. | namque antiqui plurimum uidebantur *G* 139 praestitisse, quod extremis in finibus diuisionis non plenis centuriis modum formis adscribserunt. paret autem quantum hoc plus sit, quod, ut supra dixi, singularum adsignationum longitudinem inscribserit, subsiciuorumque quae in **20** ceteris regionibus loca ab adsignatione discerni non possunt, posse effecerit diligentia et labore suo. unde nulla quaestio est, quia, ut supra dixi, adsignationem extrema quoque linea demonstrauit.

Hoc quoque non praetermittam, quod plerisque locis *B* 117 inueni, ut modum agri non iugerum sed aliquo nomine

2. sanxerunt *G*. ‖ inciderit his *B*, inciderent is *G*. ‖ 9. in pannoniam *B*. ‖ liberalita *B*. ‖ 10. Germanici *om G*. ‖ in here *B*. ‖ 11. modo *B*. ‖ 12. aut *G*, ut *B*. ‖ sed *om B*. ‖ extremam lineam unius cuiusque modi *G*. ‖ 14. scripsit *G*. ‖ et latitudinis modum *om G*. ‖ 16. potuerunt *BG*. ‖ Namque *G*, nam quia *B*. ‖ 17. in *om G*. ‖ diuisiones *G*. ‖ non plebis *B*. ‖ 20. inscribserint (scripserint *G*) subsiciuorum (subsec. *G*) quemque in *BG*. ‖ 21. loca *B*, longa *G*. ‖ possunt *om G*. ‖ 22. posse *om B*. ‖ effecit *G*, efficit *B*. ‖ 23. quia *B*, qua *G*. ‖ adsignatione *BG*. ‖ 26. non ingerum *B*, ne iugerum *G*.

BG appellarent, ut puta quo in Dalmatia uersus appellant.
idem uersus habet p. $\overline{\text{VIII}}$DCXL. ita iugero sunt uersus numero III 22. ego autem quotiens egeram mensuram, ita
renuntiabam, IVGERA TOT, VERSVS TOT; ut, si forte con-
5 trouersia esset uersum habere pedes $\overline{\text{VIII}}$DCXL, in iugeribus
tamen fides constaret. in prouincia quoque Narbonense
uaria sunt uocabula: alii appellant libram, alii parallelam;
*B*118 in Spania centurias. | ita si, ut dixi, in consuetudine ali-
cuius regionis inueniemus, [sicut] uidetur ita renuntian-
10 dum, IVGERA TOT, VERSVS TOT, siue LIBRAE TOT, siue quod
aliud uocabulum aliquo modo compraehensum fuerit. ita
cum iugera adscripta fuerint, licet peregrinis uocabulis
possit aliquid . . . ., iugerum nobis ratio fuit fidem seruabit.

15   Neque hoc praetermittam, quod in prouincia Cyre-
nensium conperi. in qua agri sunt regii, id est illi quos
Ptolomeus rex populo Romano reliquit; sunt plinthides,
id est laterculi quadrati uti centuriae, per sena milia pe-
*B*119*G*140 dum | limitibus inclusi, habentes singuli laterculi iugera
20 numero ∞CCCL; lapides uero inscripti nomine diui Vespasiani sub clausula tali, OCCVPATI A PRIVATIS FINES: P. R.

---

1. appellant *BG*. ‖ quo] qua *B*, *om G*. ‖ in campania quod uersus
G. ‖ 2. Item *G*. ‖ $\overline{\text{pd}}$VIII $\overline{\text{d}}$CXL. *B*. ‖ sunt *G*, *om B*. ‖ numero *G*,
non sunt *B*. ‖ 3. III. I. L. ego autem *B*, III. L. longitudine autem *G*. ‖
mensura *B*, ego *G*. ‖ 4. uersus *B*, uel uersus *G*. ‖ ut *G*, ita *B*. ‖ 5.
uersus haberet *G*. ‖ pd $\overline{\text{VIII}}$. $\overline{\text{d}}$CXL. *B*. ‖ 6. prouinciam *B*, prouintia
G. ‖ narbonensem *B*. ‖ 7. parallenam *B*, parellelam *G*. ‖ 8. spaniam
B, hispania *G*. ‖ si ut] sicut *BG*. ‖ dixi consuetudinem *G*. ‖ 9. re-
nuntiabimus *G*. ‖ 10. libras *G*. ‖ quod *B*, quodcumque *G*. ‖ 11. conprehensum *G*. ‖ ita *G*, itē *B*. ‖ 13. posita aliquid *G*. ‖ *fortasse*
controuersiae moueri, ‖ fuit] *fortasse* sui. ‖ 15. praemittam *G*. ‖
prouinciam cyrinensium *B*. ‖ 16. illi *om B*. ‖ 17. ptholomeus
G. ‖ populo romano *G*, $\overline{\text{rp}}$ *B*. ‖ plintides *B*. ‖ 18. id est *Turne-*
bus, *om BG*. ‖ pedum. L. limitibus *G*. ‖ 20. I. CC. L. *G*. *sic etiam*
p. 123,3. ‖ uero *B*, quoque *G*. ‖ uespassiani *G*. ‖ 21. clasula *B*. ‖
finis *B*.

RESTITVIT. praeterea pes eorum, qui Ptolomeicus appella- *BG*
tur, habet monetalem pedem et semunciam. ita iugeribus
numero ∞CCCL, quae eorum mensura inueniuntur, accedere
debet pars XXIIII, et ad effectum iterum pars XXIIII: et
pr uniuerso effectu monetali pede iug. ∞CCCCLVI 22. hunc 5
igitur modum quattuor limitibus mensura s. s. inclusum
uocamus medimna. quo apparet | medimnon eorum men- *B* 120
sura iugerum habere I, monetali autem mensura I — 8.

Item dicitur in Germania in Tungris pes Drusianus
qui habet monetalem pedem et sescunciam. 10

Ita ubicumque extra fines legesque Romanorum, id
est, ut sollicitius perferam, ubicumque extra Italiam aliquid agitatur, inquirendum et de hac ipsa condicione
diligenter praemoneo, nequid sit quod praeterisse uideamur. 15

Hae sunt condiciones agrorum quas cognoscere po-
tui. | nunc de generibus controuersiarum perscribam quae (*G*)
solent | in quaestionem deduci. sunt autem haec de al- *B* 121

1. restituit *Turnebus*, praestituit *BG*. ‖ ptholomeicus *G*. ‖ 2. se-
meunciam *G*, scunciam *minutissimis litteris et quidem quattuor
primis incertis supra scriptum B*. ‖ iug *B*, iugera *G*. ‖ 3. numer.
G, om B. ‖ inuenitur *G*. ‖ et accedere *B*. ‖ 4. XXXIIII. *BG*. ‖ et af-
fectum IVG pars *G*. ‖ et pr *B*, et pa *G. hoc non intellego. debet
esse* erunt. ‖ 5. uniuero effecto *B*. ‖ ped *B*. ‖ ∞IICCCLVIII. *B*,
XII.CCCLVIII. *ante* X *altero* X *eraso G. scripsi* ∞CCCLVI, triens.
‖ 6. militibus mensuram *B*. ‖ 7. medimna *per rasuram mutatum
in* medimia *B*, medipna *G*. ‖ apparet *Turnebus*, appellaret *BG*.
‖ mediminio *B*, medipnio *G*. ‖ mensuram *B*. ‖ 8. iugera *B*, iugeri
G. ‖ I] is *B, om G*. ‖ monetalii autem mensuram *B*. ‖ ICC *B*, I.CC.
G. debet esse unum, unciam, dimidium scripulum. *nam pedes Ptolemaici* XXVIIIDCCC, *quae est pars* ∞CCCL *quadrati lateribus senum milium inclusi, sunt monetali mensura* XXXICCL,
i. e. XXVIIIDCCC, IICCCC, L. ‖ 10. pedem *om G*. ‖ sescuntiam *ita ut
ubicumque G*. ‖ 12. *immo* proferam. ‖ 15. Haec *BG*. ‖ 17. quaestione *B*.

B luuione adque abluuione, de fine, de loco, de modo, de
iure subsiciuorum, de iure territorii.

*G*28 De alluuione obseruatio haec est, numquid de occupatoriis ageretur agris. et quidquid uis aquae abstule-
5 rit, repetitionem nemo habebit. quae res necessitatem ripae muniendae iniungit, ita tamen ne alterius damno quicquam faciat qui ripam muniet. si uero in diuisa et ad-
*G*29 signata regione tractabitur, | nihil amittet possessor, quo-
*B*128 niam formis per centurias certus cuique | modus adscrip-
10 tus est.

 Circa Padum autem cum ageretur, quod flumen torrens et aliquando tam uiolentum decurrit ut alueum mutet et multorum late agros trans ripam, ut ita dicam,
transferat, saepe etiam insulas efficiat, Cassius Longinus,
15 prudentissimus uir, iuris auctor, hoc statuit, ut quidquid
aqua lambiscendo abstulerit, id possessor amittat, quoniam
scilicet ripam suam sine alterius damno tueri debet; si
uero maiore ui decurrens alueum mutasset, suum quisque

---

1. adque obliuione *B*. || 3. Item genera controuersiarum de alluuione
B. De alluuione genera controuersiarum ex flumino haec sunt non
quod de occupatis agris agitur *Boethius p.* 1539. || haesit non quod
de *B*, est si haec in *G.* || occupatores *B*. || 4. agitur *G.* || et] sed
B et Boethius, om *G*. ||quod *Boethius.* || uim aque *B*. || 5. repe-
tionem *G.* || non *Boethius.* || habet *G.* || necessitate *Boethius.* ||
ripe muniende *B*. || 6. iniungit ita tamen] sunt *Boethius.* || ne *B*,
ut sine *G*, sine *Boethius.* || damno quisquis ille *Boethius.* || 7. fa-
ciat... muniet *B et addito* suam *Boethius*, fiat *G.* || si uero...
11. cum agoretur om *Boethius.* || diuisā *B*. || 8. amittit *B*, ammittet
G. || 9. quique *B*. || ascriptus *G.* || 11. quod si fluminis torrens ali-
quando tam uiolentus decurrerit *Boethius.* || 12. albeum *B*. || 13. et]
suum *Boethius, mox omisso* late.|| ripa *G.* || ut ... transferat] oc-
cupat *Boethius.* || 14. efficiet Ad cassius *B*, efficit. a^td cassius *G*,
efficiet (efficiat *r*). sed cassius *Boethius.* || 15. uir prudentissimus *G.*
omisso uir *Boethius post* auctor *addit* et iudex. || 16. lambissendo *B*,
lambiendo *G et Boethii codd*, lambendo *impressi.* || id om *Boethius.*
|| 18. maior uim *B*, maior uis *Boethius.* || decurrens... agnosceret]

modum agnosceret, quoniam non possessoris neglegentia *BG*
sed tempestatis uio|lentia abreptum apparet; si uero in- *B* 123
sulam fecisset, a cuius agro fecisset, is possideret; at si
ex communi, quisque suum reciperet.

Scio enim quibusdam regionibus cum adsignarentur 5
agri, adscriptum aliquid per centurias et flumini. quod
ipsum prouidit auctor diuidendorum agrorum, ut quotiens
tempestas concitasset fluuium, quo excedens alueum per
regionem uagaretur, sine iniuria cuiusquam deflueret; | (*G*)
cum uero ripis suis curreret, proximus quisque uteretur 10
modum flumini adscriptum. nec erat iniquum, quoniam
maiores imbres | aliquando excedere aquam iubent ultra *B* 124
modum flumini adscribtum et proximos cuiusque uicini
agros inundare. | hos tamen agros, id est hunc omnem *G* 29
modum qui flumini per centurias ascriptus erat, res pub- 15
lica populi quondam uendidit: | in qua regione si de (*G*)
alluuione ageretur, magnae quaestiones erunt, ut secundum
aes quitquit uenditum est restituatur emptori.

In quaestoriis et uectigalibus agris fere eadem obser-

decurrerit et in fines alterius alueum mutat suum et fiat insula in quo
cucurrerit unus quisque modum fluminis maioris agnoscere debet et
eam insulam ipse sibi uindicabit cuius terram tempestatiue praeoccupauit *Boethius.* ‖ albeum *B.* ‖ 1. quoniam *B et Boethius,* quia
G. ‖ 2. uiolentiam *B.* ‖ abreptum appareret *Huschkius.* apparet arreptum (abr. *r*) *Boethius.* ‖ 3. a (ex *Blumius*) cuius agro fecisset
G, om B. ‖ is] his *B,* id *G.* ‖ at *Turnebus:* aut *BG.* ‖ 4. est communis *B.* ‖ 6. aliquo¡d *G.* ‖ et *om G.* ‖ 6. 7. quod ipsum praeuidit
B, hoc autem prouidit *G.* ‖ 7. ut *om B.* ‖ 7-9. concitata esset fluuium quod excedens alpes (ripas *Classenius*) albei per regione uagaretur si iniuria *B,* fluuium concitasset non per regionem excedens
alueum uagaretur sed sine iniuria *G.* ‖ 9. *potius* difflueret. ‖ 11. fluminum *B.* ‖ iniqum *B.* ‖ 12. excederet *B.* ‖ 13. et *om B.* ‖ 14. hos
G, digitos *B.* ‖ has tamen terras Pisaurenses publice uendiderunt *Si-*
culus Flaccus p. 68 *G.* ‖ omnemodum *B.* ‖ 15. per centurias *om G.*
‖ erat *B,* est *G.* ‖ 16. populi *om G.* ‖ quorundam *B,* quibusdam
G. ‖ 17. erant *B.* ‖ 18. aes] est *B.* ‖ 19. In quaestorib. uectigalib.
agris *B.*

B uatio est quae et in adsignatis, quoniam secundum formas disputatur.

B 126 **D**e fine si ageretur. quae | res intra pedum quin-
G 25 que aut sex latitudinem quaestionem habet, | quoniam hanc
5 latitudinem uel iter culturas accedentium occupat uel circumactus aratri. quod usu capi non potest: iter enim
non, quia ad culturas perueniatur, capitur usu, sed id
quod in usu biennio fuit.

Finis enim multis documentis seruabitur . . . . . utrum
10 terminibus, aut arboribus notatis, aut fossis, aut uiis, aut
riuis, aut iugis montium, aut deuergiis aquarum, aut, ut
solet, uepribus, aut superciliis, aut rigoribus et saepe normalibus, aut, ut conperi aliquibus locis, inter arua mar-
B 126 ginibus quibusdam tamquam [puluini sunt | ex glarea Ti-
15 beris limites constituti] puluinis, saepe etiam limitibus.
[item petras notatis. quae in finibus sunt, pro terminis
(*G*) habebitis.] | his enim fere generibus solent fines obser-
uari. [in quo intuendum]

Si terminibus finem uidere . . . ., quales sint termini,
20 considerandum est. solent plerique lapidei esse: at uide
e quo lapide, quoniam quique consuetudines fere per re-

---

2. desputantur *B*. ‖ 4. De fine enim lex Manilia quinque aut sex
pedum latitudinem praescribit, *Agenius p.* 25 *G.* ‖ latitudines quae-
stionum haberet *B*. ‖ 5. inter *B*, iter ad *G.* ‖ accidentium *B*,
accidens *G.* ‖ uel ita cum actus *B*. ‖ 6. quod *G*, quo *B*. ‖ 7. quia
B, qua *G.* ‖ at *B*. ‖ peruenitur *G.* ‖ sed id *G*, Id est *B*. ‖ 8. in usum
B. ‖ 9. Finis . . . seruabitur *G*, *om B*. *adde* in quo intuendum *ex
iis quae sequuntur, cum Blumio.* ‖ utrum *om G.* ‖ 10. aut *B*, et
G, *ita semper hic*. ‖ 11. iugis (iugiis *B*) . . . ut solet *om G*. ‖ deuergiis (*altero* i *eraso*) quarum *B*. ‖ 12. aut superciliis aut rigoribus
om G. ‖ et saepe *BG*. ut saepe *Rudorffius.* ‖ 13. conper aliis *B*. ‖
aruā *B*. ‖ 14. *uncis inclusa om G*. ‖ glara tibris *B*. ‖ 15. pulbinis *B*.
‖ 16. petris *G*. ‖ quae *G*, qui quae *B*. ‖ terminibus *G*. ‖ 19. *fortasse*
niderentur obseruasse. ‖ 20. lapides *B*. ‖ at uide e *Blumius*, ut uidere *B*. ‖ 21. quaequae *B*.

giones suas habent. alii ponunt siliceos, alii Tiburtinos, *B*
alii enchorios, alii peregrinos, alii autem politos et scrib-
tos, alii aut robureos aut ex certa materia ligneos, qui-
dam etiam hos quos sacri|ficales uocant. et obseruat suam *B* 127
quaeque regio, ut dixi, consuetudinem, uti conueniat fides. 5
item solent etiam terminos scribere litteris singularibus.
quidam etiam numeros per ordinem scribunt. quidam et
signa defodiunt pro terminis. quitquit ergo fuerit [pro]
loco termini et obseruetur, custodiri debet ut ab uno ad
unum derigatur; et si notae sunt, a nota ad notam: saepe 10
enim plures et in uno rigore sunt. quitquit fuerit et quem
admodum cumque obseruari solitum fuerit, ita erit derigendum; quoniam, ut dixi, extremus finis intra quinque
aut sex pedes quaestionem ha|bet: nam intra pedum VI *B* 126
possessionem usu nemo capit, et itinera saepe ad cultu- 15
ras peruenientibus tam latum locum occupant, aut in ara-
tis intra tot pedes aratrum circum arat.

Si arboribus notatis fines obseruabuntur, uidendum *G* 25
quae partes arborum notatae sint. notae enim in propriis
arboribus a foris ponuntur, ut arbores liberas in parte 20
sua nota relinquat. si communes sunt arbores mediae,
notantur utrimque, ut notae ad utrumque pertineant, | et (G)
ut appareant esse communes. et in hoc genere finitionis

1. silices *B*. ‖ 2. enchoros *B*. ‖ 3. robures *B*. ‖ 4. uocant *om B*. ‖
obseruant sua *B*. ‖ 8. quod ergo fuerit inuentum pro loco termini obseruentur et *Boethius* p. 1540. ‖ 9. obseruentur *B*. ‖ debetur *B*, debent *Boethius*. ‖ 10. deritatur, *sed pr g ex t facto*, *B*. ‖ sint *Boethius*. ‖ 11. regore *B*. ‖ 12. solitam, u *rec supra scripto*, *B*. ‖ 13.
extremos fines *B*. ‖ 14. pedes *om B*. ‖ pedum *Blumius*: pedem *B*.
VI *antiqua manu additum B*. ‖ 15. usū *B*. ‖ et *om B*. ‖ 16. in
aratris *B*. correxit *Blumius*. arata *Varro de re rustica* 3, 16, 33
et apud Nonium p. 152, 21, *item Propertius* 1, 6, 32. ‖ 18. obserba-
buntur *B*. ‖ 19. notate *B*. ‖ note *B*. ‖ 20. a foras *G*. ‖ 21. sua] sa
B, a *G*. ‖ relinquet *B*. ‖ medie *B*. ‖ 22. utrimque ut notae ad utrum-
que] utrimque *B*, et ad utrumque *G*. ‖ pertinent *G*.

B similiter dirigendum est. sunt et ille arbores aliquando

B 129 | loco finitionis, quae ante misse dicuntur. et omnia ge-
nera quae insunt finitionum (ut puta in uno agro si om-

B 137 nia) persequenda | erunt.

G 24. *B* 138   Nam si fossa erit finalis, uidendum utrum | unius aut
utriusque sit partis, et si in extremo fine facta; itemque

(*G*) uia utrum publica aut uicinalis | aut duum communis aut
priuata alterius. item riuis si obseruabuntur fines, utrum
naturalis sit riuus aut ex fossis arcessita aqua riuum fe-

10 cerit, et utrum priuatus obseruari aut communis debeat.

G 25 | si iugis autem montium, quae ex eo nomine accipiun-

(*G*) tur, quod continuatione ipsa iugantur. | nam et his quae
summis montibus excelsissima sunt diuergia aquarum, ex
quo summo loco aqua in inferiorem partem deuergit. si

B 139 uepribus, at qualibus, | priuatis aut communibus. si su-

16 perciliis, quae loca sunt ex plano in breui cliuo deuexa
intra pedes altitudinis xxx: alioquiu iam collis est. quae
res obseruationem hanc habet, ut eis superior possessor
in planum usque descendat et sibi defendat omnem locum

20 deuexum. si rigoribus, sui cuiusque rigores obseruantur,
et an normales. quod saepe in agris adsignatis inuenitur:

2. ante mise *B*. ‖ 3. finitionem *B*. ‖ si] esse *B*. ‖ 5. aut utrius *B*,
an utriusque sit *G*. ‖ 7. uia *Blumius*, om *BG*. ‖ aut *B*, an *G*. ‖ du–
uium *B*. ‖ 8. obseruabitur *B*. ‖ 11. si *G*, nam *Boethius* 24b, om *B*.
‖ Iugus *B*, iuga *Boethius*. ‖ autem *om G et Boethius*. ‖ quae *om
Boethius*. ‖ nomen accipiunt (*uel* accipiuntur) quod consignatione
Boethius. ‖ 12. iugantur *p.* 18 *G*, iungatur *B*, iungantur *G p.* 25
et Boethius. ‖ nam *om Boethius*. ‖ 13. diuersarum *Boethius*. ‖
14. in inferiorum *B*. ‖ si uepribus … communibus *om Boethius*. ‖
15. aut qualis priuitus *B. correxit Blumius*. ‖ si *om B*, tam *Boethius*. ‖ 16. loca *om Boethius*. ‖ diuexo *B*, defixo *Boethius*. ‖
17. intra … iam] quo mons aut *Boethius*. ‖ latitudinis *B*. ‖ 18. res
add Blumius. ‖ hanc *om Boethius*. ‖ *malim* uti superior possessor.
ut a supra possessor usque *Boethius*. ‖ 20. defixum *Boethius* 29 b.
ibidem multa ex sequentibus, sed omnia perturbata. ‖ sui *om
B*. ‖ 21. et ad normalis *B. correxit Rigaltius*. ‖ inueniuntur *B*.

et aliquando unus quisque rigor inter multos uicinos finem *B*
facit. si marginibus, (quae res oculorum est) nequit ma-
lignitate exaretur, similiter nequit a ui|cinis accersiri pos- *B* 140
sit, ut marginibus coepti finitique loci inueniri possint.
si limitibus, quod fuerit ex communibus, a medio; ex pri- 5
uatis, ab extremis rigor obseruandus constituendusque.   (*B*)

Haec autem omnia genera finitionum putato in uno *G* 25
agro posse sine dubio repperiri. |.... regionibus intuende, (*G*) *B*
nequid nobi a nobis fieri uideatur: ita enim fides profes-
sioni constabit, si maxime secundum morem regionis et 10
nosmet quaestiones tractauerimus.

De loco si agitur. quae res hanc habet quaestio- *G* 25
nem, ut nec ad formam nec ad ullum scripturae reuertatur exemplum: sed tantum hunc locum hinc dico esse,
et alter ex con|trario similiter. quae res ex similitudine *B* 141
fere culturae comparationem accipit. si incultus erit, id 15
est si silua, cuius sit aetatis; et si par caesurae | aetas; *G* 26
numquid arbores, ut solent, relictae, quas ante missas
uocant, et siluarum quoque aetates an sint pares. et si
uineae, similiter in comparatione; an ordines aequidistan- 20
tes, an pari condicione, et an simili genere uitium.

2. facit] *addit Boethius* Sunt et rigores declinantes ad locum [ui-
cinum] per planitiem. ‖ 3. exaritur *B*. ‖ arcersiri *B*. ‖ 4. ut *Rigaltius*, aut *B*. ‖ 5. si limitibus *Blumius*, similitudinib. *B* et *Boethius*. ‖ quod fuerit nequid noxia nobis fieri uideatur. sed ab extremis rigoribus seruandum est *Boethius*. ‖ 7. Haec ... repperiri *G*,
om *B*. ‖ 8. *ad sententiam satis est si addas* consuetudines autem
in ‖ 9. professionis *B*. ‖ 13. scripture *B*. ‖ 14. sed *B*, nisi *G*. ‖ hinc
G, nam hinc *B*. ‖ 15. et alteri contrario sim uel quaeret ex similitudine *G*. ‖ 16. culture *B*. ‖ accepit *B*. ‖ si incultis erit *B*, om *G*. ‖
17. et si om *G*. ‖ pars *B*. ‖ aetas nequid arbores *B*, et aetas arborum *G*. ‖ 18. relictas *B*, relinqui *G*. ‖ 19. uocant et *G*, uacantes *B*. ‖
an sint *G*, ana sit *B*. ‖ Et *B*, om *G*. ‖ 20. similiter *B*, similes erunt
G. ‖ aequidistantes *G*, nequit instantes *B*. ‖ 21. constitutione *G*. ‖
similis genere *B*, simile genus *G*.

BG　　Constabit tamen rem magis esse iuris quam nostri
operis, quoniam saepe usu capiuntur loca quae in bien-
B 142 nio possessa fuerint. | respiciendum erit tamen, quem ad-
modum solemus uidere quibusdam regionibus particulas
5 quasdam in mediis aliorum agris, nequis similis huic interueniat. quod in agro diuiso accidere non potest, quoniam continuae possessiones et adsignantur et redduntur;
et si forte incidit tale aliquid, commutatur locus pro loco,
ut continua sit possessio. ita, ut dixi, in adsignatis fieri
G 27 non potest. | argumentum itaque prudentiae est quam pro-
(G 27) fessionis.

G 26　　Praeterea | solent quidam complurium fundorum con-
B 143 tinuorum domini, ut fere fit, | duos aut tres agros uni
uillae contribuere et terminos qui finiebant singulos agros
15 relinquere: desertisque uillis ceteris praeter eam cui contributi sunt, uicini non contenti suis finibus tollunt terminos quibus possessio ipsorum finitur, et eos quibus inter fundos unius domini fines obseruantur sibi defendunt.
(G) ita et haec respicienda erunt. |

20　　Item quidam curant in extremis finibus fundorum
suorum ponere per circuitum aliquod genus arborum, ut
quidam pinos aut fraxinos, alii ulmos, alii cypressos. item
B 144 alii soliti sunt relinquere qualecumque | genus in extremo

---

1. constabit. Tamen *G*, constauit Tamen *B*. ‖ 2. saepe *B*, fere *G*. ‖
in *om G*. ‖ uiennio *B*. ‖ 3. tamen *B*, ne *G*, et illud *p.*27 *G*. ‖ quem
ammodum *G*. ‖ 5. quasdam *om p.*27 *G*. ‖ nequis similis *B*, numquid simile *G*. *Rudorffius mauult* numquid similis. ‖ 6. acc'edere
G, accedere *B*. ‖ 8. si *B*, his *G*. ‖ tale *Blumius*: aliae *B*, ut tale
G. ‖ aliquid commutatur *B*, quid committeretur. ut *G*. ‖ 9. sit *G*
om B. ‖ ut *G*, ut sit *B*. ‖ 10. argumento itaque *B*, hoc argumentum,
G. ‖ 12. Praeterea *om G*. ‖ continuorum *B*, suorum *G*. ‖ 13. ut fere
fiit *B*, *om G*. ‖ 14. uillae *B*, uelle *G*. ‖ et *om G*. ‖ 15. desertisq.
uillis ceteris *B*, *om G*. ‖ praeterea *BG*. ‖ cui *G*, qui *B*. ‖ 16. contentis
B. ‖ 17. eorum *G*. ‖ eos *G*, os *B*. ‖ qui *G*. ‖ 18. fines obseruatur
B, sunt *G*. ‖ 19. ita et *G*, et ita *B*. ‖ dispicienda *G*, despicienda *P*.

fine intactas, ex quibus neque frondem neque lignum ne- *B*
que cremium caedant. ita et hoc obseruandum.

Praeterea consuetudines finitionum inspectae cum fuerint, nobitas habet suspicionem. ut puta si terminus finem
faciet per alium tractum, quare subito ad aliud genus fini- 5
tionis transeatur, aut ad fossam aut ad ueprem aut uiam
aut genus quod appellamus supercilium aut arbores quae
ante misse | sunt, suspicio est. si tamen constauit his *B* 145
modis . . . .

De modo quaestiones fere in agris diuisis et ad- *G* 26
signatis nascuntur, item quaestoriis et uectigalibus subiectis, quoniam scilicet in aere et in scriptura modus conprehensus est. quod semper erit ad formam.

Respiciendum et hoc, si duobus possessoribus conueniat aliquid ex modo illo qui aere et in scriptura for- 15
mae continetur, licet dominus aliquid uendidit. namque
hoc comperi in Samnio, | uti quos agros ueteranis diuus *B* 146
Vespasianus adsignauerat, eos iam ab ipsis quibus adsignati erant aliter possideri. quidam enim emerunt aliqua loca, adieceruntque suis finibus et ipsum, uel uia 20
finiente uel flumine uel aliquolibet genere: sed nec uen-

1. intacta *B*. ‖ 2. gremium cedant, *post haec uersu paginae sexto
uacuo relicto cum sex proximis, B.* ‖ 3. inspecta cum fuerat *B*. ‖
8. suspicio est] suspiciose *B*. ‖ 9. modis *et* 10. De *om B. Siculus
Flaccus p.* 142,22 fidem habere debent, quoniam intellegitur ea industria conuenientiaque possessorum fieri. ‖ 11. *post* nascuntur *spatium
uersui paginae sexto et quinque proximis recipiendis B.* ‖
quaestoris uectigalib. *B*. ‖ 12. in here in scriptura *B*, in aere
scripturae *G*. ‖ 15. aliquid es *B*, alioquin ex *G*. ‖ qui habere et in
B, qui aere *G*. ‖ scriptura continetur forma liquebit etiam si dominus
G. ‖ 16. nindedit *B*, uendidisset *G*. ‖ 17. uti quos agros *B*, ut agri
quos *G*. ‖ diuus nespassianus ueteranis *G*. ‖ 18. eos ab *G*. ‖ 19. iam
aliter *G*. ‖ possidere *B*. ‖ 20. loca et *B*. ‖ ipsud *G*. ipsa *Turnebus:
quo non opus.* ‖ 21. aliquodlibet *B*, alio quolibet *G*. ‖ nec uendentes *om B*.

9*

BG27 dentes ex acceptis suis | aut ementes adicientesque ad
accepta sua certum modum taxauerunt, sed ut quisque
modus aliqua, ut dixi, aut uia aut flumine aut aliquo genere
finiri potuit, ita uendiderunt emeruntque. ergo ad aes
5 quomodo perueniri potest, si ad possessiones, sicut dixi,
duum, inter quos controuersia est, conuenerit?

B147   In eis autem qui uectigalibus subiecti sunt, | fere pro-
(G) ximus quisque possessioni suae iuncxit. | ita ex hoc ge-
nere agrorum magnae quaestiones . . . . emptionis siue con-
10 ductionis ad se pertinere probauerint, ut fere fit: nisi utra
pars hoc faciat, penes possessorem remaneuit. solent uero
G27 modum quidam in locationibus agrorum | comprehendere,
atque ita cauere, FVNDVM ILLVM, IVGERA TOT, IN SINGVLIS
IVGERIBVS TANTVM. ita si in ea regione ageretur ubi haec
15 erit consuetudo, ad cautiones scilicet respiciendum erit.
inter quos disputatibur acta utriusque mensura: si nihil
B148 ad cau|tionem conueniat, id est neutrius possessio modum
cautione compraehensum inpleat, magna erit rei confusio,
quaerendumque numquid in uniuersa regione magis opi-
(G) nione quam mensura modum complecti soliti sint. | item
21 quidam uendentes ementesque agros soliti sunt modum
cautione complecti; quod ipsum uidendum, numquit, ut
supra dixi, opinione non mensura modum taxent.

G31   De iure subsiciuorum subinde quaestiones mouen-
25 tur. subsiciua autem ea dicuntur quae adsignari non po-

1. ex ceptis *G.* | ementis *B.* ‖ ad *om B.* ‖ 2. acceptas suas *G.* ‖
4. ad eas *B.* ‖ 5. commodi reuocari potest *G.* ‖ si ad] suae *B,* si *G.*
‖ possessionis sicut dixi duo *B,* duobus *G.* ‖ 6. conuenerit *om B.* ‖
7. in eis *G,* Id est *B.* ‖ fere *om G.* ‖ 8. possessionis *BG.* ‖ ex] et
B. ‖ 9. *supple Blumio auctore* nascuntur, nisi agrum ex cautione ‖
siue] suae et *B.* ‖ 11. poene possessoris *B.* ‖ 14. itaque *G.* ‖ si
in ea *G,* fit nea *B.* ‖ agitur *G,* aliter ageretur *B.* ‖ 15. aut cautiones
scilicet aut emptiones intuendae erunt *G.* ‖ 16. si *om B.* ‖ 17. id est
om G. ‖ 19. nuncquid *B,* tunc quomodo *G.* ‖ 22. cautionem *B.* ‖
inquit *B.* ‖ 25. ea *G,* ita *B.* ‖ quae *G,* q. *B.*

tuerunt. id est, cum sit ager centuriatus, | aliqua | inculta.*B* 149.163*G*
loca, quae in centurias erant, non sunt adsignata. haec
ergo subsiciua aliquando auctor diuisionis aut sibi reseruauit, aut [alicui, id est aut] aliquibus concessit aut rebus publicis aut priuatis personis; quae subsiciua quidam 5
uendiderunt, quidam uectigalibus certo tempore locant.
inspectis ergo perscrutatisque omnibus condicionibus inueniri poterit quid sequi debeamus.   (*G*)

Sed et illud meminerimus. cum diuus Vespasianus
subsiciua omnia | quae non ueniissent aut aliquibus per- *B* 164
sonis concessa essent, sibi uindicasset, itemque diuus Ti-
tus a patre coeptum hunc ritum teneret, | Domitianus *G* 31
[imp.] per totam Italiam subsiciua possidentibus donauit,
edictoque hoc notum uniuersis fecit. | cuius edicti uerba, (*G*)
itemque constitutiones quasdam aliorum principum itemque 15
diui Neruae, in uno libello contulimus.

De iure territoriorum paene omnem percunctationem
tractauimus cum de condicionibus generátim perscriberemus.
de quibus quid possumus aliud suadere, quam ut leges, ut su-
pra | dixeram, perlegamus, et ut interpraetentur secundum *B* 166
singula momenta? utrum suis condicionibus remaneant fines
ab antiquis obseruati, an aliquid adiectum aut ablatum sit;
et quomodo obseruata sint territoria, aliquando summis mon-

1. aliqui *B*, *om G*. ‖ in loca culta *G*. ‖ 2. in] inter *Blumius. rectius
intra.* ‖ 2.3. non sunt ... subsiciua] cum centuria expleri non potuit
subseciuum appellauit. Haec *G*, *ex Frontino p.* 6,7 *petita.* ‖ 3. reseruabit *B*. ‖ 4. *inclusa om G.* ‖ res publica *B*, R̅P̅ *G*. ‖ 5. subciua
G. ‖ 7. praescrutatisq. *B*. ‖ inuenire *B*. ‖ 9. memiremus *B*. ‖ 10.
uendidissent *B*. ‖ 11. uindicassent *B*. ‖ 12. a patrem coemptum
hunc reditum *B*. ‖ Nam domitianus *G*. ‖ 13. i̅m̅p̅. *add corr antiqua
manu B*, *om G*. ‖ siciliam *corr manu recentissima B*. ‖ 14. uniuersis notum *G*. ‖ 15. constitutionis quaedam *B*. ‖ 18. perscriberimus
B. ‖ 19. possimus *B*. ‖ 20. et] ad *B*. ‖ interpraetetur *B*. ‖ 22. ob-
seruantia an *B*. ‖ aut] ut *B*. ‖ 23. montio iugiis *B*.

B tium iugis et diuergiis aquarum, aliquando limitibus prae-
G 31 dictis, aliquando ipsius diuisionis derectione. | ita, ut di-
ximus, leges semper curiose perlegendae interpraetandeque
(*G*) erunt | per singula uerba: et ita uim legum perscrutan-
B 156 dam suadeo, ac si, ut ita | dixerim, per articulamenta mem-
brorum pertemptari solent corpora.

De uia et actu et itinere et ambitu et accessu et
riuis et uallibus fossis fontibus saepe mouentur conten-
tiones. quae omnes partes non nostram sed forensis of-
10 ficii, id est iuris ciuilis, operam exigunt: nos uero tunc eis
interuenimus, cum aut derigendum aliquid est quaestionibus, aut, si forma aliqua aliquid notatum inuenitur, repetendum est.

G 49
SICVLI FLACCI
15 # DE CONDICIONIBVS AGRORVM.

Condiciones agrorum per totam Italiam diuersas esse
plerisque etiam remotis a professione nostra hominibus
notum est; quod etiam in prouinciis frequenter inuenimus.
accidit autem ut ex similibus causis similes haberent con-

---

1. prædictis] *fortasse* perpetuis. *uide Siculum Flaccum p.* 73 *G.* ‖
2. directione *uel* definitione *Blumius*, defictionis *B.* ‖ ita ut diximus
lex *B*, leges itaque *G.* ‖ 3. praelegendae *B*, legendae *G.* ‖ 4. et si
ita *B.* ‖ perscrutandarū *B.* ‖ 5. ac sicut ita dixeram *B.* ‖ 7. De uiae
actu *B.* ‖ 9. q. *B.* ‖ nostra *B.* ‖ forenses *B.* ‖ 10. id es *B.* ‖ eis]
est *B.* ‖ 11. defigendum *B.* ‖ est quaestionibus est aut *B.* ‖ 13.
de limitib. hygini exp. feliciter *B.* ‖ 14. SAECVLI *GP*, SICVLI *corr
satis antiqua manu G.* Incipit siculi flacci de condicionibus agrorum liber *E p.* 35. ‖ 15. CONDICIONIBVS *GP*, CONDITIONIBVS *corr
pr G. ita G aliquotiens hac pagina, postea per* t. ‖ 19. ex dissimilibus causis dissimiles *Scaliger.*

diciones. ciuitates enim, quarum condiciones aliae sunt, *G*
coloniae dicuntur, municipia, quaedam praefecturae: habent uocabulorum differentias: quare uero non liceat earum diuersas esse condiciones? regiones autem dicimus
intra quarum fines singularum coloniarum aut municipio-   5
rum magistratibus ius dicendi cohercendique est libera
potestas. ergo haec uocabula non sine causa acciderunt.
quidam enim populi pertenaciter aduersus Romanos bella
gesserunt, quidam experti uirtutem eorum seruauerunt pacem, quidam cognita fide et iustitia eorum se eis addixe-   10
runt et frequenter aduersus hostes eorum arma tulerunt.
leges itaque pro suo quisque merito acceperunt: neque
enim erat iustum ut his qui totiens ammisso periurio ru-
pere pacem ac bellum intulere Romanis, idem prestari
quod fidelibus populis.   15

Primum ergo referendum est, appellationes ut fierent
coloniae aut praefecturae.

Municipia quidam putant a munitionibus dicta; alii
a munificentia, eo quod munificae essent ciuitates.

Coloniae autem inde dictae sunt quod [populi] Ro-   20
mani in ea municipia miserint colonos, uel ad ipsos priores municipiorum populos cohercendos, uel ad hostium
incursus repellendos. | colonias autem omnes maritimas *E* ı
appellauerunt; uel quod mare in his deduceretur: uel,
quod pluribus | placet, maritimas appellari existimant ideo *G* ₅₀
quod Italia ab Alpibus in mare porrigatur ac tribus la-

1. aliae atque aliae sunt *Scaliger.* ‖ 3. quare] quae *G.* ‖ 6. ius di-
cendi] *id est* iuris dictio. *conf.p.*138,8. ‖ 6. cohærendique *G.* ‖
8. pertenaciter *GP*, pertinaciter *corr pr G.* ‖ 10. quidem *G.* ‖ *malim*
adiunxerunt. ‖ 11. arma eorum *GP.* ‖ 13. ammisso *P*, amisso *G.* ‖
17. praefecturae] *immo* municipii; *nisi aliquid subest.* ‖ 23. coloniae omnes maritimae appellantur existimo uel quod *E.* ‖ 24. *puto*
mari. ‖ deducatur litoribus uel *E.* ‖ 25. placent *E.* ‖ 25. 26. appellari
... porrigatur] appellant ideo quod ab alpibus recurrunt *E.* ‖ ac *Goesius,* a *EG.*

EG teribus exteras gentes intueatur. a Sicilia usque ad Galliam omne litus Africae est contrarium: rursus a Leucopetra pars quae ad mare attingit Macedoniae, ad aliquam Epiri partem spectat: Hadriaticum uero litus Illyri-
5 cum contra se habet. in his ergo litoribus Romani colonos miserunt, ut supra diximus, qui oras Italiae tuerentur.

Aliae deinde causae creuerunt,..... Graccus colonos dare municipiis, uel ad supplendum ciuium numerum, uel, ut supra dictum est, ad cohercendos tumultus qui subinde
10 mouebantur. praeterea legem tulit, nequis in Italia amplius quam ducenta iugera possideret: intellegebat enim contrarium esse morem, maiorem modum possidere quam qui ab ipso possidente coli possit.

Vt uero Romani omnium gentium potiti sunt, agros ex
15 hoste captos in uictorem populum partiti sunt. alios uero agros uendiderunt; ut Sabinorum ager qui dicitur quaestorius, eum limitibus actis diuiserunt, et denis [quibusdam]
(*E*) quibusque actibus laterculis quinquagena iugera incluserunt, |
atque ita per quaestores populi Romani uendiderunt.
20 postquam ergo maiores regiones ex hoste captae uacare coeperunt, alios agros diuiserunt adsignauerunt: alii ita

---

1. exteras gentes *om E.* ‖ intuendum est a *E.* ‖ 2. omne ... est *om E.* ‖ africum *G.* ‖ contrarius *E.* ‖ a Leucopetra *om E.* ‖ 3. pars uero quae *E.* ‖ attigit *E.* ‖ Macedoniae] *id est* Ionium. ‖ ad] et *EG.* ‖ aliquam *G,* galliae *E.* ‖ 4. epyri *G,* epheros *E.* ‖ expectat *G,* expectant *E.* ‖ 4. 5. Hadriaticum ... habet *om E.* ‖ ylliricum *G.* ‖ 5. ergo in his *E.* ‖ colonus *E.* ‖ 6. 7. ut supra ... creuerunt *om E.* ‖ ora *G.* ‖ 7. *supplendum* ut cum uellet ‖ draccus colonus dari *E.* ‖ 8. uel ut ... tumultus *om E.* ‖ 11. duocenta *G.* ‖ enim maiorem minuere modum si subinde possiderent quod ab ipso *E.* ‖ 12. morem] minorem *G.* ‖ 14. Et sicut populus romanus omnium *E.* ‖ ex] et ex *E.* ‖ 15. captos populo romano partiti sunt *E.* ‖ 16. agros *om E.* ‖ quaestuarius *E.* ‖ 17. actis limitibus *E.* ‖ et denique quibusdam artibus *E.* ‖ 18. laterculis *E,* laterculi *G.* ‖ 19. populo romano *G.* ‖ 21. deciserunt *GP.* ‖ alii] acti *GP.*

remanserunt, ut tamen populi Romani essent; ut est in *G* Piceno et in regione Reatina, in quibus regionibus montes Romani appellantur. nam sunt populi Romani quorum uectigal ad aerarium pertinet.

De municipiis itaque tractandum est. Prima origo 5 oppidorum | quae ciuitates dictae sunt municipia ex causa *G51* supra dicta nominata sunt. Accidit autem insessarum earum gentium populi saepe mutantes id in Italiam et in prouinciis ut Friges in Latium. ut Diomedes cum Gallis in Apulia. ut Macedonis in Lybiem. Tyrreni qui dicuntur 10 Etrurii Galliae in Asiae finibus socii Gallorum insedere. et multas quas Frigiis Diomedis fines. quae etiam socii constituere ciuitates. atque in eas partiti sunt hi ciues dicunt quidem ultro citroque aut bello reppulisse aut indignas 15

praemensumque quod uniuersis suffecturum uidebatur solum, territis fugatisque inde hostibus, territoria dixerunt. [contra hoc aliud, de quo suo loco referemus.] singuli deinde terram, nec tantum occupauerunt quod colere potuissent, sed quantum in spem colendi reseruauere. 20 hi ergo agri occupatorii dicuntur. [arcendo enim uicinos hanc appellationem finxit finis.] itaque hi agri a quibusdam soluti appellantur: soluti autem non sunt quorum fines deprehendi possunt et finiuntur. [quos quidam arcifinales uocant.] hi autem arcifinales dicuntur: ... condi- 25 ciones autem agrorum uariae sunt ac diuersae, quae aut

1. *et* 3. populi Romani *Rigaltius*, praetoria *GP. conf. Hyginum p.*114,6. *fortasse* p. R. propria. ‖ *2.* et *Goesius, om G.* ‖ 6 - 15. *ita haec omnia G.* ‖ 9. diomedis *P.* ‖ 11. aetrurii *P.* ‖ 16. suffectoram uidebantur *G.* ‖ 18. *uncis inclusi quae intellegi non possunt.* ‖ 19. singulis *G.* ‖ 20. in spe *G.* ‖ 22. finis *addidi. sed haec uerba* arcendo ... finis *infra uersu* 25 *ponenda sunt, ubi defectus indicium feci.* ‖ 26. agrorum] *scribendum* horum agrorum.

G casibus bellorum aut utilitatibus populi Romani aut ab
iniustitia, ut dicunt, inaequales sunt.

B 97   Occupatorii autem dicuntur agri quos quidam arci-
B 98 finales uocant, [hi autem arcifina|les dici debent.] quibus
5 agris uictor populus occupando nomen dedit. bellis enim
gestis uictores populi terras omnes ex quibus uictos eie-
cerunt publicauere, atque uniuersaliter territorium dixerunt intra quos fines ius dicendi esset. deinde ut quisque uirtute colendi quid occupauit, arcendo uicinum ar-
10 cifinalem dixit.

Horum ergo agrorum nullum est aes, nulla forma,
quae publicae fidei possessoribus testimonium reddat;
G 92 | quoniam non ex mensuris actis unus quisque [miles]
14 modum accepit, sed quod aut excoluit aut in spem co-
B 99 lendi occupauit. quidam uero | possessionum suarum pri-
uatim formas fecerunt, quae nec ipsos uicinis nec sibi
uicinos obligant, quoniam res est uoluntaria.

Hi tamen finiuntur terminis, et arboribus notatis et
ante missis, et superciliis, et uepribus, et uiis, et riuis,
20 et fossis. in quibusdam uero regionibus palos pro terminis obseruant, alii iliceos, alii oleagineos, alii uero iuni-
peros. alii congeries lapidum pro terminis obseruant, et
scorpiones appellant. quidam in specie maceriarum con-

2. inaequali sunt *G*. ‖ 3. Occupaturii *B*. ‖ autem dicuntur *B*, dicuntur enim *G*. ‖ 7. publicauere *Goesius dedit*: publicae autem *B*, Publicae *G*. ‖ 8. ius est dicendi uti essent *B*, ius ducendi (dicendi *P*)
esset *G*. ‖ deinde ius quib. q. et uirtus *B*. ‖ 9. quid] quod *B*, *om*
G. ‖ arcendo uero uicinum *B*. ‖ *praestat* arcifinale. ‖ 11. Dicit postea in his agris formas ex mensuris datas mihi tibi *margo P*. ‖ nulla
est nulla *B*, nullum aes nulla *G*. ‖ 13. quoniam *B*, Quo *GP*. ‖ miles
G, *om B*. ‖ 14. spem *B*, spe *G*. ‖ 16. ipsi *BG*. ‖ uinis *B*. ‖ 17.
obligauit *B*. ‖ 18. hii *B*. ‖ notitis *B*. ‖ 19. superciliis bepribus uiis
B. ‖ 20. uero *om G*. ‖ palus *B*. Hic pali ipsae arbores intelleguntur
margo P. ‖ 23. scofiones *B*. ‖ appellant *om B*. ‖ quidam *om G*.
‖ *rectius* in speciem, *ut p.* 149,18. ‖ cogerunt *G*.

gerunt lapides, et attinas appellant, obseruantque pro ter- *BG*
minis. haec tamen omnia genera finitionum non solum
| in diuersis pluribusue regionibus, uerum etiam in uno *B* 100
agro inueniri possunt. nam ubi supercilia naturalia finem
praestant, deficientibus eis necesse est aut terminum aut 5
arbores aut aliquid ex supra dictis generibus obseruari.
quidquid autem horum fuerit, ex conuenienti ad conue-
nientem rectus finis obseruari debebit.

Maxime autem intuendae erunt consuetudines regionum, et ex uicinis exempla sumenda. in quibusdam enim 10
regionibus alii terminos siliceos ponunt, alii diuersarum
materiarum: quidam uero curant | inuehere qualescumque *B* 101
peregrinos lapides, ut manifestum sit ex industria terminos
finales positos: quidam etiam politos, alii uero inscriptos,
alii etiam numeri ordine notatos disponunt, alii tantum 15
modo in coxis uel minimis, alii in longioribus spatiis, con-
plures alii etiam aequalibus interuallis. in quibusdam uero
regionibus in uersuris omnibus binos posuerunt ita ut
suos quisque rigores intueretur. [nam et uariis regioni-
bus | signa defodiunt pro terminis.] | ergo, ut supra dixi, *G* 53. *B* 129
consuetudines maxime regionum intuendae [et ex uicinis
exempla sumenda] sunt.

Inspiciendum erit et illut, quoniam sepulchra in ex-

1. obseruantque pro terminis *B*, quae pro terminis etiam in uno agro
obseruant *GP*. ‖ 3. plurisue *B*. ‖ 4. naturalia *om G*. ‖ 6. ex supra
dictis putant obseruari *B*, ex $\overline{ss}$ generibus incipiat obseruari *G*. ‖ 7.
Quicquid *G*. ‖ ex quo uenient uel a quo ueientē uiderit similiter
rectus finis *B*. ‖ 8. debet. Maximae *G*. ‖ 9. consuetudinis *B*. ‖ 10.
sumenda sunt *G*. ‖ enim *om G*. ‖ 12. qualescumque] Q. L. C. Q. *GP*,
om B. ‖ 13. terminus *B*. ‖ 14. inscriptos alii etiam *om B*. ‖ 15 numeris enotatos ponunt *B*. ‖ 16. in coxis uel in imis *B*, inflexis uersuris *G*. *infra p.* 142,4 omnibus angulis coxisque. *p.* 151,14 ubi coxae
sunt. ‖ quam plures *B*. ‖ 17. alii *om G*. ‖ interbalis *B*. ‖ 19. suum
quisque rigorem *G*. ‖ 19-20. nam ... terminis *om B*. ‖ 21. consuetudinem regionum maxime intuende *B*. ‖ 21-22. et ... sumenda *om*
B. ‖ illud ne quoniam *G*.

BG tremis finibus facere soliti sunt et cippos ponere, ne aliquando cippus pro termino errorem faciat: nam in locis
saxuosis et in sterilibus etiam in mediis possessionibus sepulchra faciunt. omnia ergo, ut supra diximus, diligenti
5 cura exquirenda erunt, ut et secundum consuetudinem re-
B 130 gionum | et fidem terminorum finis constet.

 Aliquando etiam petras occurrentes in finibus notatas inuenimus, et quasdam, si perseueret rigor, notas habentes, in uersuris uero gammas, sed spectantes suos ri-
10 gores. aliquas etiam decusatas inuenimus.

 Quibusdam autem placet et uidetur utique sub omnibus terminis signum inueniri oportere. quod ipsud uoluntarium [non necessarium] est. si enim essent certae
leges aut consuetudines aut obseruationes, semper simile
15 signum sub omnibus terminis inueniretur: nunc, quoniam uoluntarium est, aliquibus terminis nihil subditum
B 131 est, aliquibus uero aut cinus aut car|bones aut testea aut
uitrea fracta aut asses subiectos aut calcem aut gypsum
inuenimus. quae res tamen, ut supra diximus, uoluntaria

1. cyppos *et mox* cyppus *G.* ‖ ne *G, om B.* ‖ 2. cippos pro terminis
errorem faciant *B.* ‖ 3. sterelibus *B.* ‖ 6. et terminorum fidem constent fines *G.* ‖ 8. Petras notatas *margo P.* ‖ notatis *G.* ‖ et...
notas *om B.* ‖ 9. gemmas *G.* ‖ sed et spectantes *B,* sed expectan-
tes *GP.* ‖ regores *B.* ‖ 10. aliquando *G.* ‖ 11. autem *om G.* ‖ utique
sub omnes terminos signum inueniri oportet *Boethius p.* 1540. ‖
uti sub *G.* ‖ 12. terminis *om G.* ‖ oporteret *B,* oporteat *G.* ‖ 13. non
necessarium *om B.* ‖ sic enim sunt certae legis consuetudines et
obseruationes *Boethius p.* 1540. ‖ 14 - 17. semper signum in omnibus terminis positum est, aut aliquos cineres aut carbones *Boe-*
thius. ‖ 15. terminis *om G.* ‖ inueneritur *B.* ‖ 16. uoluptariam *B.* ‖
17. cinis *GP,* cenes *B.* ‖ carbo *P.* ‖ testæ *GP,* testa aut ossa *Boe-*
thius. ‖ 18. bitrea *B,* uitrum *Boethius.* ‖ facta *GP, om Boethius.*
‖ asses *B,* ossis *GP,* assas *uel* massas *Boethius.* ‖ subiectos] ferri
aut aes *Boethius.* ‖ calce *BGP.* ‖ gypsum] *add* aut uas fictile
Boethius. ‖ 19. dixi uoluntari est *B.*

est. carbo autem aut cinis quare inueniatur, una certa *BG*
ratio est: quae apud antiquos est quidem obseruata, postea
uero neglecta; unde aut diuersa aut nulla signa inueniuntur. cum enim terminos disponerent, ipsos quidem lapides in solidam terram rectos conlocabant proxime ea loca 5
in quibus fossis factis defixuri eos erant, et unguento ue-
laminibusque et coronis eos coronabant. in fossis autem
[in] quibus eos | posituri erant, sacrificio facto hostiaque *B* 132
inmolata adque incensa facibus ardentibus, in fossa coo-
perti | sanguinem instillabant, eoque tura et fruges iacta- *G* 64
bant. fauos quoque et uinum, aliaque quibus consuetudo
est Termini sacrum fieri, in fossis adiciebant. consumptisque igne omnibus dapibus super calentes reliquias lapides conlocabant adque ita diligenti cura confirmabant.
adiectis etiam quibusdam saxorum fragminibus circum 15
calcabant, quo firmius starent. tale ergo sacrificium domini, inter quos fines dirimebantur, faciebant. nam et si
| in trifinium, id est in eum locum quem tres possesso- *B* 133
res adstringebant, termini ponerentur, omnes tres sacrum
faciebant: quotque alii in confinio domini erant, omnes 20
ex conuenientia terminos ponebant et sacrum faciebant,
terminos autem conuenientia possessorum confirmabat. (*B*)

1. inueniantur *B*. ‖ 2. est *post* ratio *om G*. ‖ antiquos quidem obseruata est *G*. ‖ 3. neclecta *G*. ‖ unde *B*, sunt *GP*. ‖ inuenerimus
GP. ‖ 5. rectos *om G*. ‖ conlocabunt *G*. ‖ 6. in *om G*. ‖ defixuri *G*,
posituri *B*. ‖ et *om G*. ‖ unguende *B*. ‖ 7. *immo* ornabant. ‖ 8. in
ante quibus *om G*. ‖ posituri eos *G*. ‖ 9. inmaculata caesa facibus
G. ‖ *an* cooperta? ‖ 10. sanguine *B*. ‖ eoque *G*, eis qui *B*. ‖ 11.
fabos *B*. ‖ aliasque *B*. ‖ 12. terminis *BG*. ‖ in fossa *G*. ‖ 13. omnibus dapibus igne *G*. ‖ 15. quod etiam *Boethius* p.1540. ‖ fragminibus conculcabant atque ita diligenti cura confirmabant, ut firmius staret. tale ergo signum inter dominos *Boethius*. ‖ 17. deri-
mebantur *B*, dirimabantur *G*, terminabantur *Boethius*. ‖ 18. in trifinio *B*. ‖ 19. adtingebant *G*. ‖ si termini *B*. ‖ ponebantur *G*. ‖ 20.
quodque *B*, quique *G*. ‖ 22. conuentia *B*. ‖ confirmabant *B*.

G | nam in quibusdam regionibus iubemur uertices ampho-
rarum defixos inuersos obseruare pro terminis.

Ergo conuenientia, ut supra diximus, possessorum
terminos consecrat. qui, ut ante dixeramus, omnibus an-
5 gulis coxisque positi esse debent. in quibusdam uero regionibus saepe per longum spatium et inter multos possessores rigores dumique finem faciunt, et aliquando tantum modo per singulorum possessorum spatia, id est a
capite usque ad caput, positi inueniuntur termini, hoc est
10 a fine incipiente usque ad finem deficientem, unde alterius possessionis finis incipiat obseruari. quidam uero in
mediis spatiis plures interpositos habent. quorum si quisquam per longum spatium moueatur, inter longum tractum
et inter plures possessores rigor durare debet: qui si non
15 est, totae regioni errorem quendam incuti, nec ei tantum
intra cuius fines terminus motus est, calumniam intro duci,
sed ultro citroque confundi fines necesse est.

Illa omnia quae supra diximus, quae ad terminos la-
*G*₅₅ pideos | pertinent, siue signa subdita requirantur, siue
20 notae aut litterae aut numeri, quam maxime secundum
consuetudinem regionum omnia intuenda sunt: tamen et
nobilitatis hae quam manu fiunt fidem habere debent,
quoniam intellegitur ea industria conuenientiaque possessorum fieri. si uero pali lignei pro terminis dispositi sunt,
25 aut congeries lapidum aceruatim congestae, quos scorpiones appellant, aut in effigie maceriarum quae attinae
appellantur, aut uertices amphorarum defixi, aut petrae
naturales notatae, aliudue quod loco termini obseruari ui-

---

5. Floxuositatibus (*sic*) dicit coxis *margo P.* ‖ 7. et] ut *G.* ‖ 15.
incutit *G.* ‖ 16. terminus *om G.* ‖ 16. introducit *G.* ‖ 17. confundit
G. ‖ 22. *fortasse* nouitates hae quae manifestae sunt. *Hyginus de
controuersiis p.* 131,4 nobitas habet suspicionem: — si tamen constauit his modis — ‖ 25. congestae sint quos *G.* ‖ 26. *praestat* in effigiem.

debitur, ex consuetudine regionis et ex uicinis exempla G
sumenda sunt.

Supercilia, de quibus mentionem habui, si finem facient, intuendum erit in quantum spatium deuexitas su-
percilii extendatur, ne mons supercilium sit: intra paucos 5
enim pedes supercilia uocabula accipiunt. quae tamen
usque in planitiam ex superiori uergunt, ad superiores
possessores pertinent. quicquid enim inferior possessor in
solo suo agit, damno superioris fit. siue aret siue fodiat,
detrahit pendentes ex superiori terras. si uero congerat 10
aut adiciat quid, ad superiora non ascendit. ita haec
causa efficit ut superioribus possessoribus usque in planitiam supercilia cedant.

Si arbores finales obseruabuntur, uidendum erit quae
sint arborum genera. nam quidam in finibus naturales 15
qualescumque arbores intactas finales obseruant: alii diuersas ...: quidam cunctis excisis arborum generibus unum
tantum genus in finibus relinquunt, quo manifestius appareant finales. [loca munierunt, ut materiae differentia
argumento sit.] quidam ex conuentione in ipsis finibus 20
communes serunt. aliqui priuatim intra suum solum in
extremis finibus ponunt; et, ut supra | diximus, diuersa G₅₆
arborum genera: alicubi enim pinos inuenimus, alicubi
cypressos, alibi fraxinos aut ulmos aut populos quaeque
alia ipsis possessoribus placuerunt. et si inter culta finibus 25
aut prope fines, disponuntur spissius, et disconuenientes

7. usq. ad inplanitiam G. ǁ 12. planitia G. ǁ 13. cedant *Turnebus,*
cedant ius P, cædentibᵘˢ *littera* b *eluta G. in margine P* dicit in
superciliis ius cædendum usq. in planitia possessori. *confer Frontinum p.*42,20. ǁ 17. *huc ex sequentibus ea fere quae uncis in-
clusimus referenda esse Rigaltius uidit. lege* alii diuersas hoc
animo serunt, ut materiae differentia argumento sit. ǁ quaedecunctis
ex ipsis arborum G. ǁ 18. quo manifestum ius appareat G. ǁ 20. quaedam G. ǁ 21. erunt G. ǁ 25. cultis G. ǁ 26. spissioribus et G.

G ordinibus arbustorum, si tamen arbusta sint. quae si communes sunt, semper utrimque intactas quidam seruant, quidam durantibus stirpibus earum summas frondes ac uir-
gulta communiter caedunt. si propriae alterius partis sint,
5 ut domino libuit, aut caedit aut remittit: ex quibus tamen
saepe et materiam deiciunt, et alias substituunt. hoc etiam
in communibus arboribus saepe accidit: si enim utrisque
possessoribus conueniat ut finales arbores deiciant aut
ut pretio taxent aut alterna sibi sorte habeant substituant-
10 que in deiectarum locum alias, aut si nihil placuerit substi-
tui, differentiae qualitatum indicio erunt.

Si uero notatae arbores in regionibus finales obseruabuntur, intuendae sunt notae. si enim communes sint
mediae, utrimque notatae per totas esse debebunt. si par-
15 tium frondes spectant in alios fines, plagis, id est latis
cicatricibus, signatae inueniri debent, ut intellegantur eorum
esse dominorum, in quas partes integrae erunt intactae
reseruabuntur. signantur autem utrimque, id est ex utraque possessione, intra pedes quinos, ut legis Mamiliae
20 commemorationem habeant. in uersuris quae notatae sunt,
aut decus in eis inueniuntur aut gammae, ut manifestum
sit uersuras suis signis obseruari debere.

Quidam satis putant omissas intactasque pati crescere, si magnitudine ceteras superent. de qua argumen-
25 tum capere quaestui ducimus: si ceterae dissimiles sunt,
*G*67 uidetur aliquod his testimonium | per eas prestari.

Preterea siue in cultis siue in siluosis et in incultis locis agatur, respiciendum erit utrum hae quae fina-

---

4. proprie *GP*. ‖ 5. *fortasse* aut caedit aut relinquit. ‖ 6. materia
GP. ‖ 10. substituti differentiae aequalitatum *G*. ‖ 12. notatas *G*. ‖
14. frontes expectant *G*. ‖ 17. erunt] *puto* et. ‖ 19. maniliae *G*. ‖ 21.
aut decus, *sic GP*. ‖ 22. uersura *G*. ‖ 25. questui dicimus. ceterae *G*.
26. prestare *G*. ‖ 28.hae] *puto* his, *et statim* habeant alterutrae partes similes, *tum* quae si utrimque *uel simpliciter* si utrimque.

les uidebuntur arbores habeant in alterutras partes simi- *G*
les. quae utrimque tales habeant, | una re uidebuntur, *B* 133
si notatae sint. si uero altera pars habet, quo loco deficient, ibi fines uidebuntur esse: hae autem ipsae eius
partis uidebuntur esse finales, in qua similes eis erunt. 5
si neutra parte similes et illae solae uideantur, finales
| communesque esse uidebuntur. si autem, ut saepe fit, *B* 134
unus possessor diuersum utrisque partibus genus arborum
per omnem finium suorum ambitum posuerit, ut inter alios
agros quoque confines sibi, non solum inter eum cum 10
quo controuersia erit, finem faciat, diligenti cura uidendum erit ne proprias alterius arbores partis communes
suspicemur. quidam tamen quotiens circa extremos fines
suos alicuius generis arbores disponunt, quae significan-
ter differentes ab ceteris possint | extremos fines demons- *B* 135
trare, incidunt per errorem [enim] intra uicinorum fines.
de qua re diligentius aspiciendum erit ut possessores suos
fines teneant, ne alienos lacessiant.

Viae autem si finem faciunt, adtendendum erit quales
uiae et quomodo. nam et saepe incidunt in finibus, et 20
saepe trans uiam aliquas possessores particulas habent.
quaedam ergo uiae aliquando fines transeunt possessionum.

2. utrumque *G*. ‖ *fortasse* | finales una re uidebuntur. ‖ res uidebi-
tur *G*. ‖ 3. altera *G*, aliqua *B*. ‖ habeat *G*. ‖ deficiant *G*. ‖ 4. fines . . .
autem *om G*. ‖ 4. hae] haec *B*. ‖ ipse eius partes *B*, ipse partes
earum *G*. ‖ 5. finales *om B*. ‖ eis *G*, ei *B*. ‖ 6. parte sunt similes et
G, parte illae solae similes et *B*. *fortasse* parte illis aliae similes
sed ‖ 7. communalesque *B*. ‖ sepe *B*. ‖ 10. quoque] quosque *B*, quaque *G*. ‖ sibi *om G*. ‖ inter eos in quibus controuersiae erunt *G*. ‖
11. controuersiam *B*. ‖ faciant *G*. ‖ 12. propias *B*. ‖ arborum *G*. ‖ partes *BG*. ‖ 13. subscitentur *B*, ostendantur *G*. ‖ 14. significant et *B*,
significant *G. correxit Goesius*. ‖ 15. ferentes *B*. ‖ ob ceteris fines
uicinorum. Nam et per errorem incidunt. De qua re *G*. ‖ 17. inspiciendum *G*. ‖ 18. ne *B*, non *G*. ‖ lacesseant *B*, lacessant *G*. ‖ 19.
faciant *G*. ‖ 21. aliqui *G*. ‖ 22. finiunt transitum possessorum *B*.

10

BG quarum tamen non omnium una eademque est condicio.
nam sunt uiae publicae, [regales,] quae publice muniun-
B 136 tur et auctorum nomina optinent. nam et cu'ratores accipiunt, et per redemptores muniuntur, et in quarundam
5 tutelam a possessoribus per tempora summa certa exigitur. uicinales autem [uiae], de publicis quae deuertuntur
G 58 in agros, | et saepe ipsae ad alteras publicas perueniunt,
aliter muniuntur, per pagos, id est per magistros pagorum, qui operas a possessoribus ad eas tuendas exigere
10 soliti sunt. aut, ut comperimus, uni cuique possessori per
singulos agros certa spatia adsignantur, quae suis inpen-
sis tueantur. etiam titulos finitis spatiis positos habent,
B 137 qui indicent | cuius agri quis dominus quod spatium tu-
eatur. ad omnes autem agros semper iter liberum est.
15 nam aliquando deficientibus uicinalibus uiis per agros
alienos iter praestatur. quidam etiam conueniunt specialiter uti seruitutem prestent his agris ad quos necesse habent transmittere per suum. nam et his uerbis conpraehenditur, ITA VT OPTIMVS MAXIMVSQVE EST. nam et aqua-
20 rum ductus solent per alienos agros iure transmittere.
B 149 itaque, ut diximus, uiae saepe necessario | per alienos
agros transeunt; quae non uniuerso populo itinera prestari uidentur, sed eis ad quorum opera, et eis ad quo-

---

1. quorum *B*. ‖ non omnium *om B*. ‖ 2. regales quae publice *om B*.
margo P muniuntur per terminos quos itinerarios dicimus ut transiri
eas uias intellegamus non posse. ‖ 4. et in *P*, in *G*, nam et *B*. ‖ 5. tutela *GP*. ‖ 6. uiae *om B*. ‖ debertuntur *B*, diuertuntur *G*. ‖ 7. in
agris *B*. ‖ sepe ipsa ad se alteras *B*, saepe ad alteras *G*. ‖ 8. pes
pagos *B*. ‖ *margo P* magistri pagorum magistrati dicuntur. ‖ 9. qui
om B. ‖ 12. tuentur *G*. ‖ 13. quae indicant *Boethius p.* 1539. ‖ tueantur *Boethius*. ‖ 15. uiis uicinalibus *G*. ‖ 16. quidam] qui *B*, quae
P, quin *Goesius*. ‖ etim conueniant *B*. ‖ specialiter *B*, precario *G*.
‖ 18. per suum *B*, peruium *G*. ‖ et *B*, et in *G*. ‖ 19. ita ut *G*, aut
B. ‖ maximus sit. Nam *G*. ‖ 21. sepe *B*. ‖ 22. qua *Turnebus*. ‖
prestari *BG*, praestare *P*. ‖ 23. eis ad quorum onera praestari uidentur. et eis ad *GP*, eis a *B*. *correxit Huschkius*.

rum agros per eas uias peruenire necesse est. hae ergo *BG*
de uicinalibus solent nasci. nam et communes uiae [quae]
ex uicinalibus nascuntur; quae aliquando inter binos possessores in extremis finibus, pari utrimque modo sumpto,
communique inpensa, iter praestant. priuatae itaque uiae 5
ad finitiones agrorum non pertinent, sed ad itinera eis
praestanda: quae sub exceptione nominari in emptionibus
agrorum solent. ergo uiae publicae et uicinales et com-
mu'nes in finibus incidunt: non enim finium causa diri- *B* 150
guntur, sed itinerum. ita tam fas est finem facere quam 10
et transire uiam.

Vepres si finem facient, uidendum quales, et si tantum modo in extremis finibus sint, quoniam per negle-
gentiam colentium et in mediis agris solent esse | uepres; *G* 59
et utrum manu satae sint. nam etsi regio quaedam uir- 15
gulta non habeat, quae tutelam uineis aut hortis praestent,
adferuntur ex peregrinis regionibus et seruntur. et arbores in uepribus solent ante missae inueniri.

Si fossis fines obseruabuntur, inspiciendum | utique *B* 151
in omnibus, regionum quae sit consuetudo, et uidendum 20
quales fossae; ne siquis agrorum siccandorum causa fossas fecerit, finales esse uideantur. nam et intellegi potest
aliquando ex ipsarum fossarum positione utrum propriae

1. haec *BGP*. ‖ 2. communes *Goesius*, omnes *BGP*. ‖ quae *Tur-*
nebus omisit. ‖ 3. uinos *B*. ‖ 4. in *om B*. ‖ pari utriq. *B*, pariq.
G. ‖ sumptu *BG*. ‖ 5. iter *om G*. ‖ prestent priuate *B*. ‖ Priuatae
uiae finem non faciunt *margo P*. ‖ 7. quae *Turnebus*, duae *BGP*.
‖ 8. publicae *om G*. ‖ uicinalis *B*. ‖ 9. incipiunt *G*. ‖ 10. fa
est *B*. ‖ 12. uidum *B*. ‖ si *om B*. ‖ 13. finium *B*. ‖ 14. mediis
solent esse agris siue uepres satae manu sint *G*. ‖ 15. utrum] ut
ab *B*. ‖ quandam uirgulam *G*. ‖ 16. ortis *B*. ‖ prestet *G*. ‖ 18.
solent antemissae in uepribus *G*. ‖ ante mise *B*. ‖ 19. finis *B*. ‖ 20.
in omnibus *Turnebus*, nominibus *BGP*. ‖ quae] q. *B*. ‖ 21. siccandorum agrorum *G*. ‖ fossas *B*, aliquando *G*.

BG an finales sint, quoniam transuersae quaedam aut obliquae
a finibus recedunt. ita, ut supra dictum est, ex ipsorum
locorum necessitate et ex ipsarum positione colligi debebit quae sint finales. aliae tamen quae finales sunt cum
5 uidentur esse communes, inspiciendum erit an ita sit. nam
quidam in extremis finibus in solo suo faciunt fossas et
ex superioribus uicinisque agris defluentes aquas exci-
B 152 piunt, ne inferiores terrae laborent. ita quod | in solo
suo quis fecerit, non statim communes, sed circa fines
10 esse uidebuntur. respiciendum quoque erit num et in
aliis lateribus similiter fines obseruabuntur. sed et proprias qui faciunt ad expediendas aquas, aliquid soli sui
extra fossam solent relinquere. aliquando etiam terminos
extra fossam positos inuenimus, qui et ipsas fossas et soli
15 relicti partes decernant cuius domini sint. quidam uero
etiam arbores ante missas finales extra fossas habent, et
in controuersiam saepe deducuntur, quod credatur fossas
B 153 | finem facere debere. propter quod, sicut in aliis gene-
(*B*) ribus finitio num, sic et in hoc quoque cousuetudines re-
20 gionum intuendae erunt. etenim dum terminis aut arboribus fines obseruari consuetudo sit, non oportere fossas
quae prope fines erunt finales obseruari; si uero subs-
G 60 truc|tionibus et maceriis finientur agri, uidere quales subs-
tructiones et maceriae, quoniam quidam congestionibus

---

1. obliq. *B*. || 2. a finibus ... 4. tamen quae *om B*. || 7. ex *B*, de *G*.
8. laborant *G*. || 9. communem *B*, commune *G*. || 10. uidebitur *G*. ||
num *Goesius*, nam *BG*. || 11. obserbabuntur *B*. || qui proprias *G*. ||
12. sui *G*, ut *B*. || 14. extra fossam solent relinquere et extra fossam
(fossa *P*) eos positos *G*. || ponitos *B*. || et soli *B*, ex soli *G*. || 15.
parte discernant *G*. || 16. *an* et eae in? || 18. propter quod in alii si-
cut quid in aliis generibus finitio *B*. || 20. etenim] *fortasse* est enim
iustum. || 21. fines *P*, finis *G. margo P* Si consuetudo est regioni
terminibus aliisque signis fines obseruari, non cito fossae finalis ob-
seruari debere. || 24. quidem *G*.

lapidum, ripis, substructionibus, terras, ne dilabantur, ex- G
cipiunt. ita si ad tutelam terrarum extruantur, uidendum
an et finitiones praestare debeant. nam quidam transuer-
sas et obliquas macerias ripis substructionibus factas uolunt uideri finales. quod ex ipsa facie aliquando intelle- 5
gitur, si [enim] proprias quis faciat in terris suis ad sus-
tinendos seruandosque agros suos, non posse eas esse
finales. nam quaedam, quae fines praestant, maiori opere
extructae inueniuntur quam eae quae priuatae sunt. nihilo minus et in hoc genere finitionum consuetudines re- 10
gionum intuendae erunt. sed et ex ipsorum locorum natura aliquando aliquid colligi potest. si enim non expe-
tent terrae quarum sustinendarum causa uideatur maceria
esse facta, poterit finalis uideri. sed in planis locis si
saxuosus sit ager, repurgatur, et ex congestione maceriae 15
fiunt. ita et ex ipsius loci qualitate aliquid colligi potest.
si enim non sit ager saxuosus, cuius repurgandi causa
congestio in speciem maceriae facta uideatur, poterit uideri finalis. ergo, ut saepe diximus, quaedam ex consuetudine regionum, quaedam ex natura loci colligi possunt. 20

　　Nam et de fossis idem sentimus. si enim non sit
necessitas agri siccandi nec in uicinis fossae inueniantur,
possunt uideri finales, non interuenientibus qualitatibus
quibus ambigantur secundum regionum consuetudinem esse
finales. sed si in regione non sit consuetudo fossis finem 25
obseruari, ea ergo quae quasi nouum exemplum afferre
uidebuntur, intuendum utrum ex necessitate loci agros
siccent an finem praestent.

　　Macheriae quoque, et quae ex congestione lapidum
fiunt et quae manu instruuntur, non semper | aut terra- G 61

---

9. ᵇeae G. ‖ 11. natura *Turnebus, om GP.* ‖ 12. non extent *Goesius.* ‖ 15. saxuosis fit G. ‖ 23. qualitatibus] quae erunt uiis G. ‖
24. ambigatur G.

G rum excipiendarum causa aut repurgàndi agri aut finem
praestandi fiunt. aliquando enim per magnum spatium aut
uiuaria aut pomaria aut uineas aut oliueta aut arbusta
maceriis supra dictis includunt et ab incursionibus besti-
5 arum defendunt. ita diligenter omnia exquiri debebunt,
ne qua ratione fallamur.

Riuis si fines obseruabuntur, qui non semper singulorum agrorum extremitates ambire possuut, sed per aliquod spatium lateribus quibusdam possessionum finem
10 praestare, intuendum erit an sit consuetudo ultro citroque riuorum aliquas partes agrorum possideri ab his qui
trans riuum contrarios agros habebunt. quidam enim riui
ab origine, id est a capite, donec in mare defluant, fines
possessionibus praestant: quidam uero ultro citroque trans-
15 mittunt possessores. quod ipsud requirendum erit numquid in consuetudine regionum sit. comperimus enim quibusdam locis per omnem tractum riui finem aliquas particulas agrorum ab eis qui contrarios trans riuum habent
agros emptas iunctasque eis agris qui riuo finirentur.
20 quod ipsud non debet nocere exemplo, quoniam emptae
particulae aliis agris iungantur. ita transeundi riui non
debet haec condicio confundere possessores. quod etiam
in fossarum condicione euenire potest, itemque uiarum.

Riuus autem quotiens finem facit, appellatur RIVO
25 RECTO [curuoque]. qui si alicuius terras minutatim ex alia
parte abstrahat et alii contrario relinquat, quod uocant
abluuionem et alluuionem, repetitio finium non datur:
inducit enim necessitatem riparum tuendarum. quod iuste

---

3. pomeria *P.* ‖ 13. in mari *G.* ‖ 15. numquid] anquod *G.* ‖ 17. finalem *Goesius.* ‖ 19. emptos iunctosque *G.* ‖ 22. possessiones *Goesius.*
24. *N. Heinsius ad Silium* xiii,4, *non recte* ripae rectae curuae-
que. ‖ 25. qui si *P*, quisi *per rasuram ex* quasi *factum G.* ‖ 27.
alluuionem et alluuionum *G.* ‖ non datur] addatur *G.* ‖ 28. indicit *G.*

uidetur prospectum, ut terrae possessoribus saluae sint, *G*
etiam publicae utilitatis causa. | quod si ui tempestatum *G*62
riui torrentes subito alueum cursumque mutent, iustum,
ut nostra fert opinio, erit ut aluei ueteris fines suos quisque obtineat.   5

In aliquibus regionibus ita fines inter possessores
ordinati sunt, ut rigores durent per longum tractum: in-
cidentesque in uiis aut riuis aut in substructionibus aut
rigoribus aliisque finitionum generibus deficient supra
dicti rigores: inde in quo inciderint genere fines obser-   10
uabuntur, donec et illud ipsud genus aliquo incidat quo
finiantur agri. ergo et rigores et uiae et riui et substruc-
tiones alii aliis incidentibus inter se inuicem succedunt.
nam et in ipsis generibus sicubi coxae sunt, terminos
inuenimus frequenter. sed et petras naturales, quae in   15
finibus incidunt, saepe notatas iuuenimus.

Omnia autem finitionum genera quae in occupatoriis
agris uidentur inueniri posse, in quaestoriis et diuisis et
assignatis agris frequenter inueniuntur, quoniam emendo
uendendoque aut cambiando mutuandoque similia finiti-   20
onum genera inueniri possunt. sed et unius agri extremitas potest multis finiri generibus, cum ex uno latere
fiuiatur terminis, ex alio arboribus, ex alio supercilio, ex
alio riuo, quaeque alia obseruabilia in finibus sunt. ita
non uno genere, quasi lege data, fines obseruabuntur.   25
quae etiam in omnibus agrorum condicionibus euenire
possunt.

2. si *om G.* ‖ uim *G.* ‖ 3. torrentis *P.* ‖ alueo cursuque munientes.
tam ut *G*, alueum cursumque mutent iustius est tam ut *Cuiacius.* ‖
7. incedentesque *G.* ‖ 8. in structionibus *GP.* ‖ 9. definient *G*, deficiant *Goesius.* ‖ 10. incederint *G.* ‖ 11. aliquod incedat *G.* ‖ 13. in-
cedentibus *G.* ‖ 16. incedunt *G.* ‖ 20. mutandoque *G.* ‖ 23. ex *post*
arboribus *om GP.*

G   Illud uero inuenimus aliquibus locis, ut inter arua
uicini arguantur confundere fines, eoque usque aratrum
perducere ut in finibus solidum marginem non relinquant,
quo discerni possint fines.

5   Praeterea et in multis regionibus comperimus quosdam possessores non continuas habere terras, sed parti-
G63 culas quasdam | in diuersis locis, interuenientibus conplu-
rium possessionibus; propter quod etiam complures uicinales uiae sint, ut unus quisque possit ad particulas suas
10 iure peruenire. sed et de uiarum condicionibus locuti
sumus. quorundam agri seruitutem possessoribus ad particulas suas eundi redeundique praestant. quorundam etiam
uicinorum aliquas siluas quasi publicas, immo proprias
quasi uicinorum, esse comperimus, nec quemquam in eis
15 cedendi pascendique ius habere nisi uicinos quorum sint;
ad quas itinera saepe, ut supra diximus, per alienos agros
dantur.

Sed et in uineis aliisque culturarum generibus simile
quid inueniatur. si enim duo possessores extremis finibus
20 uineas habent, cum fodiunt, finem solidum relinquunt.
nam et signa defodiunt [propter questorios agros].

DE QVESTORIIS AGRIS.

Quaestorii dicuntur agri quos ex hoste captos p. R.
per quaestores uendidit. hi autem limitibus institutis la-
25 terculis quinquagenum iugerum effectis uenierunt. quem
modum decem actus in quadratum per limites demensi
efficiunt; unde etiam limites decumani sunt dicti.

Horum uero agrorum paene iam obliterata sunt signa:

2. arciantur G. ‖ 3. solidum P, solidem G. ‖ 7. complurimum (conpl.
hicP) possessoribus G. correxit Goesius. ‖ 10. loquuti P. ‖ 11. agris
G. ‖ 16. ad qui sint intra saepe G. correxit Rigaltius. ‖ 18. Haec
ad superiora pertinent uersu 4. ‖ 19. immo inuenitur. ‖ 20. uias
G. ‖ 28. paene P, pene G. ‖ obliterata, sic G.

nam aliquibus locis etiam lapides qui in limitibus denis *G*
actibus emensis positi erant interciderunt, et limites ipsi,
id est rigores, non parentibus lapidibus difficile inueniuntur. paene iam itaque fit ut ad occupatoriam condicionem recidant. in quibus alia similia in finibus obserua-   5
buntur.

Limites autem ab liminibus uocabula acceperunt;
quoniam limina introitus exitusque locis praestant, limites
agris similiter introitus exitusque. qui in agris diuisis et
assignatis, semper peruii esse debebunt tam itineribus   10
quam et mensuris agendis. cum ergo omnes limites a men-
sura | denum actuum decimani dicti sint, hi qui orientem *G*64
occidentemque intuentur, qui meridianum et septentrionem
tenent, unum uocabulum illis erat: decumanum nuncupabant matutini et uespertini et meridiani et septentrionis   15
[cardinem]. alii uero ob regionum positionem et naturam
appellauerunt maritimos et montanos. postea uero cum
agri diuiderentur et assignarentur, decimani quidem uocabulum permansit, ut hi qui orientem occidentemque intuentur decimani dicerentur: hi uero qui meridianum et   20
septentrionem, quoniam cardinem mundi tenerent, cardines sunt appellati.

Et omnes limites dirimunt agros centuriasque desig-
nant. qui, ut supra diximus, in agris diuisis et assignatis
semper peruii esse debebunt et itineribus et mensuris agendis.   25

Centuriis, quarum mentionem nunc facimus, uocabulum datum est ex eo. cum antiqui [Romanorum] agrum
ex hoste captum uictori populo per bina iugera partiti
sunt, centenis hominibus ducentena iugera dederunt: et
ex hoc facto centuria iuste appellata est.   30

1. denis *Goesius*, de nouis *G.* ‖ 2. emensi *G.* ‖ 4. ut occupatoria conditione recedant *G.* ‖ 5. *fortasse* in quibus alea simili ut arcifiniis
obseruabuntur limites. ‖ 10. tam oneribus *GP.* ‖ 16. a°b *G.* ‖ 27. *fortasse* ex eo, quod cum.

G   Ergo in questoriis agris adhuc in regionibus quibusdam manentibus lapidibus, quibus limites inueniri possunt,
aliqua uestigia reseruant. sed, ut supra diximus, emendo
uendendoque aliquas particulas ita confuderunt possesso-
5 res, ut ad occupatoriorum condicionem reciderint. tamen,
ut supra diximus, in aliquibus et lapides et rigores aliqui
inueniuntur et fines praestant.

DE DIVISIS ET ASSIGNATIS.

Diuisi et assignati agri non unius sunt condicionis.
10 nam et diuiduntur sine assignatione, et redduntur sine diuisione. diuiduntur ergo agri limitibus institutis per centurias, assignantur uiritim nominibus.

G 65   Ergo agrorum diuisorum, qui institutis limitibus | di-
uisi sunt, formae uarias appellationes accipiunt. quidam
15 arbores finales, alii in aenis, alii in membranis scripserunt.
et quamuis una res sit forma, alii dicunt perticam, alii
centuriationem, alii metationem, alii limitationem, alii can-
cellationem, alii typon, quod, ut supra diximus, una res
est, forma. quidam formas, quorum mentio habita est, in
20 aere scalpserunt, id est in aereis tabulis scripserunt. hi
tamen quidquid instituerunt curandum erit ut fide aestime-
tur, nequis uoluntario finem proferat. illa tantum fides
uideatur quae aereis tabulis manifestata est. quod siquis
contra dicat, sanctuarium Caesaris respici solet. omnium
25 enim agrorum et diuisorum et assignatorum formas, sed
et diuisionem et commentarios, et principatus in sanctuario

2. Fusos limites uel signa finalia dicit *margo P.* ‖ 3. *potius* reseruan-
tur *uel* restant. ‖ 5. condicione *P.* ‖ recederint *GP.* ‖ 9. non *Rigaltius, om G.* ‖ conditiones *pr G.* ‖ 15. *puto* arboreis tabulis. ‖ in ue-
nis *GP. margo P* alii in aenis, alii in membris, id est alii in aere,
alii in membranis, hoc est in mappa uel in codicibus depinxe-
runt. ‖ in membris *GP.* ‖ 19. quorum, *sic G.* ‖ 21. quidquid *P,* quicquid *G.* ‖ 22. *immo* fidem proterat aut illa tantum. ‖ 26. *fortasse*
descriptionem et. *Rigaltius* diuisionum. ‖ commentarius *G.*

habet. qualescumque enim formae fuerint, si ambigatur *G*
de earum fide, ad sanctuarium principis reuertendum erit.

Causam autem diuidendorum agrorum bella fecerunt.
captus enim ager ex hoste uictori militi ueteranoque [est]
assignatus hostibus pulsis aequalis in modo manipuli datus 5
est. nec tamen omnibus personis uictis ablati sunt agri:
nam quorundam dignitas aut gratia aut amicitia uictorem
ducem mouit ut eis concederet agros suos. itaque limitibus actis cum centuriae exigerentur, eorum, quorum nomina continent, agri notabantur, quantum in quaque cen- 10
turia haberent. inscriptiones itaque in centuriis sunt tales.
DEXTRA aut SINISTRA DECIMANVM TOTVM, VLTRA CITRAVE
CARDINEM TOTVM, ASSIGNATVM ILLI TANTVM. inde subscriptum est nomen cui concessum est, inscriptione tali, RED-
DITVM ILLI TANTVM. preterea scriptum est et REDDITVM 15
ET COMMVTATVM PRO SVO; quod ideo fit, quoniam particulas quasdam agrorum in diuersis locis habentes duo qui-
bus | agri reddebantur, ut continuam possessionem habe- *G*66
rent, modum pro modo secundum bonitatem taxabant:
[et] in locum eius quod in diuerso erat maiorem partem 20
accepit itaque, sicut supra diximus, qui hanc inscriptionem
accepit, id est REDDITVM COMMVTATVM PRO SVO.

Inscriptiones ergo diligenti cura intuendae erunt, ut
sciamus quantum dati assignati sit, quantum redditi, et
quantum commutati. qua computatione facta quanto mi- 25
nus fuerit quam centuriae modus esse debet, subseciuum
uocatur. subseciuorum uero genera sunt duo. unum est
quod a subsecante linea mensura quadratum excedet. alterum est autem quod subsecantis assignationes lineae
etiam in mediis centuriis relinquetur. euenit hoc autem 30

8. ut ei *G*. ‖ 9. eximerentur *G. correxit Rigaltius*. ‖ 12. citraque
G. ‖ 13. subscriptum *G*, suscriptum *P*. ‖ 19. modum pro modum
GP. ‖ 24. sint *GP*. ‖ 28. 29. *sic G*.

G ideo quoniam militi ueteranoque cultura assignatur: siquid enim amari et incerti soli est, id assignatione non
datur.

Inscriptiones in centuriis frequenter inuenimus tales,
5 DATVM ASSIGNATVM singulis personis certum modum, aliquando uero compluribus unum modum. de qua re diligenter inquirendum erit utrum aequaliter modus ille pluribus ascriptus diuidi debeat, an aliquibus personis et
alicui plus debeatur. non enim omnibus aequaliter datus,
10 sed et secundum gradum militiae et modus est datus.
manipulus ergo singulas acceptas accipient, aliqui gradus
singulas et dimidias, aliqui binas. pluribus ergo, ut supra diximus, personis inaequaliter assignatur modus. sed
nec singulis acceptis modi per omnes regiones aequalitas
15 est: nam secundum bonitatem agrorum computatione facta
acceptas partiti sunt, melioris itaque agri minorem modum
acceperunt.

Ergo acceptiones in centuriis, ut coeperamus, expli-
candae sunt. diximus enim ASSIGNATVM compluribus ali-
20 quando unum modum adscribi: sed et REDDITVM SVVM
G 67 | aliquando pluribus personis unus modus adscribitur.
quae an aliquando inaequaliter partiri debeant, inde colligere poterimus, ut respiciamus professiones: si enim quibus agri sui reddantur, iussi professi sunt quantum mo-
25 dum quoque loco possiderent. praeterea inuenimus subscriptiones tales, ut DATVM ASSIGNATVM adscriptum sit,
subiectum REDDITVM SVVM uni aut duobus pluribusue personis, et modus nullus adscriptus; quod, ut nostra fert

---

1. siquidem amari *GP*. ‖ 8. diuidi debeat *Goesius*, diuidebat *GP*. ‖
9. cui *Goesius*. ‖ 10. gradum *Rigaltius, om G.* ‖ 11. *rectius* ma-
nipulares. ‖ 13. aequaliter *G.* ‖ 14. modis per *G.* ‖ 16. meliores *G.* ‖
22. quaedam aliquando aliter partiri *G.* ‖ 24. agris uiae *G.* ‖ 25.
subscriptiones *G.* ‖ 26. ut *om G.* ‖ 27. pluribusque *G.* ‖ 28. et] est
G. ‖ ut *om G.*

opinio, quod datum assignatum, computatum sit: reliquum G
quicquid erit ex centuria, eius eorumue erit quorum nomina sine modo inueniuntur. aliquando integras plenas-
que centurias binas pluresue continuas uni nomini reddi-
tas inuenimus; ex quo intellegitur REDDITVM SVVM, LATI 5
FVNDI: hi per continuationem seruantur centuriis.

Inscribuntur quaedam EXCEPTA, quae aut sibi reseruauit auctor diuisionis et assignationis, aut alii concessit.
inscribuntur et COMPASCVA; quod est genus quasi subseciuorum, siue loca quae proximi quique uicini, id est qui 10
ea contingunt, pascua .... illud uero ...... auctores diuisionis assignationisque leges quasdam colonis describunt,
ut qui agri delubris sepulcbrisue publicisque solis, itineris uiae actus ambitus ductusque aquarum, quae publicis
utilitatibus seruierint ad id usque tempus quo agri diui- 15
siones fierent, in eadem condicione essent qua ante fuerant, nec quicquam utilitatibus publicis derogauerunt.

In quibusdam regionibus fluminum modus assignationi
cessit, in quibusdam uero tamquam subseciuus relictus
est, aliis autem exceptus inscriptumque FLVMINI ILLI TAN- 20
TVM. ut in Pisaurensi comperimus DATVM ASSIGNATVMQVE
ut VETERANO, deinde REDDITVM SVVM VETERI POSSESSORI,
FLVMINI PISAVRO TANTVM, IN QVO ALVEVS; deinceps et ul-
tra ripas aliquando adscrip|tum modum per omnes centu- G 68
rias per quas id flumen decurreret. quod factum auctor 25
diuisionis assignationisque iustissime prospexit: subitis enim
uiolentisque imbribus excedens ripas defluet, quoad etiam

---

1. reliquum *Turnebus:* reliquo hominum *G.* ‖ 6. hi *om G.* ‖ 7. Dicit aliquid se seruasse sibi agri auctorem diuisionis *margo P.* ‖ 11.
*Hyginus p.*120,12 illud uero obseruandum, quod semper auctores.
‖ 13. ut] et *G.* ‖ itineris] *puto* item. ‖ 15. ad it *G.* ‖ diuisioni *G.* ‖
16. ante *Turnebus,* inter *G.* ‖ 21. in pisaurensi *G.* ‖ 23. IN QVO] ne
quo *G.* ‖ 25. id] in *G.* ‖ decurret *G.* ‖ 27. *potius* diffluet. ‖ quoad
Goesius, quod *G.*

G ultra modum sibi adscriptum egrediatur uicinorumque ue-
xet terras. cum ergo possessores hoc incommodum patiantur adsiduitate tempestatum, contentoque flumine alueo
ripisque suis aequum uideatur iniuriam passos subsequi
5 terras usque ad alueum fluminis, has tamen terras Pisaurenses publice uendiderunt, quas credendum est proximos
quosque contingentes eas emisse uicinos.

    Limitum quoque modus in quibusdam regionibus per
amplum spatium exceptus est, in quibusdam uero modo
10 assignationis cessit. ergo centuriae limitibus clausae: qui
a limitationibus excipiuntur, a prescripta lege latitudine
actae incipiant mensurae oportet [et] centuriarum: in his
quibus non excipiuntur, [ad prescripta lege latitudinis] ab
linea mensurali per limitem omnis modus in mensuram
15 centuriae cadit. qui tamen, ut supra diximus, semper itineribus et mensuris agendis peruii oportet ut sint. spatium autem, intra quod sors uersari debeat, quasi digna-
tiones dat: decimano uero et cardini maximis maximus latitudinis modus prescribi debet, deinde quintam quamque
20 centuriam includenti per decimanos cardinesque; qui cum
uiginti et quinque centurias includant, saltus appellatur.
quibusdam regionibus, cum in ipsis incidant uillis, portas
domini uillarum faciunt ianuasque inponunt et seruos huic
negotio ad transmittendum populum applicant, quoniam
25 utilissimum iter populo seruari debeat. datur autem ita
G 69 a possessoribus, ut limites occurrent; hac tamen | condi-
cione, ut si uillae in limitibus positae sint, id est limites

---

1. uicinorumque *P*, uinorumque *G.* ‖ 3. contemptoque *G.* ‖ 4. passus
G. ‖ 10. *praestat* clausae sunt: qui si. ‖ 11. a limitibus *G.* ‖ a prescripta lege latitudinis datae *G.* ‖ 15. semper in itineribus mensuris
G. ‖ 20. includens *G. correxit Goesius.* ‖ cardines quaecum *G. cor-*
rexit Goesius. ‖ 22. incedant *G.* ‖ 25. ita] uia *G.* ‖ 26. ut similes
occupent *G.* ‖ 27. si ille *G. correxit Rigaltius.*

in quibus incidunt, reddant per agros suos iter populo, *G*
dum non deterius quam per uillas transeant. sed quaedam ita positae sunt, ut quantumcumque de limite deflec-
tere uelint, incommodum iter patiantur: ita necessario per
ipsas transeunt uillas. limitem autem non puto quemquam **5**
occupare debere colendo, ut per agrum iter reddere mal-
let: alioquin deflexus illi, qui de limite detorquentur,
multo maiorem occupant modum.

Centuriae autem non per omnes regiones ducenta
iugera obtinent, in quibusdam ducentena dena, quadragena. **10**
ita diligenti cura et haec erunt respicienda; quoniam et
limitum non aequale spatium inter lapides sit oportet, si
amplius quam ducentena iugera centuriae habent. ut puta
si habet centuria iugera ccxl, sint oportet per decimanum
aut cardinem ab lapide ad lapidem actus xxiiii, et per **15**
alterum limitem actus xx: tot enim actus numerum per
decimanum ac per cardinem datos inter se multiplicatos facient ccccLxxx. itaque diligenter id scrutandum, quanta
per decimanum et quanta per cardinem spatia inter lapides obseruari debeant. comperimus in quibusdam perticis **20**
cum centuriae ducenta iugera haberent, non uiginti actus
aequaliter per limites inter lapides datos; in Beneuentano
actus uiginti quinque per decimanos, et actus sedecim per
cardines; qua mensura iugera ducenta quidem includuntur,
centuriae quadratae non exprimuntur.   **25**

Illud praeterea, comperimus, deficiente numero militum ueteranorum agro qui territorio eius loci continetur
in quo ueterani milites deducebantur, sumptos agros ex
uicinis territoriis diuisisse et assignasse; horum etiam agro-
rum, qui ex uicinis populis | sumpti sunt, proprias factas *G*70

---

1. incedunt dant per *G*. ‖ 2. per illas *G*. ‖ 10. *post* dena *add* inuenimus *P*. ‖ 12. aequalem *P*. ‖ 14. sint] sit *G*. ‖ 15. a^db lapidem *G*. ‖
16. tot] aut tot *G*. ‖ *immo* actuum numeri … dati … multiplicati. ‖
21. centuria *G*. ‖ 23. decimanas *G*. ‖ 27. agrum *G*.

G esse formas. id est suis limitibus quaeque regio diuisa
est, et non ab uno puncto omnes limites acti sunt, sed,
ut supra dictum est, suam quaeque regio formam habet.
quae singulae praefecture appellantur ideo quoniam sin-
5 gularum regionum diuisiones aliis prefecerunt, uel ex eo
quod in diuersis regionibus magistratus coloniarum iuris
dictionem mittere soliti sunt. ac tamen omnes quarum
coloniarum ciues acceperunt, eius perticae appellabuntur:
ergo praefectura illa dicitur cuius territorio ager sumptus
10 fuerit, pertica illa tamquam colonia ubi ciuis deductus
fuerit. nec tamen semper uniuersa territoria, quotiens
ager coloniae deficit, uicinis auferuntur, sed solum quod
assignare necesse fuit; quod ipsum legis prescriptio declarat. aliquando uero in limitationibus si ager etiam ex
15 uicinis territoriis sumptus non suffecisset, et auctor diuisionis assignationisque quosdam ciues coloniis dare uelit
et agros eis assignare, uoluntatem suam edicit commentariis aut in formis extra limitationem, MONTE ILLO, PAGO
ILLO, ILLI IVGERA TOT, aut ILLI AGRVM ILLVM, QVI FVIT IL-
20 LIVS. hoc ergo genus fuit assignationis siue diuisione;
quoniam, ut supra dictum est, agri diuiduntur limitibus
structis per centurias, assignantur uiritim nominibus. sunt
uero diuisi nec assignati, ut etiam in aliquibus regionibus
comperimus, quibus, ut supra diximus, redditi sunt agri:
25 iussi professi sunt quantum quoque loco possiderent. aliquibus uero ita contigit ut iussi aestimatione facta pro-
fiterentur; quibus secundum aestimationem pecunia data

2. acti *Goesius*, facti *G*. ‖ 3. sua quaeque *G*. ‖ 5. alii preferunt *G*. ‖
6. ad iuris dictionem *Rigaltius*. ‖ 10. perticam illam tamquam coloniam illam *G*. ‖ 14. inlimitatibus (inlimitatus *P*) ager *G*. ‖ 16. colonis *G*. ‖ 17. et *om G*. ‖ eos *G*. ‖ noluntate suae dictis (sua edictis
P) commentariis *G*. ‖ 27. pecunia] quoniam *GP*, commutatio *Rigaltius*, solutio *Goesius*.

est, pulsique agris suis sunt, ueteranusque uictor eo de- G
ductus est.

Illud uero quod saepe respicimus, quod similitudines
culturarum comparemus, | potest quidem fieri ut similis G 71
conuenientisque culturae etsi sit una facies, plures tamen 5
domini. nam cum pulsi sunt populi potestatique qui lo-
cupletiorum fuissent lati fundi, in cuius agro fuissent plures personae, his diuisus et assignatus est. ita quam ille
habuerit culturae faciem, quem plures domini acceperunt,
erit quidem inter plures similis facies, tamen quisque 10
suum secundum acceptas habere debebit. item contrario
euenit ut quod pluribus assignatum est ad unum perueniat
dominum, et quamuis dissimiles sint culturae, ut etiam finitiones appareant quae erant inter eos [id est] quibus assignati erant agri, tamen [quoniam], ut saepe inuenimus, 15
uni foco territoria complurium acceptarum adtribuantur.
nihil ergo nocere debebunt uarietates et similitudines culturarum; ex quibus, ut nostra fert opinio, nascuntur saepe
controuersiae: et aes respicitur, id est quas quique acceptas defendant, quibusque personis redditum aut com- 20
mutatum sit pro suo.

Saepe etiam unius eiusdemque nominis duo domini
acceptam sibi defendunt. quae res quamuis sit confusa,
tamen modus minor in possessione maiorem modum sequitur. aliquando autem monumenta eorum quibus assig- 25
nati sunt agri, aut uocabula uillarum agrorumque, quamuis iusta uidentur, tamen, ut supra et saepe commemora-

4. similes conuenientesque G. ‖ 5. sit om G. ‖ 6. *fortasse* partitique.
‖ qui om G. ‖ 7. *fortasse* agrum. *ita* p. 153 B in culta loca quae in
centurias erant; p. 77 A quod sint in omnes partes actus bini in hunc
modum. ‖ 8. hic G. ‖ et] ut G. ‖ quam] quamuis G. ‖ 9. quem]
quam G. ‖ 13. quamuis] quam G. ‖ 16. unifi°co G. ‖ complurimum
G. ‖ 17. et dissimilitudines G. ‖ 19. *malim* respicietur. ‖ 22. hominis G.

11

G uimus, potuerunt aliquando aliqui aliquem numerum, id
est aliquantas particulas, remisisse aut uendidisse.

·Euenit aliquando, ut in Nolano comperimus, idemque
... diuisio non ab uno puncto concessit, sed ex diuersis
5 limitibus, qui oblique inter se concurrunt. ergo uidendum
est qua significantia linearum regio dinosci possit, ut intelligi possit DEXTRA aut SINISTRA DECIMANVM DEXTERIO-
G 72 REM, aut DEXTRA | aut SINISTRA DECIMANVM SINISTERIOREM.

Praeterea dicuntur et aes miscellum ita eueniunt ut
10 qui a diuo Iulio deducti erant, temporibus Augusti militiam repetissent, consumptisque bellis uictores terras suas
repetierunt: in locum tamen defunctorum alii agros acceperunt. ex quo fit ut his centuriis inueniantur et eorum
nomina qui deducti erant, et eorum qui postea in locum
15 successerunt. quod tamen hac suspicione nos inuenimus
sic esse. cum data assignata nos computaremus, et excederent centuriae modum, reuersi ad originem primam assignationis inuenimus postea adiecta esse nomina in hac
condicione qua supra opinati sumus.

20 Subseciuorum mentio repetenda est. auctores enim
diuisionis assignationisque aliquando subseciua rebus publicis coloniarum concesserunt: aliquando in condicione
illorum remanserunt. quae quidam [id est coloni] sibi do-
nata uendiderunt, aliqui uectigalibus proximis quibusque
25 adscripserunt, alii per singula lustra locare soliti per mancipes reditus percipiunt, alii in plures annos. quae ex
monumentis publicis cognosci possunt.

Collegia sacerdotum itemque uirgines habent agros
et territoria quaedam etiam determinata et quaedam ali-

---

4. *immo* processit. ‖ ex] et *G*. ‖ 6. linearum] quarum *G*. ‖ intelligi,
sic G. ‖ 9. *post* et *superscriptum* z *rec P*. ‖ 16. esse *om G*. ‖ 17.
reuerti *G*. ‖ 20. enim *Goesius*, finem *GP*. ‖ 21. res publica *GP*. ‖
26. reditos *GP*. ‖ 28. item quos *G*.

quibus sacris dedicata, in eis etiam lucos, in quibusdam *G*
etiam aedes templaque. quos agros quasue territoriorum
formas aliquotiens comperimus extremis finibus conprehen-
sas sine ulla mensurali linea, modum tamen inesse scriptum.

Praeterea cum ex aliis territoriis ager sumptus est, **5**
et subseciua et uacuae centuriae, quae in assignationem
non ceciderant, redditae sunt | eis ex quorum territorio *G 73*
agri sumpti erant. quae et ipsi aut uendiderunt aut uectigalibus subiecta habuerunt; sicut et aliarum rerum pub-
licarum comperimus, ut supra commemorauimus. non **10**
enim omnis ager centuriatus in assignationem cecidit, sed
et multa uacua relicta sunt. quorum ea condicio est
quae subseciuorum. de quibus Domitianus finem statuit,
id est possessoribus ea concessit.

Subseciuorum diximus hanc condicionem esse factam, **15**
quod siluae et loca aspera in assignationem non uenerunt. comperimus uero in aliquibus regionibus et pascua
et siluas assignatas esse, adscriptumque in formis ita, ILLI
[ET ILLE TOT] SILVAS ET PASCVA, IVGERA TOT.

Territoria inter ciuitates, id est inter municipia et **20**
colonias et prefecturas, alia fluminibus finiuntur, alia summis montium iugis ac diuergiis aquarum, alia etiam lapí-
dibus positis presignibus, qui a priuatorum terminorum
forma differunt: alia etiam inter binas colonias limitibus
perpetuis diriguntur. de quibus, id est territoriis, si **25**
quando quaestio mouetur, respiciuntur leges ciuitatibus
datae, id est coloniis municipiisque et prefecturis. nam
inuenimus saepe in publicis instrumentis significanter des-

---

2. quas ueteritoriorum *G.* ‖ 3. finibus] ⸗ (*id est* alibi) lineis *margo*
P. ‖ 4. inesse] *fortasse* in aes *uel* in aere. ‖ 9. subiectum *G.* ‖ 11.
caecidit *GP.* ‖ 12. quarum *GP.* ‖ 19. ILLI SILVAS ET PASCVA, IV-
GERA TOT, et ILLE TOT. *Rudorffius.* ‖ 22. aliae etiam *GP.* ‖ 26.
quaestio *G.* ‖ ciuibus *G.*

G cripta territoria: uocabulis enim aliquorum locorum con-
prehensis incipiunt ambire territoria.

Illud uero quod compertum est, pluribus municipiis
ita fines datos, ut cum pulsi essent populi, [et] deduce-
5 rentur coloni in unam aliquam electam ciuitatem, multis,
ut supra et saepe commemorauimus, erepta sunt territoria, et diuisi sunt complurium municipiorum agri, et una
*G*74 limita|tione conprehensa sunt: facta est pertica omnis,
id est omnium territoriorum, coloniae eius in qua coloni
10 deducti sunt. ergo fit ut plura territoria confusa unam
faciem limitationis accipiant. aliquibus uero auctores diuisionis reliquerunt aliquid agri eis quibus abstulerunt,
quatinus haberent iuris dictionem: aliquos intra muros
cohibuerunt. itaque, ut frequenter nimis diximus, leges
15 datae coloniis municipiisque intuendae erunt. nam et compluribus locis certos dederunt fines, intra quos iuris dictionem habere deberent. cum non potuerit uniuersus ager
in assignationem cadere propter aut asperitatem locorum
aut prerupta montium, quamuis excederent fines lege da-
20 tos, tamen, quoniam uacabant, concessi sunt his quorum
finibus sumpti erant, nec tamen iuris dictio concessa est.
saepe etiam r. p. ager donatus est. si quando tamen, ut
supra diximus, quaestio de his moueatur, leges coloniarum aut municipiorum respiciendae erunt.

25   Sed et pagi saepe significanter finiuntur. de quibus
non puto quaestionem futuram, quorum territoriorum ipsi
pagi sint, sed quatinus territoria. quod tamen intellegi
potest uel ex hoc, magistri pagorum quod pagos lustrare

---

5. coloniae *G*. ‖ 7. complurimum *G*. ‖ 9. territoriorum *P*, territorium
G. ‖ colonia deducti *G*. ‖ 10. una *G*. ‖ 11. aliquando *Goesius*. ‖ 12.
agris eis *GP*. *fortasse* agri, id est. ‖ 14. nimis] inuenimus *GP*. ‖
15. cumpluribus *G*. ‖ 20. *usitatius* ex quorum. ‖ 22. tamen] tantum
G. ‖ 23. quaestio *G*. ‖ 24. aut *G*, ac *P*. ‖ 25. significantur *G*. ‖ 26.
et p. 165,2 quaestionem *G*. ‖ 27. *clarius* territoria eorum.

soliti sunt; uti trahamus quatinus lustrarent. si uero de G
ipsis pagis quaestionem quis moueat, amplae rei negotium
mouebitur. respiciendum tamen, ut saepe diximus, a quibus ex utrimque locantur. nam et quotiens militi preter-
eunti aliiue cui comitatui annona publica prestanda est, 5
si ligna aut stramenta deportanda, quaerendum quae ciui-
tates quibus pagis huius modi munera prebere | solitae G 75
sint. praeterea et regiones solent etiam diuersa sacra facere: ita uidendum erit qualiter pagi sacra faciant.

Gracchanorum et Syllanorum limitationum mentio 10
habenda est. in quibusdam enim regionibus, ut opinamur,
isdem lapidibus limitibusque manentibus post assignationes
posteriores, duces facti sunt. quibusdam autem, limitibus
institutis, alii lapides sunt positi, etiam eis manentibus quos
Gracchani aut Syllani posuerunt. de qua re diligenter 15
intuendum erit, ut eos lapides eosque limites conprehen-
damus, qui postremo per auctores diuisionis positi sunt.

Preterea [cum] auctores assignationis diuisionisque,
non sufficientibus agris coloniarum, quos ex uicinis territoriis sumpsissent, [et] assignauerunt quidem futuris ci- 20
uibus coloniarum, sed iuris dictio eis agris qui assignati
sunt penes eos remansit ex quorum territorio sumpti
erant. quod ipsud diligenter intuendum erit et leges respiciendae.

1. *puto* ut intueamur quatinus lustrent. ‖ 3. saepe] *an* supra? *p.* 162,25
‖ a *om GP.* ‖ 4. ex utrimque *P*, ex utrioque *G.* preterea iuncti
alii. uel cui comitatus *GP. correxit Turnebus.* ‖ 9. pagis *GP.* ‖
10. limitationem *G.* ‖ 11. enim] etiam *G.* ‖ 13. duces] decus *uel* de-
cusses *Rigaltius.* ‖ 14. aliis, alii *Goesius.* ‖ 21. *Hyginus de con-
dic. p.* 119,9 ut eis agris - iuris dictio esset coloniae eius. ‖ 22. penes *Salmasius,* per *G.* ‖ 24. EXPLICIT SAECULI FLACCI LIBER *G.*

HYGINI
DE LIMITIBVS CONSTITVENDIS.

Inter omnes mensurarum ritus [siue actus] eminen-
tissima traditur limitum constitutio. est enim illi origo
5 caelestis et perpetua continuatio, cum quadam latitudine
recture diuidentibus ratio tractabilis, formarum pulcher
habitus, ipsorum etiam agrorum speciosa designatio. cons-
tituti enim limites non sine mundi ratione, | quoniam de-
cumani secundum solis decursum diriguntur, kardines a
10 poli axe. unde primum haec ratio mensure constituta ab
Etruscorum aruspicum [uel auctorum habet, quorum ar-
tificium] disciplina; | quod illi orbem terrarum in duas
partes secundum solis cursum diuiserunt, dextram appellauerunt quae septentrioni subiacebat, sinistram quae ad
15 meridianum terrae esset, ab oriente ad occasum, quod eo
sol et luna spectaret; alteram lineam duxerunt a meridiano in septentrionem, et a media ultra antica, citra pos-

---

1.2. INC HYGYNI CONSTITVTIO *A*, liber gromaticus hygyni. de diui-
sionib. agrorum explicit inc. lib. hygini. gromaticus *B* p. 207, IND.
KYGENI AVGVSTI LIBERTI DE LIMITIB. CONSTITUENDIS *G* p. 90,
DE LIMITIBUS CONSTITUENDIS *G* p. 203. ‖ 3. ritus aeminentissi-
ma *siue actu* *B*. ‖ 5. latitudinem *AB*. ‖ 6. recturesac *B*. ‖ diuidea. uos
ratio tractauilis *duabus litteris ante uos erasis A*. ‖ pulcher ei *B*.
‖ 7. etiā *A*, et *B*. ‖ constitui *A*. ‖ 8. rationem *A*. ‖ 9. *decursum
erasis litteris* de *A*. ‖ 10. axem *A*. ‖ au etruscorum haruspicum *B*.
‖ 11. *uncis inclusa per rasuram deleta A: sed ubi in B est* t.
quorū, *A tantum duas litteras habuit.* ‖ 13. secundum *bis A.* ‖
diueserunt *B*. ‖ 14. que *A*. ‖ que *A*. ‖ 15. esset *littera* t *transfixa
B*, esse *A*. ‖ ab oriente *addidi*. ‖ ad] et *B*, om *A*. ‖ occansum *B*.
16. solent luna spectare *B*. ‖ 17. in *A*, ad *B*. ‖ a mediam *A*. ‖ anticam *AB*. ‖ posticam *AB*.

tica nominauerunt. ex quo haec constitutio liminibus *AB*
templorum adscribitur. (fig. 127.)

Ab hoc exemplo antiqui mensuras agrorum normali- *G* 90. 203
bus longitudinibus incluserunt. primum duos limites cons-
tituerunt. unum, | qui ab oriente in occidentem dirigeret. *B* 210
hunc appellauerunt duodecimanum ideo quod terram in
duas partes diuidat | et ab eo omnis ager nominetur. al- *A* 112
terum a meridiano ad septentrionem; quem kardinem | no- *G* 204
minauerunt a mundi kardine. (fig. 128.)

Duodecimanum postea decimanum appellauerunt. quare 10
a decem potius quam a duobus? sicut dipundium nunc
dicimus duopondium, et quod dicebant antiqui duouiginti
nunc dicimus uiginti, similiter duodecimanus decimanus
est factus.

Reliquos limites fecerunt angustiores, et qui specta- 15
bant in | orientem prorsos, qui ad meridianum, transuer- *B* 211
sos appellauerunt. (fig. 129.) | limites autem appellati a limo. (*G* 204)
id est antiquo uerbo transuersi: nam | et limum cinctum *E* 35 *G* 91
ideo quod purpuram transuersam habeat, item limina os- *A* 113

1. liminibus (n *in litura*) *A*, limitibus *B*. ‖ 2. scribitur *B*. ‖ 3. Ab
hoc] Auoce *G p.* 203. ‖ exemlo *A*. ‖ mensores *AB*. ‖ normalis *GP*
utrobique. ‖ 5. in occidente *B*. ‖ diriget *B*, *om G p.* 203. ‖ 6. decimanum *G p.* 203 *ibique P*. ‖ 7. partes diuidant *B*, diuidat (diuideret *p.* 203) partes *G*. ‖ alterum limitem a *G p.* 203. ‖ 8. cardinem
G p. 203. ‖ 9. a] hoc est a *G p.* 204. ‖ cardine *G p.* 204, kardinem
ABG p. 90. ‖ 10. duocemanum *G p.* 204. ‖ decumanum *G p.* 204.
‖ quare] *add* decimanus *B*. ‖ ad decem *G p.* 90 *et P*. ‖ 11. ad duobus *BP*. ‖ dupundium *A*, duopondi *G*, duopundi *P*. ‖ 12. dupondium *G p.* 90 *et P*, de'pundium *p.* 204. *ubi* dupundium *P*. ‖ 13. duo-
cimanus *G p.* 204. ‖ decumanus *GP*. ‖ 15. fecerunt] uiginti erunt
B. ‖ 16. orientem dicebant *B*. ‖ prorsus *AB et G p.* 204. ‖ 17. au-
tem] *add* a limo *AE*. ‖ a lima *pr A*, a limo alii *B*, *om E*. ‖ 18. id
est] *add* ab *E*. ‖ et *G*, id *AB*, ad *E*. ‖ linum *E*. ‖ cinctum *G*, con-
clusum (conclusi *E*) hoc est concinctum *ABE. fortasse* cinctum,
hoc est consutum. *conf. Gaium* 3,193. ‖ 19. hostiorum *E*.

ABEG tiorum. postea et prorsos et transuersos limites appellauerunt a liminibus, quod per eos agrorum itinera seruentur. postea aput quosdam nomina a loci natura acceperunt, et qui ad mare spectant maritimi appellantur, qui
*B*₂₁₂*E*₃₆ ad montem, montani. (fig. 130.) | omnis ergo huius [mensu-
rae et] recturae longitudo rationaliter limes appellatur: nec
interest quicquam, decimanum aut limitem dicamus.

Decimanus autem primus maximus appellatur, item
kardo: nam latitudine ceteros praecedunt. alii limites sunt
10 actuarii, adque alii linearii. actuarius limes est qui primus actus est, [et] ab eo quintus quisque; quem si nume-
res cum primo, erit sextus, quoniam quinque centurias
*A*₁₁₄ sex limites cludunt. (fig. 131.) | reliqui medii limites linea-
*B*₂₁₃ rii appellantur, in Italia | subrunciui. actuarii autem, ex-
15 tra maximos decimanum et kardinem, habent latitudinem
ped. xii. per hos iter populo sicut per uiam publicam de-

1. et postea et *B*. ‖ prorsus *ABE*. ‖ transuersus *A*. ‖ 2. a limitibus
E. ‖ itenera *AE*. ‖ seruantur *G*. ‖ 3. aput quosdam *om E*. apud
G. ‖ a loci natura nomen acciperunt (acceperunt) *ABE*. ‖ 4. quia
ad *B*, quia *E*. ‖ marem *A*. ‖ spectabant *B*, expectant *EG*. ‖ maritimos qui ad *G*. ‖ 5. a monte *E*. ‖ montanos appellauerunt *G*. ‖ omnes
AB. ‖ mensurae et *om GP*. ‖ 6. rationabiliter *BE*, rationalis *G*. ‖
limis *A*. ‖ 7. quiquam *A*. ‖ decumanum *BG*. ‖ dicamus an limitem
G. ‖ 8. decumanus *G*. *sic saepe uariant*. ‖ autem *om E*. ‖ idem *GP*.
‖ 9. cardo *B*. ‖ nam *G*, suam *A*, sua *BE*. ‖ latitudinem *A*. ‖ ceteras *ABE*. ‖ praecedit *E*. ‖ Sunt alii limites *G*. ‖ sunt *om E*. ‖ 10.
quaestuarii *B*, *id est* quintarii. ‖ adque *B*, atque *E*, aquem *A*, *om G*. ‖
linearis *B*, liineales *A*, lineales *E*. ‖ actuarius est limes *G*. ‖ 11. et
om GP. ‖ quisquam quem *B*, quinquies in *E*. ‖ si *om BE*. ‖ numeris *BEP*. ‖ 12. cum primus *E*. ‖ quinque *om ABE*. ‖ centuriae
ABE. ‖ 13. senis limitibus *E*. ‖ cluduntur *A*, clauduntur *E et addito* Lineari. subrunciui subiunguntur *B*. ‖ linearii *om B*. ‖ 14. italiam (*rec* siciliam) subruncibi *A*, italia subrunciuis *E*: *add* subiuntur.
A, subiunguntur. *BE*. ‖ 15. maximum *B*. ‖ latitudinem habent *G*. ‖
16. duodecim *B*. ‖ per os *A*, per eos *B*. ‖ iter] item *E*.

betur: id enim cautum est lege Sempronia et Cornelia *ABEG*
et Iulia. quidam ex his latiores sunt quam ped. XII, uelut hii qui sunt per uiam publicam militarem acti: habent
enim latitudinem uiae publicae. linearii limites a quibusdam mensurae tantum disterminandae causa sunt consti- 5
tuti, et si finitimi interueniunt, latitudinem secundum le-
gem Mamiliam | accipiunt. in Italia itineri publico ser- *B* 214
uiunt sub appellatione subrunciuorum, habent latitudinem
ped. VIII: hos conditores coloniarum fructus asportandi
causa | publicauerunt. nam et possessiones pro aestimio *G* 92
ubertatis angustiores sunt adsignatae: ideoque limites omnes non solum mensurae sed et publici itineris causa latitudines acceperunt. (fig. 132.)

    Secundum antiquam consuetudinem limites diriguntur. *A* 118
quare non omnis agrorum mensura in orientem potius 15
quam in occidentem spectat, in orientem sicut aedes sacrae.
| nam antiqui architecti in occidentem templa recte spec- *B* 215
tare scripserunt: postea placuit omnem religionem eo conuer-

1. ita enim *G*. ‖ cautu *B*. ‖ sympronia *E*. ‖ et cornilia *A*, et concordia *E*, om *B*. ‖ 2. quam ped. duodecim *B*, a XII. pedib. *GP*. ‖ uel
hii *AB*, ut hi *G*, quam hi *E*. ‖ 3. limitarem acti *AB*, limites. actum
E. ‖ 4. latitudines *G*, latum *E*. ‖ lineari *AB*. ‖ a quibusdam *om G*. a
om E. ‖ 5. mensuris *E*. ‖ disterminande *AB*, determinandae *E* ‖ causae *AE*. ‖ constitutae *E*. ‖ 7. amilia *A*, amiliam *GP*, aemiliam *E*. ‖
italiam *B*, sicilia *rec A*: *add* et in *AB*, et *E*. ‖ iteneri *E*. itineris ubi eo seruiunt sub apellatione *B*. ‖ 9. pedem octonum *G*,
p VIIII *E*. ‖ hos conditores coloniarum *om B*. conditiores *A*. ‖
fructus exportandi *AE*, exportandi fructus *B*. ‖ 10. estimio *om*
pr *A*, extimio *B*. ‖ 11. ubertates *A*. ‖ adsignate *B*, assignate *G*,
assignati *E*. ‖ omnes limites *E*. ‖ 12. mensure *A*. ‖ iteneris *A*. ‖ latitudinis acciperunt *A*. ‖ 14. constitutionem *EG*. ‖ 15. quare nostri
omnes agrorum mensuram *ABE*. ‖ in oriente *AE*. ‖ 16. in occidente
BE. ‖ expectat *G*, spectant *A*, spectanti *B*, expectant *E*. ‖ in oriente
ABE. ‖ aedis sacre *A*. ‖ 17. Nam et *B*. ‖ aricitecti *A*. ‖ in occidente
AE. ‖ recte expectare *E*, expectare recte *G*.

ABEG tere, ex qua parte caeli terra inluminatur. sic et limites in oriente constituuntur. (fig. 133.)

    Multi ignorantes mundi rationem solem sunt secuti, hoc est ortum et occasum, quod is semel ferramento con-
5 prehendi non potest. quid ergo? posita auspicaliter groma, ipso forte conditore praesente, proximum uero ortum con-
*E*37 prehenderunt, et in utramque partem limi|tes emiserunt, quibus kardo in horam sextam non conuenerit. (fig. 134.)
*A*116 *G*93 | et quidam, ne proximarum coloniarum limitibus ordina-
·10 tos limites mitterent, relicta caeli ratione mensuram cons- tituerunt qua tantum modus centuriarum et limitum lon-
*B*216 gitudo constaret. (fig. 135.) | quidam agri longitudinem se- cuti: et qua longior erat, fecerunt decimanum. (fig. 136.)
*A*117 | quidam in totum conuerterunt, et fecerunt decimanum in
15 meridianum et kardinem in orientem; sicut in agro Cam- pano qui est circa Capuam. (fig. 137.)

    Modum autem centuriis quidam secundum agri am- plitudinem dederunt; in Italia triumuiri iugerum quinqua- genum, aliubi ducenum; Cremonae iug. ccx; diuus Au-

---

1. terram *AE*. ‖ inluminabantur *A*, inluminabitur *B*, illuminabunt *E*. ‖ 2. in orientem *G*. ‖ constituentur *AE*. ‖ 4. hortum et occansum *B*. ‖ quod in *G*, quotiens *ABE*. ‖ ferramentum conpraehendi *B*, conpre- hendi ferramento *AE*. ‖ 5. Qui *E*. ‖ posita *om B*, postea *G*. ‖ aut specialiter *B*. ‖ 6. presente *AE*. ‖ hortum conpraehenderunt *B*. ‖ 7. in utraque parte *AB*, partem *E*. ‖ limitis *E*. ‖ duxerunt *G*. ‖ 8. quibus] quo *E*. ‖ in ora (hora *E*) sexta *BE*. ‖ conueniret *E*, conue- niet *G*. ‖ 9. et quidam ... constaret *om B*. ‖ 10. limites intermitte- rent *E*. ‖ 11. qua tantum *A*, quibus tantum *G*, quantum *E*. ‖ 12. staret *E*. ‖ sequuti *G*. ‖ 13. qua] quia *E*. ‖ 13. *et* 14. decumanum *BG*. ‖ 14. in totam *AB*, in toto *E*. ‖ et fecerunt *om B*. ‖ in *BG*, et *AE*. ‖ 15. et *om B*, in *E*. ‖ in *om E*. ‖ orientis *E*. ‖ sicut *ABEP*, sicuti *G*. ‖ 16. circum *A*. ‖ capiam *A*, capua *B*. ‖ 18. in italiam *B*. ‖ 19. aliubi *ABG*, alii *E*. ‖ decentenum *B*, uicenum *E*. ‖ cremona *ABE*. ‖ iu- gera *ABEGP*.

gustus in Beturia Emeritae iug. cccc, quibus diuisionibus *ABEG*
decimani habent longitudinis actus XL, kardines actus XX,
decimanus est in orientem. (fig. 138.)

Quibusdam deinde coloniis perticae | fines, hoc est *B*217
primae adsignationis, aliis limitibus, aliis praefecturae con- 5
tinentur. in Emeritensium finibus | aliquae sunt praefec- *A*118
turae, quarum decimani aeque in orientem diriguntur, kardines in meridianum: sed in praefecturis Mullicensis et
Turgaliensis regionis decimani habent actus XX, kardines
actus XL. (fig. 139.) | nam et in alia praefectura aliter con- *G*94
uersi sunt limites, ut habeant in aeris inscriptionibus inter limitem nouum et ueterem iugera forte CXX: haec sunt
alterius partis subsiciua. (fig. 140.)

Hae deinde agrorum | diuisiones lapidum inscriptioni- *B*218
bus tam uariis continentur quam et limitum actibus. alii 15
uertices alii latera regionibus suis obsecundant. multi
tantum decimani | maximi et kardinis lapides inscripse- *A*119
runt, reliquos sine inscriptione ad parem posuerunt; quos

---

1. beturiae meritae *GP*, betunaemerita *A*, uetunae merita *BE*. ‖
iugera *ABEGP*. ‖ cccc] ccc. *E*. ‖ quib. soluisionibus *B*. ‖ 2.
longitudinem *B*, longitudine *E*. ‖ actos in orientem n̄. XL. kardines
actos XX. *B*. ‖ 3. Dec. (decimanus *E*) est in oriente *EG*, om *B*. ‖
4. Quidam colonis *B*, Quidam de incolanis *E*. ‖ finis *E*. ‖ 5. primae
assignationis *EG*, prime in adsignationis *AB*. ‖ praefectura continetur *A*. ‖ 6. in aemeritensum *B*, in amertensium *E*. ‖ alique *littera
post* i *erasa A*, aliis quae *E*. ‖ 7. quadrum decimanum *E*. ‖ aeque *om*
B. ‖ in oriente *E*. ‖ 8. mulliciensis *G*, multicensis *A*. ‖ 9. turgallien-
sis *G*. ‖ regiones *B*, regionum *G*, regionibus *E*. ‖ 9. 10. actos *B*. ‖ 10.
in *om G*. ‖ 11. habeant itineris *ABE*, habeat in aeris *G*. ‖ 12. forte
om E. ‖ cxx. *ABE*, septuaginta *G*. ‖ 13. parti *A*. ‖ subseciua *G*
semper. ‖ 14. Haec *AB*. ‖ 15. uaris *A*. ‖ et *om E*. ‖ 16. uertices]
add amphorarum *E*. ‖ obsecundamur te t'antum maxime decumano
et K. *G*. ‖ 17. maximi et kardines *A*, maximi et cardines et *E*, *om*
B. ‖ scripserunt *BE*. ‖ 18. scriptione *AE*, scriptionem *B*. ‖ appa-
rem *B*, et parem *E*. adparenti *Goesius*. ‖ apposuerunt *G*. ‖ quos]
quod *G*, reliquos quoque *E*.

*ABE*₃₈*G*ideo quod | nulla significatione appareat quoto loco nu-
merentur, mutos appellant. diuus Augustus in adsignationibus suis numero limitum inscriptos lapides omnibus
centuriarum angulis defigi iussit: nam locatione operis huius
5 non solum quod ad publicos limites pertineret iniunxit,
*B*₂₁₉ | uerum etiam inter acceptas ne roborei deessent termini
cauit. inscripserunt quidam uertices lapidum, et limitum
tantum numerum significauerunt; alii ipsarum centuriarum
sic quem admodum qui in lateribus inscripserunt. aut in
10 uertice lapides sic inscripserunt: quem admodum in decimano maximo et kardine solet, (fig. 141.) sic et ulterio-
res secundum numerorum suorum postulationem inscripserunt: uoluerunt autem limites inscriptionibus claudi ita
ut cuius centuriae essent lapides intellegerentur. sic quo-
*B*₂₂₀ que | haec inscriptio obscura est. lapis autem in regione
16 s. et u. hac ratione sic inscribitur (fig.): | quarta enim illic
lapidis portio clusaris uacat ab inscribtione. est ergo talis

1. quod] qui *G*. ‖ apparent *G*. ‖ atoto loco *AB*, toto loco *E*. ‖ numerantur *B*. ‖ 2. mutus *A*, multos *BE*. ‖ Diuos *A*. ‖ in *om G*. ‖ as-
sign. *G pierumque*. ‖ 3. suis *om E*. ‖ numerum *AE*, numeros *B*.
militum *B*. ‖ scriptos *BE*. ‖ omnes *E*. ‖ 4. angulos *E*. ‖ locationem
E. ‖ 5. a publicos *A*. ‖ perteneret *A*. ‖ 6. inter] in *E*. ‖ roboret *A*,
robores *BG*, robur et *E*. ‖ termini deessent *E*. termini ... limitum
om G. ‖ terminos scripserunt quidam *B*. ‖ 7. cauis scripserunt *E*. ‖
lapedum *A*, et lapidum *B*. ‖ 8. scripserunt *E*. ‖ ali alii *A*, alia *E*. ‖
9. sic *AEG*, *om B*. *magis desidero* litteras. ‖ quem ammodum *G*.
sic saepe. ‖ scripserunt *E*. ‖ aut] ut *ABE*, *om G*. ‖ inter *AE*. ‖
10. uertices *ABE*. ‖ inscripserant *G*, scripserunt *E*. ‖ admodum *om*
B. ‖ 11. maximo *om E*. ‖ et in kardine *A*. ‖ solent *E*. ‖ ulterioris
G. ‖ 12. numerum *ABEG*. ‖ suum *G*. ‖ postulationes *E*. ‖ scripserunt *BE*. ‖ 13. limites *om E*: *fortasse* lapides. ‖ scriptionibus *B*.
‖ cludi *EG*. ‖ 14. esset lapis intellegeretur *G*. ‖ 15. scriptio *E*. ‖ in
regionem *AB*. ‖ 16. s.] .ı. *AE*, primam *B*, *om G*. ‖ .u. *AEG*, quintam *B*. ‖ sic scribitur *E*: *add* quem admodum supra *ABE*. ‖ quartam *AB*, quadrata *G*. ‖ illi lapides *AB*, lapides illi *E*, illi *G*. ‖ 17.
portio *om E*. ‖ clusares *E*. ‖ uocas *A*, uocatur *BE*. ‖ inscriptione
BG, inscriptionibus *E*. ‖ talis] aliis *B*.

inscribtio s. d. u. k. (fig. 142.) | in regione dextra et ultra *ABEG* 95
idem numeri sic inscribuntur. (f.) in regione sinistra et citra.
(f.) in regione dextra et citra eidem numeri sic inscribuntur.
(f.) comparemus nunc omnes quattuor lapides in unum, et intueamur eorum quartas partes uacantes, quae in suis re- 5
gionibus centurias litteris intra cludunt: (fig. 143.) sic et in
suo interuallo distantes centurias his inscriptionibus clu-
dunt. inspiciamus a maximo | decimano et kardine lapi- *B* 98
dum inscriptiones. (fig. 144.) | latera autem lapidum recte *A* 121
inscribuntur, quoniam ampliores numeros capiunt: nam 10
uerticibus inscribi non facile [omnia] possunt. inscribitur
lateribus D. D. LXXXXVIII V. K. LXXV. | quae inscriptio si ra- *E* 39
tione ponatur, est optima; licet et quomodo cumque inscriptum sit, perito mensori non latebit, quoniam certus
est lapis quo centuria cluditur. (fig. 145.) 15

Multos limitum constitutiones in errorem deducunt, *G* 96
dum aut inscriptionem parum | intellegunt aut aliter limi- *B* 12 t
tes numerant. uolunt esse quidam decimanum alium pri-

1. inscriptio *BEG*. ‖ s. d. u. k. *om B.* ‖ dextratae et ultratae eidem
G, extra ultra inde enim *E*. ‖ 2. scribuntur *E*. ‖ in *ABE*, sic et in
G. ‖ sinestra *A*, ultra *E*. ‖ 3. in regione dextra et citra *G*, *om ABE*.
‖ eisdem *AB*, eis *E*. ‖ numeris *B*, *om E*. ‖ sic *om EG*. ‖ scribuntur *B*, describuntur *E*. ‖ 4. Comparamus *G*, conperimus *A*. ‖ ergo
nunc *E*. ‖ intuamur *A*, intuemur *G*. ‖ 5. partes ... regionibus *om E*.
‖ 6. litteris includunt *AE*. ‖ sic ... cludunt *om B*. ‖ 7. distante centurias in his scribtionibus cludunt *A*, distant centuriae in his inscriptionibus *E*. ‖ 8. kardi *B*. ‖ 9. inscriptionem *B*. ‖ recta *E*. ‖ 10. scribuntur *BE*. ‖ ampliorem *E*. ‖ numerus *A*, numerum *E*. ‖ nam in *G*.
‖ 11. uerticibus scribimus *E*. ‖ non *G*, nostri *AB*, tres *E*. ‖ omnia
G, *om ABE*. ‖ possunt inscribitur] scribuntur *E*. ‖ 12. enim lateribus *G*. ‖ lxxuiii *E*, xcviii *G*, xcviiii *B*. ‖ lxxv *ABEP*, lxxx *G*.
‖ quae *G*, qua finis *A*, qua fines *B*, quaefinis *E*. ‖ scriptio *E*. ‖
13. est *ABE*, erit *G*. ‖ licet *G*, aliquid *ABE. fortasse* alioquin. ‖
et] det *E*. ‖ inscripta *AG*, inscriptus *B*, scripta *E*. ‖ 14. non *G*,
nostro non *ABE*. ‖ 15. lapide *G*. ‖ clauditur *BE*. ‖ 17. aut *prius*
om ABE. ‖ inscriptione *B*, inscriptionibus *G*. ‖ 18. uolant *A*,
uolent *B*. ‖ alium. alium primum *B*.

ABEG mum, alium maximum: et cum exierunt a decimano maximo, peractis centuriae actibus primum limitem numerant
qui est secundus. deinde ad agrum de quo agitur cum
perueniunt, nouam controuersiam inueniunt et de aliis
5 quam de quibus agitur acceptis litigant, dum uolunt esse
primos decimanos duos et duos kardines. hoc si esset,
inter decimanum maximum et quem uolunt primum et
*B*ᵉˢ centuria aliter appellaretur: forte diceretur inter | decima-
*A*ᵗᵉˢ num | maximum et primum. sed quoniam is ipse primus
10 est qui et maximus, continuo a decimano maximo et kardine centuria inscribitur D. D. I V. K. I, et S. D. I V. K. I, et
D. D. I K. K. I, et S. D. I K. K. I. erit ergo nobis is primus
qui et maximus. (fig. 146.) sed et de limitibus quintariis
quintum quemque quintarium uolunt. porro autem inter
15 quintum et quintarium interest aliquid: quintus est qui
quinto loco numeratur, quintarius qui quinque centurias
cludit. hunc uolunt esse quintum, qui est sextus. nam et
legum latoribus, quem admodum perlatum est, sic caue-

1. alii (alium *P*) maximum *G*. ‖ 2. exierint *EG*. ‖ 2. peractus *AE*, per-
actu *B*. ‖ 3. ad *om G*. ‖ agrum] *add* uenerunt *AB*, ueniunt *E*. ‖
cum perueniunt *om AE*. ‖ 4. inueniunt controuersiam *G*. ‖ alis *A*. ‖
5. de quo *AE*, quibus *G*. ‖ agitur acceptis *om E*. ‖ uolent *AB*. ‖ 6.
primus *B*. ‖ decimanus *B*, .DD. *G*. ‖ duos et *om E*. ‖ cardines *B*,
.KK. *G*. ‖ si *AB*, si sic *G*. ‖ esse *A*. ‖ 7. *in fine* et *AE*, *om BG*. ‖ 8.
appellatur *AB*, appellantur *E*. ‖ discerneretur *E*. ‖ 9. is *A*, his *B*, *om*
EG. ‖ 10. et *G*, est *ABE*. ‖ a *om E*. ‖ cardine scribuntur centuriae
E. ‖ cardines *B*. ‖ 11. centuriae *A*. ‖ scribitur *B*. ‖ deinde primum
.u. K. it. is. d. p. u. K. et. d.d. I. K̄. K. I. et. s. d. I. K. K. *A*, dd. primum.
v. K. sd. t. v. K. p. e. t. d. d. I. K. K. I. est d. I. K. I. *B*, deinde primum.
u. K. I. T. I. S. D. P. u. K. E. T. D. D. I. K. KIETISDIKK *E*, D D́. I. ú. K. í.
et. ś. D. I. Ḱ. Ḱ. I. *G* ‖ 12. nobis his *G*, duobus *ABE*. ‖ 13. qui est maximus *AE*, quis *B*. ‖ Sed *ABE*, Sic *G*. ‖ quintaris *A*. ‖ 14. quemquem *A*, quenquem *B*, quem *E*. ‖ 15. et quartarium *B*. ‖ quintus est
quinto loco quem numerant *E*. ‖ 16. qui quinque ... esse *om ABE*.
17. quintum *G*, quintus *AB*, quintus est *E*. ‖ 18. lateribus *A*. ‖ quem
admodum *om B*. ‖ si *G*.

runt, [vt] A DECIMANO MAXIMO QVINTVS | QVISQVE SPATIO *ABE*₂₄ *EG* *A*₁₂₃
ITINERIS AMPLIABETVR.⟩ (fig. 147.) erat sane interpraetatio legis
huius ambigua, nisi eorum temporum formae sextum quemque
limitem latiorem haberent significatione qua solent mino-
res. tractemus nunc diligentius quid dixerint. | A DECIMANO *G*₉₇
MAXIMO QVINTVM QVEMQVE LATIOREM. a decimano. quom 6
decimanus erat positus, positi sunt deinde quinque limites, quorum nouissimus factus est latior: his quom decimanus accessit, sex fiunt. (fig. 148.) eandem obseruationem
et in reliqua limitum parte esse noluerunt: quem admo- 10
dum a decimano | maximo quinque limites ducebantur, *B*₂₂₅
quorum esset summus latior, sic et ab eo quintario cui
iam spatium definitum erat, quinque adiectis limitibus
summo latitudinem suam seruari placuit. | (fig. 149.)   (*E*₄₀)

Quem admodum ab antiquis acti sint limites, tractare *A*₁₂₄ *E*₄₁
coepimus: itaque persequi omnia non alienum iudico. 16
foeda est enim culpa neclegentiae, cum de constitutione
disputemus, praeterire tot operum exemplaria.

1. ut *G*, om *ABE*. ‖ 2. iteneris *A*. ‖ appellaretur *AE*, appellatur *B*.
‖ interpret. *EG*. ‖ 3. nisi om *B*, enim *AE*. ‖ temporum om *G*. ‖ for-
mae] fuerit *E*. ‖ sextum quemquam *E*, sextum. vi. quemquem *B*,
sextum quinque *G*. ‖ 4. habere *BE*. ‖ significatioñ *AE*. ‖ solet *B*,
et *G*. ‖ minorem *ABE*. ‖ 5. tractamus *B*, transire hactenus *E*. ‖
quidquid *B*, qui *E*. ‖ dixerim *AB*, duxerint *E*. ‖ a decimo maximae
v. *B*. ‖ 6. quemquem *AB*, quemquam *E*. ‖ a om *G*. ‖ quom] quoniam *ABEG*. ‖ 7. positus *Turnebus*: positi *G*, om *ABEP*. ‖ sunt
dd. v. limites *B*. ‖ limites quinque *E*. ‖ 8. nobissimus *B*. ‖ est om
AE. ‖ quam *AE*, qua *B*, cum *G*. ‖ 9. eadem obseruatione *E*. ‖
10. et om *G*. ‖ reliquam *B*. ‖ partem *A*, partes *B*. ‖ noluerunt ut
G. ‖ quem ammodum *G*, admodum quem *B*. ‖ 12. sic *AEG*, sit *B*.
‖ et om *A*. ‖ cui iam *AB*, cum *G*, cuiusquam *E*. ‖ 13. diffinitum est
E. ‖ quique adiecti *B*, v. abiectis *E*. ‖ 14. placuit seruari *E*. ‖ 15.
ab om *B*. ‖ ab antiquis acti] abundanti studio qui *E*. ‖ sunt limitis
B. ‖ tractere *A*. ‖ 16. incipimus *G*. ‖ ita *E*. ‖ 16. non alieno iudicio
ABE. ‖ 17. fida *B*. ‖ enim est *E*. ‖ culpae neclegemtia *A*, culpe neglegentia *BE*, neglegentiae culpa *G*. ‖ constructione disputamus *E*. ‖
18. exempla *G*.

ABEG   Finitis ergo ampliorum bellorum operibus, augendae
rei publicae causa inlustres Romanorum uiri urbes cons-
B226 tituerunt, quas aut uictoribus | populi Romani ciuibus
aut emeritis militibus adsignauerunt et ab agrorum noua
5 dedicatione culturae colonias appellauerunt: uictoribus autem adsignatae coloniae his qui temporis causa arma acceperant. non enim tantum, militum incremento, rei publicae populus Romanus habuit: erat tunc praemium terra
et pro emerito habebatur. multis legionibus contigit bella
10 feliciter transigere et ad laboriosam agri culturae requiem
primo tirocinii gradu peruenire: nam cum signis et aquila
et primis ordinibus ac tribunis deducebantur, modus agri
B227 G98 pro portione officii dabatur. | ferunt quidam postea in-
dictum modum belli, et expleta centesima hostium con-

1. ampliorem *B*. ‖ 2. publicae *om AE et
Boethius p.* 1537. ‖ causa ex *B*. ‖ inlustris *AB*, illustres *G*, illustris
E. inlustrium uirorum urbes ingressus est *Boethius*. ‖ 3. aut] augusti *E*. ‖ ‾P‾R. ciuibus *G*, praecibus *AE*. ‖ 4. autem *G*. ‖ aemeritis *B*,
meritis *E*. ‖ et au agrorum *A*. ‖ nouae *G*. ‖ 5. culturas *B*. ‖ colonias *om B*.˙ ‖ appellauit *Boethius p.* 1238. ‖ uictoribus colonias
assignatas appellauerunt. hi qui temporis *E*, quae coloniae his uictoribus qui temporis *Boethius*. ‖ 6. adsignate *B*, adsignatas colonias
appellauerunt uictoribus autem adsignate *A*. ‖ acceperunt *B*, coeperunt *A*, ceperunt *E*, acceperunt adsignatae sunt *Boethius*. ‖ 7. non *G*,
nostri *ABE*. ‖ enim] autem *E*. ‖ incremento *A*, incrementa *E*. ‖ ‾R‾P
‾P‾R. *G*, *rimp.* (res p. *corr*) p. r. *A*, res priuatae *B*, res publica populi
romani *E*. ‖ 8. habuit erant enim tum *E*, habuerant Tunc *B*. ‖ pre-
mium *A*. ‖ terrae *B*. ‖ 9. emerito *G*, merito *AB*, praemiis uel meritis *E*. ‖ habebant *ABE*. ‖ milites legiones contegit *B*. ‖ bellum *G*. ‖ 10. transsigere *G*. ‖ culturae (culture *A*) qui in primo
tirocinio (tyrocinio *B*) gradu peruenerint (graditer ueniret. *A*) *AB*,
culturam quin primo tirocinie grauiter uenire *E*. ‖ 11. nam *om*
B. ‖ signes et aquila *A*, signa sebaqui *E*. ‖ et *post* aquila *om B*. ‖
12. primi *E*. ‖ tribunis *A*, tribuni *B*. ‖ deducibantur *A*. ‖ 13. pro
portionem offici *A*. ‖ Fuerunt *E*. ‖ 14. indictum postea *G*. ‖ et expleta centesima *om E*. ‖ gentisima *A*, gentissima *B*. ‖ congressionem
AE, consensione *B*.

gressione ad colendarum deductos terrarum agros. diuus *ABEG*
Iulius, uir acerrimus et multarum gentium domitor, tam
frequentibus bellis militem exercuit, ut dum uictorias nu-
meraret, | congressionum multitudinem obliuisceretur. nam (*A*)
milites ultra stipendia emerita detinuit, recusantes deinde 5
ueteranos dimisit, mox eosdem | ipsos ueniam commilitii *E* 42
rogantes recepit, et post aliquod bella parta iam pace deduxit. aeque diuus Augustus in adsignata orbi terrarum .
| pace exercitus qui aut sub Antonio aut Lepido milita- *B* 228
uerant pariter et suarum legionum milites colonos fecit, 10
alios in Italia, alios in prouinciis: quibusdam deletis hostium ciuitatibus nouas urbes constituit, quosdam in ueteribus oppidis deduxit et colonos nominauit. illas quoque
urbes quae deductae a regibus aut dictatoribus fuerant,
quas bellorum ciuilium interuentus exhauserat, dato iterum 15

1. ab *A*. ‖ reductos *AG*, reductus *BE*. ‖ terrarum agros *om ABE*.
‖ diuus iulius caesar *Boethius* p. 1537. ‖ 2. dominator *E et Boethius*. ‖ tam *om AE et Boethius*. ‖ 3. frequentius bellis *B*, frequentia belli *Boethius*. ‖ dum *G*, num (*nisi fallor*) *A*, non *B*
et rec *A*, non nostrorum *E*. ‖ uictorias munera *E*, uictor innume-
rat *G*, uictorias innumeraret *P*. ‖ 4. et congestionum *B*. ‖ multitudines *G*. ‖ 5. militem intra *BE*. ‖ stipendiae merita *G*. emerita
om B, merito *E*. ‖ 6. demisit *G*. ‖ eodem *BE*. ‖ ueniam] conueniat *E*. ‖ cum militi *G*, commilitones *E*, humiliter *B*, gentium populos *Boethius*. ‖ 7. repetit *B*. ‖ et post ... deduxit] tyrannos gla-
dio interemit et postquam hostilem terram obtinuit *Boethius*. ‖ aliquot *E*. ‖ paria iam *B*, facta in *G*, pacem iam *E*. ‖ pacem *B*, pu-
ram *E*. ‖ 8. Hecque diuus *Boethius*, diuus eque *E*. ‖ in assignata orbi
G, assignatum orbi *E*, adsignatas urbes *Boethius*, adsignauit *B*.
possis instaurata orbi. ‖ terrarum] prouintiarum exercitui iussit
Boethius. ‖ 9. pacem *BE*. ‖ aut *prius om G*. ‖ laepido *B*. ‖ mili-
tauerunt *BE*. ‖ 11. in italia *E et Boethius*, in italiam *BG*. ‖ his
quibusdam *B*. ‖ delitis *BE*. ‖ 12. nobas *B*, denuo nouas *Boethius*.
‖ constituit urbes *E*. ‖ condidit *r Boethii*. ‖ quasdam *E*. ‖ in *om*
BE. ‖ 13. illis quoque urbibus *E*. ‖ 14. quae et *B*. ‖ erant *E*. ‖ 15.
qui *BE*. ‖ interuentis *B*, interuentum *E*. ‖ exauserat *B*.

12

BEG coloniae nomine numero ciuium ampliauit, quasdam et
B 229 finibus. ideoque multis regionibus antiquae mensurae | actus in diuersum nouis limitibus inciditur: nam tetrantum
ueterum lapides adhuc parent. sicut in Campania finibus
5 Minturnensium; quorum noua adsignatio trans fluuium
Lirem limitibus continetur: citra Lirem postea adsignatum
per professiones ueterum possessorum, ubi iam oportunarum finium commutatione relictis primae adsignationis terminis more arcifinio possidetur. (fig. 150.)

G 99   Multis ergo generibus limitum constitutiones inchoa
11 tae sunt. quibusdam coloniis kardo maximus et decima
B 210 nus non longe a ci|uitate oriuntur. nam in proximo esse
debent, immo, si fieri potest, in ipsa colonia inchoari:
sed quom uetusta municipia in ius coloniae transferuntur,
15 stantibus iam muris et ceteris moenibus limites primos
nisi a foris accipere non possunt. (fig. 151.)

          Multi facilitatem agri secuti: et ubi plurimum erant
adsignaturi, ibi decimanum maximum et kardinem constituerunt. antiqui enim propter subita bellorum pericula

---

1. nomen·numerum *B*, numero nomine *G.* nomine ciues ampliauit
Boethius. ‖ humiliabit *B.* ‖ 2. legionibus *E.* ‖ antique *B.* ‖ mensurae aliae in diuersis nobis *BE.* ‖ 3. nobis militibus incidetur *B.* ‖
tetrantum] et tantum *BE.* ‖ 4. ueteres *E.* ‖ campaniae *E.* ‖ 5. mynturnensium *G.* ‖ 6. lire *E*, liram *G.* ‖ continentur *G.* ‖ citra *EG,*
contra *B.* ‖ 7. professionem *BE.* ‖ possessionum *BG.* ‖ obportunarum *B*, adportunarum *E.* ‖ 8. commutationem relectis prime *B.* ‖
9. archifinio *B.* ‖ 10. Multa *E.* ‖ incoate *B.* ‖ 11. colonis *B.* ‖ et
n̊. m̊. *G.* ‖ 12. non longe *G*, noster *BE.* ‖ oritur *BE.* ‖ nam et in *G.*
‖ proximos *B.* ‖ 13. debet *BEP.* ‖ immo] hommo *B.* ‖ in sta *B*,
ex ipsa *G*, ista *E.* ‖ inchoaris. et *E*, incoaris. et *B.* ‖ 14. quoniam
BEG. ‖ uersuta *B*, uetustata *E.* ‖ intus *E.* ‖ coliae *G*, colonia *E.* ‖
15. iam] etiam *E.* ‖ primus *B.* ‖ 16. a foras *B.* ‖ accipere possint
non possunt *E.* ‖ 17. facilitate agri *B*, agri facilitatem *G.* ‖ erat ad
signandum *E.* ‖ 18. maximum *om E.* ‖ et k̊. m̊. *G.* ‖ 19. subitam bellorum perluuiem *E,* subitam bellorum aciem *Boethius p.* 1537.

non solum erant urbes contenti cingere muris, uerum etiam *BEG*
loca aspera et confragosa saxis eligebant, ubi illis | am- *B* 231
plissimum propugnaculum esset et ipsa loci natura. haec
uicina urbibus rupium multitudo limites accipere propter
loci difficultatem non potuit, sed relicta est, | ut aut sil- *G* 100
uas | rei publicae praestaret, aut, si sterelis esset, uaca- *E* 43
ret. his urbibus, ut haberent coloniarum uastitatem, uicinarum ciuitatium fines sunt adtributi, et in optimo solo
decimanus maximus et kardo constituti; sicut in Vmbria
finibus Spellatium. (fig. 152.)   10

Quibusdam coloniis decumanum maximum ita constituerunt ut uiam consularem transeuntem per coloniam con-
tineret; | sicut in Campania coloniae Axurnati. decimanus *B* 232
maximus per uiam Appiam obseruatur: fines qui culturam accipere potuerunt, et limites acceperunt: reliqua 15
pars asperis rupibus continetur, terminata in extremitate
more arcifinio per demonstrationes et per locorum uocabula. (fig. 153.)

1. erunt muris cingere uerum *E*, eas ciuitates demum cingere muris
uerum *Boethius*. ‖ contenti urbes muri cingere *G*. ‖ 2. confragosa
Boethius, excelsa *G*, om *BE*. ‖ saxis *Boethius* p. 1538, factis *BEmr*,
om *G*. ‖ allegabuntur *B*, allegabantur *E*, alligari *Boethius*. ‖ ubi
illis amplissimum *G*, ut milex maximum *B*, humiles maximo *E*, ut
illis maxime *Boethius*. ‖ 3. propugnaculo *E et Boethius*. ‖ et om
EG et Boethius. ‖ ipsa] ista *E et Boethius*. ‖ 4. ruptum *BE*. ‖
5. difficultate *B*. ‖ nostri potuissent relicta *BE*. ‖ est om *B*. ‖ silua
G. ‖ 6. aut sestelis essent bacarent *B*. ‖ sterilis *E*. ‖ 7. urbibus haberet *BE*. ‖ 8. ciuitatum *EG*. ‖ solo om *B*. ‖ et ќ. ṁ. *G*, est kardo
B. ‖ constitutus *BE*. ‖ 9. in umbriae *E*. ‖ 10. spellantium *B*, hi-
spellatium *E*. ‖ 11. quibus iam colonis *B*, Quibusdam locis *E*. ‖
ita om *E*. ‖ 12. consularem om *BE*. ‖ trans fontem per *E*. ‖ 13. sicut per campaniae coloniam *E*. ‖ axurnas *G*, exornati *BE*. ‖ 14. obseruantur *E*. ‖ cultum *B*, cultas *E*. ‖ 15. et limites acceperunt om
E. ‖ acciperunt *B*. ‖ 16. asperis rudibus *E*. ‖ in extremite *B*. ‖ 17.
archifinio *B*. ‖ et om *E*. ‖ per om *G*.

BEG   Quibusdam coloniis postea constitutis, sicut in Africa
G 101 Adme'derae, decimanus maximus et kardo a ciuitate ori-
       untur et per quattuor portas in morem castrorum ut uiae
       amplissimae limitibus diriguntur. haec est constituendorum
B 233 limitum ratio pulcherrima: nam colonia omnes | quattuor
   6   perticae regiones continet et est colentibus uicina undi-
       que, incolis quoque iter ad forum ex omni parte aequale.
       sic et in castris groma ponitur in tetrantem, qua uelut
       ad forum conueniatur. (fig. 154.)

   10   Hanc constituendorum limitum rationem seruare de-
       bebimus, si huic postulationi et locorum natura suffraga-
       bit. saepe enim propter portum colonia ad mare ponitur,
       cuius fines aquam non possunt excedere: hae et litore
   14 terminantur, et cum sit colonia ipsa in litore, fines a de-
B 214 cimano maximo et kardine in omnes | quattuor partes
G 102 aequaliter accipere non potest. (fig. 155.) | quaedam propter
       aquae commodum monti applicantur; quarum aeque decima-
       nus maximus aut kardo relictis locis interciditur, ita si trans

1. Quib. colonis *B*, Quibusdam locis *E*. ‖ affrica *E*. ‖ 2. admedera
B, admedere *G*, ad me dederat *E*. ‖ maximus *om BE*. ‖ et k. ex
his a *G*, et cardo ex his actum ita a *E*. ‖ orioritur *B*, oritur *EG*.
‖ 3. partes uel portas *E*. ‖ in more *BG*, more *E*. ‖ ut *om G*, et *E*.
‖ 4. amplissime *B*, amplissimis *EG*. ‖ dirigantur *B*, dirigatur *E*. ‖
5. pulcherrima. nam *G*, pulchrainmane *B*, pulchra inmanem *E*. ‖
coloniae *BE*. ‖ omnis *G*. ‖ 6. pertice *B*. ‖ regionis *E*. ‖ continent
BE. ‖ est] ex *B*. ‖ 7. incoles *B*. ‖ quoque et erat forum *BE*. ‖
8. troma *E*. ‖ in petrantem aquam *B*, intret item aquam *E*. ‖ 9. forum ex qua parte *E*. ‖ conuenitur *EG*. ‖ 10. Haec *B*. ‖ debemus
EG. ‖ 11. sic huic *G*, *non P*. ‖ et *G*, uel *BE*. ‖ subfragauit *B*,
suffragauit *G*. ‖ 12. portum] positam *E*. ‖ coluniam *BE*. ‖ ad marem *B*. ‖ 13. ad aquam *G*, ad quam *E*. ‖ non *G*, nostri *BE*. ‖ excidere *B*. ‖ hae et] hoc est *BEG*. ‖ littore terminantur cum et ipsa
colonia sit in litore *G*. ‖ 14. fines] tamen *E*. ‖ 15. in *om G*. ‖ 16.
accipere non possunt *G*, accipere nostri potest *B*, erunt *E*. ‖ 17.
aquae *E*. ‖ 18. aut. k̄. m̄. *G*, et kardo *BE*. ‖ relictus *G*.

montem coloniae fines perducuntur. (fig. 156.) �runtsmultas colo- *BE*₄₃ *G*
nias et ipsi montes finiunt; propter quod quattuor regionibus aequaliter pertica non potest diuidi, sed in alteram
partem tota limitum rectura seruetur. (fig. 157.)

Itaque si loci natura permittit, rationem seruare de- *A*₁₂₈
bemus: sin autem, proximum rationi, non quo | minus *B*₂₃₅
aliquid de finibus fiat aut amissionis periculum habeat.
si taliter egerimus, mensura sua uni cuique | constabit, *G*₁₀₃
decimani suo nomine appellabuntur, tantundem kardines,
fines terminis obligabuntur, nihil operi deerit nisi ratio, **10**
habebit tamen inter professores existimationem. nam nec
illis coloniis hoc nomine quicquam iniuriae factum est,
quod kardines loco decimanorum obseruantur, decimani
loco kardinum: omnis limitum conexio rectis angulis continetur, extremitas mensuraliter obligata est, nihil res pu- **15**
|blica nihil possessor de finibus queritur, constat illis ratio *B*₂₃₆
mensurae, limitum ratio non constat, et potest dici men-

1. perducantur *E*. ‖ 2. et *om BE*. ‖ efficiunt. propter quos *G*. ‖
quattur *B*. ‖ 2. 3. regiones ob aequaliter (aequalitem *E*) pertica nostra id est diuidisset (diuidi sed *E*) *BE*. ‖ 3. altera parte (*omisso*
in) *E*. ‖ 4. *scribendum uidetur* uertetur. ‖ 5. loco *B*. ‖ ratione *B*.
‖ 6. rationis *E*. ‖ non quo *G*, nostrae quod *ABE*. ‖ minus] ad nos
B. ‖ 7. aut amissionis *G*, Fiat autem admissionis *AE*, Fiat admissi
in his *B*. ‖ habeas *B*. ‖ 8. si aliter *ABEG*. ‖ mesura *A*. ‖ quique
A. ‖ 9. decimani, i *in litura*, *A*, decimi *B*. ‖ sui *AE*. ‖ nomin*is*,
sed e corr pr, *A*. ‖ appellauitur *A*, appellantur *B*, appellabatur *E*.
‖ tantum de kardinis (cardinis *B*, kardinibus *E*) sine (siue *E*) terminis *ABE*. ‖ 10. obligabantur *A*. ‖ ni*m*hil *A*, si nichil *E*. ‖ opere
BE, opore *A*. ‖ 11. habebit] ferbebit *B*. ‖ professiores *A*. ‖ existimatione *B*. ‖ 12. colonis *ABE*. ‖ quicquam hoc nomine *G*. ‖ quiquam *A*. ‖ iniuria *A*, iniuriam *BE*, incuriae *G*. ‖ est *G*, erit *ABE*.
‖ 13. obseruabuntur *E*, et *G*. ‖ decimani uero *B*. ‖ 14. loci *A*. ‖
ordinum *E*. ‖ Omnes *ABE*. ‖ conexio *G*. conexiores angulis continentur *E*. ‖ 15. mensurali per *B*. ‖ rei publice *A*, rei publicae *E*·
‖ 16. possessori *E*. ‖ quaeritur *ABG*. ‖ constat enim illis *E*. ‖ 17.
mensure *A*. ‖ deci *A*, decimani *E*.

ABEG sura urbis alterius aut certe sinistra, hoc est inuersa. cum
ipsa kardinum appellatione a kardine mundi nominetur,
quare ab oriente in occidentem dirigatur, nulla est ratio.
quid ergo? licet exitum decimanus maximus non habeat
5 oppositis montibus aut mari, habeat tamen rationem, et ab
eo in eam partem qua defecerit aeque suo interuallo centu-
A 126 riae nominentur. | (fig. 158.)

B 237   Quaerenda est ergo | huius rationis origo. multi
ita ut supra diximus solis ortum et occasum conpraehen-
10 derunt, qui est omni tempore mobilis nec potest secundum cursum suum conprehendi, quoniam ortus et occa-
G 104 sus signa a locorum natura uarie | ostenduntur. sic et
limitum ordinatio hac ratione conprehensa semper altera
A 128 *B* 239
E 45 *G* 105 alteri disconuenit. | hos qui ad limites constituendos hac
15 ratione sunt usi, fefellit mundi magnitudo, qui se ortum
et occasum peruidere crediderunt: aut forte scierunt er-
B 240 rorem | et neglexerunt, ei contenti tantum regioni ortum

1. *fortasse* cum ipsa kardo appellatione. ‖ 2. appellationem *B*, ap-
pellatio *G*. ‖ a *om AE.* ‖ kardinem mundi *BE*, mundi cardine *G*.
‖ 3. quare *ABE*, quae *G*. ‖ in occidente *AB*. ‖ dirigitur *E*. ‖ est
AEG, est ergo *B*. ‖ 4. *post* licet *tres litteras erasas A.* ‖ exit undecimanus maximus *E*, decumanus. м. exitum *G*. ‖ non *G*, noster
ABE. ‖ 5. oppositus *AE*, oppositos *B*. ‖ habet *B*. ‖ tamen ratio-
nem] mensurationem *E*. ‖ 6. in eam *ABE*, ineam ad *G*. ‖ deferit
E. ‖ sua *AE*, in suo *G*. ‖ interuallo *P*?, internal *A*, interballo *B*,
interualle *G*. ‖ 8. multis ut *B*. ‖ 9. ortu *AE*, ortus *B*. ‖ occasu *AE*,
occansus *B*. ‖ conpreh. *B*, compreh. *G*. ‖ 10. mobiles *A*, *om B.* ‖
ne *B*. ‖ 11. compraeh. *B*, compreh. *G*. ‖ est *A*. ‖ 12. a *om E*, ad
G. ‖ naturam *G*. ‖ uariae *A*, uarias *B*, uane *G*, uan. e *P*. ‖ 13. conpraeh. *B*. ‖ altera. alteri *G*, aliter *AE*, alteri. I. *B*. ‖ 14. hac] ac
B. ‖ 15. sunt ut sisi *A*, sunt Sise *B*, sunt. ut si *E*, usi sunt *G*. ‖
se *om ABE*. ‖ ortu *A*, ortus *E*. ‖ 16. occasus *E*. ‖ crediderunt *A*.
‖ forte] certe *E*. ‖ sciret *B*, insciret *A*, scire *E*. ‖ terrorem *E*. ‖ 17.
neclexerint *A*. ‖ et contenti *ABE*, contenti ei *G*. ‖ regionis *E*. ‖
hortum *B*.

et occasum demetiri. immo contendisse feruntur ortum *ABEG*
eum esse singulis regionibus unde primum sol appareat,
occasum ubi nouissime desinat: hactenus dirigere mensuram laborauerunt. quid quod nec illa ipsa regione solis
conspectus recte potest deprehendi, nisi aequalibus ab 5
ortu et occasu diastematibus ferramentum ponatur; quod
in qua parte sit scire difficile est, quoniam in diuersis
orbis terrarum partibus mensurae aguntur. et illa ipsa
regione, si sit illi forte ex altera | parte campus per multa *B*⁸ⁱ
milia, mons ex altera et propior ferramento, necesse est 10
ex illa parte apertiore sol longius conspiciatur, ex hac
deinde, · qua mons inminet, parere cito desinat. et si kardo
a monte non longe nascatur siue decimanus, quomodo
potest cursus conprehendi recte, cum ferramento sol oc-
ciderit et trans montem adhuc luceat et eisdem ipsis ad- 15
huc campis in ulteriore parte resplendeat? | (fig. 159.) *A*¹²⁹

Quaerendum est primum quae sit mundi magnitudo,
quae ratio oriundi aut occidendi, quanta sit | mundo terra. *G*¹⁰⁶

1. demeteri *A*, dimetiri *E*. ‖ inmo *B*. ‖ ferunt *E*. ‖ hortum *B*. ‖
2. singulis regionibus eum esse *G*. ‖ cum esset *B*. ‖ apareat *A*, ape-
riat *BE*. ‖ 3. nobissime *B*. ‖ descendat *G*. ‖ actenus *B*. ‖ rigore *E*.
‖ mensura *ABE*. ‖ 4. laboraberunt *A*. ‖ quidquid *AB*, quicqu*id*
(d *et* o *corr pr*) *G*. ‖ nec *om BE*. ‖ regione non solis *E*. ‖ 5. conspectum *B*. ‖ depraeh. *B*, comprehendi *E*. ‖ aequali *ABE*. ‖ 6. ortum *A*, hortum *B*. ‖ occasum *AB*. ‖ diastimatibus *B*, deastimati-
bus *A*. ‖ 7. quia *G*. ‖ diuerso *E*. ‖ 8. urbis *AB*, orbe *E*. ‖ anguntur
A. ‖ et in *B*. ‖ ipsa *om B*. ‖ 9. si *om ABEGP*. ‖ illa *GP*. ‖ ex
latera parte *E*. ‖ 10. ex *om E*. ‖ prior *A*, priore *BE*. ‖ 11. aper-
tiori *G*, apertior *E*. ‖ sol] sut *B*, sub *E*. ‖ ex ac *A*. ‖ 12. quam *G*.
‖ imm. *EG*. ‖ pareret *A*, parire *B*. ‖ 13. non longe a monte *G*. ‖
decum *G*, decum *P*. ‖ quomodo non potest *E*. ‖ 14. cursu *ABE*. ‖
conprehendi (conpraeh. *B*) recto *AB*, recte comprehendi *G*, com-
prehenso recto *E*. ‖ 15. monte *A*. ‖ sol adhuc *ABE*. ‖ hisdem *B*.
‖ 16. ulteriori *G*, ulteriorem *B*. ‖ partem *B*. ‖ 17. Quaerenda
AEG. ‖ que sit *A*. ‖ 18. que ratio *A*. ‖ oriendi *B*. *add* mundi *ABE*.
‖ quanti *AB*, quod *E*. ‖ mundi terra *E*.

*AB*₂₄₂*EG*aduo|caudum est nobis gnomonices summae ac diuiniae artis elementum: explicari enim desiderium nostrum ad uerum, nisi per umbrae momenta, non potest. ortum enim aut occasum ne ab extrema quidem parte orbis terrarum
5 peruidere quisquam potest, cum a sapientibus tradatur terram punctum esse caeli et infra solem amplo diaste-mate spiritum sumere. nam et Archimeden, uirum prae-clari ingenii et magnarum rerum inuentorum, ferunt scrib-
*E*₄₆ sisse quantum arenarum capere posset mundus, | si re-
10 pleretur. credamus ergo illum diuiuarum rerum magnitu-
*B*₂₄₃ dinem ante oculos habuisse: qua ratione | dicamus 'tot saeculis unus mortalium hoc scire potuerit: unus propter hoc laborauit et per incrementa umbrarum deprehendit'?
*A*₁₃₀ Caeli autem punctum esse terram ¦ sic describunt, quod
15 dicant a polo ad Saturni circulum interuallum esse quod Greci hemitouion appellant; a Saturno deinde ad Iouem he-

1. gnomonicae *A*, .vr. nominicae *B*, non modicae *E*. ‖ summeae hac *B*. ‖ diuine *A*. ‖ 2. flumentum *B*, frumentum *A*, fructum *E*. ‖ ex-plicare *E*. ‖ ad *G*, ac *ABE*. ‖ 3. nisi] ac *B*. ‖ umbre *A*, umbrarum *B*. ‖ hortum *B*. ‖ 4. aut in occasum *AB*, et occasum *E*. ‖ nec ab *E*. ‖ quidam *A*, quaedam *B*. ‖ orbis terrarum parte *G*. ‖ partem *AB*. ‖ 5. peruidire *A*. ‖ quisque *E*. ‖ traditur *AB*. ‖ 6. terra *B*. ‖ caeli] .cap. *E*. ‖ diastaematae *A*. ‖ 7. spiritus *G*. ‖ substernere *B*, sustineri *G*. ‖ arcimedem *A*, archimidem *B*, archimedum *E*. ‖ ue-rum preclari *A*. ‖ 8. ferunt (fuerunt *A*) scribsisse (scrips. *BE*) *ABE*, scripsisse ferunt *G*. ‖ 9. harenarum *EG*. ‖ possit *G*, potest *AE*, do-nec *B*. ‖ si repleritur *A*. ‖ 10. credamus ... 11. habuisse *hic om B*. ‖ 11. oculus abuisse *A*. ‖ quam rationem *E*. ‖ 12. saeculis unum credamus ergo illum diuinarum rerum magnitudinem ante oculos ha-buisse. Unus *B*. ‖ hoc mortalium *G*. ‖ 13. incrimenta umbrarum *A*, umbrarum incrementa *G*. ‖ depraeb. *B*. ‖ 14. esse terram *G*, terram (terra *B*) esse certam (certa *B*) *ABE*. ‖ sic de his scribunt quo *E*. ‖ 15. dicam *AB*. ‖ apollo *ABE*. ‖ interuallum ... 16. Saturno] emi-tonion *B*. ‖ 16. emitoniō *AE*. ‖ a *om AE*. ‖ deinde emitonion ad iobem (iouem *E*) *AE*. ‖ emitonion *B*.

mitonion; ab hoc deinde ad Martem tonum; a Marte de- *ABEG*
inde ad solem ter tantum esse quantum a polo ad Sa-
turnum, hoc est tribemitonium; a sole deinde tantum esse
ad Venerem, quantum a Saturno ad Iouem, | hemitonium; *B*⁸⁴⁴
a Venere deinde ad Mercurium hemitonium; a Mercurio 5
deinde ad lunam tantundem, hemitonion; a luna ad terram
tantum quantum a polo ad Iouem, tonon. sic terram punctum caeli esse ostendunt: nam et ars musica per haec
diastemata constare fertur. (fig. 160.)

Solem autem ampliorem aliquot partibus quam ter- *G*¹⁰⁷
ram describunt, et quod palam est ab eo inluminari diem, 11
noctem esse in dimidium ipsius terrae obumbrationem.
polum | ipsum quinque circulis diuidunt in sex partes. *A*¹³¹
sicut ait Vergilius

quinque tenent caelum | zonae. quarum una corusco *B*²⁴⁵
semper sole rubens et torrida semper ab igni. . 16
quam circum extremae dextra leuaque trahuntur
caerulea glaciae concretae atque imbribus atris.
has inter mediamque duae mortalibus aegris

---

1. hac *B*. ‖ ad Martem ... Marte deinde *om B*. ‖ tonum *G*, ponum
A, ponunt *E*. ‖ 2. tantum *G*, tantundem *A*, tantumdem *B*. ‖ apollo
ABE. ‖ 3. triemitonium *EG*, triaemitonion *B*: *add* diuinarum rerum magnitudinem habuisse *E*. ‖ ad *AE*. ‖ solem *ABE*. ‖ 4. bene-
rem *B*. ‖ ad iobem emitonion. ergo a benere *B*. ‖ emitonium *E*. ‖
5. hemitonion *G*, aemitonion *B*, emitonium *E*. ‖ 6. hemetion *A*, hemitonium *G*, emitonium *E*, aemitonion *ante* tantundem *B*. ‖ a lunam *AB*. ‖ 7. apollo *ABE*. ‖ iobem *B*. ‖ tinon *A*, emitonion *B*,
triemitonion *corr A*, *om E*. ‖ sic *om E*. ‖ 8. nam *om G*. ‖ artes
musicas *ABE*. ‖ 9. diastimata *A*. ‖ 10. aliquod *AB*. ‖ terra *B*. ‖
11. pala *B*. ‖ diem inluminari *G*. ‖ 12. obumbratione *G*. ‖ ipsius *A*.
13. circuli *B*. ‖ 14. ait *om G*. ‖ uirgilius *EG*. ‖ 15. caelus *A*, caelos *B*. ‖ uno *A*. ‖ coruscus *B*. ‖ 16. rubet *ABE*. ‖ igne *E*, igni est *B*,
igni et citera *A*. ‖ 17. extreme *A*, extrema *B*. ‖ trahantur *A*. ‖ 18.
caeruleae *BEGP*. ‖ glacie *E*, hac gregiae *B*. ‖ concrete *AB*. ‖ adque
A. ‖ utris *B*, diris siue hatris *A*. ‖ 19. mediamquae *AB*. ‖ duae *om*
B. ‖ egris *AE*.

ABEG munere concessae diuum, et uia secta per ambas,
obliquus qua se signorum uerteret ordo.

quinque ergo circulis haec nomina adsignant. summum,
frigidissimae partis finem, septentrionalem appellant: se-
5 cundum ab eo solistitialem; ab hoc deinde qui medium
B 246 polum diuidit, aequi|noctialem, quod in eum sol diei et
noctis horas aequet. ab hoc deinde qui est aequinoctiali
E 47 proximus, | brumalem appellant: nam et solistitiali est or-
dinatus. septentrionali deinde sescontrarium austrinalem
G 108 appellant. | circulus autem zodiacus, cuius fines sol ne-
11 gatur excedere, ex circulo aequinoctiali ad brumalem per
diagonum ostenditur ita ut meridianum circulum ex utraque parte medium secet. per hunc sol, hoc est infra, ire
fertur et orbem terrarum uiginti et quattuor horis cir-
B 247 cuire. | harum ferunt XXIIII horarum iunctarum semper
unum esse interuallum: nam increscendi aut decrescendi

1. concesse *B*. ‖ diuum *om B*. ‖ per umbras *AB*. ‖ 2. obliquos
(oblicus *B*) est qui nec signorum uertitur ordo *AB*. ‖ uerterit *E*. ‖
3. hae *B*. ‖ 3. 4. assignantur. summam partem septentrionalis primae appellatur *E*. ‖ summe frigidissime *B*. ‖ 4. finem *G*, primae *A*,
prime *B*. ‖ septentrionale *A*, Septrione *B*. ‖ 5. solstitialem *G*, sol-
sticialis *E*. ‖ ad hoc *B*, ab hoc *A*. ‖ 6. diuidet *E*. ‖ et aeq. *AB*. ‖ eum,
sic *ABEGP*. ‖ 7. nocti ora se aequet *B*. ‖ aequas. et ab *E*. ‖ qui
est aequinoctiales *A*, aequinoctiales qui est *B*. ‖ 8. proximos *A*. ‖
umbrales *E*. ‖ solistitiale *AB*, sol°stitialis *G*, solstitialis *P*, solsticia-
lis *E*. ‖ 9. septentrionalis *E*. ‖ sicontrarium *A*, se contrarium *G*,
contrarium *B*, est contrarius *E*. ‖ 10. autem cuius zoziacus sol fines
negatur *B*. ‖ zoziacus *A*. ‖ finis *A*. ‖ 11. excidere *AB*. ‖ solstitiali
Turnebus. ‖ ad *G*, a *B*, per *AE*. ‖ brumali *B*. ‖ 12. *nonne* dia-
gonium? ‖ ostenditur ... meridianum *om E*. ‖ ostenduntur *AB*. extenditur *Goesius*. ‖ eta *A*. ‖ ut ex utraque parte meridianum circulum medium *G*. ‖ 13. secet (sed et *E*) hoc est per hunc °° intrare
fertur id est hoc eis infra ire fertur (eis fertur infra *E*) orbem *AE*. ‖
14. et *om AB*. ‖ uiginti et quattur XXIIII. *B*, .xxIIII. *AE*. ‖ oris *G*,
horii *E*. ‖ circumire *BEG*. ‖ 15. ferunt *om E*. ‖ iuncturam *E*. ‖
seper *A*, per *E*. ‖ 16. interballum *B*. ‖ Nam crescendi *G*.

inter ipsas horas alternam esse mutationem. | hoc ipsum *A*₁₃₂*BEG*
per umbrarum motus ostenditur. nam cum sol orbem medium conscendit, umbras omnium rerum in hoc nostro
tetartemorio meridiano axi facit ordinatas. ab hoc enim
exemplo sescontrariae partis, quae uidetur eisdem horis 5
inluminari, umbra describitur. (fig. 161.) dubium fortasse
esset de parallelo nostri tetartemorii, si | secundum zo-   *B* ₂₄₈
diaci circuli cursum oceanus meridianus interueniret: nam
totius terrae quattuor partes mari diuiduntur, nec ultra
hominibus quartae partis ire permittitur. sed quoniam 10
oceanus meridianus subiacet circulo meridiano, quem zo-
diacus medium secat, apparet inter aequinoctialem et meridianum circulum a media terra quidquid est in oriente,
ultra cursum solis esse, quam regionem quidam sescon-
trariae | partis appellant; et quidquid a media terra in *G* ₁₀₉

1. oras *A.* ‖ inmutationem *B.* ‖ ipsud *BG.* ‖ 2. deprehenditur *G.* ‖
urbem *A.* ‖ 3. conscendet *G.* ‖ rerum *om G.* ‖ in hoc (hac *E*) forte
parte nostri et artemono nostro tetrantemorio (cetarmonos *B*, tetrantem monorio *E*) meridiano *ABE.* ‖ 4. tetartemori *G.* ‖ axi] xxi. *AE.*
‖ facit ornata. sub hoc *E.* ‖ 5. ses contrariae *G*, siscontrariae *A*,
sit contrariae *B*, si contrariae *E.* ‖ partes *ABE.* ‖ que *A.* ‖ uidentur *E.* ‖ hisdem *B.* ‖ oris *A.* ‖ 6. umbrae *B*, umbras *E.* ‖ describuntur *E.* ‖ 7. esset *G*, *om B*, orbi de caelo uel *AE.* ‖ parallelon
G, parallilon *A*, paralelon *B.* ‖ nostro *E.* ‖ tetartemori *G*, itetran-
temoris *A*, tetrantem. oris *B*, tetrantem horis *E.* ‖ zoziaci *AB.* ‖
8. circulum cursum *E.* ‖ ocaeanum *A*, Oceanum *B*, *om E.* ‖ meridianum *B.* ‖ interueneret *A.* ‖ 9. mari] terrae mari *E.* ‖ nec] nam
                                                    or
E. ‖ 10. hominum *B.* ‖ quartae] iiii. *E.* ‖ partes *ABE.* ‖ ire permittitur *G*, praetermittitur *AB*, praetermittuntur *E.* ‖ 11. ocaeanus
A, oceanum *E.* ‖ meridiano *G.* ‖ subiacit *A.* ‖ zoziacus *B.* ‖ 12.
secat medium *G.* ‖ 13. a *om ABE.* ‖ quidquid *AP*, quicquid *EG*,
quod *B.* ‖ orientem *B.* ‖ 14. cursus *A*, cursu *B*, concursus *E.* ‖
quod *E.* ‖ regioni *ABE.* ‖ quicquid *E.* ‖ sexcenturiae *B*, asses
contrariae *E.* ‖ 15. partes *ABE.* ‖ quidquid *ABP*, quicquid *EG*.
‖ in occidentem *G*, ab occidente *E.*

B249. A133.
EG occidente inter brumalem et | me'ridianum circulum subia-
ceat, nostrae esse partis, si solis cursum sequamur; quoniam omnibus terris in hac parte in occidentem spectantibus umbras in dextrum emittit, exceptis illis quae sunt
5 ab Aegypti fine usque ad oceanum, qua finit circulus
aequinoctialis. has terras ferunt inhabitare Arabas Indos
et alias gentes. apud hos in occidentem spectantibus umbrae in sinistrum emittuntur; ex quo apparet eos ultra
solis cursum positos. sicut ait Lucanus

B250 inuisum uobis Arabes ue|nistis in orbem,
11 umbras mirati nemorum non ire sinistras.

nam et Aegypto medio die umbra consumitur. ex hoc
ibidem mediam terrae partem esse conprehendimus. (fig. 162.)

Optimum est ergo umbram hora sexta deprehendere
E48 et ab ea limites incoare, ut sint semper | meridiano or-
16 dinati: sequitur deinde ut et orientis occidentisque linea
A134 huic nor|maliter conueniat. primum scribemus circulum

1. subiacet EG. ǁ 2. nostre A. ǁ partes AB. ǁ si om E. ǁ cursu A. ǁ
3. hac G, $\overline{\text{uii}}$.ma numero A, vii. numeria B, septem milia anno-
rum numero E. ǁ expectantibus in occidentem E. ǁ occidente AB.
ǁ spectantibus om B. ǁ 4. dextram demisit B. ǁ excepto G. ǁ qui
sunt ABE. ǁ 5. ab aegipto E. ǁ finem ABE. ǁ ocaeanum A. ǁ quae
AB, quia E. ǁ 6. teras A. ǁ ferunt BE, feruntur A, fertur G. ǁ
inhabitare arabus (arab. B) AB, habitare arabes E, inhabitabiles G.
ǁ indus B. ǁ 7. aput A. ǁ occidente AE, oriente B. ǁ expectantibus
BE. ǁ umbre in sinistro alii demittunt emitricuntur B. ǁ 8. sinistram
E. ǁ 9. cursu AB. ǁ posito A, positus B. ǁ ait $ABEP$, et G. ǁ 10.
ignotum codices Lucani 3,247. ǁ arabis AB. ǁ urbem AB. ǁ 11.
miratio nemorum A, miratione horum E. ǁ non rem E. ǁ sinistris
AE, sinistra B. ǁ 12. nam ex medio aegipto mediae umbrae consu-
muntur E. ǁ diae B. ǁ consumetur A. ǁ 13. ibi AE. ǁ media A. ǁ
partem terrae B. ǁ conpraehendimus B. ǁ 14. ergo est E. ǁ umbra
B, umbrae A. ǁ ora sexta B, horae sextae EG. ǁ depraehendere
B, apprehendere E. ǁ 15. limitem inchoare G. add orae A. ǁ 16.
deinde om G. ǁ et orientis et B, orientis et E. ǁ occidentique G,
occidentis aequa E. ǁ 17. conuenit E. ǁ primum scribimus ABE,
Scribemus primum G. ǁ circulos E.

in loco plano in terra, | et in puncto eius sciotherum po-*ABEG* 110
nemus, cuius umbra et intra circulum aliquando intret:
certius | est enim quam orientis et occidentis deprehen- *B* 251
dere. adtendemus quem admodum a primo solis ortu umbra cohibeatur. deinde cum ad circuli lineam peruenerit, **5**
notabimus eum circumferentiae locum. similiter exeuntem
umbram e circulo adtendemus, et circumferentiam notabimus. (fig. 163.) notatis ergo duabus circuli partibus in-
trantis umbrae et exeuntis loco, rectam lineam a signo
ad signum circumferentiae ducemus, et mediam notabimus. **10**
per quem locum recta linea exire debebit a puncto cir-
culi. per quam lineam | kardinem dirigemus, et ab ea *B* 252
normaliter in rectam decimanos emittemus: et ex quacum-
que | eius lineae parte normaliter interuenerimus, deci- *A* 133
manum recte constituemus. (fig. 164). **15**

    Est et alia ratio, qua tribus umbris conprehensis me- *G* 111
ridianum describamus. loco plano gnomonem constitue-

1. in terra loco plano *G.* ‖ punctis eius *E.* ‖ scioterum *G*, scio iterum *E*, scioterum et iterum *A*, si iterum *B.* ‖ ponamus *ABE.* ‖
2. umbram intra *E.* ‖ 3. certus *G.* ‖ enim est quod orientis *E.* ‖ et
om *B.* ‖ deprachendere *B*, deprehenderunt *AE.* ‖ 4. A'dtendemus
G, adtendimus *B*, tendimus *A*, ostendimus *E.* ‖ quem ammodum
G, *ut solet.* ‖ a om *ABE.* ‖ primum *BE.* ‖ hortum *B*, ortum *E.* ‖
5. cogebatur *B.* ‖ dein *G.* ‖ at circul*um* (i *corr pr*) *A.* ‖ 6. notauimus *G.* ‖ similiter *B.* ‖ 7. umbra *BE.* ‖ e om *E.* ‖ circulum *E.* ‖
attendemus *A*, adtendimus *E*, adpraehendimus *B.* ‖ circumferentiea
B. ‖ notanimus *AG.* ‖ 8. Notantes ergo duobus *AE.* ‖ circulis *E.*
‖ intrantes *B.* ‖ 9. exientis *A*, exientes *B.* ‖ locum rectum lineam
E. ‖ a signo om *ABE.* ‖ 10. ducimus *BE.* ‖ sed media *ABE.* ‖
notauimus *A.* ‖ 11. debet *G.* ‖ 12. card. *BG.* ‖ dirigimus *AE.* ‖ 13.
decimanus *A*, decimanum *BE.* ‖ emittimus *BE.* ‖ 14. partem *B.* ‖
interueniremus *E*, inuenerimus *G. legendum puto* interuerterimus.
‖ dec. recte const. om *B.* ‖ 15. constituimus *AE.* ‖ 16. quae *E.* ‖
compr. *BG. add* contraexeassit *A*, contra ex ea sint *E.* ‖ 17. describimus *EG*, describemus *P et corr pr G.* ‖ gnomon *BE*, ingno-
mon *A.*

ABEG mus AB, et umbras eius qualescumque tres enotauimus
C D E. has umbras normaliter conprehendemus, quanta
latitudine altera ab altera distent. si ante meridiem constituemus, prima umbra erit longissima: si post meridiem,
B 253 erit nouissima. (fig. 165.) has deinde umbras | pro portione
6 ad multipedam in tabula describemus, et sic in terra seruabimus. sit ergo gnomon AB, planitia B. tollamus um-
A 136 bram maximam et in planitia notemus | signo C: secun-
dam similiter in planitia notemus signo D; sic et tertiam
10 signo E; ut sint em basi pro portione longitudinis suae
B E D C. eiciamus hypotenusas ex C in A et ex D in A.
nunc puncto A et interuallo E circulum scribamus. ordinatas deinde lineas basi, hoc est planitiae, eiciamus in
B 254 cathetum ex praecisuris hypotenusarum et circum|feren-
(E) tiae, ex F in G et | ex I in K. longissimam deinde lineam

1. A. B. et *G*, habet *BE.* ‖ umbra *E.* ‖ qualescumque ... 2. has umbras
om E. ‖ qualiscumque *A*, .q. L. c. q. *G*, q. LCq *P*, ab aequali quale-
cumque *B.* ‖ praesentamus (*om* tres) *B.* ‖ 2. comprehendemus *G*,
conprehendimus *AE*, conpraehendimus *B.* ‖ quantum latitudinem *E.*
‖ 3. alter ab *B*, ab *E.* ‖ dicet *B*, distendi *E.* ‖ si *om BE.* ‖ angem
B. ‖ meridiae *AB.* ‖ constituimus *G*, constituuntur *E.* ‖ 4. si] sed
E. ‖ pos *B.* ‖ meridiae *AB.* ‖ 5. erit *om G.* ‖ pro portionem *E.* ‖
6. murtiperas *A*, mortiferas *B*, mortiperas *E.* ‖ describimus *ABE*
et i *pr* in e *mutato G.* ‖ in terram *P.* ‖ seruauimus *AB.* ‖ 7. A B]
ad *BE.* ‖ planiciam .B. *E.* ‖ 8. maxima *BE.* ‖ et *om E.* ‖ planitiam
A, planitiem *B.* ‖ notimus *B.* ‖ signum .c. Secundum similiter in
planitia (planitiam *A*) notemus (notimus *B*) *AB*, *om EG.* ‖ 9. signum .d. *ABE.* ‖ sed et *B.* ‖ tertia *AE*, terram *G.* ‖ 10. signum *AE*,
signum scribamus. *B.* ‖ in nasi *BG*, in lineas *E.* ‖ pro portionem
AB, ipso portionem *E.* ‖ 11. c *om E.* ‖ etsciamuss *A*, etscimus *B*,
sed sciamus *E.* ‖ ypotenosa C H A. et exinde. D I I A. nunc puncto *E.* ‖
ypot. *A*, ypotin. *B.* ‖ ex *om A.* ‖ .c. n. a. *AB.* ‖ in .a. *posterius om*
B. ‖ 12. A *om B.* ‖ E] c *E.* ‖ circulum *AEP*, circum *B*, *om G.* ‖
scribimus *E.* ‖ ordinatos *B.* ‖ 13. uasis *B.* ‖ planitia .e. *B.* ‖ 14. cha-
tetum *BG*, catecto *E.* ‖ ex priscis horis *E.* ‖ yphotinusarum *B*, ypo-
tenosarum *E.* ‖ et] id *A*, item *E.* ‖ 15. ex. f. in. g. e. et. ex. i. n. k.
A, ex finge et exiin *B*, signo .F. HGE et (*cetera perierunt*) *E.*

CF maximae umbrae inprimemus, et a signo B notabimus *ABG* CF; secundam lineam umbrae secundae, notabimus KI. deinde ex signo F et I rectam lineam eiciemus; itemque ex C D, finibus umbrarum. hae duae lineae altera alteram conpraecident signo T. eiciemus deinde rectam lineam 5 ex T et E; quae erit ortus et occa'sus. ex hac in rectum rectam lineam eiciemus, hoc est normaliter: haec erit meridiano ordinata. (fig. 166.) | eisdem signis et ipsum cons- *A* 137 tituemus, | et intuebimur quattuor | caeli partes, quibus G 112. B 255 limitum ordinatio hac ratione constituta omni tempore 10 conuenit. (fig. 167.)

Si locus in quo colonia constituitur, cultus erit, ex ipsa ciuitate maximum decimanum et kardinem incipiemus, ita si colonia ab solo | constituetur. decimanum m. au- *A* 138 tem et kardinem optimi mensores agere debebunt, | idem *B* 256 et quintarios ad singula claudere, nequis error operi fiat, 16 quod post amplum actum emendare sine rubore difficile est. quod si aut ferramenti uitium aut conspiciendi fuerit, uana contemplatio in uno quintario statim paret et

1. .g. f. *AB, om G.* ‖ maxime umbras *B.* ‖ a *BG,* .a. b. *A.* ‖ notauimus *G.* ‖ 2. secundum *ABG. correxit Mollweidius (v. Zach, monatl. correspondenz* XXVIII, *p.* 406). ‖ secunde *B.* ‖ notauimus *A.* ‖ K. I. *G,* k. c. *A,* k. t. *B.* ‖ 3. ex *AG,* et ex *B.* ‖ F̄ et in Ī *G,* .f. i. *A,* si *B.* ‖ 4. haec *A,* ue *B.* ‖ alter alteram *AB.* ‖ 5. conprec. *G,* cōpraec. *A,* cumpraccident *B.* ‖ signo .T. *GP,* signum .t. *AB.* ‖ 6. et E] et .ē. *G,* e. t. e. *A,* et ae *B.* ‖ qui *B.* ‖ hortus *B.* ‖ et ex *B.* ‖ ac *A.* ‖ 7. haec erit *AG,* accidet *B.* ‖ S. ordinatam *B.* ‖ et *AB,* id *GP. uelim* tetrantem. ‖ ipsud *P.* ‖ 10. limitum ordinatione const. *B.* ‖ 11. *hic AB habent quae sequuntur p.* 192,4-7. ‖ 12. cultus *G,* cuius *AB.* ‖ 13. ipsam *B.* ‖ ciuitatem *AB.* ‖ 14. a *BG.* ‖ sole *AB.* ‖ constituitur *G.* ‖ M. *G, om AB.* ‖ 15. optime *A,* optimum *B.* ‖ mensuraes *A.* ‖ eidem *G.* ‖ 16. quintarius *AB,* quintarium *G.* ‖ ad signa *Goesius.* ‖ cludere *BG.* ‖ operis *AB.* ‖ 17. actum finem rubore emendare difficile est *G.* ‖ 18. quod si autem *AB.* ‖ uictum *G.* ‖ 19. uana *Itali.* uaria *A,* uaria uaria *B,* una *G.* ‖ instatim apparet *B.*

ABG tolerabilem habet emendationem. subrunciui minus erro-
ris habent periculum: hos tamen aeque diligenter agere
oportet, ne quam et hi recorrigendi moram praestent.
*A*137 *B*205 (fig. 168.) | multi perpetuos limites egerunt et in illa ope-
5 ris perseueratione peccauerunt, sicut in ueterum colonia-
*G*113 rum finibus inuenimus, frequentius in prouinciis, ¦ ubi fer-
*A*138 *B*256 ramento nisi ad interuersuram non utuntur. (fig. 169.) | li-
*A*139 neam autem per metas extendemus, et per eam | ad per-
pendiculum cultellauimus. actuarios palos suo quemque
*B*257 | numero inscriptos inter centenos uicenos pedes defige-
11 mus, ut ad partitionem acceptarum mensura acta appareat. (fig. 170). limitibus secundum suam legem latitudines dabimus, et aperiri in perpetuum cogemus. plurimum
enim agentibus praestat acti limitis perpetua rectura: ex
15 hoc deuerti nisi per neglegentiam non potest. cultis locis
limitem sulcis optime seruabimus. prensis tamen in cons-
*A*126 *B*237
*E*44 *G*104 pectu longinquo signis limitem agemus. (fig. 171.) | si uero
in propinquo sint duo signa quae ex recta linea norma-
liter conspici possint, ut excussis longitudinibus longiorem
20 lineam ad breuioris longitudinem signo posito aequemus,

1. emendationes *A*. ‖ errores *AB*. ‖ 2. hoc tamen neque *AB*. ‖ agi
G, habere *B*. ‖ 3. et hic hae (haec *B*) corrigendi *AB*. ‖ praestet *B*,
prestet *A*. ‖ 4. elegerunt *B*. ‖ 5. perseuerationem *AB*. ‖ peccauerunt *om G*. ‖ 6. finifus inueniamus *A*. ‖ recentius *AB*. ‖ in prouan-
tis *A*, inprobandi *B*. ‖ 7. interuersura *A*. ‖ utantur *AB*. ‖ 8. moetas extendimus *B*. ‖ eum *B*. ‖ 9. actuarius *A*. ‖ quemque *om AB*.
‖ 10. scriptos *B*. ‖ centinos uicinos *B*. ‖ defigimus *B*. ‖ 11. et *AB*.
‖ appartitione *A*, ad partionem *B*. ‖ 12. latitudinis *B*. ‖ 13. dauimus *A*. ‖ apperiri *G*. ‖ perpetum *A*. ‖ cogimus *B*. ‖ 14. acti] actitua-
rii *B*. ‖ limites *AB*. ‖ 15. hac *B*. ‖ diuerti *G*. ‖ nisi *G*, ne *AB*. ‖
neglegentia *AP*. ‖ culti *A*. ‖ 16. sulci *B*. ‖ seruanimus *B*. ‖ prae-
sis *A*, praesens *B*. ‖ in *B*, ins *A*, *om G*. ‖ 17. augemus *B*. ‖ 18.
quae *om B*. ‖ ex *om AE*. ‖ relicta *BG*. ‖ 19. excusis *A*, excursis
B, ex suis *E*. ‖ 20. ad *E*, ab *A*, a *B*, *om G*. ‖ brebiores *B*. ‖ longitudinem *AG*, longiorem *B*, lineae rectam *E*. ‖ opposito *G*. ‖ aequi-
mus *B*, aequanimus *E*.

ex quo ad interuersuram breuioris | lineae rectam lineam *AB₂₃₄EG*
iniungamus, quae sit duorum signorum conspectorum | li- *E₄₄*
neae ordinata, ferramento | explicauimus. (fig. 172.) sit *A₁₂₇*
ergo forma conspectus ABCD. nunc ex linea primum
constituta, quae est inter B et D, conspiciamus signum 5
quod est inter B et A. prolato exiguum per rigorem ferramento normaliter paucas dictabimus metas ex signo E.
prolato iterum exiguum ferramento in signum F, (fig. 173.)
signum conspiciemus ita ut rigorem ex E missum secet
signum G, et quicumque numeri fuerint sic obseruabimus. 10
quomodo | fuerit FE ad EG, si et FB tractabimus, erit *B₂₃₉*
longitudo conspectus inter BA. eadem ratione et alteram
partem conspiciemus. quanto deinde longior fuerit, signo
notabimus H, et ex hoc signo in B rectam lineam iniun-
gemus, quae erit ordinata AC. | (E)

1. interuersura *A*. ‖ breuioris ... 2. iniungamus *om E*. ‖ breuiores *A*,
brebioris *B. add* quae sit duorum signorum conspectorum *G*. ‖ recta
(lineam *om*) *B*. ‖ 2. que *A*. ‖ sunt *ABE*. ‖ inspectorum *E*. ‖ 3. ordinatae *AE*, ordinate *B*. ‖ explicabis *G*, explicuimus *E*. ‖ 4. .a. b.
a. b. c. d. *ABE*. ‖ ex *AE*, est *B*, *om G*. ‖ 5. et *om G*, EL *E*. ‖ conspicimus *BE*. ‖ 6. et *om G*. ‖ prolatum *B*. ‖ exigum *A*. ‖ rigore *A*,
rigores *B*. ‖. 7. dictauimus *AB*, dictabis *G*. ‖ moetas *B*, meta *E*. ‖
et signo et prolato *E*. ‖ 8. exigum *A*, exiguum per rigorem *E*. ‖ in
AEG, et *B*. ‖ signum .F. *G*, signo .f. *ABE*. ‖ 9. conspicimus *BE*,
om G. ‖ ita ut] aut *E*. ‖ exemissum *ABG*, ex se missum *E*. ‖ setet
A, sedet *B*, sed et *E*. ‖ 10. numerum *E*. ‖ fuerit *E*, fecerit *ABG*.
‖ 11. FE ad EG si et FB] .FE A D G. si GFE B. *G*, .f. a. e. d. et. g. Sic.
eb. *A*, .f. eadem et. g. Sic. e. et. b. *B*, F A E D E T G. sic et B. *E*. ‖
tractauimus *B*. ‖ 12. conspectui *B*. ‖ inter B A] haec *E*. ‖ rationem
A. ‖ et *G*, si *ABE*. ‖ altaeram *A*, altera *B*. ‖ 13. parte *B*. ‖ conspiciemus *om ABE*. ‖ quando deinde *E*, quando dd. *B*. ‖ signo *G*,
sic *A*, .f. *B*. ‖ 14. notabimus *BG: add* conspiciemus. *ABE*. ‖ et
om G. ‖ hoc signam *B*, signo hoc *G*. ‖ iniungimus *BE*. ‖ 15. que
A. ‖ .a. c. *A*, hac normaliter paucas dictauimus moetas exigno et
prolato iterum exiguum ferramentum .h. s. *B*.

13

A 139 *B* 257
G 114

B 258

A 140

| Si limites post urbem constitutam inchoabimus , ex proximo decimanum maximum et kardinem inci|piemus, eisque latitudinem secundum legem suam dabimus.|(fig. 174).

Si propter locorum difficultatem prope urbem limi-
5 tes inchoari non poterint, tunc in ea regione ubi adsignaturi erimus, decimanum maximum et kardinem constituemus sic ut decimani ordinationem ortus et occasus teneant, kardines meridiani et septentrionis. (fig. 175.)

Limitibus latitudines secundum legem et constitutio-
A 141 nem diui Augusti dabimus, | decimano maximo pedes XL,
11 kardini maximo pedes XX, actuariis [autem] limitibus omnibus decimanis [et] kardinibus pedes XII, subrunciuis pedes
B 259 VIII. limitibus | omnibus in mediis tetrantibus lapides defige-
mus ex saxo silice aut molari aut ne deteriore, politos,
15 in rotundum crassos pedem, in terram ne minus habeant
G 115 pedes II *s*, super terram sesquipedem. | (fig. 176.)

Inscribendi nobis una sit ratio. hanc itaque ex omni
opere certissimam eligamus, et hac potissimum utamur.
decimano maximo et kardini maximo omnes lapides in
20 frontibus inscribamus, reliquos in lateribus clusaribus.

1. limitem *AB*. ‖ conditam *G*. ‖ inquohabimus *A*. ‖ ex decumano.
M. primum et i. incipiemus *G*. ‖ 2. decimanus *A*. ‖ inspiciemus *B*.
‖ 3. eisque *G*, est qua *A*, ex qua *B*. ‖ latitudines *G*. ‖ dauimus *B*.
‖ 4. difficultate propter *A*. ‖ 5. poterint, *sic ABGP*. ‖ nunc *B*. ‖
in eam regionem *AB*. ‖ 6. kardinem sic constituemus *AB*. ‖ 7. sicut *AG*, si *B*. ‖ ordinatione *A*. ‖ hortus *B*. ‖ 8. kardinem *A*, cardinis *G*. ‖ 9. latitudinem *B*. ‖ consuetudinem *A*, consecrationem *B*.
‖ 10. ped. *B*, P. *G*. ‖ xxxx. *G*. ‖ 11. pd. *B*, P. *G*. ‖ actuarus *A*. ‖
autem *om AB*. ‖ 12. et *om AB*. ‖ ped. *BG*. ‖ subruncibis *AB*. ‖
pedes uiii. limitibus pedes. uiii. omnibus in *A*, limitib. ped. viii.
omnib. tamen *B*, pedes .viii. in *G*. ‖ 13. testantibus *B*. ‖ designe-
mus exaxo *B*. ‖ 14. molarum *A*, molario *B*. ‖ deteriori *A*. ‖ politos rotundos grasso *B*. ‖ 16. ped. *BG*. ‖ post II *s add* duo semis
B. ‖ sexquipedem *B*. ‖ 17. In scribendis *A*. ‖ nobis *AB*, nominis
G. ‖ 18. et ac (ad *B*) potissima *AB*. ‖ 19. D̄. M̄. o. et *GP*. ‖ cardini *P*, kardine *A*, cardinis *G*. ‖ maximo *A*, *om BGP*. ‖ in frontes
A, *om G*. ‖ 20. in *om G*.

omnes enim centuriae singulos angulos habent clusares. *ABG*
incipiamus ergo ponere lapides a decimano maximo et
kardine, | inscriptione qua debet. | DECIMANVS MAXIMVS. $B_{260}.A_{142}$
KARDO MAXIMVS. DECIMANVS TOTVS. KARDO TOTVS. (fig. 177.)
applicemus nunc singulas centurias maximo decimano siue 5
kardini. hae omnes quattuor ternos lapides iam positos
habent: sequitur ut illis unus tantum clusaris angulus uacet, hoc est singuli; quibus debebit inscribi D. D. I V. K. I,
et S. D. I V. K. I, et D. D. I K. K. I, et S. D. I K. K. I. sic et in
ceteris obseruare debebimus. (fig. 178.) | his angulis la- $A_{143}G_{116}$
pides defigamus, quibus centuriarum appellationes in la- 11
teribus adscribemus ad terram deorsum uersus. | S. D. I B_{261}
V. K. I in ea parte lapidis inscribemus quae erit S. d. I aeque ultra k. primum. quod quoniam in altitudinem ex-
poni in hac planitia non potest, inscripturam lapidi ad- 15
plicauimus, quam in re ipsa lapis habere debebit. sic et
D. D. I V. K. L. sic et S. D. I K. K. I. sic et D. D. I K. K. I.
(fig. 179.) quoniam ab uno umbilico in quattuor partes

1. centuria *A*. ‖ angulos *om BG*. ‖ habeant *B*. ‖ 2. a. D. M. O. et *G*.
‖ 3. *ƙ*. inscriptione *G*, kardinis inscriptionis *A*, kardines inscriptiones *B*. ‖ quas *B*, ‖ decimanus maximus kardo maximus decimanus
maximus [kardo totus *A*] kardo totus *AB*, decumanus maximus decumanus totus .*ƙ*. *ϻ*. *ƙ* totus *G*. ‖ 5. siue *AB*, et *G*. ‖ 6. haec *B*. ‖
omnes. IIII. quaternos *G*. ‖ iam positus *A*, inpositos *G*. ‖ 7. ut ilis
A. ‖ clusalis *A*. ‖ uacet *G*, haec et *AB*. ‖ 8. singulis *B*. ‖ debet *G*. ‖
scribi *A*. ‖ dextro decimanum .I. *A*. ‖ .V. I. K. K. I. *B*. ‖ 9. et S. D. I. U. K. I
om B. ‖ K. K. et (*omisso* I) *B*. ‖ 10. citeris *A*. ‖ His ad angulis *A*.
‖ 11. in *om AB*. ‖ 12. adscribimus *A*, describemus *G*. ‖ a terram
diosum *A*. ‖ 13. lapides *AB*. ‖ inscribimus *B*, scribimus *A*. ‖ ae-
que] *fortasse* atque. ‖ 14. ultra primum *AB*, ui *G*. *recte interiecit*
kardinem *Goesius*. ‖ in *post* quoniam *om B*. ‖ 15. planitiam *A*. ‖
inscriptura *B*, scripturam *A*, inscriptionem *G*. ‖ applicau. *B*, ap-
plicab. *G*. ‖ 16. lapides *B*. *add* amplicauimus quam in re ipsa lapis
A. ‖ sed et *B*. ‖ 17. sic et sic. et. *AB*. ‖ sic et D. D. I K. K. I *addidi*. ‖ 18. inumbilico in *B*.

13*

ABG omnis centuriarum ordo conponitur, ab unius primae centuriae incremento omnes inscriptiones singulis angulis cluduntur: quidquid enim ultra primum kardinem numera-
B 262 tur, perseuerat usque ad extre|mum finem ultra primum
5 uocari. sic et k., similiter d. aut s. et cum d. m. siue
cardini omnes lapides positi fuerint, per successionem sin-
A 144 gulis centuriis | quartus lapis deerit, cui posito centuriae
G 117 appellationem inscribere debemus. (fig. 180.) | his deinde
cum quartum lapidem posuerimus, sequenti loco centuriae
10 quartus angulus tantum uacabit, quo numerus ipsius inscribatur. ad summam omnes clusares angulos centuriarum lineis diagonalibus conprehendemus. (fig. 181.) sic et
B 263 in toto opere | exteriores anguli centurias cludunt ab ins-
A 145 criptione decimani maximi | et kardinis maximi. (fig. 182.)
15 Cum centurias omnes inscriptis lapidibus terminaue-
rimus, illa quae rei publicae adsignabunt, quamuis limitibus haereant, priuata terminatione circuibimus, et in forma
ita ut erit ostendemus, SILVAS siue PASCVA PVBLICA siue
utrumque. quatenus erit, inscriptione repleuimus, ut et in

1. omnes *AB*. ‖ ad *B*. ‖ 2. incrimento *A*, adinpraemente *B*. ‖ omnium *G*. ‖ 3. quidquid *P*, quicquid *G*, quisquis *AB*. ‖ numerantur
B, nominatur *A*. ‖ 5. sic et kardo similiter decimanus aut secum
decimanus maximus (aut secundum *B*) siue kardines (cardines *B*)
AB. recte *G* x̄ et ᴅ̄ et s̄, *id est* citra dextra sinistra. ‖ 6. fuerant
B. ‖ 7. debebit *AB*. ‖ sui *B*. ‖ centuriarum appellationes *G*. ‖ 8. debebit *AB*. ‖ His deinde cum *G*, Hisdem in decimanum *A*, Hisdem
id es cum *B*. ‖ 9. loci *A*. ‖ 10. zantum uocabitur quod numerus
inscribatur ipsius *AB*. ‖ 11. clusales *A*. ‖ 12. conprehendimus *A*,
conpraehendimus *B*. ‖ 13. tuto *A*. ‖ centuria *B*. ‖ inscriptionem *A*.
‖ 14. maximi et cardinis *om B*. ‖ kardines *A*. ‖ 15. insecertis *A*,
inseincertis *B*. ‖ 16. que *A*, quae et *B*. ‖ rei p. *A*. ‖ quäuis *AG*. ‖
17. hereant priuatam terminationem *AB*. ‖ circum iuimus *A*. ‖ formam *AB*. ‖ 18. ere *B*. ‖ ostendimus *AB*. ‖ silua *A*. ‖ siue pascua
(pascu *B*) publica *om G*. ‖ 19. utruque *A*, utrimque *G*. ‖ quatenus
ABP, quatinus *G*. ‖ inscriptionem *A*, terminationem *B*.

forma loci latitudinem rarior litterarum dispositio demons- *ABG*
tret. harum siluarum extremitatem per omnes angulos terminauimus. (fig. 183.)

| Eadem ratione terminabimus fundos exceptos siue *A*146 *B*264
concessos, | et in forma sicut loca publica inscriptionibus *G*118
demonstrauimus. (fig. 184).   **6**

Concessos fundos aeque similiter ostendemus, ut FVN-
DVS SEIANVS CONCESSVS LVCIO MANILIO SEI FILIO. in adsignationibus enim diui Augusti diuersas habent condiciones fundi excepti et concessi. excepti sunt fundi bene **10**
meritorum, ut in totum priuati iuris essent, nec ullam coloniae munificentiam deberent, et essent in solo populi
Romani. concessi sunt fundi ei quibus est indultum, cum
| possidere uni cuique plus quam edictum continebat non *B*264
liceret. quem admodum ergo eorum ueterum possessorum **15**
relicta portio ad ius coloniae reuocatur, sic eorum quibus plus possidere permissum est: omnium enim fundos
secundum reditus coemit et militi adsignauit. inscribemus
ergo concessos sic, ut in aere permaneant. | (fig. 185.)   (*A*)

Aeque territorio siquid erit adsignatum, id ad ipsam **20**
urbem pertinebit nec uenire aut abalienari a publico li-

1. formam *B*. ‖ demonstrat *B*. ‖ 4. rationem terminauimus *AB*. ‖
5. formas *B*. ‖ sic loca *AB*. ‖ 7. ostendimus *B*, inscribemus *G*. ‖ 8.
alucio *A*. ‖ sei filio *A*, C. F. I. L. *G*, *om B*. ‖ 9. conditiones *G*, *non P*.
‖ 10. fund. excepti *A*. ‖ bene *G*, poroe *A*, poene *B*. ‖ 11. in tuto *A*. ‖
inhaec ullae coloniae *A*, ne coloniae ullam *G*, inhae coloniae *B*. ‖
12. haberent *AB*. ‖ et *B*, *om AG*. ‖ 14. ei] et *AB*, e *G*. ‖ indultum est *A*. ‖ cum *om B*. ‖ 14. possedere *A*. ‖ edictum *G*, reditum
A, peditum *B*. ‖ 15. quem ammodum *G*, Quam *B*. ‖ 16. coliniae
A. ‖ reuocabitur *B*. ‖ sic eorum *G*, citerorum *A*, ceterorum *B*. ‖
17. commissum *B*. ‖ fundos] *add* ceterorum quib. plus possidere
commissum est omnium enim funeros *B*. ‖ 18. reditos coemit *AG*,
meritum *B*. ‖ et militiam *B*. ‖ scribimus *B*. ‖ 19. concessos *AB*,
fundos *G*. ‖ .Sic. ut *A*, sicut *G*. ‖ in *om G*. ‖ re *A*. ‖ permaneat *G*.
‖ 20. territoriorio *G*. ‖ id ad ipsam *G*, et adiectam *B*. ‖ 21. nec bi-
niri *B*.

B 266 *G* cebit. id DATVM IN TVTELAM | TERRITORIO adscribemus,
G 119 sicut siluas et pascua publica. | (fig. 186.)

Quod ordini coloniae datum fuerit, adscribemus in
forma SILVA ET PASCVA, ut puta SEMPRONIANA, ITA VT FVE-
5 RVNT ADSIGNATA IVLIENSIBVS. ex hoc apparebit haec ad
ordinem pertinere. (fig. 187.)

Aeque lucus aut loca sacra aut aedes quibus locis
fuerint, mensura conprehendemus, et locorum uocabula
inscribemus. non exiguum uetustatis solet esse instrumen-
10 tum, si locorum insignium mensurae et uocabula aeris
inscriptionibus constent. (fig. 188.)

B 267 Siqua regio in extremitate limites non acceperit, | eum
locum uacantem significauimus hac inscriptione, LOCVS EX-
G 120 TRA CLVSVS. extremitatem | deinde terminis lapideis obliga-
15 bimus, interposito ampliore spatio, et aris inscribtis conditoris nomine et coloniae finibus. (fig. 189.) extra clusa regio
ideo quod ultra limites finitima linea cluditur. linea autem finitima si limitibus conpraehensa non fuerit, optimum
19 erit extremitatem ad ferramentum rectis angulis obligare
A 147 et sic terminos ponere. (fig. 190.) | si fuerit mons asper
B 268 et confragosus, per singulas petras finitimas notas in|po-
nemus et ubi potuerit inscriptiones: sic et iu forma significauimus. [praeterea in Sicilia, ubi montium altitudo et

---

1. id datum *G*, Sed dum *B*. ‖ territorii *B*. ‖ adscribimus *B*, adscribi *G*. ‖ 2. siluis *B*. ‖ 3 - 6. Quo hordine *B*. ‖ adscribimus *B*.
‖ 4. pascua remota sempronia ut ait fuerat adsignata iuncteaxi-
bus et ex hoc apparebit ita et ordine pertinere *B*. ‖ 7. Aehabet
lucus *B*. ‖ 8. mensuram conpraehendimus *B*. ‖ 9. inscribimus *B*. ‖
uetustatib. *B*. ‖ 10. mensurae *om B*. ‖ aeres *B*. ‖ 11. constet *B*. ‖ 12. in
om B. ‖ adpeteres *B*. ‖ 13. hanc inscriptionis *B*. ‖ 14. et extremitatem.
eamq. terminis *B*. ‖ obigabimus *B*, obligauimus *G*. ‖ 15. ampliori
G. ‖ areis *B*. ‖ inscriptis *G*. ‖ 17. quod intra *B*. ‖ 18. non *om B*.
‖ 20. et ... ponere *om G*. ‖ 21. finitimus *B*. ‖ inponimus *AB*. ‖
23. praeterea ... *p*. 199,1 est *om G*.

asperitas est.] (fig. 191.) | nam in planis quamuis omnium *ABG* 121
centuriarum subsiciua lapidibus inscriptis conprehendantur,
certis tamen locis aras lapideas ponere debebimus, quarum inscriptio ex uno latere perticae applicato finem coloniae demonstret, ex altero, qua foras erit, adfines. ubi 5
fines angulum facient, ternum angulorum aras ponemus.
sic et in locis montuosis. (fig. 192.) | et has utraeque ci- *A* 148
uitates | constituant: adfines enim eisdem locis nomine *B* 269
imperatoris et finium earum inscriptione aras consecrare
debebunt. (fig. 193.)   10

Agro limitato acceptururum comparationem faciemus
ad modum acceptarum, quatenus centuria capere possit
aestimabimus, et in sortem mittemus. solent enim culti
agri ad pretium emeritorum aestimari. si in illa pertica centurias ducenum iugerum fecerimus et accipientibus dabun- 15
tur iugera | sexagena sena besses, unam centuriam tres *G* 122
[homines] accipere debebunt, in qua illis tres partes ae-
quis frontibus de|terminauimus. omnium nomina sortibus *B* 270

---

1. planitiis *G*. ‖ quamuis in omnium *AB*. ‖ 2. subsiciba *B*, subseciua *G*. ‖ conpraeh. *B*. ‖ 3. ponire *B*. ‖ 4. pertice *AB*. ‖ applicate
A, adplicate *B*, applicito *G*. ‖ fine *A*, sine *B*. ‖ 5. demonstreat *G*,
demonstras *A*, demonstres *B*. ‖ altera *A*, alteram *B*. ‖ 6. finiet
AB. ‖ facient et *G*, faciet *A*, facies *B*. ‖ terminum *B*. ‖ angu-
lurum *A*, angulum *G*. ‖ ponimus *B*. ‖ 7. lococis *B*. ‖ et *om G*. ‖
utrasque *AB*. ‖ 9. et] nec *B*. ‖ suarum inscriptionibus *G*. ‖ haras *B*,
oras *A*. ‖ consacrare *B*. ‖ 11. acceptorum *B*. ‖ conparationum (comp.
B) *AB*. ‖ 12. adceptorarum *B*. ‖ quatenus *BP*, quotenus *A*, quatinus *G*. ‖ centuriam *AB*. ‖ possis aestimauimus *AB*. ‖ 13. sorte
AB. ‖ mittimus *B*. ‖ 14. praetium *A*. ‖ emeritorum *G*, memento-
rum *A*, momentorum *B*. ‖ in *om B*. ‖ centuria *A*, centuriae *B*. ‖
15. ducentenum *BG*. ‖ ficerimus *A*, faceremus *B*. ‖ dabitur *AB*. ‖
16. .ıŪG. *G*. ‖ sexagina et sex semis *B*, LXUI. �. *A*. ‖ unum *A*. ‖
17. homines *om AB*. ‖ in quid *B*. ‖ partes aequis *om A*. ‖ 18. partibus *AB*. ‖ omnium ergo *G*.

ABG inscripta in urnam mittemus, et prout exierint primam sor-
(*B*) tem centuriarum | tollere debebunt. eodem exemplo et
ceteri. quod si illis conuenerit ut conternati sortiri de-
A 149. *B* beant | qui tres primam centuriarum sortem | accipere
5 debeant, conternationum factarum singula sortibus nomina
inscribemus. ut si conuenerit Lucio Titio Luci filio, Seio
Titi filio, Agerio Auli filio, ueteranis legionis quinte Alaude,
ex eis unum sorti nomen inscribemus, et quoto loco exierit notabimus. si conternationem urna faciet, singulis sor-
10 tibus singulorum nomina inscribemus, et a primo usque
ad tertium qui exierit erit prima conternatio. sic et reli-
B 271 quae. has conternationes sublata sorte | quidam tabulas
appellauerunt, quoniam codicibus excipiebantur, et a prima
cera primam tabulam appellauerunt. peracta deinde con-
15 ternationum sortitione omnes centurias sortibus per singulas inscribemus et in urnam mittemus: inde quae centuria
primum exierit, ad primam conternationem pertinebit. sit

---

1. orna *A*, horna *B*. ‖ mittimus *B*, deiciemus *G*. ‖ et mota primo
quoque ternos comparauimus. qui primi exierint *G*. ‖ 2. centuriam
A. ‖ tollere … 4. primam centuriarum sortem *om B*. ‖ ducere *G*. ‖
exemplo *om A*. ‖ 3. citeri *A*. ‖ 3-5. illis permissum erit ut inter conuenientes conternentur conternati sortiri debebunt *G*. ‖ 4. primum
A. malim unam. ‖ centuriam *A*. ‖ 5. conternatione *A*, conternationem *B*. ‖ singulas *B*. ‖ 6. scribimus *B*. ‖ si] id *B*. ‖ .L. *AG*. ‖ T. *G*.
‖ L. *AG*. ‖ F. et P. SGIO *G*. Seio *om A*. ‖ 7. tito filio *A*, T F. *G*. ‖
et AGGERIO *G*. ‖ A F. *G*, bullo filio *B*. ‖ lēG. *G*. ‖ quinta aḷlauel
A, quinto ala quinto *B*. ‖ 8. ex his *G*. ‖ sortium nomina *AB*. ‖
inscribimus *B*. ‖ et qui quinto loco *B*. ‖ 9. notauimus *A*. ‖ sic *AB*.
‖ orna *A*, unā *B*. ‖ faciet … 10. a primo] faciet dum *AB*. ‖ 11.
erit *om AG*. ‖ prima *G*, una *AB*. ‖ et citeri *A*, et ceteri *B*. ‖ 12.
conternatione *A*. ‖ quidem *A*. ‖ 13. appellauerant *A*. ‖ iudicibus *G*.
‖ excipibantur *A*, excipiebatur *B*. ‖ ad primam *B*. ‖ 14. caera *G*,
ceram *B*. ‖ conternatione *A*. ‖ 15. sortitorum *A*, sortiorum *B*. ‖
sortibus *om B*. ‖ 16. scribimus *B*. ‖ urna *P*, orna *A*. ‖ mittimus *B*.
‖ que *A*. ‖ 17. pertineuit *B*. ‖ si *A*.

forte centuria D. D. XXXV V. K. XLVII: hanc ex prima tabula *ABG*
tres accipere debebunt. quod in aeris libris sic inscribe-
mus. TABVLA PRIMA. D. D. XXXV V. K. XLVII LVCIO TERENTIO
LVCI FILIO POLLIA IVGERA LXVISₗ, GAIO NVMISIO G. F. IV-
GERA LXVISₗ, AVLO .... NVMERII FILIO STELLATINA IVGERA 5
LXVISₗ. eodem exemplo et ceteras sortes.

Adsiguare agrum secundum | legem diui Augusti ea-   *B* 272
tenus debebimus, qua falx et arater exierit; nisi ex hoc
conditor | aliquid immutauerit. primum adsignare agrum   *G* 123
circa extremitatem oportet, ut a possessoribus uelut ter-   10
minis fines optineantur; ex eo interiores perticae partes.
siqua conpascua aut siluae fundis concessae fuerint, | quo   *A* 150
iure datae sint formis inscribemus. multis coloniis inmanitas agri uicit adsignationem, et cum plus terrae quam
datum erat superesset, proximis possessoribus datum est 15
in commune nomine compascuorum: haec in forma | si-   *B* 273
militer conprehensa ostendemus. (fig. 194.) haec amplius
quam acceptas acceperunt, sed ut in commune haberent.

1. XLIIII. *G. et rec A*, XXXVII. *B*, LXIIII (*nisi fallor*) pr *A*. ‖ 1-3.
hanc ... u. k. XLVII *G*, om *AB*. ‖ 3. lucio *B*, L. *AG*. ‖ terrentio *G.
G.* ‖ 4. L. *AG*. ‖ F. *G*. ‖ POL. *AG*, pollioni *B*. ‖ iugero *A*, IUG. *G*.
‖ LVI *B*, <LXVI *G*. ‖ Sₗ *B*, ₗS *G*, .S. *A*. ‖ gaio numisio filio
B, g. numisio. g. f. *A*, CN. (C. N. *P*) C F. iste. *G*. ‖ IUG. *G*. ‖ 5. Sₗ *B*,
ₗS *G*, .S. *A*. ‖ ollo numerio. filio. stil. *A*, ullo numerio filio ostellioni
B, P. tarquinio. C. N. F. ter. *G*. ‖ IUG. *G*. ‖ 6. Sₗ *B*, ₗS *G*, .S. *A*.
et om *AB*. ‖ cetere *B*. ‖ 7. signare *A*. ‖ secũ *B*. ‖ augusti .e. ate-
nus *A*. ‖ 8. felx *A*, fals *BG*. ‖ aratrum *G*. ‖ ex *G*, ea *AB*. ‖ 9. con-
detor *A*, conditori *B*. ‖ inmut. *B*. ‖ 11. finis *B*. ‖ obtin. *G*. ‖ pertice *B*.
‖ 12. conspicua *B*. ‖ silue *A*. ‖ fundos *G*. ‖ concesse *AB*. ‖ fuerit
B. ‖ 13. date *B*, data *G*. ‖ inscribimus *B*, inferemus *G. add
.c. B*, centum .c. *A*. ‖ colonis *B*. ‖ immunitas *G*. ‖ 14. agri om *G*.
‖ uicti *AB*. ‖ adsignatione *B*. ‖ 16. nominum *AB*. ‖ cumpascuorum
A. ‖ formam *B*. ‖ similiter *AB*, mensuraliter *G*. ‖ 17. conprehensam hostendimus *A*, compraehensa ostendimus *B*, comprehendimus
G. ‖ 18. acciperunt *AB*. ‖ secus in communem habirent *B*.

ABG multis locis quae in adsignatione sunt concessa, ex his compascua fundi acceperunt: haec beneficio coloniae habent, in forma COMPASCVA PVBLICA IVLIENSIVM inscribi debent: nam et uectigal quamuis exiguum praestant. (fig. 195.)

A 151   Subsiciuorum omnium librum facere debebimus, ut
6 quando uoluerit imperator sciat quot in eum locum homines deduci possint: aut si coloniae concessa fuerint,
B 274 CONCESSA COLONIAE in aere inscribemus. | ita si rei publicae concessa fuerint, in aere SVBSECIVA CONCESSA ut IVLI-
10 ENSIBVS inscribemus.

G 121   Omnes significationes | et formis et tabulis aeris inscribemus, data, adsignata, concessa, excepta, reddita commutata pro suo, reddita ueteri possessori, et quaecumque alia inscriptio singularum litterarum in usu fuerit, et in
15 aere permaneat. libros aeris et typum perticae totius lineis descriptum secundum suas determinationes adscriptis adfinibus tabulario Caesaris inferemus. et siqua beneficio
(A). B 274 concessa aut adsignata | coloniae fuerint, siue | in pro-

---

1. in adg. signatione *A*. ‖ concessa. et ex his *G*, concesse lex his *AB*. ‖ 2. acceperunt *A*. ‖ 3. formam *AB*. ‖ cumpascua *A*. ‖ tuliensium *B*. ‖ 4. nam *om AB*. ‖ uettigal *A*. ‖ praestat *B*, prestat *A*. ‖ 5. facere *G*, facere scire *A*, facile scire *B*. ‖ 6. scias *A*. ‖ quod *AB*. ‖ 7. possunt *G*, *non P*. ‖ concesse (concessae *P*) fuerint *ABP*. ‖ 8. concessae *G*, concesse *B*, concensae *P*. ‖ coliniae *A*. ‖ inscribimus *B*. ‖ ita *om G*. ‖ si *om A*. ‖ 9. fuerint ... concessa] eodem facies *AB*. ‖ Ut et iuliensium *B*. ‖ 10. inscribimus *B*, scribemus *A*. ‖ 11. omnes aeris significationem *AB*. ‖ et formas aeris tabulis inscribemus *G*. ‖ tabolis *A*. ‖ aereis inserimus *B*. ‖ 12. et signata *A*. ‖ 13. reddita *om G*, *ante* pro suo *AB*. ‖ quascumque *A*. ‖ 14. usum *A*. ‖ fuerint *B*. ‖ et] *nonne* ut? ‖ in aeris permaneant libris Et pertice typum *B*. ‖ 15. typhum *A*. ‖ totius perticae *G*. ‖ pertice *B*. ‖ linteis *G*. Linteis dicit scriptum *margo P*. ‖ 16. secundum] Ager subsiciuus secundum *Boethius. p.* 1539. ‖ terminationes *G*. ‖ 17. affinibus *G*, est in finibus suis *Boethius*. ‖ inferimus *B et Boethius*. ‖ siqua] quod *Boethius*. ‖ 18. adsignatae *B*.

ximo siue inter alias ciuitates, in libro beneficiorum ads- *ABG*
cribemus. et quidquid aliud ad instrumentum mensorum
pertinebit, non solum colonia sed et tabularium Caesaris
manu conditoris subscriptum habere debebit. | typum to- *G*₁₂₅
tius pertice sic ordinauimus ut omnes mensurae actae li- 5
mites et subsiciuorum lineas ostendat. | (fig. 196. 196ᵃ. 196ᵇ.) *A*₁₅₂

Agrum rudem prouincialem sic adsignauimus quem *A*₁₅₃*G*₁₂₇
admodum supra diximus. si uero municipium in coloniam
eius transferetur, condicionem regionis excutiemus, et secundum suam postu.lationem adsignauimus. multis locis *B*₂₇₆
conditores uniuersum locum coemerunt, multis male me- 11
ritos fundorum possessione priuauerunt. ubi tamen aliquid concessum est et gratiae. in eius modi condicionibus interuenit c. v. p. et rei pvblicae. hunc agrum secundum datam legem aut si placebit secundum diui Augusti 15
adsignabimus eatenus qva falx et arater ierit. haec
lex habet suam interpraetationem. quidam putant tantum
cultum nominari: ut mihi uidetur, utilem ait agrum adsignare oportere. hoc erit ne accipienti siluae uniuersus mo-
dus adsignetur | aut pascui. qui uero maiorem modum *B*₂₇₇

---

1. in libro] libros *Boethius*. ‖ adscribimus et *Boethius*, adscribimus ut
B. ‖ 2. quicquid *G, non P*. ‖ ad *om B*. ‖ strumentum *codices Hoe-
thii.* ‖ 3. non] ad *Boethius*. ‖ coloniae *B et Boethius*. ‖ tabulario
B. ‖ 4. manum *B*. ‖ subscripta *B*. ‖ debet *G*. ‖ Tutum totius pertica
in hunc modum ordinare debemus *G*. ‖ 6. lineam *B*. ‖ ostendamus
G. ‖ *pagina* 126 *G uacat*. ‖ 8. dixi *G*. ‖ 9. condicione *B*. ‖ ex-
cutemus *A*, excutimus *B*. ‖ 10. suam *om B*. ‖ 11. condores *B*. ‖
coemerint *A*, coemerit *B*. ‖ multos *AB*. ‖ 12. possessiones *B*. ‖ pri-
uaberunt *A*. ‖ 12.13. concessum est aliquid *G*. ‖ 13. modi enim assignationibus *G*. ‖ 14. cu. p. e. tr. p. sup. Agrum *G*. ‖ publice nouum
hunc agrum *B*. ‖ 15. legem ab his placuit *B*. ‖ 16. adsignauimus *B*,
assignare debebimus *G*. ‖ eatenus *om B*. ‖ quas false taratrum exierit *G*. ‖ falix *B*. ‖ hiierit *B*. ‖ 17. habet *om G*. ‖ sua *B*. ‖ 18.
utile ait *G*, alii *AB*. ‖19. oportere *om AB*. ‖ accipiente *G*, accipiet
AB. ‖ silue *AB*. ‖ 20. uero *om A*.

ABG acceperit culti, optime secundum legem accipiet aliquid
et siluae ad inplendum modum. ita fiet ut alii sibi iunctas siluas accipiant, alii in montibus ultra quartum forte
uicinum. primum [ergo] agrum limitibus includemus, hoc
5 est centuriabimus, deinde acceptas terminauimus: quicumque modus limitem excedit, commalliolari debet et sic in
aere incidi. sortes [autem] sic inscribes, ut si una ac-
A 153 cepta | duas tres pluresue centurias continebit, has cen-
turias et quantum ex accepta habeant, in una sorte ins-
10 cribemus. ut si dabitur LXVI 51 et per tres centurias se-
parabitur, d. d. I k. k. I iugera VI 51, d. d. I k. k. II iugera
B 278 XV, et d. d. II k. k. II iugera XLV, has una sors continere | de-
bebit. sub hoc exemplo et reliqua. sortitos in agrum de-
14 ducemus et fines assignauimus. formas et quaecumque ad
G 128. 129 mensuras pertinebunt ita ut supra dixi. | (fig. 197. 197*a*.)
G 130. *A* 55 | Agrum arcifinium uectigalem ad mensuram | sic redi-
gere debemus ut et recturis et quadam terminatione in perpe-

---

1. acceperint (acciperint *A*) culti *AB*, culti acciperit *G*. ‖ optimae
G. ‖ aliquit *A*. ‖ 2. et *G*, *om AB*. ‖ implendum acceptae modum.
hoc ipsud euenit ut alii siluas sibi iunctas accipiant *G*. ‖ 3. quattuor
AB. ‖ fori (*nisi fallor*) *A*. ‖ 4. uicinos *B*. ‖ ergo *om AB*. ‖ inclu-
dimus *B*. ‖ 5. centuriauimus *A*, *add* separabimus *G*. ‖ deinde] .d. d.
B. ‖ terminibus *A*, et terminauimus *G*. ‖ 6. excedet *G*. ‖ commallo-
rari *A*, conmallari *B*. ‖ debebit *G*. ‖ 7. aeri *G*. ‖ autem *om AB*.
‖ inscribere debebimus *G*. ‖ ut *om A*. ‖ si *om AB*. ‖ 8. aut tres *G*.
‖ plurisue *A*. ‖ contineuit *B*. ‖ 9. ᵃᶜcepta *pr corr A*, acceptam *B*,
cepta *G*. ‖ in *AG*, et *B*. ‖ inscribimus *B*. ‖ 10. dabitur, *sic AG*.
dabitur ... has una *om B*. ‖ LXUI. 5. *A*, LXVII. si *G*. ‖ centurias *G*,
uias. uias *A*. ‖ 11. d. d. I] deinde. I. *A*, AD. I *G*. ‖ .UI. 5 C *A*, VI 35.
et *G*. ‖ D. D. *G*, deinde. *A*. ‖ II (.I. *P*) *om G*, .I. I. *A*. sic et *in pro-*
ximis G et A. ‖ 11. 12. deinde *A*. ‖ 12. iug. XXXV. Haec *G*. ‖ 12-16. sub
hoc exemplo cetera fient finibus adsignatae et ceteris (adsignatae haec
et aeris *B*) mensoris (mensuris *B*) partibus conditori (conditorí *pr*
A) ordinae (ordinatam *B*) praeferemus (praeferimus *B*). Agrum ar-
cifinium (arch. *B*) *AB*. ‖ 16. uectigalem *A*. ‖ 17. debebimus *B*. ‖
quaedam terminationem *B*.

tuum seruetur. multi huius modi agrum more colonico deci- *ABG*
manis et kardinibus diuiserunt, hoc est per centurias, sicut in Pannonia: mihi [autem] uidetur huius soli mensura
alia ratione agenda. debet [enim aliquid] interesse inter
[agrum] inmunem et uectigalem. nam quem admodum il- 5
lis condicio diuersa est, mensurarum quoque actus dissi-
milis esse debet. nec tam anguste professio nostra | con- *B 279*
cluditur, ut non etiam per singulas prouincias priuatas limitum obseruationes dirigere possit. agri [autem] uectigales multas habent constitutiones. in quibusdam prouin- 10
ciis fructus partem praestant certam, alii quintas alii sep-
timas, alii pecuniam, et hoc per soli aestimationem. certa
[enim] pretia agris constituta sunt, ut in Pannonia arui
primi, arui secundi, prati, siluae glandiferae, siluae uulgaris, pascuae. his omnibus agris uectigal est ad modum 15
ubertatis per singula iugera constitutum. horum aestimio
nequa usurpatio per falsas | professiones fiat, adhibenda *A 166*

1. huius agri mensuram more colonico *G. in B p.* 281 *alieno loco
scriptum* huic agri mensura more colonico decimanis et kardinibus
diuiserunt. ‖ 2. et ǩ d̄ n̄. *G.* ‖ per *om B.* ‖ centurias *G,* uias *AB.* ‖
3. in parinota *B.* ‖ autem *om AB.* ‖ huius modi alia ratione agen-
dum *AB.* ‖ 4. enim aliquid *om AB.* ‖ 5. agrum *om AB.* ‖ immu-
nem *G,* immunera *B.* ‖ num *B.* ‖ quem ammodum *G,* quam *B.* ‖
6. mensurarum *om AB.* ‖ quoque] q. *G,* cum *AB.* ‖ actos *B.* ‖ dissimilis esse debent *A,* debet esse dissimilis *G.* ‖ 7. possessio conclude-
tur *A,* possessor sic cluditur *B.* ‖ 8. ut *om B.* ‖ priuatis *G.* ‖ 9.
posset *A.* ‖ autem *om AB.* ‖ 10. prouinciis *om AB.* ‖ 11. fructum
B. ‖ partem constitutam prestant, *omisso* certam, *G.* ‖ aliqui (aliquis *B*) acias alii sepias (setiam *B*) *AB.* ‖ 12. ali *A,* nunc multi *G.*
‖ et hanc *G.* ‖ solitam *A,* soliata *B.* ‖ 13. enim *om AB.* ‖ pannoniam *B.* ‖ arui primi ... 17. per falsas] singulas (singulis *B*) species
culturae uel siluarum et (moetu *B*) ubertatem alia (*sic A infima
parte paginae recisa*: alii etiam *B*) *AB.* ‖ 14. prati *Rigaltius,*
partis *G.* ‖ 15. uectigalis ammodum *G.* ‖ 16. 17. aestimatio inqua
G. aestimio *Rigaltius,* nequa *Turnebus.* ‖ 17. professiones ...
p. 206,1. nam *om B.* ‖ professiones fiat *G,* opiniones sint *A.*

ABG est mensuris diligentia. nam et in Phrygia et tota Asia
ex huius modi causis tam frequenter disconuenit quam in
*B*₂₈₀ Pannonia. propter quod huius agri uectigalis | mensuram
a certis rigoribus conprehendere oportet, ac singula ter-
5 minis fundari. quibusdam interuersuris lapides politos quadratos inscriptos lineatos defigere in eam partem qua res
exiget oportebit. omnium rigorum latitudines uelut limitum obseruabimus interstitione limitari. mensuram per strigas et scamna agemus. sicut antiqui latitudines dabimus,
10 decimano maximo et k. pedes xx, eis limitibus transuer-
*G*₁₃₁ sis inter quos bina scamna et singulae strigae | interue-
niunt pedes duodenos, itemque prorsis limitibus inter quos
*B*₂₈₁ scamna | quattuor et quattuor strigae cluduntur pedes
*G*₂₀₄ duodenos, reliquis rigoribus lineariis ped. octonos. (fig.198.) |
*A*₁₅₇ omnem mensurae huius quadraturam dimidio | longiorem siue

1. in *om AB*. ‖ frygia *A*, frigiae *B*. ‖ 2. causis tam *AG*, causa acta
B. ‖ in *AB*, et in *G*. ‖ 3. pannoniam *AB*. ‖ mensura *B*. ‖ 4. a certis *AG*, apertis *B*. ‖ compraehendere *B*. ‖ ac] ad *AB*, et ad *G*. ‖
5. fundare *impressi libri sine causa, ut dixi ad Gaium* 4,5. ‖
interuersuras *AB*. ‖ lapidis *A*. ‖ quadratos *G*, ut hos *AB*. ‖ 6. inscriptus *A*. ‖ et lineatos *G*. ‖ defigerent in *A*. ‖ quae *B* ‖ rex *A*. ‖
7. exigit oportenit *B*. ‖ agrorum *AB*. ‖ limitem *AB*. ‖ 8. obserua-
uimus *B*, seruabimus *G*. ‖ interstitionem *AB*, inter stitioni *G*. ‖
uersuras *AB*. ‖ 9. et per scamma *B*. ‖ agimus *AB*. ‖ antiquis *B*. ‖
10. d. m. decimano. maximo. *A*, d. m. *B*, ᴅᴍᴏ *G*. ‖ ped. *G*, p. *A*. ‖
eis *AB*, et *G*. ‖ 11. uina *AB*. ‖ singule *A*, singula *B*. ‖ strige *BG*. ‖
12. ped. *BG*. ‖ xlɪ. *A*, xvɪɪ. *B*. ‖ item qui *AB*. ‖ prorsus *B*. ‖ in
B. ‖ quo *A*. ‖ 13. et quattuor *om A*. ‖ strigae *AP*, strige *B*, ped.
strigae *G*. ‖ includuntur *B*. ‖ ped. *B*, *om GP*. ‖ 14. duodemis *G*,
duodenis *P*, xlɪ. *A*, xvɪɪ. *B*. ‖ lineariis ped. vɪɪɪ. huic agri mensuras
more colonico decimanis et kardinib. diuiserunt *B*: *ex A eadem
uerba recisa sunt*. ‖ 15. omnium mensurae huius cultura demedio
B: *haec quoque praeter litteras* io *recisa ex A*: omnẽˢ (omne
P) mensurae cuius quadratura dimitio *G* p.204: omnem mensuram
huius culturae mediam *Boethius p.* 1538.

latiorem facere debebimus: et quod in latitudinem longius *ABG*
fuerit, scamnum est, quod in longitudinem, striga. (fig. 199.)
primum constituemus decimanum maximum et kardinem
maximum, et ab eis strigas et scamna cludemus. | (fig. 200.) *(G 204)*
| actuarios [autem] limites diligenter agemus, et in eis la- *G 132*
pides inscriptos defigemus adiecto scamnorum numero. 6
primum a d. m. et k. incipiemus | inscriptiones uelut in *B 282*
quintariis ponere. primo lapidi inscribemus D. M. K. M.
(fig. 201.) | ab hoc deinde singulis actuariis limitibus simi- *A 158*
liter per ipsos inscribemus D. M. LIMES II, K. M. LIMES SE- 10
CVNDVS. hac significatione omnium quattuor regionum limites conpraehendemus. (fig. 202.) his deinde quartis quadrarum angulis lapides eius generis ponemus sub hac inscriptione litteris singularibus, D. D. V STRIGA PRIMA SCAMNO
II. hoc in lateribus lapidum: in fronte autem regionis in- 15
dicium D. D. V. K. | (fig. 203.) nunc quadrarum angulis la- *G 133*

1. facere debebi *AB*, facere debes *Boethius*, antiquo agri mensores
fecerunt *G p.* 204. ‖ et quid *A*. ‖ in latitudine *B et G p.* 204, latitudine *Boethius*. ‖ 2. est *A et Boethius*, fit *B*, appellare *G p.* 131,
appellauerunt *G p.* 204. ‖ quod uero in longitudinem longius fuerit
Boethius. ‖ strigam *B*, strigas *G p.* 204. ‖ 3. constituerunt *G p.*
204. ‖ decimanum maximus *B*. ‖ kardinem maximum sicut supra diximus *G p.* 204. ‖ 4. et hab *A*. ‖ eis *G*, is *A*, his *B*. ‖ cludimus
B, uocauerunt *G p.* 204. ‖ 5. Acturios *A*. ‖ autem *om AB*. ‖ dili-
gentissime *G*. ‖ agimus *AB*. ‖ eos *B*. ‖ 6. scriptos *A*, .d. scriptos *B*.
‖ defigimus *B*. ‖ numerum *AB*. ‖ 7. primum *om B*. ‖ ADMO. et *G*, a d.
et *A*, adet *B*. ‖ incipimus *B*. ‖ uel in *B*. ‖ 8. quintaris *A*. ‖ inscribimus *B*. ‖ K. mus *A*. ‖ 9. Ad hoc *G*. ‖ singulae *AB*. ‖ similiter *AB*,
si limites *G*. ‖ 10. per ipso *A*. ‖ inscribes *AB*. ‖ limis *A*. ‖ limis
secundus *A*, LM. II. *G*. ‖ 11. hac *om AB*. ‖ significationem *AB*. ‖
limitem *B*. ‖ 12. conpreh. *BG*, -endimus *AB*. ‖ deinde] .d. d. *B*. ‖
partis (partes *B*) quadratum *AB*. ‖ 13. lapidis *A*. ‖ eiusdem *puto*.
‖ 13. ponimus *B*. ‖ inscriptionem *B*. ‖ 14. D D. u. *G*, deinde quinta
A. ‖ strigam primam *G*. ‖ scamna *B*. ‖ 15. hoc *BG*, et hoc *A*. ‖
frontes *B*, frontem *G*. ‖ regiones *B*. ‖ 16. DD. u. K. *G*, deinde quintus. k. *A*. ‖ quadrarum *G*, posituram *A*, cohituram *B*. ‖ lapideis *AB*.

*A*₁₁₉ *BG* pides inscriptos iuspiciamus. (fig. 204.) | intra has strigas
*B*₂₅₃ et | scamna omnem agrum separauimus, cuius totam posi-
tionem ad uerum formatam inspiciemus, secundum quod
rei praesentis formam describamus. (fig. 205.)

1. Inter *G*. ‖ 3. adueram *G*. ‖ inspiciamus *G*, inscientiam *A*. ‖ 4. rei
ante quod *AB*. ‖ praesentis forma *G*. ‖ EXPLICIT LIBER HYGENI
CROMATICUS *G*.

INCIPIT
LIBER AVGVSTI CAESARIS
ET NERONIS.

In PROVINCIA LVCANIA prefecture. iter populo non debetur.

Vulcentana, Pestana, Potentina, Atenas et Consiline,
Tegenensis. quadrate centuriae in iugera n. cc.

Grumentina. limitibus Graccanis quadratis in iugera
n. cc. decimanus in oriente, kardo in meridiano.

Veliensisis. actus n. x͞ per xxv.

P ROVINCIA BRITTIORVM. centuriae quadratae in iugera cc. et cetera in laciniis sunt praecisa post demortuos
milites.

Ager Buxentinus alirestertianis est adsignatus in can-
cellationem limitibus maritimis.

Ager Consentinus ab imp. Augusto est adsignatus limitibus Graccanis in iugera n. cc. kardo in orientem,
decimanus in meridianum.

Ager Viuonensis. actus n. xq per xxv. kardo in orientem, decumanus in meridianum.

Ager Clampetinus limitibus Graccanis in iugera n. cc.
kardo in orientem, decimanus in meridianum.

---

4. In prouinciam lucaniam *A*. ‖ debebatur *A*. ‖ 6. Uulceianæ *A*. ‖
aatenas. *A*. ‖ 7. Tergilani *apud Plinium n. h.* 3,11,15. ‖ 10. uel-
liensis *A*. ‖ per] ped *A*. *intellege in centuria esse actus qua-*
dringenos, iugera ducena, centuriarum latera esse actuum
numero xvi *et* xxv. ‖ 12. laceniis *A*. ‖ 14. buxentianus *A*. ‖ *fortasse*
a triumuiris ueteranis. ‖ 16. constantinus *A*. ‖ 17. graccanenn iugera
A. ‖ in oriente decemanus *A*. ‖ 19. per] ped *A*. ‖ 21. campanus *A*.

A   Ager Benebentanus. actus n. xq per xxv. kardo in orientem, decimanus in meridianum.

P 68ᵃ   PROVINCIA APVLIA.

Ager Aeclanensis. iter populo non debetur. actus
5 n. xx per xxIIII in iugera n. CCXL. decimanus in orientem, kardo in meridianum.

A 84   Ager Benusinus, Comsinus, limitibus Graccanis.

Vibinas, Aecanus, Canusinus. iter populo non debetur. in iugera n. CC.

10   Item et Herdonia, Ausculinus, Arpanus, Collatinus, Sipontinus, Salpinus, et quae circa montem Garganum sunt, centuriis quadratis in iugera n. CC, lege Sempronia et Iulia. kardo in meridianum, decimanus in orientem.

Item et Teanus Apulus. iter populo non debetur.

15   Ager Lucerinus kardinibus et decimanis est adsignatus: sed cursum solis sunt secuti, et constituerunt centurias contra cursum orientalem actus n. LXXX, et contra meridianum actus n. xq: efficiuntur iugera n. DCXL. iter populo non debetur.

---

1. per] ped *A. uide Siculum Flaccum p.* 159,22: *ex quo apparet in nomine coloniae erratum non esse.* ǁ 3. PROVINCIA APVLIA *A,* IN MAPPA ALBENSIUM INVENIUNTUR HAEC *P.* ǁ 4. heclanensis *P. conf. G p.* 174. ǁ non debitur actu n̄ xx. p̄. xxl̄īī *A.* ǁ actus ... 6. meridianum *om P.* ǁ 7. *conf. G p.* 175. 174. ǁ consimus *A, om P.* ǁ litib. *A.* ǁ 8. Uiuinas *A,* binas *P.* ǁ Secanus. *A,* secutus est *P.* ǁ Ager canusinus *P. conf. G p.* 174. ǁ 9. in iugeribus numero duocentenis est assignatus *P.* ǁ 10. *conf. G p.* 174. Idem et herdona *A,* Idem herdona *P.* ǁ ausculinus *A,* Auscinus *P.* Auseculani *apud Plinium n. h.* 3,11,16. *conf. G p.* 174. ǁ *conf. G p.* 174. 174. 175. 174. ǁ conlatinus *A.* ǁ 11. et quae *A,* qui *P.* ǁ circam monte gargano *A.* ǁ 12. in centuriis *P.* ǁ 13. kardinem in meridianum *A.* ǁ et decumanus *P.* ǁ 14. Idem et *AP.* ǁ theanus *P,* theatinus *A.* Teate *G p.* 175. ǁ 15. *conf. G p.* 174. ǁ 17. contra *prius*] circa *P.* ǁ 18. meridinum *A.* ǁ numero xv. *P.*

Provincia Calabria.　　　　　　　　　　　　　　*AP*

Territoria Tarentinum Lyppiense Austranum Varinum
in iugera n. cc limitibus Graccanis.　et cetera loca uel
territoria in saltibus sunt adsignata et pro aestimio ubertatis sunt praecisa.　nam uariis locis mensurae acte sunt 5
et iugerationis modus conlectus. est.　cetera autem prout
quis occupauit posteriore tempore censita sunt et ei pos-
sidenti adsignata, ab imp. | Vespasiano censita ex iussione. *A* 85
iter populo non debetur. | nam eadem prouincia habet (*P* 65*b*)
muros macerias scorofiones congerias et terminos Tibur- 10
tinos, sicut in Piceno fertur.

Provincia Sicilia.

Territorium Panormitanorum imp. Vespasianus adsignauit militibus ueteranis et familiae suae. ager eius finitur terminis Tiburtinis pro parte scriptis: nam sunt et 15
cyppi oleaginei, qui loco termini obserbantur, et distant
a se in pedibus CL CC CCL CCCC DL, prout ratio postula-
bit: nam sunt termini proportionales, quos milites ueterani inter se emensos posuerunt et custodiunt lineas consortales.　　　　　　　　　　　　　　　　　　　　 20

Item Segestanorum ut supra, uel ad Leucopetram.

Provincia Tvscia.

LEX AGRORVM | EX COMMENTARIO CLAVDI CAESARIS.　*P* 63*a*

Lex agris limitandis metiundis partis Tusciae prius *E* 8,1

---

1. *conf. G p.* 175. ‖ 2. Tcrritorio *A*, Territorium *P*. ‖ lyppiensem
A, et lippiensem *P*. ‖ Austranum ... Graccanis *om P.* ‖ 3. loca uel
territoria *om P.* ‖ 4. pro atestimio *A.* ‖ 6. ceterautem *A.* ‖ 7. occubit *A.*
‖ ei *om P.* ‖ 8. ad imp. *A*, imp. *P.* ‖ uespasiani censitione *P.* ‖
ex iussionem *A*, et iussu *P.* ‖ 10. corofiones *A.* ‖ terminus tiburtinus *A.* ‖ 15. scripti *A.* ‖ 18. proportionalis *A.* ‖ 19. consortalis *A.* ‖
21. idem seiestanorum *A.* ‖ ad lecuopetra *A. scriptor nos ad prouinciam Brittiorum remittit: sed illa perierunt.* ‖ 23. CASARIS
P. ‖ 24. Legem *E.* ‖ partibus *E.* ‖ prius et] *fortasse* prouinciae.

14*

AEP et Campaniae et Apuliae. [et uariae regiones, uel loca,
territoria. uariae autem regiones non habent aequales
centurias uel mensuras: in agro Florentino in centurias
singulas iugera cc.] Qui conduxerit, decimanum latum
5 ped. XL, kardinem latum p. XX facito, et a decimano et
kardine m. quintum quenque facito ped. XII, ceteros limi-
A 86 tes | subrunciuos latos p. ꝙII facito. quos limites faciet,
in his limitibus reciproce terminos lapideos ponito ex saxo
silice aut molari aut ni deteriore, supra terram sesquipe-
10 dem: facito crassum pedem, item politum rotundum [fa-
cito], in terram demittito ne minus ped. II s. ceteros terminos, qui in opus erunt, robustos statuito, supra terram
pd. II, crassos pedem IS ꝫ, in terram demittito ne minus
pd. III,. eosque circum calcato, scriptos ita ut iusserit.

---

1. et *ante* apuliae *om A*. ‖ et uariae ... territoria *om E*. ‖ regionis uel
lacta *A*, regionis uellecta *P. conf. P p.* 68*b, ubi est* diuersas regiones
siue uocabula, uicos uel possessiōnes. ‖ 2. regionis *A*. ‖ aequalis *A, om*
E. ‖ 3. agro] cinglo *E*. ‖ florentio *A*. ‖ in ... iugera] in centuriis *E*. ‖
4. cc]. c´ *A*. ‖ qui conduxerit *A*, Qui cum dixerit *E*, cum dixeris *P*.
‖ decumano latus *E*. ‖ 5. cardines *E*, k. *P*. ‖ facito et *A*, facito *P*,
factus *E*. ‖ a decimano ... 6. pd. XII *post* crassum pedem *u*. 10 *ite-*
rum addito ceteros limites subrunciuus *A, ante* quos limites *u*. 7
E, om P. ‖ 6. kardine m.] kardinem *AE*. ‖ quemquem facit p̄ XX *E*.
‖ ceteros] centurios *E*. ‖ 7. subrunciuos ... facito *om E*. ‖ subrunciuus
A, et subrunciuos *P*. ‖ latum *A*. ‖ facito ... 8. ponito] in quos limites
F ponito terminos *P*. ‖ quos *A*, ceteros *E*. ‖ facit *E*. ‖ 8. recipesse *A*,
recepisse *E*. ‖ terminos lapideos ponito *om E*. ‖ exaxo *A*. ‖ 9. siliceo
aut *P*, silicia ut *E*. ‖ molare ut *E*. ‖ ni *AP*, ne *E*. ‖ deteriorem *AE*. ‖
sexquipedem *A*, sed pedem *E*. ‖ 10. grassum *A*. ‖ pedem *om E*. ‖
facito *om EP*. ‖ 11. iteratim *E*. ‖ dimittito *AP*, dimitto *E*. ‖ ne *om*
E. ‖ IIꞩ *P*, III. *A*, duo *P*. ‖ 12. erunt] eorum *E*. ‖ rubusto *A*. ‖ statuito *om E*. ‖ terra *P*. ‖ 13. crassus p̄ L. *E*, gracsum pedem si *A*,
om P. correxi e p. 183 *A*, crassos pedem unum bessem. ‖ in terra
E. ‖ dimittito *EP*, dismittito *A*. ‖ ne minus *om E*. ‖ 14. eos qui
circa *E*. ‖ calcato *P*, calcatos *A*, calcatus *E*. ‖ scriptus *E*, scribito
P. ‖ iussero *EP*.

quod subsiciuum amplius iugera c erit, pro centuria pro-   *AEP*
cedito: quod subsiciuum non minus iugera quinquaginta,
id pro dimidia centuria procedito. hoc opus omne arbi-
tratu C. Iuli Caesaris et Marci Antoni et Marci Lepidi
triumuirorum r. p. c.   .   5

Colonia Florentina deducta a triumuiris, adsignata
lege Iulia, centuriae Caesarianae in iugera cc, per kardines et decimanos. termini rotundi pedales, et distant a
se in pd. ͞iicccc. sunt et medii termini, qui dicuntur epi-
pedonici, pedem longum crassum, et distant a se in pd. 10
∞cc. ceteri proportionales sunt et intercisiuos limites seruant; quos ueterani pro obseruatione partium statutos custodiunt; qui non ad rationem uel recturas limitum perti-
nent, sed ad modum | iugerationis custodiendum, et dis-   *A 87*
tant a se alius ab alio pedes sescentenos. quorum limi- 15

1. subsiciuus *E*, subseciuum *P*. ‖ c *om E*. ‖ erit et *P*, erunt *E*. ‖
per centurias *E*. ‖ procedit *AP*, procedunt *E*. ‖ 2. non *om AEP*. ‖
minus erit iugera *P*. ‖ 3. dimidiam centuriam *A*, dimidietate centuriae *E*. ‖ procedit *AEP*. ‖ nocopos *E*. ‖ ome *A*, omnem *E*. ‖ arbi-
tratum. *AE*. ‖ 4. C. Iuli] Claudi *AP*, Claudii *E*. ‖ marci *E*, M. *P*,
om A. ‖ antonii *E*. ‖ et marci (M. *P*) *om A*. ‖ laepidi *A*. ‖ 5. triumuiris r̄p̄ *A*, *quibus addidi* c.: tres impppk. *E*: *om P*. ‖ 6. ad
tres uiros *E*. ‖ 7. centuriis *E*. ‖ in *om E*.‖ 8. et alterum] et .II. *P*, et illi
E. ‖ destant *P*. ‖ 9. medii] *nam priores illi erant in angulis centuriarum, quarum latera erant actuum uigenum.* ‖ epipodonici
P, epidonici *Boethius* 24 b, epodonici *E*. ‖ 10. pede *E et Boethius*.
‖ grassum *AP*, et grassum *Boethius*. ‖ et *om EP et Boethius*. ‖
destant *AP*, distantes *Boethius*. ‖ in et ∞ *om E*. a se et ∞ *om*
Boethius, qui ccc. ‖ 11. ceteris *E*. ‖ proportimales *A*, proportiones suae *E*, repositionales *Boethius*. ‖ et intercisiuos ... custo·
diunt *post* monstraui *p*. 214,2 *A*. ‖ inter se suos *E et Boethius*. ‖
12. quod *E*. ‖ ueteran *A*. ‖ partum *A*. ‖ statuerunt custodiendos *E*
et Boethius. ‖ 13. ad cationem *A*? ‖ non *Boethius*. ‖ recturam *E*
et Boethius. ‖ 14. ad *om Boethius*. ‖ custodiunt *E et Boethius*.
‖ 15. a se *om E*. ‖ alius alio *E*, in *P*. ‖ sexcennos *P*, dc *E*.

AEP tum cursus nulla interiecta distantia in utroque latere
(*E*8,20) territorii concurrunt, ut infra monstraui. (fig.)

*E*7,26   Colonia Fida Tuder ea lege qua et ager Florentinus. in centuriis singulis iugera cc. termini lapidei alii
5 saxei alii molares, crassum semipedem longum, dodrantem: distant a se pedes sescentenos et DCCXX. quod si
fuerit crassus [ʓ] dodran. [= qIII] aut [ʓʓ] deun. [= XI],
*E*8 (*P*) est alius ab alio ped. DCCCCLX ∞LXXX. | si scriptus tysi-
(*E*8,1) logramus fuerit terminus, est alius ab alio ped. ∞cc.

*E*11,7 *P*   Colonia Volaterrana lege triumuirale, in centurias
11 singulas iugera cc, decimanis et kardinibus est adsignata.
quam omnem ueterani in portionibus diuisam pro parte
habent; in quas limites recipit interuallo ped. II̅CCCC. in
quibus centuriis unus quisque miles accepit iugera xxv

1. ulla *E.* ‖ astantia in utrosque *E. nullis subsiciuis relictis.* ‖ latere *P*, laterum *AE.* ‖ 2. partem territoria current *E.* ‖ *picturam,
sed ineptam, habet E.* ‖ 3. Coloni fordaturae *E.* ‖ qua et] ea qua
et *A*, qua *EP.* ‖ 4. centuris *A.* ‖ alii] et *P.* ‖ 5. xaxii *A*, sexiales
E. ‖ molaris *A.* ‖ crassum *E*, grassum *AP.* ‖ semipede *E.* ‖ longam
E. ‖ dodrantem *AP*, durantem *E. cum ad illa quae sequuntur referendum sit,* et DCCXX, *scribi debet* et crassi septuncem *uel* bessem. ‖ 6. pedes *A*, in ped. *P, om E.* ‖ sescentenis *A*, centenis *E*,
dc. *P.* ‖ et dccxx *EP, om A.* ‖ 7. grassus *AP.* ‖ ʓ *A.* (*i. e.* bessem: *debet esse* dodrantem), *om EP.* ‖ dodran .... alio] acuta-
lis alius alio *E.* ‖ dudran *A.* ‖ =qIII *A*, quod est uncias VIIII *P.* ‖
ʓcc deuncia XI. *P.* ‖ 8. est] et *A*, distat *P.* ‖ in pedes *P, om E.* ‖
cccc lx. *E.* ‖ ∞LXXX ... ∞cc *om P.* ‖ et m̅dc. *E.* ‖ si *E, om A.* ‖
scriptus tysilogramus *A*, longus crassus *E. in colonia Florentina
dicebatur* epipedonicus. *est aliquis* terminus parallelogrammus *p.*
141 *G.* ‖ 9. est alius ab alio *om E.* ‖ 10. uoloterrana *A*, noluterrana
EP. ‖ III. uirale[i] *P: add* est assignata *E.* ‖ decumanis et iugeribus uel cardinibus *E*, per .D. et .K. *P.* ‖ 12. quem *AP.* ‖ omnem diuisam ueterani pro parte habuerunt *E.* ‖ diuisam .... 14. quibus]
et *P.* ‖ diuisa *A.* ‖ 13. in quos *A.* ‖ interuallos *A.* ‖ 14. milexs *A.*
‖ accipit *A*, modum accepit id est *P.*

et ʟ et xxxv et ʟx. termini ea lege sunt constituti qua *AEP* superius diximus.

(*E* 11,11)

Colonia Arretium lege Augustea censita, limitibus Graccanis, qui recturas | maritimas et montanas specta- bant, postea per cardines et d. est adsignata, et numérus centuriarum manet. quae quadratae sunt. si in pedibus $\overline{\text{ii}}$cccc, quae pro parte terminos lapideos recipit semissa- les, distant a se in ped. ccc. si $\overline{\text{ii}}$, ɪɪ, distant a se ped. ccxʟ. si $\overline{\text{iiiicc}}$, dodran., ped. ccccʟxxx. si $\overline{\text{v}}$ccʟ, dodrant., pd. ᴅᴄ. si $\overline{\text{vii}}$, ɪɪ, distant a se p. ᴅᴄᴄᴄxʟ. si ped. $\overline{\text{xi}}$, ɪɪ, in ped. ꝏccccxx. haec ratio in eadem regione numeri est:

E 7,14

A 88

5

10

1. ʟ. et xxxv. *EP*, ʟxxxv *A*. ‖ sunt constituta qua *E*, qua et *P*, *inter- uallum sex litterarum A.* ‖ 2. diximus *om EP.* ‖ 3. *Arretium post Ferentinum E.* ‖ ariaetium. *A*, orientinum *E*, urietium *P*. ‖ censa est *E*, censea *P. addendum* ante. ‖ 4. gracchanis qui *P*, grecanis quae *E*. ‖ expectant *E.* ‖ 5. ᴋ. et ᴅ. *P*, cardinis id est decimanaano et duodecimano *A*, cardines id est decimanis et duodecumanos *E*. ‖ assignata est *EP.* ‖ numeris *E.* ‖ 6. manet quia *P*, nam et quae *A*, manentque *E*. ‖ sunt *om E.* ‖ si] *spatium trium litterarum A, om EP. intellege ita, Si latus centuriae quadratae habet pedes* $\overline{\text{ii}}$cccc, *termini sunt longi semissem, qui distant a se p.* ccc. *scilicet* ccc *sunt actus* ɪɪ *semis, octies* ccc *sunt* $\overline{\text{ii}}$cccc. ‖ 7. pro ... lapideos] expectant terminos lapideos et arcas nel sereas quod tegulis construitur *E.* ‖ terminus lapideus *A.* ‖ recipis *E*, recepit *P*. ‖ semissale *AP*, semis sale *E: add* in quadro *P*, in ped. quadrato *E*. ‖ 8. destant *A*. ‖ in pedes *P*. ‖ ccc ... 9. dodran. ped. *om E.* ‖ si ɪɪɪɪ *A*, s. ɪɪ *P. si la- tus habet duo milia pedum, termini trientales sunt.* ccxʟ *si ducas octies, erunt* ꝏᴅᴄᴄᴄᴄxx: *ut fiant* $\overline{\text{ii}}$, *addendi sunt* ʟxxx, *qui est triens* ccxʟ. *eadem ratio est ceterorum dodrantalium et trientalium.* ‖ 9. $\overline{\text{iiiicc}}$] ꜰʟ *AP*. ‖ si *om E.* ‖ $\overline{\text{v}}$ccʟ *om AEP.* ‖ doradrant *A*, dodrantes *P*, in *E*. ‖ 10. pd. ᴅᴄ *om P*. ‖ si $\overline{\text{vii}}$ ɪɪ] s ꝏɪɪ *A*, *om EP.* ‖ destant *AP*, *om E.* ‖ a se p.] x ꝑ (*id est* per?) *A*, x. decus p. *P*, *om E.* ‖ ᴅᴄᴄᴄʟxʟ *A*, *om E.* ‖ si ped. *om E.* ‖ $\overline{\text{xi}}$ ɪɪ] ꝏ unus *A*, ɪ. *P*, semis *E*. ‖ 11. in pedes *P*. ‖ ꝏccccxx] ꝏcxx *AP*, $\overline{\text{m}}$xx. *E*. ‖ haet rationem in eadem regionem numeri *A*, Eadem ra- cione et a merimo *E*. ‖ 11 - *p.* 216,2. est praeparatus. propemodum enim iugerationis est per numeros assignatus *E*.

AEP pro parte enim pro modo iugerationis pedaturae numerus
(*E*7,20) est designatus.

*E*7,9   Colonia Ferentinensis lege Sempronia est adsignata.
sed quod ante limitibus centuriatis fuit adsignata, postea
5 deficientibus ueteranis iuxta fidem possessionis est recen-
sita, sed numeris uncialibus termini sunt constituti. id est
alii silicei, crassi p. ɪ ı, ı ı longi, qui distant a se in pd.
∞ccccxl. alii albi, ı ı [ɪɪɪɪ] longi, distant a se pd. cccclxxx.
9 alii longi dodran. distant a se pd. dc. ceteros prout na-
(*E*7,14) tura locorum inuenit, positi sunt.

*E*11,11   Colonia Capys. pro aestimio ubertatis et natura locorum sunt agri adsignati. nam termini uariis locis sunt
*A*89 adpositi, id est in planitia, | ubi miles portionem habuit.
qui termini distant a se in ped. lx lxxx c cxx cxl cl
15 clx clxxx cc ccxx ccxl ccc. et si longius natura loci
tendatur, sunt in pedibus dc dcccxl dcccclx ∞∞xx ∞∞cc

---

1. pedatusae *A*. ‖ 3. ferentiniensis *P*, ferentiniensies *A*, ferenticensis
E. ‖ legem *A*. ‖ sofronia *E*. ‖ adsignatus *A*. ‖ 4. fuerat *E*. ‖ designata *A*, om *P*. ‖ 5. ueteraneis *E*. ‖ recensa *E*. ‖ 6. uncialis *A*,
unciales *P*. ‖ 7. alii om *E*. ‖ silicinei *E*. ‖ crass *A*, grassi *P*. ‖
p. ɪ ı ı ı] *i. e. pedem unum et sextantem, trientem.* ∞c ş ı ı *A*, ı ı ş
ɪɪɪ. *P*, om *E*. ‖ qui om *AP*. ‖ destant *A*. ‖ in om *AP*. ‖ 8. ∞ccccxl]
m̅cccc *E*. ‖ alii albi ı ı ɪɪɪɪ longi id est tant a se *A*, alii ab aliis duo
longe id est ante a se *E*, alibi. ı ı. alii *P*. ‖ 9. longi dodran destant
a se pd *A*, longe id est ante se Ϸ *E*, om *P*. ‖ *latera harum trium
centuriarum sunt pedum* x̅ɪɪ ɪɪɪɪ v̅ccl. *ad octies* ∞ccccxl *addendus triens i. e.* ccclxxx: *fiunt* x̅ɪɪ *ad octies* ccclxxx *i. e.
ad* ɪɪɪdcccxl *item addendus triens i. e.* clx. *ad octies* dc *addendus dodrans i. e.* ccccl: *fiunt* v̅ccl. ‖ ceteri *P*. ‖ 11. Capis
EP. *est Capena oppidum.* ‖ exstimio *A*, extimo *E*. ‖ 12. in uariis
E. ‖ 13. oppositi *E*. ‖ planicie *E*. ‖ milius *A*. ‖ proportionem habuit
A, habuit portionem *P*. ‖ 14. in om *E*. ‖ c. cxx. *EP*, ccxx *A*. ‖
15. clxxx ... ccc om *P*. ‖ cc *E*, om *A*. ‖ et *AP*, om *E*. ‖ 16. sunt
om *EP*. ‖ dcccclx. *E*, dccccxl *A*, om *P*. ‖ m̅xx. m̅. cc. m̅ccccxl.
E, ∞xxxxcccxxl *A*, ∞ccccxl. *P*.

∞CCCCXL ∞D. ceteris autem locis uias cauas itinera co- *AEP*
ronas et ante nominata. quae si ita sunt, exequi oportet. ne id sequaris quod aliqua pars posteriori tempore
pacti decisionisue causa inter se sunt censiti. (*E* 11,16)

Colonia Iunonia quae appellatur Faliscos a triumuiris *E* 6,17
adsignata et modus iugerationis est datus. in qua limites 6
intercisiui sunt directi et lege agraria sunt mensurae con-
lecte. termini autem non sunt omnibus locis siti, sed
numero pedature sunt limites constituti. in locis quibusdam riui finales et cauae quae ex pactione sunt designa- 10
tae, hae tamen quae recturam limitum recipiunt. nam termini sunt silicei pro parte, et distant a se in ped. CCXL
CCC CCCLX CCCCXX et CCCCLXXX et DC. ceterum normalis
longitudo per riuorum cursus seruatur.

Colonia Nepis eadem lege seruatur qua et ager Fa- 15
liscorum.

Colonia Sutrium ab oppidanis | est deducta. ante *A* 90
limites contra orientalem recturam dirigebantur. postea
ex omni latere sunt extenuati: et licet omnes agri ad mo-

1. cauas ... 3. oportet] et cauas finem praestant *P*. ‖ coronas] coronium *AE*. ‖ 2. et *om E*. ‖ ante] *ut in prouincia Calabria p.* 211,10.
add coloroniniaas *A*, colonias *E*. *in illo monstro inest et* colonias *et* coronas, *quae pertinent ad* coronium. ‖ nominatas exqui-
sita sunt *E*. ‖ 3. posteriore *EP*. ‖ 4. pati *E*, partis *P·* ‖ decisionis suæ
causa *P*, decisione suae causae *E*. ‖ 5. quae appellatur (a p̄ p̄ *P*) Faliscos *om E*. ‖ triumuiros *A*, tribus iugeribus est *E*. ‖ 6. et modus
... datus *om E*. ‖ moduis *A*. ‖ in quo *E*. ‖ 7. et lege ... 8. siti
om E. ‖ mensurae sunt collectae *P*. ‖ 8. locis siti *P*, cis siti *A*. ‖
9. pedatura limites constituti sunt *E*. ‖ constituti *om P*. ‖ 10. cauas
E. ‖ assignatae *E*. ‖ 11. hae .., nam *om E*. ‖ recturas *P*. ‖ Termini
autem sunt silicinei *E*. ‖ 12. destant *A*. ‖ in *om A*. ‖ 13. *ante et
post* ccc *add* in p̄. *E*. ‖ et *prius om EP*. ‖ CCCCXXXX *A*. ‖ ceteri
EP. ‖ normales riuorum cursus seruant *E*. ‖ 15. nepensis ea *E*. ‖
17. Sutrium ab *om E*. ‖ 18. orientale rectura *A*, orientem recturas
E. ‖ dirigebant *P*, deducebantur *E*. ‖ 19. et *om E*.

AEP dum iugerationis sint adsignati, tamen pro parte naturam
loci secuti artifices agros censuerunt, id est fecerunt gam-
matos et scamnatos, riparum et coronarum natura, et iuga
collium sunt emensi. terminos autem pro parte lapideos
5 posuerunt, alios uero ligneos, qui sacrificales pali appellantur. qui distant a se ped. cccc, p. d, ped. dc, ped.
dcc, ped. dccc, ped. dcccc, ped. ∞, et pd. ⊃ccc. ceterum
(*E*6,29) pro natura loci designatum est in ripis.

*E*9,13   Campi Tiberiani in iugeribus uicenis quinis sunt ad-
10 signati a Tiberio Caesare, et termini Tiberiani nuncupantur. qui distant a se ped. dc per ⊃ccc, ped. dccc, ped.
ccc. alibi ped. dc per dc, alibi ped. d per dccxx. qui
termini recipiunt mensuram pedum sex semis per ccꝗii p.
14 = ii per dua sela per ꜱ⸁ ꝗiii. ceterum limitibus norma-
(*E*9,20) libus recturae concurrunt.

1. pro partem *A*, propter *E*. ‖ natura *P*. ‖ 2. locorum sicuti *E*. ‖
agrorum consuerunt *E*. ‖ id est *om E*. ‖ 3. et *om EP*. ‖ scamnatos
om E. ‖ naturam *P*, natura saxa signati *E*. ‖ iugera collium. Sunt
et mixti termini quos pro parte *E*. ‖ 5. uero *om E*. ‖ sacricales *A*. ‖
pali *om E*. ‖ 6. in ped. cccc. *EP*. ‖ p. *et* ped. *in proximis om P*.
‖ p (*i. e.* per?) d ped dc ped dcc *A*, in ped. dc. in *E*. ‖ 7. in p̄ dcccc.
in ped. m̄ *E*, dcccc. et ∞ *P*. ‖ et pd. ⊃ccc *om EP*. ‖ ceteros normales longitudo priuorum cursus seruatur. *E*. ‖ 8. pro naturam *A*. ‖
in ripis *A*, *om P*. ‖ 9. *conf. G* p.168, *item* 170. 172, *ubi sunt
inter Tibur et Romam.* capite uerriani iugeribus *E*. ‖ uicinis *A*,
om E. ‖ quinis *om P*: *add* xxv *A*. ‖ est assignatus *E*. ‖ 10. tibe-
rani *A*. ‖ 11. destant *A*. ‖ ped dc *A*, in pedibus sescentenis *P*, *om
E*. ‖ per p̄ m̄xx *E*. ‖ ped dccc ped ccc *A* (*scilicet per* dcccc, *per*
ii̅cccc), *per* dcccc. *per* dccc. *P*, *per* p̄ mdc. *E*. ‖ 12. alibi] *actus ui-
ceni quini.* ‖ ped. dc … ped. d] *per* dccc. *per* dc. alibi *E*, *per* dc.
d. *P*. ‖ 13. pedum … 14. ꝗiii] paralelogramma lxx. per c. *E*, per *P*.
scribendum puto ped. [vi] semis per p., ꜱ⸁ [ꝗii], ⸁ [= iii]; p. ꜱ
per ꜱ, ⸁⸁ per ꜱ⸁ [ꝗii]. *id est* pedis semis per pedem, bessis, qua-
drantis; pedis semis per semissem, quincuncis per bessem. *nam
huius crassitudinis lapides conueniunt numeris supra scriptis*
dc ⊃ccc *etc.* ‖ 14. ceteris *E*. ‖ 15. et recturae *P*. ‖ concurrent *E*.

Colonia Tarquinios lege Sempronia est adsignata. *AE*7,20 *P*
cuius agri mensura in tetragonon uariis locis est | con- *A* 91
lecta, et termini silicei sunt adpositi. quorum mensura est
deun. [511 4, xɪ] per longum, et distant a se in pedibus
DCCXX. alii per longum trien., ɪɪɪ, distant a se in ped. 5
DCCCXXX, DCCCLX. hoc in locis montanis: in quibus alii
iuxta loci naturam spissiores sunt siti, id est sine mensure
suae numero podismati sunt, inter ped. CXX, inter ped.
CLX, in ped. CLXXX, in ped. CC et CCXL. nam circa regionem maritimam limites rectos censuerunt et lapidibus his 10
conpactis cursum demonstrauerunt, aliis uero locis agge-
res conuallium ordinari disposuerunt.

(*E*7,26)

1. tarquinius *A*, qui nos *E*. ‖ legem *A*. ‖ simproniana *E*. ‖ 2. mensuram *A*. ‖ teragano *A*, tragono *E*. ‖ collecta *EP*. ‖ 3. silicinei *E*.
‖ quorum ... 4. per longum *om P*. ‖ 4. deun.... longum et] p̄. u̇. longius *E*. ‖ longum 511 et destant *A*. ‖ in *om E*. ‖ 5. dccxx] *haec
summa octies ducta, cum deunce i. e.* DCLX, *efficit latus p.*
V̄ICCCXX. ‖ DCCXX ... 6. DCCCXXX *om P*. ‖ per ... ɪɪɪ (*i. e. trientem,
quadrantem*)] *longum trien* ɪɪɪ = Lɪɪ. *A*, p̄ *semis longius E*. ‖ 6.
dcccxxx dccclx *A*, dccclx *EP*. *ueri numeri uidentur esse* DCCCXL,
DCCCLXX. *nam pedes* DCCCXL *octies ducti, addito triente i. e.*
CCLXXX, *efficiunt latus p.* V̄ɪɪ. *pedes* DCCCLXX, *qui sunt actus* Vɪɪ
cum quadrante actus, octies ducti efficiunt latus pedum
V̄ɪDCCCLX *i. e.* LVɪɪɪ *actuum*. ‖ 7. loci natura *AP*, naturam loci *E*.
‖ siti *om E*. ‖ sine] sne *A*. ‖ mensure suae *AP*, mensura sunt. uel
E. ‖ 8. podimati *E*. ‖ sunt inter ped cxx *A*, sunt in p̄ ccxl. *E*, in
p. cxx. *P*. ‖ inter ped. *om P*. ‖ 9. in ped. *utrobique om P*, inter p̄
E. ‖ cc] cciii. *E*, *om P*. ‖ et] inter p̄ *E*, *om P*. ‖ regione maritimam *A*, regiones maritimas *E*. ‖ 10. censuimus *Boethius p.* 1538.
et] et ex *Boethius*, limites rectos *P*. ‖ his conpactis *AE*, scom-
pactis *P*, conpactis *Boethius*. isopleurus *extat p.* 141 *G et p.* 3
E. ‖ 11. cursum] totam limitum recturam cursum *siue* cursim *Boethius*. ‖ demonstrant *P*, demonstrauimus *Boethius*. ‖ aliis uero
locis *A*, alii uero *P*, *om E*. ‖ ageres *A*, agris res *P*, agrum
E, agros *Boethius*. ‖ 12. comuallium *P*. ‖ ordinarii *E*, iure ordinario *Boethius*. ‖ disposuimus, quos intercisiuos nominauimus: in
planitia uero limites recte cultellauimus *Boethius*.

*AE*9,16 *P*   Colonia Grauiscos ab Augusto deduci iussa est: nam
ager eius in absoluto tenebatur. postea imp. Tiberius
Caesar iugerationis modum seruandi causa lapidibus emen ·
sis r. p. loca adsignauit. nam inter priuatos egregios ter-
5 minos posuit, qui ita a se distant ut breui interuallo facile repperiantur. nam sunt et per recturas fossae inter-
(*E*9,20) iectae, quae communi ratione singulorum iura seruant.

*E*5,12   Colonia Veios prius quam oppugnaretur, ager eius
*A*92 militibus est adsignatns ex lege | Iulia. postea deficienti-
10 bus his ad urbanam ciuitatem associandos censuerat diuus Augustus. nam uariis temporibus et a diuis impera-
(*P*) toribus agri sunt adsignati. cuius ratio sic ostenditur.

    circa oppidum Veios sunt naturae locorum quae ui-
cem limitum seruant. sed non per multa milia pedum
15 concurrunt. in quibus etiam termini siti sunt pro parte
silicei et alii Tiburtini. silicei uero distant a se in ped.
CCCXX CCCLX CCCCXX CCCCLXXX DXL DC, Tiburtini uero in

1. grauis *E*. ‖ 2. in obsoluto *E*. ‖ postea a tiberio cesare *E*. ‖ 3.
Caesar *om P*. ‖ seruandis. causa lapidum imminens *E*. ‖ mensis rei
per loca *P*. ‖ 4. egregios] gregibns *E*. ‖ 5. qui distant a se breui *E*.
‖ destant *A*. ‖ interballo *A*. ‖ 6. repperiantur *P*, reperiuntur *E*, inueniantur repperiantur *A*. ‖ nam *om E*. ‖ et *om P*. ‖ 7. singulorum]
galorum *E*. ‖ iura seruant *P*, *om AE*. ‖ 8. COLONIA VEIVS *AP*,
Aueius ciuitas *E*. ‖ obpugnaretur *P*. ‖ 9. limitibus *E*. ‖ ex *om E*. ‖
deficientis *A*, defectus *E*, defectis *P*. ‖ 10. ab urbana ciuitate *P*. ‖
adsociandos *P*, associandum *E*. ‖ censurat *A*. ‖ 11. uaris *A*. ‖ et
adeundis inpatribus breues agri *E*. ‖ 12. sic ostenditur *A*, ostenditur
P, hisdem datur *E*. ‖ 13. ueius sunt *A*, eius sunt enim *E*. ‖ 15. in
quibus etiam *A*, et *E*. *scilicet in iis locis quorum naturae cum
rectura limitum non per multa milia conueniunt.* ‖ pro partem
A. ‖ 16. silicinei alii tiuortini *E*. ‖ silicei uero ... *p*. 221,2. DCLX] Ti-
uortini uero distant a se in pedes CCXL. in pedes CCCLX. in pedes
CCCCXX. in pedes DCC. in pedes DCCC. in pedes DXL. in pedes DCLX.
Silicinei uero distant a se in pedes CCXL. CCCLX. CCCCLXX. DLXXX.
DCXL. DCCXII. *E*. ‖ 17. CCCXX] *sic A et G p*. 24. ‖ DXL DC] DLX DC
A, *om G*.

ped. CCXL CCLXXX CCCXL CCCC CCCCLX DXX DLXXX DCXL *AE*
DCLX. quod si spissiores non sunt, riparum cursus seruatur; harum tamen quae per multa milia pedum recturas separationesue agrorum ab initio suo usque ad occursum custodiunt. et ne eas ripas sequendas sperarent quae in- 5
tra corpus agri nascuntur et in suo latere decidunt, lex limitum eas praedamnauit. ne id aliquando sequamini quod maior potestas limitum recturarumue cursus non confirmat. sed si conuentionis causa eas partes inter se custodiendas censuerunt, non recturae inpu|tandum est, sed *A* 93
concurrenti definitioni fides adhibenda: erit enim uiarum 11
riparum cauarum multorum agrorum separando rumpere meantium cursus seruandus.

pars uero camporum et silue, regionis Campaniae a *P*
Veiis tenus uel Aureliae, ante a diuo Augusto ueteranis 15
pro parte data fuit. in qua regione limites maritimi appellantur. ubi sunt termini lapidei, sed et lignei sacrifi-

---

1. CCXL *G p.* 24, XL *A.* ‖ CCCCLX] CCCCLXX *A.* ‖ DLXXX...spissiores] quod si spissiores DLXXX DCXL DCLX *A.* ‖ 2. non *om E.* ‖ seruaruatur *A.* ‖ 3. earum *E.* ‖ quae ... 5. custodiunt] quae non per multa milia pedum concurrunt *E.* ‖ 4. seperationissua *A*, separationes suae *G.* ‖ occansum *A*, occasum *G.* ‖ 5. sperares *E*, obseruarent *G p.* 25, speres *Boethius* 24 *b.* ‖ 6. et unaquaeque in suo *E.* ‖ desinunt *Huschkius.* ‖ lex] ex *A.* ‖ 7. ne] et *E*, et ne *Boethius.* ‖ sectemini quo *Boethius.* ‖ 8. ue cursus non *G p.* 25, ue non *A*, ripaeue non *Boethius*, ripae uenit *E.* ‖ confirmant *Boethius.* ‖ 9. conuersionis causae *E.* ‖ eas *E*, ea *G*, eo *A.* ‖ custodiendas *E*, constituendas *A*, conseruanda *G.* ‖ 10. rectori *E.* ‖ 11. definitione fides adiuenda *A*, fides diffinitioni adhibenda est *E.* ‖ erit] quod *A*, quicquid *E.* ‖ 12. multorum locorum uel agrorum superandorum ue primiantium *E. fortasse* multorum agrorum separationes (*uel* agros separandos *siue* separatum iri) promittentium. ‖ 13. seruatur *E.* ‖ 14. a Veiis] uetus *A, om EP.* ‖ 15. tenus uel] totius uel *A*, uel totius *P*, uel *E. de* tenus *cum genetiuo singulari coniuncto uide Drakenb. ad Liu.* 44,40,8. ‖ a *om AEP.* ‖ ueteranensis data fuit *E.* ‖ 17. sunt *A*, non *P*, non sunt *E.* ‖ et *om EP.*

AEP cales exordio sunt constituti. nam postea iussu imp. Adri-
E 6 ani uice numero limitum termini | positi sunt lapidei, qui
ab uno incipiunt scripti numerum continere, ut puta TER-
MINVS PRIMVS, TERMINVS SECVNDVS, TERMINVS TERTIVS, TER-
5 MINVS QVARTVS, TERMINVS QVINTVS, usque ad numerum suum
[facit] uel conclusionem angulorum agri adsignati. quorum mensura licet diuersa sit, tamen distant a se in pedibus C, in CXL, in ped. CC, in ped. CCXX, in ped. CCC, in
ped. CCCLX, in ped. CCCC, in ped. CCCCLXXX, in ped. D, in
10 ped. DLX, in ped. DC.

    nam pars agri quae circa Portum est Tiberis, in iu-
A 94 geribus adsignata adque oppidanis est tradita, et pro aes|ti-
mio ubertatis professionem acceperunt.

    media autem pars inter Romam et Portum actis qui-
15 dem mensuris est adsignata, et stipitibus oleagineis adfixis
numeri ad singulos angulos sunt designati. [ad] quorum
palorum loco postea lapides gregales ob numeros podismi

1. in exordio *P*, qui ab exordio *E*. ‖ Hadriani *P*. ‖ 2. uice] *an* sine?
‖ militum *P*. ‖ sunt positi *PE*. ‖ lapidei *om E*. ‖ 3. scripturae
numero *E*. ‖ 4. primus *E*, .I. *A*, Fac. I. *P*. ‖ termini duo It terminus tertius III *etc*. *A*, term. II. T̄. III. *etc*. *P*. ‖ 6. facit *om EP*. ‖
Plerumque sunt agri quam multi assignati: quorum mensura limitum
licet *etc. Boethius p.* 1538. ‖ 7. tamen distant a se alius ab alio
Boethius. ‖ in ped*s A*, in pedes *E et Boethius*. ‖ 8. c... 10. DC] a
CCL. et supra usque ad DC. et infra *P*, c. in ped. cl. in ped. cc. in
ped. ccc. in ped. ccclx. in ped. ccccIxxx. in ped. d. *E*, c. in pedes.
c. l. in pedes. ccxl. in pedes. ccc. in pedes. ccccxc. in pedes ccccxx.
in pedes. ccccIxxx. in pedes. dc. *Boethius: add* sequitur ex ordinem ad latus hoc sequitur ex ordinem quod infra est *A*. ‖ 11. tiberi
A. Portus Augusti siue Traiani intellegendus est. ‖ 12. est assig-
nata *E*. ‖ et *om E*. ‖ aest (*tum spatium sex litterarum*) |timio *A*,
exstimio *E*. ‖ 14. romane portum *A*. ‖ aptis *E*. ‖ 15. assignatum *P*.
‖ et *om E*. ‖ oleaginis *E*. ‖ affixos *E*, adfines *P*. ‖ 16. numeris *E*.
‖ assignati *E*. ‖ ad *om E*. ‖ 17. lucorum *A*. ‖ loco *AE*, locum *P*. ‖
grecales *E*. ‖ ob] suum *E*. ‖ numero *AP*, numerum *E*. ‖ pondium
A, podismi sui *P*, podimumque *E*.

custodiendos sunt adpositi. quibus etiam praeceptum est *AEP*
ut pali annui sacrificales renouarentur. postea uariis locis deficientibus ueteranis iussu imp. Caesaris Traiani agri
terminis lapideis sunt adsignati. qui termini recipiunt mensuram parallelogrammam, et distant a se in.ped. DC DCCCXL 5
DCCCCLX ∞XX ∞CC ∞CCCCXL ∞DCLXXX et ∞DCCC. | huius (*P₆₅ᵇ*)
enim territorii forma in tabula aeris ab imperatore Traiano
iussa est describi, quod limitibus normalibus maritimisque
sit adsignatus.

pars autem intra Etruriam proxime coloniam Veios 10
omnis limitibus intercisiuis est adsignata, ut supra ostendi.
in quo territorio omnis ager iugerationis modum habet
collectum, sicut in aere est nominatum.   (*E₆,₁₇*)

Ager Lunensis ea lege qua et ager Florentinus. li- *E₈,₂₆ P*
mites in horam sextam conuersi sunt | et ad occidentem *A⁹⁵*
plurimum dirigunt cursus. termini aliqui ad distinctionem 16
numeri positi sunt, alii ad recturas linearum monstrandas. (*E₈,₂₉*)

---

1. custodiendo *AP*, constituti *E*. ‖ adpositi] *hic P addit quae AE
habent u.* 4 - 6, qui termini ... ∞dccc. ‖ quibus ... est] his autem
colonis praeceptum ante fuerat *P*. ‖ 3. ueteraneis *E*. ‖ ius *A*. ‖ traia-
hani *A*, hadriani *P*. ‖ agris termini lapidei *E*. ‖ 4. recipiunt *A*. ‖ 5.
paralelograma *A*, pararegramma *E*. ‖ et *om E*. ‖ destant *P*. ‖ in
ped. ... 6. ∞DCCC] in ped. a dc. et supra usque ad ∞dccc. *P*, in
ped. cc. dcc. dccc. xl. dccc. xlx m̄xx. m̄cc· m̄cccc. xl. m̄dc.
m̄dcc. m̄dccc. m̄dccc. *E*, in pedes. dcc. in pedes. d. cccxl. in pedes. d. cccclxii. in pedes. ī. xx. in pedes. ī. cc. in pedes. ī. cccxl.
in pedes. ī. ccccxl. in pedes. ī. dc. in pedes. ī. dcc. in pedes. ī. dccc.
in pedes. ii. cc. *Boethius p.* 1538. ‖ 6. Cuius enim terrae formam
E. ‖ 7. aes *A*, aerea *E*. ‖ 8. iussu *A*, iussum *E*. ‖ scribi *E*. ‖ mari-
timiquae sit *A*, maritimis est *E*. ‖ 9. assignatum *E*. ‖ 10. pars ... 11.
ostendi] quomodo et supra hostis quod est iuxta portum *E*. ‖ etruria
A. ‖ colonia *A*. ‖ 11. omnes *A*. ‖ 12. in quo terrae *E*. ‖ omnes *A*. ‖
habet *om E*. ‖ 13. sicut et in ceteris nominatur *E*. ‖ 14. quae et *A*.
‖ 15. oram *A*, hora *E*. ‖ sexta concussi *E*. ‖ ab occidente *E*. ‖ 16.
dirigunt sunt terminalii qui astant in centurio numero posita sunt *E*.
‖ 17. numerum *AP*.

*AE*7,6 *P*　　　Ager Tiferinus in centuriis fuit assignatus. postea
iussu imp. Tiberi Caesaris, quis prout occupauit miles,
deficientibus, aliis paucioribus est adsignatus. termini pleu-
4 rici positi, qui rationem obseruationis tantum ostendunt
(*E*7,9) quam recturam limitum.

*E*7,4　　　Ager Spellatinus lege Aelia est adsignatus in modum
iugerationis. termini lapidei .... distant a se in ped. cccc:
ſıı distant a se pd. ∞DCCCCXX, ı qı: p. ıſı, ſ, pd. ı̄ıc: ſıᴄ,
pd. ıı, distant a se ped. ı̄ıcccc. ea lege et mensura ser-
10 uari a nostris iussum est.

*E*7,1　　　Ager Amerinus lege imp. Augusti est assignatus. ueteranis est quidem adiudicatus, et pro aestimio ubertatis
legem sunt secuti, ubi termini ambiguum numquam rece-
perant, circa ipsum oppidum. sed extra tertium miliarium
15 lex Caesariana operata est in absoluto. termini siti sunt

1. *Amerinum et Spellatinum ante Tiferinum habet E.* ‖ tifernus
P, tiberinus *E. est Tifernas Tiberinus.* ‖ est *E.* ‖ designatus
AP. ‖ 2. iussum imp̄ris sexagenos qui nos pro ut *E.* ‖ occupabiut *A.*
‖ miles deficientibus *AP*, misit plebe deficiente. *E.* ‖ 3. terminis
pleropicis *E.* ‖ 4. positi sunt *P,* om *E.* ‖ et in qua obseruatione ra-
cionem tantum *E.* ‖ 5. quantum *E.* ‖ rectura *A.* ‖ 6. Colonia *E.* ‖
spelltiuvs *A,* pellatinus *P,* spelatinus *E.* ‖ alia *E.* ‖ in modum iugerationis om *P.* ‖ 7. terminis lapideis *E.* ‖ ....] longi semis sales.
qui *E,* sunt positi qui *P,* om *A. crassi sunt pedem: si semissem
longi, latus est p.* x̄cc. ‖ in *EP,* ᴄ *A.* ‖ 8. ſıı ... 9. a se ped.] usque *P,* LI. CCCCXX. semis. ıı. ıı. *E.* ‖ ſıı] *i. e. longi dextantem.
hoc si uerum est, latus erit* p. x̄vı DCCCCLX. ‖ ı qı] qı *A. sed
debet esse* pedem unum septuncem crassi. ‖ p. ı ... ı̄ıc] *crassi
pedem unum dodrantem, longi semissem, distant a se p.* ı̄ıc.
longi semissem, quia ı̄ıc *sunt actus* xvıı *semis. latus* x̄vıDCCC.
sıᴣıs pd ıı *A.* ‖ ſıᴄ pd ıı] *i. e. longi dodrantem (latere p.* x̄xı), *pedes binos crassi.* ‖ 9. et om *E.* ‖ seruareˡ *P.* ‖ 11. armetillus *E.* ‖
est designatus *A.* ‖ et ueteranis quidem adiuᵈigatus *P.* ‖ 12. pro om
E. ‖ bertatis *A.* ‖ 13. iᵃnbiguum numquam *P,* iniungunt quam *E. an
ambignum numerum?* ‖ reciperant *A,* receperunt *P,* recturam *E.* ‖
15. est operata *P.* ‖ siti sunt *A,* siti *P,* sunt assignati *E.*

[id est] ꙅ, p. ꙅ, distant a se ped. DCCCC: alii ped., pd. *AEP*
ꙅ, ped. CCCC: alii p. II, ped. ꙅ, ped. CCCCCXL. | (*E* 7,4)

P<small>ARS PICENI.</small> | (*A*)

Ager Anconitanus ea lege qua et ager Florentinus *J* 146
est assignatus limitibus Augusteis siue k. et d. uel mariti- 5
mos aut montanos limites. ab oriente ad occidentem qui
in groma sunt designati, qualis diametralis appellatur. de
meridie in septentrionem qui circulum secat, uerticalis diagonalis appellatur. nam quaedam pars Tusciae his limitibus et nominibus ab Hetruscorum aruspicum doctrina 10
uel maiorum designatione nuncupantur. ceteri limites iuxta
formas et inscriptiones polygoniorum nomina acceperunt,
uel ex litteris Graecis. (*J*)

E<small>X LIBRO BALBI PROVINCIA PICENI.</small> *AE* 40,2-4

Ager Spoletinus in iugeribus et limitibus intercisiuis *E* 40,11.9,20
| est adsignatus ubi cultura est: ceterum in soluto est *A* 96

---

1. id est ꙅ p ꙅ (*interstitium x litterarum*) se ped dccc *A*, et distant a se in ped. dcccc *P*, qui distant a se in *E. sunt dodrantem
crassi, semissem longi. distantiae actuum* VIIꙅ. ‖ alii ped. (*i. e.
pedales, pedem crassi*) addidi: *A habet interstitium* VII *litterarum.* ‖ pd. ꙅ *A, i. e. longi pedem dextantem, om EP.* ‖
2. ped *AE,* et *P.* ‖ ali ꙅꙅ ped ꙅ ped *A,* alii a se in p̄ *E,* et *P.* ‖
4. Ager ... 5. et d.] Prouincia Calabria sine Cardinis uel Decimanos *J,*
qui haec habet ex A, e quo uidentur deperisse uel post p. 184
uel post 192. ‖ 5. siue] sine *P.* ‖ 6. et occidente *P.* ‖ 7. croma *P.*
angula croma dicit idem in margine. ‖ designati ... 9. diagonalis
appellatur] assignati antiqua lege et diagonales appellantur *P.* ‖ dio-
metralis *J.* ‖ 8. in septentrione *J.* ‖ porticalis *J.* ‖ 9. his *om P.* ‖
10. et *P,* ex *J.* ‖ etruscorum et *P.* ‖ aruspicorum *J.* ‖ 11. magorum
J, om P. ‖ nuncupatione designantur *P.* ‖ 12. forsoas *J.* ‖ 14. PRO-
VINCIAE *A.* ‖ *conf. G p.* 169 *in Cingulano, p.* 172 *in Potentino,*
173 *Teramne.* ‖ 15. AGER SPOLITINVS *AP,* Ager spolitanus *E*
p. 40, *om E p.* 9. ‖ in rigoribus *P.* ‖ et *om E p.* 9. ‖ limibus limitib.
A. ‖ inter est adsignatus *A,* inter subsicinos assignatus est *E p.*
40, est intercisiuis assignatus *E p.* 9, est assignatus intercisiuis *P.* ‖
16. est *om E.* ‖ in obsoluto *E,* in absoluto remansit. *P.* ‖ est et *E p.* 9.

15

AEP relictum in montibus uel subsiciuis, quae rei publicae alii cesserunt. nam et multa loca hereditaria accepit eius populus. ager qui a fundo suo tertio uel quarto uicino situs est, in iugeribus iure ordinario possidetur, sicut est (*E* 9,24) Interamnae Flaminiae et Interamnae Paletino Piceni.

6   Ager Vrbis Saluiensis limitibus maritimis et montanis lege triumuirale. et loca hereditaria eius populus accepit.

Ager Tolentinus item est adsignatus.

Ager Firmo Piceno limitibus triumuiralibus in cen- 10 turiis est per iugera ducena adsignatus.

Ager Senogalliensis et Potentinus, Ricinensis et Pausulensis, item sunt adsignati.

Ager Cuprensis Truentinus Castranus Aternensis lege Augustiana sunt adsignati.

1. relictus *P*, reliquum *E p.* 40. ‖ uel ... publicae] et subsiciuis quem reges *E p.* 9, suoque ipso iure *E p.* 40. ‖ alii *om EP.* ‖ 2. cesserunt *P*, ces (*add* sa *corr*) censita sunt *A*, censuerunt *E p.* 40, consueuerunt *E p.* 9. ‖ hereditario *E p* 40. ‖ 3. ager ... 5. Piceni *et quae sequuntur usque ad uersum* 14 *post agrum Asculanum P.* ‖ 3. agrum *E.* ‖ qui a] quem *E p.* 9. ‖ qvartvo *A*, quater *E.* ‖ uicinᵢᵒ *P*, uicinus *E p.* 40, uicenus *E p.* 9. ‖ setvs *A.* ‖ 4. sicuti *P.* ‖ est *om E p.* 9, sunt agri *P.* ‖ 5. inter amne *E p.* 9, interamna *AP et E p.* 40. ‖ flamina *E p.* 40, flumine *p.* 9. ‖ inter amne *E p.* 9, inter amna *E p.* 40, inter *AP.* ‖ paletino *A*, palestino *P*, palastino *E p.* 40, palestinae *E p.* 9. Praetutianae *Cluuerius in Italia antiqua p.* 746. ‖ picenensi *E p.* 9. ‖ 6. vrbis. saviensis. *A*, lunensis. Ager sentino oppidum *E.* Sentis *G p.* 172. ‖ 7. triumuisale *A.* ‖ et *A*, ex *P.* ‖ eius *om AP.* ‖ 8. tholetinus *P*, troentinvs *A.* *conf. G p.* 173. ‖ idem est *AP*, i. *E.* ‖ 9. Ager firmanus triumuiralibus limitibus *E*, *qui haec habet post Auximatem. conf. G p.* 170. ‖ 10. est *ante* in *E*, *post* assignatus *P.* ‖ per *om E.* ‖ ducenta *A*, cc *P*, *om E.* ‖ 11. *conf. G p.* 171. 171. 172. 172 (173). ‖ sinogalliensis *A*, sinogaliensis *P*, senigallieniensis *E.* ‖ pupotentinus *A.* ‖ recinensis *AE.* ‖ et *om P.* ‖ 12. idem *AEP.* ‖ est assignatus *P.* ‖ 13. *conf. G p.* 168. 169. 169 (172). 172. ‖ Ager cornensis *E.* ‖ trohontinus *P*, x. (*legendum* r. *i. e.* rubrica) trohintinatis *E.* ‖ x. castratus. x. aternensis *E.* ‖ 14. augustea *E.* ‖ est assignatus *E*, assignatus *P. hinc P transit ad agrum Hadrianum p.* 227,11.

Ager Anconitanus limitibus Graccanis in centuriis est *AEP* adsignatus.

Ager Ausimatis item est assignatus.

Ager Asculanus locis uariis limitibus intercisiuis est adsignatus, et terminis Claudianis, qui in modum arcellae 5 facti sunt, est demetitus, et aliis ligneis | sacrificalibus. *A*97 quorum limitum distantia est ped. ∞ccc et infra. ceterum in absoluto remansit, et riuorum tenor finitimus obserbatur. ager eius militibus est adsignatus: sed sunt loca quae in assignationem non uenerunt. 10

Ager Adrianus, item et ager Nursinus et Falerionensis et | Pinnensis, limitibus maritimis et Gallicis quos dicimus *E*40,5 decimanos et kardines. | nam eorum delimitatio est per *E*41 rationem arcarum uel riparum. uel canabula et nouerca, quod tegulis construitur. aliis uero locis muros macerias 15 scorofiones congerias carbunculos, et uariis locis termi-

---

1. *Anconitanum om P, post Tollentinum habet E. conf. G p.* 168. ‖ anchonitanus *E.* ‖ grecanis *E.* ‖ in centuris *A*, per centurias *E.* ‖ 3. *Auximatem om AP. conf. G p.*168. ‖ idem *E.* ‖ 4. *Asculanum post Spoletinum (hoc est post p.*226,3*) habet P, ante Cuprensem E.* ‖ ASCVTANVS lococis *A. conf. G p.*167. ‖ 5. et om *E.* ‖ qui ... 6. facti sunt *P, om AE.* ‖ 6. dimissus *E.* ‖ aliis] *sic AEP:* palis *G p.*167. ‖ 7. distant per MCCV. *E.* ‖ ceterorum *E,* et ceterum *A.* ‖ 8. in absoluto remansit et *AP,* est *E.* ‖ III. riuorum *P.* ‖ obseruatur *EP.* ‖ 9. is ager *P.* ‖ eius *om AP.* ‖ limitibus *E.* ‖ sed ... 10. uenerunt *om AE.* ‖ 10. assignatione *P.* ‖ 11. Hadrianus *P. conf. G p.*167. 170 (171). 171. ‖ idem et ager *A, om E,* idem. Ager *P.* ‖ K. nursinus. K. et *E, om AP.* ‖ falerianensis *E,* falernensis *P. conf. Hagenbuchius ad inscript. Orellii* 3118. ‖ 12. K. et pinnensis *E p.*40,29, Picenensis id est ager *E p.*40,5, *om AP.* ‖ qui dicuntur *P.* ‖ decimanos dicimus *E p.*40,29. ‖ 13. decimanus et kardinis *A,* .K. et .D. *P.* ‖ eorum] omne territorium prouinciae Piceni *P.* ‖ declinatio *E* 40,6, limitatio *P.* ‖ 14. ratione *A.* ‖ uel riparum *P et E p.*40, riparum *E p.*41, *om A.* ‖ calanabula *A,* canabularum *P,* canalibus *E.* ‖ et *EP,* uel *A.* ‖ 15. tigulis *E p.*40. ‖ alis *A.* ‖ muros] *add* hermulas *E p.*40. ‖ macherias *P.* ‖ 16. corofiones *A,* scorpionibus *E.* ‖ congeries *E p.*40 *et post* macerias *p.*41.

15*

AEP nos Augusteos, per quorum cursus in Piceno fines ter-
(AE 40,10. minantur. |
41,4 *P* 67ᵃ)

P 67ᵇ　PROVINCIA VALERIA.

Ager Amiternus. iter populo non debetur. nam ager
5 eius in tetragonon est assignatus per nomina arcarum riparum, macherias scorofiones congerias caruunculos. nam
locis montuosis loca saxuosa. termini sunt constituti Tiburtini in effigie tituli in tetragonon, alii trigonii, alii rotundi in effigie columnae. quorum mensura licet diuersa
10 sit, tamen distant a se in pedibus CCXXX, in p. CCCXL, in
p. CCCCXX, in p. DCLX, in p. DCLX, in p. DCCXC, in p. DCCXC,
in p. DCCCCXX, in p. ∞CCC, in p. ∞CCCCXL, in p. II̅, in p. II̅CCCCL.
interiectis locis petrae natiuae signatae inueniuntur, aut
certe saxa constituta sunt, quae et ipsa sine dubio fini-
15 tima obseruanda sunt.

Ager Aueias ea lege est assignatus qua et ager Amiternus.

Ager Corfinius lege Sempronia est assignatus. iter
populo debetur ped. LXXX. cuius agri mensura in tetra-
20 gonon uariis locis est collecta, et termini silicei sunt appositi, quorum distantia est in p. DCCXX, in p. DCCCLX.
hoc in locis montuosis: in quibus alii iuxta naturam loci
spissiores sunt, id est sine mensura sunt appositi. et interiectis locis muros, macherias, lacos conuallium, aras,
25 canabula, quod tegulis construitur.

1. Augusteos *om P*: *add* et diuersis metallis materiae ligneae uel
saxorum *E p.* 40. ‖ per *om P* et *E p.* 40. ‖ cursus] nomina *E p.* 41,
cursus p. II̅CCCC. *E p.* 40. ‖ fines in piceno *E p.* 40. ‖ terminantur]
add ita et per tusciam *P*, licet generaliter requirendum est *E p.* 40.
5. per omnia *P.* ‖ 8. tituli] *id est nominis sui.* lapides non scripti
et in effigie Termini positi *apud Nipsum p.* 3 *A.* terminos cursorios
in effigiem tituli constitutos *p.* 68ᵇ *P.* ‖ 11. sic *P.* ‖ 14. sacra *P.* ‖
16. ueios *P. correxit Holstenius.* ‖ 18. *conf. G p.* 170. ‖ 21.
dccxx *P*, dcxx *G p.* 170. ‖ 25. constituitur *P.*

Colonia Superaequana. | ager eius ueteranis est as- *P 68ᵈ*
signatus: sed postea Verus et 'Antoninus et Commodus
aliqua priuatis concesserunt.

Colonia Peltuinorum. iter populo non debetur. ager
eius limitibus intercisiuis est assignatus. 5

Marsus municipium licet consecratione ueteri maneat,
tamen ager eius intercisiuis limitibus est assignatus.

Colonia Solomontina ea lege est assignata qua et
Corfinius. *(P 68ᵈ)*

EX COMMENTARIO CLAVDI CAESARIS SVBSEQVITVR, QVI *A 97*
SEORSVM DESCRIPTVS EST.

Cɪvɪᴛᴀᴛᴇꜱ ᴄᴀᴍᴘᴀɴɪᴀᴇ ᴇx ʟɪʙʀᴏ ʀᴇɢɪᴏɴvᴍ. *P 69ᵃ*

Aquinum, muro ducta colonia, a triumuiris deducta. *E 9,26*
iter populo debetur ped. xxx. ager eius perennis limitibus est adsignatus. 15

Abellinum, muro ducta colonia, deducta lege Sempronia. iter populo non debetur. ager eius ueteranis est
adsignatus.

Antium. populus deduxit. iter populo | non debe- *A 98*
tur. ager eius in lacineis | est adsignatus. *E 10*

Acerras, muro ducta colonia. diuus Augustus de- 21
duci iussit. iter populo debetur ped. ʟxxx. ager eius in
iugeribus militibus est adsignatus.

---

1. *conf. G p.* 172. ‖ 2. seuerus *P.* ‖ 4. feltinorum *P. conf. G p.* 171,
ubi est Plentinus. ‖ 6. *Alba ad Fucinum lacum. conf. G p.* 174.
7. intercisiuis] in tribus *P.* ‖ 8. *Sulmonensium nomen mire de-
prauatum, nisi hic praeterea latet* Atina. Solmona *extat in G
p.* 174 *in Samnio.* ‖ 10. 11. Quiseorum *A. correxit Frid. Ad. Eber-
tus in bibl. Guelferb. codicibus classicis p.* 7. ‖ 12. ciuitatis *A.* ‖
13. Aqvino *AE.* ‖ a om *A.* ‖ triumuiros *A*, lege triumuirale *E.* ‖ 14.
xxx *AP*, lxxx *P.* ‖ militibus *EP.* ‖ 15. assignatus est *P.* ‖ 16.
abellino *AE.* ‖ deducta om *E.* ‖ simproniana *E.* ‖ 17. ueteraneis *E.*
‖ 21. Agerras *P*, Nuceria *E.* ‖ murro *P.* ‖ 22. iussit om *E.* ‖ 23. militibus om *E*, militi *P.*

AEP   Atella, muro ducta colonia, deducta ab Augusto. iter populo debetur ped. cxx.'ager eius in iugeribus est adsignatus.

Atina, muro ducta colonia. deduxit Nero Claudius.
5 iter populo non debetur. ager eius pro parte in lacineis et per strigas est adsignatus.

Alatrium, muro ducta colonia. populus deduxit. iter populo non debetur. ager eius per centurias et strigas est adsignatus.

10   Aricia, oppidum. lege Sullana est munita. iter populo non debetur. ager eius in praecisuris est adsignatus.

Asetium, muro ducta lege triumuirale. iter populo non debetur. ager eius militi est adsignatus.

A⁹⁹   Anagnia, | muro ducta colonia. iussu Drusi Caesaris
16 populus deduxit. iter populo non debetur. ager eius per strigas est ueteranis adsignatus.

Abella, municipium. coloni uel familia imperatoris Vespasiani iussu eius acceperunt. postea ager eius in iu-
20 geribus militi est adsignatus.

Afile, oppidum. lege Sempronia in centuriis et in lacineis ager eius est adsignatus. iter populo non debetur.

1. deducta ... 3. adsignatus *om E.* ‖ 2. pedes *P.* ‖ 4. Atina ... colonia *om E.* ‖ nero claudius deduxit *E.* ‖ Claudius] *add* caesar *P.* ‖ 6. et *AE*, pro parte in *P.* ‖ per *om AEP.* ‖ striga *P.* ‖ 7. Alatrum *E.* ‖ ductum *AP.* ‖ populus *A*, auḡ *E.* ‖ 10. leges *A.* ‖ sulana *A*, sublana *E*, syllana *P.* ‖ munitum *P.* ‖ 11. praecisurias *A*, praecisura *P.* ‖ 13. asetivm (*nomen mihi ignotum*) *AP*: etiam *E*, *qui omittit cetera.* ‖ 14. limitibus *P.* ‖ 15. *Anagniam om E.* ‖ 17. ueteranis est *P.* ‖ 18. Abella *om E.* ‖ colonia *P*, coloniae *E.* ‖ familiae *E.* ‖ 19. iussum *E.* ‖ eius *om AE.* ‖ eius in ... 20. adsignatus *om E.* ‖ eius *om P.* ‖ 21. Afile ... et *om E.* Afulani *codices Plinii n. h. 3,5,9.* ‖ 22. est *om P.* ‖ non *om E.*

Ardea, oppidum. imperator Adrianus censiit. iter po- *AEP*
pulo non debetur. ager eius in lacineis est adsignatus.

Allifae, oppidum muro ductum. ager eius lege triumuirale est adsignatus. iter populo non debetur.

Beneuentum, muro ducta colonia Concordia. deduxit 5
Nero Claudius Caesar. iter populo non debetur. ager
eius lege triumuirale ueteranis est adsignatus.

Bouianum, oppidum. lege Iulia milites deduxerunt
sine | colonis. iter populo debetur ped. x. ager eius per *A* 100
centurias et scamna est adsignatus. 10

Bobillae, oppidum. lege Sullana est circum ducta.
iter populo non debetur. agrum eius ex occupatione milites ueterani tenuerunt in sorte. *(E* 10,11)

Casentium, muro ducta lege triumuirale. iter populo *E* 9,25
non debetur. ager eius militibus est adsignatus. *(E* 9,26)

Calagna, muro ducta colonia. iussu Drusi Caesaris 16
populus deduxit. iter populo non debetur. ager eius ueteranis est adsignatus.

Capua, muro ducta colonia Iulia Felix. iussu impe- *E* 10,15
ratoris Caesaris a uiginti uiris est deducta. iter populo 20

---

1. ardia *A*, eam rem *E*. ‖ hadrianus *P*. ‖ censiit *AP*, censuit *E*. ‖
3. alifae *A*, Allio *E*. ‖ ducta lege triumuirale est assignatus ager
eius. *E*. ‖ 6. c̄l̄. Caes. *P*. ‖ 7. a lege *E*. ‖ ueteraneis *E*. ‖ 8. bobia-
nvm *AP*, Bonianum *E*. conf. *G* p. 173. *eadem de Aufidena G p.*
173. ‖ 9. sine *om E*. ‖ colonis ... ped.] iter | colonis populo iter non
debetur quam ped *A*. ‖ 11. bobilla *A*, Bobile *P*, Bobilem *E*. ‖ syllana *P*, sublana *E*. ‖ circum datum *P*, circum datus *A*. ‖ 12. iter
... debetur *om P*. ‖ ager *A*. ‖ 13. ueteranei *E*. ‖ 14. *Casentium om*
P. conf. G p. 169 *in Piceno*. casentivm *A*, Cassino *E*. ‖ a lege
triumuirale in iugeribus est assignata. iter populo non debetur. *E*. ‖
16. *Calagnam om EP. ea est, nisi fallor,* Calemna *siue* Celem-
na *Vergilii Aen.* 7,739. ‖ 19. deducta *A*. ‖ felis *A*. ‖ 20. uiros *A*.
‖ est assignata *E*.

AEP debetur ped. c. ager eius lege Sullana fuerat adsignatus:
postea Caesar in iugeribus militi pro merito diuidi iussit.

P 70a   Calatia, oppidum. muro ducta. iter populo debetur
ped. LX. coloniae Capuensi a Sulla Felice cum territorio
5 suo adiudicatum olim ob hosticam pugnam.

A 101   Caudium, oppidum. muro ducta. iter populo debetur ped. L. a Caesare Augusto coloniae Beneuentanae cum
territorio suo est adiudicata. ager eius ueteranis fuerat
adsignatus, postea mensuratus limitibus est censitus.

10   Cumis, muro ducta colonia, ab Augusto deducta.
iter populo debetur ped. LXXX. ager eius in iugeribus ueteranis pro merito est adsignatus iussu Claudi Caesaris. ·

     Calis, municipium muro ductum. iter populo non
debetur. ager eius limitibus Graccanis antea fuerat ad-
15 signatus, postea iussu Caesaris Augusti limitibus nominis
(*E 10,25*) sui est renormatus.

E 8,29   Casinum, oppidum. milites legionarii deduxerunt.
E 9 iter populo non debetur. | nam eidem militi ager eius in
(*E 9,1*) praecisura est adsignatus.

E 10,25   Capitulum, oppidum, lege Sullana est deductum. iter
21 populo non debetur. ager eius pro merito . . . .

1. syllana *P*, sublana *E*, *ut solent.* ‖ fuerit *E*. ‖ 2. postea *om E.* ‖
a cesare (*add* aug̅ *E*) in iugeribus militi (militibus *E*) diuidi iussus
(iussum *E*) est pro merito. *EP.* ‖ 4. colonia *P.* ‖ capuensis a sylla
P, cupiensia *E.* ‖ cum] comite *E.* ‖ 5. adiudicata *EP.* ‖ olim *om
EP.* ‖ ab *A*, ad *P*, *om E.* ‖ 6. Claudium *E.* ‖ ductum *P.* ‖ 7. pedes *P*, per p̄. *E.* ‖ benuentumue *A.* ‖ 8. est addicta *P*, *om E.* ‖ ueteraneis *E.* ‖ est *EP.* ‖ 9. postea] *add* est *A.* ‖ militibus *P.* ‖ 10.
moro *A.* ‖ colonia *om P.* ‖ 11. ueteraneis *E.* ‖ 12. pro merito *om
E.* ‖ claudi *A*, imp̄ *P*, *om E.* ‖ 13. Callis *E.* ‖ ducta *E.* ‖ 14. gracchanis *P*, grecanis *E.* ‖ ante *E*, *om P.* ‖ fuerant *A.* ‖ 15. militibus
AE. ‖ nominis eius *P*, *om E.* ‖ 17. Cassium *E.* ‖ militi regionarii
diniserunt. *E.* ‖ 18. eide *A*, idem *E*, ei *P.* ‖ 19. praecisuras *A.* ‖
20. Capitolum *E.* ‖ le sullana *A.* ‖ 21. ager eius pro merito *E*,
om AP.

et quis prout agrum occupauit tenuit; sed postea Caesar   *AEP*
limites | formari iussit pro merito.   *A*₁₀₂

Castrimonium, oppidum, lege Sullana est munitum.
iter populo non debetur. ager eius ex occupatione tenebatur: postea Nero Caesar tribunis et militibus eum ad· **5**
sig|nauit.   (*E*₁₁,₁)

Cereatae Mariana, municipium. familia Gai Mari ob- *E*₈,₂₁
sidebat: postea a Druso Caesare militibus et ipsi familiae
in iugeribus est adsignatum. iter populo non debetur.   (*E*₈,₂₄ *P*)

Cadatia, oppidum, lege Graccana est munitum. ager *E*₁₁,₁
eius ueteranis est adsignatus. iter populo non debetur. **11**

Diuinos, municipium. familia diui Augusti condidit, *P*
et ager eius isdem est adsignatus sine lege.

Esernia, colonia deducta lege Iulia. iter populo debetur ped. x. ager eius limitibus Augusteis est adsignatus. **15**

Frusinone, oppidum. muro ducta. iter populo non *E*₉,₁
debetur. ager eius ueteranis est adsignatus.

Forum Populi, oppidum muro ductum. iter populo
debetur ped. xv. limitibus Augusteis ager eius in iugeri-

1. et *A*, om *EP*. ‖ quis prout *om E*. ‖ agrum occupabit *A*, occupauit agrum *P*, occupauit et non *E*. ‖ tenet et postea *A*. ‖ cesar *E*,
om *AP*. ‖ 2. formari *AP*, reformari *E*. ‖ 3. castri. Immonium *E*.
Castrum Inni *Vergilio*: Castrimonienses *dicit Plinius*. ‖ est *om
E*. ‖ 5. et limitibus *A*, militum *P*. ‖ 7. Caereate *P*, Cetera *E*. ‖ ma-
rina *A*, timarena *E*. ‖ familia. Familia *E* ‖ gai *A*, c. *P*, om *E*. ‖
8. ab urso *E*. ‖ *an* ipsius?‖ 9. adsignatus *A*. ‖ 10. *Cadatiam om
P*. ‖ Galatium *E*. Caieta *Holstenius*. ‖ grecana *E*. ‖ 11. ueteraneis *E*. ‖ 12. Diuinus *E*. Dirinos *habet in regione secunda Plinius n. h. 3,11,16.* ‖ 13. et om *EP*. ‖ idem *P*, ueteraneis *E*. ‖ 14.
conf. *G p.* 173. ‖ iuliana *E*. ‖ 15. ped. ʟ. *G p.* 174, *ubi alia addita.* ‖ ager eius om *E*. ‖ limib. *A*. ‖ est augusteis *P*. ‖ assignatum
E. ‖ 16. *Frusinonem post Forum Popili et Ferentinum A.* ‖
Frusinono *P*, Fresenona *A*, Frisinona *E p.* 11, Fraxinonam *E p.* 9.
‖ ductum *P et E p.* 11. ‖ non debetur] *add* p̄ xɪɪ *E p.* 9. ‖ 17. ueteraneis *E*. ‖ est om *E p.* 9. ‖ 18. Populi] *uide Huschkium ad Ci-
ceronis Tullianam p.* 122. 374. ‖ 19. non debetur p̄ xɪɪ. *E p.* 9.

AEP bus est adsignatus. nam imperator Vespasianus postea
(*E*11,7) lege sua agrum censiri iussit.

A 103   Ferentinum, oppidum muro ductum. iter populo non
4 debetur. ager eius perennis limitibus pro parte in iuge-
(*E*9,6) ribus et in lacineis est adsignatus.

E 11,18   Fabrateria, muro ducta. iter populo non debetur.
ager eius iure ordinario est diuisus.

Fundis, oppidum muro ductum. iter populo non debetur. ager eius iussu Augusti ueteranis est cultura ad-
10 signatus: ceterum in eius iure et in publicum resedit.

Formias, oppidum. triumuiri sine colonis deduxerunt.
iter populo non debetur. ager eius in absoluto resedit.
pro parte in lacineis est adsignatus. finitur terminis siliceis et Tiburtinis.

15   Gauis, oppidum lege Sullana munitum. ager eius militi ex occupatione censitus est. iter populo non de-
(*E*11,22) betur.

A 104 *E*8,24   Interamna, oppidum, muro ducta a triumuiris est mu-
19 nita. iter populo non debetur. ager eius militi metyco
(*E*8,26) est adsignatus in lacineis limitibus intercisiuis.

*E*11,22.*P*71ᵃ   Laurum Lauinia | lege et consecratione ueteri manet.
ager eius ab imppp. Vespasiano Traiano et Adriano in
lacineis est adsignatus. iter populo non debetur.

---

2. censiri *A*, censeri *EP*. ‖ 3. ferentivm *A*. ‖ 4. militibus *EP*. ‖
5. et *om E*. ‖ 6. fabreteria *A*, Fabriateria *E*. ‖ 9. agri *P*. ‖ eius
sub aūg ueteraneis est cultura *E*, eius cultura iussu aūg. ueteranis
est *A*. ‖ assignata *EP*. ‖ 10. in cetera eius ius publicum resedit *P*. ‖
11. *Formias om E*. ‖ 12. populo *A*, p̄ p̄ *P*. *sic aliquotiens.* ‖ 13.
et pro *P*. ‖ finitur ... Tiburtinis *om P*. ‖ 15. munitus *AE*, est munitum *P*. ‖ 16. est *om A*. ‖ 17. *add* ager militi metyco est adsignatus in laceneis limitib. intercisiuis *A*. ‖ 18. iteramne *A*, Item *E*. ‖
ducta *P*, ductam *A*, ductum *E*. ‖ a tribus munita *E*. ‖ 19. metyco
P, menticio *A*, modico *E*. ‖ 21. labiniae *P*, libani *E*. ‖ manet *EP*,
namet *A*. ‖ 22. hadriano *P*. ‖ 23. laceneis *A*. ‖ iter ... debetur *om E*.

Liternum, muro ductum, colonia ab Augusto deducta. *AEP*
iter populo debetur ped. cxx. ager eius in iugeribus ueteranis est adsignatus.

Lanuuium, muro ductum, colonia deducta a diuo
Iulio. ager eius limitibus Augusteis pro parte est adsigna- 5
tus militibus ueteranis, et pro parte uirginum Vestalium
lege Augustiana fuit. sed postea imp. Hadrianus colonis
suis agrum adsignari iussit.

Liguris Bebianus et Cornelianus, muro ductus triumuirale lege. iter populo non debetur. ager eius post 10
bellum Augustianum ueteranis | est adsignatus.   *A* 105

Minturnas, muro ducta colo|nia, deducta a Gaio Cae-   *E* 12
sare. iter populo non debetur. ager eius pro parte in
iugeribus est adsignatus: ceterum in absoluto est relictum.   (*E* 12,2)

Neapolim, muro ducta. iter populo debetur ped. lxxx.   *E* 9,8
sed ager eius Sirenae Parthenopae a Grecis est in iuge- 16
geribus adsignatus, et limites intercisiui sunt constituti,
inter quos postea et miles imp. Titi lege modum iugerationis ob meritum accepit.

Nuceria Constantia, muro ducta colonia, deducta 20
iussu imp. Augusti. iter populo debetur ped. lx. ager

---

1. Liternum ... deducta *om E.* ǁ moro ducta colonia a diuo aug. deducta *P.* ǁ 4. lanuivm *A*, Lanubium *E.* ǁ diuo iulio *AE*, iuliano *P.*
ǁ 6. et *om P.* ǁ 7. augustina data fuit *E.* ǁ hadrianus imp *A.* ǁ 9.
liguriis *A.* Ligures qui cognominantur Corneliani et qui Bebiani *apud
Plinium in secunda regione.* ǁ ueuianus *E.* ǁ ductos *A.* ǁ triumuirali lege *E*, lege triumuirale *P.* ǁ 12. mentvrna *A*, Mynturna *P.* ǁ
caecare *A.* ǁ 14. absoluto *A*, obsoluto *E.* ǁ relictus *A.* ǁ 15. *Neapolim post Puteolos A.* ǁ non debetur *E.* ǁ 16. syriae pulestinae a
A, seriae palestinae a *E*, syria et palestinae *P.* ǁ grecis iugeribus est
assignatus *E.* ǁ 17. interciui *A.* ǁ 18. milis *P*, milites *E.* ǁ 19. ob]
hoc *E.* ǁ acceperunt *E.* ǁ 20. Nouerca uel nuceria constantina *E.* ǁ
colonia deducta *om E.* ǁ 21. aug. *A.*

AEP eius limitibus Iulianis lege Augustiana militibus est ad-
(*E*9,13) signatus, et alibi in absoluto resedit.

*E*12,2   Nola, muro ducta colonia Augusta. Vespasianus Aug.
deduxit. iter populo debetur ped. cxx. ager eius limiti-
5 bus Sullanis militi fuerat adsignatus, postea intercisiuis
(*E*12,4) mensuris colonis et familiae est adiudicatus.

*E*9,6   Ostensis ager ab imppp. Vespasiano Traiano et Hadriano, in precisuris, in lacineis, et per strigas, colonis
9 eorum est adsignatus. sed postea inppp. Verus Antoni-
(*E*9,8) nus et Commodus aliqua priuatis concesserunt.

*E*12,4   Puteolis, colonia Augusta. Augustus deduxit. ex uno
*A*106 latere | iter populo debetur ped. xxx. ager eius in iuge-
ribus ueteranis et tribunis legionariis est adsignatus.

      Praeneste, oppidum. ager eius a quinque uiris pro
15 parte in iugeribus est adsignatus [ubi] cultura [est]: ceterum in absoluto est relictum circa montes. iter populo
non debetur.

      Priuernum, oppidum muro ductum, colonia. miles
deduxit sine colonis. iter populo debetur ped. xxx. ager
20 eius pro parte cultu in iugeribus est adsignatus: ceterum
in lacineis uel in soluto remansit.

      Surrentum, oppidum. ager eius ex occupatione tene-

---

1. militibus *P.* ‖ agustiana *A,* auḡ *E.* ‖ militibus est *A,* limites *E,*
est *P.* ‖ assignati *E.* ‖ 2. in soluto *P.* ‖ resident *E.* ‖ 3. mvro
cincta *A.* ‖ agusta *A.* ‖ 5. militi *om E.* ‖ iterciuos *A,* intersiciuis
P. ‖ 6. mensouris *A.* ‖ colonis et *om E.* ‖ 7. Hostensis ager *E,*
ager ostensis *A.* ‖ adriano imp̄ cisuris et lacineis et strigas *E.* ‖
9. inp̄p̄p̄ *A, om EP.* ‖ seuerus *A,* seuerus et *EP.* ‖ antoninus com-
modius *E.* ‖ 11. Puteoli *P.* ‖ agusta *A.* ‖ 13. et] ex *E.* ‖ 14. Preneste
EP. ‖ eius *om P.* ‖ quinque] L. *E.* ‖ uiros *A.* ‖ 15. ubi *et* est *om EP.* ‖
16. obsoluto *E.* ‖ est remissum *E,* remansit *P.* ‖ 17. non] N̄ *A.* ‖
debet *P.* ‖ 18. pribernvm *A.* ‖ miles] militibus *E.* ‖ 19. xx. *E.* ‖
20. cultum *P,* cultus *E.* ‖ assignatum *P.* ‖ 22. svrrentinvm *AE.* ‖
oppidum muro ductum *E.* ‖ eius *om P.* ‖ ex occupatione tenebatur
om E. ‖ tenetur *P.*

batur a Grecis ob consecrationem Mineruae. sed et mons *AEP*
Sirenianus limitibus pro parte Augustianis est adsignatus.
ceterum in soluto remansit. iter populo debetur ubi Sirenae.

Suessula, oppidum, muro ducta. lege Syllana est de- *A* 107
ducta. ager eius ueteranis limitibus Syllanis in iugeribus 6
est adsignatus. iter populo non debetur.

Sinuessa, oppidum, muro ducta. iter populo non
| debetur. ager eius in iugeribus limitibus intercisiuis mi- *P* 78ª
litibus est adsignatus.   10

Suessa Aurunca, muro ducta. lege Sempronia est
deducta. iter populo non debetur. ager eius pro parte
limitibus intercisiuis et in lacineis est adsignatus.

Saepinum, oppidum, muro ductum. colonia ab imp.
Nerone Claudio est deducta. iter populo debetur ped. L. 15
ager eius in centuriis Augusteis est adsignatus.

Sora, muro ducta colonia, deducta iussu Caesaris
Augusti. iter populo debetur ped. XV. ager eius limitibus
Augusteis ueteranis est adsignatus.

Signia, muro ducta colonia, a militibus et triumuiris 20
munita. iter populo non debetur. ager eius in praecisu-
ris limitibus triumuiralibus | est adsignatus.   *A* 108

Setia, muro ducta colonia. triumuiri munierunt. iter

1. graecis absconsae ratione *E.* ‖ consecratione neruae *A.* ‖ montes
AEP. ‖ 2. syrenianos *A*, sirenianos *EP.* ‖ augusteis pro parte *E.* ‖
est *om EP.* ‖ assignatos *P.* ‖ 3. in obsoluto *E.* ‖ non debetur *P*,
debetur p. xv. *E.* ‖ syrenae *A*, serenae *E.* ‖ 5. svesvala *A*, Sues-
sola *P.* ‖ ductum *P.* ‖ lege … deducta] iter populo non debetur *E.*
‖ deductum *P.* ‖ 6. ager eius in iugeribus limitibus intercisiuis militibus est assignatus. iter *etc. E.* ‖ 9. militi *P*, *om E.* ‖ 11. arunca
E, arrunca *P.* ‖ simproniana *E.* ‖ 13. et in lacineis *om E.* ‖ 14.
Saepinum om E. ‖ sepinvm *A.* ‖ ductam *A.* ‖ a nerone *P.* ‖ 15. et
claudio *A.* ‖ 18. eius in limitibus *P.* ‖ 20. segnia *AP.* ‖ 21. praecisuras *EP.* ‖ 23. triumuiralium lege est munita. *E.*

AEP populo debetur ped. xv. ager eius in soluto ex occupatione a militibus tenetur.

    Telesia, muro ducta colonia, a triumuiris deducta. iter populo debetur ped. xxx. ager eius limitibus Augus-
5 teis in nominibus est adsignatus.

    Teanum Siricinum, colonia deducta a Caesare Augusto. iter populo debetur ped. LXXXV. ager eius militibus metycis nominibus IIIICL limitibus Augusteis est ad-
(P) signatus.

10   Tusculi oppidum muro ductum. iter populo non debetur. ager eius mensura Syllana est adsignatus.

    Terracina, oppidum. iter populo non debetur. ager eius in absoluto est dimissus.

P   Terebentum, oppidum. ager eius in praecisuras et
*E*13 strigas est | adsignatus post tertiam obsidionem limitibus
16 Iulianis. iter populo non debetur.

*A*109*E*12   Trebula, municipium. iter populo non debetur. ager eius limitibus Augusteis in nominibus est adsignatus.

*E*13   Vellitras, oppidum, lege Sempronia fuerat deductum:
20 postea Claudius Caesar agrum eius limitibus Augusteis censitum militibus eum adsignari iussit.

---

1. pedes XVI. *P.* ‖ soluto *non totum a prima manu A*, obsoluto *E.* ‖ 3. Thelesia *P.* ‖ a triumuiros *A.* ‖ 4. xx. *E.* ‖ 5. in *om P.* ‖ omnibus *E.* ‖ 6. Theanum *P.* ‖ siricivm *A.* ‖ a *om A.* ‖ 7. ped. xxxv *P.* ‖ limitibus *E.* ‖ 8. meticis *A*, metricis *E.* ‖ hominibus *AEP.* ‖ IIIICL limitibus Augusteis *om A.* ‖ 10. *Tusculo et Terracina omissis Trebulam ante Terebentum habet P; Trebulam Terracinam Tusculum Terebentum E.* ‖ ductam *A.* ‖ 11. sillana *E.* ‖ 12. tercina *A*, Terracena *E.* ‖ ager eius mensura in soluto est demissum *A.* ‖ 14. Terebintum *E.* Treuentinates *apud Plinium n. h.* 3, 12, 17 *in regione quarta.* ‖ praecisura *P.* ‖ 15. pos *A.* ‖ tertia *AP.* ‖ obsidione *P.* ‖ militibus iuliani *A.* ‖ 16. pop. n. *P.* ‖ 17. Tremula *P*, Tribule *E. conf. G p.* 172. ‖ 18. limitibus augusteis in omnibus *E*, mensura syllana *P.* ‖ 19. Bellitras *E.* ‖ simproniana *E.* ‖ 20. Claudius Caesar *om P.* ‖ 21. eum] *add* caesar *P.*

Vlubra, oppidum, a triumuiris erat deducta: postea *AEP* a Druso Caesare est inruptum. ager eius in nominibus est adsignatus. iter populo non debetur.

Volturnum, muro ductum. colonia iussu imp. Caesaris est deducta. iter populo debetur ped. xx. ager eius 5 in nominibus uillarum et possessorum est adsignatus.

Venafrum, oppidum. quinque uiri deduxerunt sine colonis. iter populo debetur ped. xx. ager eius in lacineis limitibus intercisiuis est adsignatus. sed et summa montium iure templi Ideae ab Augusto sunt concessa. 10

Verulae, oppidum muro ductum. ager eius limitibus Gracchanis in nominibus est adsignatus, ab imp. Nerua colonis est redditus.

HVIC ADDENDAS MENSVRAS LIMITVM ET TERMINORVM EX LIBRIS AVGVSTI ET NERONIS CAESARVM, SED ET BALBI MEN- 15 SORIS, QVI TEMPORIBVS AVGVSTI OMNIVM PROVINCIARVM | ET FORMAS CIVITATIVM ET MENSVRAS COMPERTAS IN COM- *A*110 MENTARIIS CONTVLIT ET LEGEM AGRARIAM PER DIVERSITATES PROVINCIARVM DISTINXIT AC DECLARAVIT. (*AP*72^b)

Ager Carsolis. iter populo non debetur. usque ad 20 muros priuati possident montes [possident] nomine Ro-

1. Lubra *E*. ‖ at triuiros *A*. ‖ est *P*. ‖ potea *A*. ‖ 2. in omnibus *E*. ‖ 4. Vulturnum *EP*. ‖ ducta *P*. ‖ 5. non debetur *A*. ‖ 6. in omnibus est assignatus uillarum et possessorum. *E*. ‖ 7. Beneafrum *E*. ‖ 9. et *om A*. ‖ suma *A*. ‖ 10. templi deae *A*, templo ideae *P*, templorum *E*. ‖ sunt *ante* ab augusto *EP*. ‖ censita *E*. ‖ 11. Verule *E*. ‖ 12. grecanis in omnibus *E*. ‖ ab *om E*. ‖ 13. termini uero non unam mensuram inter se continent iubente augusto caesare balbo mensori qui omnium prouinciarum mensuras distinxit ac declarauit perque testimonia suprascripta fines locorum terminantur. *Boethius p*.1540. ‖ 14. ex libris ... 16. prouinciarum *om A*. ‖ 15. libro *E*. ‖ et neronis et caesarum *E*. ‖ balui *E*. ‖ 17. ET FORMAS ... 19. DECLARAVIT *litteris maximis, iisque capitalibus, non uncialibus, A*. ‖ 17. ciuitatum *EP*. ‖ 18. DIVERSATIS *A*, uniuersitatem *E*. ‖ 19. DEXTĒXIT *A*. ‖ *add* ĒXP. FELICITER *A*. ‖ 20. *conf. G p*.169. ‖ 21. montes possident] sunt etiam montes *G p*.169. ‖ romano *E*.

E manos, qui usque ad sura deficiunt. in quibus montibus
positi sunt rotundi termini . . . . . . iugis montium, ripis,
per deuexa loca, arboribus, diuergiis aquarum, uel uniuersa positione terminorum. in campis uero terminos
5 quadratos, cursorias spatulas, uel metas assignatur. inter-
(*E*13,18) iectis locis arcas et monumenta, uel alia testimonia. |

*E*41,5 　　Camerinum, muro ducta. iter populo non debetur.
　　Matilica, oppidum. iter populo debetur ped. LXXX.
　　Septempeda, oppidum. iter populo non debetur.

10 　　Ager Atteiatis. oppidum. populo iter non debetur.
nam agri eorum intercisiuis limitibus sunt assignati et in
centuriis. per quorum limitum sunt ped. ꝏCCCCC ꝏDC ĪĪCC
ĪĪCCCC ĪĪD. eorum cursus est per rationem arcarum ri-
14 parum canabularum uel nouercarum. et uariis locis ter-
(*E*41,13) minos Augusteos.

*P*68b 　PROVINCIA DALMATIARVM.

　　In diuersas regiones siue uocabula, uicos uel possessiones, haec sunt testimonia agralia diuidentia. iñ montibus et per loca arida et confragosa petras signatas in-
20 uenimus, summa montium, terminos Augusteos, id est ro-

---

1. qui montes ad suram finem habent. *G p.* 169. ‖ 2. finitur enim *G
p.* 169. ‖ montium *G p.* 169, limites *E.* ‖ rupis diuersa loca *E.* ‖ 3.
diuersis *E.* ‖ 4. in campos *E.* ‖ 5. cursorios *E.* ‖ *fortasse* uel petras
signatas. ‖ 6. momenta uel in alia *E.* ‖ 7. *Camertes et Matilica-
tes Plinio in regione sexta. conf. G p.* 171. ‖ Camerino *E,* Kamerinus *G p.* 171. ‖ 8. Matelicas *E.* ‖ pedes *E.* ‖ 9. *in regione
quinta. conf. G p.* 172. ‖ 10. *Attidiates in regione sexta apud
Plinium n. h.* 3, 14, 19. *conf. G p.* 167. atteiati *E.* ‖ 11. interci-
siuis] tribus *E. sic et G p.* 167. ‖ 12. per ... sunt] quorum limitatio
pedaturae haec est *G p.* 167. *fortasse* quorum limitum pedaturae
sunt ‖ 13. eorum *E,* nam aliorum *G p.* 167. ‖ ripa canabula uel
nouercae *E.* ‖ 17. In] Signa limitum finalium in *Boethius p.* 1539.
‖ uocabula] loca, territoria *p.* 212,1. ‖ 18. sunt inter utrosque possessores testimonia *Boeth.* ‖ diuidenda *Boeth.* ‖ 19. et per *om
Boeth.* ‖ inuenimus *Boeth.,* inueniuntur *P.*

tundos in effigiem columnae, aliquos littera signatos (alii *P*
uero non sunt signati), arcas finales, grumos, arbores ante
missas, intactas a ferro, congerias, macherias, id est ubi
saxa collecta ab utrisque partibus limites dederunt, petras,
sacrificales aras. in quibus locis arbores intactae stare 5
uidentur, in his locis ueteres sacrificium faciebant. per
certa loca uiae militares finem faciunt, alibi uero deuexa
montium, id est per latera montium ripae currentes, finem
faciunt. aliquando monumentis sepulchris. terminos cursorios in effigiem tituli constitutos, et in trigonium. per 10
certa loca riui et canabulae et nouercae, scorofiones. ubi
duo fines cuneati se iungunt, si forte, in campestribus
locis. ubi agri in planitia sunt, in iugeribus assignata
sunt. praetereo uicum Saprinum et Cliniuatium, in terra
uoratos et Sardiatas, testimoniis diuidi ripis, riuis, arbo- 15
ribus ante missis, ut supra dixi. ..... loca sacrificales,
tumor terrae | in effigiem limitis constitutus. aliquotiens *P* 69ᵃ

1. aliqua *P*. ‖ signati *P*. ‖ alii ... 2. signati *om Boeth*. ‖ 2. gru-
mos] in partibus grumos id est congeriem petrarum *Boethius*. ‖ 3.
congeriem *Boeth*. ‖ macheriae *P*, maceriae *Boeth*. ‖ 4. partibus
Boeth., *om P*. ‖ limitem faciunt item petras *Boeth*. ‖ 6. in quo
loco ueteres errantes *Boeth*. ‖ per certa loca] certa loca *P*, alio
loco *Bo*. ‖ 7. faciunt qui termino muniuntur. alia uero deflexa montium id est pro latere montis ripae *Bo*. ‖ 9. monumentis sepulchris
P, sepulchra finem faciunt *Bo*. ‖ sunt termini cursorii *Bo*. ‖ 10.
constituti *Bo*. ‖ et in trigonium *om Bo*. ‖ per *om P et Bo*. ‖ 11.
riui finales cunabulae uel nouercae quod tegulis construitur scorpiones *Bo*. ‖ 12. in campestria loca *Bo*. ‖ 13. in planitie sunt constituti in iugeribus adsignata inueniuntur. *Bo*. ‖ 14. praetereo ... Cliniuatium *om Bo*. ‖ Praeterea *P*. ‖ in ... 15. riuis] item inter uoratos
ripis *Boethius*. *fortasse* item Tariotas *uel* Autariatas. *apud Pli-*
nium n. h. 3, 22, 26 sunt Sardiates. ‖ 16. ante missis] *add* intactis
Bo. ‖ loca *om Bo. an* per certa loca pali (*uel* arae)? ‖ 17. constitu-
tus] *add* petras molares foueas uel metas locos et legonatos et fabricis constructos calauiones *Boethius*.

16

P enim petras quadratas inscriptas: non enim omnis titulus
inscriptionibus indutus est. nam et ipsi montes sic terminantur. alia loca sunt subseciua, quae in mensuram
non uenerunt. si conuenerit inter possessores, possiden-
5 tur: si non conuenerit, remanent potestati. alia loca sunt
(*P* 69ᵃ) praefecturae, quae ad publicum ius pertinent.

A 183   Ratio militiae adsignationis prima triumuirales lapides Graccani, rotundi columniaci, in capite, diametrum
pedem unum et pedem unum et semis, altus ped. IIII et
10 IIII s.

P 67ᵃ   Item diui Iuli idem sunt.

Item Augustei idem sunt, hac ratione quod Augustus
eorum mensuras recensiit, et ubi fuerunt lapides, alios
constituit, et omnem terram suis temporibus fecit permen-
15 surari ac ueteranis adsignari. qui lapides, item Gai Caesaris, idem, rotundi ex saxo silice uel molari. sunt supra terram sesquipedem, in terra pedes duo semis. est
altus ped. IIII. distant a se ped. ĪICCCC.

Sunt et alii termini supra terram ped. II [duo], gras-

1. enim *P et Bo. lege* etiam. ‖ quadratas et scriptas *Bo.* ‖ 2. inductus
est *P*, est indutus *Boeth.* ‖ siᶜ terminantur *P*, omnino loca determinant *Boethius p.* 1539. ‖ 3. alia *om Bo.* ‖ Sunt loca subsiciua
quae ad ius ordinarium non pertinent. sed si conuenerit *Boethius
p.* 1538. ‖ mensura *P.* ‖ 4. possident *P*, possideant *Bo.* ‖ 5. remanet *Bo.* ‖ 6. praefectoria *P Boeth.* ‖ ad ius publicum pertinent. totidem si possessoribus conuenit possident. *Boethius.* ‖ 7. Triumuiralis *A.* ‖ 9. et pede *A.* ‖ 11. 12. Item diui iuli augustei pro hac ratione
P ‖ 12. *conf. Latinus et M. p.* 150. 151 *G.* ‖ augustus eos recensiuit
P. ‖ 14. remensurari *P.* ‖ 15. ac uet. ads. *om P.* ‖ item *om P.* ‖ cai
A. ‖ 16. idem *A*, lapides *P.* ‖ exaxo silicae *A.* ‖ aut *P.* ‖ sunt ...
17. ses *om P.* ‖ 17. qui pede *P.* ‖ pedis duo simis *A*, super pedes
IIs *P.* ‖ est altus *A*, et *P.* ‖ 18. destant *A*, et distant *P.* ‖ 19.
terra *AP.* ‖ duo *om P.*

sum pedem [unum] I ſ\., in terra ped. III, et altus ped. *AP*
III. a se distant ped. ꝏcc.

Sunt et alii Neroniani Vespasiani et Traiani, lam-
nici et quadrati, in diuersis numeris constituti. in quibus
alii gammati uel prout natura locorum permisit positi 5
sunt. qui distant a se alii in ped. CCXL, et alii CCXX, et
alii in ped. CCC, et alii in ped. CCCLX, et alii in ped. CCCCXX,
et in ped. CCCCLXXX, alii ped. DC, et alii in ped. DCCXX,
interdum et in ped. DCCCXL, et in ped. DCCCCXL, et in
ped. ꝏCC.   10

Nam et in saltibus sunt scorofiones et carbunculus
[id est | scorofion molis petrarum constructi], et distant *A* 184
a se pd. ꝏCC, et in pd. ꝏDCLXXX, et in pd. ꝏCCCCXL,
et in ped. IICCCC, et in ped. III. aliis uero locis monumenta sepulcrorum, quae tamen in extremitate sunt po- 15
sita. reliquum prout regio est signa sunt finalia constituta. (fig. 206.)   (*AP*)

1. pedem ... et] ped. iſ. et *P*. ǁ altus ped III. *AP*, alti. p. IIII *G*
p. 151. *debet esse* ped. v. *hic est ille* terminus egregius, qui et robustus, quinquepedalis, *quem G habet p*. 141. robusti *iisdem men-*
suris sunt in lege triumuirali p. 212,12. ǁ 2. a se destant ped *A*,
distant a se in pedibus *P*. ǁ 3. traiani imp. laninae et *P*. ǁ 4. quibus]
q'b. *A*. ǁ 5. uel ... 6. sunt] alii uelut natura locorum permisit ita
sunt positi *P*. ǁ 6. p̄misitisunt *A*. ǁ 7. in ped. IICCCC et in p. III *G*
p. 151. ǁ alii *om P*. ǁ et *om P*. ǁ in ped cxx. *P*. ǁ et *om P ubi-*
que ante alii. ǁ in d CCCLX *A*, in ped. CCCCLX *P*. ǁ 8. et in ped
CCCCLXXX *A*, alii in ped. CCCCXXX *P*. ǁ in ped. dc *P*. ǁ 9. interdum
om P. ǁ dcccCXL *A*, dccclx *P*. ǁ 11. sunt scofⁱones et carbuculus
A, scorofionibus et caruunculis *P*. ǁ 12. id est scorofion molis *A*,
Scorofiones id est moles *P*. ǁ destant *A*. ǁ 13. in ped. ꝏcc *P*, *tum* in
p. ꝏCCCCXL. in p. ꝏDCLXXX. ǁ 14. IICCCC. et in ped III. *A*, II. et III.
in *P*. ǁ 15. sepulchraue *P*. ǁ 16. est ... constituta] habet *P*. ǁ 17.
Ratio limitiae adsignationis prima explicit Incipit. liber. marci bar-
ronis de g..metria (*duabus litteris erasis*) Ad rufum feliciter Silbium
A. *his J statim subicit quae dedimus p*. 225,4-13, *quibus adiun-*
git ea quae p. 246,3. 4. 10-23 *exhibebimus*.

J 142   INCIPIT LIBER.

NOMINA AGRI MENSORVM, QVI IN QVO OF-
FICIO LIMITABANT.

Primo inuenitur in scarifo ciuitatis Capuensium, in
5 forma Soraua, Satrium Verum militem datum a Metello
Nepote ..... , IIII k. Aug. Marco Antonio triumuiro II
et Aemilio consulibus.

Item in scarifo regionis Asculanorum Piceni. Mensura acta separationibus fundorum Vettii Rufini tribuni
10 cohortis VI pretoriae, iugera IIICLV regionis Asculane, fa-
miliario XII agri Romani, per Mamilium Nepotem militem
cohortis III pretoriae, conss. T. Hoenio Seuero et Stloga.

Item in mappa Albensium inuenitur Haec depalatio
et determinatio facta ante d. VI id. oct. per Cecilium Sa-
15 turninum centurionem cohortis VII et XX, mensoribus interuenientibus, Scipione Orfito et Quinto Nonio Prisco
(*J*) consulibus.

1. *Haec ex A perierunt post paginam* 180, *hoc est post uarationem fluminis, ante constitutionem quae dicitur de sepulchris.* ‖ 2. QVI] quis *J.* ‖ 3. militabant *J.* ‖ 4. in his Carifo *J.*
scariffum in notis Tironianis p. 340 *et* 343 *Kopp.* ‖ 5. formas *J.* ‖ Starium uirum *J.* ‖ a Metellio nepotem pū. ūc. *J.* ‖ 6. triumuiros. et Ambibalo
J. anno ab urbe condita 720. ‖ 8. in his Carifo regionis Asculario-
rum *J.* ‖ *conf. G* p. 167. ‖ 9. acta: seperationibus *J.* ‖ ettij Rufini
J, per uettium rufinum *G* p. 167. ‖ 10. preturiae *J.* ‖ IIICLV *J,* IIII.
CL *G* p. 167. ‖ 11. *his non saniora habet G* p. 167. ‖ manilium *G*
p. 167. ‖ 12. cōs. Coenio Seuero et Stogla *J. anno ab urbe condita* 894. ‖ 13. albiensium *J.* ‖ *conf. G* p. 168. ‖ 15. cohortis septies
et uicies *J.* ‖ 16. Scipione] priore *J,* seniore *G* p. 168. ‖ Nonio]
Stitio *J,* scicio et *G* p. 168. *anno ab urbe condita* 902.

EX LIBRO BALBI, EX LIBRO CAESARIS, EX LEGE TRIVM-
VIRALI,   *E* 29,20

CENTVRIARVM QVADRATARVM DEFORMATIO, *A* 55 *R* 27
SIVE MENSVRARVM DIVERSARVM RITVS.

Centuria habet ped. $\overline{\text{IICCCC}}$ per $\overline{\text{IICCCC}}$, passus CCCCLXXX 5
per CCCCLXXX, actus XX per XX, cubita ∞DC per ∞DC,
perticas CCXL per CCXL, agnas DC per DC, decempedas LVIIDC.
fiunt in centuria acti constrati CCCC, ped. $\overline{\text{LDCCLX}}$ milia.
efficit iugera CC.

Pes habet palmos IIII. cubitus habet pedem unum s. 10
gradus habet ped. II s. passus habet ped. V, ulna ped. IIII.
decempe¦da habet ped. X digitorum XVI. pertica habet ped. *A* 55
XII digitorum XVIII. | actus habet ped. CXX, perticas XII. (*R*)
stadius habet ped. DCXXV. miliarius | habet passus ∞, ped. *E* 30

3. Centuriarum *erasum A.* ǁ quadrarum, r *in* t *mutato, A.* ǁ deportio
E. ǁ 4. sive ... 5. habet *om E.* ǁ sive] si *A, om R.* ǁ Mensura *R.* ǁ
5. per $\overline{\text{IICCC}}$ *om ER,* ped $\overline{\text{IICCCC}}$ *A. multiplicationem usque ad*
cubitos *om R.* ǁ actus ante passus enumerat *E. ante* actus *add*
Perticas CCCLX *R, tum post* Actus XX *idem* Perticas XXX. ǁ 6. 7. cu-
bita mile [∞dc^{cccc} p ∞dc^{cccc}. perticas CCXL^{cc} p CCXL^{cc} agnas dc. per dc.]
deletis iis quae uncis inclusi A, Cubitos mille. dcccc. per $\overline{\text{M}}$.dcccc.
Perticas. ccccxl. Agnas. d. per. dc. *R,* angua dc per dc *E. ceterum*
quaternorum pedum longitudinis agnuas non noui: eae infra
dicuntur ulnae. tum A ped dlxx VII. per dccvII. in hoc pede digiti sunt XVIII non XVI, *R* ped. lxxxvI. Per. dccvII. In hoc pede
digiti sunt .xvIII. numero. XVI, *E* centuriae ductae in centuria dlxxvI.
milia .III. M. clIII. ccx diametrum dccxx. perticas xl. ǁ 7. decempe-
das] x. ped. *R.* ǁ $\overline{\text{LVIIDC}}$] lvII.dcc *R, add* per $\overline{\text{LVIIDC}}$ *A et* per
.lvIII.dc. *R.* ǁ 8. fiunt ... 9. cc] p. constrati .dcclx. actus constratos
cccc. et fient iugera. Iugerum autem habet perticas xxvIII. cubitos
dccc. pos angua habet p.$\overline{\text{XIIII}}$. cccc perticas xII. *E.* ǁ 8. L.] *ita A*:*R*
habet I. ǁ 9. efficiunt *R.* ǁ 10. Cubitum *ante* pedem *R.* ǁ habet *om E.*
ǁ palmus *A.* ǁ gubitus (*sic A*)...*p.* 246,2. $\overline{\text{xxIIIIdccc}}$] Centuria habet
p x decempedas. l. ped. x. digitos xvI. pertica habet p xII. passus. cc.
p v. uncias xII. Miliarius habet passus M. p. v. Vlna est p IIII. semi-
ped. II. stadius habet passus dccxxv. gradus p III. iugero recto in se.
E. ǁ 10. s *om R, item* 11. ǁ 12. xvI] xI *R.*

AE $\overline{\text{v}}$. porca habet ped. $\overline{\text{viicc}}$. agnua habet ped. $\overline{\text{xiiiicccc}}$. iugerus habet ped. $\overline{\text{xxviiidccc}}$.

J146.(E30,1)   Mensurarum genera sunt tria, | rectum, planum, so-

(J)   lidum. rectum | est cuius longitudónem tantum modo me-

5 titur. planum est cuius longitudinem et latitudinem et crassitudinem metetur.

Angulorum genera sunt trea, rectus, acutus, habes. rectus est qui normaliter constitus est; acutus, qui minor

A57 (A) est | recto. ebes est qui maior est recto.

. . . .

J iugera xL possidet, possessio neminen excidat.

I. Antonio p. constituende cons. ss. ii designatus et tertio dicit Redditum suum quibus est, uti finibus anti- quis sic teneant, neue si qui minus multa iugera profes- sus est capiatur, neue siquis multa iugera professus est

15 teneat.

Ex commentario Vrbici edictorum vi Caesaris Quinto Pedio Camidiano quae oppresit illa agrorum.

Item ex commentario Caesaris. quae centuriae in territoria incurrunt. ubi milex falx et aratrum ierit et ac-

20 ceptum quod itinere patet sumpserit, reliquum eius cen- turiae territorium sit. qui agri diuisi fuerunt et restituti sunt et mercis mediam diem qualis ager restitutus est

(J) militem

A 190 E45
G 75b 76b

INCIP. NOMINA AGRORVM.

Ager adsignatus

ager centuriatus

ager subsiciuus

3. *J haec exhibet post ea quae dedi p. 225,*1-13. ‖ PYRRUS *Mensurarum sunt genera J.* ‖ *suledum A.* ‖ 4. *hic in J est aliquot uersuum interstitio.* ‖ *omnia sic A.* ‖ 19. *fulxˢ J. cetera non te- tigi.* ❙ 22. *titulum om G:* incip̄ *om P, qui haec bis exhibet, post Siculum Flaccum 38ᵃ et post ciuitates Campaniae 72ᵇ, sed utrobique limites ante agros. hoc ordine E.* 2, 4, 6, 8, 11, 13, 17, 15, 16, 18, 19, 1, 3, 5, 7, 9, 12, 14. ‖ 1. *assignatus EGP. sic et u.* 16. ‖ 3. *subseciuus GP.*

ager dextratus   *AEG*

ager sinistratus   5

ager citratus

ager ultratus

ager tetragonus

ager tessellatus

ager cultellatus   10

ager normalis

ager epipedonicus

ager triumuiralis

ager solitarius Syllanus

ager Neronianus podismatus   15

ager Caesarianus adsignatus

ager iugarius in quinquagenis iugeribus

ager meridianus in xxv iugeribus

ager commutatus ex beneficio Augusti

EXPLICIVNT NOMINA AGRORVM FELICITER.   20

INCIPIVNT NOMINA LIMITVM.

A 191ᵃ
E 4ᵃᵇ *G* 75ᵃ

Limites orientales

limites septentrionales

post 4 *hoc ordine G.* 6, 9, 11, 13, 15, 19, 5, 7, 8, 10, 12, 14, 16, 18. ‖ 5. senestatus *E.* ‖ 8. tritagonus *E.* ‖ 9. tesseltanus *E,* tesalatus *G.* ‖ 10. *om E.* ‖ 11. nurmalis *A.* ‖ 12. epipodonicus *GP,* epiponicus *E.* ‖ 13. triumueralis *A.* ‖ 14. solitrius *E.* ‖ sylanus *GP,* siluanus *E.* ‖ 15. nerinianus *A,* neriomanus *E.* ‖ podimatus *E.* ‖ 17. *om G.* ‖ ingrius in quinquagenos *E.* ‖ iugb̄. *A, om E: sic et u.* 18, *ubi G habet* īūɢ. ‖ 18. *add* ager ex alieno territorio sumptus. ager cineribus deputatus. ager intraclusus. ager qui finibus augustinori continet (*i. e.* Augustinorum continetur). *G,* ager relictus et extraclusus. ager noxiorum. ager inopum. ager qui finibus augustinori continet. ager cineribus deputatus. *P.* ‖ 19. commotatus *E.* ‖ auḡ:. *A.* ‖ 20. *om G:* finiunt omnes numero decem et octo *E, qui his subicit* POLVM COLLECTVM *cum diagrammate sphaerae.* ‖ 21. INCIPIVNT *om GP.* ‖ 1. limitis *A.* ‖ orientalis *A,* orientis *E.* ‖ *add* dicuntur decumani (deciani *E*) *EGP.* ‖ 2. septentrionalis *A.* ‖ *add* dicuntur (*hoc om GP*) cardines *EGP.*

AEG	limites maximi
	limites actuarii
5	limites intercisiui
	limites quintarii
	limites cultellati
	limites nonani
G 76ᵃ	limites maritimi
10	limites Gallici
	limites temporales
	limites regales
	limites subrunciui
	limites lineares
15	limites sextanei
	limites tessellati
	limites diagonales
	limites montani
	limites austrinales
20	limites praefecturales
	limites undecumani
	limites colonici
	limites passiui

3. maximi *A*, maximi. k. m. *GP*, c maximorum et decimanorum *E*.
‖ 5. intercisibi *A*. ‖ *hinc permutato ordine E ponit u.* 14, 15, 8,
20, 18, 19, 21, 27, 26, 12, 13, 6, 7, 11, 17, 9, 24, 10, 25, 22, 28,
23, 29. ‖ 6. quintani *A*, quintarii *EGP*. ‖ 7. scutellati *E*. ‖ 8. nonali
GP. ‖ *add* L. qui cursum solis secuti sunt *E*. ‖ 9. montini *E*. ‖ 10.
Limites temporales qui solis ortum sequuti (secuti *P*) sunt *GP*, L.
Gallici uel pemporales *E*. ‖ 11. Limites Gallici *GP*, L. Pemporales
E. ‖ *add* L. qui cursum lunae secuti sunt *E*. ‖ 12. regulares *E*. ‖
13. subruncibi *A*, subcunciui *E*. ‖ 14. linearii *EG*, *non P?* ‖ 15.
sextani *E*. ‖ 16. *om E*. ‖ 17. diabonales *E*. ‖ 18. *add* L. qui angulum subiacent *E*. ‖ 19. austronalis *A*, ustrenuales *E*. ‖ *hinc G ita.*
29, 24, 20, 26, 21, 25, 22, 23, 27, 28. ‖ 20. prefecturalis *A*. ‖ 21.
undecimani *EGP*. ‖ 22. cozonici *E*. ‖ 23. passibi *A*.

limites ypotenusales · *AEG*

limites duodecimani · **25**

limites egregii

limites solitarii

limites perpetui · *A* 191*b*

limites qui per antica et postica diuiduntur | · · · ● (*G*)

Sunt limites n. XXVIIII, agrorum n. XVIIII. · · · · · · · **30**

EXP. NOMINA LIMITVM.

EX LIBRO BALBI · *A* 192
NOMINA LAPIDVM FINALIVM. · · · · · · · · · · · · · · *E*₃ (*A*)

Ortogoneus rectum angulum mittit.

Isoplerus rectus subter constitutus.

Isosceli.

Exculinus siue exagineus.

Excutellatus lateribus. · **5**

Sumbus siue trapizeus.

Isoscaeli.

Solus trigonus ilia iactat.

Pararerogamus pentagonus.

Exagonus. · **10**

Septagenus.

Sinagonus.

Terminus Greca littera scriptus.

24. ypotenisales *A*, ipotenus sales (hipotenusales *P*?) qui angulis subiacent *GP*, depotenusales *E*. ‖ 25. decimini *E*. ‖ 26. L. Greci *E*. ‖ 27. solitri *E*. ‖ 29. antiquam *G*, anticam *P*. ‖ et *om E*. ‖ posticam *GP*. ‖ diuidunt *A*. ‖ 30. *om G*: finiunt omnes numero XXXIII. *E*. *add* ideoq. limes agro positus litem ut discernerent agris nam ante iobem limite non parebant qui diuiderent agros *A*. ‖ 31. *om FGP*. ‖ 32. EX LIBRO BALBI *A*, *om E et Boethius p.* 1540. *hic habet* Nomina lapidum finalium et archarum positiones. ‖ 1. *A p.* 192 *post titulum nihil scripti habet, sed tantum diagrammata:* (*fig.* 207) *post haec duae paginae perierunt. Boethii uarietates non ascribo.*

E   Terminus in summo acutus.

15   Circulatus per ramos mitae acutae similis.

         Conplactus rumbus ampligoneus.

         Amicirculus quadratus.

         Terminus angustus.

         Terminus in summo acutus.

20   Terminus cursorius.

         Terminus trifinius.

         Sepulturam finalem.

         Terminus in laterculum constitutus.

         Terminus lineatus.

25   Terminus rotundus.

         Terminus qui angulum subiacet.

         Terminus quadrifinius.

         Item terminus lineatus.

         Spatula cursoria.

30   Terminus in inuersum positus.

         Spatula cursoria.

E.   Arcifini|um.

         Quadrifinium.

         Qui sunt lapides finales in diuersas regiones secundum positionem locorum.

         Terminus grammatus.

         Terminus lineatus.

         Quadrifinius.

         Nouerca.

5   Simmatus.

         Centustatus.

         Tiuortinus.

         Amicirculus.

         Varouerrimus.

10   Triideus.

(*E*)   Augusteus. |

EX AVCTO   *A* 193

RITATE. IMPT.

AELI. HADRI

ANI. ANTO

NINI. AVG.   5

PII. PP. SENTE

TIA. DICTA. p.

TVSCENIV

FELICEM

PP. II. DETER   10

MINANTE

BLESIO. TAV

RINO. MIL.

COH. VI. PR.

MESORE. A   15

GRARIO. TR.

ARDEATN

Fiunt n. XXXII.

EXP. NOMINA LAPIDVM FINALIVM FELICITER.   *AE.*

1. *A p.* 193 *tres cippos exhibet* (*fig.* 208), *quorum primo ea quae dedimus inscripta sunt: ceteri nihil inscriptum habent.* ‖ 18. *cippis subiectum* fiunt. n̄ xxxii. geometra. pyrrus magnus. (*leg.* Magnes) arestyllydes (*leg.* Aristylli duo) apollonius pyrrus geometra in atro (*leg.* Arato) dixit principium stum (*i. e.* istud) a iouem (*immo* ex Ioue) incipiamus falsum dicit. quoniam ex iouem no*n* *a*d iouem ordinamus (*i. e.* quoniam a Ioue, non ex Ioue ordiamur) euclydis siculus arismetica scribsit *A.* ‖ 19. Expliciunt *E. idem om* FELICITER.

CIVITATES PICENI.

G 167 *Adrianus ager limitibus maritimis et Gallicis, quos nos d. et k. appellamus, finitur per rationem arcarum riparum canabularum uel nouercarum, quod tegulis cons-*
5 *truitur, aliis uero locis muris macheriis scorofionibus congeriis carbunculis, terminibus Augusteis,* fluminum cursibus.

Adteiatis oppidum. ager eius aliquibus locis tribus limitibus est assignatus in centuriis: quorum limitatio
10 *pedaturae haec est, a ped.* ꝏcccc *et supra usque in ped.* II̅D̅. *nam aliorum cursus est per rationem arcarum riparum canabularum uel uouercarum, et uariis locis terminibus Augusteis;* sed et aliis finitimis signis.

Asculamus ager uariis locis limitibus intercisiuis est
15 *assignatus et terminibus Claudianis in modum arcellae est demetitus,* qui si tres fuerint in unum, trifinium faciunt, et palis *ligneis,* siliceis, *sacrificalibus,* per quos ratio limitum seruatur. *qui distant a se in pedibus* ꝏcc *et infra. ceterum in absoluto remansit, et riuorum te-*
20 *nor* et uiarum *finitimus obseruatur.* maxime in his limitibus caruunculi et scorofiones. *mensura uero acta est in separationibus fundorum per Vettium Rufinum cohortis* VI p̄ p̄. *iugera* I̅I̅I̅C̅L̅ *accepit et* XII *agros in montibus Romani acceperunt familiariter,* qui montes
25 Romani appellantur, *per Manilium Nepotem militem co-*
G 168 *hortis* III *pro consule et Coenio Seuero | et Stola consulibus.*

1. *titulum addidi.* ǁ 2. *conf. p.*227,11. ǁ 8. *conf. p.*240,10. ǁ 14. *conf. p.*227,4. ǁ 18. ꝏcc *P,* cccc. *G.* ǁ 20. *conf. p.*244,9. ǁ 26. pro consuli *P.*

Ausimatis ager limitibus Gracconis per centurias G est assignatus.

Anconitanus ager ea lege continetur qua et ager Ausimatis, limitibus Gracchanis in iugeribus.

Albensis ager locis uariis limitibus intercisiuis est 5 assignatus, terminis uero Tiburtinis, qui Cilicii nuncupantur et in limitibus constituti sunt. aliis uero locis sacra sepulchraue uel rigores. quorum ratio distat a se in pedes ᴄᴄᴄᴄʟ et infra. et quam maxime limitibus est assignatus. *terminatio autem eius facta est* ᴠɪ *id. octb. per* 10 *Cilicium Saturninum centurionem cohortis* ᴠɪɪ *et uicies, mensoribus interuenientibus.* et termini a Cilicio Cilicii nuncupantur. *haec determinatio facta est Orfito seniore et Quinto Scitio et Prisco consulibus.*

Aternensis ager lege Augustea est assignatus. riuo- 15 rum et uiarum cursus seruatur.

Curium Sabinorum ager [eius] per quaestores est uenundatus, et quibusdam laterculis quinquagena iugera inclusus est, postea uero iussu Iuli Caesaris per centurias et limites est demetitus. termini uero Tiburtini af- 20 fixi sunt, sed et lapides enchorii et signati sunt. uariis autem locis muros macherias sepulchra monumenta, riuorum uel fluminum cursus, arbores ante missae uel peregrinae et putea finem faciunt; sed et alia signa quae in libris auctorum leguntur. quod si signa haec non inue- 25 niantur, arbores oliuarum si sibi in transuerso occurre-

---

1. *conf. p.* 227,3. ‖ Ausimatis *P*, Auxsimatis *G*. ‖ 3. *conf. p.* 227,1. 6. *an* Caecilii? ‖ 7. *puto* saxa sepulchra riuos. ‖ 8. quorum] *ad terminos referendum.* ‖ ᴄᴄᴄᴄʟ *P*, ᴄᴄᴄᴄʟ *G*. ‖ 10. *conf. p.* 244,14. ‖ ᴠɪ. ᴇ̅ɪᴅ̅. *P*. ‖ 12. Quare cilicii termini *margo P*. ‖ 15. *conf. p.* 226,13. ‖ 17. quaestores *G*. ‖ 18. *potius* quinquagenum iugerum. ‖ 21. incores signati *GP*. Lapides incores *in margine P*. ‖ 26. *confer* Dolabellam *p.* 205 *G, item* Agrorum quae sit inspectio *p.* 80 *B*.

G rint, pro rigore seruandum est. qui rigor pinnalis dicitur. si certe ordines sibi conuenerint et hic rigor iungatur cum pinnale, hebes appellatur. sic enim colliges fines
inter possessiones.

5   *Campi Tiberiani*, qui inter Romam et Tibur esse
uidentur, *a Tiberio Caesare sunt demetiti in iugeribus*
G 169 XXV, | *et termini Tiberiani nuncupantur. qui distant a
se in ped.* D *et supra usque in ped.* ∞CC. *ceterum uero
limitibus normalibus recturas concurrunt.*

10   *Cassiolis, ager eius. iter populo non debetur. usque ad muros priuati possident. sunt etiam montes qui
Romani appellantur*, ea ratione qua in agro Asculano
supra diximus. *qui montes ad suram finem habent. finitur enim iugis montium*, terminis Augusteis, *ripis per*
15 *deuexa collium, arboribus, diuergiis aquarum, sed et per
alia finitima documenta. in campis uero terminos quadratos, Tiburtinos, spatulas cursorias, limitibus. interiectis uero locis per arcas instructas et monumenta
finitur.*

20   *Castranus ager lege Augustea est assignatus.*

    *Cyprensis ager ea lege est assignatus qua et ager
Castranus.*

    Castellense municipium. ager eius limitibus d. et k.
continetur. in centuriis est assignatus.

25   Cingulanus ager. iter populo non debetur. ea lege
continetur qua et ager Potentinus. *in iugeribus et limitibus intercisiuis est assignatus ubi cultura. ceterum uero
insolutum est. reliqua in montibus idem consuerunt.
nam multa loca hereditaria accepit earum populus. ager
qui a fundo suo tertio uel quarto uicino situs est, in*

---

3. ᵇebes *G*, ebes *P*. ‖ 5. *conf. p.* 218,9 *in prouincia Tuscia.* ‖
roma *GP*. ‖ 10. *conf. p.* 239,20. ‖ 20. *conf. p.* 226,13. ‖ 21. *conf.
p.* 226,13. ‖ 26. *conf. p.* 225,15. *in agro Spoletino.*

iugeribus iure ordinario possidetur, sicut est Interamna G
Palestinae Piceni.

Corfinius ager limitibus maritimis et montanis in iugera cc sunt assignati, lege Augustea sunt censiti, et termini Augustei ibidem nuncupantur.   5

Casentium, muro ductum. ager eius lege triumui-
rale est assignatus | limitibus per terminos et alia signa G170
finalia. *iter populo non debetur.*

Capenus. ager eius finitur terminibus Tiburtinis, ex
alia parte siliceis, qui distant a se a pedibus cc usque in 10
ped. ∞ccl. habet ripas uias et riuos finales.

Corfinius ager lege Sempronia est assignatus. iter
populo debetur ped. LXXX. *ager eius in tetragonon est*
assignatus, et silicei termini sunt appositi, qui distant
a se in ped. a DCXX *usque in ped.* DCCCLX. et alia signa 15
secundum auctorum doctrinam.

Ecicylanus ager per strigas et scamna in centuriis
est assignatus, termini uero rotundi et spatulae cursoriae
constituti. per montes autem congestiones petrarum et
termini, sed et signa quibus ager arcifinius finitur.   20

Foro Nouanus per limites et centurias est assignatus. termini uero Tiburtini et Augustei, canabulae uel
nouercae, muri, macheriae, putea. sed et sacrificales pali
affixi sunt, qui distant a se in pedibus ccl et supra usque in pedes ∞cc. uariis autem locis per instructuras, 25
arcas, riuorum uel fluminum cursus, sed et iuga montium
atque supercilia, fines seruantur.

Fidenae. ager eius ea lege seruatur qua et Campi
Tiberiani.

---

2. palestina *P.* ‖ 3. *conf. G infra p.*173. ‖ 6. *conf. p.*231,14 *in*
Campania. ‖ 11. ∞ *P*, cc *G.* ‖ 12. *conf. p.*228,18 *in prouincia*
Valeria. ‖ 17. Aequiculanus *Goesius.* ‖ 25. pedes ∞cc *P*, ped.
cccc *G.*

G   Ficiliensis ager ea lege seruatur qua et ager Curium Sabinorum.

Firmo Picenus. ager eius lege triumuirale. in centuriis singulis iugera cc. finitur sicuti ager Foro No-
5 uanus.

Falerionensis ager limitibus maritimus et Gallicis est assignatus, quos nos d. et k. appellamus. finitur arcarum riparum canabularum siue nouercarum, muris macheriis scorofionibus macheriis caruunculis, terminibus
*G*171 *Augusteis,* riuis, fluminibus, arboribus | ante missis, iugis
11 montium, superciliis, petris naturalibus signatis, sicut *in Piceno fines terminantur.*

Fanestris Fortuna. ager eius limitibus maritimis et montanis est assignatus, et per ea signa quibus Falerio-
15 nensis ager.

Kamerinus. iter populo non debetur. ager eius limitibus maritimis et Gallicis continetur: finitur enim sicut ager Fahestris Fortunae.

Luco Feronia. ager eius finitur arboribus ante mis-
20 sis, sed et aliis signis, quibus fines seruantur in prouintia Piceni, terminibus Tiburtinis, qui distant a se in ped. xl usque in ped. ∞clxx.

Marsus municipium licet consecratione ueteri maneat, tamen ager eius aliquibus locis *in tribus limitibus*
25 lege Augustea *est assignatus.* limitibus maritimis et montanis. ager eius aliquibus locis in iugeribus cc continetur. terminibus uero Tiburtinis et siliceis, et aliis documentis, quibus ager Fallerionensis finitur.

1. *Ficolenses apud Plinium in regione quarta et prima.* ‖ 3. *conf. p.*226,9 . ‖ 6. *conf. p.*227,11. ‖ 9. *sic GP.* ‖ 16. Kamerinus *P*, Camerinus *G. conf. p.*240,7. ‖ 22. ∞clxx *P*, ccclxx *G.* ‖ 23. *conf. p.*229,6 *in prouincia Valeria.* ‖ 28. Falerionensis *P*.

Matilica, oppidum. iter populo debetur ped. LXXX. *G*
ager eius ea lege continetur qua et Kamerinus.

Numentum. ager eius ea lege continetur qua et ager
Foro Nouanus.

Nursia. ager eius per strigas et per scamna in cen- 5
turiis est assignatus. *finitur sic uti ager* Asculanus.

Nomatis. ager eius ea lege continetur qua et ager
Ausimatis.

Ostrensis ager ea lege continetur qua et ager Camerinus. · 10

*Pinnes. ager eius ea lege continetur qua et ager
Adrianus.*

*Pausulensis ager per limites in centuriis singulis
iugera* CC *est assignatus.* finitur sicut ager Asculanus.

Potentinus ager ea lege finitur qua et Pausulensis. 15

*Plentinus. colonia. iter populo debetur. ager eius
limitibus | intercisiuis est assignatus.* finitur sicut ager *G* 172
Asculanus.

Potentinus ager *in iugeribus et limitibus intercisiuis
est assignatus ubi cultura: ceterum in absoluto reman-* 20
*sit. reliqua in montibus censuerunt. et multa loca he-
reditaria accepit eorum populus.*

Pisaurensis ager finitur riuorum riparum fluminum
cursu, terminorum fide, et palis sacrificalibus, sicut in
prouintia Piceni. 25

Reate. ager eius per strigas et per scamna in centuriis est assignatus. terminos uero rotundos et spatulas

---

1. *conf. p.* 240,8. ‖ 3. *Nomentum.* ❙ 6. *conf. p.* 227,11. ‖ 7. *Nu-
manum oppidum.* ‖ 9. *Ostra Vmbriae.* ‖ 11. *conf. p.* 227,12.
‖ 12. ᵇadrianus *G.* ❙ 13. 15. *conf. p.* 226,11. ‖ 16. *conf. p.* 229,4 *in
prouincia Valeria.* ‖ 19. *conf. p.* 225,15 *in agro Spoletino.* ❙ 23.
PENSAURENSIS *G.*

G cursorias posuimus, per montes autem foueas, sed et ag-
gestum petrarum, ut est in libro regionum. finitur enim
sicuti ager Foro Nouanus.

Ricinensis ager limitibus et centuriis est assignatus.
5 *finitur sicut ager Asculanus.*

Sentis, oppidum. *ager eius limitibus maritimis et
montanis lege triumuirale est assignatus. et loca hereditaria populus eius accepit.* finitur sicuti consuetudo
est regioni Piceni.

10   *Sinogalliensis ager lege triumuirale est assignatus
limitibus et centuriis,* terminibus atque riuis, sed et aliis
signis quae in libro conditionum Italiae agrorum leguntur.

Septempeda, oppidum. iter populo non debetur.
ea lege continetur qua et ager Cingulanus.

15   *Superequum. ager eius* limitibus maritimis et montanis est assignatus. in centuriis singulis iugera CC. finitur sicuti supra legitur ager Marsensis.

Tibur. ager eius a Tiberio Caesare est assignatus.
ea lege continetur qua et Campi Tiberiani leguntur inter
20 Tibur et Romam.

*Tribule, municipium. iter populo non debetur. li-
mitibus Augusteis est assignatus.* finitur sicuti ager Curium Sabinorum.

Teate, qui Aternus. *ager eius lege Augustea est as-*
*G*173 *signatus.* | finitur sicuti consuetudo est in regione Pi-
26 ceni.

*Troento. finitur sicut supra diximus de agro Tea-
tino.*

1.2. agestum *GP.* ‖ 4. *conf. p.*226,11. ‖ Ricenensis *P.* ‖ 6. *conf.*
*p.*226,6 *in agro Vrbis Saluiensis.* ‖ 10. *conf. p.*226,11. ‖ 12. con-
dicionum *P.* ‖ 13. *conf. p.*240,9. ‖ 15. *conf. p.*229,1 *in prouin-*
cia Valeria. ‖ 21. *conf. p.*238,17 *in Campania. Trebulanos*
Plinius habet et in prima et in quarta regione. ‖ 24. quiaternus
G, quia ternus *P. conf. p.*226,13. ‖ 26. *conf. p.*226,13.

Teramne Palestina Piceni. ager eius in iugeribus G
et limitibus est assignatus ubi cultura est. nam ceterum in
absoluto remansit. reliqua autem in montibus sub ip-
sius rei censuerunt. nam multa loca hereditaria accepit
eius populus. tertio uel quarto uicino fundo suo situs 5
est, iure ordinario possidetur.

Tuficum, oppidum. iter populo debetur ped. LXXX.
ager eius ea lege continetur qua et ager Adteiatis.

Tolentinus ager limitibus maritimis et montanis est
assignatus lege triumuirale. et loca hereditaria accepit 10
eius populus.

Treensis ager. iter populo non debetur. ea lege continetur qua et ager Potentinus.

Veragranus ager ea lege continetur qua et ager Tea-
tinus. 15

Civitates regionis samnii.

Afidena, muro ducta. iter populo debetur ped. x. milites eam lege Iulia sine colonis deduxerunt. ager eius
per centurias et scamna est assignatus. termini Tiburtini
sunt appositi limitibus intercisiuis. 20

· Antianus ager item est assignatus ut ager Alfide-
natis.

Bobianus. oppidum. iter populo debetur ped. x.
lege Iulia est deductum. termini rotundi sunt appositi.
finitur testimonio arcarum riparum sepulturarum conge- 25
riarum caruunculorum riuorum superciliorum et limitum
dd. et kk.

---

1. *conf. p. 226,5 in Spoletino.* || 5. a fundo *P.* || 7. *Vmbriae.* ||
8. a'dteiatis *G.* || 9. *conf. p. 226,8.* || 17. *Aufidena.* || *conf. p.*
231,8 *in Bouiano.* || 18. sine colonos *GP.* || 21. *Anxani cogno-*
mine Frentani apud Plinium n. h. 3, 12, 17. || idem *G.* || alfide-
natus *G.* || 23. *conf. p. 231,8.* || 27. .kk. *P,* .kki. *G.*

G   Clibes. ager eius lege Iulia est assignatus. finitur sicut ager Bobianus.

Corfinius ager limitibus maritimis et montanis. in centuriis singulis iugera cc. finitur terminis Tiburtinis et 5 riuis, arboribus peregrinis uel ante missis, monumentis uiis nymphis. ager eius in precisuris est assignatus.

Esernia, oppidum muro ductum. iussu Neronis est G₁₇₄ deductum. | *iter populo debetur* ped. L. in centuriis et *Augusteis terminis est assignatus.*

10   Istoniis, colonia. ager eius per centurias et scamna est assignatus. finitur sicuti ager Bobianus.

Iobanus. ager eius ea lege continetur qua et ager Eserniae.

Larinus lege Iulia est assignatus. iter populo debe- 15 tur ped. x. finitur sicut ager Corfinius.

Solmona ea lege est assignata qua et ager Eserniae.

Incipivnt nomina civitatvm apvliae.

Ager Ausculinus lege Sempronia et Iulia est assig- natus. ubi est d. in oriente, k. in meridianum. finitur 20 per terminos et terrarum tumores, aliquibus locis arbori- bus ante missis et uiis, sed et collectione petrarum. *in centuriis singulis iugera* cc.

Ardona et Aspanus. agri earum ea lege et diui- sione sunt assignati qua et ager Ausculinus.

25   *Canusinus ager. iter populo non debetur.* finitur uiis et signis quibus in libris descripsimus. *in centuriis singulis iugera* cc. *d. in oriente.*

---

3. *conf. G supra p. 255,3.12.* ‖ 6. *nymphis*] *sic GP.* ‖ 7. *conf. p.* 233,14. ‖ 14. *Larinates in secunda regione ponit Plinius.* ‖ 16. *Colonia Solomontina p. 229,8 in prouincia Valeria.* ‖ 17. *add* et calabriae *GP.* ‖ 18. *conf. p. 210,10.* ‖ 23. *conf. p. 210,10 Herdonia et Arpanus.* ‖ 25. *conf. p. 210,8.*

Comsinus. ager eius limitibus Graccanis. iter po- G
pulo non debetur. finitur sic uti ager Canusinus.

Conlatinus, qui et Carmeianus, *et qui circa montem
Garganum sunt, finiuntur sicut ager Ausculinus.*

Eclanensis. iter populo *non debetur. ager eius in* 5
centuriis singulis iugera CCXL, *actus numero* XX *et per*
XXIIII, *lege est assignatus* qua et ager Canusinus. *d. est
in oriente.*

Lucerinus ager kk. *et* dd. *est assignatus: sed cursum solis sunt secuti, et constituerunt centurias contra* 10
cursum orientalem. finitur sic uti ager Ausculinus.

Salpis, colonia, littore terminatur. finitur finitimis muris,
uiis, aquarum ductibus, fossis. *in centuriis singulis iugera* CC.

Sipontum | ea lege et finitione est qua et ager Sal- G178
pinus.   15

Teate. iter populo *debetur. ager eius finitur uiis*
sepulturis et ceteris signis, sicut consuetudo prouintiae est.

Venusinus.

Civitates provintiae calabriae.   20

Quando terminauimus prouinciam Apuliam et Cala-
briam secundum constitutionem et legem diui Vespasiani,
*uariis locis mensurae actae sunt et iugerationis modus
collectus est. cetera autem prout quis occupauit posteriore tempore censita sunt et possidenti assignata. alia* 25
loca pro aestimio ubertatis precisa sunt. finiuntur enim

---

3. *conf. p.* 210,7. ‖ Camerianus *Scaliger.* ‖ 5. *conf. p.* 210,4. ‖ 9.
conf. p. 210,15. ‖ 12. *Salipia.* ‖ quia colonie omnes que ad mare ponuntur littore maris terminantur *Boethius p.* 1538. ‖ litore *P.* ‖ 12.
conf. p. 210,11. ‖ 14. *conf. p.* 210,12. ‖ 16. *Teanum Apulum.
conf. p.* 210,14. ‖ 19. *conf. p.* 210,7. ‖ 20. provintia *G.* ‖ 23. *conf.
p.* 211,5.

G terminibus, riuis, fossis, arboribus ante missis, tumore terrae, collectione petrarum, sed et naturalibus signatis lapidibus, uiis, sepulchris, arboribus peregrinis; sed et aliis
signis quibus superius in libris docuimus.

5　　　Ciuitates autem hae sunt.

Brondisinus ager pro aestimio ubertatis est diuisus:
cetera in saltibus sunt assignata. diuiduntur sicut supra
legitur prouintiam esse diuisam.

Botontinus, Caelinus, Genusinus, Ignatinus, *Lyppien-*
10 *sis*, Metapontinus, Orianus, Rubustinus, Rodinus, *Taren-*
tinus, *Varinus*, Veretinus, Vritanus, Ydrontinus, ea lege
et finitione finiuntur qua supra diximus.

1. Tumor terrae finitimus *margo P.* ‖ 9-11. *conf. p.* 211,2. ‖ 10. ro-
bustinus *P.* ‖ 11. uarnus *GP.* ‖ 12. *add* maxime autem uicinorum
exempla sumenda sunt. et consuetudines regionum intuendae. ut secundum signorum ordinem atque rationem ueritas declaretur. ᴇх-
ᴘʟɪᴄɪᴛ *GP.*

LEX MAMILIA, ROSCIA, PEDVCEA, A 159 G 164
ALLIENA, FABIA.

K. L. III.

Quae colonia hac lege deducta quodue municipium *B 283*
praefectura forum conciliabulum constitutum· erit, qui ager 5
intra fines eorum erit, qui termini in eo agro statuti
erunt, quo in loco terminus non stabit, iu eo loco is
cuius is ager erit terminum restituendum curato, uti quod
recte factum esse uolet, idque magistratus qui in ea | co- *A 160*
lonia municipio praefectura foro conciliabulo iure di- 10
|cundo praeerit facito uti fiat. *B 284*

K. L. IIII

Qui limites decimanique hac lege deducti erunt, quaecumque fossae limites in eo agro erunt qui ager hac lege
cui datus adsignatus erit, niquis eos limites decimanosue 15
obsaepito, neue quid in eis |molitum neue quid ibi oppo- *G 166*

---

2. ALLIAENA *A*, ALLENA *G*. ‖ FAVIA *G*. ‖ 3. K. L. *A*, KL *G*. *sic et
infra*. ‖ 4. hanc lege *B*, élege *A*. ‖ quoiure *AB*. ‖ 5. praefecturam
AB. ‖ et conciliabolum *A*. ‖ 6. inter adfines *AB*. ‖ terminos *B*. ‖
6.7. statuerunt cum in *B*. ‖ 7. lo *A*. ‖ extauit *G*. ‖ loco his *ABG*. ‖ 8.
is *G*, .ss. *AB*. ‖ cŭram *B*. ‖ ut quae rectae factum esse uelit *G*,
que recta autum actum esse uellit *A*, q. rectam has actum esse uelit
B. *correxit Rudorffius*. ‖ 9. id quod *B*. ‖ magestratus *A*. ‖ coloniam *A*. ‖ 10. municipio prefectura *G*, magis praefuit *B*. ‖ foro conciliabulo *om AB*. ‖ iuris dicundi *AB*. ‖ 11. preerit *G*. ‖ facto *AB*.
‖ ut *BG*. ‖ 12. K. L.]ₗ *B*. ‖ 13. *mili*ᵐites *G*. ‖ decumani *G*. ‖ que] qui
ABG. ‖ hac *G*, in *AB*. ‖ lige *A*. ‖ derecti *puto*. ‖ eraᵛnt *G*. ‖ quacŭque
fosse *A*, quicumquo possae *B*. ‖ 14. ager *om AB*. ‖ hanc lege *B*, ac
lege ager *A*. ‖ 15. cui] cum *AB*, *om G*. ‖ assignatus *G*. ‖ nequis *BG*. ‖
decimani *B*, decumanos *G*. ‖ ue] ne *G*, nec *B*, non *A*. ‖ 16. obse-
pito *Lipsius:* obsequi *AB*, obseptos *G*. ‖ neuae quit *A*, neq.
quis *B*. ‖ in ehis *B*. ‖ molestum *B*, immolitum *G*. ‖ neceo quit *AB*.
‖ positum *G*, hos positum *B*.

ABG situm habeto, neue eos arato, neue eas fossas opturato
neue qui saepito, quo minus suo itinere aqua ire fluere
possit. siquis aduersus ea quid fecerit, in res singulas,
quotienscumque fecerit, s̄s̄ IIII colonis municipibusue eis
B 285 in quorum agro id factum erit |dare damnas esto, pecu-
6 niaeque qui uolet petitio hac lege esto.

K. L. V.

Qui hac lege coloniam deduxerit, municipium praefecturam forum conciliabulum constituerit, in eo agro,
10 qui ager intra fines eius coloniae municipii fori conciliabuli praefecturae erit, limites decimanique ut fiant ter-
minique statuantur curato. quosque fines ita statuerit,
ii fines eorum sunto; dum ne extra agrum colonicum ter-
ritoriumue fines ducat. quique termini hac lege statuti
15 erunt, nequis eorum quem eicito neue loco moueto sciens
B 286 dolo malo. siquis aduer|sus ea fecerit, is in terminos sin-

1. habet *AB*. ‖ neuae *A*, ne uel *B*. ‖ aratio *B*. ‖ neuae *A*, ne uel
B. ‖ eis *AB*. ‖ 2. neue quis saepito *G*, nequae qui sepito *A*, ne qui
qui serito *B*. ‖ sui itenere *A*, sunt itine *B*. ‖ re *B*, iure *G*. ‖
flere *A*. ‖ 3. posset *B*. ‖ quid] quæ *B*. ‖ 4. s̄s̄ .IIII. *GP*, .uIIII. s. *A*,
.VIII ṣ. s̄s̄. IIII. *B*. ‖ coloniae *B*. ‖ ue eius *G*, eisaq. *A*, eisadq. *B*. ‖
5. in coruno agrod. factum *B*. ‖ dare damnas *G*, d. d. *B*, deinde *A*.
‖ pecuniaequae *B*, pecuniq. *A*, pecuniae *G*. ‖ 6. petito *A*, spetitio
B. ‖ ac *AB*. ‖ leges (*om* esto) *B*. ‖ 7. x. v. v. *B*. ‖ 8. ac *A*, hanc
B. ‖ legem *B*. ‖ prefecturam *G*. ‖ 9. fora *A*, foro *G*. ‖ conciliabula
ABG. ‖ constituerat *B*. ‖ 10. eius] *add* qui *AB*, quae *G*, que *P*.
‖ munitur *A*. ‖ fore *A*, om *B*. ‖ conciliaboli *A*. ‖ 11. prefecturae
G. ‖ erint *AB*. ‖ decimanoque *A*, decimani quia *B*, decumanique
G. ‖ terminiquae *A*, termini qui *B*. ‖ 12. quosque *Rudorffius:*
quique *AG*, quoque *B*. ‖ fenes *A*. ‖ ita] in *B*. ‖ statueris *B*. ‖ 13.
ii *Rudorffius:* si *BG*, om *A*. ‖ horum *B*. ‖ sunt *G*, sua acto *AB*. ‖
agrom *A*. ‖ 14. ue] ut *AB*, om *G*. ‖ hanc *B*, ac *A*. ‖ statuterunt
B. ‖ 15. eorumq. mecito *B*, quem eorum eicito *G*. ‖ neuae *A*, *om*
B. ‖ loco *A*, om *BG*. ‖ conmoueto *A*, commoueto *BG*. ‖ ssciens
B, insciens *A*. ‖ 16. is om *A*. ‖ singulis *B*.

gulos, quos eiecerit locoue mouerit sciens dolo malo, *ABG*
s̄s̄ v м n. in publicum eorum, quorum intra fines | is ager *A*₁₆₁
erit, dare damnas esto. deque ea re curatoris, qui hac
lege erit, iuris dictio reciperatorumque datio addictio
esto. cum curator hac lege non erit, tum quicumque ma-   5
gistratus in ea colonia municipio praefectura foro conciliabulo iure dicundo praeerit, eius magistratus de ea re
iuris dictio iudicisque datio addictio esto. inque eam rem
is qui hac lege iudicium dederit testibus publice dum ta-
xat in res singulas | x denuntiandi potestatem facito ita *B*₂₅₇
ut e re publica fideque sua uidebitur. et si is unde ea   11
pecunia petita erit condemnatus erit, eam pecuniam ab
eo deue bonis eius primo quoque die exigito, eiusque
pecuniae quod receptum erit, | partem dimidiam ei dato *G*₁₆₇
cuius unius opera maxime is condemnatus erit, partem   15

1. loco uel *B*. ‖ insciens *A*. ‖ .d. m. *A*, .d. d. *B*, *add* hoc est dum
modo *A*. ‖ 2. s̄s̄. um. n. in *A*, s̄s̄. Omnino *B*, s̄s̄ xxv. In *G*. ‖
fines his *A*, fine sunt his *B*. ‖ 3. dare damnas esto *Turnebus*: adesto
ABG. ‖ deque ei re *A*, d. aeq. ei re *B*. ‖ curatores *AB*. ‖ quae *A*.
‖ hanc *B*. ‖ 4. gerit *G*. ‖ reciperatorumquae *B*. ‖ ᵈratio addicito *G*,
ratio adicitio *A*, xx. additio *B*. ‖ 5. cum *AB*, tum *G*. ‖ haec *B*. ‖
tum *B*, cum *A*, tunc *G*. ‖ quicumque ... 7. conciliabulo *om A*. ‖ 6.
prefectura foro conciliabulo *G*, foro conciliabulo praefectura *B*. ‖ 7.
iuris dicundi *AB*. ‖ preerit *G*. ‖ eius. eius *A*, eius aeris *B*. ‖ 8. iudi-
cisquae dati *B*. ẏdatio *A*. ‖ adictio *A*, ac dictio *B*, addicito *G*. ‖ in
qua re *B*. ‖ 9. his *AG*. ‖ hanc legem *B*. ‖ publicis *AB*. ‖ 10. in res] inter *A*. ‖ x *Turnebus*: s̄s̄. x̄. *G*, s̄s̄. x̄. milia *A*, sedsitertius decem
milia *B*. ‖ denununtiandi *A*. ‖ potestatem *G*, ac testate *B*, haecces-
santem *A*. ‖ 11. he re *B*, aere *G*. ‖ publica *G*, rp. *A*, reip. *B*. ‖
fideique *G*, fideiquae *A*, fitaeque *B*. ‖ is unde *G*, duo sunt de *AB*.
‖ 12. petita erint *B*, petierint *A*. ‖ 13. eodem bonis sub eius *B*, eodem
ut denique eius *A*. ‖ 13. die *G*, tempore *AB*. ‖ 14. praeceptum *B*.
‖ dimidiam] *add* in publico redigito *B*. ‖ ei dato *Rudorffius*: ei
G, et *AB*. ‖ 15. huius unius *AB*. ‖ operam *A*. ‖ maxime *AG*, actione *B*. ‖ his *AB*. ‖ erat *AG*. ‖ partem ... *p*. 266,1. redigito *om B*.

ABG dimidiam in publicum redigito. quo ex loco terminus abe-
rit, siquis in eum locum terminum restituere uolet, sine
fraude sua liceto facere, neue quid cui is ob eam rem
hac lege dare damnas esto.

1. in publico *A.* ‖ quod *G.* ‖ ex *G*, in *AB.* ‖ haberit *AB.* ‖ 2. siquid
G. ‖ restituaere *A.* ‖ sine *G*, summa et sine *AB.* ‖ 3. sua fraude *G.*
‖ licito *AB*, licet *G.* ‖ quid cui *A*, quiccui *B*, id quid cui *G.* ‖ his
AB. ‖ 4. legem *G.* ‖ dare *add Rudorffius.* ‖ e̅x̅p. kygyni. groma-
tici. constitutio. feliciter. *A*, liber. hygini. gromaticus. e̅x̅p. *B p.* 288
summa.

EX CORPORE THEODOSIANI
SECVNDO LIBRO TITVLO DE FINIVM RE-GVNDORVM.

Imp. constantinvs avg. ad tertvllianvm virvm perfectissimvm comitem dioceseos asianae. Siquis super inuasis sui iuris locis prior detulerit quaerimoniam, quia finalis coheret de proprietate controuersiae, prius super possessione questio finiatur, et tunc agri mensor ire precipiatur ad loca, ut patefacta ueritate huius modi litigium terminetur. | quod si altera pars, locorum adepta dominium, subterfugiendo moras adtulerit ne possit controuersia definiri, a locorum ordine selectus agri mensor dirigatur ad loca; ut si fidelis inspectio tenentis locum esse probauerit, petitor uictus abscedat; at si controuersia eius claruerit qui primo iudiciis detulerit causam, ut inuasor ille poena teneatur edicti, si tamen ui ea loca eundem inuasisse constiterit: nam si per errorem aut incuriam

1. ex ... 2. titvlo *E*, *om G*. ‖ 2. titulo diffiniunt *E*. ‖ regendorum *E*, reg *G*. ‖ 4. Impr̄ *E*. ‖ .a. *E*. ‖ tertulianvm v̄ p̄ *G*. ‖ 5. diocesseos *G*, *non P*. ‖ 6. quia] quae *EG*. ‖ 7. finali *EG*. ‖ proprietatis controuersiae cohaeret *l*. 3 *Iustin. Cod.* 3,39. ‖ de] cum *EG*. ‖ prius tamen in iudicio super *Boethius p*. 1538. ‖ 8. possessionem *E*. ‖ mensori repreciatur *E*. ‖ ad loca ire praecipiatur *Boethius*. ‖ 9. ut *om E*. ‖ 10. dominum *E*. ‖ 11. afferet *E*. ‖ 12. diffiniri *E*. ‖ a *addidi.* nihilo minus agri mensor in ipsis locis iussione rectoris prouinciae una cum obseruante parte hoc ipsum faciens perueniet *l*. 3 *Iustin. Cod.* 3,39. ‖ ordines et electus *E*, ordines et directus *G*. ‖ 14. at] ac *E*, et *G*. ‖ controuersiae eius *G*. ‖ 15. indiciis *E*, *om G*. ‖ 16. edicti *E*, addictus *G*. ‖ .uim *E*. ‖ eundem *om E*. ‖ 17. constiterint *E*. ‖ incuria *E*.

EG domini loca [data] ab aliis possessa sunt, ipsis solis cedere debent. Dat. VIII kl. Mar. Gallicano et Symmacho
consulibus.

 IDEM AVG. AD BASSVM P. VIRVM. Si constiterit eum
5 qui finalem detulerit quaestionem, prius quam aliquid sententia determinetur, rem sibi alienam usurpare uoluisse,
non solum id quod male petebat amittat, sed quo magis
unus quisque contentus suo rem non expetat iuris alieni,
is qui inreptor agrorum fuerit, in lite superatus tantum
10 agri modum quantum diripere temptauit amittat. Lecta
apud senatum XII kl. Iul. Gallicano et Symmacho conss.

 IDEM AVG. AD VNIVERSOS PROVINCIALES. POST ALIA.
Si finalis controuersia fuerit, tum demum arbiter non ne-
getur, cum intra quinque pedes locum, de quo agitur
15 apud presidem, esse constiterit; cum de maiore spatio
causa, quoniam non finalis sed proprietatis est, apud ipsum praesidem debeat terminari. et si socius quid petat
a socio, ante praeses iudicet an praestari aliquid.opor-
teat, et tunc demum illud per arbitros restituatur quod
20 constiterit esse soluendum. Dat. kl. Aug. Basso et Abla-
uio conss.

---

1. data *G*, *om E et l.* 5 *Iust. Cod.* 8,4. ‖ ipsis solis cedere *EG*, sine
poena possessio restitui *Iust. Cod.* ‖ 2. debet *G et Iust. Cod.*, debere *E.* ‖ Datur XVIII k̄ m̄r *E.* ‖ 3. consulibus *om E.* ‖ 4. ITEM *G.* ‖
AVGVSTVS *P*, .a. *E.* ‖ p̄ v̄ *G*, pum *E*, praefectum urbi *l.* 4 *Iust.
Cod.* 3,39 *cum parte codicum Breuiarii Theod. Cod.* 2,26,2,
pf. p. *alii.* ‖ 5. retulerit *EG.* ‖ sentiat *E.* ‖ 6. rem *G*, Nam si rem *E.* ‖
uoluisset constiterit non *E.* ‖ 7. quo] quod *EG.* ‖ 8. unus quisque
om G. ‖ suo *l.* 4 *Iust. Cod.* 3,39: suam *EG*, *item unus Breuiarii.* ‖
expectat *EG.* ‖ alienus. qui in repertor *E.* ‖ 9. fuerat *E.* ‖ 11. apud
acta *Breuiarium et Iustin. Codex.* ‖ conss. *om E*, s̄s̄ *G.* ‖ 12.
ITEM *G.* ‖ 13. tum *E*, tunc *G.* ‖ arbitros non negentur *E.* ‖ 14. intra *G*, contra *E.* ‖ 15. esse ... 17. ipsum praesidem *om E.* ‖ con-
sisterit *G.* ‖ 16. quoniam] quaedam *G.* ‖ 18. aliquid *om E.* ‖ 20.
ablanio *E*, abladio *G.* ‖ 21. conss̄. *E*, s̄s̄ *G.*

Imppp. Valentinianvs Theodosivs et Arcadivs AAA. *EG₂* Neoterio p. p. o. k. v. Quinque pedum praescriptione summota finalis iurgii uel locorum libera peragatur intentio. sola sit igitur huius modi litibus una praescriptio quae improbi petitoris refrenare possit inuidiam, si ueteribus 5 signis limes inclusus finem congruum erudita arte prestiterit. nec uero prolixioris temporis in huius modi iurgiis locum habebit ulla | prescriptio, cum diuturno otio *E₃* alienum rus quis se asserat diligentius coluisse; quando omne huius modi iurgium solo praecipimus iure discingi, 10 quo artis huius peritis omnem commisimus sub fideli arbitrio notionem. Prop. Alexandriae vii kl. Aug. Arcadio Augusto et Bautone conss.

Imppp. Theodosivs Arcadivs et Honorivs AAA. Rvfino p. p. o. Cunctis molitionibus et machinis amputatis fina- 15 libus iurgiis ordinem modumque praescripsimus, ac de eo tantum spatio, hoc est pedum quinque qui ueteri iure praecepti sunt, sine obseruatione temporis arbitros iussimus iudicare. quod si loca in controuersiam ueniant, sollemniter de his iudices recognoscent: et seu ciuilis seu 20 criminalis actio conpetet, tribuetur ita ut causa cognita

1. archadius *E.* ǁ 2. neuterio *G,* neotherico *E.* ǁ p̄p̄o. kv. Quinq. *G,* p̄p̄o. v. *E.* ǁ 4. huius modi igitur *G, non EP.* ǁ legibus *EP,* legis *G.* ǁ 6. signis limes inclusus finem *E,* finem cum signis limes inclusus *G.* ǁ 7. iurgiis *E, om G.* ǁ 9. quisquam se asserat *E,* quisque asserat se *G.* ǁ 11. artis *G,* aruis *E.* ǁ arbitrio nationem *E,* arbitratione iudicium (*sed iidem* omnem) *GP.* ǁ 12. p̄p̄. alexandria *E,* Dat̄. *G.* ǁ kl̄. ag̅s. *E.* ǁ archadio et *E,* augusto et *G.* ǁ 13. conss̄. *E,* s̄s̄. *G.* ǁ 14. archadius *E.* ǁ et *E, om G.* ǁ .ā. ā. ā. *E,* au̅g *G,* Augusti *P.* ǁ rvfino *l.* 6 *Iustin. Cod.* 3,39, rufo *EG.* ǁ 15. p̄p̄o *E,* p. p. *Iust. Cod.,* p̄p̄x *G.* ǁ motionibus *P,* monitionibus *G.* ǁ et magnis *E.* ǁ 16. iurgiis omnem modum quem prescribimus hac (ac *P*) de *G.* ǁ 18. prescripti *G.* ǁ 19. sollempniter *E.* ǁ 20. de his *om G.* ǁ iudicare cognoscens *G.* iudica recognoscens *Turnebus.* ǁ et *om E.* ǁ 21. competit *E.*

EG et redhibitioni obnoxius decernatur nec poenam conuictus effugiat. Dat. prid. non. nouemb. Constantinopoli Arcadio II et Rufino conss.

Pavli sententiarvm libro qvinto titvlo de poe-
5 nis. Qui terminos effodiunt uel exarant arboresue finales uel terminales euertunt, si quidem serui ex sua sponte fecerunt, in metallum damnabuntur, humiliores in opus
G6 | publicum, honestiores in insulam amissa tertia portione bonorum relegantur.

1. redibitioni *E*, reddibitione *G*. ‖ obnoxios *E*. ‖ 2. nouenli *E*. ‖ constinop̄ archadio. II. *E*, Constantino pio et arcadio bis et rufino *G*. ‖ conss̄. *E*, sss̄. *G*. ‖ 4. ex libro *G*. ‖ titvlo] t̄. *E*, *om G*. ‖ 5. arbores uel *EG*. ‖ finales uel *E*, *om G*. ‖ 6. subuertunt *G*. ‖ ex *E*, *om G*. ‖ 7. faciunt *G*. ‖ dampnabuntur *E* ‖ 8. in insula *E*. ‖ tertiam (tertia *P*) parte bonorum relegabuntur (religabuntur *P*) *G*.

DE SEPVLCHRIS.

[IMP. TIBERIVS CAESAR TRIVMVIRIS IVLIO M. ANTONIO
ET LEPIDO. De ea lege agrorum custodienda et limitum
fide constare oportet, quem admodum decumanis antehac
adsignatum est, cum ager diuisus militi traderetur, ut ex- 5
tremis ac conpaginantibus agros limitibus uel uiis monumenta sepulchraue sacrarentur. nam] quidam rationem
agrorum per eas recturas putant obseruari, quo uergant
itinera ante colonias munita: in quibus si monumenta constituta inueniuntur [uel constituuntur], putant esse finalia. 10

Nam monumentum plurimis est constitutum rationi-
bus. est unum quod ad itinera publica propter | testimo- A 181
nium perennitatis est constitutum [uel quod constituitur]:
quod rationem finium non recipit, nisi forte inter conuenientes ager diuisus pactione fuerit. est et aliud quod 15
proximis aedibus suis unus quis miles uel consors condidit in portionibus suis, ut ad progeniem futuram testis
loco heredibusue suis uice instrumentorum tabellarumue
possessionis causam monstrauerit: quod aeque nullam limitum recipit rationem. est et aliud quod longe ab aedi- 20
bus [uel itinera publica] constitutum [id] est iuxta legem

---

2. triumuiralibus Marco Antonio et Lepido J, om G. ‖ 3. custodien-
dorum J. ‖ 4. fidem stare GJ. ‖ quem admodum] quod ad noitum J,
quae adnonanitum G. ‖ 6. ac JP, a G. ‖ agris GJ. ‖ uel uiis] ue
suis GJ. ‖ 7. quadam G. ‖ 8. quod J. ‖ uergant] uiae et G, uiae J.
‖ 9. munita] nominata G, nominatas J. ‖ si om GJ. ‖ 10. putent G.
‖ 14. ratione A. ‖ 16. proxime ab aedibus Goesius. ‖ suis idem: uix
G, om A. ‖ milex A. ‖ condedit A. ‖ 17. ut] uel AG. ‖ 17. 18. heredi-
bus ue suis testis loco G. ‖ 18. heribusue A. ‖ 19. causam Goesius:
causa AG. ‖ quod eaque nulla A. ‖ 20. quod A, quod non G. ‖ 21.
itenera A. ‖ iuxta lege sempronia et iulia A.

AG Semproniam et Iuliam, quod kardinibus et decimanis esse
constitutum monstratur: quod rationem finium recipere
uidetur, id est concurrentium linearum adque secantium
se inuicem, et ordinem in utrosque custodit, limitum ra-
5 tionem discernens. nam et alia intra agros sunt sita, quae
partes limitum seruant et iuxta perennem rationem unam
lineam mittunt: haec iugerationis modum seruandi causa
*G*7 sunt | sita; quibus etiam termini lapidei adpositi certam
distinctionem dant: quos apparet non ad fidem nec ra-
10 tionem eorum limitum qui maiorem modum agri respi-
ciunt pertinere.

  Eorum igitur sepulchrorum sequenda est constitutio,
quae extremis finibus concurrentibus plures decursus
*A*182 agrorum spectant adque | multo longiores discretiones
15 linearum perennes admittunt.

  Sunt etiam monumenta in itineribus constituta quae
fidem publicam tenent: si tamen idem uiae publice cursus finitimus repperitur, finalia esse arbitramur. omne enim
monumentum dominorum nomina testatur, quaad iura pos-
20 sessionum pertinere noscuntur.

  [Et ideo hanc legem dedimus rationemue declarau-
mus, ut aere contineatur. Data Rom. kal. april. Tiberio
(*A*) Caesare consule in aede Veneris genetricis.] (fig. 210.)

1.2. constitutum esse *G*. ‖ 2. ratione *AG*. ‖ 3. atque *G*. ‖ 4. in utroque
P? ‖ 5. discernit *A*. ‖ agrum *Boethius* 24 *b*, agro *P*. ‖ sita que *A*,
itaque *Boethius*. ‖ 6. militum *AG*. ‖ et iuxta … 7. haec] in quo
enim *Boethius*. ‖ perrennem *A*. ‖ 7. haec *A*, hae (heae *P*) autem
G. ‖ 9. quos *G*, quod *A*. ‖ oportet *AG*. ‖ finem *Turnebus*. ‖ 10.
recipiunt *AG*. ‖ 12. Eorum … constitutio] ideo sepulchra sequenda
sunt *Boethius p.* 1539. ‖ 13. concurrentibus *Boethius*, concurrentis
A, concurrentes *G*. ‖ uecursus *A*, concursus *Boethius*, cursos *G*. ‖
14. expectant *G et Boethius*. ‖ adque … 18. arbitramur *om Boethius*. ‖ atque *G*. ‖ 15. perennis *A*. ‖ amittunt *G*, ammittunt *P*. ‖
16. in *om A*. ‖ 17. si tamen eiusdem uiae cursus *G*. ‖ 18. omnia
enim monumenta dominos testantur *Boethius*. ‖ omnē *A*. ‖ 19. testantur *A*. ‖ quae ad *AG*. ‖ 22. conteneatur *A*. ‖ Dāt. *G*. ‖ 23. cons̄. *A*.
‖ in aedem beneris genetricis *A*, *om G*.

Impp. theodosivs et valentinianvs aa. nvmo [magno] *G*
magistro officiorvm. post alia. [Precipimus itaque,
agri mensor bonus ut] pro laborum uicissitudine [geo-
metricae artis, si fundi cui finem restituens in trifinii rationem institerit et conuenientiam trium centuriarum ibi- 5
dem esse signauerit, tres aureos accipiat absque sua pul-
ueratica. quod si limitem direxerit, uolumus ut per singulas possessionis uncias singulos aureos accipiat pro in-
tentione quae inter partes sopietur. et cetera.]

Idem aa. florentio p. p o. Ope atque auxilio nos- 10
trae clementiae [de magistris agrorum geometriae, uel de
finium regundorum arbitris, uel maxime de discipulis eorum, curam agentes sancimus ut spectabiles scribantur,
et usque dum professi fuerint, clarissimi scribantur. et
post alia. Quicumque non fuerit professus, super hac 15
| lege sancimus damnari, si sine professione iudicauerit, *G*•
ut capitali sententia feriatur. nam et] usum armorum dis-
cere conpelluntur [agri mensores.] Dat. v kl. Mar. Constantinopoli Theodosio A. cons.

Impp. theodosivs et valentinianvs avg. cyro p. p. 20
orientalivm. Suggestionibus tui culminis semper magnum

3. agri mensoribus ut *G.* ‖ pro laborum uicisitudine *G. haec uerba,
item inscriptio, petita ex Nou. Theod. tit.* 24. ‖ 4. si om *G.* ‖ 5.
stéterit *G.* ‖ 8. pro intentionem *P.* ‖ 10. item *G.* ‖ 11. magistris *Rigaltius:* magisteriis *G.* ‖ 12. arbitris om *G.* ‖ 13. cura magna sancimus *G.*
‖ 15. quoniam qui non *G.* ‖ 17. ut om *G.* ‖ usu *G.* ‖ dediscere *de li-
mitaneis militibus pr. Nou. Theod. tit.* 4, *ex qua constitutione
haec nostra efficta est.* ‖ 18. mart. *P.* ‖ constantinopolim *G.* ‖
19. xvi cos. *Nou.* ‖ 20. cyro *Nou. Theod. tit.* 20: circa *G.* ‖
21. orientalivm *G,* et consuli designato *Nou.* ‖ Suggestionibus
tui culminis *Nou.,* om *G.*

G aliquid rei publicae conferendi materia ministratur, quod semper nobis aliquid porrigitur emendandum. quanta itaque magnitudinis tuae prouincialium cura est, per eas quoque indubie declaratur.

§ı   Alluuionum, quae contingere solent in praediis que
6 ripis quorundam fluminum terminantur, ea natura est ut semper incerta possessio, incertum sit eius dominium quod possessori per alluuionem adcrescit. nam quod hodie possidemus, non numquam altero die uicini fundi domi-
10 nio in alteram fluminis ripam translatum adquiritur: nec tamen apud quem adcrescit remanet, sed plerumque redit ad priorem in dominium cum augmento: saepe nec ad posteriorem manet nec ad priorem redit, sed in harena fluminis inundatione soluitur.

§ı   Ideoque suggestione culminis tui ammittitur [ut iu-
16 dicio agri mensoris finiatur.] non Aegyptiis solis nec de Nili tantum alluuionibus loquimur, sed quod salubre est orbi terrarum atque omnibus prouinciis promulgamus, et ea quae per alluuionem possessoribus adquiruntur, neque
20 ab aerario uendi neque a quolibet peti nec separatim censeri uel functiones exigi perpetuo lege ualitura sancimus; ne uel alluuionum ignorare uitia uel rem noxiam possessoribus indicere uideamur.

§ı. *G*ı   Similiter nec ea quidem quae palu|dibus antea uel
25 pascuis uidebantur adscripta, si sumptibus ac laboribus possessorum nunc ad frugum fertilitatem translata sunt,

4. quoq. quae indubiae declarantur *G*. ‖ 5. contingi solet *G*. ‖ 7. intertium sit *G*. ‖ 8. adcrescet *G*. ‖ 11. reddet priorem *G*. ‖ 12. cum aut merito saepe haec ad *G*. ‖ 13. posteriore *P*. ‖ manet nec *Nou.*, manent *G*. ‖ redit sed *Nou.*, fidem *G*. ‖ 14. soluetur *G*. ‖ 15. Ideo suggestionem culminis tui admittentes *Nou. proximis omissis.* ‖ 16. nec de limitatori alluuionum *G*. ‖ 17. quod] cum *G*. ‖ 18. et] ut *G*. ‖ 19. per alluuione *P*. ‖ 20. neque quolibet pretii sed partem recenseri *G*. ‖ 21. perpetua *G*. ‖ 22. ne *om G*. ‖ 24. ea *om G*. ‖ 26. fertilitate *P*.

uel uendi uel peti uel quasi fertilia separatim censeri uel G
functiones exigi concedimus; ne hi doleant diligentes operam suam agri dedisse culturae, ne diligentiam suam sibi
damnosam intellegant.

Huius legis temeratores quinquaginta librarum auri §₄
condempnatione coherceri decernimus. inter quos haben- 6
dum est officium quoque tuae sedis excelsae, si aliquid
huius modi suggesserit disponendum, uel si preces instru-
xerit petitoris.

Inlustris itaque et magnifica auctoritas tua, sugges- §₅
tione tui culminis hac dispositione tua non ammissa tan- 11
tum sed etiam collaudata, hanc legem edictis propositis
ad omnium notitiam perferri precipiat, [haec agri mensorum semper esse iuditia.]   (G₉)

---

2. hii *P*, om *Nou. Theod. et l.* 3 *Cod.* 7,41. ‖ 3. ne *G*, nec *Nou.
Theod. et Cod. praestat* si. ‖ 5. temeratorem *G*. ‖ 6. condempna-
tionem *G*. ‖ 9. petitor *G. add* Cyre parens karissime atque amantis-
sime *Nou.* ‖ 10. Inbreue itaque magnificauit *G*. ‖ suggestionem *G*. ‖
11. hac *Goesius,* ac *Nou.,* ad *G.* ‖ dispositionem tuam. non amissa
tantum laudata hac lege edicto *G.* ‖ 13. ad omnia notitia *G*.

FINIVM REGVNDORVM.

l. 1   Pavlvs libro XXIII ad edictvm. Finium regundorum actio in personam est, licet pro uindicatione rei est.

l. 2   Vlpianvs libro XVIIII ad edictvm. Haec actio pertinet ad predia rustica, quamuis aedificia interueniant: neque enim multum est, arbores quis in confinium an aedificium ponat.

§ 1   Iudici finium regundorum permittitur ut, ubi non possit dirimere fines, adiudicatione controuersiam dirimat.

10   Pavlvs libro XXIII ad edictvm. et si forte amouendae ueteris obscuritatis gratia per aliam regionem fines dirigere iudex uelit, potest hoc facere per adiudicationem et condemnationem.

l. 3   Gaivs libro VII ad edictvm provinciale. Quo casu opus est ut ex alterutrius predio alii adiudicandum sit: quo nomine is cui adiudicatur inuicem pro eo quod ei adiudicatur certa pecunia condempnandus est.

l. 4   Pavlvs libro XXIII ad edictvm. Sed et loci unius controuersia in partes rei scindi adiudicationibus potest, prout cuiusque dominium in eo loco iudex compererit.

§ 1   In iudicio finium regundorum etiam eius ratio fit quod interest: quid enim siquis aliquam utilitatem ex eo loco percepit, quem uicini esse appareat? non inique damnatio eo nomine | fiet. | sed et si mensor ab altero solo conductus sit, condemnatio erit facienda eius qui non conduxit iu partem mercedis.

1. *Est titulus Digest*. 10,1. ‖ 19. rescindi *P?* ‖ 23. non *om Dig. Flor.*, an *uulg.* ‖ 24. *G p. 9 praescriptum* paulus libro XXIII ad edictum p' alia. ‖ solo *G p. 9*, socio *p. 162*.

Post litem autem contestatam etiam fructus uenient §₂ G
in hoc iudicio: nam et culpa et duobus exinde prestatur.
sed ante iudicium percepti non omni modo in hoc iudicium ueniunt. aut enim bona fide percepit, et lucrari
eum oportet si eos consumpsit: aut mala fide, et condici 5
oportet.

Sed et siquis iudici non pareat in succidenda arbore §₁
uel aedificio in fine posito deponendo parteue eius, con-
demnabitur.

Si dicantur termini deiecti uel exarati, iudex qui de §₄ G₉
crimine cognoscit etiam de finibus cognoscere potest.   (G₉)

Si alter fundus duorum, alter utrum sit, potest iu- §₅
dex uni adiudicare parti locum de quo quaeratur, licet
plures dominos habeat; quoniam magis fundo quam personis adiudicare fines intelleguntur. hic autem cum fit 15
adiudicatio pluribus, unus quisque portionem habebit quam
in fundo habet, et in pro indiuiso.

Qui communem fundum habent, inter se non condem- §₆
nantur: neque enim inter ipsos accipi uidetur iudicium.

Si communem fundum ego et tu habemus, et uici- §₇
num fundum ego solus, an finium regundorum iudicium 21
accipere possumus? scribit Pomponius non posse nos accipere, quia ego et socius meus in hac actione aduersa-
rii esse non possumus, sed et unius loco habemur. idem
Pomponius ne utile quidem iudicium dandum dicit, cum 25
possit, qui proprium habeat, uel communem uel proprium
fundum alienare et sic experiri.

Non solum autem inter duos fundos, uerum etiam §₈
inter pluresue fundos, accipi iudicium finium regundorum 29
potest. ut puta singuli plurium | fundorum confines sunt, G₁₆₁
trium forte uel quattuor.

10. ITEM POST ALIA. Si *G p.9.* ‖ 13. quaeritur *P?* ‖ 15. adiudicari
P? ‖ 17. et in *G*, et *P.* ‖ 30. si singuli *P?*

G §9   Finium regundorum actio in agris uectigalibus, et inter eos qui usum fructuum habent, uel fructuarium et dominum proprietatis uicini fundi, et inter eos qui iure pignoris possident, competere potest.

§10   Hoc iudicium locum habet in confinio praediorum
6 rusticorum. nam in confinio praediorum urbanorum displicuit: neque enim confines hii sed magis uicini dicuntur, et ea communibus parietibus plerumque disterminantur. et ideo etsi in agris aedificia iuncta sint, locus huic
10 actioni non erit: et in urbe hortorum latitudo contingere potest, ut etiam finium regundorum agi possit. ET CETERA.

l.7   MODESTINVS LIBRO PRIMO ET DECIMO PANDICTARVM. De modo agrorum arbitri dantur, et his qui maiorem lo-
15 cum in territorio habere dicitur, ceteris, qui minorem locum possident, integrum locum adsignare compellitur. idque ita rescriptum est.

l.9   IVLIANVS LIBRO OCTAVO DIGESTORVM. Iudicium finium regundorum manet, quamuis socii communi diuidundo
20 egerit uel alienauerint fundum.

l.10   IDEM LIBRO LI DIGESTORVM. Iudicium communi diuidundo, familiae erciscundae, finium regundorum, tale ut in eos singulae personae duplex ius habeat, agentis et eius cum quo agitur.

l.13   GAIVS LIBRO IIII AD LEGEM XII TABVLARVM. Sciendum
26 est in actione finium regundorum illud obseruandum esse, quod ad exemplum quodam modo eius legis scriptum est, quam Athenis Solonem dicitur tulisse. nam illic ita est. ἐάν τις αἱμασιὰν παρὰ ἀλλοτρίῳ χωρίῳ ὀρύγῃ, τὸν ὅρον

---

2. fructum *P?* ‖ 6. nam in confinio praediorum *om codices Digestorum.* ‖ 16. ideoq. *G,* ideoque *P.* ‖ 20. egerint *P?* ‖ 29. ΕΑΝΤΙϹΑΙΜΑΝΤΙΑ. ΠαραΛΛΛΟΤΡΙω *G. per a et Λ promiscue significantur a λ δ.* ‖ τὸν ὅρον] ΙΟΝΟΡΟΝα *G.*

μὴ παραβαίνειν· ἐὰν τειχίον, πόδα ἀπολείπειν· ἐὰν δὲ οἴκημα, G 164
δύο πόδας· ἐὰν δὲ τάφρον ἢ βόθρον ὀρύττῃ, ὅσον τὸ βάθος ᾖ,
τοσοῦτον ἀπολείπειν· ἐὰν δὲ φρέαρ, ὀργυιάν· ἐλαίαν δὲ καὶ
συκῆν ἐννέα πόδας ἀπὸ τοῦ ἀλλοτρίου φυτεύειν, τὰ δὲ ἄλλα
δένδρα πέντε πόδας.   5

ITEM POST ALIA. Finium regundorum actio in agris l. 4 §9
uectigalibus, et inter eos qui usum fructuum habent, uel
fructuarium et dominum proprietatis uicini fundi, et inter eos qui iure pignoris possident, conpetere potest.

Hoc iudicium locum habet in confinio praediorum § 10
rusticorum. nam in confinio praediorum urbanorum dis- 11
plicuit: neque enim confines hii sed magis uicini dicuntur, et ea communibus parietibus plerumque disterminantur. et ideo si agris aedificia iuncta sunt, locus huic actioni non erit: et in urbe hortorum latitudo contingere 15
potest, ut etiam finium regundorum agi possit.

Siue flumen siue uia publica interuenit, confinium § 11
non intellegitur, et ideo finium regundorum agi non potest.

IDEM LIBRO XV AD SABINVM. Quia magis in confinio l. 5
meo uia publica uel flumen sit quam ager uicini.   21

IDEM LIBRO XXIIII AD EDICTVM. Sed si riuus priuatus l. 6
interuenit, finium regundorum agi potest.

VLPIANVS LIBRO VI OPINIONVM. Si irruptione fluminis l. 8
fines agri confundit inundato ideoque usurpandi quibus- 25
dam loca, in quibus ius non habent, occasionem praestat, praeses prouintiae alieno eos abstinere et domino
suum restitui terminosque per mensorem declarari iubet.
et ad officium de finibus cognoscentis pertinet mensores § 1

---

1. ΤΙΧΙΟΝΠΟ ααα ΠΟ αΙΠεΙΝ. *G.* ‖ 2. Τα Φ ΟΝ *G.* ‖ ΟΡΙΤΤΗ *G.* ‖
ΤΟΒαΘΟϹ. ΟΤΤΟΝαΠΟαΙΠεΙΝ *G.* ‖ 3. ΦΡΕαΡΟΡΙΤΙαΝε-
ΛεαΝαεΚαΙ *G.* ‖ 7. fructum *P*? ‖ 15. ᵇortorum *G.* ‖ 17. *Diges-*
torum exemplaria peccant. ‖ 25. inundatio *P*? ‖ 29. et *om Dig.*

G mittere et per eos dirimere ipsam finium quaestionem
G 165 | ut aequum est, si ita res exigit, oculisque suis subiectis
locis.

L.11   PAPIANVS LIBRO II RESPONSORVM. In finalibus quaes-
5 tionibus uetera monumenta census auctoritas ante litem
inchoatam ordinatim sequenda est; modo si non uarietate
successionem et arbitrio possessorum fines additis uel de-
tractis agris postea permutatus probetur.

L.12   PAVLVS LIBRO III RESPONSORVM. Eos terminos, quan-
10 tum ad dominii questionem pertinet, obseruari oportere
fundorum, quos demonstrauit his qui utriusque predii
dominus fuit, cum alterum eorum uenderet. non enim
termini qui singulos fundos separabant obseruari debent,
sed demonstratio adfinium nouos fines inter fundos cons-
15 tituere.

L.13   GAIVS LIBRO III AD LEGEM XII. TABVLARVM. In actione
finium regundorum illud obseruandum esse, quod ad exemplum quodam modo eius legis scriptum est, quam Athenis Solonem dicitur tulisse. nam illic ita est.

4. quaestionibus *G*.

AGRORVM QVAE SIT INSPECTIO.

Quotiens quid inter uicinos extiterit quaestionis, ab
agri mensoribus promptius hoc quaerendum.

Primum antiquis mensuris quem admodum tenuerint
[aut teneant], ostendant uicinae possessiones quae sine 5
lite possideri uidentur; ut quaeratur quo genere defini-
tio uicinorum perseuerat, eademque quasi magistra sit
eorum quae in quaestione sunt. considerent, si cauis, si
superciliis, cliuis, marginibus, ante missis arboribus, ita ut
ipsa, uicinitas terminatur, ut et his quae in quaestionem 10
ueniunt | praestet exemplum.

Sed si caua defecerit, aut supercilium, cliuus, margo,
arbores ante misse, solent termini occurrere. qui lapides
tam qua longiores sunt quam qua latiores, sequendi, hoc
est aut si cursum dirigunt linearem aut si gamma faciunt 15
et transuersi opponuntur, ut quam longitudinem fecerint,
hanc ut limitem sequantur. sed ipsa positio terminorum
pro regionibus inmutatur. sunt Tiburtini usque ad finem
ex ordine, de omni parte dolati: nam si superior pars
tantum dolata est et inferior subtus inpolita derelicta, 20
cippus ominandus est monumentalis esse, non terminatus.

2. quod inter uicinum extiterint quantis nisi ab agri mensoris promp-
tus *B*. ‖ 4. partium antiqui mensoris *B*. ‖ tenuerit *B*. ‖ 5. possessionis *B*. ‖ 6. possidere *B*. ‖ quaerantur quo genere alii generum *B*.
‖ 7. perseuerant eodem quasi *B*. ‖ mimis transit *pr B*? ‖ 8. quae
est in quaestionem sunt *B*. ‖ 12. aut ... margo] aut ergo *B*. ‖ 14.
tam *om B*. ‖ quam longioris *B*. ‖ quam qui latioris *B*. *correxit
Goesius*. ‖ 15. lineare *B*. ‖ 16. et *om B*. ‖ tranuersi *B*. ‖ 18. inmu-
tantur Aut tiburtini *B*. ‖ 19. ordinem *B*. ‖ 20. subtus] subulis *B*.
conf. p. 211 *G*. ‖ 21. nominandus *B*.

B 79 | silices pro sua natura ponuntur, igniferique [aut] lapides, ut de Tiburtinis dictum est, per longitudinem.

Iudicanti si petrae naturales occurrunt, ipse naturales petrae pro signis habentur: sed de ipsis exceptae aut
5 decus habent aut lineas.

Sub terminis signa solent ..., quae sunt in imo posita, eaquae exquiri iubent qui artes ediderunt.

Ante misse uero arbores solent etiam plagatam antiquitus inflexura similem corticibus ostendere cicatricem:
10 licet hae terebris foratam etiam, tornatis intro missis, sicut scribtum a ueteribus, habere dicantur.

B 80 Sunt etiam | et coronae plerumque uepribus, quas in limitibus serunt: quarum et initium considerari oportet et finem, et, ut diximus, aliorum locorum similitudo
15 uicinorum si talibus definitur.

Solent etiam arbores olibarum, quotiens in utroque agro sunt uel utriusque uicinae, ordines non habere ad unam lineam constitutos; ut, cum sibi consentiunt lineae, utriusque agri dominium sui iuris esse testentur.

B 81 Sunt et caesurarum et culturae discrimina, | quae
21 cum discrepant, non unius aequalitate possessionem ostendunt, sed diuidi omnia pollicentur.

Diuergia aquarum etiam pro limitibus occurrunt.

---

2. ut] aut *B*. ‖ 3. iudicant Petrae *B*. ‖ 4. exceptae *Huschkius*. excepta *B*. *Siculus Flaccus p.* 140,8 si perseueret rigor. ‖ 5. linea *B*. notas *et* gammas *Siculus Flaccus*. ‖ 6. inueniri *Siculus Flaccus p.* 140,12. ‖ 7. iubet quae arti se dederunt *B*. ‖ 9. inflexuosam *B*. ‖ ostenderem *B*. ‖ 10. tornutus *B*. ‖ 12.13. quam limitib. seruiunt *B*. ‖ 13. oportet finem *B*. ‖ 15. Si tabulis *B*. ‖ 16. arbores *Goesius*, ordines *B*. ‖ 19. utriusquam *B*. ‖ sui iuris] *immo* unius. ‖ testitur *B*, *tum spatium sex uersibus recipiendis relictum.* ‖ 20. uersurarum *B*. ‖ 21. discripserit *B*, discrepauerint *Goesius*. ‖ qualitatē *B*. qualitatis *Rudorffius*.

Saepe etiam euenit ut in aliis possessionibus nec ad *B*
proxima coniunctis, in medio alterius agro, seu siluae seu
pascuae seu uineae oliueti castaneti aliquid occurrat;
quod cum sui iuris aliquis uindicet, directum signis defos-
sis aut terminis sequitur inspector: haec enim uetustas 5
illi qui id ageret iniunxit.

Nam de aequalitatibus, antiquitatibus, possessionibus,
territoriis, terminibus, signis, et his similibus, conside-
randum est ab ori|gine quem admodum tenuerint [coepe- *B* 82
rint]: deinde aliquid usque ad nostram aetatem descen- 10
derit aut permaneat, oportet exquiri.

Aequalitas in has species diuiditur, ut extremitatibus
concludentibus aut quadrata sit aut circa flexa aut cu-
neata aut triangularis, aut modo curuis anfracta in flexu-
ram, modo in rectum rigentibus lineis porrecta, modo ar- 15
tiore latitudine longior, modo minore longitudine proli-
xior. quorum pleraque mensuris conprehenduntur.

Ex antiquitate recipiunt hoc ut et nominibus uetustis
utantur, ut uectigalis ager uirginum Veste, et aris templis 19
| sepulchris et his similibus. quin etiam usui, hoc est in- *B* 83
cepto et incrementis, artis | ordinem naturalium rerum *B* 78
substituunt et geometricae exercitationi subducunt saepe;
credo, ut uetustatem reseruent speciebus.

1. ut euenit *B*. ‖ 3. uiniae *B*. ‖ 4. quo cum *B*. ‖ sui iuris] *immo
sibi*. ‖ direptum *B*. ‖ defossis] aut fossis *B*. ‖ 6. qui indigere *B*,
indagare *Goesius*. ‖ 7. non de qualitatib. quantitatis positionib. ter-
ritoris *B*. ‖ 8. consideranda sunt ab originem *B*. ‖ 9. teneri coepe-
rint *Huschkius*. ‖ 10. discenderit *B*. ‖ 11. opere *B*. ‖ 12. qualitas
in hac *B*. ‖ extremitatis *B*. ‖ 13. coneata *B*. ‖ 14. curris anfracta
in flexuosā modo inter haec dirigentib. linea *B*. ‖ 15. 16. artiorem
latitudinem *B*. ‖ 16. minorem latitudinem *B. correxit Huschkius.*
‖ 17. plerasquam mensoris *B*. ‖ 18. ex quantitatem *B*. ‖ hoc est ut
et *B*. ‖ 19. et *om B*. ‖ 20. quae etiam usum *B*. ‖ incipio *B*. ‖ 22.
et geometrica et exercitationis abdicant saepe credunt ut *B*. ‖ 23.
reseruet *B*.

B   Aliqua quoque cum de agri aequalitate aut incurbi aut angularia excurrunt et ad direptum lineis discerpuntur, subsiciua appellantur, hoc est quae a subsecantibus lineis remanent, naturam extremitatum seruantia. quae cum

5 uelut communis iuris aut publici essent, possessionibus uicinis tunc Domitianus imp. profudit, [hoc est] ut eis

B 76 lineis arci|finalem uel occupatoriam licentiam tribueret.

Arcifinales agri dicuntur qui ab arcendo, hoc est prohibendo, uicinum nomen acceperunt. occupatorii uero

10 ideo hoc uocabulo utuntur, quod, uicini urbium populi seu possessores, cum adhuc nihil limitibus terminaretur, praesumptione certaminis cum de locis aduersum sibi repugnantes agerent, quo usque pulsi uel cederent uel restitissent, uictoriae terminus fieret, uictos aut praesidium

15 collis aut riui interstitium aut fosse munimen resistere pateretur et hoc genere naturae aut cursus docti securae

B 77 perpetuitatem possessionis | efficerent.

1. aliaqua *B*. || qualitatē *B*. || 2. occurrunt *B*. || *fortasse* a directo lineis. || 4. natura *B*. || seruantis *B*. *correxit Goesius.* || 5. uel *B*. || 6. praefudit *B*. || ut ex lineariā finalem uel occupatiorum licentia *B*. || 8. Archifinalis *B*. || ab *om B*. || 9. acceperit occupaturi *B*. || 10. hoc] hoc est *B*. || 12. aduersum se repugnantis *B*. || 13. cederet uel restitisse *B*. || 16. secuti *B*. || 17. effecerint *B*.

INCIPIT
MARCI IVNI NIPSI
LIBER II FELICITER.

FLVMINIS VARATIO.

Si in agri quadratura tibi dictanti occurrerit flumen 5
quod necesse sit uarari, sic facies. rigor qui inpegit in
fluuio, exinde uersuram facies. in quam partem uerteris,
tetrantem pones. deinde transferes ferramentum in eo rigore quem dictaueris ex eo rigore qui in flumine inpe-
gerat. deinde transferes ferramentum, et conprehenso eo 10
rigore quem dictasti, uersuram facies in partem dextram.
deinde exiges medium illum rigorem a te|trante ad tetran- *A* 180
tem, et diuides illum in duas partes et signum pones perpensum. deinde figes ferramentum ad signum quod diuidet duas partes quas diuisisti. ex fixo ferramento et per- 15
penso conprehenso rigore ad umbilicum soli emissum perpendiculum cum super signum ceciderit, percuties cromam
donec comprehendes signum quod posueras trans flumen.
cum diligenter conprehenderis, transies ex alia parte fer-

2. 3. marci ... feliciter *E, om A.* ‖ 4. de fluminis uaratione *E.* ‖ 5.
agris *A.* ‖ dictandi *E.* ‖ 6. inpigit *A,* impegerit *E.* ‖ 7. et in qua
parte *E.* ‖ ueneris *AE.* ‖ 8. ponis *AE.* ‖ transferis *A.* ‖ 9. dictaueras *E.* ‖ in flumen *E.* ‖ inpigerat *A.* ‖ 10. transferis *A.* ‖ eo *om A.*
‖ 11. uersuras *A.* ‖ dexteram *E.* ‖ 12. exigis *AE.* ‖ illum ... 13. diuides *om E.* ‖ ad tetrante *A.* ‖ 13. diuidis *A.* ‖ ponis deinde figes
perpensum ferramentum *E.* ‖ 14. ferramentum ... 15. fixo *om A.* ‖
16. ab unbilicum *A.* ‖ soliae missum *AE. correxit Salmasius in
exercitat. p. 486 a.* ‖ 17. percutis *AE.* ‖ croma *E.* ‖ 18. comhendis
A, comprehendas *E.* ‖ 19. conphehenderis *A.* ‖ transis ex alia *A,*
transisset alia *E.* ‖ ferramenta *E.*

AE ramenti et manente croma dictabis rigorem. ubi se con-
secuerit norma tua cum eo rigore quem dictaueris, signum
pones, et exiges numeros a signo ad tetrantem. sed quia
linea quam secueras media duo trigona ostendit sed quia
5 cathetus catheto par est, erit et basis basi par. quantus
ergo numerus basis iunctus trigoni quem exegisti fuerit,
tantus rigor alterius trigoni cuius rigorem factum in fluuium
E 21 numerus. et de | hac base quam exegisti tolles hunc nume-
9 rum quem a tetrante ad fluuium exegisti. reliquum quod
(*A*) superfuerit erit latitudo fluminis. (fig. 208.) |

LIMITIS REPOSITIO.

Cum in agro assignato ueneris et lapides duo contra aliis alios in capitibus centuriae in decimano siue in
cardine inueneris, incipies mensuram agere ab eo lapide
E (21,7) centuriale unde possis | peruenire ad centuriam in qua
15,27
16 mensurae agendae sunt. si decusati in capitibus lapides
fuerint, ab eo lapide qui limitem ducturus est primum
lapidem circinabis. et si inueneris recte incisas quattuor
E 16 lineas | eisdem lapidibus ferramentum pusillum longius a
20 lapide ita ut possis decumani lineam uel cardinis mediam
comprehendere, et dictare duas cannas, quas per quattuor
latera diligenter perpendes, unam ultra lapidem, et alte-

---

1. dictauis *A*. ‖ se consecuta fuerit norma *E*. ‖ 2. dictaueras *E*. ‖
signum ponis *E*, signum pones signum ponis *A*. ‖ 3. exigis *E*. ‖ numerus *A*, numerum *E*. ‖ ad signum *E*. ‖ ad tetrante *A*, tetrantis *E*.
‖ 4. aquam *A*. ‖ securas *A*, secutus fueras *E*. ‖ media *A*, medio *E*.
‖ 5. catectus catecto partem est *E*. ‖ et *om E*. ‖ pars *E*. ‖ 6. exigesti *A*. ‖ 7. rigor impactus *Goesius*. ‖ in fluuium numerus et] *sic*
A, autem in numero fluminum numero. d. et *E*. ‖ 8. de ac uase quem
exigesti *A*. ‖ tollis *E*. ‖ 9. exigisti *A*. ‖ 10. erit latitudo *A*, latitudo
est *E*. ‖ 11. repositionem *E*. ‖ 14. incipiens *E*. ‖ lapidem cen-
turialem *E*. ‖ 16. decus a te *E*. ‖ 20. linea *E*. ‖ 22. perpendis
una *E*.

ram citra lapidem. inde transferes in altero latere lapidis *E*
ferramentum, et similiter facies sicut supra. deinde sub-
lato ferramento transferes ad lapidem, et figes. cum fixe-
ris, perpendes. cum perpenderis diligenter tam diu facies
ut ab umbilico soli emissum perpendiculum supra punc-   5
tum decusis cadat. cum ita feceris, incipies quattuor metis comprehensis dictare limitem in quam partem iturus
es. si lapidem inueneris, scias te limitem tenere. si uero
uaratus interuenerit, unde tibi uenerit uersuram facies ita
ut per punctum decusis lapidis rigor currat. cum ita fe-   10
ceris, tetrantem pones, et deinde reuerteris ad lapidem
unde primum coeperas, et cultellabis usque ad tetrantem
et a tetrante usque ad punctum lapidis ad quem uaratus
uenisti. ut reponas te in limitem, sic facies. catheti quamuis partem solidam sumes et referes a puncto lapidis per   15
ipsum cathetum et signum pones perpensum quem retu-
leris in rigore suo eandem partem sumes et basis referes
normaliter signo quem posueras numero quem solidum
basis sumpseras et ubi expletum fuerit signum perpensum
pones. erit hoc signum in limitem et numerum quem a   20
puncto lapidis retuleras per cathetum dare illi similiter
referes per eundem cathetum in rigorem et ab eo signo
normaliter duplicatum numerum eius basis quem retulisti
in limitem similiter referes et signum pones habebis duo
sigua in limitem perpensa. cum ita feceris, figes ferra-   25
mentum ad lapidem ita ne in rigore limitis figas. fixo

1. et alterum citra lapidem inde] lapidis ferramentum similiter facies.
E. illud alterum Goesius dedit. ‖ transferis in latero lateri *E.* ‖
2. et *om E.* ‖ 3. transferis *E.* ‖ figis *E.* ‖ 4. perpendis *E.* ‖ 6. deci-
sis *E.* ‖ faceres *E.* ‖ 9. inuenerit *E.* ‖ 10. decusi *E.* ‖ 11. ponis *E.*
‖ reuerteres *E.* ‖ 12. cutellabis *E.* ‖ 14. 15. catecti quamuis quamuis
partem *E.* ‖ 16. catectum *E. sic semper.* ‖ ponis *E.* ‖ 17. referis
E. ‖ 20. ponis *E.* ‖ 22. refert *E.*

E ferramento conuertes umbilicum soli supra punctum lapidis et sic perpendes ferramentum. perpenso ferramento
ab umbilico soli emittes perpendiculum ita ut in puncto
E (16,23)   lapidis cadat. comprehendes quattuor signa ea quae po
  15,2
5 suisti in limitem. aliis corniculis tenebis alium limitem.
et sic mensuras ages ut scias primum an in limitis lapidum in capitibus centuriae signa sint. lege scripturam lapidum. si in uno rigore sunt, decimanum asscriptum debere, ut puta DECIMANVS PRIMVS aut SECVNDVS aut TERTIVS
10 uel quotus cumque. in aliis lapidibus scriptus fuerit duo
lapidibus uel lapides in linea decumani contra alios alii.
si uero cardinis linea fuerit, similiter in ambis lapidibus
unus cardo scriptus erit. item zaconem lapides si fuerint,
sic deprehendes. ut puta primum lapidem quom inspexe-
15 ris, si scriptus est DECIMANVS QVINTVS CARDO XII, et alius
DECIMANVS SEXTVS CARDO XIIII, apparet hos duos lapides,
quia nec cardo nec decimanus unus est, in zacone esse.
    Varationem in agris diuisis sic reponimus. ut puta
lapidem a lapide p. DCC et in alio lapide p. MDCXXX. sunt
20 in unum p. IICCCC. uara ad alterum lapidem p. XX. semper uideo quod praecedes XX. quoniam solidum est, sumo
partem XX. item uarationis fit id est si repositionem ut
peractos singulos pedes quos uariasti repones deinde in
aliis si eundem limitem agere necesse est sed si ultra agros
25 prodideris extra p. XX ad hunc unum auctum renormabis
p. XXI et signum ad perpendiculum pones. deinde in aliis
pedibus in sequentibus CXX renormabis similiter p. XXII
et signum ponis. deinde apprehensis signis duobus et li-

---

1. conuertis *E*. ‖ soliae *E*. ‖ 2. perpendis *E*. ‖ 3. soliae mittis *E*. ‖
4. compre *E p.* 16. dis. Quattuor *E p.* 15. ‖ 6. agis *E*. ‖ an] hanc *E*.
‖ 7. scripturarum *E*. ‖ 8. *an* habere debent? ‖ 9. ut pote *E*. ‖ 10.
uel quartus. Cumque in *E*. ‖ 11. in lineam decani *E*. ‖ 13. lapidis *E*. ‖
14. deprehendis *E*. ‖ quem *E*. ‖ 17. in] sin *E*. ‖ 18. uariationem. In *E*.

mite recto limite ibis similiter. si retro ire uolueris a la-   *E*
pide a quo exieris detrahis in actibus uarationis pedes
quantum abieceras. si in priorem eas hoc non solum actus obseruare debebis sed in p. LX uel LXXX plus minus
pro ut ratio postulauerit facere debes. CXX. CXX. CXX. 5
CXX. (fig. 209.)

 Alia racione ut quodcumque pedibus uarauerimus
non solum in limitem uerum etiam alterius conditionis
agrum ut puta p. CCC. LXXV. p. D. p. MDCCC. uarauerimus
p. XXVII. sic faciemus semper diui|demus semper partem *E*(15,27)
solidam limitis ut ad solidam uarationem habeamus ut 11   18,20
nunc limites CCCLXXV. sumo partem XII ubicumque conuenerit fiunt XXX; fit item XVII fit. IC. LL. hoc in portionem limitis et uarationis siue retro siue in priore
repositione tractabimus ut sciamus quantum ad singulas 15
repositiones aut adicere si in priora ibimus aut demere
si retro reuertimur. (fig. 210.)

I n agris diuisis solent lapides in centuriis non parere. sed sunt termini qui inter lineas consortales finem
faciunt. a quibus reprehendas in limitem interpones et 20
comprehendes lapidem qui est in angulo centuriae et trac-
tabis quomodo | latitudinem ad longitudinem quomodo *E*₁₉
ibi fuerit tractabis similiter et hi potius areae ponis et
comprehensis signis limitibus tenebimus. (fig. 211.)

 Aut si lapis in angulo fuerit et in alio angulo alius 25
quasi qui perspiciatur in zacono similiter duo lapides. et
quia in centuriis paria latera sunt latitudinis et longitu-

---

11. mitis ... uaratio *recisa ex E: sumpsi ex editione Goesii.* ‖
12. partem ... 13. fiunt x *recisa ex E, qui tamen non uidetur ha-*
buisse fiunt. ‖ 14. limitis et uarationis siu *recisa ex E.* ‖ priori re-
position *recisa ex E: sed habuerit litteras forte* VIII *amplius.*
15. ut ... ad sin *recisa ex E.* ‖ 16. cere ... aut *recisa ex E.* ‖ 18.
In a ... solent *recisa ex E.* ‖ 19. mini ... consortales *recisa ex E.* ‖
20. pones ... 21. lapid *recisa ex E.*

E dinis, similiter ex quacumque uolueris uersuram facies
normaliter et totidem quot inueneris cultellabis et prehensis perlimitibus in extremitatibus formarum. (fig. 212.)

In agris diuisis subsiciua fiunt in quibus trigoni tra-
5 pizea pentagona sunt et nichil aliud nisi modus iugerum
E(19,10) assignatorum et nomen scriptum est | actus tamen inua-
17,25 serunt a   in re iugera LXV.
sic querimus. semper in uad
  duco quater id est LXV. fit. CLX. huius sumo partem
10   XX. fit XIII. erit CL. catec-
tus trigoni actus   XIII. in
sequentem autem iunctum trigono ad tra
*E*18 | cta qua-
liter erunt CCCC. huius parte XX erit basis
15   uv̄. VII. erit contraria basis actus VII.
similiter in . . . .

*G*205 Si in agro adsignato ueneris, ut scias in qua parte
agri sis, an in ultrato et dextrato, an in citrato et dextrato, an in sinistrato et ultrato, an in sinistrato et ci-
20 trato, sic deprehendes. cum in agro ueneris, quaeres lapides plures centuriales. quorum scripturam cum inspi-
cere coeperis, nota tibi quomodo scriptura currat: sic et
limites antea instituti sunt. si enim decumani numeri ab
oriente incipiunt et in occidente crescunt, decumani ita
25 instituti sunt ut oriente post te relicto in occidentem spec-
tes. si uero ita numeri notati in lapidibus centuri-

9. id est] id' *E*. ‖ 17. Si ... ueneris *recisa ex E*. ‖ asignato *G*. ‖
scias te in *E*. ‖ 18. an in ultrato ... 20. sic depre *recisa ex E*,
in quo fuerunt illa breuiora. ‖ 20. deprehendis *EG*. ‖ quaeris *G*,
quere *E*. ‖ 21. plures ... scrip *recisa ex E*. ‖ 22. tura ... 23. limites an *recisa ex E*. ‖ 23. *potius* decumanorum. ‖ 24. oriente ... occident *recisa ex E*. ‖ crescent *E*. ‖ ita *E, om G*. ‖ 25. ut in *E*. ‖
oriente ... occiden *recisa ex E*. ‖ occidente *EG*. ‖ 25.26. expectis.
sic et numeri nota tibi illa si in *E, recisis proximis* lapidibus ...
scias d ‖ 26. ita] et *G*.

arum fuerint, scias decumanos ita institutos esse ut *EG*
in orientem et occidentem spectent: cardines uero meridianum et septentrionem scies spectare. cum hoc diligenter tibi liquerit, in re praesenti plurium lapidum cen-
turialium inspicies scripturas. et si numerus cardinum 5
crescet in occidente, erit pars ultrata: decumanorum uero
numerus si crescet in partem septentrionis, erit pars dextrata. sic scis te ex scriptura lapidum esse in parte ultrata et dextrata. similiter si decumanos crescere deprehenderis in meridianum et cardines in partem occidentis, 10
erit pars sinistrata et ultrata. item ut dextratum et citra-
tûm inuenias, similiter lapidum scriptura ostendit. si enim
cardinum numeri in orientem crescent, | erit pars citrata: *A* ι
decimanorum numeri in septentrionem si crescent, erit
pars dextrata. sic scies te in dextrato et citrato esse. 15
| similiter si kardinum numerus in oriente crescet, erit $E\binom{18,20}{24,7}$
pars citrata: si decimanorum numerus in meridianum
crescet, erit pars sinistrata. sed ut saepe solet in re pre-

1. ita *E, om G.* ‖ 2. oriente *G.* ‖ cidentem spectent cardines *recisa
ex E.* ‖ occidente expectent cardinem *G.* ‖ 3. septentrionalem scias
E. ‖ expectare *G*, expec *recisis proximis* tare ... 4. lique *E.* ‖ 4.
re *om E.* ‖ plurimum *E.* ‖ 5. inspicias *G, recisum ex E cum proximis* scripturas ... si nume ‖ 6. crescit *E.* ‖ ultrata ... 7. numerus
recisa ex E. ‖ 7. crescit *E.* ‖ 8. trata ... lapidum *recisa ex E.* ‖
9. decumanum *G*, decima *E.* nos crescere deprehenderis in *recisa
ex E.* ‖ 10. cardinem *G.* ‖ in parte *E.* ‖ occidentis. occidens erit *G.*
‖ 11. erit ... item *recisa ex E. sed* item *uidetur omisisse.* ‖ 12. pidum ... si *recisa ex E.* ‖ 13. numerus *E.* ‖ in occidente *E*, in occidentem *G.* ‖ crescit *E.* ‖ erit pars citrata decimano *recisa ex E.* ‖
14. rum numerus in septentrionem si crescens *E*, decimanorum numerus si in septentrionem crescet *G.* ‖ criscent *A.* ‖ 15. dextrata
sic scies te in dex *recisa ex E.* ‖ sic scies ... esse *om G.* ‖ 16. cardinum *G.* ‖ in occidente *AEG.* ‖ crescet *om AE.* ‖ 17. sic *E.* ‖ decum. *G.* ‖ 18. crescit *E.* ‖ sed hoc in re presenti. *G.* ‖ ut *A*, sicut
E. ‖ solet sepe *E.* ‖ re *om E.*

AE (G) senti | depraehendi decimanum maximum ita institutum
ut ad meridianum et septentrionem spectet, kardinem uero
maximum orientem et occidentem spectare, similiter sicut
A₂ supra diximus scriptura lapidum hoc ipsum | depraehen-
5 des. ita si a principio institutum fuerit, erit pars sinistrata decimani maximi in occidente, dextrata in oriente.
in hac quoque parte si uolueris scire in qua parte agri
sis, cum inueneris ex scriptura lapidum kardinum numeros in septentrione crescere, erit pars ultrata: decimano-
10 rum numeros in occidente crescere, erit pars sinistrata.
sic scies te in sinistrato et in ultrato esse. similiter ut
uolueris scire in citrato et sinistrato. si depraehendis decimanorum numeros in oriente, kardinum numeros in
A₃ septentrione | crescere, erit pars dextrata et ultrata. si-
15 militer si decimanorum numeri in oriente crescent et kardinum numeri in meridiano crescent, erit pars dextrata
et citrata.

Quibusdam regionibus in agris adsignatis propter
sterelitatem lapidum inter centurias quinas lapides positi

1. reprehendi *E.* ‖ 2. ut ad] ut et *A, om E.* ‖ expectent cardinem
E. ‖ 3. ab oriente et occidente *E.* ‖ scies *post* occidentem *supra
scriptum A, om E.* ‖ expectare *E.* ‖ 4. sipra diximus *A, om E.* ‖
depraehendis *AE.* ‖ 5. ita] et *AE.* ‖ principio *E,* principium *A.* ‖
sinistra ad decimani *A.* ‖ 6. in occidentem *E.* ‖ in orientem *E.* ‖ 7.
quoquae *A. tum* arte *E.* ‖ 8. sis *A,* sunt *E.* ‖ ex *om E.* ‖ scripturam
E. ‖ lapedum *A.* ‖ numerus *A,* numerum *E.* ‖ 9. in septentrionem
E. ‖ 10. numerus *A,* numerum *E.* ‖ sinestrata *A.* ‖ 11. sinestrato *A.*
‖ et ultrato *E.* ‖ ut *A,* si *E.* ‖ 12. scire si *E.* ‖ in ultrato et sinestrato *A,* in ultrato sis et dextrato *E.* ‖ si] sic *AE.* ‖ 13. numerus in
occidente *A,* numerum in occidente *E.* ‖ cardinem *E.* ‖ numerus *A.*
‖ 14. septentrionem *E.* ‖ 14. erat *A.* ‖ destrata *A.* ‖ 15. si *om E.* ‖
numerum *AE.* ‖ in oriente *om E.* ‖ crescere *E.* ‖ 16. numerus in meridianum crescens *E.* ‖ 18. propter *E,* per *A.* ‖ 19. sterilitatem *E.* ‖
quini *E.*

sunt. hoc in re presenti deprehendi potest ex lapidum *AE*
inspectione et inscriptura. aliis uero regionibus in capitibus centuriarum non sunt lapides scripti, et in effigie Termini positi sunt. sed et quibusdam regionibus, sine typo
uel forma regionis, in qua parte agri sis, | inuenire non *A4*
potes, nisi ex typo uel forma regionis ipsius. sunt enim 6
in typo montium uocabula et alia signa con|plura ex *E23*
quibus possis scire in qua parte agri sis. non una species agrorum adsignatorum est. est ager centuriatus, qui
quadratis centuriis diuisus est. hic ager in singulis cen- 10
turiis ducentena iugera habebit. est ager scamnatus qui
appellatur, qui in longitudinem maiorem iugerum numerum habebit quam in latitudinem. hi quoque agri non
nisi in re praesenti depraehenduntur uel ex forma regio-
nis. habent enim agri scamnati in centuriis singulis | iugera *A6*
ducentena quadragena, quae per latitudinem habent actus 16
xx et per longitudinem actus xxiiii.

Si duo lapides in capitibus centuriae in lineas decimani siue kardinis inuenti fuerint, et mensurae agendae
sunt secundum formam agri adsignati, ut modi iugeratio- 20
num secundum acceptam unius cuiusque separentur in
centuria in qua quaestio fuerit orta, primum in re pre-

1. in re] ex *E*. ‖ lapidibus *E*. ‖ 2. inspectionē et *A*, scriptione ea *E*.
‖ scriptura *E*. ‖ 2. 3. aliquibus locis non sunt *Boethius p.* 1539. ‖ 3.
non sunt … 4. sed et quibusdam] pali roborinei fixi sunt in his *E*. ‖
sed *Boethius*. ‖ in effigiae *A*, in effigiem *Boethius*. ‖ 3. 4. terminorum positi sunt quos cursorios uocamus *Boethius*. ‖ 4. tipo *E semper*. ‖ 5. agri sic inueniri *E* ‖ 6. potest *A*, possunt *E*. ‖ regionis *E*,
om *A*. ‖ 7. quam plurima *E*. ‖ 9. est ager *A*, ager est *E*. ‖ 10. est
E, om *A*. ‖ in *E*, a *A*. ‖ 11. ducentena *A*, et *E*. ‖ qui scamnatus *E*. ‖
12. qui in *E*, om *A*. ‖ iugerum om *AE*. ‖ 13. quam in allatitudinem
A. ‖ hii *A*. ‖ 14. re om *E*. ‖ 16. quae *E*, qui *A*. ‖ actus xx et per
longitudinem om *E*. ‖ 19. kardines *A*. ‖ 20. modū *AE*. ‖ 21. cuius-
quae *A*. ‖ separaretur *AE*. ‖ in om *E*.

AE senti typos regionis quaerendus est. et inspecta scriptura
lapidum in re praesenti typum conlocabis, ut scias primum an decimanus maximus ab oriente in occidentem
A 6 constitutus sit, | an uero a meridiano in septentrionem.
5 si enim ab oriente in occidentem constituti sunt, typum
sic conuertes ut pos te relinquas orientem, et occidente
spectato sic typum tenebis. respicies in typum kardinem
maximum, quo loco sit. et si scriptura lapidum deprehenderis in oriente crescere, erit pars citra kardinem: si
10 uero inueneris in occidente kardines crescere, erit ultra
cardinem. sed ut scias an dextra decimanum stes an sinistra decimanum, inspectis lapidibus in linea kardinis maximi, si in septentrione crescent, erit dextra decimanum:
A 7 si in meridiano crescent, | erit sinistra decimanum. . haec
15 inscribtura demonstrabit tibi quomodo debeas typum in
re praesenti conlocare. similiter facies, si decimanus maximus a meridiano in septentrionem conlocatus fuerit et
cardo maximus ab oriente in occidentem. eadem ratione
sicut supra scriptum est, in re praesenti typum conloca-
20 bis, ut decimanus maximus spectet suum locum, id est
meridiani et septentrionis lineam, kardo maximus orientis

---

1. typore *A*, tipus *E*. ‖ ferendus *E*. ‖ inspectas scripturas lapedum
A. ‖ 2. 3. primum undecimanus maximus si ab *E*. ‖ 3. in occidente
A. ‖ 4. a] in *A*. ‖ in septentrione *A*. ‖ 5. in occidente *A*. ‖ 6. si
conuertis *E*. ‖ post *E*. ‖ reliquas *A*. ‖ 7. tenere inspicies *E*. ‖ *potius* in typo. ‖ 8. et sic scripturam lapidum deprehendis in orientem *E*. ‖ 10. in occidentem *A*. ‖ cardines *E*, kardinem *A*. ‖ 11. sed
ut *A*, si tu *E*. ‖ 12. in *A*, si in *E*. ‖ 12. 13. maximi si] XVI an *A*,
sint an *E*. ‖ 13. septentrionem *E*. ‖ crescente *A*. ‖ 14. crescente
erint *A*, crescente erit *E*. ‖ hac *A*. ‖ 15. scriptura *E*. ‖ debeat *A*. ‖
16. cumlocatus *A*, collocatus *E*. *supra erat* constitutus. ‖ 17. 18.
fuerit erint cardines ab oriente *A*, fuerit cardines ab oriente *E*. ‖ 18.
in occidente *AE*. ‖ 19. scriptum est] sicut *A*, *om E*. ‖ re *om E*. ‖
conlocaueris *A*, collocaueris *E*. ‖ 20. expectet *E*. ‖ 21. linea *A*, si
in ea *E*.

et occidentis lineam: et secundum rationem supra scriptam *AE*
scies lapidum scribtura quae sit pars dextra decimanum
et quae sinistra decimanum et quae | citra cardinem et *A*₈
quae ultra cardinem.

Si quando in agro adsignato mensuras egeris, et re- 5
uersus ad formam inueneris nominibus sex data CLXXX
iugera, ut scias quantum quis acceperit, quaeris sub littera: et sic inuenies quis quantum acceperit.

Si in agro adsignato aliquis modus iugerationis ua-
cauerit, ne putes subsiciuum remansisse, quaerere | debes *E*₂₆
primum ne post aes fixum et machina sublata secunda 11
adsignatione alicui adsignatum sit. uel quaeris si in libro
beneficiorum regionis illius beneficium alicui Augustus
dederit. quod si neutrum factum est, scias illum subsici- 14
uum | remansisse. *A*₉

PODISMVS. *R*₁₉

Mensurarum genera sunt tria, rectum planum solidum.
rectum est cuius longitudinem tantum modo metimur.
planum est cuius longitudinem et latitudinem metimur.
solidum est cuius longitudinem et latitudinem et crassitu- 20
dinem metimur.

---

1. et occidentis *om AE*. ‖ lineae secundum *E*. ‖ supra scriptam *E*,
s̄ s̄. *A*. ‖ 2. scies et lapidum *E*. ‖ sribtura *A*. ‖ 3. quae sit sinistra *E*.
‖ 5. egeris] ag^Eris *A*. ‖ 6. hominib. 'ex *A*, ex *E*. ‖ 9. aliquis *A*, aliquando aliquis *E*. ‖ 10. ne putis *A*. ‖ debes *E*, *om A*. ‖ 11. primum
om E. ‖ post aes *Heinsius ad Ouidii met.* 1,91: post est *A*, possit primum *E*. ‖ macina *A*. ‖ secundum assignationem *E*. ‖ 12. uel
... 13. beneficiorum *om E*. ‖ 13. illius ne beneficium *E*. ‖ alicui
praestitisset. quod si *E*. ‖ 16. *titulum hic om E*, Podismi *R*.
‖ 17. sunt tria genera *R*. ‖ 18. metitur *AE*. ‖ 19. metimur ... 20. latitudinem *om E*. ‖ metimur *om R*. ‖ 20. et latitudinem *om A*. ‖ et
crassitudinem *erasa E*. ‖ 21. metitur *E*.

AER   Angulorum genera sunt trea, rectus acutus hebes.
          rectus est qui normaliter constitutus est. acutus est qui
(*R*).(*A*) minor est recto. | hebes est qui maior est recto. |

          [Pes quadratus amphoram capit. piscinae uel lacus
5   pedes quadratos dicere.

              s. q. metieris longitudinem per latitudinem, effectum
          per altitudinem: erunt pedes quadrati. si fuerint tot, to-
          tidem amphorae sunt piscinae uel laci.

          Dolei dicere pedes quadratos.

10   metieris ab integro fundi diametrum, item diametrum
          et cum summi zametrum altitudinem cum mensus fueris
          . . . . iungis tria aera in uno partem tertiam. quod
          fuerit in se effectum undecies, huius sumis partem quar-
          tam decimam. hoc ducis per altitudinem. erunt dolei pe-
15   des quadrati.

          Calcis pes quadratus centum pondo pendet.

              calcaria autem si non aequaliter instructa est in do-
          lii effigiem, metieris eam quomodo et doleos. et quot-
          quot pedes quadratos inueneris, inquires in regione illa,
20   in qua mensuram feceris, ad quod pondo calcis uehis ue-
          niat. quotiens centenas libras inueneris, tot assumes in
          pede quadrato, et dices quot uehes calcaria capit.

              si uero aequaliter structa fuerit usque ad summum
          aedificium, zametrum sumes. hoc in se effectum unde-
25   cies, sumes partem quartam decimam, et duces per alti-
          tudinem. habes pedes quadratos.]

1. tria *ER*. ‖ 2. acutus qui *A*. ‖ 3. recto] *add* podimus *E*. ‖ 4. Piscina ē uel *E*. ‖ 5. duceris *E*. ‖ 6. s. q.] *i. e.* sic quaeramus. quae
E. ‖ 7. latitudinem *E*. ‖ totidem] am *E*. ‖ 8. sunt piscinae] .est.
piscina *E*. ‖ 13. decies *E*. *cetera peritiores restituant.* ‖ 14. latitudinem *E*. ‖ 16. calces pedes quadratos *E*. ‖ 20. pando *E*. ‖ 21.
totas sumes *E*. ‖ 22. quod uehis *E*. ‖ 24. undecimam *E*. ‖ 25. latitudinem *E*.

In ambligonio datis tribus lineis dicere eiecturam *AER* super quam perpendicularis cadet.

sic quaeramus. sit ambligonium, cuius maior hypotenusa | est ped. XVII, basis eiusdem ambligoni ped. VIIII, *A* 10 hypotenusa minor ped. X. dicere eiecturam eiusdem ambligoni super quam perpendicularis cadet.   5

s. q. maiore hypotenosa in se multiplicata, ex ea summa deduces duos minores numeros singulos in se multiplicatos. quod super fuerit, sumes partem dimidiam. partior a base. erit eiectura super quam perpendicularis 10 cadet.

perpendicularem si uolueris, de hypotenusa minore | multiplicata in se tolles eiecturam in se multiplicatam. *E* 67 reliquum quod super fuerit, sumes latus. erit numerus perpendicularis. (fig. 213.)   15

In trigono hortogonio, cuius podismus est ped. XXV, *A* 11 embadum ped. CL, dicere cathetum et basem separatim.

---

1. ambigonio *E*, ampligonio *R*. ‖ dicereiecturam *A*, duc recturam *E*. ‖ 2. perpendiculaueris *E*. ‖ cadit *R*. ‖ 3. sic quaeremus Sit ampligonium *R*, perpendicularem sic querimus sic ampligonium *E*. ‖ hypotenosa *E*. *sic semper*. ‖ 4. XVII] XVIII *AER*. ‖ bases *E*. ‖ ampligoni *E*, ampligonii *R*. ‖ VIIII *AR*, XI *E*. ‖ 5. dicereiectura *A*, De rectura *E*. ‖ eius *E*. ‖ ampligoni *E*, ampligonii *R*. ‖ 6. que*m *A*, quem *E*. ‖ perpendiculaueris *E*. ‖ cadit *R*. ‖ 7. s̄ q̄ maiore *A*, his quae maior est *E*, Sequitur maiorem *R*. *tum* hypotenusam sumes ex ea summa *R*. ‖ 8. deducis *A*. ‖ duas *E*. ‖ quos singulos in se multiplicatos copulabis summae. *R*. ‖ 9. sumuⁱs *A*, sumis *R*. ‖ 10. partior abasse *A*, fortiore base *E*, et partire ad basim *R*. ‖ electura *A*. ‖ perpendiculaueris *E*. ‖ 11. cadit *R*. ‖ 12. perpendiculare *A*, perpendicularis *E*. ‖ de *et* minore *om E*. ‖ 13. tollere eiectura *A*, tollere in adiectura *E* ‖ in se *om A*. ‖ multiplicata *AE*. ‖ 14. reliqui *R*. ‖ quod *ante* erit add *R*. ‖ 16. ortogonio *ER semper*. ‖ podimus *E*. *intellege hypotenusam*. ‖ 17. in uadum *E*. ‖ ducere *E*. ‖ chotetum *A*, catectum *semper E*. ‖ basi *E*.

AER   s. q. semper multiplico hypotenusam in se. fit p.
DCXXV. ad hanc summam adicies IIII embada, quae fa·
ciunt pedes DC. utrumque in unum. fiunt ped. ꝏCCXXV.
huius sumo latus, quod fit p. XXXV. deinde ut interstitio

5 duarum rectarum inueniatur, facies hypotenusae numerum
in se. fit p. DCXXV. hinc tollo IIII embada, et remanent
ped. XXV. huius . . . . fit· V. erit interstitio. quam

A 12 mitto ad duas iunctas, | id est ad XXXV. fiunt ped. XL.
huius sumo ·semper partem dimidiam. fit ped. XX. erit ba-

10 sis trigoni. si tollo de XX interstitionem, id est ped. V,
reliqui sunt ped. XV. erit cathetus eiusdem trigoni. (fig. 214.)

Si datum fuerit trigonum hortogonium, et dati fuerint cathetus et basis in se ped. XXIII, embadum huius trigoni ped. LX et hypotenusa ped. XVII, dicere cathetum et

15 basim separatim.

s. q. facio hypotenusae numerum in se. fit CCLXXXVIIII.

A 13 hinc tollo quattuor embada, quod fit CCXL. | reliquum
XLVIIII. huius semper sumo latus. fit VII. hoc semper
adicio ad duas iunctas, id est ad XXIII. fiunt pedes XXX.

---

1. s̄ q̄ *AR*, his quae *E semper*. ‖ hypotenusa *A*, hypotenosa *E*.
tum XVIII in se dcxxv. *R*. ‖ p. *om A*. ‖ 2. dcxx. *E*. ‖ summa *A*.
‖ adicio *ER*. ‖ quae faciunt *AR*, et fit *E*. ‖ 3. pedum *R*, p *E*. ‖
faciunt, *omisso* ped., *R*. ‖ 4. quae sunt *R*. ‖ p. *om AR*. ‖ 5. recturarum *E*, rectarum linearum *R*. ‖ inuiniatur *A*. ‖ faciam *R*. ‖ 6.
fiunt *R*. ‖ p. *om AR*. ‖ huic *R*. ‖ inuada *E*. ‖ et remanent *om AE*.
‖ 7. *adde* sumo latus. ‖ fit .v. *E*, fit *A*, quinta pars *R*. ‖ Quam
mitto ad *R*, *om AE*. ‖ 8. iunctas *om R*. ‖ ad *om E*. ‖ fiunt *A*, fit
E, et fient *R*. ‖ 9. dimidiam partem *R*. ‖ efit ped *A*, fit *E*, et fiunt
pedes *R*. ‖ 10. interstitione *A*, institutione *E*, intersectionem *R*. ‖
11. reliquos suprascriptos p. xv. *E*, *om R*. ‖ chatetus *A ut solet.* ‖
trigoni] *add* p xx. *E*. ‖ 12. ortogonum *R*. ‖ 13. catetus *A*, catecti
E. ‖ in se] *scribe* iunctae. *add* faciunt *R*. ‖ embadum ... 19. id est
ad xxiii *om E*. ‖ 14. hypotenosa *A*. ‖ catetu et base *A*. ‖ 16. Sequitur *R*. ‖ ypotenusae *A*. ‖ 17. Huic *R*. ‖ quod fit *A*, id est *R*. ‖ relinquuntur *R*. ‖ 18. fit *A*, id est *R*. ‖ 19. iuncturas *R*.

huius semper sumo dimidiam. fit xv. erit basis eiusdem *AER*
trigoni. de duabus iunctis, id est de xxiii, tollo ped. xv.
reliqui ped. viii. erit cathetus. (fig. 215.)

Si datum fuerit trigonum oxygonium, cuius tris numeri dati sint, minor latus eius ped. xiii, basis ped. xiiii, 5
maior latus ped. xv, dicere perpendicularem eiusdem oxygoni et praecisuras singulas.

s. q. semper facio xiii in se. fit CLXVIIII. | et xiiii *A* 14
in se. fit p. CXCVI. utrumque in unum. fit p. CCCLXV. ex
hac summa semper tollo xv, et in se. fit p. CCXXV. hoc 10
tollo de CCCLXV. reliquum p. CXL. huius semper sumo
partem dimidiam. fit LXX. hoc partior ad basem, id est
ad xiiii, et fit v. erit minor praecisura eiusdem oxygoni.
. . . . s. q. de hypotenusa minore, id
est de xiii, in se tollo minorem praecisuram [in se], id 15
est v, et in se. quod superest, latus erit perpendicularis.
(fig. 216.)

1. dimidium id est xv *R.* ‖ eius *E.* ‖ 2. de duas iunctas *AE.* ‖ de
xiii. *E.* ‖ tolle ped xv *AR*, tollo xv *E.* ‖ 3. reliqui sunt *R.* ‖ ped.
om *E.* ‖ *in fine add* minus latus eius *R.* ‖ 4. Si fuerit datum *R.* ‖
exigonium *R*, exagonum *E.* ‖ tres *ER.* ‖ numerus quartus *E.* ‖ 5. dati
sunt *R*, datus sit *E.* ‖ minor latus eius *om R. sed confer u.* 3. ‖
bases *A.* ‖ ped. om *R.* ‖ xiii. *E.* ‖ 6. maius *R*, minor *E.* ‖ diuere
A, ducere *E*, dicere debes *R.* ‖ eius *E.* ‖ oxigonii *R*, exagoni *E.* ‖
8. Sequitur *R.* ‖ semper *om AR.* ‖ xiiii. *E.* ‖ fiunt *R.* ‖ p. om *AR.* ‖
c :: viiii *duabus notis erasis A.* ‖ et xiiii *om E.* ‖ 9. fiunt *R.* ‖ p. om
AR. ‖ p. om *R.* ‖ 9. 10. et hanc summam *E.* ‖ 10. tolle *A.* ‖ et in se
multiplico fiunt *R.* ‖ p. om *AR.* ‖ 10. 11. hoc tolle de *A*, de hoc tollo
E. ‖ 11. relinquuntur *R.* ‖ p. clx. *E*, cxl *AR.* ‖ semper dimidiam
sumo partem. *E.* ‖ 12. fiunt *R*, om *E.* ‖ patior *E.* ‖ basim *R.* ‖ 13.
fiunt *R.* ‖ exigonii *R*, exagoni *E.* ‖ 14. *adde* perpendicularem si uolueris. ‖ s. q. de] his quae de *E*, Quod de *R*, quae *A.* ‖ hypotenosa
AE. ‖ min. *A.* ‖ 14. 15. id est *de A*, id est de xiiii. in se. tollo minorem praecisuram in se id est *E.* ‖ 15. xiii] xiiii *AER.* ‖ in se
utrobique om R. ‖ 16. v *AR*, xv *E.* ‖ in se *om R.* ‖ superest latus
AR, perpendiculatus *E.*

AER   D<small>ato</small> inpari numero trigonum hortogonium instituere.

A 15   datus numerus sit tres. s. q. datum numerum, id est III, in se. fit qIIII. hinc semper tollo assem. fit qII. huius tollo semper partem dimidiam. fit IIII. erit basis.

5 ad basem adicio assem. erit hypotenusa, pedum v. (fig. 217.)

    I<small>tem</small> a pari numero trigonum hortogonium instituere.

E 25   ut puta sit par | numerus q. semper huius sumo partem

R 20 | dimidiam. fit III. hoc in se. fit nouem. hinc semper

10 tollo unum, et fit VIII. · erit basis trigoni. (fig. 218.)

A 16   O<small>mnem</small> trigonum una ratione podismare, ut puta hortogonium oxygonium et ambligonium.

    s. q. cuiuslibet ex tribus triangulis tres numeros iungo in unum. id est hortogonium cuius numeri dantur, cha-

15 tetus ped. VI, basis ped. VIII, hypotenusa ped. x, hos tres numeros iungo in unum, et fiunt XXIIII. huius semper sumo dimidiam partem. fit XII. hoc sepono, et ex hoc numero, id est de XII, tollo singulos numeros. tollo VI: reliquum pono sub XII. item basim ped. VIII tollo de XII:

20 reliquum pono sub VI. hypotenusam ped. x tollo de XII:

---

1. inpari] pari *AR*, in parte *E*. ‖ trigono *E*, *omisso* hortogonium. ‖
2. dictus *E*. ‖ sint III *R*. ‖ datu numerum *E*, Datus numerus *R*. ‖
3. fiunt *R*. ‖ asse *A*. ‖ fit octo qII. *A*, fiunt octo *R*. ‖ 4. tollo *om A*, sumo *E*. · semper *om R*. ‖ partem] tem *pr A*. ‖ fiunt *R*. ‖ ad base *A*, ad basim *R*. ‖ 5. adicias *R*. ‖ assem *ER*, ad se *A*. ‖ ped v *A*, Erit *E*. ‖ 7. a *E*, *om AR*. ‖ 8. pars numeri *E*. ‖ senarius. huius *R*. ‖ 9. fit. III. III. hoc in se fit *A*, fit hoc ter inter se fit *E*, fiunt. III. tres in se. fiunt *R*. ‖ hinc … 10. VIII *om E*. ‖ 10. et fiunt *R*. ‖ VIII *R*, VIIII. *A*. ‖ regoni *A*. ‖ 11. podimare *E*. ‖ 12. ortogonium exagonium et ambigonium *E*, ortogonium et ambligonum *R*. ‖ 13. triangulis *AR*, angulis *E*. ‖ .III. *AR*. ‖ 14. in uno *E*. ‖ id est *om pr A*, ut puta *R*. ‖ ortogonii *R*. ‖ cathetus quidem *R*. ‖ 16. numerus *A*. ‖ in unum *om AR*. ‖ 17. dimidium *R*. ‖ partem *om AR*. ‖ fit *om R*. ‖ et *om E*. ‖ 18. tollo VI *om AR*. ‖ 19. sub XII … 20. reliquum pono *om E*. ‖ 20. hypotenusa *A*, hypotenosa *E*. ‖ de *om E*.

reliqui duo: pono sub quattuor. deinde multiplico VI per *AER*
IIII. fit XXIIII. hoc duco II, et fit XLVIII. hoc | duco *A* 17
per XII. fit DLXXVI. huius sumo latus, et fit XXIIII. erit
embadum. et cetera trigona eadem ratione podismabun-
tur. (fig. 219.) 5

Si datum fuerit trigonum [et] orthogonium, et dati
fuerint omnes numeri eius, a recto angulo missa super
ypotenusa perpendicularis et singulae praecisure deside-
rabuntur.

s. q. ut puta trigonum et orthogonium, et cathetus 10
sint p. ꟼIꟻ, uasis ped. X, ypotenusae ped. XII. semper
multiplico cathetum per uasem. fit XXV. effectum partior
ad hypotenusam. fit q. | erit perpendicularis. ut quera- *A* 18
mus singulas precisuras, ...

1. reliquum. II. *E*, relinquuntur. II. *R.* ‖ 2. fiunt *R. sic semper.* ‖
et *om AR.* ‖ 4. in uadum *E.* ‖ citera *A*, cae ra *E*, ceteri *R.* ‖
trigoni *R.* ‖ edem *A.* ‖ podimabuntur *E.* ‖ 6. et *om R.* ‖ 7. omnes
ꟼII numeri *A, sed deletis numerorum notis.* ‖ ad recto *A*, adirecto
R. ‖ 8. hypotenusam *R.* ‖ 9. singuli *A*, singulare *E.* ‖ 10. Seq. *R.* ‖
trigoni orthogonii cathetus *R.* ‖ et] an est? ‖ oregonium *pr A.* ‖ 11.
sint *AR*, est *E.* ‖ ꟼIꟻ *A*, VIIII *R*, VI *E.* ‖ basis *ER.* ‖ hypotenosa *E.* ‖
pedum XLI *R.* ‖ 12. per assem fit p LXXV. *E*, per basim fiunt LXXX *R.* ‖
effectum *om R.* ‖ partior *AR*, facio *E.* ‖ 13. ypotenusa *A*, hypotenosa *E.*
‖ 14. M̄. Iuni niPsi Lib̄. EXPLICIT INCIPIT APROFIDITI. FELICITER ET
BETRUBI RUFI ARCHITECTONIS *A*; *quae om ER: sed sequuntur
excerpta eadem in A usque ad p.*60, *cui subscriptum est*
EXP. LIB. APROFODITI. ET BETRUBI RUFI ARCHITECTONIS. INC.
IULI FRONTINI DE AGRORUM QUALITATE FILICITER, *et in E p.*
28,19-29,20. 30,3-15, *et in R usque ad p.*27,19. *horum particulam, quae est in A p.*55,6-57,1, *in R p.*27, *dedi in Coloniis
p.*245.

EX LIBRIS DOLABELLAE.

G 204

Omnis terminus ab oriente lympidum latus habet,
ab occidente roscidum latus habet. (fig. 223.)

Vertices agrorum qui sunt? si sunt in montibus la-
5 pides tantum modo, et non potest in eis fodiri et terminus figi: inductis quadratariis ut firmius esset quod
naturaliter dolantes in montibus ex monte terminum emi-
nentem monti constituerent, quam si cauarent et sic infi-
gerent lapides finales. ideoque uertices agrorum, quod
10 sicut uerticem in capite humano natura prestitit, sic et in
montibus mensores docti instituerunt ut essent uertices
agrorum qui in montibus lapides naturales sunt. (fig. 224.)

G 205

Omnis possessio quare Siluanum colit? quia primus
in terram lapidem finalem posuit. nam omnis possessio
15 tres Siluanos habet. unus dicitur domesticus, possessioni
consecratus. alter dicitur agrestis, pastoribus consecratus.
tertius dicitur orientalis, cui est in confinio lucus positus,
a quo inter duo pluresue fines oriuntur. ideoque inter
duo pluresue est et lucus finis. (fig. 225.)

20 Fines templares sic quaeri debent; ut si in quadrifinio est positus et quattuor possessionibus finem faciet.
quattuor aras quaeris, et aedes quattuor ingressus habet
ideo ut ad sacrificium quisquis per agrum suum intraret.
quod si desertum fuerit templum, aras sic quaeris. longe

---

1. limpidum *P*. ‖ 3. occidentem rospᶜidum *G*. ‖ 4. si sunt *om G*. ‖
lapideis *G*. ‖ 8. quam sic *G*. ‖ 9. quod] ut *G*. ‖ 11. ut essent] Hi
sunt *G*. ‖ 13. colet *G*. ‖ 17. cui] qui *G*. ‖ 19. finis *om G*. ‖ 22. aedes
factum ex aedis *G*. ‖ 23. ideoque ut *G*.

a templo quaeris pedibus xv, et inuenis uelut fundamenta *G*
aliqua. quod si inter tres, trea ingressa habet: inter duos
dua ingressa habet templum. (fig. 226.)

In agro oliuario sic quaeris quo dirigant fines. si
ordines oliuarum sibi in transuerso occurrerint, sic est 5
rigor finalis. si certi ordines sibi conuenerint, non est rigor finalis: nam hi duo rigores ebetes sunt appellati,
quia sine lapidibus sunt. ideoque non potest ager oliua-
rius demetiri, nisi sic ut ad ordinem disconuenientem ad-
tendas: et sic recolligis quo finis inter possessiones de- 10
metiatur aut qua exitum habeat. (fig. 227.)

Fines sepulturarios siue cineratios sic intellegis, quo
uadunt rigores inter possessiones, iuxta sepulturam siue
buxus siue etiam cineates aut cacabos inuenis aut orcas
fractas aut certe | integras. ut inuenias si finalis est se- *G 207*
pultura, quaeris longe ab ea pedes quinque aut aratro 16
terram agis: et si inueneris ea signa, finalis est sepultura.
si enim non inueneris, transi in alio latere: et sic per rigorem uicinarum possessionum in rigorem uenies de quibus possessionibus intentio uertitur: et sic ueritas agnos- 20
citur. (fig. 228.)

Quare per aedes publicas in ingressus antiqui fecerunt crucem, ANTICA, et POSTICA? quia aruspices secundum
aruspicium in duabus partibus orbem terrarum diuiserunt;
una parte ab oriente in occidentem, alia a meridiano in 25

6. rigor pinualis *p.* 254,1. ‖ 8. sine capitibus *puto.* ‖ ideoque] ho-
dieq. et *G.* ‖ 10. et sic te colligis *G.* ‖ *aptius* derigatur, *nisi fallor.*
                                                                        .iue
‖ 11. quo *G.* ‖ 13. uadant *G.* ‖ siue] sunt *GP.* ‖ 14. siue] sunt *G,*
sunt *P.* ‖ *scribendum* cinus aut testas aut cacabos. ‖ 18. enim]
potius ea. ‖ 20. contentio *Rudorffius.* ‖ 22. in ingressos *G.* ‖ 23.
secundum] sed *G*: *infra recte* scd. ‖ 25. unam partem *G.*

G septentrionem. ideoque si qui imperatorum aut consulum
    pugnantes terras adquisierunt nomini Romano et partiti
    sunt ueteranis aut militibus Romanis, et pro uoto suo dis
    templum aedificauerunt, ut sciretur a posteris quia adqui-
5 sierant terras nomini Romano, secundum aruspicium sig-
    num fecerunt in aedes deorum suorum, ut scriberent AN-
    TICA et POSTICA. (fig. 229.)

     1. siquis *G.* ‖ 4. adquisierat *G.*

EX LIBRIS LATINI DE TERMI-
NIBVS.

Terminus si caput de aquila factum habuerit, (fig.
230) montem transcisum transit, et usque in oliuastellum
mittit. si tres oleastri fuerint, trifinium faciunt.   5

Terminus si transpertusus fuerit, (fig. 231) cisternam
significat, alueum transit, et usque in aqua uiua mittit,
et ipsa aqua uiua in arca trifinii est.

Terminus si subcumbus positus fuerit, (fig. 232) limitem ostendit. quidam maxime per conuallia pergunt. 10
si autem in plano subcumbus positus fuerit, ubi uallis
non sit, in proximo ante se claudet finem.

Terminus si in quadrum dolatus fuerit (fig. 233) et
in latere punctum habuerit, fontem significat. si uero super se cauum habuerit, puteum finalem significat.   15

Terminus si a sursum usque deorsum scissuram habuerit, (fig. 234) fluuium aut certe riuum significat.

Terminus si super se plumbum habuerit, (fig. 235)
stagnum significat aut cisternam.

Terminus si subcauus fuerit, (fig. 236) lauacrum sig- 20
nificat.

Terminus si bifurcus fuerit, (fig. 237) samardacus dicitur, trifinium facit.

Terminus si rotundus fuerit et breuis, et de una
parte in latus punctum habuerit, (fig. 238) in fontem quat- 25
tuorangulatilem descendet.

13. in om *GP*.

G　　Terminus si ecce talem (fig. 239) lignum habuerit subtus uel supra, arborem peregrinam significat, qui in eo loco ex studio in fine posita est.

G 210　　Arbor si plumbum habuerit (fig. 240) idem sicut ter-
5 minus, aut stagnum aut fluuium maiorem aut fontem significat.

Termini autem omnes nec uno modo nec uno tenore sunt constituti, in trifinium aut quadrifinium, et sagrabam quam appellant adluuionem. etiam monticelli sunt in fini-
10 bus constituti. (fig. 241.) alioquin qui nesciunt quid est in lectionibus, negant esse in finibus constitutos autem in tempore quando milites occidebantur in bello publico: alibi quam maxime non ponebantur, nisi circa fines et in centuriis: et quantos milites ponebant, tantos lapides defigebant. ideoque
15 scringis et allabiuibus et centuriis signa proponebantur. Quoniam terminus si in tres acies constitutus fuerit, tres lineas auctoris ostendit; si in quattuor acies, quadrifinium facit. (fig. 242.)

GENERA LAPIDVM FINALIVM.

20 Lapis fluuialis cromatica uocatur. lapis Tiburtinus caesalis dicitur. terminus coctus testatius ullageris dicitur. lapis alua silicinea, si peralua fuerit, Galliensis nuncupatur: si mixta uena habuerit, ignifera nomen habet. nam in aliquibus locis terminos non dolitos posuimus, et
25 nihil illis subter addidimus. terminus si uenas mixtas habuerit, ficto aciem dicitur, aspratilis autem qui uelut signinum coagulatus lapis naturalis fuerit. terminus si supe-
G 211 rius | politus fuerit et inferius subulis inpolitus; monumentalis est, non habet fidem finitionis.

.

---

11. *legendum* constitutos. constituebantur autem. ‖ intempr̄ *G.* ‖ 12. quam *P*, qui *G.* ‖ 28. *Agrorum quae sit inspectio p.* 281,20.

GAIVS AVCTOR V. P. G

Nam et naturales lapides cecidimus et in finem constituimus. in orientales partes autem omnes palos de ilice picitos ·posuimus: in terminatione uerum quam maxime sub terra ipsos palos percooperuimus, et signatim, ut in- 5 ueniantur pali ipsi, stellam consecrauimus. (fig. 243.) et ipsa stella iunior nomine uocatur. terminus autem si una acie reproba habuerit, hoc est non aequalem aciem, ipsum quoque reprobum reputamus. (fig. 244.) id autem ponitur aliquando in trifinium. in quadrifinium autem reprobus 10 non ponitur, nisi solidus lapis. et quattuor lapides in quadrifinium constituimus. (fig. 245.) si extra quattuor lapides fuerit, epetecticales obseruentur.

AVCTOR VITALIS.

Terminus si fuerit quinque pedes intra limitem, aliis 15 quinque pedibus in caput limitis terminum inuenies.

Terminus si in medium limitem constitutus fuerit et unam partem subcauam habuerit, tres monticellos transit, et in tertium monticellum arcam circa lauacrum significat, . . et ipsa arca in quadrifinium constituta est. 20

FAVSTVS ET VALERIVS VV. PP. AVCTORES.

Per Gallias et per Africam.

Dum per Africam assignaremus, circa Chartaginem in aliquibus locis terminos rariores constituimus, ut inter se 25

---

2. conf. p. 346,7. ‖ caecidimus P. ‖ 6. conf. p. 346,9. ‖ 7. ipsa P, ipsi G. ‖ 8-10. conf. p. 354,13.

G habeant pedes ℼcccc. in limitibus uero, ubi rariores terminos constituimus, monticellos plantauimus de terra, quos
botontinos appellauimus. et intra ipsis carbones et cinus
G₂₁₂ et testa tusa | cooperuimus. trifinium quam maxime quando
5 constituimus cum signis, id est cinus aut carbones et
calce ibidem construximus, et super duximus, et super
toxam monticellum constituimus. in Chartagine et in prouintia ss. quam maxime oliuastellum et cotoneum (fig.
246.) et sabucum in finem constituimus, et circa sabucum
10 monticellos constituimus, sicut superius scripsimus, cum
signis et sigillis quam maxime. fines ut sint breues in prouintiis et per montibus saxuosis limites de lapides constituimus. et in aliquibus locis murum de lapides fecimus
constringere, ex calce et harena fundamenta quam maxime.
15 in alios fines nibil posuimus, sed ex opere fossas fecimus
mitti in alto. alios fines, quos sursum monte direximus,
in xⅡ pedes latitiam constituimus propter ripae ruinam.
circa urbem Babylonis Romae maritimum fiet et Gallicum.
iubeo te ius iurandum prestare, si cotoneum malum inue-
20 neris, quia trifinium erit. si oliuastellum fuerit in medium,
unum terminum demonstrat. laguinas tres quadrifinium
faciunt. in conuallia loca aqua demonstrat. (fig. 247.) terminus si tres petras circa se habuerit fixas, trifinium
facit.

G₂₁₃ Terminus in modum arcellae cauatus Claudianus di-
26 citur. breuis est. et si tres fuerint, trifinium faciunt. (fig.
248.)

4. quemaxime *G*. ‖ 8. quæmaxime *G*. ‖ ⊦4. quemaxime *G*. ‖ 18. *conf. infra p.*178 *G*.

Terminus siue petra naturalis si branca lupi habuerit facta, (fig. 249.) arborem peregrinam significat.

Terminus siue petra naturalis si branca ursi habuerit, (fig. 250.) lucum significat.   5

Terminus siue petra naturalis si ungulam pecoris bifurcam habuerit, (fig. 251.) de sub saxo egredientem aquam significat.

Terminus siue petra naturalis si caput uituli sculptum habuerit, (fig. 252.) de duobus montibus aquas egre- 10 dientes significat, per quas lineae confinales descendunt: super se autem sacra paganorum ostendit in trifinio.

Terminus si aspratilis fuerit et mixta piperacia loca habuerit, (fig. 253.) sine dubio in trifinio constat: paralleloneum uocamus. constat eum habere legum initia con- 15 sulta: pedatura eius fit pedes CCCCLX.

CCL	CCCL	CCCCL	DL	DC	DCC	DCCC	DCCCC	*G 215*
A	B	C	D	E	F	G	H	
∞	∞L	$\overline{II}$D	$\overline{III}$D	∞	∞D	∞ cc	∞ ccc	
I	K	L	M	N	O	P	Q	20
∞ cccc	∞D	∞D	∞DC	∞DCC	∞DCCC	∞DCCCC		
R	S	T	V	X	Y	Z		

Has litteras si inueneris in terminibus scriptas, singillatim, uel binas, quantum compotum habuerit, tantum quaeris ab eo in aliud signum.   25

Terminus si ungulam equi sculptam habuerit, terminum cursorium significat, et usque in fontem mittit, et ipse fons trifinium facit.

6. 9. si *om G*. ‖ 13. piperacia *P*, piperatia *G*. ‖ 17. CCL *P*, CC *G*. ‖ CCCL *P*, CCC *G*. ‖ CCCL *P*, CCCC *G*. ‖ DL *P*, DC *G*. ‖ DCCC *P*, DCC *G*. ‖ DCCCC *P*, DCCC *G*. ‖ 19. ∞L *P*, ∞C *G*. ‖ 21. ∞D (*supra* r) *P*, ∞DC *G*. ‖ 26-28. *habet omissa figura P, om G*.

EX LIBRO XII.

INNOCENTIVS V. P. AVCTOR DE LITTERIS ET NOTIS IVRIS EXPONENDIS.

Casa per A nomen habens fines quam maxime paruos habet, si in monte fuerit. uerum si in planis locis posita fuerit, sub se fines spatiosos habet. super se proximos fines habet, sub se alueum qui currens fines eius demonstrat. et per pedes GAG p. CCCC in omnes circumdantes per pedes CCCCL, sicut superius diximus. casa si in plano fuerit, fines sub se, secundum quod in campo dixi. super se autem paruos fines habet. et haec ipsa loca macriora sunt. ab orientali parte aquam uiuam significat. a sextanea parte riuum significat. in fine suo monticellos habet, et ad pedem montis superius arca constituta, quae est in quadrifinio. MA grandes lapides in fine constituti sunt. tales signa in finibus habet casa quae per istam litteram nomen habuerit.

Casa nomen per B habens finès grandes habet, de latus se montem. casa si in plano loco posita fuerit, de una parte limes proximum casa uenit. prope se aquam habet. contra sextaneam partem maxime alueum in fine significat. si in montanis fuerit, | talia signa inuenies. si autem in planis locis fuerit, fines toti quam maxime in una parte ei subiacent; per longitudinem limitis pedum CCLII orientalis, qui ueniens inaequalibus lineis coheret. septentrio autem per pedes CL descendit. meridianus uero similis septentrioni. et ipse septentrio proximum casa. quaere si semper normaturam suam consequitur sic ut

---

3. et *om* P. ‖ 8. GAG p. CCCC P. ‖ 10. inplan*um* P. ‖ 12. ab orientalem part*em* P. ‖ 13. fin*em* su*um* P. ‖ 15. in quadrifin*ium* P. ‖ infin*em* P. ‖ 20. una*m* part*em* P. ‖ 21. in fin*em* P.

per signa istius litterae inueniantur. ita capitulum ad no- p
tas iuris reuertatur. si super se montem habuerit, limitem eius per pedes CCL consequeris. et a sinistra parte
terminos quam maxime significat. casa in arce constituta
talia signa habet. si autem in campis fuerit, limes eius 5
a sextanea parte proximus uenit. super se autem fines angustiores. de sinistra parte finium limites in uno loco
conueniunt.

Casa per c nomen habens fines ante se habet, orientalem quam maxime proximum uenientem in alteros uici- 10
nos fines. fontem habens, circa casa fines maiores, sub
se alueum, et trans alueum transit fines eius, et de latus
se in fine proxima aquam habens. casa in sinistris Flaminiae indicat terminos. trans alueum transit, sicut supra
diximus. per diuisis limitibus uias multas transit. limes 15
eius per pedes ∞CC transit et lauacrum significat, in quem
collis recturam sequeris lineae descendentis per pedes CCL,
et usque in ualle, ubi est aqua uiua in trifinio in ter-
mino | constituta. sub se Flaminia. de latus se montem. P m⁴
super se lacum in trifinio. de latus se uineam. a sexta- 20
nea alueum et fontem, quem in alia fine habet. medius
fons ad ipsam adpertinet. fines quam maxime grandes
habens. de uno latere. finem habet proximum, sicut superius diximus.

Casa per D nomen habens fines super se habet. ma- 25
xime de super se mittit usque in uallem alueum. habens
sub se planum, de latus se monticellos, arcam in quadrifinio constitutam, quae mittit usque in lauacrum, quod
est circa uiam, fontem. de latus casa habet campum, habens sub campo alueum. uia quae mittit de trans al- 30
ueum, transit illa limitem eius. de latus se pratum, uer-

13. finem proximam P. ‖ 18. terminum P. ‖ 20. trifinium P. ‖ 21.
in aliam finem P.

P sus casa uineam positam. proximum uineam casalem habens, quae praemit finem eius. casalis ipse in limite positus uersis finibus casa hoc habens de lateris ipsius finem
grandem habens, sub se autem finem proximum coheren-
5 tem. finis casalis riuo descendens super se alueum transit. trans alueum aqua uiua in quadrifinio constitutam. et
super aquam uiuam, si in monte fuerit, super ipsum montem, quadrifinalis arca constituta est circa uiam. sub se
autem campicellum habens superiorem recturam colli.
10 nam limitem eius per pedes CCL duco latus eius id est
medietatem fiunt pedes ꝏCCL, sicut notis iuris exposi-
tum est.

　　Casa per E nomen habens alueum sub se quam ma-
P 53ª xime significat. de | latus alueum transit. retransit et li-
15 mitem sextaneum ante se. sub se finem maiorem habet,
de latus se proximam arcam constitutam in quadrifinio.
et ipsa arca alueum significat. sub se uallem, quae campicellum est. super se montem qui explaius est. de latus se aquam proximam habens, sub se collem, et per
20 ipsum collem uia uenit et retransit limitem, et descendit
ipsa uia et uenit ad ipsam casam. itaque haec signa inueniri oportet.

　　Casa per F nomen habens fines ante se habet grandes. casa in monte est posita, habens sub se uallem,
25 super se montem. de latus se alueum significat. si in
campo fuerit casa de littera supra scripta, fines maiores
habet. proximum casa uenit fines quam maxime in longum habens, in latitia breuiores. et ipsos fines alueus
transit. limitem autem sextaneum proximum habet. signa
30 requirenda oportet. si sic fuerit fundus constitutus, sub

---

2. in limit*em* *P*. ‖ 16. quadrifin*ium* *P*. ‖ 24. in mont*em* *P*. ‖ 26.
supra scripta] s̄s̄ *P*, *semper*. ‖ 26. maio habet *P*. ‖ 28. latiti*am* *P*.

se campum habet extensum, fines grandes significat. si *P*
in monte fuerit constitutus, excogimus finem habere contra duas paginas fundorum. et signa supra scripta conueniunt excogimus obseruare.

Casa per G nomen habens fines tortas habet. casa 5
si in monte fuerit, latus se fontem proximum geret, sub
se uallem et alueum, et trans alueum uia, sub uia aqua
uiua, terminos decursorios, super se montem. arca trifinii in arcem posita trans alueum significat in trifinio positam. si in campo fuerit, limites quam maxime requiren- 10
dos | oportet secundum constitutionem quam constituerunt *P₁₃*
auctores. de aliis partibus limitem proximum coherentem,
super se arcam in monte constitutam. ergo rariores terminos habet casa supra scripta. talia signa inuenies
P O L I H. 15

Casa per H nomen habens montem, post montem casa.
M K V. montem super alueum. si in monte casa fuerit, fines quam maxime largiores habet, sub se autem uallem.
latus se per singula singulas habet lineas. sinistra parte
uinea posita. si ab orientales partes fines fortiores ha- 20
buerit, a sextanea parte limitem proximum habet. mons
ipse sub se alueum habet a sextaneo. si in planis locis
casa fuerit, maxime ab orientis parte limes proximus uenit. sub se fines spatiosos habet. de latus se aquam uiuam usque in ipsos fines eius pertingunt. 25

Casa per I nomen habens fines grandes habet, sed
in longum, si sextaneo pedes ∞ ∞cccc. si in campestribus
locis finem habuerit, in latitia pedes CLXII ad aream exa-
minis, hoc est ex legibus constitutam. et si fines per montem habuerit, maiores et graciliores habet. de sinistra parte 30
terminus. proximum casa uenit limes eius sub ea per

6. 13. in montem *P*. ‖ 28. latitiam *P*.

P pedes CCL, superius contra se usque in triuium pedes ∞ ∞.
si super se montes fuerint, permissa linea rectis collibus
oportet quaeri secundum artificium agri mensurae.

Casa per K nomen habens. casa in latere montis
5 posita est. ante se finem habet, sub se uallem, super se
*P*₅₄ᵃ montem, de latus | se alueum. et in ualle duas aquas
uiuas habet, de sub se campum extensum, sub campo alueum. et ipse alueus finem facit, quoniam prolixiorem
lineam ex coherentibus signis habet. sub se duos alueos
10 habet, super se duos montes. inter montem et montem
duae congeriae lapidum in fine constitutae. super se uero
collinam extensam. sub se alueum, et proximum se pen-
tagonum habet, in sinistris pratum. per collinam autem
uia excurrit usque in trigonium constitutum, quae de la-
15 tere definit per singulos terminos. si alueum super se
habuerit, finem transit eiusdem casae. si montem de super se habuerit, arcam in latere montis habet, circa aquam
uiuam.

Casa per L nomen habens sub se finem proximum
20 et de secus aqua significans. de latus alueum transit limes sextaneus, super se fines proximos in uno loco, in
monte arcam constitutam habet examine. deinceps arca
descendens per duas ualles in unam lineam pergens per
duo genera montium. ad singulos assignauimus limitem
25 per pedes CCCCLV, sicut in notis iuris requirendum est.

Casa per M nomen habens de sinistra et dextra quam
maxime aqua significat, fines grandes habet. casa in media fine posita super se interdum modicum proximiorem
finem habens. fines in quadro habens. limes maritimus
30 Gallicum intercidet. ideo plerumque casa aquam in curte
*P*₅₄ᵇ habet, aliquotiens super | se fines extensos. sub se au-

tem proximiorem de latus se montem habens. super al- P
ueum arcam constitutam in trifinio. arca perget ped. XCIIII
et usque in alium per ped. LXXX. per pligorias lineas
oportet computare.

Casa per N nomen habens de sinistra parte fines par- 5
uos habet. casa si in campo posita fuerit, super se fines
modicos habet, ante se alueum currentem. limes eius in
longum fit pedes CCCL. et hoc in alio casale impinget,
partiens miliarium in sinistra. cui mitto casalibus accepta
mensuris ad singulos: fit pedes IIII. si super se planum 10
habuerit, liberi fundi computatio supra scripta obseruetur.

Casa per O nomen habens interdum in monte posita
est. et si in monte fuerit in quo campus est, fines rotundos habet et cultos. per mediam finem aquam signi- 15
ficat, sub se cannucias et res palestres habet, et foris
aquiuergia. arca in monticello constituta, cuius casalis
alio casali coniungit. ideo haec arca in trifinio sita est.
si in monte casa constituta fuerit, limitem proximum se
habet, super se triuium et uias uenientes. super se tri- 20
uium et terminos habet. pedatura autem eius in pedes
IICCCLIIII.

Casa per P nomen habens fines ante se habet, de
latus se limitem ab orientali proximum casa uenientem.
multa casalia fundum constituent. limes eius orientalis 25
post casa ueniens proximam aquam habet. super aqua
memoria | in arca, et ipsa arca de latus sinistrum alias P₁₅.
fontanas sub se habens, super se montem, de latus montem, in triuio tres botontinos. in sinistra parte arca constituta in trifinio inter arcam et casam et casales. ideo 30
multa casalia fundum constituent. de latus se fines gran-

2. in trifinium P. ‖ 19. in montem P. ‖ 24. orientalem P.

G des habens, super se fines maiores, sub se autem fines
latiores, in longitia breuiores. de latus se limitem proximum coherentem. ducere latus ad singulos quadrifinales
per lineas: fiunt pedes IICCCL.

5   Casa per Q nomen habens in plano posita est, fines
post se habens multos, et aquas multas. aliquas uias
transit limes eius de sinistra parte. in alio fine super se
montem habens, subtus Flaminia transiens, et sub Flaminea
posita uinea, et subtus uinea alueum. infra uinea memo-
10 riae sunt. supra se arcam habens. sub se campos extensos habet. uidendum qualia loca. si fossae fuerint,
terminos rariores constituimus.

     Casa per R nomen habens fines ante se habet gran-
des, sub se campum et alueum currens subtus Flaminiam,
15 alueum trans pratum, super Flaminia nuces, super se montes et descendentes in alueo unde petent aquam, et de sub
riuo latus riuum limitem transit, qui uenit super sextaneum. si super se montem habuerit, tales fines requiren-
dae sunt. si autem in planis, ad notas iuris requirendum
20 est. si in campestribus fuerit, talia signa requiris. fines
P ₅₅ᵇ sub se habentem, super se Flaminiam, | et de latus se a
meridiano uenientem aliam, in quadruuio munumentum,
fines de casa supra scripta. quam maxime si in locis
planis fuerit, rectis lineis continentur, sicut auctores ex-
25 posuerunt.

     Casa per S nomen habens fines grandes habet. super
se aquam uiuam significat. super se montem habet. casa
in umectis locis fines habet, et septentrionalem limitem
proximum habet. ab orientali parte riuum significat, su-
30 per riuum currentem transit, super se fines grandes habet
sub se alios casales, et in monte aluarium EV, super se

---

19. planis *in litura P.* || 29. ab orientalem partem *P.* || 31 *et p.*
317,10. in montem *P.*

montem. inter montem et montem alueus descendit. su- **P**
per se planum habet, de latus se uallem habet. ab orientali parte limes in proximum concidet. a sexta hora aquam
uiuam habet, et ipsa aqua uiua in trigonium constituta
est. in monte autem quem supra se habet, sacra pagano- **5**
rum in ipsa o constituta sunt. et in his sicut in signis
deputauimus. si in montibus fuerit, talia signa, si uero in
campestribus, limites requirendos oportet.

Casa per т nomen habens plerumque super se fines
paruos habet, habens super se montem, et in monte ar- **10**
cam, sub se autem fines spatiosos. mittit ad alueum aquam
uiuam usque in trifinium constitutam. super limites orientales proximum uenientes terminos rariores constituimus.
sicut auctores constituerunt, sine dubio obseruetur.

Casa per v nomen habens fines grandes habet. su- **P 56ª**
per se montem habet, montem qui planus est, et casa
plana loca possidet. sinistra parte montem super alueum
habet, tribus alueis descendens, de sinistra parte lapides
grandes quae in alueo exduas serras habens cauas. de
una caua sacra paganorum. super se autem quam maxime **20**
fines fortiores. et a sexta hora et ab oriente finis in proximum ueniens, sub se aquam uiuam habens. omnia ita
obseruentur.

Casa per x nomen habens fines in longum habet et
spatiosos in campo positos, non per omnes fines campum, **25**
super se montem habens, et alueum de latus se quattuor
aluea habens. super alueum alius riuus currit. de sinistra
parte fines paruos habet. ab occidente autem quam maxime fines fortiores habet. si in campestribus fundus constitutus fuerit, limites oportet requiri. si in montanis lo- **30**
cis, terminos excogimus requirendos, quoniam scio et ipsos terminos per pedes trecentenos denos inuenies, quos
in alueum coniungis. arca super ripa aluei constituta est

P in quadrifinio. ideoque super se montem aliquos fundos
habere constat. qui fines strictiores habent, a duodecima
parte limes maximus constitutus. sinistra parte alueum
significat.

5   Casa per Y nomen habens fines grandes habet, sub
se montem habens, super se planum habet, de latus se
in sinistris fontem. de latere eodem mutabilis locus. casa
P ₆₆ᵇ in | suis ceteris constituta superius. quae proximum casa
uenientes duas aquas siue duos alueos habens, de latus
10 se fines maiores, sub se autem finem gracilem habet, latus se proximum fontem, sub se uero pratum, de sinistra
parte uineas, super se montem, de latus se montem,
inter montem et montem uiam, sub uia flumicellum, et
trans flumicellum aquam uiuam. tales fines habet.

15   Casa per Z nomen habens fines paruos habet secundum auctoritatem nominis sui. limes orientalis proxime
concidens de sinistris partibus proximum fontem habet.
si limiti proximo canales impinget, orizontes diuident ∞:
ueniet computatio limitis.

P ₅₇ᵃ   Casa per A alfa nomen habens fines paruos habet,
21 super se montem, sub se campum extensum, ab orientali
parte alueum, a sextanea parte fines proximos habens, a
meridiano fines extensos. contra austrum uero fines spatiosos ordinauimus. contra aquilonem fines fortiores in-
25 uenies. in uentum uero qui occidaneus imputatur, semper fines curtiores habet. super se montem, de latus se
uallem, et in ualle duas aquas uiuas in finibus suis habens. sub ualle arca constituta in trifinio, de latus se
aquam uiuam habens, quae in confinio est. et ipsa aqua
30 uiua terminus est. super se montis iugum, et in ipsum

1. in quadrifinium *P*. ‖ 3. constitus *P*. ‖ 13. sub uiam *P*. ‖ 18. ori-
zontes] definitores *margo P*. ‖ 20. *ante haec alphabetum Grae-
cum P*. ‖ 28. in trifinium *P*.

iugum Flaminia excurrit, et super uiam terminus, hoc est *p*
petra aspratilis. tales fines habet littera supra scripta.

Casa per B beta nomen habens fines grandes et spatiosos, sub se campum, de latus se alueum, et in monticello arca constituta in quadrifinio. sub se, hoc est ad 5
occasum, fines proximos habens, ab orientali parte fines
extensos, ab aquilone fines spatiosos, et limes gammatus
currit, hoc est tortuosus. a sextanea parte aut casa aut
casale, qui est finis istius casae, eum praemit, et quoniam
sub alueo arca constituta est PLM ped. C. de ripa aluei 10
in proximo de una parte fines proximiores habens, in sinistra parte pratum, de latus casa uineam. casa uero
aquam in proximo habet. de una parte fines curtiores
habet. | quam plurimum terminos significat aut fossis aut *p₅₇ᵇ*
rigoribus. tales fines habet. 15

Casa per Γ gamma nomen habens fines ante se habet paruos. post se, hoc est a sextanea parte, fines fortiores habet. a meridiano fines extensos habet, super se
uero montem. collis rigorem sequeris, et per collem in
labacrum. circa labacrum arca constituta. itaque quadri- 20
finium. a sinistra parte, que sextanea, aquam uiuam requiris, quoniam super alueum habet, et trans alueum fines
eiusdem transeunt amplius manuum passus mille rectum
alueum finis excurrit. latitia finium pedes CL. arca constituta super se, hoc est ab oriente, fines fortiores habet, 25
pratum sub se, sub prato fontem, et sub fonte aquam
quae in alueum mittit, et ipsa finem facit. de una parte
casalem qui in silua ad finem eius pertinet. et ipse casalis fines graciles habet, et in ipsa casa est casalis ipse.

Casa per Δ delta nomen habens fines grandes habet. 30
orientalis finis in proximum uenit, et a sextanea parte

---

4. in monticell*um* P. ‖ 5. in quadrifini*um* P. ‖ 6. ab orientale*m*
parte*m* P. ‖ 10. sub alue*um* P. ‖ 21. parte qu*ae* P. ‖ 26. sub pra-
t*um* P. ‖ sub fonte*m* P.

P finis in proximum uenit. a meridiano uero fines extensos
habet. alueum circa se habet, et trans alueum casa in
monte habens, et super montem memoria in arca, et super arcam aqua niua, et super aqua uiua terminum in
5 trifinium, id est lapidem Tiuurtinum. quoniam ipse inspectis diligenter finit, in cura constituimus. de latus se fines
P 55ᵃ grandes habet, sub se uineam, et sub uinea | pratum, et
trans alueum montem, et super montem arca constituta
in trifinio, quae descendit circa uallem, et in ualle aqua
10 uiua, et ipsa aqua uiua trifinium facit, et sub aqua uiua
terminus cursorius positus mittit in proximum casalem.

Casa per ᴇ nomen habens fines bonos habet. post
se finem nihil habet, ante se fines subiacentes, hoc est
ab oriente. a sextanea parte finem proximum habet. sub
15 se alueus currit. montem habet, et in ipso monte aqua
uiua est. et sub aqua uiua terminum in trifinium significat. et deinceps ante se finem et campum habet, et per
medium campum limes excurrit. sub se finem proximum,
ante se fines subiacentes per conuallia. sub se casa Fla-
20 miniam habet finem facientem. tales fines habet.

Casa per ᴢ zeta nomen habens fines grandes atque
compactiles, fines spatiosos non habet, sub se campum,
super se montem. inter montem et campum alueus est,
qui alueus finem facit. in sinistra parte pratum, et sub
25 prato Flaminia, quae uia obseruat omnes fines aspratiles ꜰᴅ
habens, de una parte finem proximum habens. quam partem aquilonis et ipsum orientem interpretemur, quoniam
finem proximum habet. super se autem iugalis finis excurrit, et ipse finis sub se aquam uiuam significat. et
30 ipsa aqua uiua omni tempore non decurrit. de una parte
P 55ᵇ sacra paganorum sunt. et ita mittimus secundum | fundi

---

fundus
9. in trifinium *P.* ‖ 25. pratum *P.* ‖ 25. ꜰ. d. *P.*

litteram normam ιι terminos requirendos de littera ca- *P*
sae supra scriptae.

Casa per н heta nomen habens fines in longum habet. quattuor limites fundum continent. casa in campo
posita est, et per medium campum alueus est finem sub- 5
ter flaminia faciens, et ipse alueus de fonte descendit.
de sinistra parte fines fortiores habet. sinistra, que sextaneum obseruatur ab aquilone, fines curtiores habet,
quod expectant orientales. in rationem quam maxime col-
lectacula aquae ostendens super se montem. inter mon- 10
tem et montem limes excurrit. de fonte excurrit limes
eius qui mittit usque in puteum et melum cotoneum. non
quia puteus obseruandus est, sed alia ratione. sub se in
campo limes excurrit extremis in longitia alienum est, uallis uero de fundo supra scripto est. etiam montem in 15
medio usque in iugalem corrigiam permittit. super caua,
in qua arca constituta est, de latus uia, inde descendit
limes qui finem facit de fundo supra scripto.

Casa per ɵ theta nomen habens fines grandes habet,
super se montem, sub se montem. inter montem et mon- 20
tem alueus currit, et trans alueum campus extensus, et
super ipsum campum aqua. et terminus constitutus est
iu trifinio, qui habet decus et plumbum et quaternarios
et calce, quoniam micidiores, hoc est minores, inuenies
stantes quotquot fines ostendunt. super se autem fines 25
curtiores habet, hoc est ab oriente. a sextanea fines ex- *P* 59ᵃ
tensos itineri montium, hoc est paziis et irsis generis rationibus cognoscendum exponimus. subter se autem casales multos inuenies, et in lateribus montium limitem ex-
currere, ex arte et opus factoris duo montes fundo cohe- 30
rentes. terminus plumbatus qui in uia est, huius linea

7. sinistra quae *P*.

P excurrit per latus montium. et alter cui acutum cyprinum
subter inuenies expectantem montem ostendere.

    Casa per ɪ iota nomen habens fines in longum ha-
bet, in latitia breuis, super se montem, sub se campum.
5 sub campo alueus currit, et circa alueum pratus, et trans
pratum aqua uiua, quae in finem constat et finem facit.
de latus se uero casa finem proximum habens, qui latus
orientalis interpretatur. istius litterae casa semper finem
in longum habet, in latitia breuiores.

10   Casa per ᴋ cappa nomen habens. ab orientali parte
finis proximus uenit. super se montem, et de monte descendit alueus, qui excurrit per finem de fundo supra
scripto. super se autem uallem, et in ipsa ualle aqua
uiua. circa flaminia et duas ualles. inter uallem et ual-
15 lem monticellus descendit, et de latere huius monticelli
alueus et qui finem facit. inter casa et casales et in ipsis locis aspratiles ponuntur. haec littera fines grandes
significat.

    Casa per ᴧ lauda nomen habens fines grandes habet,
P 59ᵇ super se montem, de latus se | alueum proximum. casa
21 uenientem limitem orientalem concidet, sub se et in longitudinem et in latitudinem finem habens grandem, super
se nihil. terminos quam maxime requirendos oportet. in
latitia autem pedes īīxcɪɪɪɪ, et in longitudinem idem, sicut
25 auctores exposuerunt.

    Casa per ᴍ mi nomen habens super se uallem, sub
se montem, de latus se autem alueum, contra sextaneam
autem partem fines angustos significat. in supra scripta
autem ualle aquam uiuam habet, et eidem adpertinet, quo-
30 niam quam maxime fontium sublata stella per finem aqua
currit uiolentius. super eadem terminum constituimus, qui

---

5. sub camp*um* alueus *P.* ‖ pratu*m P.* ‖ 10. ab orienta*lem* parte*m P.* ‖ 19. lauta, t *in rasura, P.*

est in trifinio, discendente linea usque quo sanctio uidetur. *P*
in planis locis exquirendam rationem terminis aliis sub-
terioribus. in sinistra arbores de latus se, hoc est ab
aquilone, a dextra solis surgentis quo cursus obseruat
fines ampliores et casale. inuenies de latus se redeuntem 5
gammatum limitem. hoc est tortuosum interpretamur.

Casa per ℵ ni nomen habens fines non semper grandes habens, super se montem, sub se campum, de latus
se alueum, uiam ab oriente. et ipsa finem facit. a meridiano fines extensos habet. de una parte limes proximum 10
casa uenit aquam habens, sub se uero casalem, qui eidem fundo adpertinet. et ipse casalis super se fines suos
habet. tales fines habet casa supra scripta.

Casa per ⊠ xi nomen habens super se montem ha- *P* 60ᵃ
bet, de latus se ualles trea aluea significat campum. in- 15
ter alueum et alueum tres ualles, et in ipsa ualle finem
montanum habens, qui excurrit usque in uiam. et subter
terminum in quadrifinium constructum inuenies arca super ripa de aluarium constituta in trifinio posita. super
se montem habet, et trans montem alios casales. a duo- 20
decima parte limitem proximum. de sinistra parte riuum
significat.

Casa per o o nomen habens fines grandes habet,
super se montem, et casa in plano loco posita, sub se
riuum. de sinistra parte alium riuum habet. tres riui des- 25
cendent de sinistra parte lapides grandes quae in labacro
sunt, duas serras habet cauas. de una parte sacra paganorum.

Casa per pi π nomen habens fines ante se habet.
de latus limes orientalis proximum casa uenit. multa ca- 30
salia fundum continent. limitem qui post ˊorientalem ue-

1. trifin*um P.* | 9. ameridian*um P.*

P nit proximum aqua habet. super aquam arca. super arcam memoria. de latus sinistrum alias fontanas sub se
habet. super se montem. de latus montem in triuio tres
botontinos. in sinistra parte arca constituta in trifinio
5 posita.

Casa per ro P nomen habens fines ante se habet et
grandes, sub se campum extensum. et per medium campum flumina currunt. subtus flaminia alueum transit, pratum super flaminiam habens. de latus flaminia pomaria
P 60ᵇ | sunt. super se montem. et de monte descendit riuus
11 qui uenit proximum casa. de riuo petent aquam. et de
latus riui limes transit sextaneus.

Casa per simma c nomen habens sicut in s Latina
littera.

15   Casa per tau т nomen habens super se fines paruos habet. sub se finem mittit usque in riuum qui currit subtus transit limitem eius trans flumen aqua uiua
quae usque in aliam aquam uiuam mittit limitem eius.
ipsa aqua uiua trifinium facit. super se limitem orienta-
20 lem proximum casa uenientem.

Casa per т nomen habens sicut in Latinis litteris.

Casa per ⲫ fi nomen habens post se fines habet.
multas aquas uiuas transit riuus de sinistra parte finem
super se montem habet. subtus flaminia transit. sub fla-
25 minia uineam positam, sub uinea riuum. intra uinea me-
morias sunt. super se loca macra habet, sub se campum
extensum. limitem eius p. CCL.

Casa per chi x nomen habens fines ante se habet
post orientales proxime uenit in aliam finem aquam mit-
30 tit fontem habet sub flaminia indicat casam aqua uiua.
in sinistris flaminiae indicat terminum trans fluuium tran-

12. riu*um P.*

sit uias multas et limitem eius p. ꝏ transit et lauacrum *P*
significat et collis rigorem.

Casa per psi ᴪ nomen habens fines ante se habet.
casa in monte posita fluuium transit. limitem sextaneum
proximum habet.   5

Casa per o ω nomen habens in monte posita. qui *P₆₁ₐ*
campus est, fines rotundos habet et cultos. per medium
finem aqua uiua significat sub se iuncina et furra aqui-
uergiis. arca in monticello posita, cui casales conueniunt.
ideo arca trifinium significat, et territoria diuidet.   10

EXPOSITIO LITTERARVM FINALIVM.   *G₁₉₆*

A monticellum habet. post montem non transit ad
collem . . . . stricta est. habet ad pedem aquas uiuas
duas, et sub se flumen. (fig. 254.)

ʙ super se montem habet. ad pectus stricta est. 15
alia casa eam ibidem mordet. post se riuum habet, et
transit contra. non longe fines a riuo ei iacent. | (fig. 255.) *G₁₉₇*

г ad collem exit. non grandes fines habet. in gamma
iacet. post se ad pedem aquam uiuam habet, et flumen
inferius. (fig. 256.)   20

Δ ad montem se colligit. inferius maiores fines habet. ad pedem aquam uiuam habet, et flumen inferius.
(fig. 257.)

ᴇ super se montem. sicca casa est, aquam non habet. per collem iacet, sicut Aemilianus fundus. (fig. 258.) 25

4. 6. in montem *P*. ‖ 12. *titulum om P* p.61. *litteras Graecas om
G et P* 144. ‖ 13. . . . .] *rasuram P* 61; *nihil G et P* 144, *qui per
omnia consentiunt.* ‖ 14. *et sub ipsa fluuius currit G.* ‖ 15. *et ad G.*
‖ 16. *eam GP*, *ea P* 61. ‖ 17. *finis G.* ‖ *iacet G.* ‖ 18. *Vsque ad G.*
‖ *fes P* 61. ‖ 21. *collegit P* 61. ‖ 22. *et ad G.* ‖ *pede P* 61. ‖ 24. *super se montem om G.* ‖ *non] minus G.* ‖ 25. *per colles iacet per col-
liculos descendentibus. G.*

GP 61   I in scamnum iacet per iugum in lanceolam. habet
G 198 ad pedem aquam uiuam, et flumen inferius. | (fig. 259.)

     K super se nihil habet, quia usque ad collem exit.
ad pectus stereles terras habet et confragosas, et sub se
5 meliores et latiores. a sinistra parte aquam uiuam habet,
et flumen inferius. (fig. 260.)

     Λ in trigono iacet. inferius latior est, et ad pedem
habet aquam uiuam, et flumen inferius. (fig. 261.)

     M quadra possessio est. super se colligit aquam et
10 habet uelut herbam germanam. ad dextram et sinistram
G 199 partem aquas uiuas habet, et flumen inferius. | (fig. 262.)

     N ad collem exit usque ad flumen. a sinistra parte
ad pedem aquam uiuam habet, et flumen inferius. (fig. 263.)

     Π per colles in quadrum iacet. per colliculos des-
15 cendentes dextra leuaque aquam habet, et flumen inferius.
(fig. 264.)

G 200   P circat montem, et sub se redit, habens aquam uiuam, et sub se fluuium. (fig. 265.)

     C uallem tenet. ab aqua exit, et per colles in aquam
20 reuertitur. finis eius interdum flumen habet. (fig. 266.)

     T per longum currit ei limes. ante se habet casalem.
post se ad pedem habet aquam uiuam, et flumen inferius. (fig. 267.)

     Φ in montem se colliget. in octogonum iacet. per
25 medium flumen habet, et ad pedem aquam uiuam, et flumen inferius. (fig. 268.)

---

1. lanciolam *G*. ‖ 2. habet *post* uinam *iterum P* 61. ‖ 4. et ad pectus
steriles *G*. ‖ 7. iacet] *add* et ad pectus stricta est *G*. ‖ 8. aquam
uiuam habet *G*. ‖ 9. est *om G*. ‖ colliget *P* 61. ‖ 10. ad dextra et sinistra parte *P* 61. ‖ 11. et *om G*. ‖ 12. usque ad flumen] et usque ad
fluuium aqua ad collem redit *G*. ‖ 14. quadro *G*. ‖ descendentibus
G. ‖ 15. aquas uiuas habet et inferius flumen *G*. ‖ 17. circa *G*. ‖ reddet
P 61. *tum* ad aquam et sub *G*. ‖ 19. 20. Ab aqua exit per uallem usque
in aquam uadit per circuitum. *G*. ‖ 21. casale *G*. ‖ 24. colligat *G*.

ω a plano contra pectus iacet. sub se mordet eam *G* 201 *P*
alia casa. dextra leuaque aquas habet, et flumen inferius.
(fig. 269.) (*GP* 62ᵃ)

A. Casa quae per A nomen habet finis super se mon- *A* 185
tem habente sinistra partem aquam uiuam significat per 5
B orientales partes rib. significat.

B. Casa per B nomen habet finis grandis habentes
ante se finis subiacet contra sextaneum riuum significat
finis circa se.

C. Casa quae per C nomen habet finis super se non 10
habentes proximum uenit in alia finis fontem habentes
subtus fluminia indicat. transit aqua uiua in sinistris flumini indicat terminum transit fluuium transit uias multas
transit limitem eius p. occc. transit labacrum significat
collis rigora sequeris. 15

D. Casa quae per D nomen habet finis pos se habentes super se mittit usque in balle montem de latus
habentem uersus finibus casa hoc finis habentem.

E. Casa quae per E nomen habet fluuium sub se significat de latus riuum transit limitem sextaneum ante se. 20

F. Casa quae per F nomen habet finis habentis casa
in monte posita fluuium transit limitem sextaneum proximum habientem.

G. Casa quae per G nomen habet tortas fines habentis in monte posita tria riuora significat in trifinio uineam 25
positam.

H. Casa quae per H nomen habet multae in monte
positae super albarum fluuies super se montem significat
a sextaneo.

1. et sub se *G.* ‖ 2. aquas uiuas *G.* ‖ 28. fluuies, s *in litura, A.*

A   ɪ. Casa quae per ɪ nomen habet finis habientem et
hoc in longum significat. si in sextaneo per xxx. quod
*A*186 cumputum | coligo si in orientale ∞cc.

    ᴋ. Casa quae per ᴋ nomen habet finis ante se sub-
5 iacet super se montem habentem de latus ballem habentem et in uallem duas aquas uiuas habentis casa in latere montis posita super se fines proximas habentem super se riuum et cabam terminum iuxta sub ipso fluuium
curret proximum habentem se triuium et caba terminum
10 iuxta sub se fluuium currit proximum se pentagonus habientem uineam in sinistris pratum sub se habentem et
hoc casa quae per ᴋ numen habuerit talis finis habentes.

    ʟ. Casa quae per ʟ nomen habuerit fines sub se pro-
ximum habientem proximum se aquam significat limitem
15 sextaneo p. ᴄᴄʟ de latus orientalis significat riuum quae
albiarum hoc legitur casa per ʟ cum plurimum terminum significat.

    ᴍ. Casa quae per ᴍ nomen habet dextra leuaque
aquam uibam significat finis egregios habentes casam in
20 medium finem posita finis quadratos habentes limites ma-
ritimense Gallicu intercidunt. hoc casa aquam in curtem
habentem.

    ɴ. Casa quae per ɴ nomen acciperit sinistram par-
tem finis nihil habet et hoc casa in campo posita super
25 se limitem proximum habentem ante se fluuium in sinistro cui demitto casalibus.

    ᴏ. Casa quae per ᴏ nomen acciperit in monte po-
*A*187 sita | finem aquam bibam significat sub se iuncina et
forra aqua uergens arcam in monticulum constituta ubi
30 casa per ᴏ mittit casalis quos demisimus ideo hoc arca
trifinium facit in ńontem que per campo finis rotundas
habentem et culta per mediam tria riuora discindit. a
sinistra parte lapis grandis qui in albarum est duas ser-

ras ab eo caba de una parte et secra paganorum appel- *A*
latur.

P. Casa quae per P nomen habet finis ante se habentem significat de latus limitem orientalem proximum.
casa finet multas casilieas fundum contenit limitem eius 5
post casam orientalis qui finet proximum aquam habet super aquam harcam. super arcam memoriam de intus sextanea parte alia fontana sub se habentem super se montem de latus monte in triuio tri bototonis in sinistra
parte archa constituta in trifinio posita inter OPI multa 10
casalia.

Q. Casa quae per Q numen habet pos si finem habet multas aquas uiuas transeunt de sinistram partem in
alias fines montem sèper se habentes subtus fluminia transet, subtus fluminia uinea posita et circa uineam riuus 15
currit et intra uineam memoriae sunt super se loca macra habentem subtus se campum extensum habentem limitem eius p. ∞CCL.

R. Casa quae per R nomen habet finis super se ha- *A* 188
bentem et diffusàs campus sub se habentem et per me- 20
dium campum flumina current et subtus flumina malba-
rum transit ossatum super fluminia habentem de lato fluminia indicat super se montem habentem de montem exur-
get riuus qui descendit proximum casa et de riuum petent aqua et de sub riuum latus riuum limitem transet 25
qui uenit exestaneo.

S. Casa quae per S nomen habet finis egregios habentes super se aquam uibam significat de orientalibus
partibus riuum significat super riuum currentem transet
super se montem habentem. casa in umoroso loco finis 30
habet de septentrionem proximum finem et super se fines
grandis habentes et subtus se alius casilis intra limitem
habentes et super se montem et subtus se montem inter

A montem et montèm albariaeeorero haec nomina et signa in axa finies limitibus.

T. Casa quae per T nomen habet super se finem nihil habentem sub se mittet triuium qui curret subtus
5 transit limitem eius et trans flumen aquam uibam usque in aliam aquam uibam mittit limite eius et ipsa aqua uiua trifinium facit super se limitem orientalem proximum casa uenit. hoc legitur.

V. Casa quae per V nomen habet fines egregios ha-
A 189 bentes super se montem et casa in plano | loco posita
11 sub se riuum discindit et de leua parte riuus alter.

X. Casa quae per X nomen habet finis in longo habentem et ipsa loca in campo. posita non per omnes fines nominatur per campum super se montem significat de
15 latus se albarum curret de sub se alium albarum pintagonem proximum se riuum de latus alium ribum quattuor riuora habentem in finibus suis in fini iarum inpinget. super albarum alium ribum curret quod in albarum coniunget gurga. super ipsa de albarum constituta. ideo
20 super se montem habentem et trans montem alius casalis constat a duodecimani partes limitem proximum constat a sinistris partibus ribum significat. hoc legitur.

Y. Casa quae per Y nomen habet finis grandis habentis montem super se habentem super se planum haben-
25 tem de latus in sinistris fontem mutabilis locus casa in suis sociteri e proximo uenit casa super casa dua riuora current. hoc legitur.

Z. Casa quae per Z nomen habet fines nihil habentes proximum se orientalescuccedat de sinistris partibus
30 proximum fontanam habentem proximum se limitem casalis inpinget. orocite. diuidi. ∞. uenit computationis li-

2. in é as²a *A*. ‖ 17. suis infini*busi*arum *A*. ‖ 19. deal·barum *A*. ‖ 30. habentēs *A*.

mites que usque finibus. a littera prima A usque in z *A*
fines partire circuitu litteris. quia de litteris | conputare *A* 190
casa que nomen habuerit de iugum putare fines compu-
tum hoc est nominis designata conputum per CCC CCCL
hoc est in litteris quomodo in litteris conputum coligo 5
ab omnis conpagina litterarum ab A us. in z fines qua legis hoc habebis.   (*A*)

INCIP. ET DE CASIS LITTERARVM MONTIVM IN *G* 189
PED. V. FAC. PEDE VNO.

A. Casa quae per a nomen habuerit, fines grandes 10
habens et collem in eodem monte. per ipsum collem finis
excurrit. sub riuo terminum constituimus. fontanea parte
requiras, et per aquam uiuam descendentem limitem orientalem supra aquam uiuam descendentem. ubi ipsum terminum in ipso loco requiras. qui terminum mittit usque 15
ad riuum. et trans riuum ! requiras a sextaneo limite ar- *G* 190
cam constitutam, quae ad dexteram partem, hoc est contra orientem partem, limitem sextaneum semper excurrit,
ut superius dixi, fines grandes habens fundi ssti, si in
montanioso loco fuerit, si in campaneis, mediocrem.   20

B. Casa quae per b nomen habuerit, fines grandes
habens, si in campaneis locis haec fuerit constituta, erit;
si autem in montibus, finis contra orientalem nihil habens.
et de ipsa parte signum termini requiras a meridiano extendens contra septentrionem, limesque fluuium, et de ea- 25
dem parte uia quae uenit, et ipsum riuum transit, et supra uiam pratum, sub prato aqua uiua. haec signis requiris in fundo supra scripto. signa finalia dinoscuntur.

c. Casa quae per c nomen habuerit, fines superiores
habens super se, contra occidentis partes, fines superiores 30

---

11. habentes et *GP*. ‖ 19. s̄s̄ti *P*, .s̄s̄t. *G*. ‖ 27. uiam *G*, uia *P*.

G ostendit usque sub uia. lapidem, quem ibi inuenies, in quatrifinium constituta dinoscas: aquam in fine eius, quam maxime peregimus tempore perfluente dinoscas. tria ri- uora in fundo inuenies, de ipsis unum Augustatico mense

5 aquam habentem, super uallem subrectiorem. haec signi- ficamus in fundo ssto.

D. Casa quae per d nomen habuerit, fines grandes habens, super se planitiem super subrectiore loco ab orien- tali parte fines angustas. de contra sextanea parte aquam

10 uiuam inuenies, contra meridianum terras cultiores, a dex- tra parte nigriores, et super eum subrecto loco lauacrum, et circa lauacrum uia. et per ipsam uiam sine dubio fina- lis causa dirigatur, quoniam non per omnes uias finis dinoscitur, sed requirendum oportet in camarsum, qualis

15 dicta in eodem loco inueneris. per hanc legem sapiatur intentio, et fines grandes habens fundus super scriptus.

G 191   E. Casa quae per e nomen | habuerit, fines grandes habens, et per mediam finem uiam aut riuum aut flumen pergens, contra occidentis partes fines maiores extendens.

20 eaque litteris locum significamus, et per eadem rigura limes descendit. a meridiano et septentrione nigriores ter- ras inuenies, si in campaniis fuerit, fines rotundos haben- tes: si autem montuosum, ita consequaris ut supra dixi. a septentrionali parte aquam perennem inuenies in fundo

25 supra scripto.

F. Casa quae per f nomen habuerit, fines grandes habens. ab orientali significamus colles, monticellos, ri- guram, ampliores ab ipsa parte fines extenditur, sub se fines nihil habens, hoc est ab occidentis parte fines cur-

30 tiores habens, contra aquilonalem partem aquam et ter-

---

14. 15. *legendum* qualia edicta. ‖ 22. campaneis *G.* ‖ 23. conse- queris *G.* ‖ 26. per f. nomen HA fines *P*, per f. afines *G.*

minum. in fundo ssto haec signa requiras, finitima dinos- *G*
citur.

G. Casa quae per g nomen habuerit, fines extendens
ad orientem grandes. quam plurimum terminos significamus magnos, et fossas in eiusdem fine direximus. talia 5
signa inuenies in fundo ssto.

H. Casa quae per h nomen habuerit, fines grandes
habens cultiores et latiores, sub se humurosa loca habens.
quattuor limites fundum continent. finis in longitia extenditur a sextaneo latere. super se montem, sub se uallem. 10
et in ipso fundo pro terminis cotoneum et oliuastellum
inuenies. et item lapides terminales posuimus. et aquas
uiuas in fundo supra scripto terminales inuenies.

I. Casa quae per i nomen habuerit, fines longas habens et grandes. significamus finem eius in longum ped. 15
∞cc. in sextaneo latitia finium ped. ccl. sub se flumen
habet, et finem super fossas. et per eundem fundum direximus. super se monticellos. limes currit finalis: in quo
monticello cecturium | inuenies in ped. cl. arcam consti- *G* 192
tutam inuenies in fundo ssto, exceptis aliis signis. 20

K. Casa quae per k nomen habuerit, fines grandes
habens, contra meridianum fines nihil habens, et contra
sextaneam partem fines ampliores extendit. super se fluuium, super riuum, de quibus unum est qui aquam perennem habet. ipse finem exsolute facit. super se mon- 25
tem, sub se uallem, et in ualle terras cultiores, super se
nigriores habens fundus supra scriptus.

L. Casa quae per l nomen habuerit, fines grandes
habens, sub se uallem habens. et in ipsa ualle alueus
currit, et trans alueum limitem eius transit, per ped. cc. 30

---

10. *post* latere *litteras undecim erasas G.* ‖ 15.16. pedes ∞cc *P*,
ped. cccc *G.* ‖ 19. cecturium *P*, certurium *G.* ‖ 25. exsolutae *G.*

G de latus se aquam niuam habens. ab aquilonali parte fines ampliores habet. tria riuora fundus supra scriptus habet, de quibus unus finalis est. contra occidentalem partem arca constituta testacia. finis eius circum data per pass.
5 ⅡCCL. ideo casa aquam in corte habentem sub se pratum flaminea, et sub ipsa flaminea arca constituta in quatrifinio posita.

M. Casa quae per m nomen habuerit, fines quam maxime extensas contra orientales partes, fines breuiores 10 habet, per limitem maritimum excurrens, hoc est per orientalem, per ped. CCCL, usque in arcam quae est circa uiam in quatrifinio positam, et per Gallicum limitem latitia ped. ∞L. sub se fluuius a sextanea parte currit, quem fluuium finis transit. insula trans fluuium ad fun-15 dum sstm pertinet. cectoria, hoc est rotundus est sicut modius. est fossa circa publica: finem non facit sub se modium habentem, et per modium alium terminum, qui mittit per ipsum modium habentem, qui riuus interpretatur, et in fluuium descendit. sine dubio exsolute finem *G*(19) facit. aqua uiua contra orientalem | partem inuenies. in 21 fundo ssto haec signa finitimam rationem ostendunt.

N. Casa quae per n nomen habet, fines magnas extensas et cultas habens in fundo ssto. contra occidentalem partem finem habens, a meridiano ampliores excur-25 rens, a septentrione arca constituta marmorea, fines compactiles habentes et cultas. casa in latere montis posita, quae circa ipsam, terminum inuenies. subter pratum casa posita, et super pratum riuus currit. haec signa in fundo ssto.

30 O. Casa quae per o nomen habet, fines grandes habens. casa in plano loco posita ad orientales partes fines

---

13. ∞L *P*, CCL *G*. ‖ 19. in fluũ *G*. ‖ 25. a septentrione*m G*.

extendit. casa in monte posita fines cultas, a septentrio- G
nali parte siluam habentem. et super ipsam siluam riuus
currit, et trans riuum per ped. cc. limes sextaneus currit.
super se uero fluuium, et trans fluuium fontem, et super
fontem terminum in monticello constitutum, qui transit a 5
sextanea parte. requires ut supra diximus. fines grandes
significauimus. in fundo supra scripto tales fines extra
Italiam legis ut subter adnecti.

P. Casa quae per p nomen habet, fines grandes habens, super se montem, super uallem aut campum exten- 10
sum, et per ipsum campum uia currit. sub uia ped. ccl.
fossatum, qui riuus interpretatur. fines per ipsum constituimus exsolute. et super ipsum medium montem limes
currit per lapidem decusatum, qui lapis est natiuus, et
ipse decus qui trifinium facit limitem eius, fundum sub 15
aqua uiua super uia in collicello: signa quae ibidem inueneris, in ipso loco trifinium constituimus, fines grandes
habentes in fundo ssto.

Q. Casa quae per q nomen habet, fines grandes habens, montem, uallem, ipsam finem constitutam, quas fines 20
spatiosas ab orientali parte fines spatiosas et ampliores
habens, post se a meridiano fine nihil habens. et ab ipso
limite riuus currit. ipsum riuum limes transit et retran-
sit. | ab occidenti parte planitia dinoscitur, et proximum G 194
uillam aqua uiua est. quam aquam uiuam in finem con- 25
stituimus. sed infra fundum principalem suum aqua uiua
esse cognoscitur. per ped. ∞cc limes qui currit pergens
usque ad maximum decimanum qui cardo amplius patere
debet pedes ∞cc. fundo super scripto terminate finem
constituimus. haec signa superius nominata in fundo. iu- 30

21. spatiosas P, speciosas G. ‖ 23. et ipsum P. ‖ 27 et 29. ∞cc P,
cccc G.

G ris dictio cohercitio in examine carmasis deducantur. in
libro Egeni requires.

    R. Casa quae per r nomen habet, fines grandes ha-
bens ab orientali fine nihil habentes, contra sextaneam
5 partem fines ampliores ostendit, contra occidentem aquam
uiuam in fine habentem. subter aquam uiuam subter aquilonis partes arca constituta in ped. DCL. arca in monticello lapide Tiburtina. si quod alio uocabulo appellatur fundus sstus, grandes fines habens, ibidem super
10 se, circa riuum qui currit, trans ipsum riuum inuenies
signum de terra manibus factum, et ibidem in ipsum signum quatrifinium cohaeret, et superius ipsum signum quem
finitimum constituimus aperioris locum, hoc est contra
orientalem. haec signa inuenies fundo ssto. limes eius
15 circum datus ped. IICCLXX. hoc in fundo circum dato limitibus inuenies.

    s. Casa quae per s nomen habet, fines habens spa-
tiosas, super se finem habentes, et super se habens multas aquas uiuas habentem, qui alueum transit finem. in
20 latere montis arca constituta circa uiam terminum habentem fundum sstum. sub se pratum, de latus se uineam
aquam in corte habentem, contra orientales partes terminum, qui modius appellatur, incursorius appellatur. ipsum
terminum et ipsum locum directura trifinium facit, circa
25 Musileum in pedes LXX. amplius ped. minus inuenies. trifinium subter riuum significat tales fines habens fundus
supra scriptus.

G 195   T. Casa quae per t nomen habet, | quam plurimum
terminum rariores. ostendens, et foris aquiuergium, qui

2. *Hyginus p.* 118. ‖ 4. finem *G.* ‖ 17. habentes *GP.* ‖ spatiosas *P*,
speciosas *G.* ‖ 22. cohorte *pr G.* ho *litteras deleuit paulo iunior
manus, quae u. eodem addidit* partes *a pr omissum.* ‖ 25. ped.
minus *G*, pedes minus *P.* ‖ inuenies. Inuenies trifinium *G.*

contra septentrionem descendit, ibidem exsoluit, finem fa- *G*
cit fundus sstus tales fines habens.

v. Casa quae per u nomen habet, fines grandes habens, super se finem mittit, ut in colle eum meridiano
requiras, qui terminus constitutus: et ipsa pedatura per- 5
gens per limitem orientalem, qui uenit in sextaneum, et
pertranssit. ibidem facit quatrifinium. quem locum subter
significabimus: ab austro lapides natiuos, qui est exsolute
cectoriales, in epitecticum adsignauimus, et in ipsa lapide
decisa est, et flumen transit, et lacunar qui est subter 10
uiam, et per lacunar limes excurrens finalis, qui ex ipso
loco mittit usque ad terminum, et in longitudine LXX. hoc
est cectoria ecclesiae eius. similiter pedatura accepit templum eorum uiuos. haec fecerunt. aquam proximum inuenies in fundo supra scripto. 15

x. Casa quae per x nomen habet, fines grandes habens. de occidentis parte fines curtas in fundum significamus. a meridiano uero fines extensas habens, et de
ea parte fluuium habentem, et per ipsum alueum transit
quam maxime habens, et super pratum ped. ∞. in colli- 20
cello circa uiam orculam inuenies in quatrifinio constituta. ex eodem pergis recta ualle, item per limitem orientalem ad fontem, quae aqua uiua interpretatur. in termino cursorio limitem eius per ped. ̅I̅I̅I̅I̅L̅X̅X̅V̅I̅I̅I̅I. idem rationem sstam extra Italiam ratione in fundo ssto inue- 25
nies.

y. Casa quae per y nomen habuerit, fines grandes
habens, sub se montem habentem, et de parte sinistra
mutabiles locos. casa in suis sucitariis: proximum casa
uenit de sinistra parte, sub se habet aliam fontanam, quae 30

---

19. per *P*, super *G*. ‖ 20. ∞ *P*, cc *G*. ‖ 21. ortula *P*. ‖ 22. militem
pr G. ‖ 25. s̅s̅t̅a̅m *P*, s̅s̅ta *G*. ‖ 30. inuenit *G*, in *litteris deletis
recentiore manu*.

G interpretatur terminus cursorius. limes eius per ped. D legitur in fundo ssto.

z. Casa quae per z nomen habet, fines nihil habens, proximum se orientalem concidet, de sinistris partibus fon-
*G*196 tem habentem. de sextanea parte limitem proximum | ue-
6 niet. de meridiano latus riuus excurrit. limes eius per-gens usque ad riuum, de ipso descendens usque in ar-cam quadrifinalem, quae est in collicello circa uiam, ter-minum quam maxime habens sub uia, hoc est sub cecle-
10 ria distat, quod est fouea rotunda: diuidit territoria.

Sic a bonis compagina litterarum, hoc est uenit com-putationis, quod superius scriptum est, limites quibusque finalium explicuerunt, facit nomina fundorum sstrm de a usque ad z fines partire cogito litteris computare. casa
15 quae nomen habuerit de a, e, i, o, computare fines cam-pum compotum, hoc est nomini designatum, compotum ped. $\overline{\text{II}}$CCCL. hoc est in litteris · computatum colligo. de a usque ad z omnis compagina litterarum fines quales leges hoc habebis: iactatio policoni dictum numerum, fient
20 ped. CCC. de arca usque ad lapillum, hoc est terminum, fiunt pedes ∞. usque ad alium lapillum fient ped. sede-cim. ubi ab alio latere trigonium ccc ped. numerum pen-tagonum, id est ab arca rerum productus, fient $\overline{\text{III}}$DCL. id est latus rectagoni ped. $\overline{\text{III}}$CCC. latus terminatum usque ad
25 lapillum decisum considera, quia diametrum, hoc est men-suratum est: locum quem demoustrat considera, quia signa eius require latus pentagoni, quod habet ped. $\overline{\text{IIII}}$LVIII.

16. compatum *P*. ‖ 21. ∞ *P*, cc *G*. ‖ 27. quod] quos *G*. ‖ $\overline{\text{III}}$ LVIII. *P*.

digitus, uncia, palmus, semipes, pes, gradus, passus, decempeda, ·pertica, actus, stadius, miliarius.

Palmus habet digitos IIII, uncias III.

semipes habet palmos II.   5

pes habet palmos IIII.

cubitus habet pedem Iſ.

gradus habet pedes IIſ.

ulna habet pedes IIII.

passus habet pedes V.   10

decempeda pedes X digitorum XVI.

pertica habet pedes XII digitorum XVIII.

actus habet pedes CXX perticas X.

stadius habet pedes DCXXV.

miliarius habet pedes V̄.   *P 62ᵇ*

porca habet pedes V̄IICC.

agnua habet pedes X̄IIIICCCC.

iugerus habet pedes X̄X̄VIIIDCCC.

uersus habet pedes V̄III DCXL.   (G)

ʜ dimidia sela, pars duodecima unciae.   20

ʮ sela, sexta pars unciae.

ʔ lycus, quarta pars unciae.

ss duo sela, tertia pars unciae.

ſ semiuncia, dimidia uncia.

— uncia   25

ɛ sescuncia, uncia semis.

ι sextam, duae unciae.

ɩ quadran, tres unciae.

ıı trian, quattuor unciae.

7. pede *P.*

22*

P ıι   quincum, quinque unciae.

    ſ   semis, sex unciae.

    ⸗   septum, septem unciae.

    ſι   nem, octo unciae.

5 ſι   dodran, nouem unciae.

    ſιι   dean, decem unciae.

    ſιι   dabum, undecim unciae.

    ı   as, duodecim unciae.

G 140

LITTERAE SINGVLARES

10 quae in terminis prouinciae Tusciae scriptae sunt, quam maxime in territorio Volaterrano, se inuicem ostendentes. id est, ZA. VB. CX. TC. QR. SP. NO. QH. FG. TRO. MA. KA. NI. FY. PS. I. CO. H. HO. QA. RV. IS. RG. K. XM. PV. QH. ON. AR. FIL. GHO. CCX. XA. PX. XP. FQ. K. KM. LN. AG. IO. SI. IS. FQ. PX.

15   Item aliae litterae singulares, quae in diuersis territoriis Italiae inueniuntur, maxime iuxta fluuium Nemus. sic

G 141 uti se sequuntur, ita terminos ostendunt. | AI. AM. IN. KM. IK. DI. KO. MX. XM. YP. FI. HO. SV. VS. ZE. QP. PT. HN. GY. AB. CO. GH. RV. LM. RM. QP. VS. TV. GHI. RS. HO. IN. KM. RT. IO. FP.

20 ZA. MK. NS. GP. XO. PR. HI. AC. FN. XV. XP. MXP. hi autem termini distant a se in ped. XCIIII, et CCCLXXV, et CCCCLXX, et in CCCLXI, et in p. IIIILXI.

TERMINORVM DIAGRAMMATA.

Terminus egregius, qui et robustus, quinquepedalis.

25 (fig. 270.)

     Isoscelis. (fig. 271.)

     Terminus parallelogrammus. (fig. 272.)

11. uoluterrano *G.* ‖ 23. *om G.*

Terminus Augusteus. (fig. 273.) *G*

Trigonus hortogonius (fig. 274.)

Sepultura militaris in finem. (fig. 275.)

Rhombos. (fig. 276.)

Trapeteus. (fig. 277.) 5

Augusteus in trifinio. (fig. 278.)

Rhomboides. (fig. 279.)

Trigonus oxygonius. (fig. 280.)

Isopleurus. (fig. 281.)

Scalenon. (fig. 282.) 10

Trigonius amoligonius. (fig. 283.)

Sculteilatus. (fig. 284.)

Spatula. (fig. 285.)

Epetecticalis in trifinio. (fig. 286.) *G* 142

Scorofiones. (fig. 287.) 15

Arca in quadrifinio. (fig. 288.)

Sepultura finalis. (fig. 289.)

Botontini. (fig. 290.)

Nouerca. (fig. 291.)

Canabula. (fig. 292.) 20

Monumentum. (fig. 293.)

Formalis. (fig. 294.)

Terminus aspratilis. (fig. 295.)

Substructio ad terras excipiendas. (fig. 296.)

Terminus siliceus. (fig. 297.) 25

Bermula. (fig. 298.)

Maceria finalis. (fig. 299.)

Seria. (fig. 300.) *G* 143

Gamma de petra sicca constructa. (fig. 301.)

Puteum. (fig. 302.) 30

Lapis decusatus qui agrum intra clusum et extra clusum significat. (fig. 303.) •

Terminus ante terminum in uersura positi. (fig. 304.)

G   Lapis non dolitus in cursorio positus. (fig. 305.)

Lapis cultellatus qui pentagoni recipit rationem. (fig. 306.)

Terminus qui subseciuum demonstrat. (fig. 307.)

5   Lapis gammatus, qui trigoni recipit rationem. (fig. 308.)

Lapis intra lapidem in trifinio. (fig. 309.)

Item lapis intra lapidem in cursorio. (fig. 310.)

Termini gemelli. (fig. 311.)

Lapis qui flexuositatem limitis ostendit. (fig. 312.)

10   Terminus qui fluuium demonstrat. (fig. 313.)

Terminus qui riuum demonstrat. (fig. 314.)

Lapis damnatus. (fig. 315.)

G144

G145

ORDINES FINITIONVM
EX DIVERSIS AVCTORIBVS.

15   Termini si duo in unum fuerint, embadiam formam ostendunt. si autem ambo quadri fuerint, naturalem lapidem in xv ped. ostendunt, et in xxii alium oportet inueniri. (fig. 316.)

Terminus si in modum colobri lineam super se fle-
20 xuosam habuerit, alluuionem per flexum finalem significat. si ante ipsam lineam fossulam habuerit, lacum finalem significat, in quo usque linea ipsa decurrit. (fig. 317.)

Petrae si duae aut tres uel quattuor, taxatae non perdolatae a ferro, in quadrifinio inuentae fuerint, (fig.
25 318), ab oriente per conuallia limitem ostendunt. a sextanea parte termini inueniuntur, et ad occidentem per ped. ccccl excurrunt. a septentrione per conuallia limitem ostendunt.

Si testacios terminos aut tegulas aut imbrices inue-
30 neris, ossis incensis probantur, si in terminatione sunt

constituta. quod si ita inueneris, ab oriente eius linea *G*
pertransit, et ab alia linea ped. CCCCLXXXII, si quidem talis centuria fuerit. nam unum quodque signum secundum
statum possessionis suae, quam claudit, ita extenditur.
| (fig. 319.) *G* 146

    Termini sunt maiores qui iuxta flumina positi sunt. 5
(fig. 320.) mensales uocantur: alii autem bases eos dicunt,
alii autem intraametra. in quibus constat mensura aquae,
trapeadi uocantur. et in modum platumae eos posuimus,
ut qui nesciunt, miliarios eos putent. (fig. 321.) et si in 10
quindecim pedes inuentus fuerit, in arcam mittit, quae est
super flaminiam. quae habent inter se ped. CCCCLIIII, et
ab arca pedes XLIIII inueniri potest quod plantauimus. et
riuus per eorum limites currit, iuxta quem terminos posuimus. (fig. 322.) 15

    Oliuam fructiferam in lineam limitis posuimus, (fig.
323.) quae puteum ostendit, aut certe alueum fluminis.

    Termini si tres fuerint in unum, pentagoni uocantur:
sed in quadrifinio constant, in fronte conlimitare debent.

VITALIS ET ARCADIVS AVCTORES. 20

Lauacrum pro terminos occurrit. nam et aliquotiens
in ipso lauacro terminum posuimus. (fig. 324.)

    Terminus si singularis in trifinium fuerit, ab eo us- *G* 147
que ad alium ped. CCCL et interdum DXII. si autem in
quadrifinio fuerit, usque ad alium quadrifinium addendum 25
ped. CCXXV. a termino cursorio, qui de quadrifinio egre-
ditur, usque in trifinium ped. CCLXX. si tamen cursorius
non eo lapide aut colore fuerit quo et trifinius aut quadrifinius, duos lapides inuenies finales, qui terminus dici

23-26. *confer p.* 345,24.

G non potest, eo quod plus a tres pedes habeat, ideoque termetis dici debet. (fig. 325.) nam terminus pro hoc dicitur quod tres pedes non integros habeat. huius pedatura extenditur a ped. c et ccl usque in $\overline{\text{II}}$cccc, in Africa
5 maxime et in aliquibus locis usque in $\overline{\text{IIII}}$.

Terminus epetecticalis siue in finitione agri siue praefecturae extenditur in ped. cccc et ped. dcccc. in quadrifinio uero si plus a quattuor lapidibus fuerint inuenti, epetecticales uocantur. nam terminus iste maximus ap-
10 pellatur.

Terminus si libidum colorem habuerit, limitem ostendit.

Terminus reprobus in fine ponitur: in trifinio autem reprobum non posuimus. nam obtunso angulo posui-
15 mus in trifinio, non reproba acie.

Terminos emicicliores uocauimus hos quos in capitibus centuriarum sub terra posuimus. quam maxime distant a se ab alio termino ped. cl, et ab eo iterum ped. $\overline{\text{II}}$ccl. qui si in cursoriis inuenti fuerint, distant a se in
20 ped. ccl et cccxcv.

Terminus qui sub forma agri fuerit aut super formam, distant a se in ped. cccciiii et in ped. dccc et in pedes ∞dcclxxx; et si longius, in ped. $\overline{\text{II}}$ccccxx. nam isti singulares litteras habere solent.
25 Terminus laguenaris uel orcularis, id est laguna uel orcula, (fig. 326.) distant a se in ped. liii; si amplius, in *G*148 ped. cl; et si plus, in ped. ccc|lv; et si hoc non, uelut regioni consuetudo est. haec tamen distantia non semper ab hoc quod incipies hoc inuenies, sed et alia signa fina-
30 lia occurrunt.

---

13. *conf. p.* 307,7. ‖ **23.** ∞ *P*, cc *G*.

Terminus quadratus similia angula habens, (fig. 327.) *G*
si nullum signum habuerit, per aequalia latera limitem demonstrat. ipse acies extenduntur. nam sine dubio finem
faciunt et habet initium pedaturae, ped. CCCL et CCCCL et
DCL et DCCL et DCCC, et si multum, in p. ∞L.   5

Termini quos in planis locis posuimus, distant a se
in p. CCCLX.

Termini quos in uallibus posuimus, distant a se in
p. CCCLXXV. si imbricem ante arcam inueneris constitutam
(fig. 328.) uel tubulum in modum cursorii, riuum signifi- 10
cat. si uero tegulae, si tres inuentae fuerint, trifinium faciunt.

Terminus a ferro taxatus si fuerit, et subditum nihil
habuerit, epilogonius nuncupatur.

Terminus in medio limite si fuerit constitutus et unam 15
partem subcauam habuerit, tres monticellos transit, et in
tertium monticellum arca circa lauacrum significat, et ipsa
arca in quadrifinio est constituta. a sextaneo uero si uis
sequi limitem, rectam serram sequeris ped. CL. a septentrione in sinistra limitis denormata linea a duodecima 20
parte per subrectioribus locis usque in aquam uiuam, ubi
est terminus epetecticalis subseciuorum.

GAIVS ET THEODOSIVS AVCTORES.

Terminos singulares in trifiniis si constituimus, adire *G* 149
a singulo usque ad alium pedes CCCL et DXII; si in qua- 25
drifinio usque ad alium quadrifinium per cursorios, pedes
CCXXV, et CCLXXV. et si termini uno colore in quadrifinio

---

5. ∞L *P*, CCL *G*. ‖ 15-22. *haec auctiora habes infra p.* 352, 8 *ex
eodem Vitale.* ‖ 17. labacrum *P*. ‖ 22. *subsiciua si possidentur,*
ἐπίκτητα *dici possunt.* ‖ 23. GAIVS *P*, CAIVS *G*. ‖ 23-27. *confer p.* 343, 23.

G et in cursorio positi sunt, reuerti ad auctorum sublimita-
tem iubemus, et. quod iusserint obseruetur. nec enim ue-
recundum sit frequenter ad auctorum doctrinam reuerti.
quotiens enim legeris singularum litterarum interpretatio-
5 nem, sine dubio artificiosius terminabis. nam termini ad
modum agri sine rigore sunt ordinati, nec praeposuit alium
alio. nam et lapides naturales cecidimus et in finem constituimus.

Stellam iuniorem super picitos palos consecrauimus:
10 et ut inuenias rationem, inter se habent pedes ccccxi.

Terminus quam maxime ideo ııs ped. habet, quod
tali nomine utatur.

Terminus testacius in p. cccchł. per Tusciam urbica-
riam et annonariam ueteranorum agri secundum modum
15 iugerationes acceperunt: qui termini distant a se in ped.
cc, in p. cccc, in p. d. per terminos cursorios de trifiniis
in quadrifiniis haec mensura constat.

Termini epetecticales in centuriis et in cardinibus habent inter se ped. dccc. laguenas et orculas in finibus
20 posuimus, et sepulchra in trifinio quam maxime.

Terminos in multis locis a ferro non taxatos in finibus constituimus. nam alios tegularum fragminibus circum
calcauimus, alios autem sua caesura suffulsimus: aliquibus
nihil est subditum.

25 Terminos quadratos sub terra conlocauimus, qui a
mensoribus Italiae pro ipotenusa obseruantur. cathetum
uero in terminum praesidentem in formam trifinii conlocauimus. nam et alios terminos quadros cursorios posuimus:
G 150 qui nesciunt | eorum mensuram, non eos intellegunt, an
30 in trifinio an in cursorio sint. et multos limites in errorem
deducunt: nam distant a se in p. ccclxxiiii et in ped. d.

7. *conf. p.* 307,2. ‖ caecidimus *P*. ‖ 9. *conf. p.* 307,6. ‖ 25. conlocauimus *G*.

LATINVS ET MYSRONTIVS G

TOGATI AVGVSTORVM AVCTORES

DE LOCIS SVBVRBANIS VEL DIVERSIS ITINERIBVS PERGENTIVM IN SVAS REGIONES.

Aliquibus locis pro terminibus monumenta sepul- 5
chraue ueteranorum constituimus, in sequentibus lineis
fossatos quos Augusteos appellamus. deficientibus autem
illis terminos posuimus, aut certe instructuram fecimus,
deinde limitem manu operis factum constituimus.

Item palos sacrificales defiximus, in quibus locis cons- 10
tricti mensuris frequenter sibi duas fines · cuneatas occurrunt, propter rigorum aut linearum cursus. ergo in locis
supra scriptis talia signa inueniuntur, termini Tiburtini, silicei, tufinei, igniferi, spatulae cursoriae, structurae parietum in modum lineae. 15

Monumenta finalia militari uiae non coniunguntur.
monumenta uero non omnia sunt finalia, nisi ea quae in
extremis finibus occurrunt.

Nam aliquibus locis alluuiones et diuergia aquarum
et itinera finem faciunt, quae tamen uicem limitum ex- 20
pectant a regammantibus lineis uel percurrente rigore. in
his locis nulla conportionalium signa inueniri possunt. ea
ratione sicut scripsimus hortua nuncupantur.

Nam in multis agris diuersorum signorum fides querenda est, termini, congerias, macerias, uel foueae, arbo- 25
res ante misse, sabuci, aqua uiua, uepres, et mala cotonea, uel diuersa genera arborum, quae in ea regione qua
metiuimus inueniuntur peregrina.

In modum currentis lineae parietem struximus.

11.12. Hoc maxime inter Portam et Romam *margo P. conf. Colonia Veios p. 222,14.*

G Nam in locis montanis terminos posuimus rotundos,
quos Augusteos uocamus, pro hac ratione quod Augustus
G151 eos | recensiuit, et ubi fuerunt lapides, alios constituit,
et omnem terram suis temporibus fecit remensurari ac
5 ueteranis assignari. qui lapides Gai Caesaris lapides rotundi ex saxo silice aut molari sesquipede in terra, super
pedes duo semis, et ped. IIII, et distant a se in ped. $\overline{\text{IICCCC}}$.

Sunt et alii termini supra terram p. II, grassum p.
151, alti p. IIII. distant a se in p. CCCC.

10 Sunt et alii Neroniani, Vespassiani et Traiani imperatorum, lamminae et quadrati, in diuersis numeris constituti. in quibus alii gammati, alii uelut locorum natura
permisit, ita positi sunt, in p. $\overline{\text{IICCCC}}$ et in p. $\overline{\text{III}}$. in aliis
uero locis monumenta sepulchraue ueteranorum consti-
15 tuimus.

EX LIBRIS MAGONIS
ET VEGOIAE AVCTORVM.

Nam sunt monumenta quae propter perennitatem iti-
20 nerum constituta sunt, quae nullam limitum recipiunt rationem. nam monumenta finalia non coniunguntur itineri
publico, ei maxime qui auctoris nomen optinet per redemptores et magistros pagorum munitur: sed ab itinere
publico separata sunt, et saepe pumicas habent, per quas
25 ex industria finales lineae diriguntur. (fig. 329.)

Pontes quoque interdum trifini, interdum quadrifinii,
aliquando pentagonii recipiunt rationem. et hoc si exege-
rit loci commoditas. hi uero pontes hac ratione deser-
uiunt, quorum aluea proximae eos fines ultro citroque

2. conf. *Ratio militiae adsignationis p.* 242,12. ‖ 6. sesquipede *P,*
sexquippede *G.* ‖ 9. 151 *P,* I.5.I. *G.* 9. in p. cccc *G.* ‖ 26. exigerit
P, exierit *G.*

non transmittunt, per quos et itinera publica currunt, *G*
| quibus limis lege colonica seruit. nam sunt et alii pon- *G*152
tes in uicinalibus et priuatis uiis, quorum aluea uariantur.
quae tamen in trifinii rationem ex conuenientia limitum
atque signorum cursus frequenter accipi possunt. (fig. 330.) **5**

Aquarum ductus per medias possessiones diriguntur,
quae a possessoribus ipsis uice temporum repurgantur:
propter quod et leuia tributa persoluunt. quarum putea
aliquotiens in cursorio a terminibus demonstrantur. quae
si in extremis finibus occurrerint, ex conuenientia centu- 10
riarum in trifinio uel quadrifinio obseruari debebunt.
idem uariatio fluminum, riuorum cursus, canabulae uel
nouercae, quod tegulis construitur. saepe imbrices in finem
posuimus, saepe instructuras fecimus. idem partes Tusciae Florentiae quam maxime palos iliceos picatos pro ter- 15
minibus sub terra defiximus. ergo, ut superius legitur,
una quaeque regio suam habet condicionem. nam Sabi-
nensis ager, qui dicitur quaestorius, quem actis limitibus
quibusdam laterculis quinquagena iugera incluserunt. postea uero aliquibus locis terminos posuerunt, et signa ali- 20
qua pro terminibus defoderunt. hi uero agri multas habent condiciones. nam in supra dictis locis suburbanis,
ubi limitem opere manuum hominum ordinauimus, terminos non necesse habuimus ponere, nisi in certa ratione,
in trifinio aut in quadrifinio. in praedictis locis in mo- 25
dum lineae | parietem construximus. et iuxta ipsam lineam *G*153
multorum militum ueteranorum sepulturae inueniuntur,
sicut est in territorio Gauinati, id est pergentes, itinera,
quae et ipsa saepe finem faciunt. nam in locis suburbanis circa ipsa itinera ea signa requirenda sunt, sicut et 30
de agro Gauinatium diximus.

18. quaestorius *G*. ‖ 30. Quibus signis itinera finitima probentur
margo P.

G   Ager uero qui Tibur appellatur, idem est assignatus,
et aliquibus locis propter sterilitatem aut indigentiam, eo
quod non inuenimus lapides peregrinos quos ponere, ex
ipso metallo saxum a ferro signauimus, aut certe conge-
5 rias petrarum, quae scorofiones uocamus. nam in aliis
limitibus qui aliena nomen accipiunt, in ipsis quoque ita
posuimus terminos; sicut et in locis saxuosis similis est
condicio. nam in locis campestribus rariores terminos construximus, et maxime arborem peregrinam plantauimus.
10 idem et in conuallibus constituimus, ut ubi limitem fecimus, aut certe fossas siue montes decisi siue ea per quae
arcifinalis ager finitur constituimus, terminos difficile posuimus. nam et in ss. locis campestribus uel conuallibus
limes sextaneus transit per limitem possessionis. nam li-
15 mes orientalis usque in occidentem rumpi non potest,
quia maximus appellatur maxime quia centurias claudit.

IDEM VEGOIAE ARRVNTI VELTYMNO.

Scias mare ex aethera remotum. cum autem Iuppi-
ter terram Aetruriae sibi uindicauit, constituit iussitque
20 metiri campos signarique agros. sciens hominum auaritiam uel terrenum cupidinem, terminis omnia scita esse
uoluit. quos quandoque quis ob auaritiam prope nouis-
G 14 simi octaui saeculi data sibi homines malo dolo | uiola-
bunt contingentque atque mouebunt. sed qui contigerit
25 moueritque, possessionem promouendo suam, alterius mi-

---

6. id est in linearibus *margo P.* ❙ a linea *Goesius.* ❙ 8. In locis
campestribus et rariores terminos et peregrinam arborem inueniri dicit. *margo P.* ❙ 17. Item Begoe *Salmasius recte.* Arruns *ex Lu-
cano* 1,586. Vulcanius aruspex *apud Seruium ad Vergilii ecl.* 9,
46. ❙ 18. *fortasse* ex aere et terra natum. ❙ 21. *fortasse* saepta
uel sancita. ❙ 22. quis *deleuit Turnebus.* ❙ prope nouissimi] *uide
Censorium p.* 45,4. ❙ 23. data sibi] *fortasse* lasciui.

nuendo, ob hoc scelus damnabitur a diis. si serui fa- G
ciant, dominio mutabuntur in deterius. sed si conscientia
dominica fiet, caelerius domus extirpabitur, gensque eius
omnis interiet. motores autem pessimis morbis et uulne-
ribus efficientur membrisque suis debilitabuntur. tum etiam 5
terra a tempestatibus uel turbinibus plerumque labe mouebitur. fructus saepe ledentur decutienturque imbribus
atque grandine, caniculis interient, robigine occidentur.
multae dissensiones in populo. fieri haec scitote, cum talia scelera committuntur. propterea neque fallax neque 10
bilinguis sis. disciplinam pone in corde tuo.

ARCADIVS AVGVSTVS AVCTOR
DE TERMINIBVS ET DE LINEIS PARTIVM ORIEN-
TALIVM.

Constantinopolim maxime cum signis et sigillis cons- 15
tituimus terminos, et in fossa ex calce et harena construximus, et carbones subiecimus. nam in isdem prouinciis transmarinis et siliceos terminos posuimus, et in
ipsis terminibus nomina fundorum scripsimus, ut sic quaeratur eorum pedatura sicut in libro XII auctores consti- 20
tuerunt, his generibus litterarum sicut in omnem mundum.
nam et colores terminorum orientalium et lignorum finitimorum genera agri mensori notum faciam. sunt enim
termini marmorei in limite, alii marmorei uirides, alii pa-
lumbacii, alii prasini, et ipsi termini V pedes in terram 25
conlocati sunt: et alios marmoreos albos sicut subter in
forma descripsimus. | (fig. 331).   G 155

---

5. afficientur *Turnebus*. ‖ 8. ro·bigine *G*. ‖ *legendum* occident:
erunt multae ‖ 16. et ex in fossa ex *G*. ‖ 26. co·nlocati *G*.

G   Nam et in limitibus pro terminibus plantauimus dac-
tulum, amygdalas, et mala cotonea, et maxime oliuastellum,
et ficum caprium in fine constituimus. (fig. 332.) qui beneficium nostrum legerit, hoc obseruet, ut haec signa uel
5   termini CCL inter se pedes habeant. ita de trifiuiis: in quadrifiniis sicut superius exposuimus obseruetur.

ITEM VITALIS AVCTOR.

Terminus si in medio limite constitutus fuerit et unam
partem subcauam habuerit, in tertio monticello arcam
10   circa lauacrum significat, et ipsa arca in quadrifinio est
constituta. a sextaneo uero si uis sequi limitem, rectam
serram sequeris ped. CL. a septentrione in sinistram limitem determinatam lineam, pedes XII. inuenies arcellam
G 156 | in trifinio positam, et ipsud trifinium duabus lineis des-
15   cendit per planuria, et alia a duodecima parte in sub-
erectioribus locis usque in aquam uiuam, ubi est terminus epitecticalis, id est subseciuorum. planis dorsis quam
maxime terminos posuimus, et multas centurias assignauimus, et terminos posuimus Tiburtinos, et alium posuimus
20   tufineum. hi non sunt semper a ferro taxati, et circa botontinos obseruantur. constituimus in bilamnis et oliuastellum, in ipsis bilamnis fossatum fecimus: in aliis locis
congerias lapidum fecimus, in aliis memoriam in finem
constituimus. nam et monticellos de terminibus circum
25   dedimus.

---

2. amecisdualas *G.* ‖ 3. ficum Cypriam *Turnebus*, caprificum *uir
doctus in margine G.* ‖ 8. conf. *p.* 345,15.

ITEM FAVSTVS ET VALERIVS. G

In Africa et in Galliis et Sirmium, ubi pertica nostra definiuit, talia signa constituimus. itaque alios quadros terminos constituimus, alios rotundos, alios tres in unum secundum formam. 5

Si fuerit arca longa ped. xxx, lata ped. xv, alta ped. vii, duco longitudinem per altitudinem: fiunt ped. ccx. hoc duco per latitudinem: fiunt ped. $\overline{\text{iii}}$cl. sic quaero pedaturam.

LITTERAE SINGVLARES 10

quae in diuersis locis inueniuntur, ubi termini in capitibus centuriarum sub terra inueniuntur. hae uero litterae in cursoriis eorum terminorum sunt, qui in trifinio aut quadrifinio sub terra, sicuti se sequuntur, inueniuntur. km. ma. ka. xi. aq. gi. nh. mxi. nk. il. if. sv. vs. km. sd. if. p. ꝏd. f. p. 15 cccc. ho. im. ai. gp. ho. rx. a. fm. aq. m. dm. in. ki. m. ad ri. di. mi. si. no. on. pa. co. km. lx. xp. ra. rv. di. ki. distant autem a se in ped. dccc, et $\overline{\text{ii}}$cccc per $\overline{\text{ii}}$cccc, ccclxxv, et in ped. d.

Item aliae litterae singulares, quae in partibus Afri- 20 cae uel Mauritaniae in terminibus inuicem se ostendentes scriptae inueniuntur. mi. mi. gi. no. no. bho. fa. me. ma. pr. cccl. bn. re fs. | vs. ad. mo. ri. no. no. et distant a se G157 in ped. cl, et in ped. $\overline{\text{ii}}$ccl, alii in ped. ꝏdccc, et in $\overline{\text{ii}}$cc, alii in ped. d, et in ccclxxx, et in ped. dcccclx, et in $\overline{\text{ii}}$cccc 25 per $\overline{\text{ii}}$cccc, alii in ped. cciii, et in dccccxiii, et in cccxc, et in $\overline{\text{ii}}$cccxx, et $\overline{\text{vi}}$, et in $\overline{\text{viii}}$lxxxv. nam molares in pedes cl et cccol et dcccl et dcccc et ꝏclv et ꝏcc, et in ꝏcccl, et in $\overline{\text{ii}}$ccclx.

15. ꝏd P, ccd G. ‖ 24. $\overline{\text{pd}}$. ꝏdccc P, ped ccdccc G. ‖ 28. ꝏclv P, cclv G. ‖ ꝏcc P, cccc G. ‖ 29. ꝏcccl P, cccccl G.

23

G ## DE IVGERIBVS METIVNDIS.

R 34   Kastrensis iugerus quadratus habet perticas CCLXXXVIII,
pedes autem quadratos XXVIIIDCCC, id est per latus unum
perticas XVIII, quae in quattuor latera faciunt perticas LXXII

5 habet itaque tabula una quadratas perticas LXXII. si ergo
fuerit ager tetragonus isopleurus, habens per latus unum
perticas L, ita eum metiri oportet, ut sciamus quod iugera
habeat intra se. duco unum latus per aliud: fiunt perticae
IID, quae faciunt iugera VIII, tabulas II, perticas LII. (fig. 333.)

10   Itaque kastrensis iugerus capit K. modios III.

Ager si fuerit in rotundo habens per gyrum perticas LXXX, sumpta quarta parte, id est XX, multiplicas in
se: et fiunt CCCC perticae. sumis CCLXXXVIII, quod est iugerum: remanent perticae CXII, quae faciunt tabulam unam

G 158 semis et perticas IIII. | (fig. 334.)

16   Ager si fuerit trigonus isopleurus, habens tria latera
per quae sexagenas perticas habeat, duco unum latus per
alterius lateris medietatem, id est LX per XXX: fiunt perticae ꝏDCCC, quae faciunt iugera VI, tabula una. (fig. 335.)

20   Ager si caput bubulum fuerit, id est duo trigona
isopleura iuncta, habentia per latus unum perticas L,
unius trigoni latus in alterius trigoni latus duco, id est
L per L: fiunt IID, quod sunt iugera VIII, tabulae IIs, perticae XVI. (fig. 336.)

2. Kastrensis iugerus *P*, Kastrenses iugerūs *G*, Castrensis iugerus
R. ‖ perticas *R*, p *G*. ‖ 3. dcccc *R*. ‖ 4. perticas *alterum om R*.
‖ 5. habet ... LXXII *om R*. ‖ 7. quot *R*. ‖ 10. Itaque ... modios
III *om R, sed habet uersu* 15. ‖ Kastrensis iugerūs *G*. ‖ 15. IIII
om GP. ‖ 17. unum *om R*. ‖ 19. ꝏ *P*, i *R*, *om G*. ‖ unam tabulam *R*. ‖ 20. trigonia *G*. ‖ 22. 23. id est per .l. l. *R*. ‖ 23. tabula
GP. ‖ perticas *GP*. ‖ 24. XVI *om GP*.

Ager si fuerit inaequalis ita ut habeat in latere uno GR. perticas XL et in alio XXX et in alio XX et in alio VI, coniungo XL et XXX: fiunt LXX. diuido in aequa: fit una pars XXXV. rursus iungo VI cum XX: fiunt XXVI. diuido aequaliter: fiunt XIII. duco latus quod diuisi prius, id 5 est XXXV, per XIII: fiunt perticae CCCCLV, quae faciunt iugerum unum, tabulas II, perticas XXIII. | (fig. 337.) G159

Ager si fuerit lunatus, habens a foris perticas LX et in sinu suo perticas XX, aequas maiorem partem cum minore, et facis partem unam XL. et si in uno capite habue- 10 rit perticas X, et in alio in punctum desierit, diuidis X: fiunt V. hoc ducis per XL: fiunt CC, id est tabulae duae et perticae LVI. (fig. 338.)

Ager si fuerit semicirculus, cuius basis habeat per- ticas XL, curuaturae latitudo habeat perticas XX, oporte- 15 bit multiplicare latitudinem cum base, id est uicies qua- drageni: fiunt perticae DCCC. hoc undecies: fiunt $\overline{VIII}$DCCC. huius sumo partem quartam decimam, id est DCXXVIII S. tot esse dicimus quadratas perticas, quae faciunt iugera duo et tabulam dimidiam, perticas XVI. (fig. 339.) 20

Ager si fuerit rotundus circuli speciem habens, sic podismum colligo. esto area rotunda, cuius diametrus ha- beat perticas XL. has in se multiplico, quae fiunt perti- cae ∞DC. hanc summam undecies multiplico: | fiunt per- G160 ticae $\overline{XVII}$DC. ex qua summa quartam decimam deduco, 25 id est perticas ∞CCCLVII, ped. I ÷ [V], quae summa efficit iugera IIII, tabulam I, perticas XXXIII. (fig. 340.)

2. et *ter om P*. ‖ 3. diuidis in aequo *GP*. ‖ 5. quem diuidi *GP*. ‖ 6. qui faciunt *GP*. ‖ 7. tabula *GP*. ‖ 12. duces *R*. ‖ 15. xx. *R*. ‖ 18. summae *GP*. ‖ 20. tabula dimidia perticas VI *GP*. ‖ 21. si rotundus erit *GP*. ‖ 25. duco *GP*. ‖ 26. *post quincuncis notam numerum unciarum, quem habent libri, uncis inclusi hic et ubique*. ‖ summa *om R*. ‖ 27. tabula *GP*.

23*

GR   Ager si minor fuerit quam semicirculus, arcum sic metimur. esto arcus cuius basis habeat perticas xx, latitudo perticas v. latitudinis cum base iungo numerum: fiunt perticae xxv. hoc duco quater: fiunt c. horum pars
5 dimidia, l. item perticae xx, quae sunt in basi: pars dimidia, sunt x. qui in se multiplicati fiunt c. horum quartam decimam duco, qui remanent perticae vii, pes i ÷ [v]. quibus adicio perticas l, quas superius dixi. iunctis itaque numeris utriusque summae faciunt perticas lvii.
10 hoc in arcu esse dicimus. (fig. 341.)

    Ager si fuerit sex angulorum, in quadratos pedes sic redigitur. esto exagonum in quo sint per latus unum perticae xxx. latus unum in se multiplico, id est tricies triceni: fiunt perticae dcccc. huius summae tertiam par-
15 tem statuo, id est ccc. nihilo minus ex eadem pleniori summa decimam partem tollo, id est xc. quae pariter
R 35 iunctae faciunt cccxc. quae sexies | ducendae sunt, quia
G 161 sex | latera habet: quae summa colligit perticas īicccxl. tot igitur quadratas perticas in hoc agro esse dicimus.
(G) (fig. 342.)

21   Si fuerit archa longa pedes xxx, lata ped. xv, alta ped. vii, duco longitudinem per altitudinem: fiunt ped. ccx. hoc duco per altitudinem: fiunt pedes īiīcl. sic quaer.
(R) pedaturam.

---

1. fuerit *om R.* ‖ sic *om R.* ‖ 2. esto arcus est cuius *GP.* ‖ 8. iunctus itaque numerus *GP.* ‖ 9. facit perticas. l.vi. *R.* ‖ 12. dirigitur *R.* ‖ 13. in se *om R.* ‖ 14. fiunt *GP,* sunt *R.* ‖ 16. tollo partem *R.* ‖ qui *GP.* ‖ 18. colligitur *GP.*

prima	linea	prima	mensura	prima	norma quae nota	
A	**L**	**A**	**M**	**I**	**N**	

primum	decumanum	**x** **m**	primum	**x**	decumanum	primum
I	**D**	**K M**	**I**	**K**	**D**	**I** 5

x	ostendit hoc est rectum	maximum	decumanum	finalis	petra	
K	**O**	**M**	**X**	**Y**	**P**	*G* 176

	fixa	prima	hortogoniam	ostendit	sequeris	quintarium
	F	**I**	**H**	**O**	**S**	**V**

sequeris	primum	zonto id est angulo	quintario	quaeris	primum 10
S	**I**	**Z**	**E**	**Q**	**P**

	rigorem	termini	hortogonium	norma	gamma	finalis
	R	**T**	**H**	**N**	**G**	**Y**

primum	secundum	et tertium	ostendit	gamma	hortogonum	
A	**B**	**C**	**O**	**G**	**H**	15

	rigorem	quintarium	limitem	maximum	rigorem	maximum
	R	**V**	**L**	**M**	**R**	**M**

quaeris	primum	quintarium	secundum	terminum	quintarium
Q	**P**	**V**	**S**	**T**	**V**

gamma	hortogonii	hortogonii	prima	**x**	**m** 20
G	**H**	**H**	**I**	**K**	**M**

	secundario	primo	finalis	petra
	S	**I**	**Y**	**P**

	rigori	secundario	prima	norma	gamma	posita
	R	**S**	**I**	**N**	**G**	**P** 25

hortogonium	ostendit	decumanum	ostendit	quintario	primo
H	**O**	**D**	**O**	**V**	**I**

	terminus	regundorum	queris	maiorem	ne	decem
	T	**R**	**Q**	**M**	**N**	**X**

zonto qui angulum	primum	norma	secunda	decem	pedes 30
Z	**A**	**N**	**S**	**X**	**P**

1. *om GP*. ǁ 4. x̄. m̄ *P*, x̄ mensura *G*. ǁ 10. zonto (o *in litura*) *G*,
zanto *P*. ǁ 18. secundarum *P*. ǁ 20. 21. hortogonii *et* H *semel tan-*
tum P. ǁ 21. 22. 23. x m, finalis petra, Y P *om P*. ǁ 25. G P *G*, K^(k)
M *P*. ǁ 26. 27. quintario primo, V I, *G*: finalis petra, Y P, *P*. ǁ 28.
ne decem *om P*. ǁ 30. zanto *P*. ǁ 30. 31. decem pedes, X P, *G*:
gamma posita, G P, *P*.

G   max   kar   terminum   rigoris
        M   **K**   **T**   **R**

        decumanum   ostendit   a   fi
            X   **O**   **A**   **F**

5   hortogonium   primum   pedes   minus
           H   **I**   **P**   **M**

        quinque   decem
           V   **X**

INCIPIT.

10   # RATIO LIMITVM REGVNDORVM

haec est. auctor Theodosius et Neuterius de terminis et
lineis exposuerunt. ccciiii iugi agri mensoris qui mappa
quas lineas habuerit obseruetur.

INCIPIT EXPOSITIO PODISMI.

15 A limes huius litterae habet in longo ped. ccl

   B limes huius litterae habet in longo ped. cccl

G 177 C limes huius litterae habet in longo ped. dcl

   D limes huius litterae habet in longo ped. dl

   E limes huius litterae habet in longo ped. dc

20 F limes huius litterae habet in longo ped. dcc

   G limes huius litterae habet in longo ped. dccc

   H limes huius litterae habet in longo ped. ∞l

   I limes huius litterae habet in longo ped. ∞

   K limes huius litterae habet in longo ped. ∞cl

25 L limes huius litterae habet in longo ped. ∞∞∞

   M limes huius litterae habet in longo ped. dccc

   N limes huius litterae habet in longo ped. ∞c

   O limes huius litterae habet in longo ped. ∞c

   P limes huius litterae habet in longo ped. ∞cc et appen-

30   dices ɪɪ

    1. karꝫ *G*, kardꜱ *P.* || 1. 2. 3. 4. 5. 6. *in fine add* quintario primo,
v ɪ, ne decem ɴ x, decem pedes, x ᴘ, *P.* || 22. ∞ʟ *P*, ccʟ *G. item in
eis quae sequuntur* cc *G ubi* ∞ *P.*

Q limes huius litterae habet in longo ped. ∞cccc *G*

R limes huius litterae habet in longo ped. ∞Dc

S limes huius litterae habet in longo ped. ∞D

T limes huius litterae habet in longo ped. ∞D

V limes huius litterae habet in longo ped. ∞Dc 5

X limes huius litterae habet in longo ped. ∞cc

Y limes huius litterae habet in longo ped. ∞cccc

Z limes huius litterae habet in longo ped. ∞cccc.

Ager, quamuis fundus longiores fines habeat amplius, non longiorem finem habet quam ped. ∞Dxxvii. 10

DE MENSVRATIONE IVGERI.

Iugerum unum pedes ccxl et in latitudine pedes c faciunt terra modiorum iii.

INCIPIT EXPOSITIO LIMITVM VEL TERMINORVM. *G* 173

Omnes limites maritimi aut Gallici una factura current. 15

Quoniam sanctior est, id est iustior uidetur, maritimus limes frequentius solet recte studiri, quod interpretatur non extorcet, sed est constitutus ita. (fig. 343.)

Est Gallicus in sua consuetudine, secundum quem ordinauimus, quem exposuimus frequentius corrumpet, extorcet, 20 et saltum dat, qui est constitutus ita.

Contra urbis Babylonis Roma maritimi limites fient, et Gallicus inpinget.

Quia de limitibus curauimus exponere, sub terminis qualia signa inueniuntur? aut calcem, aut gypsum, aut 25 carbones, aut uitria fracta, aut cineres, aut testam tusam, aut decanummos uel pentanummos. haec signa si inueniuntur, una certatio est ad iustitiam antiquitus quando terminos constituimus, quoniam res uoluntaria est. siquis

10. *pedes P.* ‖ 22. *conf. p.* 308, 18. ‖ 25. *gipsum P.*

G nouit geometricae artis philosophiam, nouit haec signa terminorum diligenter exponere.

Terminus si decum [x] habuerit, quatrifinium expo-
net: si succumbum fuerit, limitem ostendit aut uallem de-
5 siderat.

G 179   Terminus si incisuram habuerit, riuum aut fossatum
significat aut fluuium ostendit.

Terminus si fossulam habuerit, lauacrum aut pisci-
nam significat aut terminum rotundum ostendit. si ali-
10 quid fictum habuerit super se, acrum aut plumbum aut
stagnum epicteticum, hoc est massatium fabritum, quod
est inter censam centuriae.

Terminus si transpertusus fuerit, flumen transit aut
in aqua uiua mittit.

15   Terminus si punctum habuerit, puteum aut fontem
ostendit.

Terminus si aliquam cissuram, hoc est taliaturam,
habuerit, montem cissum, id est taliatum, ostendit. limes
illa finem transit.

20   Terminus si tres petras circa sese habuerit, trifinium
demonstrat. talem terminum nomine bifurtium samartia
uocatur, et habet arcam in trifinio. si botontini terrae,
ex superis prohibeo te sacramentum dare. si cihiamellus,
hoc est siliqua siluatica fuerint tres, trifinium demons-
25 trat. si oliuastellum inueneris unum, terminum demonstrat, aquam uiuam et conuallia loca significat. si tres
murtae fuerint, trifinium demonstrat. si tres cotonei fuerint, trifinium demonstrant.

Terminus si scriptus fuerit et punctos habuerit litte-
30 ris Grecis, sequeris cursum eius asion, hoc est ab oriente
per litteras Grecas de mappa, hoc est pentagonum, quod
interpretatur cubitos quinque.

11. massaticium *P.* ‖ 28. demonstrat *P.*

INCIPIT EXPOSITIO TERMINORVM PER DIVERSAS *G* PROVINTIAS POSITORVM.

Terminum singulum in quatrifinio inuenies. quattuor lapides in quadrifinio positae sunt, et termini factura tornatilis, hoc est rotundi, subtilissimi: in quatrifinio inuenies. 5

Puteum si in fine inuenis, pro termino habebis.   *G*180

Cisternam factam in fine positam, et circa hanc memoratum terminum inuenies, et pro termino habebis.

Terminum de lapide decisa uiua inuenies, et pro termino habebis. 10

Macherias lapidum in finem pro termino inuenies.

Sepulchra finalia aut monumenta sine dubio inuenies.

Melum cotonium in fine pro termino inuenies.

Cypressum in fine pro termino inuenies.

Oliuastellum in fine pro termino inuenies. 15

Fossatum decisum paruum in fine pro termino posuimus. fossato alio finales maiores sine dubitatione inuenies.

Limitem torrem, hoc est torum, sine dubio inuenies.

Parietes de calce fabricatas finales direximus. 20

Ripas decisas finales direximus.

Botontones finales inuenies.

Arbores ante missas finales inuenies, peregrinas, exteras.

Pontem marmoreum in fine inuenies. 25

Pontem de lapide uiuo in fine inuenies.

Pontem ex calce factum in fine inuenies.

Orcas in fine inuenies.

Sarcofaga in fine inuenies.

Imbrices in fine inuenies. 30

Collectaculum de carbonibus in calce miscitatos et glerias fluminales ne dispicias: signales constituimus.

Palos picitos pro terminis inuenies.

G   Laterculos quadrangulos pro terminis inuenies.

Lapides natiuas cum aliquo signo finem pro termino constituimus, et multa consecratione signauimus.

Flumen aliquotiens in fine inuenies.

5   Riuum finalem inuenies.

Haec signa per diuersas prouintias obseruentur.

G 181 182   (fig. 344.)

G 183   Vnde et territoria diuiduntur, ut requiras casales secundum litteras istas, quomodo sunt positae in monte et
10 in planis locis.

ITEM EXPOSITIO TERMINORVM.

Quales terminos constituimus? alii quidem politos, et ubi dispectas lapides posuimus, subtus terram decisimus, ut firmarentur lapides: quae dispectas in rigora et
15 in latere limitis constituimus lapides, quae positae sunt in terminis. amplius mensura eius non potest inueniri, quam tertio pede de manu, et de his pedibus semisse minus unum. scutanei sunt, hoc est dolatiles. alii qui sunt lapilli facti tornatiles, siue alia factura breuiores, hoc est
20 minores, et in fine positi: si haec non admittuntur, subter terram decisas inuenies, quas decisas in omnibus finales sunt. aut quidem in altum per iugum de monte. haec signa constituimus dirigi lineam, quod est ualle incisam. quia sub axae caeli determinata est terra. euaugelium aad
25 Matheum, sanctus Petrus, sanctus Paulus, sanctus Laurentius, sanctus Iohannes euangelista, Christus filius dei, per quem et pax terminationis in terra processit, et praecepit limitibus continere, et stanti, et fontibus egredi, et egresse sunt per singula loca.

30   Quas litteras singulas in terminis inuenies, quae capitaneas non sunt fundorum, sed rationis terminum ostendit.

29. aegraesse G. ‖ 30. quas capitaneas P.

A si in termino inueneris, finem in proximum signi- *G*
ficat, aut aquam uiuam designat.

B si in termino inueneris, bifurtium ostendit, aut riuum significat.

C si in termino inueneris, a centuria numquam re- 5
cedas.

D si in termino inueneris, decimanno ostendit.

E si in termino | inueneris, uallem ante se significat, *G*184
aut riuum, aut fluuium, et super se subrectiores loca per
planitia limes excurrit. 10

F si in termino inueneris, finalis causa exponit, et in
longinquo terminum ostendit.

G si in termino inueneris, sui nominis auctorem limitem tortuosum ostendit.

H si in termino inueneris, grandes longitias limitum 15
ostendit, et rariora signa in fine inuenies.

I si in termino inueneris, uiam significat, aut collis
riguram ostendit, hoc est iugum.

K si in termino inueneris, kardinem ostendit, quod
terminum subtilissimum et speciosum inuenies, hoc est 20
formonsum.

L si in termino inueneris, suae normae facturam designat, limitem gammatum et in longinquo arcam finalem
ostendit, et conuallia eius fundum finem uindicat.

M si in termino inueneris, fines quadras designat, et 25
in proximo signa finalia inuenies.

N si in termino inueneris, proximam aquam significat,
et quadras fines habentes aquae. a septemtrione arcam
marmoream inuenies.

O si in termino inueneris, a septemtrionali parte sil- 30
uam demonstrat, et per ipsam siluam riuus currit, et trans
riuum signa demonstrat.

24. eius *G*, ei *P*.

G   P si in termino inueneris, pedaturam significat, extra
aliis signis finalibus, uel quod litteras finales continet. has
per singulos titulos inuenies, aliosque finales titulos sine
nostris signis in agris posuimus, qui rationem ostendunt
5 limitum et causam dirigunt finalem.

Q si in termino inueneris, a limite riuum.

R si in termino inueneris, per collicellum terminos
inuenies.

S si in termino inuenies, supra possessionem multas
10 aquas uiuas indicat, quae alueum transeunt.

T si in termino inueneris, trifinium ostendit.

V si in termino inueneris, terminum in collem meri-
*G*186 dianum ostendit per limitem | orientalem.

X si in termino inueneris, quatrifinium exponit, et pro
15 decumano finem habebis.

Y si in termino inueneris, sub se fontanam proximam
habet.

Z si in termino inueneris, a sinistra parte fontem
significat.

20   Haec omnia supra scripta expositione terminorum
constant, ut intellegas quae signa aut quales causae finem
faciunt.

INCIPIT EXPOSITIO DE MARGINIBVS TERRAE
ET OPERIBVS CAESIS.

25   Quamquam igitur de terminis expositione aliquotiens
extra limites termini positi inueniuntur, antiquae tamen
mensurae conuenit ut terminos foris limites ponerentur.
sine dubio constat finis, et quia arcas aliquotiens circa
sepulchrum sine dubio ponuntur, et super ipsam arcam
30 memoriae constitutae, et quod sanctius uidentur. antiquitus nobis sic conuenit mensura, ut in ipsa memoria con-
secraretur arca finalis. et ita ad mensuras nostras per-

_____

25. expositionem *P*, expositionem *G*.

scribamus, ut sine dubio, ubi haec signa inueniuntur, fina- *G*
les adnectimus in legibus exponantur, sicut superius lectio continet.

INCIPIT EXPOSITIO DE VALLIBVS.

Valles autem si fluuiis permittunt, et constitutum 5
sit fluuium, qui foris agrum non uagatur et alueum alterum per agrum non mutet, et flumen fuerit saxuosum, qui
aluea alta quasi rectos alueos excurrit, finalis causa per
ipsum direximus. haec quia singuli semper agri non fi-
niti nisi per terminos, nisi per diuersas macherias, signa 10
finita sunt, per terminorum rationem, per aquas uiuas
ubi terminus non possit, fossas finales et aquae ductos
| in fine direximus, quoniam agri qui rectas lineas, hoc *G*186
est ualles finales habet, per riuum, quod frequentiore
solet in questionem deduci. sed qui riuum collectaculum 15
uallium subter eum limitem suscepit, sine dubio finalis
ipse riuus obseruetur. et aliquotiens super labium de ipso
riuo terminum finalem constituimus, qui mittit rectum
rigorem limitem: sine dubio per legem obseruetur.

INCIPIT DE PALVDIBVS. 20

Non perdescribantur signa finalia.

Stagnum uero finalem aliquotiens direximus, et lacunar, quae interpretatur aqua uiua, unde ipse stagnus exiet.
ex tertia hora ipsum stagnum finalem constituimus, et
quam plurime contra tertiam horam. superius alueum 25
signa quae inueniuntur, per sepulchra finali causa diriguntur. plurisque super ripam paludis sacra paganorum
inueniuntur. qui finales sint requirantur, quia, ut supra
dixi, requirendum oportet qualia signa finalia admittantur.
et terminos altiores posuimus: sine dubio obseruentur. 30

Haec ratio notis iuris est exponenda ex lege secundum grammaticae et philosophiae geometricae artis. singulos fundos ex notis iuris obligauimus: sed ita exponan-

G tur leges secundum artis geometricae, ad pertinentes lec-
tiones secundum locis rumorem, quod interpretatur, se-
cundum·loci obseruationem, seu fossis subseciuis seu rigores seu centuriis seu terminis. ita exponantur, quia,
5 sicut in preteritis diximus, duae fossae finem non faciunt. preterea si circa publica diriguntur.

G 187   Casale eius si in monte posita fiuis, quam maxime
in oriente: a sole occumbente uia, et in uia terminum
G 188 189 scriptum habet. (fig. 345.)

G 201 # ITEM INTERPRETATIO VBI SVPRA.
DE FINIBVS AGRORVM.

Fines dictae eo quod agri funiculis sunt diuisi. mensurarum lineae in terrarum partitione tenduntur, demen-
R 38 sionibus aequitas teneatur. | Limites appellati antiquo uerbo
15 transuersi. nam transuersa omnia antiqui lima dicebant:
a quo et limina hostiorum, per quas foris et intus itur;
et limites, quod per eos in agro foris et intus eatur.
hinc et limus uocabulum accepit, cingulum quo serui publice cingebantur obliqua purpura. Termini dicti quod
20 terrae mensuras distingunt atque declarant. his enim testimonia finium intelleguntur et agrorum intentio et certa-
(*G*) men aufertur. | Limites in agris maxime II sunt, cardo et
decumanus. cardo, qui a septentrione directus a cardine
caeli est: nam sine dubio caelum uertitur in septentrio-

4. exponantur *P*, exponuntur *G*. ‖ 10. *est Isidori originum libri*
xv caput 14. ‖ 15. limam *G*. ‖ 16. ostiorum *P*. ‖ per quae domus
introitur et limina quod *R*. ‖ 17. limites *P*, limes *G*. ‖ foras
exeatur *R*. ‖ 18. limes *G*. ‖ cingulum ... purpura *om G*. ‖ 19.
Termini ... 22. aufertur *om R*. ‖ 20. *quaerendum unde sumpse-*
rit Isidorus. nam debet esse contentio.

nali orbe. decumanus est qui ab oriente in occidentem *R*
per transuersum dirigitur: qui pro eo quod formas x faciat, decumanus est appellatus. ager enim bis diuisus figuram denarii numeri efficiet. Arcam ab arcendo uoca-
tam: fines enim agri custodit eosque adire prohibet. Trifi- **5**
nium dictum eo quod trium possessionum fines attingit. hinc
et quadrifinium, quod quattuor.   **(R)**

DE MENSVRIS AGRORVM.   **G**

Mensura est quidquid pondere capacitate longitu- *R* 37
dine altitudine latitudine animoque finitur. Maiores itaque **10**
orbem in partibus, partes | in prouinciis, prouincias in re- *R* 38
gionibus, regiones in locis, loca in territoriis, territoria in
agris, agros in centuriis, centurias in iugeribus, iugera in
clymmatibus, deinde clymmata in actos perticas passus
gradus cubitos pedes palmos uncias et digitos diuiserunt: **15**
tanta enim fuit eorum sollertia. Digitus est minima pars
agrestium mensurarum. inde uncia | habet digitos tres. *G* 202
palmus autem quattuor digitos habet, pes xvi, passus pedes v, pertica passus duos, id est pedes decim. Pertica
autem a portando dicta, quasi portica. omnes autem prae- **20**
cedentes mensurae in corpore sunt, ut palmus pes passus et reliqua: sola pertica portatur. est enim x pedum,
ad instar calami in Ezechihele templum mensurantis. Actus minimus est latitudine pedum quattuor, longitudine
CXL. Clymmata quoque undique uersus pedes habent LX, **25**

LX
LX ☐ LX. Actus quadratus undique finitur pedibus cxx, ita.
LX

8. *est Isidori originum libri* xv *caput* 15. ‖ 11. in partes *R, et
similiter in proximis.* ‖ 13. centuria in *G.* ‖ 14. climata *R.* ‖ 14.
in actus. actus in perticas *et sic reliqua, tum* 15. palmos in digitos.
digitos in uncias diuiserunt, *R.* ‖ 16. solertia *G.* ‖ pars minima *R.* ‖
17. habens *R.* ‖ 18. Pes xvi digitos habet *R.* ‖ 20. a portendo *R.* ‖
Omnes enim *R.* ‖ 23. ezechihele *P,* ezechiele *GR.* ‖ 24. est om *R.*
‖ quattuor] lx *R.* ‖ 25. cxl] *sic GP. debet esse* cxx, *itaque R.*
‖ Clima *R.* ‖ uersum habet pedes *R.*

GR cxx ⬚ cxx. hunc Betici arapennem dicunt, ab arando scilicet. Actus duplicatus iugerum facit. ab · eo quod est
iunctum, iugerum nomen accepit. iugerum autem constat
longitudine pedum duocentorum xL, latitudine cxx; ita.

5 cxx |iugerum| cxx. Actum prouinciae Beticae rustici agnam uo-
cant. porcam idem Betici xxx pedum latitudine et Lxxx
longitudine definiunt, ita. xv ⬚ xv. sed porca est
quod in arando Lxxx extat; quod defossum est, lyra.
Galli candetum appellant in areis urbanis spatium centum

10 pedum, quasi centetum; in agrestibus autem pedum cL
quadratorum iustum candetum uocant. Porro stadialis ager
habet passus cxxv, id est pedes DCxxv. cuius mensura
octies computata miliarium facit, qui constat quinque milium pedibus. Centuria autem ager est ducentorum iuge-

15 rum, qui apud antiquos a centum iugeribus uocabatur,
sed postea duplicata nomen pristinum retinuit. in numero
enim centuriae multiplicatae sunt, sed nomen mutare non

(*R*) potuerunt.

DE AGRIS.

20   Ager Latine appellari dicitur eo quod in eo agatur aliquid. alii agrum ex Greco nominare manifestius

---

1. aripennem *R*. ‖ 3. iugeri nomen accepit. Aripennis uero quod est
semiiugerum habet in longitudine ped. cxx. in latitudine ped. lx. Duo
aripennes iugerum faciunt, qui est et centuria habentem passus per circuitum c. iugerum autem *R*. ‖ 4. ccxl *R*. ‖ 5. boeticae *GP*. ‖ agrum
GP. ‖ 6. boetici *GP*. ‖ 6. 7. *sic omnia GP*: *diagramma cum
numeris om R*. ‖ 8. Lxxx] *sic GP*, om *R*. ‖ lira *R*. ‖ 10. quasi
centeatum *G*. ‖ pedes cL *G*. ‖ 13. octies *G*, Lxxx. *R*. ‖ quod *R*. ‖ milia
R. ‖ 16. sed duplicata est nomenque *R*. ‖ 19. *est Isidori originum libri* xv *caput* 13.

credunt, unde et uilla Grece choragros dicitur. uilla a *G*
uallo, id est aggere terrae, nuncupata, quod pro limite
constitui solet. Possessiones sunt agri late patentes publici priuatique, quos initio non mancipatione sed quis-
que ut potuit | occupauit atque possedit; unde et nun- *G* 203
cupati. Fundus dictus quod in eo fundatur uel stabilia- 6
tur patrimonium. fundus autem et urbanum aedificium et
rusticum intellegendum est. Praedium, quod ex omnibus
patris familias maxime prouidetur, id est apparet, quasi
praeuidium; uel quod antiqui agros quos bello caepe- 10
rant ut praedae nomine habebant. Rura ueteres incultos
agros dicebant, id est siluas et pascua. Ager dictus qui
a diuisoribus agrorum relictus est ad pascendum commu-
niter uicinis. | Alluuius ager est quem paulatim fluuius in *R*
agrum reddit. Arcifinius ager dictus est quia certis linea- 15
rum mensuris non continetur, sed arcentur fines eius ob-
iectu fluminum montium arborum. unde in his agris nihil
subseciuorum interuenit. | Noualis ager est primum pros- (*R*)
cisus, siue qui alternis annis uacat nouandarum sibi ui-
rium causa. noualia enim semel cum fructu erunt, et se- 20
mel uacua. Squalidus ager quasi excolidus, quod iam a
cultura exierit; sicut exconsul quod a consulatu discesse-
rit. Vliginosus ager est semper umidus. nam umidus dicitur qui aliquando siccatur. uligo enim umor terrae est na-
turalis ab ea numquam recedens. | Subseciua sunt propriae 25
quae sunt ut sutor de materia praecidens quasi superua-
cua abicit. inde et subseciui agri quos in pertica diuisos
recusant quasi steriles aut palustres. item subseciua quae
in diuisura agri non efficiunt centuria, id est iugera du-

6. fundatur] *sic GP*. ‖ 14. Illuuius ager dictus est *R*. ‖ 15. Arcifinus
G. ‖ qui a *R*. ‖ 16. tenetur *R*. ‖ arcetur finis *R*. ‖ 17. obiecto *G*. ‖ 18.
subcisiuorum *R*. ‖ 25. Subcisiua *R*. ‖ 26. sunt ut sutor *R*, quae-
stor *G*. ‖ percidens *R*. ‖ 27. subcisiua *R*. ‖ diuersos *R*. ‖ 28.
subcisiua *R*. ‖ qui *G*. ‖ 29. centuria . . . . ducenta *om R*.

(G) *R* centa. | Area dicitur tabularum aequalitas. dicta autem area a planitie et aequalitate, unde et ara. alii aream uocatam dicunt quod pro triturantibus frugibus eradatur, uel quod non triturentur in ea nisi arida.

5 Mensuras uiarum nos miliaria dicimus, Greci stadia, Galli lewas, Egyptii signes, Persae parasangas. Miliarium mille passibus terminatur. et dictum miliarium quasi mille aditum, habens ped. v milia. Lewa finitur passibus mille D. Stadium octaua pars miliarii est, constans passibus 10 CXXV. Via est qua potest ire uehiculum, et uia dicta est a uehiculorum incursu: nam duos actus capit propter *R* 39 euntium | et uenientium uehiculorum incursum. Strata quasi uulgi pedibus ´trita. ipsa est et dilapidata, id est lapidibus strata. Ager est media stratae eminentia coag-15 geratis lapidibus, quod historici uiam militarem uocant. ut Qualis saepe uiae deprehensus in aggere serpens. Iter uel itiner est uia qua iri ab homine quaqua uersum potest. iter uel itiner diuersam significationem habet. iter enim est locus transitu facilis, unde et appellamus et 20 itum. itiner enim est iter longae uiae, et ipse labor ambulandi, ut quo uelis peruenias. Tramites sunt transuersa in agris itinera, siue recta uia, dicta quod transmittat. Diuortia sunt flexus uiarum, hoc est uia in diuersa tendens. item diuerticula sunt, hoc est diuersae ac diuisae 25 uiae, siue semitae transuersae, quae sunt alterae uiae. Orbita uestigium carri, ab orbe rotae dicta. porro actus, quo pecus agi solet. cliuosum iter, flexuosum. Ambitus inter uicinorum aedificiorum locus duorum pedum et semipedis, ad circum eundi facultatem rectus et ab obam-(R) bulando dictus.

5. *hic R inserit ea quae supra p.* 366,14-367,7 *dedimus. quae secuntur, petita sunt ex Isidori originum libri* xv *capite* 16. ‖ 30. *his R subicit haec.* Sex habet sextantem unum trientem. II. semissem. III. bisse quom dimetron dicunt. quintarium ·quem pente-

IN DEI NOMINE
PAVCA DE MENSVRIS

SECVNDVM GEOMETRICAE DISCIPLINAE RATIO-
NEM EX VOLVMINIBVS ERVDITORVM VIRORVM
EXCERPTA INCIPIVNT. 5

Mensura est iuxta Isidorum quicquid pondere capacitate longitudine latitudine altitudine animoquae finitur.
Maiores itaque orbem in partibus, partes in prouintiis,
prouincias in regionibus, regiones in locis, loca in territoriis, territoria in agris, agros in centuriis, centurias in 10
iugeribus, iugera in climatibus, climata in actibus, actus in
perticis, perticas in passus, passus in gradibus, gradus in
cubitis, cubitos in pedibus, pedes in palmis, palmos in
unciis, uncias in digitis diuiserunt. Digitus est pars minima agrestium mensurarum. inde uncia, habens digitos 15
tres. palmus autem quattuor digitos habet, pes uero sc-
decim. passus v ped. habet, pertica passus duos, id est
pedes x. Perticas autem iuxta loca uel crassitudinem terrarum, prout prouintialibus placuit, uidemus esse dispo-
sitas, quasdam decimpedas, quibusdam duos additos pe- 20
des, aliquas uero xv uel x et vn pedum diffinitas, ita
dum taxat ut crassioribus terris minores mensuras, steri-
lioribus maiores tribuissent, prout modiorum numerus incremento frugum uni cuique loco sufficeret. Quidam autem, quinque grana hordei transuersa tam indici quam 25
inpudico siue medio conuenire iudicantes, hos tres digitos simul iunctos unciam dixerunt, palmum autem minimo
addito diffinierunt. quidam ergo septem grana hordei in

meron dicuntur. v. perfectum. vi. Cubitus constat vi. palmis. digitis.
iiii. Quarta pars denarii. qui erat exdenis ereis efficiebatur ex. ii. assi-
bus. et tercio semisse. sestercium uocauerunt. EXPLICIT. ‖ 25. ʰordei
G. ‖ 26. medico G. ‖ 27. autem ᵗᵉʳmiⁿino G. ‖ 28. ʰordei G.

24*

G transuerso posita pollicem iudicauerunt, ex quibus xv pedem reddunt, pedes duo et semis gressum siue gradum,
*G*218 duo gressus | passum, duo uero passus decimpedam per-
ticam faciunt. alii antem uoluerunt ut pertica xlviii pal-
5 morum esset, quae pertica ad manus xii pedes habet;
quod per extensionem brachiorum uerius esse demonstratur. idcirco putamus ministeriales imperatorum maiores
in accipiendo, minores in dando, mensuras habuisse. Actus minimus habet in latitudine ped. iiii, ex quibus per-
10 tica esse non potest, in longitudine ped. cxx, qui faciunt
perticas decimpedas xii. actus maior, qui quadratus dicitur, habet undique ped. cxx, qui duplicatus iugerum facit. Iugerum constat in longitudine pedum ccxl, quod sunt
perticae decempedae xxiiii, in latitudine pedum cxx, quod
15 sunt perticae xii. Clima dicitur pars agri quadrata, quae
habet ex omni parte ped. lx, id est perticas decimpedas
undique sex. Arapennis uero, quem semiiugerum dicunt,
idem est quod et actus maior, habens undique uersum
pedes cxx, perticas uero xii. Porcamis est pars agri ha-
20 bens in latitudine ped. xxx, id est perticas iii, in longitudine lxxx, id est perticas decimpedas viii. Porro stadialis ager habet passus cxxv, id est ped. dcxxv. cuius
mensura occies computata miliarium facit, qui constat
quinque milibus pedum. Centuria autem est ager ducen-
25 torum iugerum, qui apud antiquos a centum iugeribus uocabatur, sed postea duplicata est, nomenque pristinum retinuit. in numero enim centuriae multiplicatae sunt, nomen tamen mutare non potuerunt.

Illud enim sciendum est, quod pes dupliciter secun-
30 dum morem antiquorum pronuntiatur; uno modo eo quod
sit naturaliter pes, alio modo quod usurpatiue per manus metiatur. tantum enim praecellit pes manualis pedem

11. decim.pedas *G*. ‖ 14. decimpedae (e *ex* i *facto*) *G*.

naturalem, quantum pollex in longitudine protendi po- *G*
test. similiter et cubitus. | nam unus cubitus est qui na- *G 819*
turaliter a cubito ad digitorum summitatem usque perten-
dit; qualis erat cubitus quo arca testamenti, quam Moy-
ses iussu dei fecerat, fuerat mensurata. alius cubitus est, 5
qui et maior dicitur, quo arca Noe demetita esse dinoscitur, qui brachio extenso toto cubito capiti prelato se
esse demonstrat. sic etiam et passus apud antiquos dupliciter haberi uidentur. etenim passus dicitur quod duobus gressibus gradiendo conficitur: passus etiam dicitur 10
quantum ambobus brachiis extensis inter longissimos digitos est. status autem est unius cuiusque altitudo.

Illud etenim sciendum est, quia sunt mensurae quae
ad uiatores seu ad cursores pertinent. minima pars stadium est, habens passus cxxv. octo stadia miliarium red- 15
dunt, mille passus habentem. miliarius et dimidius apud
Gallos leuuam facit, habentem passus mille quingentos.
duae leuuae siue miliarii tres apud Germanos unam ras-
tam efficiunt.

DE PONDERIBVS. 20

Ponderum pars minima calculus est, qui constat ex *R 88*
granis ciceris duobus, et apud quosdam siliqua pensante,
quae tribus granis hordei declaratur in pondere. duo
calculi ceratim faciunt. quattuor calculi siue duo ceratim obolum reddunt. duo oboli scripulum complent. tres 25
scripuli dragmam faciunt. dragma quae constat siliquis x
et viii, et scripulus qui est ex siliquis sex, et obolus qui
est ex tribus, quadrantem efficiunt continentem in se sili-
quas xxvii. duo quadrantes staterem faciunt. duo state-
res unciam reddunt. Iuxta Gallos uigesima pars unciae 30

---

20. *conf. Isidorus orig.* 16, 25. || 21. Ponderis *R.* || 23. ordei
R. || 24. ceratum *R.* || cerati obulum *R.* || 25. obuli *R.* || 26. quae
G, quoque *R.* || xviii. *R.* || 27. obulus *R.* || 29. xxiiii. *R.*

GR denarius est, et duodecim denarii solidum reddunt. ideo-
Gsso que iuxta numerum denariorum tres unciae quinque | so-
lidos complent. sic et quinque solidi in tres uncias re-
deunt. nam duodecim unciae libram xx solidos continen-
5 tem efficiunt. sed ueteres solidum qui nunc aureus dicitur nuncupabant. Libra dicitur quicquid per duodenarii
numeri perfectionem adimpletur. nam libra dici potest
annus, qui constat ex iiii temporibus et xii mensibus, et
ex L duabus ebdomadibus et die uel quadrante. libra
10 esse potest aequinoctialis dies sine sua nocte, qui constat xii horis. hora constat ex v punctis, x minutis, xv
partibus, xL momentis, Lx ostentis. hora autem diei secundum solis cursum v punctos habet, iuxta lunam iiii.
nam libra in ponderibus, in mensuris arborum uel spa-
15 tio terrarum uel statu hominis, per diuersas mensuras in
duodenario numero conprehendi potest. Mna centum dragmis appenditur. iuxta rationem autem ponderum nihil cal-
culo minus aut talento maius est. etenim L librae talentum minimum est, Lxx duae librae medium talentum, cxx
20 librae maximum talentum est. Centenarius autem dicitur
eo quod centum libris constet.

DE MENSVRIS IN LIQVIDIS.

Mensurarum in liquidis coclear est pars minima, qui habet
dimidiam dragmam, id est scripulum et obolum. cocleares duo
25 chemam faciunt. cocleares iii conculam faciunt, conculae duae
cignum siue mistron. conculae sex et duo coclearia, quae decem
dragmas appendent, ciatum faciunt, additis duabus dragmis
acitabulum complent, additis adhuc tribus dragmis, quod sunt

---

1. dinarius (o *ex* i *facto*) *G.* ǁ 5. nunc *om R.* ǁ 6. nuncupant *R.* ǀ
per *om R.* ǁ 7. perfectione *R* ǁ potest dici *R.* ǁ 9. ex *om*
R. ǁ et diebus ccclxv. *R.* ǁ 11. ex.xii. *R.* ǁ 16. Mina *R.* ǀ
22. *om R.* ǁ 23. Mensuris *R.* ǁ 24. obulum *R.* ǁ 28. ascitabulum *R.*

xv, oxifalum. Non dubites, apud quosdam ciati nouem GR eminam facere uidentur, quod sunt dragmae xc; apud quosdam uero acetabula quattuor, quod sunt dragmae xlviii. emina autem iuxta quosdam appendit libram unam, | apud G₂₂₁ quosdam uero libram et dimidiam. Similiter sextarios duplices iudicauerunt. nam alii uoluerunt ut sextarius duarum esset librarum, alii uero trium: utrique tamen ut duae eminae sextarium facerent diffinierunt. Est autem sextarius sexta pars congii, qui in diuinis scripturis hin appellatur in liquidis. Cenix autem quinque sextariis adimpletur: cui si sextum addideris, fit congius. Congius quater missus modium complet. quem admodum autem de sextario, sic et de modio aliis placuit xvi sextariis modium impleri, aliis xx et duobus, aliis uero xxiiii. Sed has mensuras ad uotum principum uel iudicum esse deprehendimus. nobis autem uisum est magis conuenire ponderum rationi, eo quod de minimis usque ad maiora ducantur, ut primum finem habeat modius in mensuris, sicut libra in ponderibus; quia sicut postquam iu ponderibus pensando ad libram peruenitur, cetera quae maio¦ra sunt pondera per librae multiplicatio- R 89 nem ponderantur, sic et in mensuris postquam ad modium uentum erit, quicquid amplius mensurandum est, modii multiplicatione peragitur. nam quem admodum a calculo per obolos ac dragmas caeteraque pondera ad libram usque peruenitur, sic in mensuris a cocleari per conculas cyatos 25 ac sextarios ad modium usque pertingitur. Est enim modius, ut predictum est, iuxta quosdam sextariorum xvi, iuxta quosdam autem xx et duorum, apud quosdam uero xxiiii. nobis uero uidetur esse rectissimum ut trium librarum

5

10

15

20

25

---

1. oxifalsum R. ‖ sciati R. ‖ 3. ascitabula R. ‖ lxviii R. ‖ 4. autem om R. ‖ 6. indicauerunt R. ‖ dixerunt quod R. ‖ 11. fiet R. ‖ 14. xxii. R. ‖ 19. pensendo R. ‖ 20. multiplicatione G. ‖ 22. fuerit R. ‖ 24. obulos R. ‖ caetera R. ‖ 25. sic et in R. ‖ ciatos ad sextarios admodum usque R. ‖ 28. xxii. R. ‖ uero om R.

GR sextario uicies et quater multiplicato modius impleatur;
qui modius medii talenti pondere coaequatur, LXX duabus
efficitur libris; siue ut quinque libras habens sextarius similiter uicies et quater ductus maximi talenti id est CXX
5 librarum pondere mensuretur. Modius et semis urnam fa-
Gℨℨℨ ciunt. Similiter | in aridis mensuram quae dicitur batum.
batus uero constat modiis duobus totidemque sextariis.
duo bati metretam faciunt, quod sunt sextarii C. Vrnae duae
amphoram complent, quod sunt modia tria, quod in aridis
10 dicitur aephi. urnae tres cadum uel artabam faciunt, quod
sunt modia IIII et semis. modia quinque medimnam faciunt.
tres medimnae gomor complent. duo gomor chorum reddunt; duo chori chulleum, quod sunt modia LX.

1. 4. uigies *R.* ∥ 5. unciam *R.* ∥ 6. satum. Batus *R.* ∥ 8. metrotam
R. ∥ 10. ephi *R.* ∥ urnae IIII. *R.* ∥ 11. faciunt medimnum *R.*

Punctum est cuius pars nulla est, linea uero preter *b* 12 *r* 6
latitudinem longitudo, lineae uero fines puncta sunt. recta
linea est quae ex aequo in suis punctis iacet, superficies
uero quod longitudinem ac latitudinem solas habet, super- 5
ficiei uero fines lineae sunt. plana superficies est quae ex
aequo in suis rectis lineis iacet. planus angulus est duarum linearum in plano inuicem sese tangentium et non
in directo iacentium ad alterutram conclusio. quando autem
quae angulum continent lineae rectae sunt, tunc rectilineus 10
angulus nominatur. quando autem recta linea super rectam
lineam stans circum se angulos aequos sibi inuicem fecerit, rectus est uterque aequalium angulorum, et quae super stat linea super eam quam insistit, perpendicularis uocatur. obtusus angulus est maior recto, acutus autem minor 15
recto. | figura est quod sub aliquo uel aliquibus terminis *G* 86
contineatur, [Locus extra clusus sine fundo.] terminus uero
quod cuiusque est finis. circulus est figura plana quae
sub una linea continetur, quae uocatur circum ducta, ad
quam ab uno puncto eorum quae intra figuram sunt po- 20
sita omnes quae incidunt rectae aequae sibi inuicem sunt.
hoc uero punctum centrum circuli nominatur. diametrus

2. *his praemittunt br* Principium mensurae punctum uocatur cum
medium tenet figurae. ‖ Punctus *r*. ‖ lineae *br*. ‖ 2. uero *om b*. ‖
puncti *G*. ‖ Recti linea *r*. ‖ 5. latitudinem ac longitudinem *br*. ‖
7. est *om r*. ‖ 9. in *om br*. ‖ 11. autem *om G*. ‖ 12. lineam *om*
G. ‖ fecerint *r*. ‖ 13. est *om G*. ‖ 14. superpendicularis *br*. ‖
15. autem *G*, angulus *b*, est angulus *r*. ‖ 16. termini continentur *r*.
‖ 17. *circum scripta habet solus r*. ‖ uero est *b*, est *r*. ‖ 18 - 20.
plana quae uocatur circumducta et sub una linea continetur ad quam
br. ‖ 20. fuguram *G*. ‖ 21. omnia *r*. ‖ rectae lineae aequae *b*, recti
lineae quae *r*. ‖ 22. Diametrum *G*.

Gbr circuli est recta quaedam linea per centrum ducta et ab
utraque parte a circumferentia circuli terminata, quae in
r 7 duas aequas partes circulum diuidit: | semicirculus uero
est figura plana quae sub diametro et ea quam diametrus
5 adprehendit circumferentia continetur. rectilineae figurae sunt
quae sub rectis lineis continentur. trilatera quidem figura est
b 13 quae sub tribus rectis lineis continetur, | quadrilatera uero
quae sub quattuor, [finitima autem linea mensuralis est
quae aut aliqua obseruatione aut aliquo terminorum serua-
10 tur.] multilatera uero quae sub pluribus quam quattuor
lateribus continetur. aequilaterum igitur triangulum est quod
tribus aequis lateribus cluditur, isoscelis uero quod duo
tantum modo latera habet aequalia, scalenon uero quod
tria latera inaequalia possidebit. amplius trilaterarum figura-
G 57 rum hortogonium, id est rectiangu|lum, quidem triangulum
est quod habet angulum rectum; amblygonium uero, quod
est obtusum angulum, in quo obtusus angulus fuerit; oxygonium uero, id est acutiangulum, in quo tres anguli sunt
acuti. quadrilaterarum uero figurarum quadratum uocatur
20 quod est aequilaterum atque rectiangulum; parte uero altera longius, quod rectiangulum quidem est, sed aequilaterum non est; rhombos uero, quod aequilaterum quidem
est, sed rectiangulum non est; rhomboides autem, quod in

1. est circuli *r*. ‖ 2. ad *Gbr*. ‖ circumferentiam *Gb*. ‖ 3. circum
claudit *r* ‖ uero *om r*. ‖ 4. eam *G*. ‖ 5. rectilinea figura est *b*.
‖ 6. subiectis *b*, sub duabus rectis *r*. ‖ continetur *b*. ‖ est *om*
b. ‖ 7. sub duabus *br*. ‖ rectilineis *r*. ‖ 8. quae *om r*. ‖ 8-10. *haec ex*
Frontino p. 22, 4-7 petita hic exhibet r et Boethius p. 1489; eadem
ante quadrilatera *uidentur ex b erasa esse; om G*. ‖ 10. quam
sub quatuor *r*. ‖ 12. clauditur *br*. ‖ Isokeles *b*, Isoceles *r*. ‖ 14.
trea *G*. ‖ amplius trilaterarum figurarum *om b*. ‖ 15. ortogoneum *br*.
‖ 16. angulum undique rectum *br*. ‖ Ampligonium *br*. ‖ 18. acutum
angulum *Gr*. ‖ 19. Quadrilaterum *b*. ‖ 22. Rombos *br*. ‖ 23. Rom-
boides *b*, rhombo. (rombon *r*) id est *Gr*. ‖ autem *om br*.

contrarium conlocatas lineas atque angulos habet aequales, *Gbr*
quod nec rectis angulis nec aequis lateribus continetur.
praeter haec autem omnes quadrilaterae figurae trapezia
calontae, id est mensulae nominentur. parallelae, id est
alternae, rectae lineae nuncupantur quae in eadem plana 5
superficie conlocatae atque utrimque productae in neutra
parte concurrent.

Aetimata, id est petitiones, sunt v. petatur ab omni
puncto in omne punctum rectam lineam ducere; item de-
finitam lineam in continuum rectumque producere; item 10
omni centro et omni spatio circulum designare; et omnes
rectos angulos aequos sibi inuicem esse; et si in duas
rectas lineas linea incidens interiores et ad easdem partes
duos angulos duobus rectis fecerit minores, productas in
infinitum rectas lineas concurrere ad eas partes quibus 15
duobus rectis anguli sunt minores.

Cynae ennyac, id est communes animi conceptiones,
hae. quae eidem sunt aequalia, et sibi inuicem sunt aequalia. et si ab aequalibus aequalia auferantur, quae relin-
quuntur aequalia sunt. | et si aequalibus addantur aequa- *b* ₁₄
lia, tota quoque aequalia sunt. et quae sibimet conueniunt, 21
[animo finitionis] aequalia sunt. [nemo resistere ullo tempore parti conuenienti poterit.]   *(br)*

1. conlocatus *b*, collatas *r*. ‖ 2. quod *b*, id autem *G*, Robon *r*. ‖
3. trapizea *r*. ‖ 4. calonte *G*, χαλεῖσϑω *editiones Euclidis*, om
br. ‖ nominantur *br*. ‖ Parallellae *r*, Parrallilae *G*. ‖ 5. qui *G*. ‖
6. superficiae *G*. ‖ collatae *r*. ‖ utrumque *r*. ‖ in neutram partem *r*. ‖
8. Ethimata id est *G*, om *br*. ‖ 9. in omnem *Gr*. ‖ lineam rectam *r*. ‖ diffinitam *br*. ‖ 10. incontinuatam *r*. ‖ 12. Et *G*, item *br*. ‖
inter duas *b*. ‖ 13. interius sit *b*. ‖ et *om G*. ‖ ad eas partes *G*, ab eisdem partibus *r*. ‖ 14. in om *r*. ‖ 15. lineas rectas *r*. ‖ partes *om
br*. ‖ 16. duo recti *b*. ‖ angulis *r*. ‖ 17. Cynas etnyas id est *G*, uero
b, sunt *r*. ‖ commones *b*. ‖ 18. hae. aequae idem *G*, Haec quidem *r*,
sunt. Haec quidem *b*. ‖ 21. sibimet ipsi conueniunt *b*, sibimet ipsis
conuenit *r*. ‖ 22. animo finitionis *r*, om *Gb*. ‖ sunt *Gb*, esse *r*. ‖ *circum scripta om G*.

G

EXPLIC. PROLEGOMENA.
INCIPIT SCHEMATA.

Super datam rectam lineam terminatam triangulum aequilaterum constituere.

5   sit data recta linea terminata AB. oportet igitur super eam quae est AB triangulum aequilaterum constituere. et centro quidem A, spatio uero B, circulus scribatur BCED. et rursus centro B, spatio autem A, circulus scribatur ACFD. et ab eo puncto quod est C, quo se circuli diuidunt, ad ea
10 puncta quae sunt A B adiungantur rectae lineae CA CB. quoniam igitur A punctum centrum est BCED circuli, aequa est AB ei quae est AC. rursum quoniam B punctum centrum est ACFD circuli, aequa est AB ei quae est BC. sed et AB ei quae est CA aequa esse monstrata est: et AC igitur ei quae est BC erit ae-
15 qualis. tres igitur quae sunt CA AB BC aequae sibi inuicem sunt. aequilaterum igitur est CAB triangulum et constitutum est supra datam rectam lineam terminatam eam quae est AB;

G 89   quod oportebat facere. |

b 18 r 8   Ad datum punctum datae rectae lineae aequalem rectam
(br) lineam conlocare.

21   sit quidem datum punctum A, data uero recta linea BC. oportet igitur ad punctum A rectae lineae BC aequam rectam lineam conlocare. adiungatur enim ab A puncto ad B punctum recta linea ea quae est AB, et constituatur super AB
25 rectam lineam triangulum aequilaterum quod est DAB. et eiciantur in rectum DA DB rectae lineae ad AG et BM. et centro quidem B, spatio autem BC, circulus scribatur CFE. et rursus centro D, spatio autem DF, circulus describatur FKL. quoniam igitur B punctum centrum est CFE circuli, aequa est

---

11. aequam est G. || ante 19. De trianguli ratione et linearum br. ||
19. conlocare G. sic et 22. || 23. enim $\overline{AB}$. a puncto G.

CB ei quae est BF. rursus quoniam D punctum centrum est *G*
FLK circuli, aequa DL ei quae est DF. quarum quidem AD
ei quae est DB aequa est: aequilaterum enim triangulum
est id quod est DAB. reliqua igitur AL reliquae BF existat
aequalis. sed et BF ei quae est BC aequa esse monstrata 5
est, et BC ei quae est AL erit aequalis. ad datum igitur
punctum id quod est A datae rectae lineae ei quae est
BC aequa locata est ea quae est AL; quod oportebat facere.

Duabus inaequalibus rectis lineis datis a maiore mi- *br*
nori aequam rectam lineam abscidere. *(br)*

sint datae duae rectae lineae inaequales | AB CD, et sit *G* 90
maior AB. oportet igitur a maiore AB minori CD aequam
lineam abscidere. conlocetur enim ad A punctum ei quae
est CD aequa ea quae est AE. et centro A, spatio uero AE,
circulus describatur EGF. quoniam igitur A punctumc entrum 15
est EGF circuli, aequa est AG ei quae est AE. sed et AE ei
quae est CD erat aequalis, et CD ei quae est AG erit aequalis. duabus igitur datis rectis lineis inaequalibus eis quae
sunt AB CD, a maiore quae est AB minori quae est CD
aequalis abscisa est ea quae est AG; quod oportebat fa- 20
cere. *(G)*

Si duo triangula duo latera duobus lateribus habent *br*
aequa alterum alteri et angulum angulo habent ecum eum
qui sub aequalibus rectis lineis continetur, et basi basim
aequam habebunt, et triangulum triangulo aequum erit, et 25
reliqui anguli reliquis angulis erunt aequales alter alteri
sub quibus aequalia latera subtenduntur.

4. reliquis B̄F̄ *G*. existat *est* exstat. ‖ 9. aequalibus *b*. ‖ relictis *r*. ‖
minorem *br*. ‖ 10. aequa lineam *G*. ‖ 10. abscindere *r*. ‖ 13. Conlocetur
G. ‖ 16. AG ei quae est AE. sed et] Igitur *G*. ‖ 22. duo *utrobique*
b. ‖ 23. aequalaterum (aequilaterum *r*) alteri *r et pr b*. ‖ 23. habente (habentem *r*) cum eos (eis *r*) qui *br*.

br 9   Si trianguli duo anguli aequi sibimet inuicem sunt, et quae sub aequalibus angulis subtenduntur latera sibi inuicem erunt aequalia.

Super eandem rectam lineam duabus eisdem rectis li-5 neis aliae duae rectae lineae aequae altera alteri nullo *b* 16 modo constituentur ad aliud atque aliud | punctum ad easdem partes easdem fines aequalibus rectis lineis possidentes.

Si duo trianguli duo latera duobus lateribus aequa 10 possideant alterum alteri et basim basi habeant aequam, et angulum angulo habebunt aequalem qui sub aequalibus rectis lineis continetur.

sint triangula . . . .

Datam lineam rectam terminatam in duas aequales diui-15 dere partes.

Et datae rectae lineae ab eo quod in ea est puncto rectam lineam secundum rectos angulos eleuare.

Et supra datam rectam lineam infinitam ab dato puncto quod ei non inest perpendicularem rectam lineam ducere.

20   Quocumque super rectam lineam recta consistens angulos fecerit, aut duos rectos faciet aut duobus rectis [lineis reddet] aequales.

Si ad aliquam rectam lineam atque ad eius punctum duae rectae lineae non in eandem partem ducantur et cir-25 cum se angulos duobus rectis fecerint aequos, in directum sibi eas lineas iacere necesse est.

---

1. aequae *b*. ‖ sint *b*. ‖ 3. aequales *b*. ‖ 4. eandem aequalem rectam . *br*. ‖ 5. aequae *om br*. ‖ 7. aequalibus *br*, primis *Boethius p.* 1497. ‖ 9. Si *om br*. ‖ 10. aequa *b*. ‖ 11. aequale *b*. ‖ 13. In triangulo *br*. ‖ 16. in eo est *r*. ‖ 18. ad *r*. ‖ datom *b*, datum *r*. ‖ punctum *r*. ‖ 19. perpendiculare *r*. ‖ 20. Quocumque per *br*. ‖ 21. duabus rectis *b*. ‖ 25. duabus *b*. ‖ aequis *br*.

Si duae rectae lineae sese diuidant, ad uerticem an- *br*
gulos sibi inuicem facient aequos.

Omnium triangulorum . . . . exterior angulus
utrisque interioribus et ex aduerso angulis constitutis maior
existit.   5

Omnium triangulorum duo anguli duobus rectis angulis sunt minores omnifariam sumpti.

Omnium triangulorum maius latus sub angulo maiore
subtenditur.

Si in uno quolibet trianguli latere a finibus lateris 10
duae rectae lineae interius constituantur angulum facientes,
quae constituuntur reliquis quidem trianguli lateribus sunt
minores, maiorem uero angulum continebunt.

Ad datam rectam lineam et datum in ea punctum *b* 17
dato rectilineo angulo aequalem rectilineum angulum con- 15
locare.

Si duo trianguli duos angulos duobus angulis habue-
rint aequos alterum alteri, unumque latus uni lateri sit
aequale, siue quod aequis adiacet angulis, seu quod sub
uno aequalium subtenditur angulorum, et reliqua latera 20
reliquis lateribus habebunt aequa alterum alteri, et reliquum angulum aequalem reliquo angulo possidebunt.

Si in duas rectas lineas recta linea incidens alternatim sitos angulos fecerit aequos, rectas lineas alternas esse
necesse est.   25

Si in duas rectas lineas linea incidens exteriorem angulum interiori et ex aduerso angulo constituto reddat
aequalem, rectas lineas sibi alternas esse conueniet.

---

1. sibi angulos *r*. ‖ 7. minoris *b*. ‖ 8. maiori *r*. ‖ 15. rectolineo
b. ‖ aequales recti lineae angulos *br*. ‖ 19. siue *r*, sibi *b*. ‖ 21. alterum alteri] latera *br*. ‖ 23. incidens quod alternatim sit et hos angulos
br. ‖ 24. fecerint aequos *b*, aequos fecerint *r*. ‖ 27. interior *br*. ‖
28. sibi] sub *br*.

br   Per datum punctum datae rectae lineae alternam rectam lineam designare.

r 10   Omnium triangulorum . . . . exterior angulus duobus interius et ex aduerso constitutis angulis est ae-
5 qualis, interiores uero tres anguli duobus rectis angulis sunt aequales.

Quae aequas et alternas rectas lineas ad easdem partes rectae lineae coniungunt, ipsae quoque alternae sunt et aequales.

10   Eorum spatiorum quae alternis lateribus continentur, quae parallelogramma nominantur, [et] ex aduerso latera atque anguli constituti sibi inuicem sunt aequales, eaque diametrus in duo aequa partitur.

Omnia parallelogramma quae in eisdem basibus et in
15 eisdem alternis lineis fuerint constituta, sibi inuicem probantur aequalia.

Nam parallelogramma in basibus aequalibus et in eisdem alternis lineis constituta aequalia esse necesse est.

b 18   Aequalia sibi sunt | cuncta triangula quae in aequis
20 basibus et in eisdem alternis fuerint constituta.

Aequa triangula quae in eadem basi et in easdem partes fuerint constituta, in eisdem quoque alternis lineis esse pronuntio.

Aequa triangula in aequis atque in directum positis
25 basibus constituta, et in eisdem partibus, esse in eisdem quoque alternis necesse est.

Si parallelogrammum triangulumquae in eadem basi atque in eisdem alternis fuerint constituta, parallelogrammum triangulo duplex esse conueniet.

1. datam rectae lineae *r*, data recta linea *b*. ‖ alteram *br*. ‖ 3. *ubi addendum est* uno latere prolato, *br habent* et. ‖ 4. angulus est *r*. ‖ 5. uero trianguli *r et pr b*. ‖ 8. lineae recte *r*. ‖ 12. eamque *br*. ‖ 13. aeque partiuntur *b*. ‖ 14. et eisdem *r*. ‖ 24. Aequi *r*. ‖ in directis *r*. ‖ 25. esse] et *br*.

Omnis parallelogrammi spatii eorum quae circum dia- *br*
metrum sunt parallelogrammorum supplementa aequa sibi
inuicem esse necesse est.

Dato triangulo aequale parallelogrammum in dato rectilineo angulo constituere. 5

Iuxta rectam lineam dato triangulo dato rectilineo angulo parallelogrammum aequale praetendere.

Dato rectilineo aequale parallelogrammum in dato rectilineo angulo conlocare [id est diametrum].

Quadratum ab data recta linea terminata describere. 10

In his triangulis in quibus unus rectus est angulus,
quae rectiangula nominamus, quadratum quod a latere rectum angulum subtendente describitur aequum est his quadratis quae a continentibus rectum angulum lateribus con-
scribuntur. 15

Si ab uno trianguli latere quadratum quod describitur aequum fuerit his quadratis quae ab reliquis duobus
lateribus describuntur, rectus est angulus qui sub duobus
reliquis lateribus continetur. *(br)*

EX SECVNDO LIBRO EVCLIDIS. 20

Omne parallelogrammum rectiangulum sub his dua- *b 14 r 7*
bus rectis lineis, quae rectum ambiunt angulum, dicitur
contineri: omnis uero parallelogrammi spatii eorum quae

---

1. *ita br propositionem Euclidis* 43 *exhibent ante* 42. ‖ circa
r. ‖ 2. subplementa *r.* ‖ aequa] ea quae *br.* ‖ 4. aequalem *b.* ‖
recto lineo *br.* ‖ 6. *peruersa haec et mutilata.* ‖ 7. aequalem
br. ‖ perpendere *r.* ‖ 8. recto lineo *b.* ‖ aequalem *br.* ‖ recto lineo *b.*
‖ 10. ad data *br.* ‖ 11. est rectus *r.* ‖ 12. quem recti angulum *br.*
‖ 13. subtendentem *b,* subdendum *r.* ‖ his est *r.* ‖ 15. describunt
r. ‖ 18. et rectus est *r.* ‖ 20. *sic Boethius p.* 1507: om *br.* ‖ 21.
perallelogrammum *b aliquotiens.* ‖ 23. Omnes *br.* ‖ quae] qui *br.*

br circa eandem diametrum sunt parallelogrammorum quodlibet unum cum supplementis duobus gnomo· nominetur.

b 14,18 *rs*,10   Si sint duae rectae lineae, quarum una quidem indiuisa,
altera uero quotlibet diuisionibus secta, quod sub duabus
5 rectis lineis rectiangulum continetur aequum erit his quae
sub ea quae indiuisa est et una quaque diuisione [quod]
(*b* 14 *rs*) rectiangula continentur [conuenit habere possessores].

     Si recta linea secetur, quod sub tota et una portione
r 11. *b* 19 recti | angulum continetur | aequum est ei quod sub utra
10 que portione rectiangulum clauditur et ei quadrato quod
ad praedictam portionem describitur.

     Si recta linea secetur ut libet, quod describitur a tota
quadratum aequum est his quae describuntur ab una quaque portione quadratis et uis ei rectiangulo quod sub eis
15 dem portionibus continetur.

     Si recta linea per aequalia et per inaequalia secetur,
quod sub inaequalibus totius sectionis rectilinium continetur, cum eo quadrato quod ab ea describitur quae inter
utrasque est sectiones, aequum est ei quod describitur a
20 dimidia quadrato.

     Si recta linea per aequalia diuidatur, alia uero ei in
directum linea recta iungatur, quod sub tota et ea quae
adiecta est rectilineum continetur, cum eo quod describi-

2. subplementis *r*. ‖ gynomo *b*, gynemo *r*. ‖ *ante* 3 Hic de trigono
diuidit *r p*. 8. ‖ 3. sunt *r* 8. ‖ 4. secta *priore loco br; altero*
recta *r*, recti *b*. ‖ 5. his qui *r* 8, his quibus *b* 14. ‖ 6. sub aeque
b 18. ‖ quequae *b* 14, quaeque *b* 18 *r* 10. ‖ quod *om b* 18 *r* 10. ‖
7. continetur *br*. ‖ conuenit habere possessores *b* 14 *et addito* Trigonum sub sicciuum hic de extra cluso dicit *r* 8: Explicit (Explicat *r*)
ratio angulorum *b* 18 *r* 10. ‖ 8. secatur *r*. ‖ 12. libed *b*. ‖ 15. conuenit *br*. ‖ 16. rectae lineae *b*. ‖ 18. d*i*scribitur *b*. ‖ 19. describit a dimidio *br*. ‖ 21. pro aequali diuiditur *br*. ‖ 22. directam *b*.
‖ iungantur *b*. ‖ toto *br*. ‖ et aequae *b*. ‖ 23. subiecta *r*. ‖ rectilinium *b*. ‖ discribitur *b*.

tur a dimidia quadrato, aequum est ei quadrato quod de- *br*
scribitur ab ea quae constat ex adiecta atque dimidia.

Si recta linea per aequalia ac per inaequalia secetur,
quadrata quae ab inaequalibus totius portionibus describuntur dupla sunt his quadratis quae fiunt a dimidia et 5
ab ea quae inter utrasque est sectiones.

Si recta linea per aequalia secetur eique in directum
quaedam linea recta iungatur, quadratum quod describitur
a tota cum addita et quadratum quod describitur ab ea
quae addita est, utraque quadrata pariter accepta, ab eo 10
quadrato quod scribitur a dimidia et ab eo quadrato quod
ab ea describitur quae ex dimidia adiectaque consistit, utrisque quadratis pariter acceptis, dupla esse necesse est.

Datam rectam lineam sic secare ut quod sub tota et
una portione rectilineum continetur ecum sit ei quod fit 15
ex reliqua sectione quadratum [siue trigonum].

In his triangulis quae obtusum habent angulum tanto *b* 20
ea quae obtunso subtendit angulos lateribus amplius potest quae obtunsum continent angulum, quantum est quod
tenetur uis sub una earum quae ad obtunsum angulum a 20
perpendiculari extra deprehenditur.

Dato rectilineo ecum conlocare quadratum. (*b* 20 r 11)

EX TERTIO LIBRO EVCLIDIS.

Aequales circuli sunt quorum diametri aequales sunt, *b* 14 r 8
inaequales uero qui sic se non habent. recta linea circu- 25

---

1. dimidio *br*. ‖ aequum que est *br*. ‖ qui *br*. ‖ discribitur *b*. ‖ 3.
quae per *br*. ‖ ac per *b*, atque *r*. ‖ 4. discribuntur *b*. ‖ 7. in directam *b*. ‖ 8. discribitur *b*. sic et 9 et 12. ‖ 11. describitur *r*.
‖ 13. dupla esse *r et corr b*, duplicem *pr b*. ‖ 15. positione *r*.
‖ cum *b*, aequum *r*. ‖ que fit *b*. ‖ 18. eo quae *r*. *in ceteris quamuis
peruersis cum b consentit*. ‖ 22. cum *b*, aequum *r*. ‖ *add* Explicat liber tercius. Incipit quartus *r*. ‖ 23. *sic Boethius p*. 1510. ‖
24. Aequales *om br*.

br lum contingere dicitur quae cum circulum tangat et in
utraque eiecta sit parte, non secat circulum. circuli sese
inuicem contingere dicuntur qui tangentes sese inuicem non
secant. rectae lineae in circulo aequaliter centro distare
5 dicuntur quando a centro in ipsas ductae perpendiculares
sibi inuicem sunt aequales: plus uero a centro distare di-
(*br*)*b₁₅r₈* citur in quam perpendicularis longior cadit. | portio cir-
culi est figura quae sub recta linea et circuli circumferentia
b₁₄ r₈ continetur. | in portione angulus esse dicatur, quando in
10 circumferentia sumitur aliquod punctum, ab eo uero puncto
(*b₁₆r₈*) ad lineae terminos duae rectae lineae subiunguntur, | an-
gulus [dicitur] qui sub duabus subiunctis lineis continetur: quando autem quae adiunguntur aliquam circumferentiae conpraehendunt particulam, in ea angulus consistere
15 perhibeatur. sector circuli est figura quae sub duabus a
b₁₅ centro ductis lineis | et sub circumferentia quae ab eis-
dem conpraehenditur continetur. similes circulorum portiones dicuntur quae aequales suscipiunt angulos, uel in
(*b₁₆r₈*) quibus qui describuntur anguli sibi inuicem sunt aequales.
b₂₀r₁₁ Si in circulo per centrum linea quaedam recta dirigatur et quandam lineam rectam non in centrum positam
in duas aequas diuidat partes, per rectos eam angulos secat: et si per rectos angulos secet, in duas [eum agrum
diuidat] partes. [quem conportionales sibi defendunt].

25 Si intra circulum punctum sumatur in diametro, quod

---

1. quae eum *b*. ‖ 2. sit *om br*. ‖ 3. non *om br*. ‖ 4. Ratae lineae *b*,
Rectilineae *r*. ‖ 5. quando *om br*. ‖ 6. a circulo *br*. ‖ 8. recta est linea *b*. ‖ circuli *om b*. ‖ 9. Portio circuli esse *priore loco br, ibique*
dicitur *r*. ‖ in circumferentiam *r utrobique et priore loco b*. ‖ 10.
uero punctum *b*. ‖ 11. subiaciuntur *priore loco br*. ‖ 12. continentur *b*. ‖ 13. quae *om r*. ‖ circumferentia *br*. ‖ 14. ut in ea *br*. ‖ 19.
discribuntur *b*. ‖ 21. non *om br*. ‖ 22. per rectus eam angulus *br*. ‖
23. per rectus angulus *br*. ‖ 23. 24. *debet esse* aequas diuidit. ‖ quam
r. ‖ 25. in diametro] interius *br*.

non est centrum, et ab eo puncto ad circulum duae lineae *br*
uel plures dirigantur, [per eas lineas dantur circuli portionem. sed ab una parte una portio, quae est circuli conclusa figura, sub recta linea et circuli circumferentia concluditur. et cuius oportet consignari describatur in portione. 5
nam quae est figura quae hic angulos facit et sub duabus
coniunctis lineis continetur. | quando autem adiunguntur *r 12*
lineas aliquas circumferentiae conpraehendunt particulas,
ut in eis angulis consistere perhibeantur. similes circulorum portiones dicuntur quae sibi inuicem sunt aequales, 10
siue quadratae siue trigones, sicut infra monstraui. et datos possessores infra unum agrum, quos conportionales
fieri oportet. sic et cetera.

Si intra circulum linea recta ducatur, quoscumque
angulos facit, II duo anguli qui sunt a lateribus perpen- 15
diculum ab alterna diuisione circuli partes facit quas unus
quis suas intus forma oportet accipere portiones.

Nam est eminens forma recta locorum, diuisio spec-
tationum terrae mensurata, et ideo non ab hominibus sed
ab aeterno creatore formata.]   (*b 20 r 11*)

Ab dato puncto duas rectas lineas ducere quae datum *b 22 r 13*
circulum tangant.

Si in circulo punctum sumatur interius et ab eo puncto
ad circulum plures quam duae .... lineae dirigantur,
illud punctum centrum circuli esse necesse est. [et eas 25
particulas qnae sunt per internas lineas loco cedere uel
fundo oportere.]   (*b 22 r 13*)

Si duo circuli ab exteriore se parte contingant, quae *b 24 r 14*
ad centra eorum linea recta dirigitur, in iunctura incidit
circulorum.   30

1. non *om br.* ‖ 13. ceteri *b.* ‖ 21. Ad dato *br.* ‖ qui *br.* ‖ 23. in
circulum *br.* ‖ 24. *addendum* aequae rectae. ‖ 26. caedere *r.* ‖ 28.
parte se *r.* ‖ 29. iuntura *b.* ‖ 30. circulum *br.* ‖ *post diagramma
addit r* ubi circulus circulum secat secundum puncta quam duorum.

br Vbi circulus circulum secat, secundum plura puncta quam unum minime contingit, [et] seu ab interiore iste seu ab exteriore parte contigerit.

In circulo quae rectae lineae aequalibus spatiis sunt
5 a centro [coaequalibus spatiis a centro], hae sunt rectae lineae sibi inuicem aequales.

Quae in extrema diametro circuli per rectos angulos linea recta dirigitur, extra circulum cadet: et inter ipsam
r₁₅ uel circuli circumferentiam alia | recta non incidit: et semi-
10 circuli angulus ab acutiangulo rectilineo maior existit, reliquus uero ab acuto angulo rectilineo minor existit.

b₁₈ Si circulum linea quaedam recta contingat et a centro ad contactum linea recta dirigatur, perpendicularis erit ea quae ducitur super eam quae circulum tangit.

15 Si circulum linea recta contingat, a contactu uero ei quae tangit in circulo per rectos angulos recta linea dirigatur, in ea quae dirigitur circuli centrum esse conueniet.

Circulorum similes portiones quae in aequis rectis li-neis constituuntur, sibi inuicem sunt aequales.

(br) Quadrilaterarum figurarum, quae circulis ambiuntur, |
b₂₀ r₁₂ ex aduerso sibimet anguli constituti duobus rectis angulis
b₂₁ [anguli] sunt | aequales.

In aequis circulis qui in circumferentiis aequalibus an-guli consistunt, sibimet inuicem sunt aequales, seu a centro
25 seu a circumferentia progrediantur.

Datam circumferentiam semicirculi in duo aequa diui-dere [possit].

---

1. *immo* contingit. ‖ 4. sunt a] sumpta *br.* ‖ 5. haec *b.* ‖ 7. rectas angulus *br.* ‖ 8. directa *br.* ‖ 9. alia rectum *br.* ‖ 10. ab] sub *br.* ‖ 11. Reliquos *br.* ‖ maior *r.* ‖ 13. lineae *br.* ‖ 16. qui tangit *br.* ‖ porrecto *br.* ‖ angulus *b.* ‖ 17. dirigantur *br.* ‖ 18. quae] in quem sunt *pr b,* sunt quem *corr b,* sunt quae *r.* ‖ 19. sunt *om r.* ‖ 20. Quadrilaterum *br.* ‖ 23. quae *r et pr b.* ‖ 24. sibi et *br.* ‖ seu a cen-tro sibi a circumferentiae *b.*

In circulo is quidem angulus qui in semicirculo est, *br* rectus existit; qui uero in maiore portione est angulus, minor est recto; qui autem in minore portione est angulus, maior est recto: et maioris quidem portionis angulus recto maior existit, minoris uero portionis angulus recto 5 minor existit.

Si circulum linea recta contingat, a contactu uero in circulum quaedam circulum secans linea recta ducatur, quoscumque angulos facit, II [duo] anguli qui sunt in alternatim circuli portionibus, sunt aequales. 10

[Ex hoc igitur manifestum est quoniam si a puncto circuli duae lineae rectae sese contingant, et sibi inuicem sunt aequales.]

Super datam rectam lineam circuli describere portionem quae dato rectilineo angulo . . . . [unus quis suas 15 intus circulo oportet accipere portiones.] (*b 21 r 12*)

EX QVARTO LIBRO EVCLIDIS.

Figura intra figuram dicitur inscribi, quando ea quae *b 15 r 8* inscribitur eius in quam scribitur latera uno quoque suo angulo ab interiore parte contingit. circum inscribi uero 20 figura figurae perhibetur, quotiens ea quae circum inscribitur figura eius cui circum inscribitur suis omnibus lateribus omnes angulos tangit.

Intra datum circulum datae rectae lineae quae dia- *b 21 r 12* metro minime maior existat aequam rectam lineam coap- 25 tare. (*b 15 r 8*)

1. is quidem] isdem *br*. ‖ 2. exsistit *b*. ‖ 3. minori *r*. ‖ 7. Si in circulum *b*. ‖ contracta *r*. ‖ in circum *br*. ‖ 10. alternatem *pr b*, alternati *r*. ‖ 14. datas rectas lineas *br*. ‖ describere partesq; dato (data *corr b*) *br*. ‖ 17. sic Boethius p.1511; Hic trigonus *r*. ‖ 18. eam quae *br*. ‖ 20. contigit *r*. ‖ Circulos (Circulus *pr b*) scribi uero *br*. ‖ 21. figurae *om b*. ‖ quae *pr b*, qua *r et corr b. proxima* circum inscribitur *om br*. ‖ 24. quae in *b* 15 *r*8. ‖ diametri *b* 21 *r* 12. ‖ 25. exit ad *b* 15 *r*8. ‖ lineam quae aptare *b* 15 *r*8.

br   Intra datum circulum dato triangulo aequorum angulorum triangulum conlocare.

Circum datum circulum dato triangulo aequalium angulorum triangulum designare.

5   Intra datum circulum triangulum designare.

Intra datum circulum quadratum describere.

Iutra propositum quadratum circulum designare. [et intra circulum per rectas lineas triangulos fieri.]

Circa datum circulum quinquangulum aequilaterum et
10 aequiangulum designare.

Intra datum quinquangulum, quod est aequilaterum
*r*13 et | aequiangulum, circulum designare.

[Nam omnia quaecumque sunt numerorum, ratione sua constant, et proportionabiliter alii ex aliis constituun-
15 tur circumferentiae aequalitate multiplicationibus suis qui-
*b*12 dam excedentes atque | alternatim portionibus suis terminum facientes.]

1. quorum *r*. ‖ 3. circulum *b*, angulum *r*. ‖ 6. discribere *b*. ❙ 8. circulo perrectas *pr b*. ‖ 11. quinque angulum *b*. ‖ 12. et, *item* circulum, *om br*.

EX DEMONSTRATIONE ARTIS GEOME-
TRICAE EXCERPTA.

p. 1536

Geometria est disciplina magnitudinis immobilis, for-*bri missu*
marumque descriptio contemplatiua, per quam unius cuiusque termini declarari solent; documentum etiam uisibile
philosophorum. quod Latine dicitur terrae dimensio, quoniam per diuersas formas ipsius disciplinae primum Aegyp- 5
tus fertur fuisse partitus pro necessitate terminorum terrae, p. 1537
quos Nilus fluuius inundationis tempore confundebat. cuius
disciplinae magistri mensores ante dicebantur. sed Varro
peritissimus Latinorum huius nominis causam sic extitisse
commemorat, dicens prius quidem dimensiones terrarum, 10
terminis positis, uagantibus ac discordantibus populis pacis
utilia praestitisse; deinde totius anni circulum mensuali
numero fuisse partitum. tunc et ipsi menses, quod annum
metiantur, dicti sunt. tunc et dimensionem orbis terrae pro-
babili refert ratione collectam. ideo factum est ut disciplina 15
ipsa geometriae nomen acceperit, quod per saecula longa
constaret.

Vtilitas geometriae triplex est, ad facultatem, ad sanitatem, ad animam. ad facultatem, ut mechanici et architecti; ad sanitatem, ut medici; ad animam, ut philosophi. 20

1-17. *haec ex Cassiodoro sumpta sunt de geometria.* ‖ 1. Geometrica *mr.* ‖ et formarum quae est *m.* ‖ 2. di•scriptio *b.* ‖ 3. de-
clinari *r.* ‖ 6. partita *v et corr b.* ‖ 7. quos *in litura b,* quod *mr.*
‖ confundebat *m,* infundebat *brv.* ‖ 9. peritissimi *m.* ‖ 10. quidem] quam *m.* ‖ 12. praestetisse *pr b.* ‖ 13. tunc] *immo* hinc. ‖
animum *m.* ‖ 14. metiuntur *v.* ‖ dicti *v,* edicti *bmr.* ‖ 15. collectum *bmr.* ‖ 16. geometrice *mr.* ‖ acciperet *v.* ‖ pro *m.* ‖ 18. De
utilitate geometrie rubrica *v.* ‖ geometriae *pr b,* geometrice *mr.* ‖
19. moec^b anici *b,* mechani *m.*

bmrv quam artem si arte et diligenti cura adque moderata mente
perquirimus, hoc, quod praedictis diuisionibus manifestum
est, sensus nostros magna claritate dilucidat. et illud supra.
quale est caelum animo subire, totamque illam machinam
5 supernam indagabili ratione discutere, et inspectiua mentis
sublimitate ex aliqua parte colligere et agnoscere mundi
factorem, qui tanta et talia archana uelauit! nam mundus
ipse spherica fertur rotunditate collectus, ut diuersas re-
b: rum | formas ambitus sui circuitione concluderet. unde
10 librum Seneca consentanea philosophis disputatione for-
mauit, cui titulus est de forma mundi. nam in geometria
utique partem fatemur esse utilem teneri et actibus agitari.
in omnibus prodesse eam existimamus. nec sine causa
summi uiri etiam inpensam huic scientiae operam dede-
15 runt. cum sit geometria diuisa in numeros atque formas
numerorum, [nota] non tantum oratori sed cuique primis
saltem litteris erudito necessaria est, quod ad subtilitatem
constat tenuissima et ad scientiam utilissima et ad exercitationem ualde iucundissima. in causis uero frequentissime
20 quaeritur, quia primum ordo est geometriae necessarius:
nonne et eloquentiae? ex prioribus geometria probat inse-
quentia et certis incerta. propter quod plures inuenias qui
dialectici similiter et rethorici ingrediantur hanc artem. dia-
lectico namque syllogismo, si res poscit, utitur. et qui

1-11. *ex Cassiodoro de astronomia.* ‖ 1. si arcte *v*, si artem *r*. ‖
4. celum *v*, enim *bmr*. enim ad caelos *apud Cassiodorum.* ‖ 5. su-
perna *m*. ‖ *add al* ante discutere *v*. ‖ inspectiuam *m*. ‖ 6. subtili-
tate *Cassiodorus.* ‖ 7. reuelabit *m*. ‖ 8. sperica *r*. ‖ 10. senica *m*.
‖ disputatione phylosophis *b*. ‖ 11-*p.395, 14. haec Agennii Vrbici
esse suspicor. conf. p.* 65, 12. ‖ 12. actibus *v*, altibus *mr*, alpibus
b. ‖ 14. huius *m*. ‖ operam *post* inpensam *b*. ‖ 16. nota *mrv*, rota
pr b, noticia *corr b*. ‖ 17. eruditio *m et pr b*. ‖ 19. ualde] *rasuram
b*. ‖ iocundissima *rv et corr b*. ‖ 20. quia] quare *deletum b*. ‖ 21.
geometriae *b*. ‖ 23. rethores *corr b*. ‖ 24. poscet *m*. ‖ utetur *m*, utatur *r*.

sunt potentissimi grammatici quos apodixis Grece dicuntur *bmrv*
idem probant: et certe enthimemate, qui rethoricus est syllo-
gismus, quod Latine interpretatur mentis conceptio, quem
inperfectum solent artigraphi nuncupare. et ipsa denique
probat cuius sit formae circuitus, quot lineis rectis conti-   5
netur, quibus modis finitur, quae illa circum currens linea
si efficiat orbem, quae forma est in planis maxime perfecta
in quanto spatio conplectitur, et si quadratum paribus oris
efficiat rursum quadrata triangulis, triangula ipsa plus aequis
lateribus quam inaequalibus, et alia forsitan obscuriora.   10
quod etiam operis sequi oportet experimentum. haec in
planis: nam in montibus et collibus etiam inperito patet
quia | per solis cursum et umbrarum motum conpraehen-   *a* 84
ditur et per diuergia aquarum segregatur.

    Nunc ad epistolam Iulii Caesaris ueniamus, quod ad   15
huius artis originem pertinet, ut nec ipsius auctoris gloria
pereat et nobis plenissime rei ueritas ad notitiam ueniat.
quisquis ille tamen hanc epistolam studiose legere uolue-
rit, quibusdam conpendiis intro ductus lucidius | maiorum   *b* 3
dicta in breui percipiet.   20

    Diuus Iulius Caesar, uir acerrimus et multarum gen-
tium dominator, frequentia belli militem exercuit, ampliorum bellorum operibus augendae rei causa inlustrium ui-

1. gramatici *b*. ‖ quos *bmr*, qui *v*. ‖ dicunt *corr b*. ‖ 2. idem]
id est *r*. ‖ enthimimate *pr b*, enthimenate *r*. ‖ 4. imperfectum *v*,
profecto *bmr*. ‖ ipse *mrv*. ‖ 5. quod *bmr*, et quod *corr b*. ‖ ineis
pr b. ‖ 6. quis *m*. ‖ illa *deletum b*. ‖ 7. sic *corr b*. ‖ efficiet or-
bemq. forma *m*. ‖ maxima *v et pr b*. ‖ 8. in quanto *m*, in quam
tot *r et pr b*, in qua tot *v et corr b*. ‖ spatia *brv*. ‖ complectetur
b. ‖ horis *m? rv*. ‖ 9. rursus *v*. ‖ triangulus *v*. ‖ 11. propter
quod *corr b*. ‖ 13. per solum *a*. ‖ cursus *pr b*. ‖ motum *om r*. ‖
14. et pro *a*. ‖ 16. ipsius *om pr b*. ‖ gloria sua pereat *a*. ‖ 17. et
abmr, ut *v*. ‖ 18. large *v*. ‖ 21-22. *Hygin. p.* 177, 1-3. ‖ 22. militer *pr b?* ‖ 22-24. *Hyg. p.* 176, 1. 2. ‖ 23. operibus … uirorum
om m. ‖ rei *pˢ* causa *corr b*.

abmrzv rorum | urbes ingressus est, gentium populos rogantes recepit, tyrannos gladio interemit. et postquam hostilem terram obtinuit, deletis hostium ciuitatibus denuo nouas urbes constituit, dato iterum coloniae nomine ciues ampliauit.

5 milites colonos fecit alios in Italia, alios in prouinciis quibusdam. hecque diuus Augustus adsignatas urbes prouintiarum exercitui iussit propter subitam bellorum aciem non solum eas ciuitates demum cingere muris, uerum etiam loca

p. 1538 aspera et confragosa saxis alligari, ut illis maxime pro-

10 pugnaculo esset ista loci natura, et ab agrorum noua dedicatione culturae colonias appellauit; quae coloniae his uictoribus qui temporis causa arma ceperunt adsignatae sunt.

Ergo nequid nos praeterisse uideamur, sed magis eorum exempla sequamur, saepe erit ad formam respicien-

15 dum. et quia montium altitudines praeesse oratio monstrabat, per ascensum praecelsi cacuminis aciem laboriose signa ex lapidibus constructa reliquimus. et est munita discretaque locorum quantitas, quod permanet separatim per aquarum diuergia in utraque parte ualde nota partitio. alia loca

20 riparum cursus seruat. pro id ut etiam si hostis nos infestare uoluisset, eos ex proxima ripa poteramus expug-

---

1. *Hygin. p.* 177, 6. 7. ‖ regnantes caepit *m.* ‖ 2. posquam *b.* ‖ 3. 4. *Hygin. p.* 177, 11. 12. ‖ 3. nouas *om b.* ‖ 4. condidit *r.* ‖ 4. *Hygin. p.* 177, 15. 178, 1. ‖ 5. *Hygin. p.* 177, 10. 11. ‖ 6. 7. *Hygin. p.* 177, 8. 9. ‖ 6. hicque *a et corr b,* Haec quae *r.* ‖ 6. assignatus *v et corr b.* ‖ 7. exercitu *mr et pr b.* ‖ et iussit *corr b.* ‖ 7-10. *Hygin. p.* 178, 19-179, 3. ‖ 7. subita *m et pr b,* subitas *v.* ‖ aciem *a et corr b,* aciae *pr b,* acie *m,* acierum *r,* acies *v.* ‖ 9. saxis *ab,* factis *mr,* satis *v.* ‖ 10. est et ista *v.* ‖ 11. 12. *Hygin. p.* 176, 4-7. ‖ 12. ceperunt *br,* cepere *v.* ‖ 13. *Balb. p.* 94, 3. ‖ 14. exemplum *m.* ‖ 15. *Balb. p.* 93, 2. 3. ‖ monstra *m.* ‖ 16. per ascensum *om m.* ‖ 16. que signa *b.* ‖ 18. quod *abr,* que *v.* ‖ 19. aliis locis *corr b.* ‖ 20. seruatur *bmv.* ‖ proinde etiam *v,* propter ut etiam *corr b.* ‖ 20. 21. *Balb. p.* 92, 18-93, 1. ‖ 20. hostes *et* 21. uoluissent *corr b.*

nando rumpere. nam circa regionem maritimam limites *abmrv*
rectos censuimus, et ex lapidibus conpactis totam limitum
recturam cursim demonstrauimus; quia coloniae omnes | *b* 4
quae ad mare ponuntur, litore maris terminantur. agros
conuallium iure ordinario disposuimus, quos intercisiuos 5
nominauimus. in planitia uero limites recte cultellauimus.

Plerumque sunt agri quam multi adsignati. quorum
mensura limitum licet diuersa sit, tamen distant a se alius
ab alio in pedes c, in pedes cl, in pedes ccxl, in pedes
ccc, in pedes cccxc, in pedes ccccxx, in pedes ccccLxxx, 10
in pedes dc, in pedes dcc, in pedes dcccxL, in pedes
dcccclxii, et in pedes īxx, in pedes īcc, in pedes īccccxL,
in pedes mille dc, in pedes īdcc, in pedes īdccc, in pedes
īicc. in conspectu tamen longo, quo signis limitem agimus.
si fuerit terminus crassus Augustalis, et ab alia parte longa 15
crassus geminatus, hii duo limites maximi decimanus et
cardo nominati sunt. per multa milia pedum concurrunt,
et nisi in alpes finiant, diuidunt agros dextra leuaque rectarum linearum inter se continentium.

Omnem mensuram huius culturae mediam longiorem 20
siue latiorem facere debes: et quod latitudine longius fuerit, scamnum est; quod uero in longitudinem longius fuerit, striga.

<hr>

1-4. *Colon. p.* 219, 9-12. ‖ 2. et *br*, om *v*. ‖ tota *m*. ‖ 3. rectura *m*.
‖ cursum *mv*. ‖ demonstrabimus *v*. ‖ 4. qui *m*. ‖ 6. *conf. Front.*
p. 27, 12. ‖ planitie *v et corr b*, planiciae *r*. ‖ cultellabimus *m*. ‖
7. sint *pr b*. ‖ 7-11. *Colon. p.* 222, 6-10. ‖ 8. tamen etiam distant
v. ‖ 10. cccxc *a et corr b*, ccclxi *mv et pr b*, ccc lxl *r*. ‖ 11-14.
Colon. p. 223, 5. 6. ‖ 11. dcc] dccc *corr b*. ‖ 12. dcccclxii *r*. ‖ et
b, om ceteri. ‖ īccccxl. *v*. ‖ 13. mille *b*, m *r*, Ī *amv*. ‖ 14. agu-
nus *r*. ‖ 15. crassus terminus *a*. ‖ si agustalis *m*. ‖ longe *corr b*. ‖
16. crassus *brv*, graphus *a*, grafus *m*. ‖ decumanus *a et corr b*. ‖
17. *Colon. p.* 220, 14. ‖ ac per *corr b*. ‖ 18. alpibus *corr b*. ‖ finiantur *b*. ‖ 20-23. *Hyg. p.* 206, 15-207, 2. ‖ 20. medium *br*. ‖ 21.
et *br*, om *amv*. ‖ 22. in longitudine *r et corr b*. ‖ lacius *corr b*.

abmrv   Sunt fundi bene meritorum, et pro estimo ubertatis angustiores adsignati sunt. loca macra et arida ampliori termino conclusa sunt.

     Sunt loca subsiciua quae ad ius ordinarium non per-
5 tinent. sed si conuenerit inter possessores, possideant: si
b 5 non conuenerit, remanet potestati. | alia loca sunt prae-
fectoria, quae ad ius publicum pertinent. totidem si possessoribus conuenit, possident.

     Sunt autem loca publica haec quae scribuntur SILVA
10 ET PASCVA PVBLICA AVGVSTINORVM. quae ullo modo alienari
nequeunt, et possident tutelam aut templorum publicorum
aut balnearum. quae loca collina appellant.

     Ager extra clusus est qui intra finitimam lineam et
centurias interiacet. ideo extra clusus, quia ultra limites
15 finitimos cluditur.

DE CONTROVERSIIS.

     Controuersiarum materiae sunt duae, finis et locus.
harum alterutraque continetur quicquid ex agro disconuenit. sed quoniam his quoque partibus singulae controuer-
r 3 siae diuersas habent conditiones, | ut potui ego conprae-
hendere proprie sunt nominandae.

     Genera sunt controuersiarum XIIII; de positione ter-
minorum, de rigore, de fine, de loco, de domo proprietatis, de possessione, de alluuione, de iure territorii, de sub-

1. bene *br*, pene *amv*. ‖ prout estimo *a*, prostimo *m*. ‖ 3. sunt *om r*.
‖ 4-7. *Colon. p.*242, 3-6. ‖ 4. subsiciua *mrv*. ‖ 5. possedeant *pr b*.
‖ 6. cognouerit *pr b*? ‖ loca perfectiora ad *v*. ‖ 7. publicum ius *a*. ‖
pertineat *v*. ‖ 9. 10. *Front. p.* 54, 17. 18. ‖ 10-12. *Front. p.*55, 1-3.
‖ 10. alienare *r et pr b*, alienam rem *m*. ‖ 11. nequeunt... publicorum
om m. ‖ 12. balnearum adiungitur qui loca *m*. ‖ *Front. p.* 55, 9. ‖
collina *v*, collinas *m*. ‖ 13-*p.*399,5. *Front. p.*8, 7-10, 3. ‖ 14. finitimos limites clauditur *v*. ‖ 18. altera *v*. ‖ 19. signate *v*. ‖ 23. de regione *v*. ‖ de domo ... alluuione *om m*. ‖ de domino *a*. ‖ proprietas
v. ‖ 24. alluuione *r*, adluuione *pr b*. ‖ subsiciuis *corr b*, sub sucenus *r*.

sicciuis agris, de locis publicis, de locis relictis et extra *abmrv*
clusis, de locis sacris ac religiosis, de aquae pluuiae accessu, et de itineribus.

De positione terminorum controuersia est inter duos
pluresque uicinos. inter duos, an in rigore sit caeterorum 5
siue rationis. inter plures trifinium facit aliquibus locis et
quadrifinium secundum proximas possessiones. dum hoc
nesciunt, non eis conuenit, et diuersas controuersias ipsi
possessores inter se faciunt: alii de loco, alii uero de fine
lineae litigant, alii de fundis adtendunt. sed auido modo 10
quaerendum est prius origo causae. nam per hereditates
opinionis huius generis controuersiae fiunt; quare iure or-
dinario | litigatur. prius tamen in iudicio super possessione *b* 6
quaestio finiatur, et tunc agri mensor ad loca ire praecipiatur, ut patefacta ueritate huius modi litigium terminetur. 15

De alluuione. genera controuersiarum ex flumine haec p. 1539
sunt, non quod de occupatis agris agitur. sed quod uis
aquae abstulerit, repetitionem non habebit: quae res necessitate ripae muniendae sunt sine alterius damno quisquis ille faciat qui ripam suam muniet. quod si fluminis 20
torrens aliquando tam uiolentus decurrerit ut alueum mutet
suum, multorum agros trans ripam occupat: saepe etiam
insulas efficiet. sed Cassius Longinus, prudentissimus iuris
auctor et iudex, hoc statuit, ut quicquid aqua lambiendo

2. de aquae et de pluuiae *a*. ‖ accessu *om m*. ‖ 4. De possessione
terminorum *m*, *om v*. ‖ 5. plerosque *r*. ‖ 6. siue *br*, sine *v*. ‖ *conf.*
Front. p. 10, 3. 15, 4. ‖ 8. nesciant *r et pr b*. ‖ 10. sed aui domo
pr b. ‖ 11. quaerenda *corr b*, quaerendus *r*. ‖ 11-13. *Frontin. p.*
16, 1. 2 ‖ 11. nam] natura *v*. ‖ 13-15. *Theod. cod. p.* 267, 7-10. *conf.*
Agennii comm. p. 16, 20 - 24. ‖ 13. possessionem *v*. ‖ 14. ad locum
m. ‖ 16- p. 400, 7. *Hyg. p.* 124, 3 - 125, 2. ‖ 16. De allusione *r*, *om*
v. ‖ 17. de *om v*. ‖ 18. absciderit *a*. ‖ qua re *corr b*. ‖ 19. remi-
nuendae *a*. ‖ 20. ripem *pr b*. ‖ 21. decucurrerit *corr b. sic et p.* 400,
2. ‖ 23. insolas *pr b*. ‖ efficiat *r*. ‖ 24. iudex *abr*, id ex *v*, dominus *m*, iudex ex *corr b*. ‖ lambendo *v*.

abmrv abstulerit, possessor amittat, quoniam scilicet ripam suam
sine alterius damno tueri debet. si uero maior uis decurrerit, et in fines alterius alueum mutat suum, et fiat insula
in quo cucurrerit, unus quisque modum fluminis maioris
5 agnoscere debet, et eam insulam ipse sibi uindicabit, cuius
terram tempestatiue praeoccupauit; quoniam non possessoris neglegentia sed tempestatis uiolentia apparet abreptum.

De subsiciuis agris. ager subsiciuus secundum suas
determinationes adscriptus est in finibus suis. tabulario
10 Caesaris inferimus. et quod beneficio concessa aut adsignata coloniae fuerint, siue in proximo siue inter alias
ciuitates, libros beneficiorum adscribimus; et quicquid aliud
ad instrumentum mensorum pertinebit ad solum coloniae.
sed et tabularium Caesaris manu conditoris subscriptum
15 habere debebit.

Ager est similis subsiciuorum conditionis extra clusus
et non adsignatus; qui si rei publicae populo Romano,
aut ipsius coloniae cuius fine circumdatur, aut ad populum Romanum pertinet, datus non est, in eius qui ad-
b 7 signare | potuerit remanet potestate.

Signa limitum finalium in diuersas regiones, siue uocabula, uicos uel possessiones, haec sunt inter utrosque possessores testimonia agralia diuidenda. in montibus loca
arida et confragosa petras signatas inuenimus, summa mon-

---

1. admittat *v.* ‖ 3. in finem *a.* ‖ insola *pr b.* ‖ 4. in qua *a.* ‖ concur-
rerit *v.* ‖ 5. et iam insolam *pr b.* ‖ uendicabit *r.* ‖ 6. tempestiue *a.* ‖
7. abreptum *r*, arreptum *abmv.* ‖ 8-15. *Hygin.* p. 202, 16 - 203, 4.
‖ 8. De subsicciuis (subsicciuiis *a*) agris *ar*, om *v.* ‖ subsicciuus
amrv et pr b. ‖ si secundum *corr b.* ‖ 9. in] eum *corr b.* ‖ 10.
quod de *m*, quae *corr b.* ‖ aut signata *m.* ‖ 11. siue in proximo *om*
r. ‖ 12. libris *corr b.* ‖ 13. ad strumentum *mv*, ad strimentum *b*.
‖ 14. et *bmr*, ad *av.* ‖ tabularum *r.* ‖ 15. decebit *m.* ‖ 16-20.
Front. p. 8, 1-6. ‖ 16. subsicciuorum *r et pr ab*, subsicciuus *v.* ‖
condictionis *v.* ‖ 17. quasi *pr b.* ‖ 18. finem *m et pr b.* ‖ 21. finia-
lium *r.* ‖ 21 - p. 401, 10. *Colon.* p. 240, 17 - 241, 9. ‖ 22. uicos]
in eos *r.* ‖ 24. confragossa *v.* ‖ summas *a.*

tium, terminos Augusteos, id est rotundos in effigiem co- *abmrv*
lumnae, aliquos littera signatos, archas finales, in partibus
grumos, id est congeriem petrarum, arbores ante missas
intactas a ferro, congeriem maceriae, id est ubi saxa collecta ab utrisque partibus limitem faciunt, item petras, sacri- 5
ficales aras. in quibus locis arbores intactae stare uidentur, in quo loco ueteres errantes sacrificium faciebant.
alio loco uiae militares finem faciunt, qui termino muniuntur. alia uero deflexa montium, id est pro latere montis
ripae currentes finem faciunt. aliquando sepulchra finem 10
faciunt. ideo sepulchra sequenda sunt, quae extremis finibus
concurrentibus plures concursus agrorum expectant: omnia
enim monumenta dominos testantur. sunt termini cursorii
in effigiem tituli constituti. certa loca riui finales, cunabulae, uel nouercae (quod tegulis construitur), scorpiones. 15
| ubi duo fines cuneati se iungunt, si forte in campestria *r*
loca, ubi agri in planitie sunt constituti, in iugeribus adsignata inueniuntur. item inter uoratos ripis, arboribus ante
missis intactis, ut supra dixi, sacrificales, tumor terrae in
effigiem limitis constitutus, petras molares, foneas, uel 20
metas, lacos et legonatos et fabricis constructos calauio-

---

1. augustos *pr b*, agusteos *mv*. ‖ 2. arcas *br*. ‖ portibus *mr*. ‖ 3.
congeries *m*. ‖ 4. macheriae *r*, maceriem *m*, mecerie *v*. ‖ 5. utriusque *r*. ‖ facit *pr b*. ‖ item] inter *m*. ‖ sacrificiales *r*. ‖ 6. aras]
i. e. aras *corr b*. ‖ intacti *pr b*, intactas *mr*. ‖ 8. alia loca *bmr*. ‖
ui *m*. ‖ 9. deflexa *abmr*, dextera *v*. ‖ pro latera *m*. ‖ 11. 12. *De se-*
*pulchris p.*272,12-14. ‖ 12. 13. *ibidem p.*272,18. ‖ 13-*p.*402,1.
*Colon. p.*241,9-242,1. ‖ 13. sunt enim *m*. ‖ curso in *m*. ‖ 14. certa]
circa *r*. ‖ finalis *r*. ‖ canabulae *m*. ‖ 15. noueracae *pr b*. ‖ regulis *v*.
‖ 16. fines duo *v*. ‖ 17. agra in planitia sunt constituta *m*. ‖ 18. inueniuntur. item] sunt. in quibus locis ut supra diximus similia signa inueniuntur Iter *m*. ‖ 18. ripis *abr*, ripis riuis *m*, rupis *v*. ‖ 19. tumores *corr b*. ‖ 20. constitutos *brv*. ‖ 21. lacus *rv et corr b*. ‖ le-
gonatus *v*, ligonatos *corr b*. ‖ fabritiis *v*. ‖ calariones *a*, calauiores
pr b, calaphiones *corr b*.

abmrv nes. aliquotiens enim petras quadratas et scriptas, quae
indicant cuius agri quis dominus quod spatium tueantur.
non enim omnis titulus inscriptionibus est indutus, quoniam aliquibus locis non sunt lapides scripti, sed in effi-
5 giem Terminorum positi sunt quos cursorios uocamus.
nam et ipsi montes omnino loca determinant. termini
uero non unam mensuram inter se continent, iubente Au-
p. 1540 gusto Caesare Balbo mensori, qui omnium prouinciarum
mensuras distinxit ac declarauit. perque testimonia supra
10 scripta fines locorum terminantur.

b 8   Sunt enim termini | quibus fides non est adhibenda.
isti dicuntur itinerarii. omnes enim limites itineri publico
seruire debebunt, qui dextra ac sinistra fines priuatos
diuidunt et in medio iter publicum. hii tales non sunt
15 omnibus locis. utique sub omnes terminos signum inueniri
oportet. quod ergo fuerit inuentum pro loco termini obseruentur et custodiri debent, ut ab uno ad unum dirigatur; et si notae sint, a nota ad notam. sic enim sunt certae legis consuetudines et obseruationes. semper signum
20 in omnibus terminis positum est. aut aliquos cineres aut
carbones aut testa aut ossa aut uitrum aut assas ferri aut
aes aut calcem aut gypsum aut uas fictile inuenimus.
quod etiam quibusdam saxorum fragminibus conculcabant

1. 2. *Sic. Flacc. p.* 146, 13. ‖ 1. qui *bmr.* ‖ 2. indicitur *pr b.* ‖ qui
b, quis sit *r.* ‖ quot *v.* ‖ espatium *m.* ‖ 3. *Colon p.* 242,1. ‖ 3. inductus *v.* ‖ 4. 5. *Nips. p.* 293, 2-4. ‖ 4. descripti *m.* ‖ 6. determinan-
tur *pr b.* ‖ 7-9. *Colon. p.* 239, 15-19. ‖ 8. bambo *r.* ‖ mensore *v.* ‖
9. dixtinxit *pr b.* ‖ per quae *ar,* per qua *bm.* ‖ 10. terminentur *v.* ‖
12. itinerari *v.* ‖ 13. dextera *r.* ‖ probatos *br.* ‖ 14. diuidit *r.* ‖ 15.
Sicc. Flacc. p. 140, 11. 12. ‖ 15-18. *Hyg. p.* 127, 8-10. ‖ 16. fuerit *om v.* ‖ obseruetur *v et corr b.* ‖ 17. debet *corr b,* debeat *v.* ‖
ut] Ita *b.* ‖ 18. a nocte siue a *v.* ‖ 18-22. *Sic. Flacc. p.* 140, 13-
19. ‖ 21. teste *m,* testas *b.* ‖ assas *br,* asses *m,* massas *av et corr
b.* ‖ aut aere *m, om a.* ‖ 22. calce *m.* ‖ gipso *m.* ‖ uas fictiles *pr b,*
fictile uas *r.* ‖ inueniemus *r.* ‖ 23-*p.* 403, 3. *Sic. Flacc. p.* 141, 14-
17. ‖ 23. quod *om m.*

atque ita diligenti cura confirmabant, ut firmius staret. tale *abmrv* ergo signum inter dominos, inter quos fines terminabantur, faciebant. termini uero non sunt omnibus locis, sed infinita sunt multa alia testimonia.

Lege feliciter, et intellegere curabis. qui intelleget quod 5 uidet, agrorum intentionem et certamen tollere potest. prudentiam tamen hii mensores habere debent qui iudicaturi sunt et quos aduocant ut praestatores. in iudicando autem mensorem bonum uirum et iustum agere, ut nulla ambitione aut sordibus moueatur, seruare opinionem metris et 10 moribus debet. omni enim artifici ueritas custodienda est: exclusi sint illi qui falsa pro ueris opponunt. quidam per inpudentiam, quidam per inperitiam peccant. multa sunt ergo in professione quae generaliter pro ueris adiciuntur per controuersiam. argumentaliter et coniecturaliter etiam 15 superflue mentiri artifices coguntur. sed totum hoc iudicandi hominem artificem oportebit.

NOMINA AGRI MENSORVM.

Igeni	Marci 25	Igini	*b* 9
Iuli Frontini 20	Iuni	Euclidis	
Siculi	Nipsi	NOMINA IMPERATORVM	
Flacci	Balbi mensoris	Caesaris Neronis iussu	
Ageni	Cassi	Claudi Caesaris iussu 35	
Vrbici	Longini 30	Tiberii Caesaris iussu	

1. ita *om v.* ‖ firmus *pr b.* ‖ tales *v.* ‖ 2. inter duos dominos *a,* uel inter duos *margo b.* ‖ 4. multa *om r.* ‖ 5. intellegit *r.* ‖ 6-17. *Front. p.* 34, 21-35, 7. ‖ 10. metris *mrv,* meris *pr b,* meritis *a et* corr *b.* ‖ 11-13. *Agenn. p.* 90, 10-13. ‖ 12. sint *b,* sunt *amrv.* ‖ 13. inprudentiam *ar.* ‖ 13-16. *Agenn. p.* 90, 18-21. ‖ 13. multa sunt] multa *m,* mutans *v.* ‖ 14. adicitur *pr b.* ‖ 16. mentiri *a,* metiri *bmrv.* ‖ tutum *v.* ‖ 19. Igeni *a,* Igini *rv,* Igni *m.* ‖ 20. Iulii *v.* ‖ 26. Iuni *a.* ‖ 27. Nypsi *v.* ‖ 31 *et* 32 *ante* 29 *et* 30 *av.* ‖ 33. *a,* om *bmrv.* ‖ 34-36 *ante* 31 *v*: 35 *et* 36 *ante* 31. 32, *post hos* 36, *tum* 29 *et* 30, *m*: 35 *et* 38, *utrique praemisso* Imperatoris, 34 *omisso, post*

abmrv   Imp. Seueri et Antonini iussu   Imp. Valentiniani *iussu*

Imp. Vespasiani iussu   Imp. Theodosii iussu

Imp. Adriani iussu   Imp. Archadii iussu

Imp. Traiani iussu   10 Imp. Honorii iussu

5   Imp. Augusti Caesaris iussu   Imp. Constantini iussu

Imp. Neronis iussu

NOMINA LAPIDVM FINALIVM ET ARCHARVM POSITIONES.

Orthogonus rectus rectum angulum mittit.

15   isopleuros rectus subter constitutus.

isosceles.

p. 404,6 *habet a.* ‖ 35. Claudii *amr.* ‖ 1. Imperatorum *a*, Imperatoris *v.* ‖ Seuerini *v.* ‖ Antonii *a.* ‖ 2. *ante* 1 *r.* ‖ 5. *om r.* ‖ Augustini *m.* ‖ 8. Theodosi *m.* ‖ 10. honori *m.* ‖ *p.* 403, 19 - *p.* 404, 11 *r sic,* Igini. Marci Igini. Imper. Seueri et antonini iussu. Imper. Archadii iussu. Iu|li frontini. Iuni. Eudidis. Imper. Adriani iussu. Imper. Honorii iussu. | Siculi. Nipsi. Caesaris Neronis iussu. Imper. Traiani iussu. Imper. Constantini ius|su. Flacci. Balbi mensoris. Claudii caesar. iussu. Imper. Neronis iussu. Ageni. Cassi. | Tyberii caes. iussu. Imper. ualentiniani iussu. Vrbici. Longini. Imper. Vespasia|ni iussu. Imper. Teodosii iussu. *b autem sic,*

Balbus mensor	Imp. augusti caesaris	iussu
Iulii Frontinus	Tiberii caesaris	iussu
Siculus	Claudii caesaris	iussu
Flaccus	Caesaris Neronis	iussu
Agenius	Imp. Vespasiani	iussu
Vrbicius	Imp. Traiani	iussu
Marcus	Imp. Adriani	iussu
Iunius	Imp. Seueri et antonini	iussu
Nipsus	Imp. Neronis	iussu
Iginus	Imp. Constantini	iussu
Iginus	Imp. Valentiniani	iussu
Euclides	Imp. Theodosii	iussu
Cassius	Imp. Archadii	iussu
Longinus	Imp. Honorii	iussu

12. labidum *a.* ‖ arcarum *ar et corr b.* ‖ 14. Ortogonus *br,* Ortogonius *v.* ‖ 15. Isopleros *r et pr b,* Isopleurus *a,* ipsos pleros *m* ‖ sub *v.* ‖ 16. Iso'keles *b,* Isosceli *a,* Isoceli *r,* ipso caeli *m.*

exculinus siue exagmeus. *abmrv*

excutellatus lateribus.

subus siue trapideus.

isosceles.

solus trigonus ilia iactat. **5**

parare rogamus pentagonus. *rs*

exagonus.

septagonus.

sinagonus. p. 1641

terminus Greca littera scriptus.

terminus in summo acutus.

circulatus peramus item acuto similis.

item perramus uittae praecisae similis. *b* 10

conplactus rombus ampligmeus.

amicirculus quadratus. **15**

terminus Augusteus.

terminus cursorius.

terminus trifinius.

sepulturam cum ossibus finalem.

terminus in laterculis. **20**

terminus quadrifinius.

terminus rotundus.

---

1. erculinus *a*, Exculenus *v*. ‖ 2. exacmeus *r*, exagineus *v*. ‖ 2. Excul-
tellatus *am et corr b*, Excultelatus *v*. ‖ 3. Sumbus *mv et corr b*,
rumbus *a*. ‖ trpideus *m*, trapezeus *a*. ‖ 4. isosceli *a*, isocaeli *r*, ipso
caeli *m*, *deletum b*. ‖ 5. trogonus *m*. ‖ alia *mv*. ‖ 6-*p*.406,25.
ordine diuerso a, ceteri bmrv inter se consentiunt. ‖ 6. Paralel-
logrammus *v*. ‖ 7. exagoneus *a*, exagmeus *m*, Exagineus *v*, Exacmeus *r*. ‖ 8. Septagonus *mrv*, eptagonus *corr b*. ‖ 9. Signagonus *a*
et corr b. ‖ 12. Circulatus *amrv*, item *b*. ‖ pamus *rv*, Panus *m*, per
ramos *a*, p³ra⸏mus *b*. ‖ item... 13. per ramus *om b*. ‖ iter *m*. ‖ 13.
om m. ‖ per ramos *a*. ‖ uittae *a*, uite *v*, uuae *a*, mitrae *r*. ‖ preciosae
a. ‖ 14. Complactus *ar*, Completus *v*. ‖ rumbus *a*, rumpus *m*, rubus
r. ‖ ampligineus *v*, apligineus *r*, amphigonius *a*, *om b*. ‖ 15. anni circulus *m*, Semicirculus *a*, *om b*. ‖ 16. agusteus *v*, augustus *bm*. ‖ 19.
Sepultura cum ossa *m*. ‖ simile *r*.

abmrv	terminus cui angulus subiacet.
*r*4	terminus quadrifinius.
p. 1540	terminus lineatus.
	spatula cursoria.
5	terminum in inuersum positum.
	item spatula cursoria.
	quadrifinius.
	item quadrifinius.
	terminus gammatus.
*r*5	terminus lineatus idem quadrifinius.
	item quadrifinius.
p. 1541	nouerca.
	simmatus.
	centustatus.
15	Triuortinus.
	amicirculus.
	uaroberrimus.
	triideos.
	terminus Augusteus in summo acutus.
20	lapis molaris.
	monumentum.
	Mausoleus.
	arca finalis.
	cippus.
(*abmrv*)	kalafiones.

1. subiacet angulus *v*. ‖ 4. curiosa *m*. ‖ 5. terminus *et* positus *av*. ‖
in *om am*. ‖ 7. item termi͞n *a*. ‖ quadrifinium *bm*. ‖ 9. gamatus *v*,
gramatus *b*, grammatus *ar*, geminatus *m*. ‖ 10. idem *amr*, id est *bv*.
‖ 13. summatus *m*. ‖ 14. centus status *m*. ‖ 15. Trifortinus *b*, Tiuor-
tinus *m*. ‖ 16. Emicirculus *corr b*, *add* quadratus *pr b*. ‖ 17. Varo-
berinus *v*, Varoberrinus *a*, Varobarmus *m*. ‖ 18. Triideos *r et pr b*,
Triideus *corr b*, Trudeus *v*, Triidetus *m*, tridens *a*. ‖ 19. *om b*. ‖
agusteus *m*, augustus *v*. ‖ summa *m*. ‖ 22. Masoleus *b*, Masuleus
m, Mauspleus *v*. ‖ 23. archa *am*. ‖ 24. Lippus *v*. ‖ 25. calafiones
a, Kalasiones *v*:

[INCIPIT ALTERCATIO DVORVM GEOMETRICO- *r*13 RVM DE FIGVRIS NVMERIS ET MENSVRIS.]

Mensura est quicquid pondere capacitate longitudine *b* 82 altitudine animoque finitur. maiores itaque nostri orbem in partibus, partes in prouintiis, prouincias in regionibus, 5 regiones in locis, loca in territoriis, territoria in agris, agros in centuriis, centurias in iugeribus, iugera in climatibus, climata in actus, actus in perticas, perticas in passus, passus in gradus, gradus in cubitis, cubitos in pedes, pedes in palmos, palmos in digitis, digitos in uncias diuis- 10 serunt.

Sed ut ad rem primae artis geometricae ueniamus, quod pedali mensura conpraehenditur edicere non tarderis.

Digitus est pars minima agrestium mensurarum. inde 15 uncia habet digitos III. palmus autem IIII digitos habet. pertica pedes X, passus habet pedes V. actus minimus latitudinis pedes quattuor, longitudinis pedes CXX. actus duplicatus iugerum facit. climata quaque uersum pedes LX. iugerum trahit in longitudinem pedes CCXL, in latitudinem 20 pedes CXX. arripennis uero, quod est semiiugerum, habet in longitudinem pedes CXX, in latitudinem pedes CXX. duo

1. *Titulum om b.* ‖ gemetricorum *r.* ‖ 2. numeris *r,* lineis *m folio* 143. ‖ mensuris *a,* uersuris *r.* ‖ 6. territoria *om pr b.* ‖ 7. agri *pr b.* ‖ centuria in *r.* ‖ 8. climmatibus. climmata *b.* ‖ 8. actus. actos *b.* ‖ in pertica. pertica *r.* ‖ in passos *b.* ‖ 10. pedes in palmis *in margine b.* ‖ in unitas *r.* ‖ 12. geometriae *b.* ‖ 18. pedes *ante* cxx *om r.* ‖ 19. quoque *r et pr b.* ‖ 20. in longitudine *r. sic et in proximis.* ‖ 21. Aripennis *b.*

br arripennes unum iugerum faciunt, qui est et centuria: habent enim passus per circuitum c.

[Ad dato puncto duas rectas lineas ducere, qui datum circulum tangant.

5 Si in circulum punctum sumatur interius, et ab eo puncto ad circulum plures quam duae lineae dirigantur, illud punctum centrum circuli esse necesse est, et eas particulas quae sunt per internas lineas loco cedere uel fundo oportere.]

b 23 Nam extremitatum genera sunt duo, unum quod per rigorem obseruatur, et aliud quod per flexus. rigoris est quicquid inter duo signa uel in modum lineae rectum perspicitur. Flexuosum est quicquid secundum naturam locorum curuatur.

15 In his duobus uersiculis supra scriptis est omnium ad plenitudinem segregatio locorum. sed ut haec plene scias, breuiter insinuamus quod doceas. dicimus ergo, quid sit rigor, quid flexus. rigor est, ut diximus, quicquid inter duo signa uel in modum lineae rectum perspicitur. haec 20 est utique quod in planitie recti positi sunt limites, id est fasciati. et quod dicit 'flexuosum est quicquid secundum naturam locorum curuatur,' id est quicquid fuerit undique diffusum, pluuialis aquae collectio et in una uisione monstrata. possessor a supra in planum descendat et sibi 25 defendat, sicut est subterius in picturis. nam segregatio locorum flexuosorum forma est, id est iuga montium aut *r* 14 colles qui inter loca | eminent. ideo et per cacumina ipsorum montium uel collium limitibus sunt ordinata, sicut

---

1. habent passos *b*. ‖ 3. *uide supra Euclidis librum tertium p.* 389,21. ‖ 8. caedere *r*. ‖ 10-14. *Balb. p.* 98, 5-9. ‖ 11. seruatur *r*. ‖ flexos *b*. ‖ 12. uel immo dum *b*. ‖ praespicitur *pr b*. ‖ 13. locorum *om r*. ‖ 14. curbatur *b*. ‖ 19. rectae *r*. ‖ praespicitur *b*. ‖ 24. 25. *Hyg. p.* 128, 18. 19. ‖ 26. flexuorum *r*.

supra in picturis est. et ab una parte una portio quae *br*
est a circulo conclusa, siue plures, quod in circumferentia cludit, loco caedere oportebit. cultellamus autem
agrum eminentiorem, et a planitie recidimus aequalitatem.
haec nobis ipsa planicies ab una parte seminus natura 5
monstrauit. sed recte eum cultellauimus, et quaecumque
dimensionis lineas perpendiculum infra circulum eminentiorem in declinatione sunt, despicienda erunt, quia et ea
in circumferentia cludet, si supra tamen res ambigua aut
contraria non est. nam si per iugum montis signa contra- 10
ria inueneris, id est non praecedentia per alium trac-
tum, quere subito ut aliud | genus transeatur, id est *b²⁴*
aut ad planitiem sub iugo, aut ad uiam aut ad cauam,
aut ad ripam fluminis uel torrentis. et ne eas ripas sequendas speres quae intra corpus agri nascuntur. et ne 15
id aliquando sectemini quo maior potestas limitum recturarum ripaeue non confirmant.

DE INTERNA RATIONE ET NON RECIPIENDIS LIMITIBVS.

Sunt et medii termini, qui dicuntur epidonici, pede 20
longum et grassum, distantes in pedes ccc. ceteri repositionales sunt et inter se suos limites seruant, quos ueterani pro obseruatione partium statuerunt custodiendos; qui
non ad rationem non recturam limitum pertinent, sed modum iugerationis custodiunt. similiter quamquam et alia intra 25
agrum sunt, itaque partes limitum seruant, in quo enim
iugerationis modum seruandi causa sunt.

1. ab ima parte ima *pr b*, ab ima parte una *r*. ‖ 3. loca *pr b*. ‖
3-6. *Front. p.* 27, 3-5. ‖ 4. a planiciae *r*. ‖ 6. *Front. p.* 27, 12. ‖
rectae *b*. ‖ 7. demensionis *pr b*. ‖ 12. quaerae *r*. ‖ ut ad aliud
corr *b*. ‖ 14-17. *Hyg. p.* 109, 16-20. *Colon. p.* 221, 7-9. ‖ 15.
nascantur *pr b*. ‖ 16. sectimini *r et pr b*. ‖ 18. 19. om *b*. ‖ 18. re-
capiendos limites *m folio* 144 *uerso*. ‖ 20-25. *Colon. p.* 213, 9-14.
‖ 21. crassum *r*. ‖ 24. nodum *r*. ‖ 25-27. *De sepulchris p.* 272,5-8.

br   Nam iuga montium ex eo nomen accipiuntur, quod
consignatione ipsa iungantur. et his quae summis montibus
excelsissima sunt diuersarum aquarum, ex quo summo loco
aqua in inferiorem partem deuergit. tam superciliis, quae
5 sunt ex plano in breui cliuo defixo, quo mons aut collis
est. quae obseruationem habet ut a supra possessor usque
(*br*) in planum descendat et sibi defendat.

---

b 27 *m* 148   Ergo linearum genera sunt tria?
r 16   Vtique.

10   Quae?
          Rectum, circum ferens, flexuosum.
          Quid rectum?
b 28   Recta linea est | quae aequaliter suis signis posita
est. quae in planitie positae flexae in utraque parte non
15 concurrunt.

          Quid circum ferens?
          Cuius incensura conspectus signorum suorum distabit.
          Quid flexuosum?

          Flexuosa linea est multis formis, uelut arborum sig-
20 norum aut fluminum; in quorum similitudinem et arcifiniorum extremitas finitur, et multarum similiter, quae natura inaequali linea formata sunt.

          Ecce de figuris et lineis quae infra agrum sunt nobis
enuntiasti: de extremitatibus agrorum quae sunt ad con-
25 clusionem nobis edicito.

1-7. *Hyg.* p. 128, 11-20. ‖ 1. accipiunt *r et corr b.* ‖ 4. in *om b.* ‖
diuergit *b.* ‖ 5. quo *r*, quō (quoniam?) *b.* ‖ 10. quae, *hic quidem
non adiecta interrogantis persona, ut uersu proximo respon-
dentis omissa est, b*: om *r.* utique quae? *interroganti ascribit
m, priora respondenti.* ‖ 11-13. *Balb.* p. 99, 3-5. ‖ 14.15. *Balb.*
p. 98, 16-99, 2. ‖ 17-22. *Balb.* p. 99, 5-10. ‖ 19. Flexusa *r.* ‖
uelud *r.* ‖ 22. in aequa linea *b*, inaequalia *r.* ‖ 23. lineas *pr b.*

Extremitatum genera sunt duo.   *bmr*

Quae?

Vnum quod per rigorem obseruatur, et aliud quod
per flexus.

Quid flexus? quid rigor?   5

Rigor est quidquid inter duo signa uel in modum
lineae rectum perspicitur. flexuosum est quidquid secundum
naturam locorum curuatur.

Quantae sunt summitates?

Summitatum genera sunt duo, summitas et plana. 10
summitas est secundum geometricam appellationem quae
longitudinem et altitudinem habet tantum modo. summitatis finis lineae. plana summitas est quae aequaliter rectis
lineis est posita.

Quanta sunt genera angulorum?   15

Genera angulorum rationalium | sunt tria, id est rec- *r*17
tus ebes et acutus. et habent species nouem; rectarum linearum tres, rectarum et circum ferentium tres, ebes a
circum ferentium linearum species angulorum tres.

Rectus angulus est eotigrammus ex rectis lineis con- 20
praehensus, qui Latine normalis appellatur. quotiens rectam
super rectam lineam trans ordine angulos pares fecerit, ut
singuli anguli recti sint, et linea perpendicularis fuerit
iuncta, efficiet triangula recta angulo. ebes angulus est
normalis, hoc est excedens recti anguli positionem consti- 25
tutus fuerit, | perpendicularis extra finitimas lineas habebit *b*89

1-8. *Balb. p. 98, 5-9.* ‖ 4. flexos *bm*. ‖ 6. 7. quicquid *br*. ‖ 6. uel
br, et *m*. ‖ 7. perspicitur *r et corr b*, praespicitur *m*, respicitur
pr b. ‖ 10. plena *m*. ‖ 11-14. *Balb. p. 99, 11-14.* ‖ 16-*p.*412,2.
*Balb. p.*100, 5-101, 11. ‖ 17. hebes *m hic, r semper.* ‖ viii *b*. ‖
18. a circum *br*, arcum *m*. ‖ 20. eotrigrammus *mr*. ‖ 21. latine *r*,
latitudine *bm*. ‖ 22. ordinem *m*. ‖ 23. anguli *om pr b*. ‖ sint *mr*, si
b. ‖ 26. extrema *m*.

bmr inde trigonum. rectus angulus est normaliter, ebes angu-
(*m*) lus est plus normalis, acutus angulus est minus normalis.

　　　．Omnem locum defixum rigoribus cuiusque obseroa-
tur. nam aliquando unus qui rigor in multos uicinos agri
5 fundos finem facit. sunt et rigores declinantes ad locum
uicinum per planitiem. aut marginibus cepti finitique inter
agrum inuenire possunt. similitudinibus quod fuerit, nequid
noxia nobis fieri uideatur. sed ab extremis rigoribus seruandum est.

10　　　Ideo sunt supercilia, id est colles tumentes, quae ad
agrum declinantes deficiunt.

　　　Sed quaecumque particulas dimensionis lineae intra
circulum erunt, acutos angulos faciunt generis sui, quos
tamen omnes in circumferentia cludet, sicut de duobus
15 agris subterius pictura continet.

　　　Sex sunt ordines in opere demonstrationis artis geometricae, id est praepositio, dispositio, descriptio, distribu-
tio, demonstratio, et conclusio. Quod primum est in prae-
positione, fundum. in dispositione, linearum genera. in
20 descriptione, anguli. in distributione, figurae. in demonstra-
(*br*) tione, summitas. in conclusione, extremitas.

---

2. minor *br*. ‖ 3-9. *Hygin. p.* 128, 20-129, 7. ‖ 4. unus *om r*. ‖
6. uicinum *supra scriptum b, om r*. ‖ caepti *r*. ‖ intur *pr b*, intus
r. ‖ 11. ager] agitur *pr b*. ‖ 12-14. *Balb. p.* 101, 17. 102, 3. 4. ‖ 13.
Acutis *b*. ‖ generi *pr b*. ‖ 15. *add* Explicat liber quartus geometrico-
rum *r*. ‖ 16. geometricae *r et corr b*, geometriae *pr b*. ‖ 17. Discrip-
tio *pr b*. ‖ 18. et *om r*. ‖ propositione *corr b*. ‖ 19. fundum *om r*.
‖ 20. discriptione *pr b*.

EX BOETHII GEOMETRIA EXCERPTA.

EX LIBRO PRIMO.

p. 1516
vx

Sed iam tempus est ad geometricalis mensae tradi-
tionem ab Archita, non sordido huius disciplinae auctore,
Latio accommodatam uenire, si prius praemisero quot sint
genera angulorum et linearum, et pauca fuero prolocutus
de summitatibus et extremitatibus.   5

Rationabilium ergo angulorum genera sunt tria, hoc
est rectum hebes acutum. haec autem habent species viiii;
tres rectarum linearum, tres autem rectarum et circum ferentium, tres hebetis et circum ferentium.

Rectus angulus est ethigrammos, id est rectis lineis 10
comprehensus, Latine normalis appellatus. quotiens uero
recta linea super rectam lineam stans circum se angulos
pares fecerit, ut singuli anguli recti sint, exstans perpendicularis eius lineae super quam insistit uertex est. cuius
sedem si subtendens linea perpendiculari fuerit iuncta, ef- 15
ficiet triangulum rectiangulum. hebes angulus est plus normalis, hoc est recti anguli positionem excedens, quia etsi
triangulus secundum hanc positionem constitutus fuerit,
perpendicularem extra finitimas lineas habebit. acutus autem
angulus est compressior recto. qui si a recta linea, quae 20
sedis loco fuerit, rectam lineam secundum suam inclinatio-
nem emiserit, similique cohibitione rectam lineam in occursum exceperit, efficiet triangulum qui perpendicularem

1. tempus z, ipsus v. ‖ 2. auctore huius discipline z. ‖ 3. quod sunt
z. ‖ 4. pauca dixero de v. ‖ 6-p. 414, 2. *Balb. p.* 100, 5-101, 11.
‖ 7. hec autem z, et v. ‖ habens vz. ‖ 9. et tres v. ‖ 10. orthigram-
mos v. ‖ 12. circum se *om* v. ‖ pares angulos v. ‖ 13. ut...15. subtendens z, et v. ‖ 15. perpendicularis iuncta fuerit v. ‖ 16. Habes v. ‖
17. excedes v. ‖ 19. perpendicularis v.

vz intra tres lineas habebit. rectus ergo angulus est normalis, hebes plus normalis, acutus minus normalis.

Linearum ergo genera sunt tria, rectum, circum ferens, flexuosum. recta linea itaque est quae aequaliter in suis p.1517 signis posita est, quae aequaliter in plani|tie posita non concurrit. circum ferens uero linea est cuius signa ex utraque parte curuata et a se inuicem distantia non concurrunt. quae signa si conuenerint, circulus non circum ferens linea debet appellari. flexuosa autem linea est multiformis, uelut 10 arborum aut fluminum ceterorumque signorum; in quorum similitudinem et arcifiniorum agrorum finitur extremitas, et multorum quae similiter inaequali linea sunt formata naturaliter.

Summitatum igitur genera sunt duo, summitas et plana 15 summitas. summitas est secundum geometricam appellationem quae longitudine latitudineque protenditur. summitatis autem fines lineae sunt. plaua uero summitas est quae aequaliter rectis lineis undique uersum finitur. omnium autem summitatum in metiundo obseruationes sunt duae, 20 enormis et liquis. enormis uero est quae per omne latus aequis lineis contiuetur. liquis autem est quae minuendi laboris causa et salua rectorum angulorum ratione secundum ipsas extremitates subtenditur.

Extremitatum quippe genera sunt duo, unum quod 25 pro rigore, et alterum quod obseruatur pro flexuoso. rigor est quicquid inter duo signa ueluti in modum lineae directum prospicitur. flexuosum uero est quicquid secundum

1. rectus ... 2. normalis *om v.* ‖ 3-5. *Balb. p. 99,* 3-5. ‖ 3. uero *v.* ‖ 5,6. *Balb. p.*98, 16-99, 3. ‖ 5. posita *alterum om z.* ‖ 6. currit *z.* ‖ 7. currunt *z.* ‖ 9-13. *Balb. p.*99, 6-10. ‖ 10. que *om v.* ‖ 11. similitudine *v.* ‖ 12. in equa *v.* ‖ 15. *Balb. p.* 99, 11. ‖ 16-23. *Balb. p.* 99, 13-100, 4. ‖ 19. meciundo *z,* uintiundo *v.* ‖ due sunt obseruationes *v.* ‖ 20. liquis *v,* reliqua *z.* ‖ 21. liquis *v,* iquas *z.* ‖ 24-*p.*415, 1. *Balb. p.*98, 5-9. ‖ 25. seruatur *v.*

locorum naturam curuatur. nam quod in agro a mensore *vz*
operis causa ad finem rectum fuerit, rigor appellatur:
quicquid ad horum imitationem in forma scribitur, linea
appellatur. bini rigores sunt quando singulis spatiis interuenientibus tendunt, ut itinera plerumque pergunt.   (*vz*)

EX LIBRO SECVNDO.

Quamuis etiam in superioris libri principio quid sit $^{vz}_{p.1520}$
mensura generaliter designaremus, libet tamen specialiter
huius artis speculatoribus satis faciendo secundum Iulium
Frontinum, geometricae artis inspectorem prouidissimum, 10
quid sit mensura definire. mensura quippe est complurium
et inter se aequalium interuallorum longitudo finita.

Geometricae autem artis mensuralis speculatio trinae
dimensionis, id est longitudinis latitudinis crassitudinis,
consideratione colligitur, et ut enucleatius resoluatur, recto 15
plano solidoque dinoscitur. rectum est quod longitudine
solum mensurando censetur; ut lineae, porticus, stadia,
miliaria, fluminum latitudines, et alia quam plura longa
protensione directa; ut lineae infra depictae descriptio notat. planum est quod a Graecis dicitur epipedon, a nobis 20
autem constrati pedes; quod per longitudinem latitudinem-
que consideratur; ut agrorum planities, et aedificiorum
areae absque tectoriis operibus ac tabulatis et his similibus; ut subiecta formula docet. solidum est quod Graeci p.1521
stereon uocant, nos autem quadratos pedes; quod et lon- 25

1-4. *Balb.* p. 98, 12-14. ‖ 1. mersore *v*. ‖ 2. directum *v*. ‖ 5. ut in
itinera *z*. ‖ 7. etiam *om z*. ‖ sit *et* generaliter *om v*. ‖ 9. speculatori
z. ‖ 11. 12. *Balb.* p. 94, 9. 10. ‖ 13. mensuralis *om z*. ‖ 14. latit. uel
crassitnd' altitud' consideratione *z*. ‖ 16-18. *Balb.* p. 97, 2-4. ‖ 20-
23. *Balb.* p. 97, 4-8. ‖ 21. constracti *v*. ‖ 24. ut docet descriptio *z*.
‖ 24-p.416,3. *Balb.* p. 97, 9-13. ‖ 24. etiam est *v*.

vz gitudinem et latitudinem crassitudinemque habere compro-
batur; ut aedificiorum pilarum piramidumque, nec non
etiam materiae lapidum, aliaque multa; ut subiectae notant
formulae.

3. macerie *vz*. ❙ ut propria notat descriptio z.

FRONTINUS.

Fig. 1. (p. 3.) A.

Fig. 2. (p. 3.) A.

Fig. 3. (p. 4.) A.

Fig. 4. (p. 5.) A.

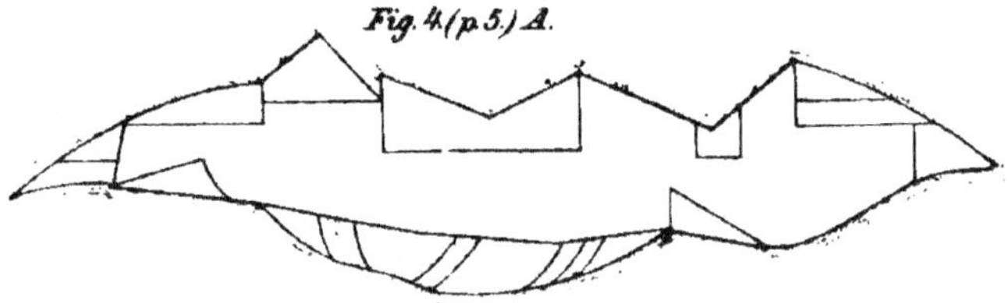

Fig. 5. (p. 5.) A.

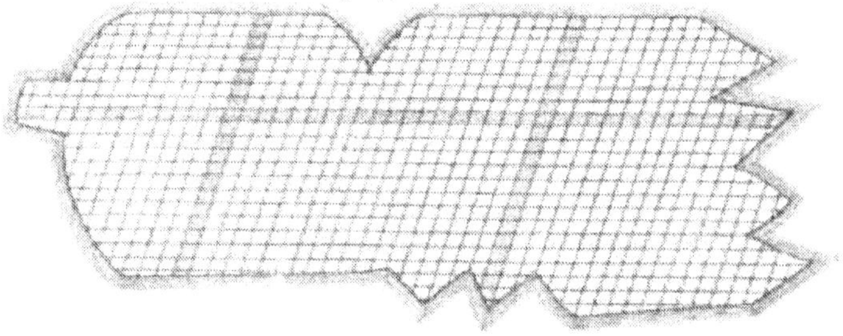

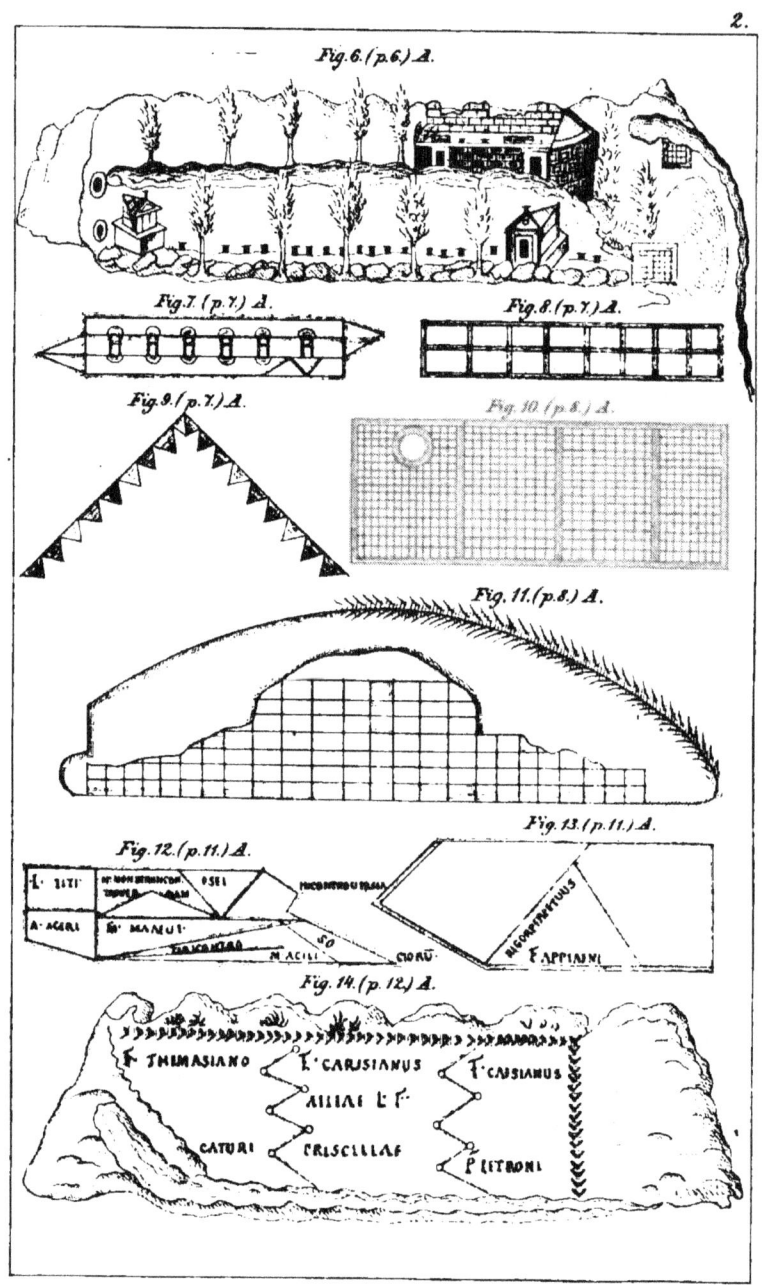

Fig.6.(p.6.) A.

Fig.7.(p.7.) A.

Fig.8.(p.7.) A.

Fig.9.(p.7.) A.

Fig.10.(p.8.) A.

Fig.11.(p.8.) A.

Fig.12.(p.11.) A.

Fig.13.(p.11.) A.

Fig.14.(p.12.) A.

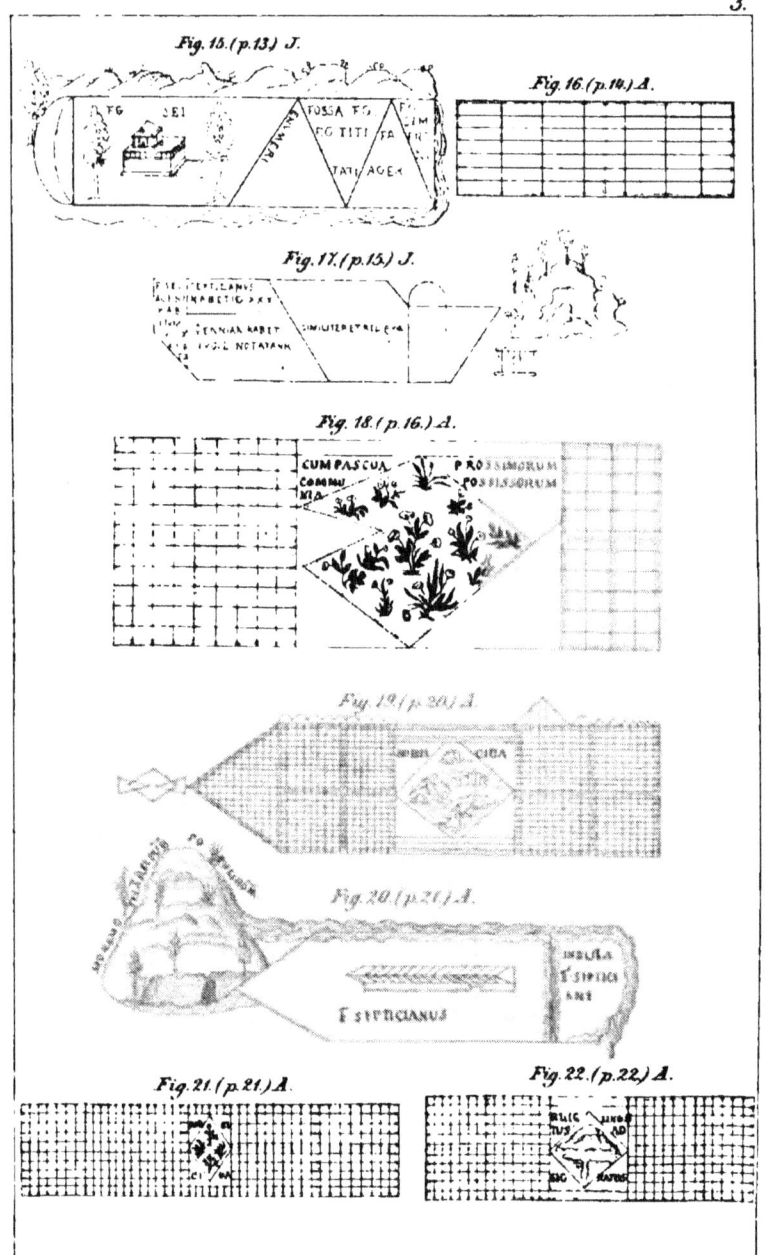

Fig. 15. (p. 13.) J.

Fig. 16. (p. 14.) A.

Fig. 17. (p. 13.) J.

Fig. 18. (p. 16.) A.

Fig. 19. (p. 20.) A.

Fig. 20. (p. 21.) A.

Fig. 21. (p. 21.) A.

Fig. 22. (p. 22.) A.

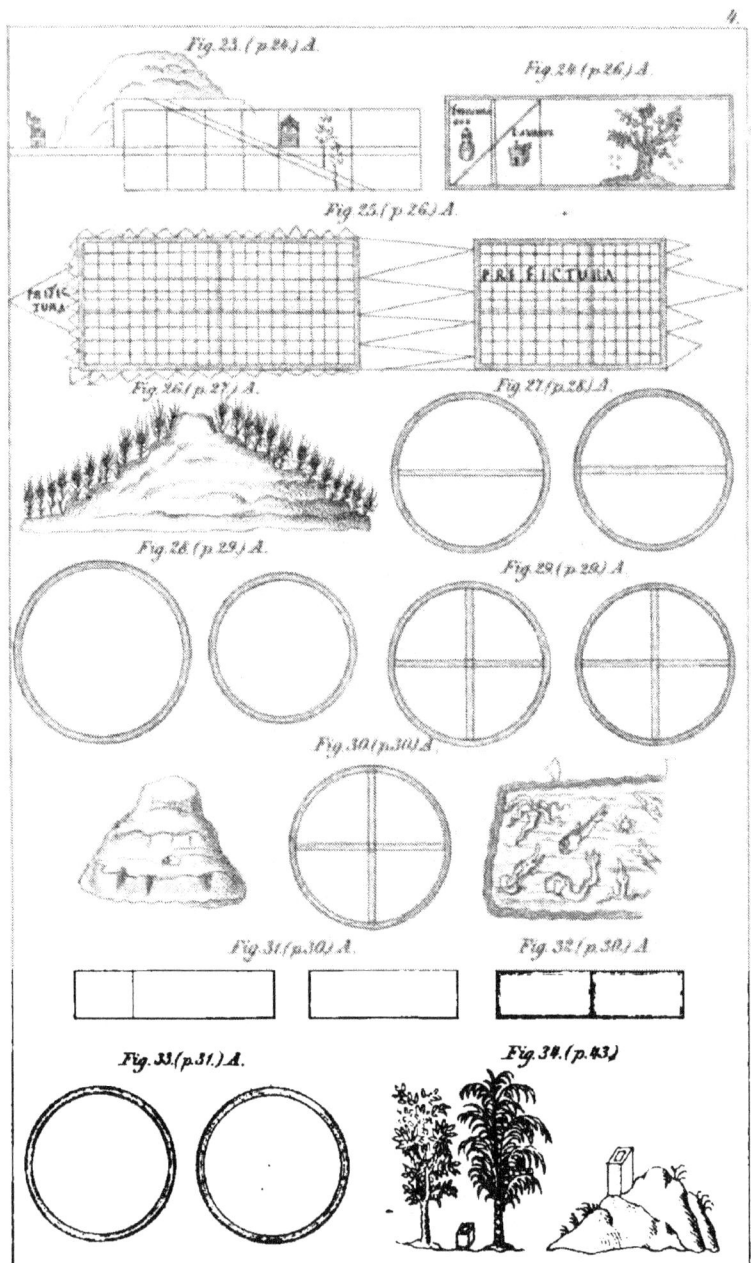

Fig. 23. (p. 24.) A.

Fig. 24 (p. 26.) A.

Fig. 25. (p. 26.) A.

PRÆFECTURA

FRUCTIC
TURA

Fig. 26. (p. 27.) A.

Fig. 27 (p. 28.) A.

Fig. 28 (p. 29.) A.

Fig. 29 (p. 29.) A.

Fig. 30 (p. 30.) A.

Fig. 31 (p. 30.) A.

Fig. 32 (p. 30.) A.

Fig. 33. (p. 31.) A.

Fig. 34. (p. 43.)

Fig. 35. (p. 43.)

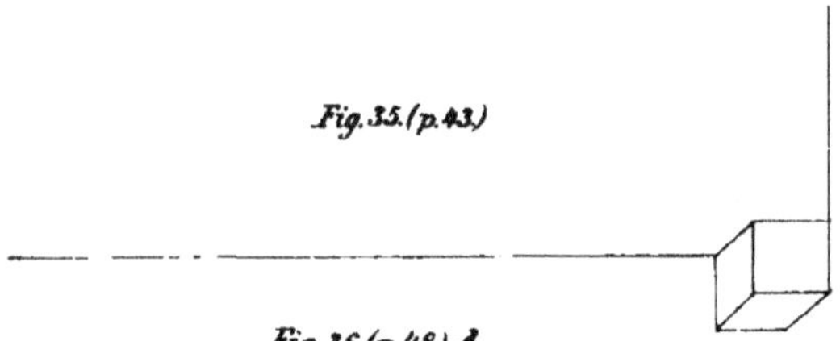

Fig. 36. (p. 48.) A.

Fig. 37. (p. 49.) A.

Fig. 38. (p. 51.) A.

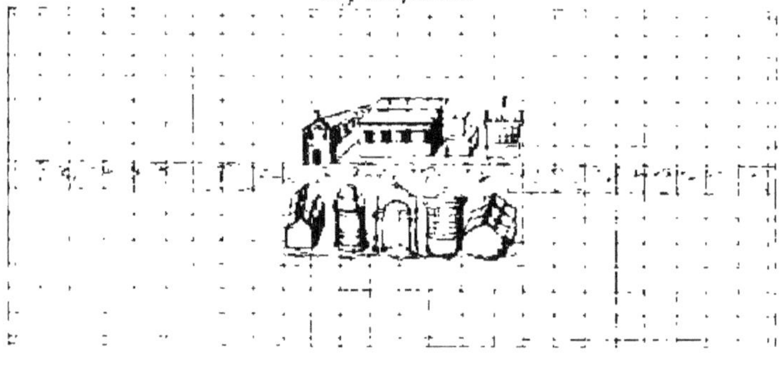

Fig. 39. (p. 52) A.

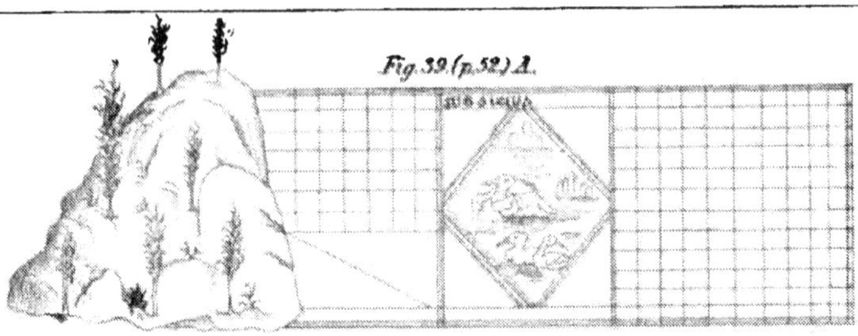

Fig. 40. (p. 57) A.

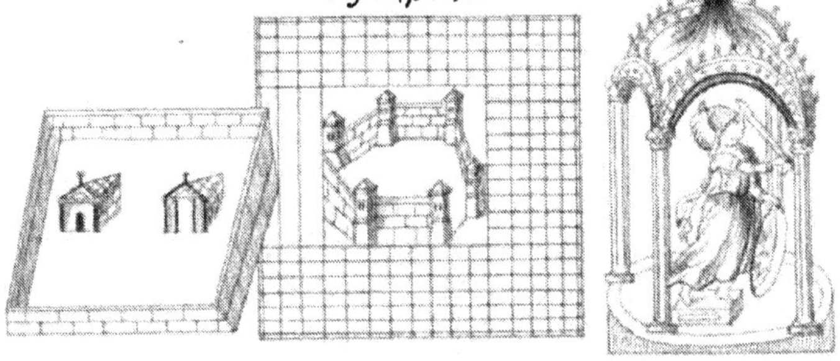

Fig. 41. (p. 58) A.

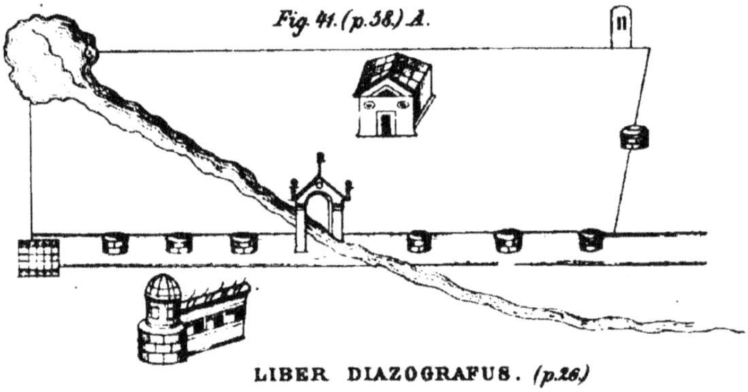

LIBER DIAZOGRAFUS. *(p. 26)*

Fig. 42. (p. 26) G.

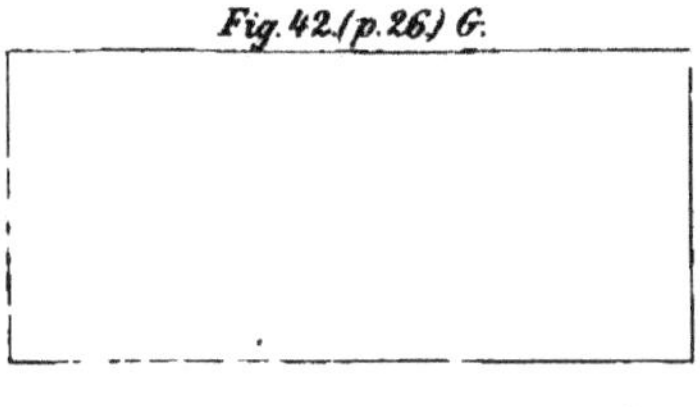

Fig. 43. (p. 26) G.

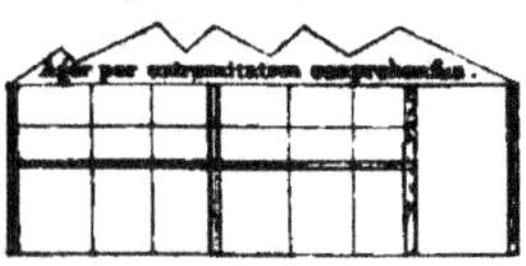

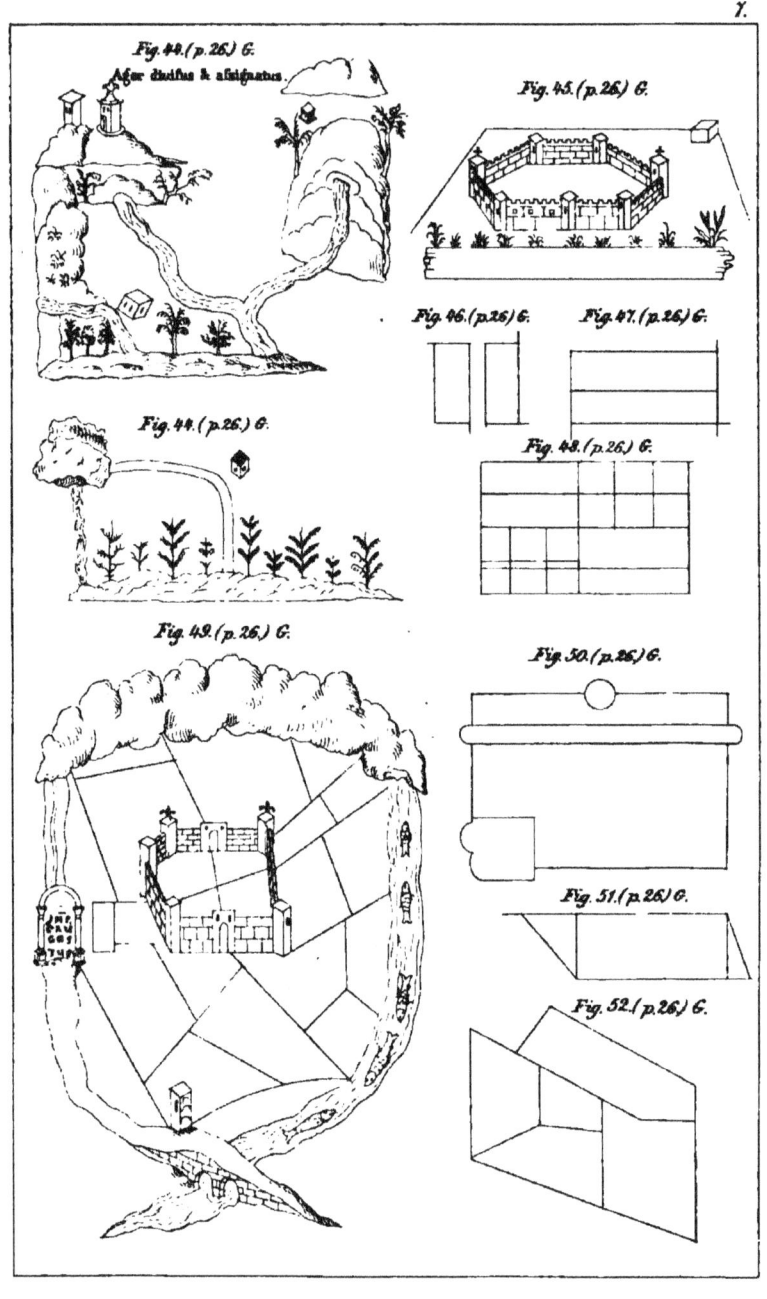

Fig. 44. (p. 26.) G.

Ager divisus & assignatus.

Fig. 45. (p. 26.) G.

Fig. 46. (p. 26.) G.   *Fig. 47. (p. 26.) G.*

Fig. 44. (p. 26.) G.

Fig. 48. (p. 26.) G.

Fig. 49. (p. 26.) G.

Fig. 50. (p. 26.) G.

Fig. 51. (p. 26.) G.

Fig. 52. (p. 26.) G.

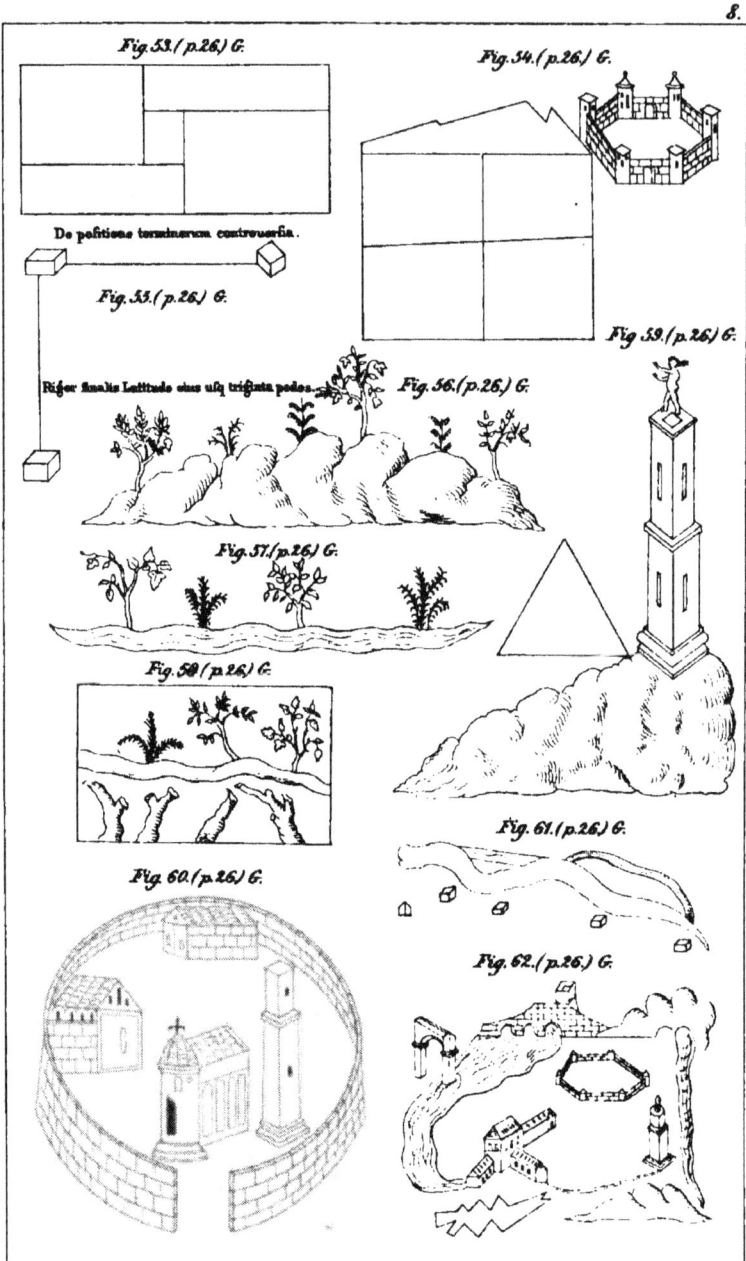

Fig. 53. (p. 26.) G.

De pofitione terminorum controuerfia.

Fig. 55. (p. 26.) G.

Rifer finalis Latitudo eius ufq triginta pedes.

Fig. 54. (p. 26.) G.

Fig. 56. (p. 26.) G.

Fig. 57. (p. 26.) G.

Fig. 59. (p. 26.) G.

Fig. 58. (p. 26.) G.

Fig. 60. (p. 26.) G.

Fig. 61. (p. 26.) G.

Fig. 62. (p. 26.) G.

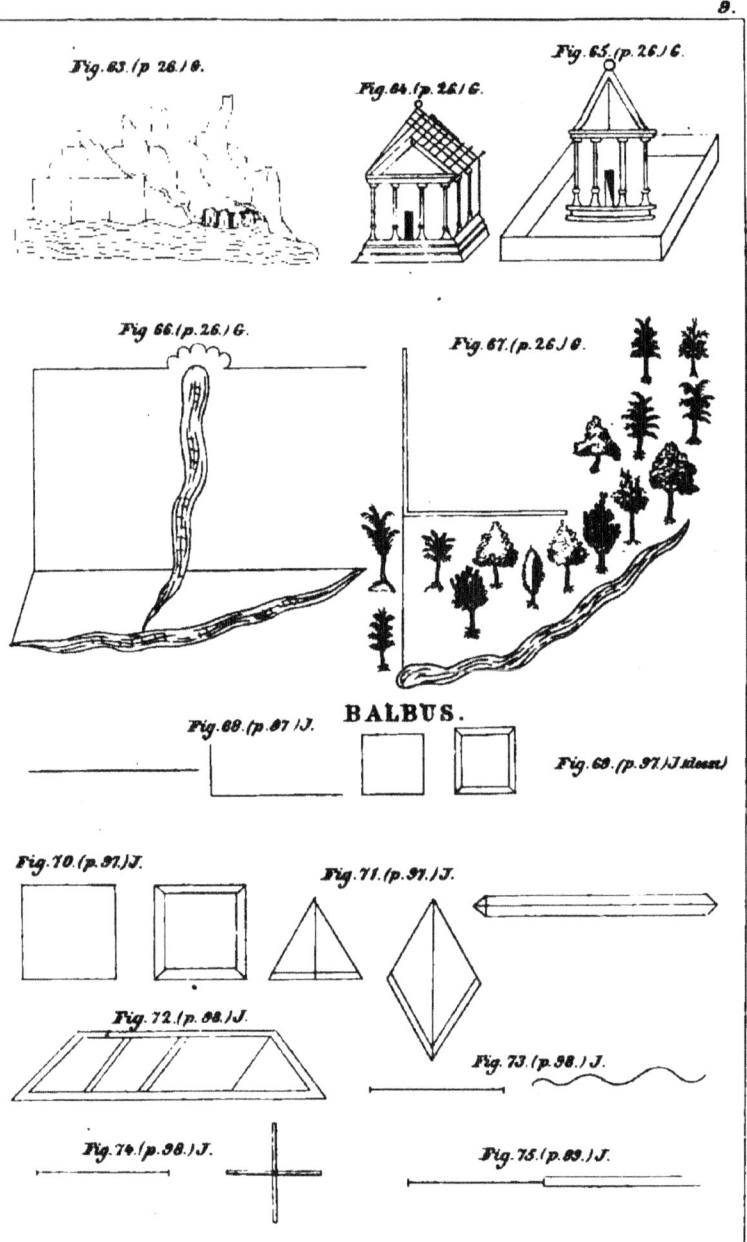

Fig. 63. (p 26.) G.

Fig. 64. (p. 26.) G.

Fig. 65. (p. 26.) G.

Fig. 66. (p. 26.) G.

Fig. 67. (p. 26.) G.

BALBUS.

Fig. 68. (p. 97.) J.

Fig. 69. (p. 97.) J. idem.

Fig. 70. (p. 97.) J.

Fig. 71. (p. 97.) J.

Fig. 72. (p. 98.) J.

Fig. 73. (p. 98.) J.

Fig. 74. (p. 98.) J.

Fig. 75. (p. 89.) J.

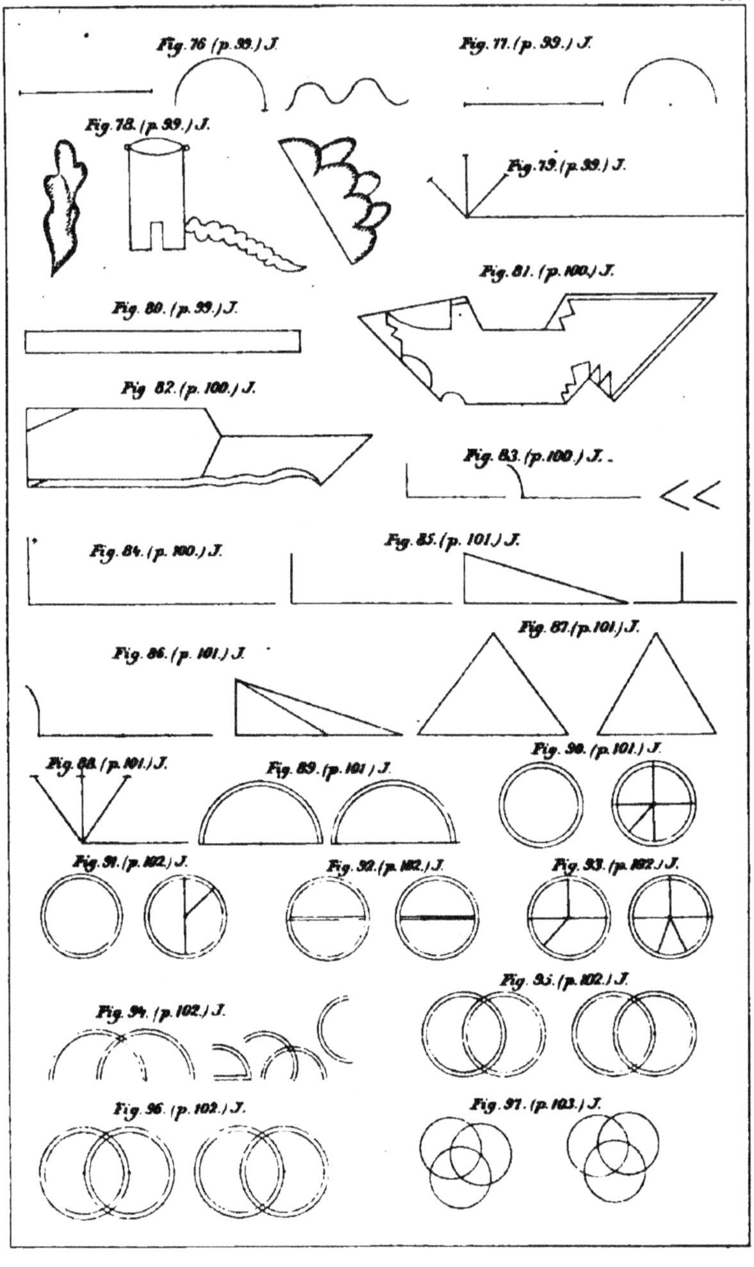

Fig. 76. (p. 99.) J.

Fig. 77. (p. 99.) J.

Fig. 78. (p. 99.) J.

Fig. 79. (p. 99.) J.

Fig. 80. (p. 99.) J.

Fig. 81. (p. 100.) J.

Fig. 82. (p. 100.) J.

Fig. 83. (p. 100.) J.

Fig. 84. (p. 100.) J.

Fig. 85. (p. 101.) J.

Fig. 86. (p. 101.) J.

Fig. 87. (p. 101.) J.

Fig. 88. (p. 101.) J.

Fig. 89. (p. 101.) J.

Fig. 90. (p. 101.) J.

Fig. 91. (p. 102.) J.

Fig. 92. (p. 102.) J.

Fig. 93. (p. 102.) J.

Fig. 94. (p. 102.) J.

Fig. 95. (p. 102.) J.

Fig. 96. (p. 102.) J.

Fig. 97. (p. 103.) J.

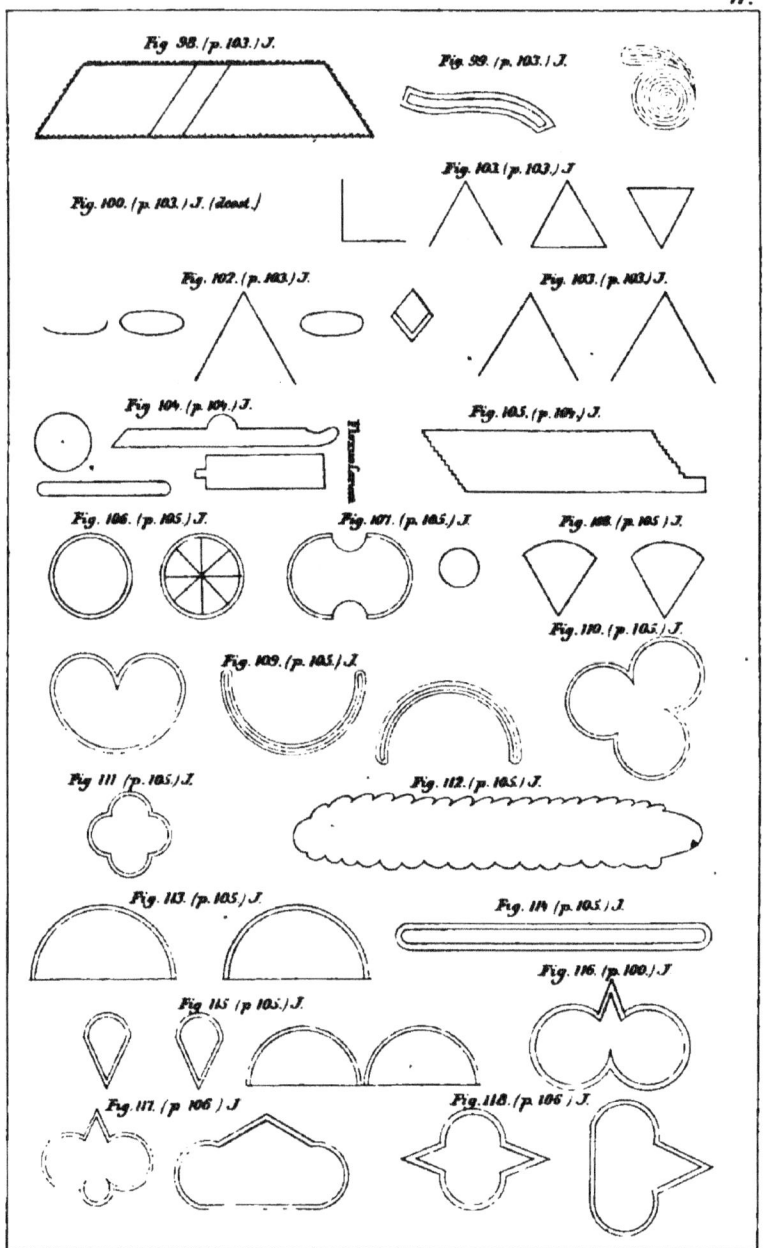

Fig. 98. (p. 103.) J.

Fig. 99. (p. 103.) J.

Fig. 100. (p. 103.) J. (doost.)

Fig. 101. (p. 103.) J

Fig. 102. (p. 103.) J.

Fig. 103. (p. 103.) J.

Fig. 104. (p. 104.) J.

Fig. 105. (p. 104.) J.

Fig. 106. (p. 105.) J.

Fig. 107. (p. 105.) J.

Fig. 108. (p. 105.) J.

Fig. 109. (p. 105.) J.

Fig. 110. (p. 105.) J.

Fig. 111. (p. 105.) J.

Fig. 112. (p. 105.) J.

Fig. 113. (p. 105.) J.

Fig. 114. (p. 105.) J.

Fig. 115 (p. 105.) J.

Fig. 116. (p. 100.) J

Fig. 117. (p. 106.) J

Fig. 118. (p. 106.) J

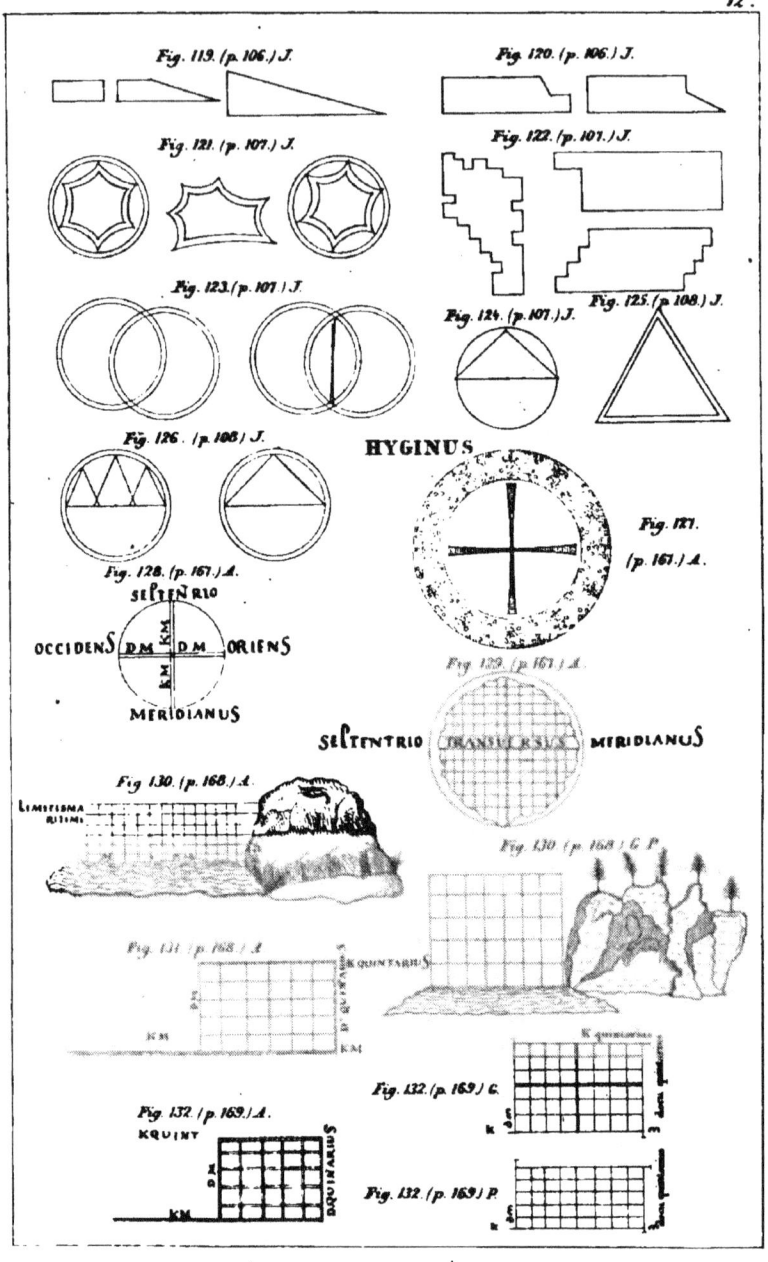

12.

Fig. 119. (p. 106.) J.

Fig. 120. (p. 106.) J.

Fig. 121. (p. 107.) J.

Fig. 122. (p. 107.) J.

Fig. 123. (p. 107.) J.

Fig. 124. (p. 107.) J.

Fig. 125. (p. 108.) J.

Fig. 126. (p. 108.) J.

HYGINUS

Fig. 127.

(p. 161.) A.

Fig. 128. (p. 161.) A.

SEPTENRIO

OCCIDENS DM KM DM ORIENS

MERIDIANUS

Fig. 129. (p. 161.) A.

SEPTENTRIO TRANSVERSUS MERIDIANUS

Fig. 130. (p. 168.) A.

LIMITISMA RITIMI

Fig. 130. (p. 168.) G. P.

Fig. 131. (p. 168.) A.

K QUINTARIUS

K M

Fig. 132. (p. 169.) A.

KQUINT

DEQUITARIUS

K M

Fig. 132. (p. 169.) G.

K quintarius

3 den quintarius

Fig. 132. (p. 169.) P.

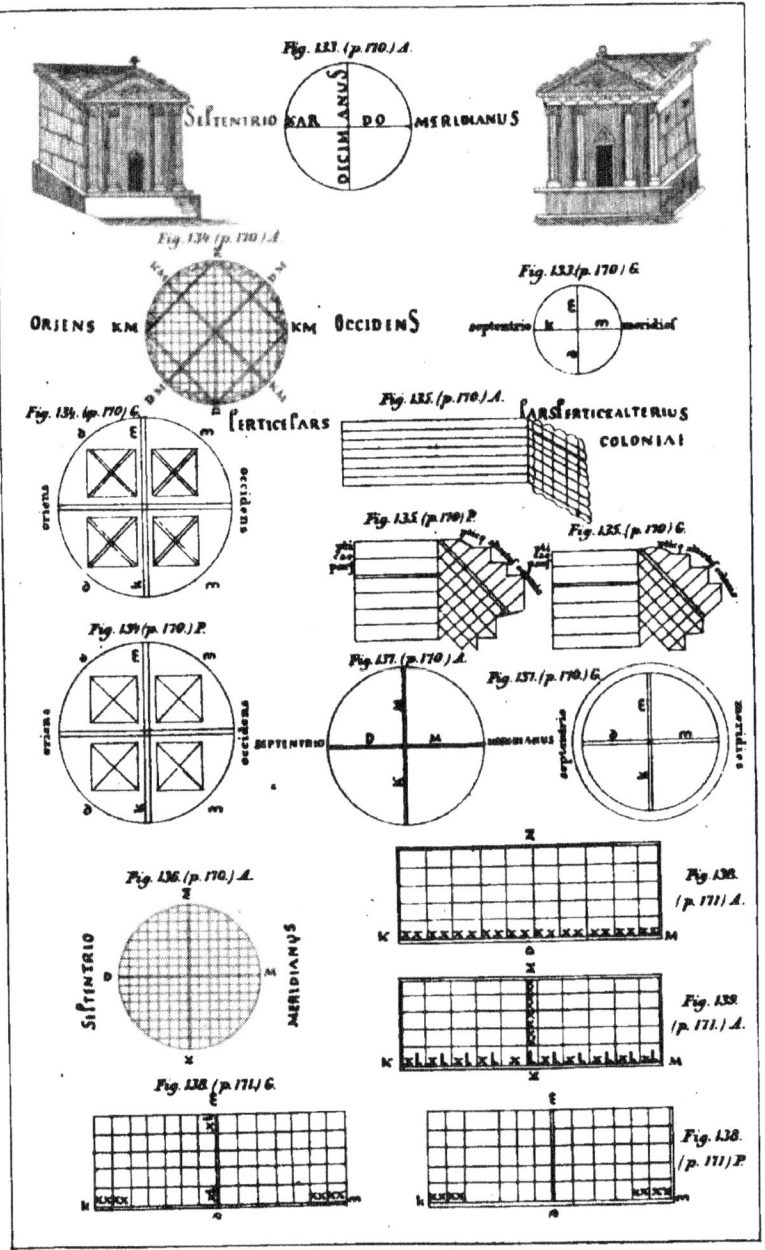

Fig. 133. (p. 170.) A.

SEPTENTRIO KAR DO MERIDIANUS

Fig. 134 (p. 170.) A.

ORIENS KM KM OCCIDENS

Fig. 133.(p. 170.) G.

Fig. 134. (p. 170.) G.

PERTICELARS

Fig. 135. (p. 170.) A.

PARS PERTICE ALTERIUS COLONIAE

Fig. 135. (p. 170.) P.

Fig. 135. (p. 170.) G.

Fig. 134.(p. 170.) P.

Fig. 137. (p. 170.) A.

SEPTENTRIO

Fig. 137. (p. 170.) G.

Fig. 136. (p. 170.) A.

SEPTENTRIO

MERIDIANUS

Fig. 136. (p. 171.) A.

Fig. 138. (p. 171.) A.

Fig. 138. (p. 171.) G.

Fig. 138. (p. 171.) P.

Fig. 140. (p. 171.) A.

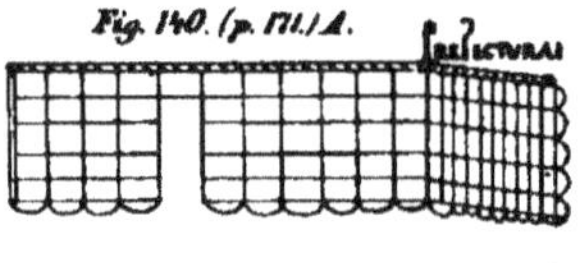

Fig. 140. (p. 171.) G.

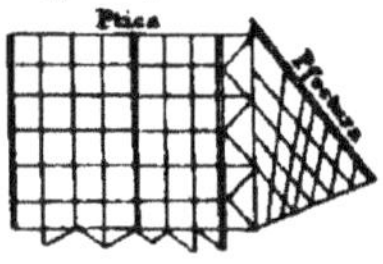
Plica
Plicatura

Fig. 140. (p. 171.) P.

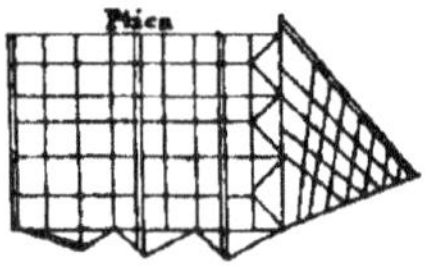
Plica

Fig. 141. (p. 172.) A.

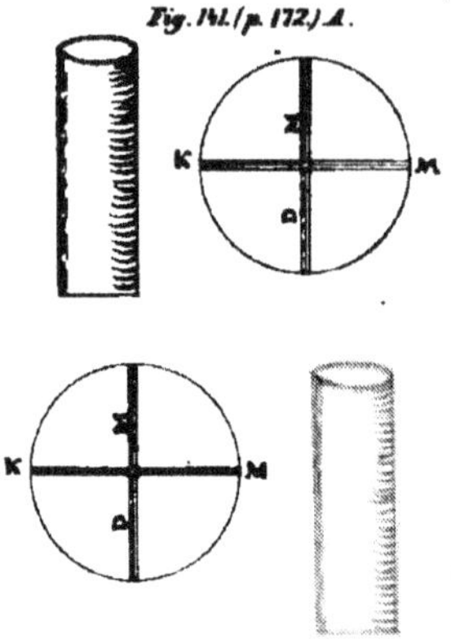
K
M
K
M

Fig. 142. (p. 173.) A.

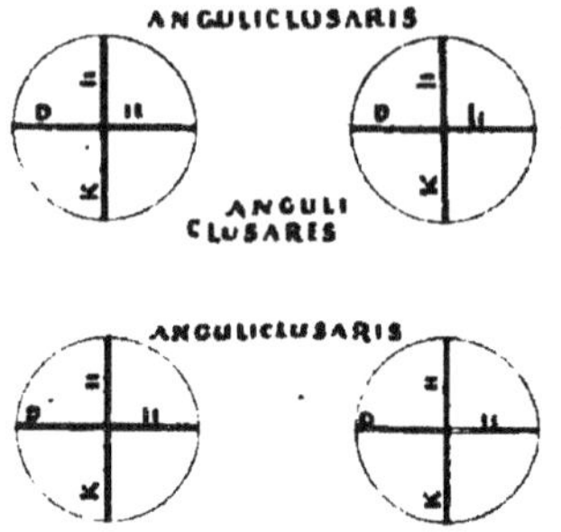
ANGULICLUSARIS
ANGULI CLUSARES
ANGULICLUSARIS

Fig. 142. (p. 173.) P.

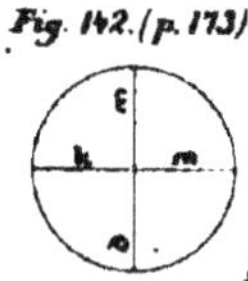

Fig. 142 (p. 173.) G.

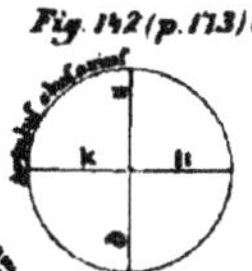

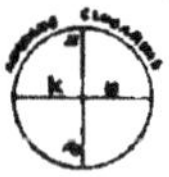

Fig. 142. (p. 173.) P.

Fig. 143. (p. 173.) A.

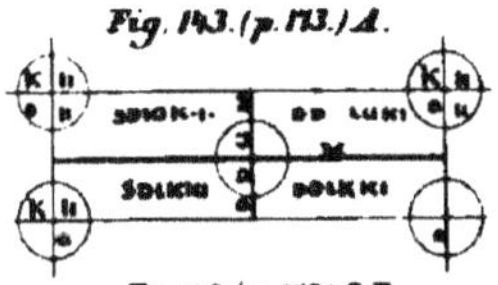

Fig. 143. (p. 173.) G.P.

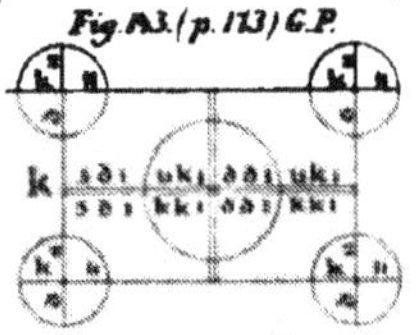

Fig. 144 (p. 173.) A.

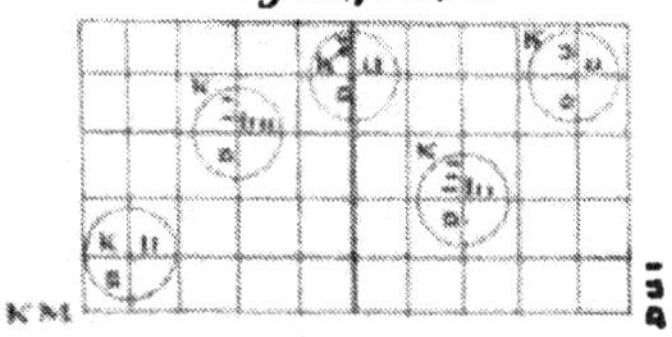
KM

Fig. 144 (p. 173.) G

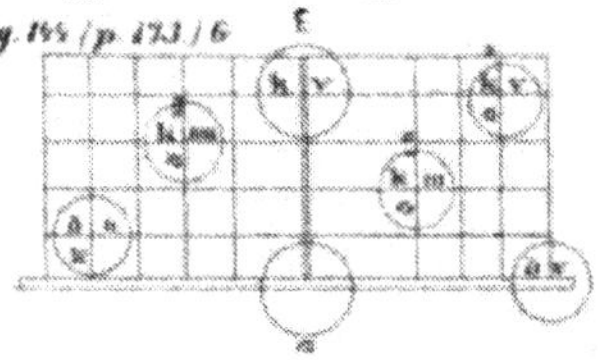

Fig. 144 (p. 173.) P

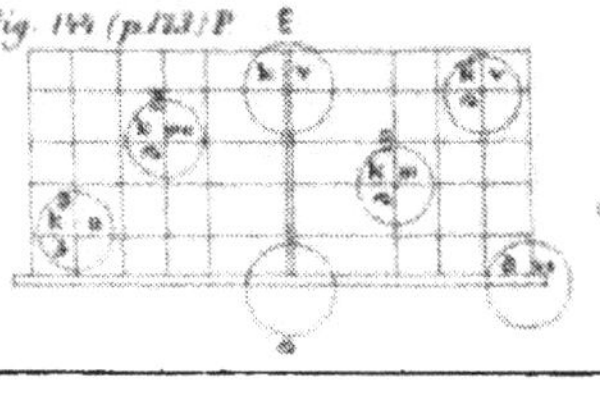

Fig. 145. (p. 173.) A.

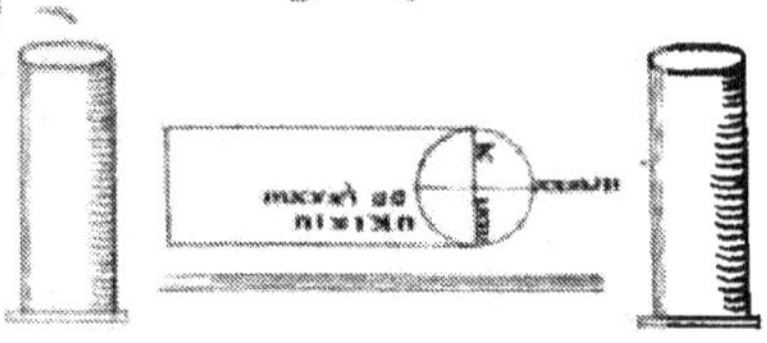

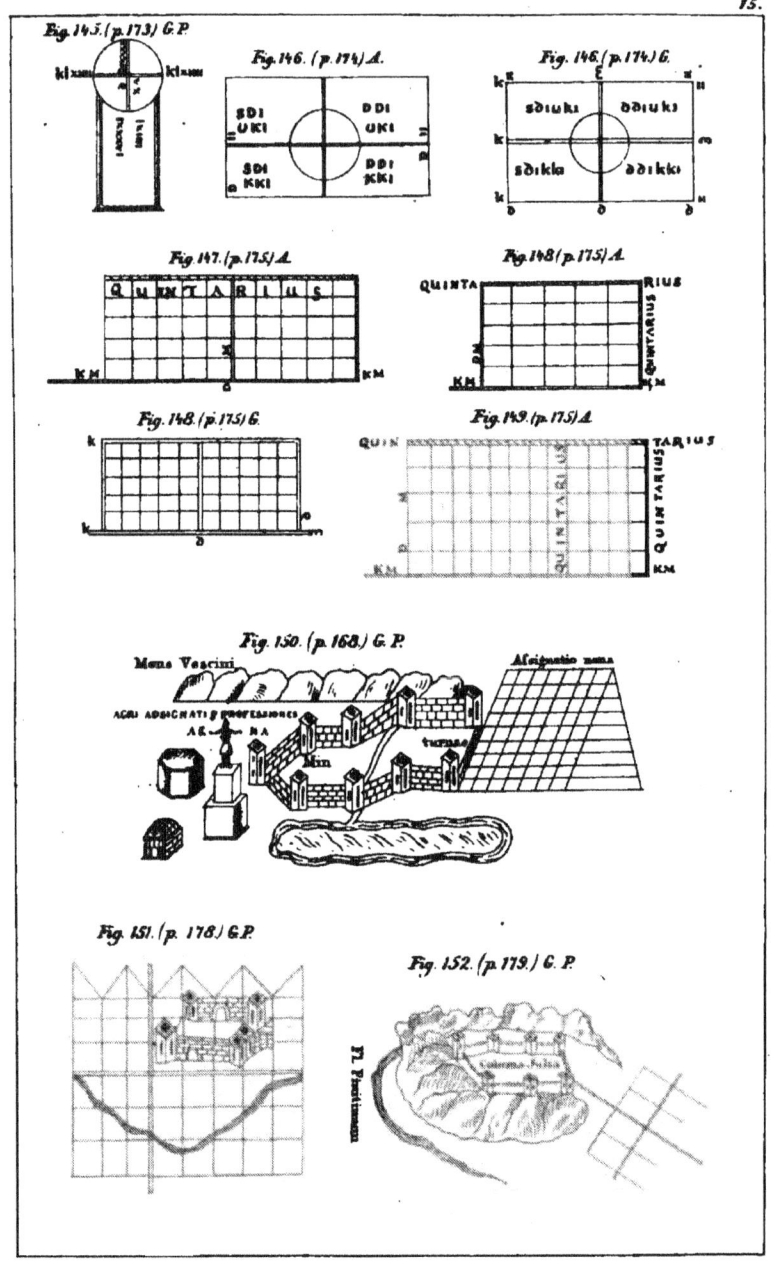

15

Fig. 145. (p. 173) G.P.

Fig. 146. (p. 174) A.

Fig. 146. (p. 174) G.

Fig. 147. (p. 175) A.

Fig. 148. (p. 175) A.

Fig. 148. (p. 175) G.

Fig. 149. (p. 175) A.

Fig. 150. (p. 168.) G.P.

Fig. 151. (p. 178.) G.P.

Fig. 152. (p. 179.) G.P.

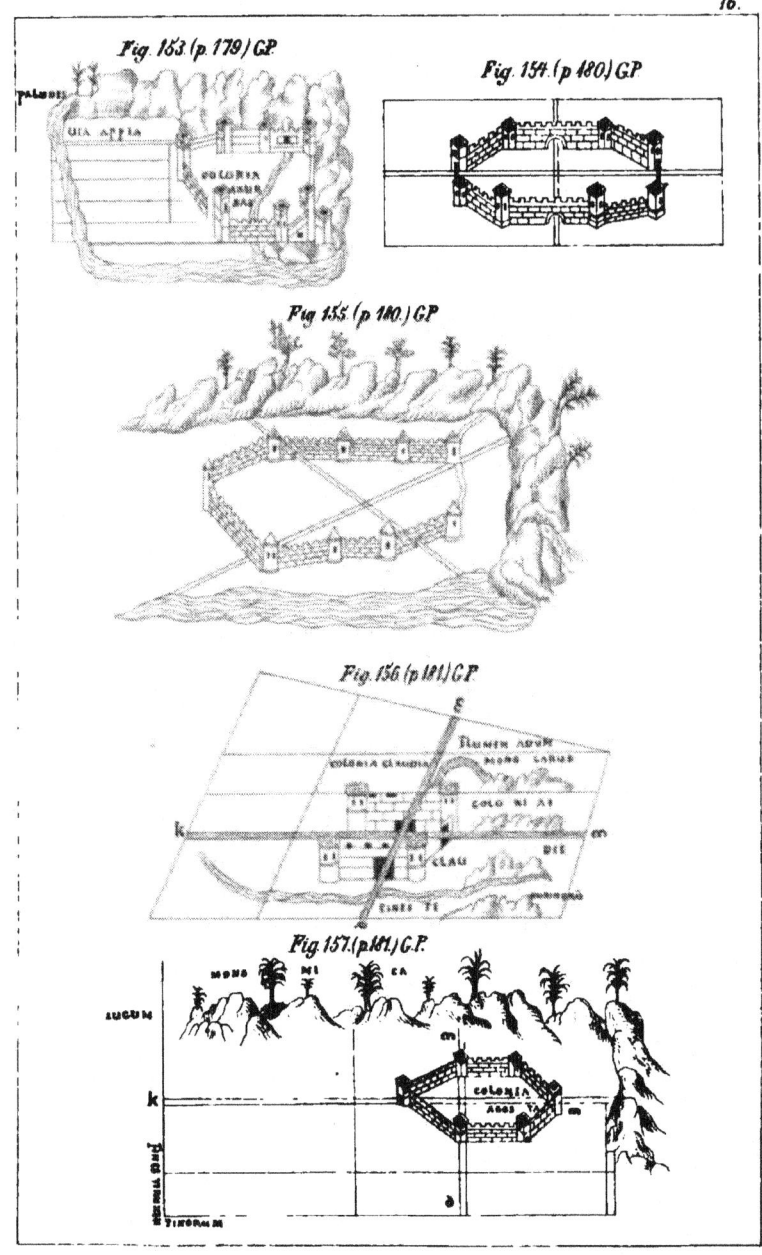

Fig. 153 (p. 179) GP.

PALUDES

VIA APPIA

COLONIA MINUR NAS

Fig. 154. (p 480) GP.

Fig. 155. (p 180.) GP.

Fig. 156 (p 181) GP.

FLUMEN ARUN
COLONIA CLAUDIA
MONS CARUS

COLO NI AE

k   m

CLAU   DIE

FINES TE

Fig. 157. (p. 181.) GP.

MONS
NI   CA

JUGUM

k   m

COLONIA
AGES TA

d

TITORUM

Fig. 158. (p. 182.) A.

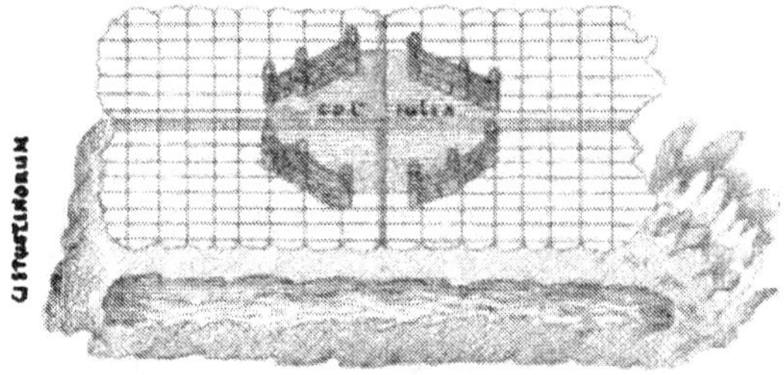

Fig. 159. (p. 183.) A.

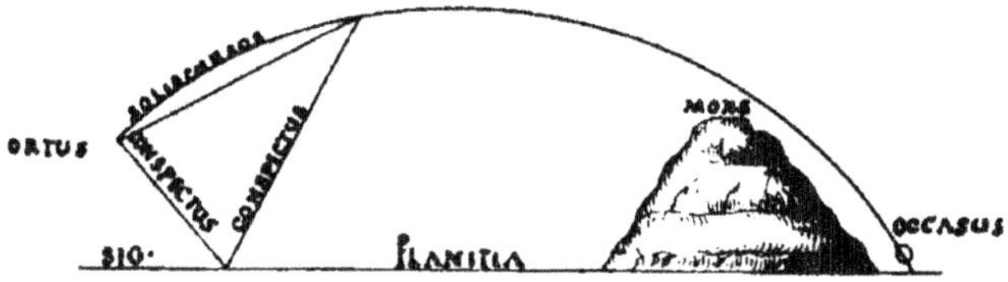

Fig. 160. (p. 185.) A.

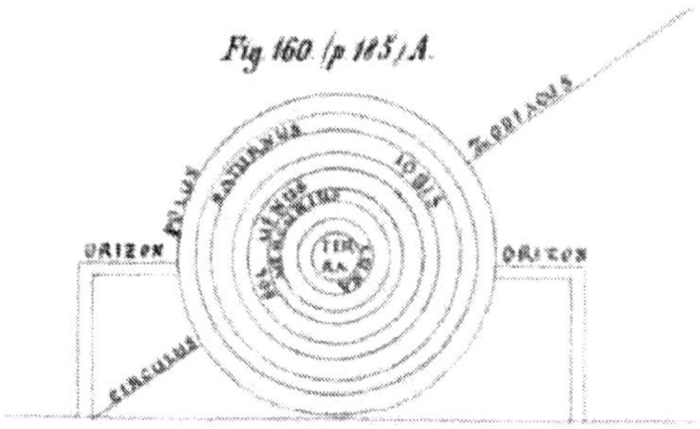

Fig. 161. (p. 188.) A.

Fig. 162. (p. 188.) A.

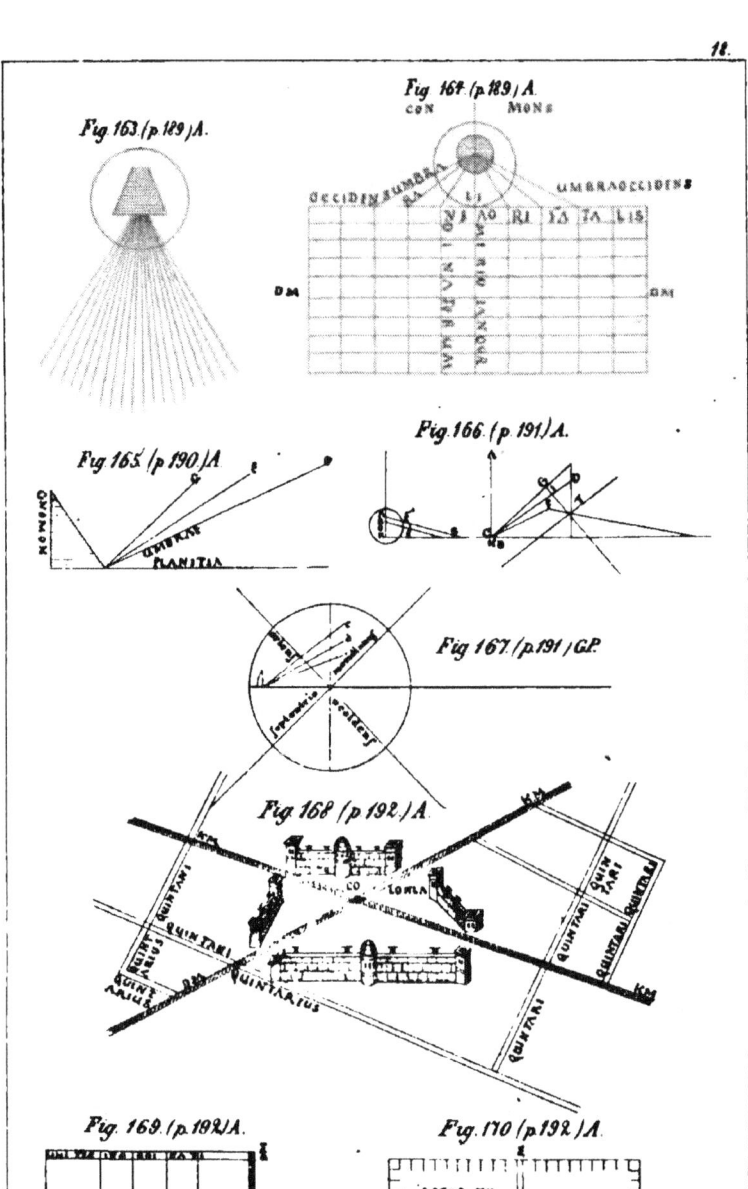

18

Fig. 163. (p. 189.) A.

Fig. 164. (p. 189.) A.

Fig. 165. (p. 190.) A.

Fig. 166. (p. 191.) A.

Fig. 167. (p. 191.) G.P.

Fig. 168. (p. 192.) A.

Fig. 169. (p. 192.) A.

Fig. 170. (p. 192.) A.

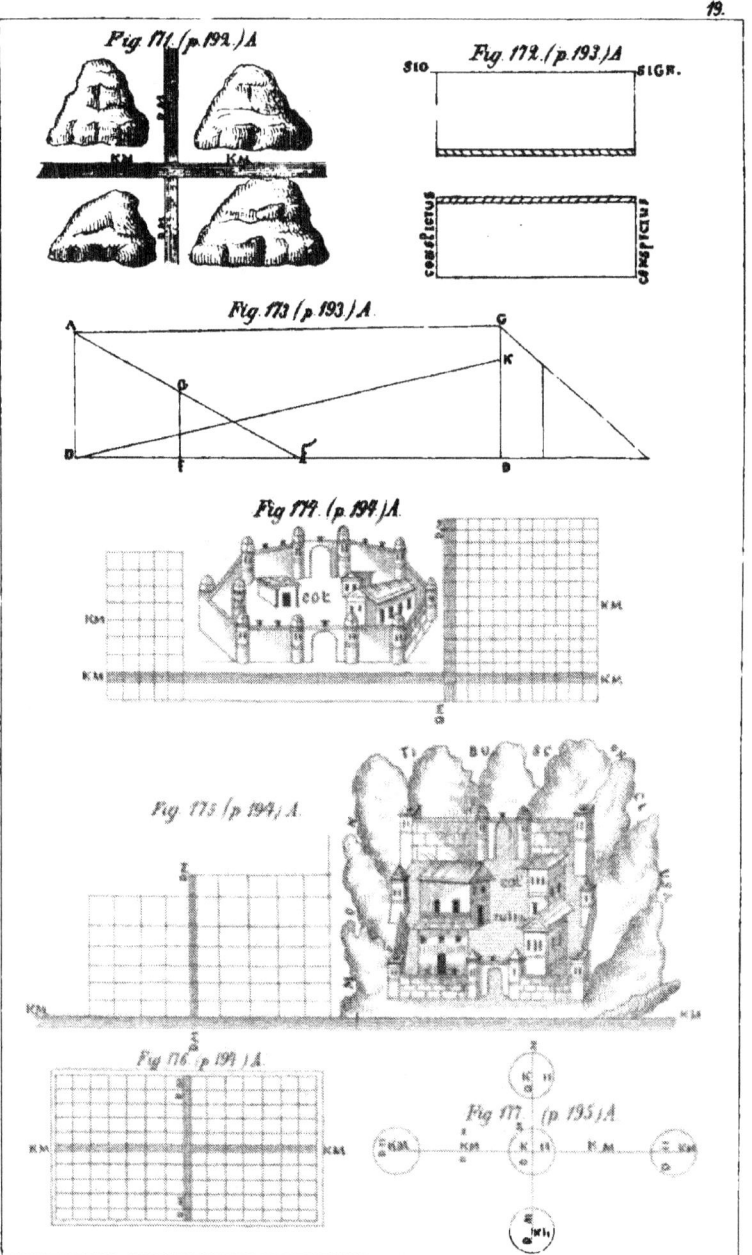

Fig. 171. (p. 192.) A.

Fig. 172. (p. 193.) A.

Fig. 173. (p. 193.) A.

Fig. 174. (p. 194.) A.

Fig. 175. (p. 194.) A.

Fig. 176. (p. 194.) A.

Fig. 177. (p. 195.) A.

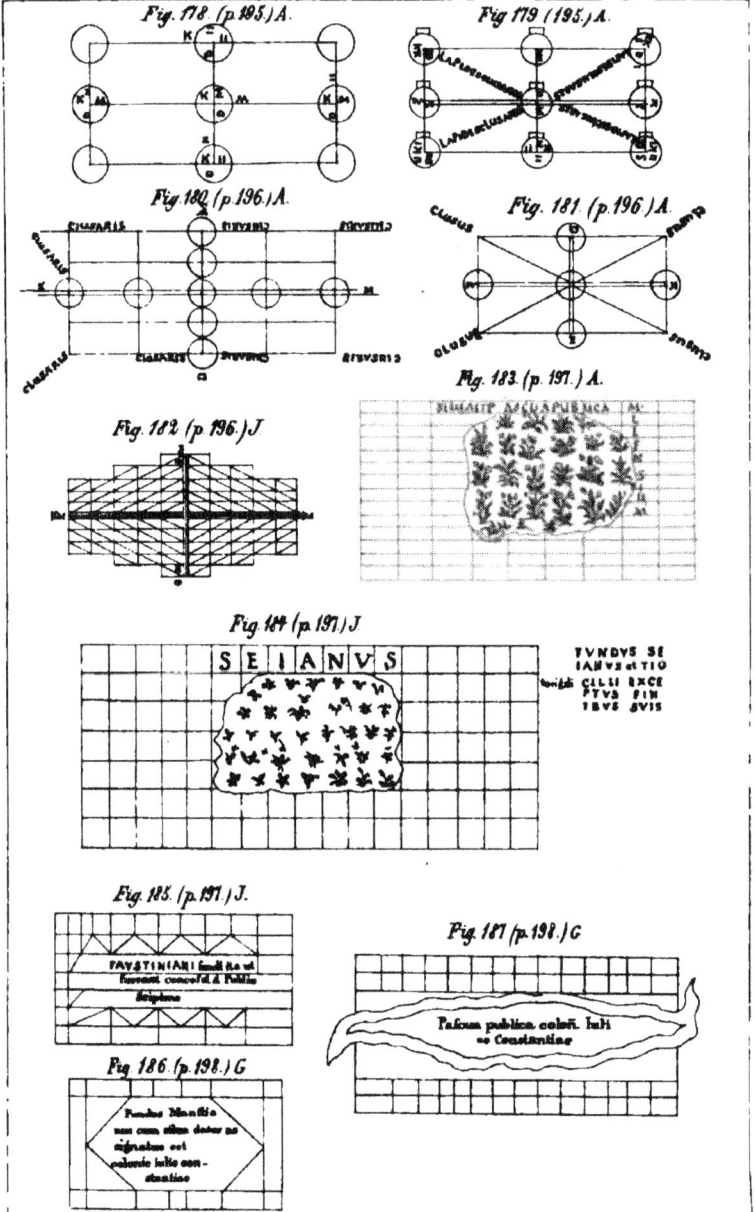

20

Fig. 178 (p.195.) A.

Fig 179 (195.) A.

Fig. 180 (p.196.) A.

Fig. 181 (p.196.) A.

Fig. 182 (p.196.) J

Fig. 183. (p. 197.) A.

Fig. 184 (p. 197.) J

S E I A N V S

Fig. 185. (p. 197.) J.

Fig. 187 (p.198.) G

Fig. 186. (p. 198.) G

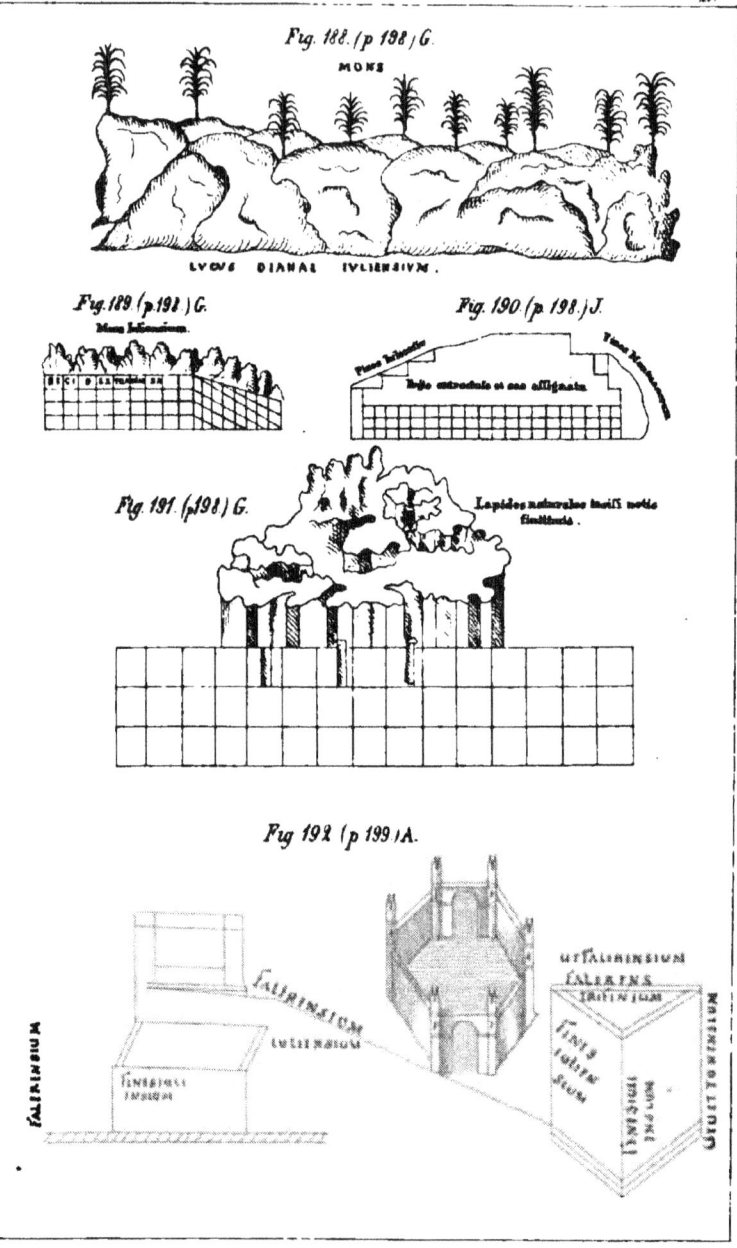

Fig. 188. (p 198) G.

MONS

LVCVS DIANAE IVLIENSIVM.

Fig. 189. (p.198) G.

Mons Iuliensium.

Fig. 190. (p 198.) J.

Lapides naturales incisi nobis finalibus.

Fig. 191. (p198) G.

Fig 192 (p 199) A.

Fig. 193. (p. 199.) J.

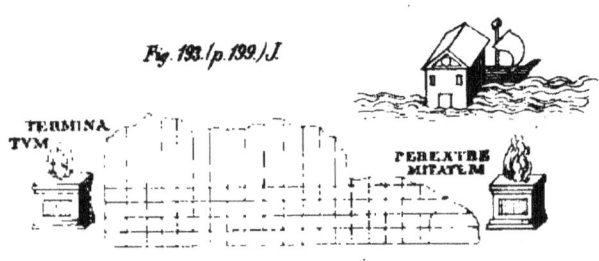

TERMINA
TVM.

PEREXTRE
MITATEM

Fig. 194 (p. 201) A

Fig. 195. (p. 202.) G

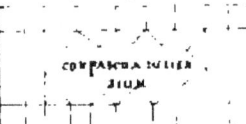

Fig. 196. (p. 203.) A

Fig. 196 a (p. 203) A

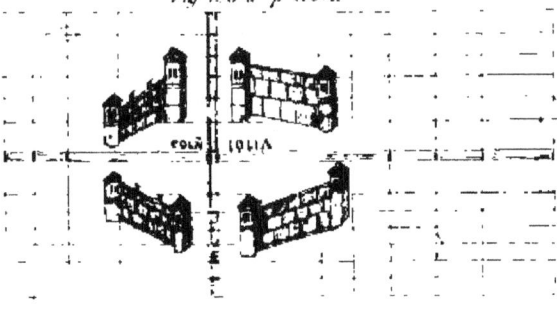

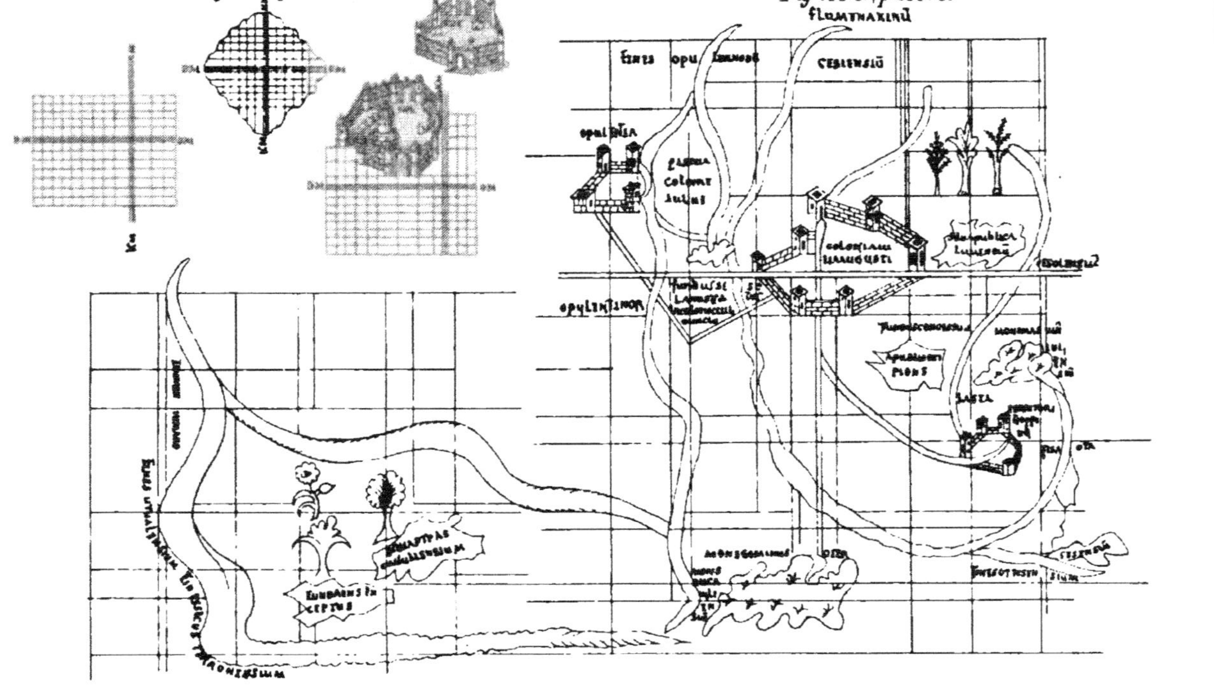

Fig 196 b /p 203/G.
Fluvatnaxind

Fig 197 /p 207/A

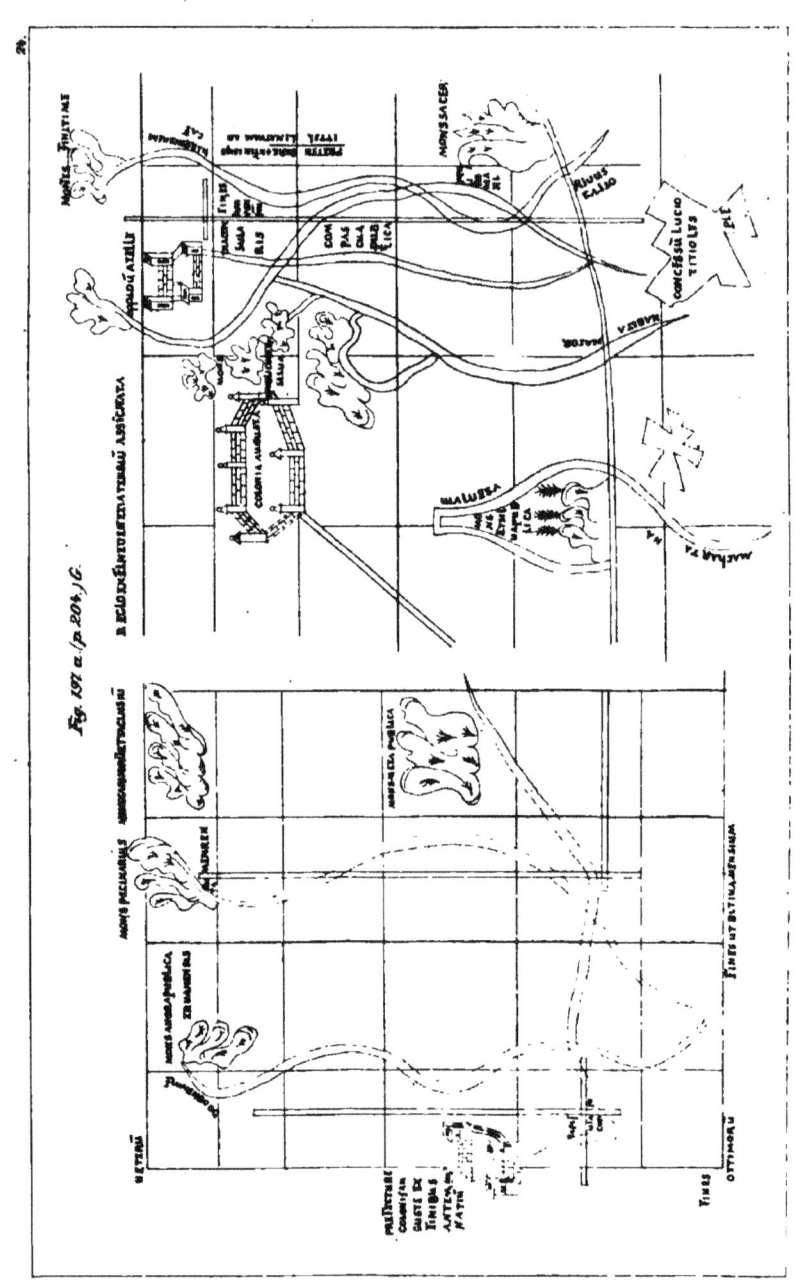

Fig. 197 a. (p. 204) C.

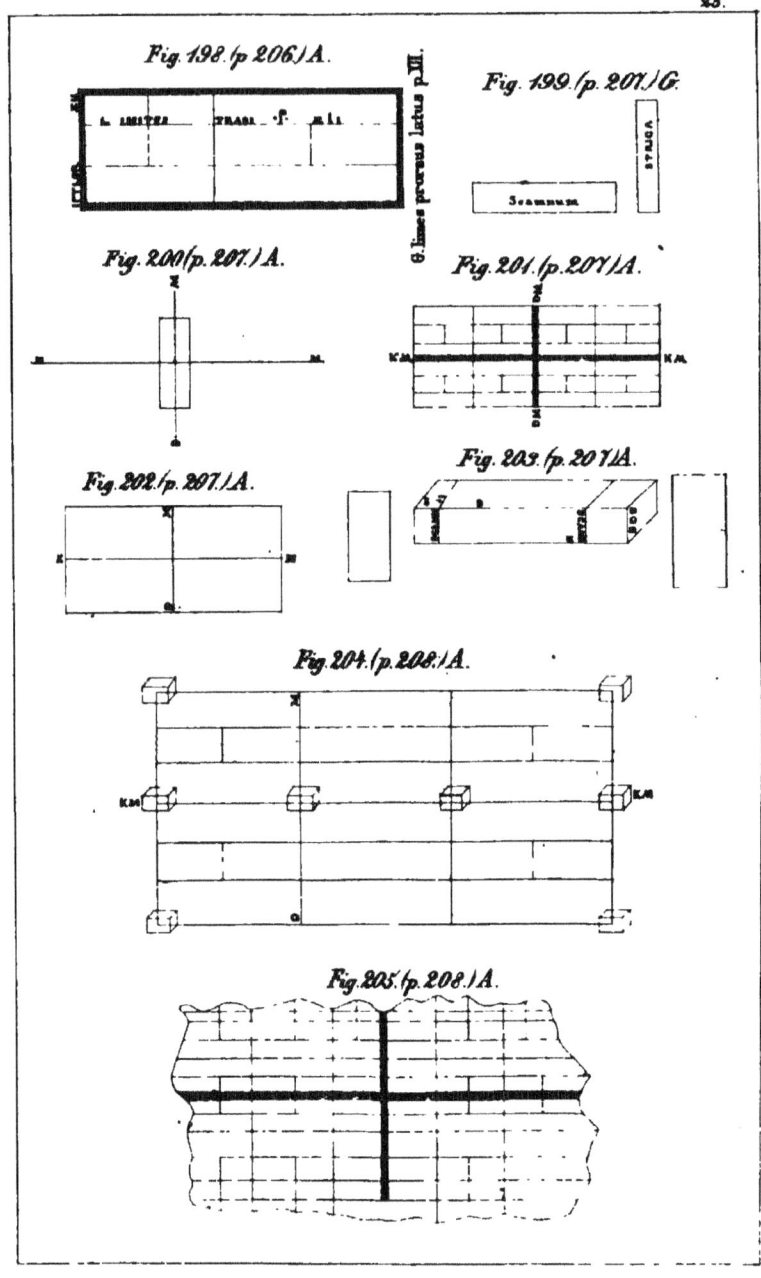

Fig. 198. (p. 206.) A.

Fig. 199. (p. 201.) G.

Fig. 200 (p. 207.) A.

Fig. 201. (p. 207.) A.

Fig. 202. (p. 207.) A.

Fig. 203. (p. 207.) A.

Fig. 204. (p. 208.) A.

Fig. 205. (p. 208.) A.

MENSURAE TERMINORUM

Fig. 206. (p. 243)A.

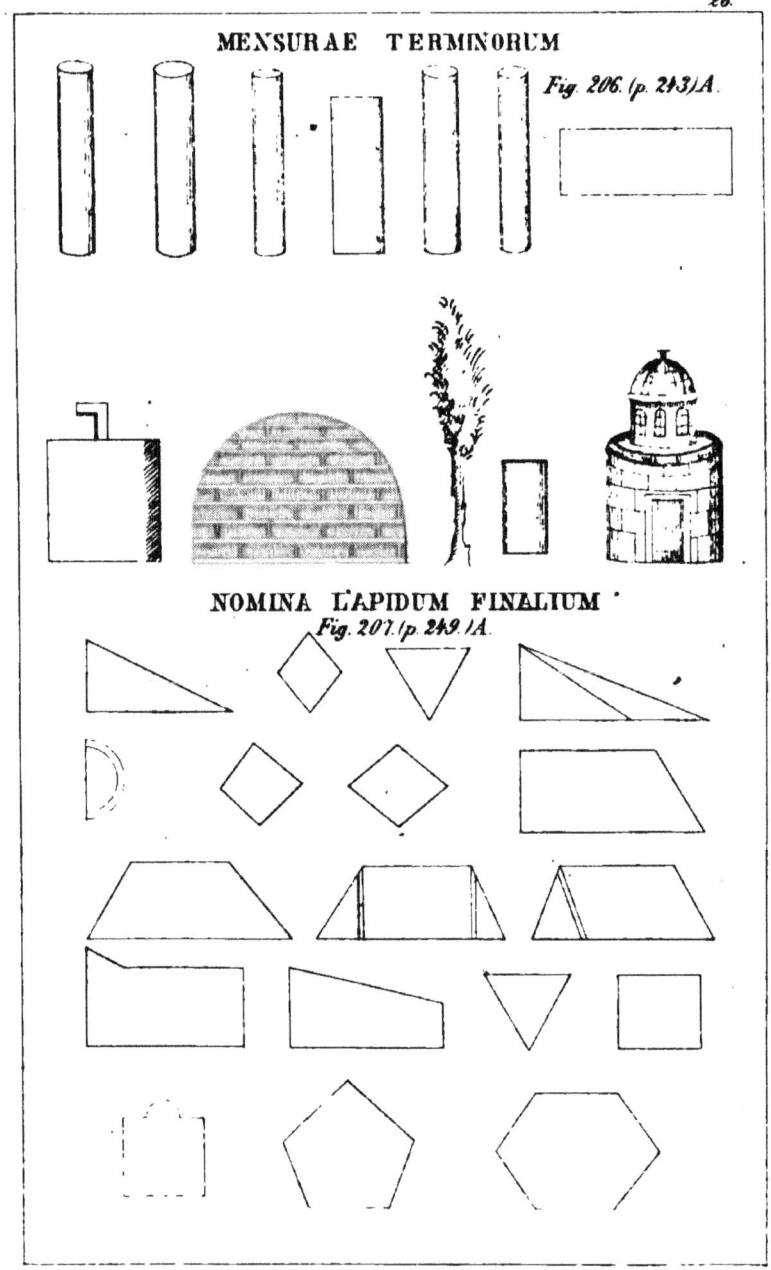

NOMINA LAPIDUM FINALIUM

Fig. 207.(p. 249.)A.

Fig. 208. (p. 251.) A.

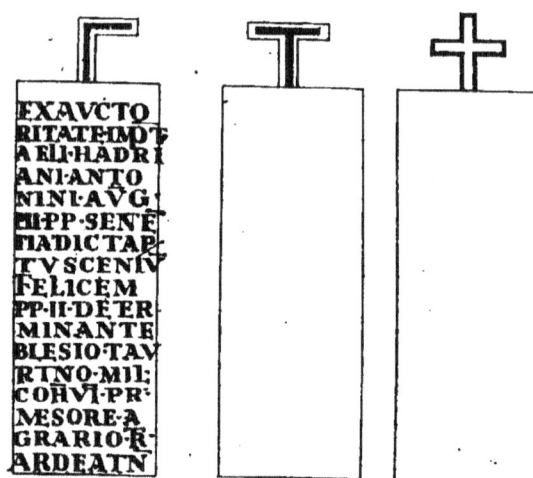

EXAVCTO
RITATEIMP
AELI·HADRI
ANI·ANTO
NINI·AVG·
PII·PP·SENE
MADICTAP·
TVSCENIV
FELICEM
PP·II·DETER
MINANTE
BLESIOTAV
RINO·MIL·
COHVI·PR·
NESORE·A
GRARIOR·
ARDEATN

Fig. 208. (p. 251.) A.

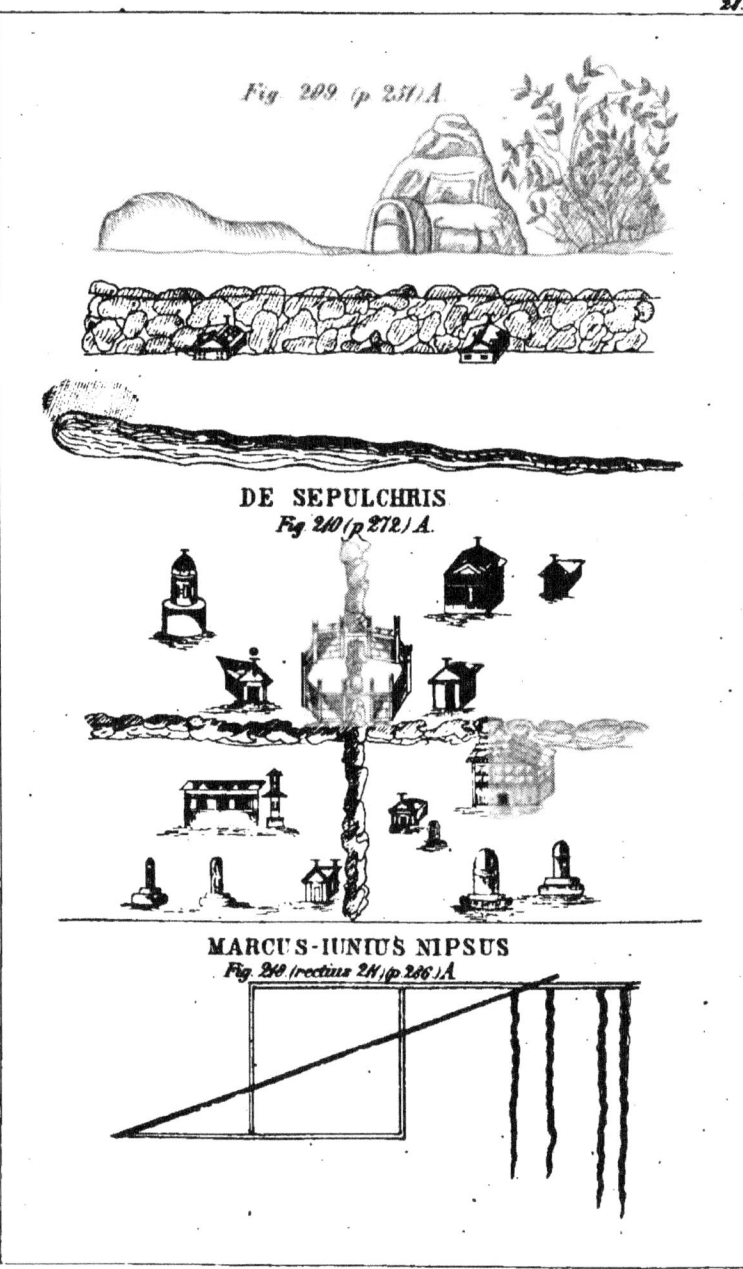

Fig. 209 (p. 257) A.

DE SEPULCHRIS
Fig. 210 (p. 272) A.

MARCUS-IUNIUS NIPSUS
Fig. 211 (rectius 211) (p. 266) A.

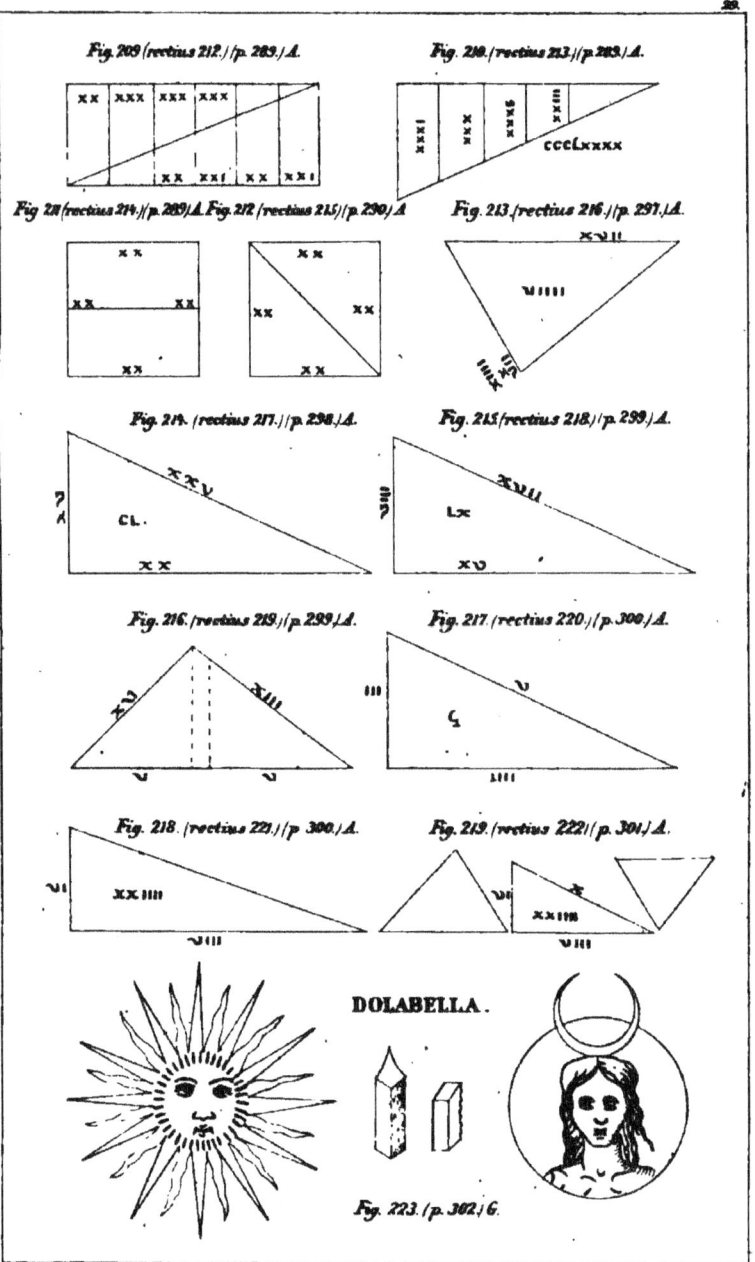

Fig. 209 (rectius 212.) (p. 289.) A.

Fig. 210 (rectius 213.) (p. 289.) A.

Fig. 211 (rectius 214.) (p. 289) A. Fig. 212 (rectius 215) (p. 290) A.

Fig. 213 (rectius 216.) (p. 291.) A.

Fig. 214 (rectius 217.) (p. 298.) A.

Fig. 215 (rectius 218.) (p. 299.) A.

Fig. 216. (rectius 219.) (p. 299.) A.

Fig. 217. (rectius 220.) (p. 300.) A.

Fig. 218. (rectius 221.) (p. 300.) A.

Fig. 219. (rectius 222.) (p. 301.) A.

DOLABELLA.

Fig. 223. (p. 302.) G.

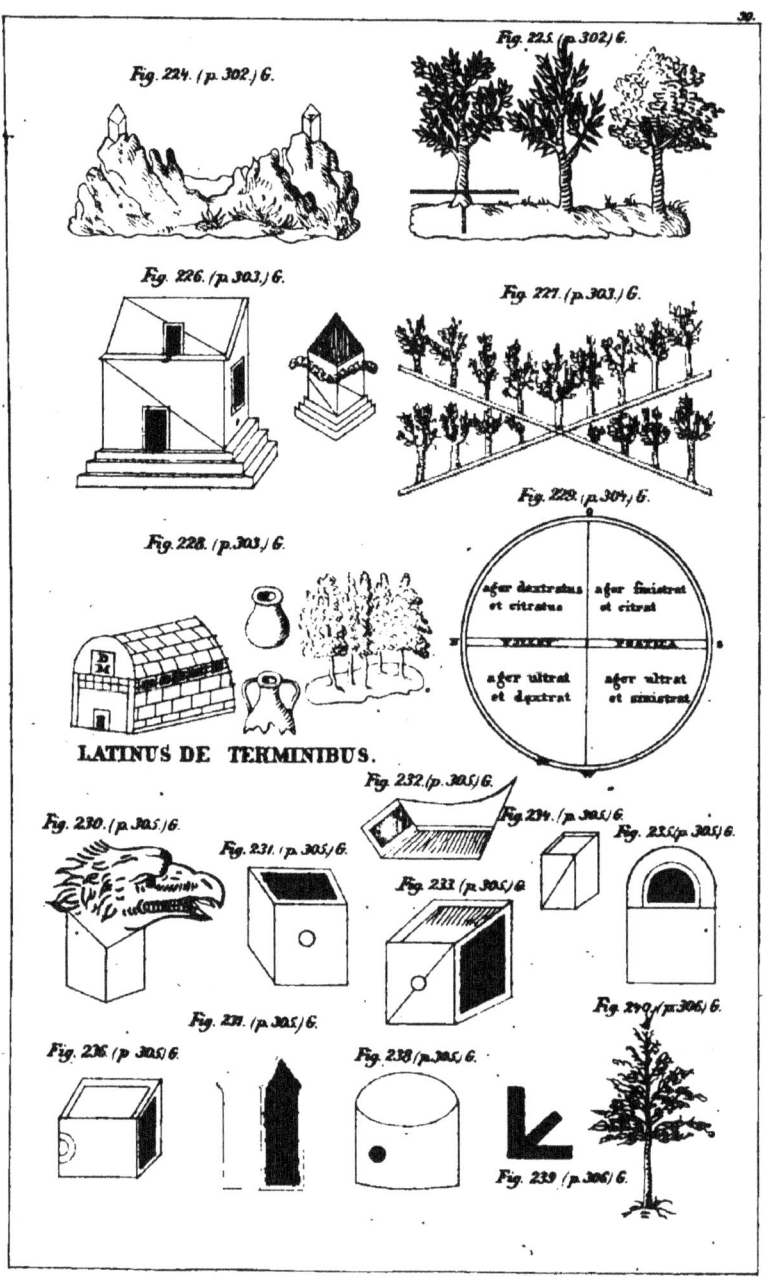

Fig. 224. (p. 302.) G.

Fig. 225. (p. 302.) G.

Fig. 226. (p. 303.) G.

Fig. 227. (p. 303.) G.

Fig. 228. (p. 303.) G.

Fig. 229. (p. 304.) G.

ager dextratus et citratus | ager sinistrat et citrat
VILLA | PRATILA
ager ultrat et dextrat | ager ultrat et sinistrat

LATINUS DE TERMINIBUS.

Fig. 230. (p. 305.) G.

Fig. 231. (p. 305.) G.

Fig. 232. (p. 305.) G.

Fig. 233. (p. 305.) G.

Fig. 234. (p. 305.) G.

Fig. 235. (p. 305.) G.

Fig. 236. (p. 305.) G.

Fig. 237. (p. 305.) G.

Fig. 238. (p. 305.) G.

Fig. 239. (p. 306.) G.

Fig. 240. (p. 306.) G.

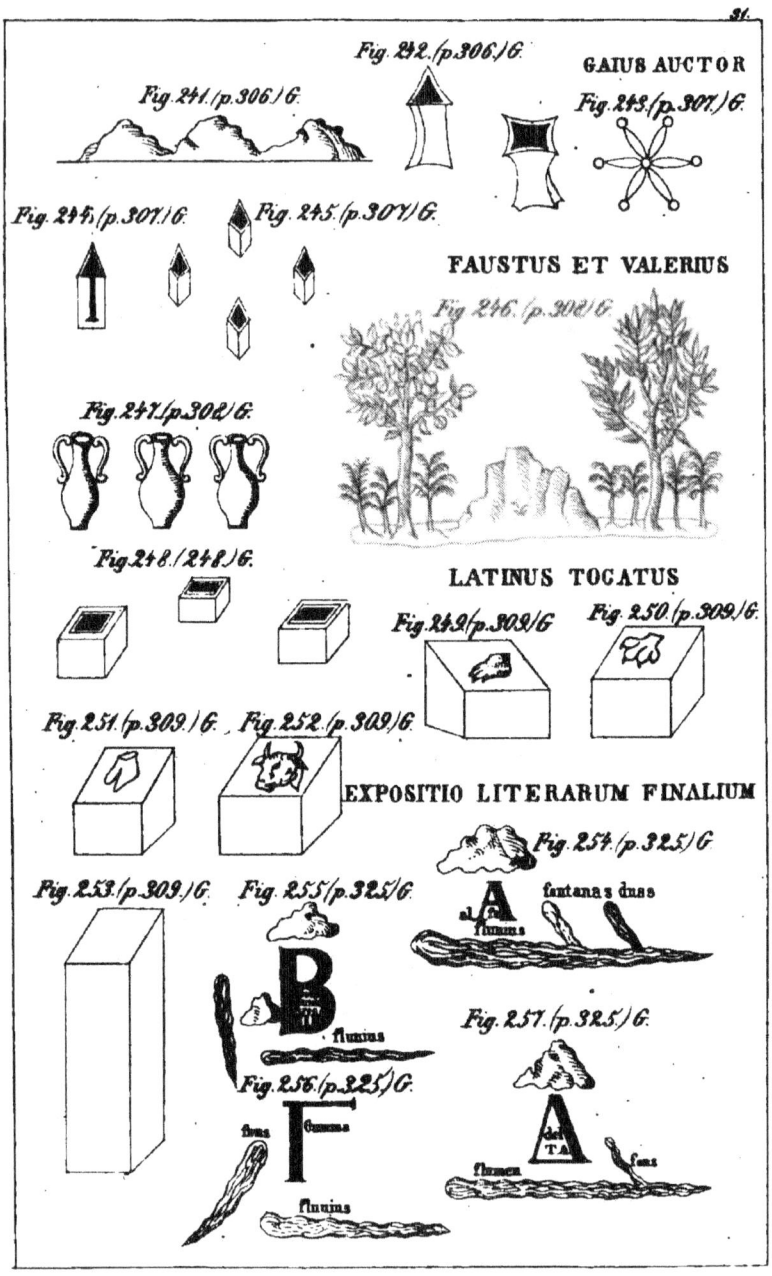

Fig. 241. (p. 306.) G.

Fig. 242. (p. 306.) G.

GAIUS AUCTOR

Fig. 243. (p. 307.) G.

Fig. 244. (p. 307.) G.

Fig. 245. (p. 307.) G.

FAUSTUS ET VALERIUS

Fig. 246. (p. 302.) G.

Fig. 247. (p. 302.) G.

Fig. 248. (248.) G.

LATINUS TOGATUS

Fig. 249. (p. 309.) G.

Fig. 250. (p. 309.) G.

Fig. 251. (p. 309.) G.

Fig. 252. (p. 309.) G.

EXPOSITIO LITERARUM FINALIUM

Fig. 254. (p. 325.) G.

Fig. 253. (p. 309.) G.

Fig. 255. (p. 325.) G.

fontana duas

Fig. 257. (p. 325.) G.

Fig. 256. (p. 325.) G.

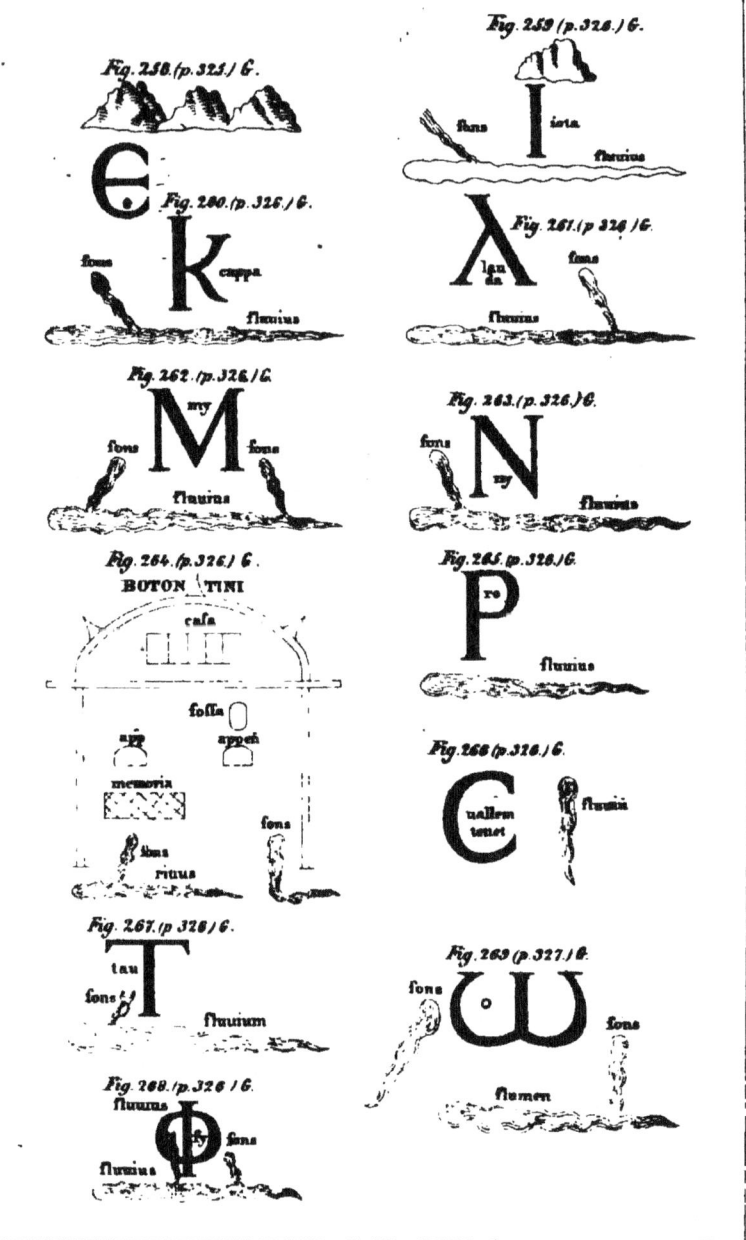

Fig. 258. (p. 325.) G.

Fig. 259. (p. 326.) G.

Fig. 260. (p. 325.) G.

Fig. 261. (p. 326.) G.

Fig. 262. (p. 326.) G.

Fig. 263. (p. 326.) G.

Fig. 264. (p. 326.) G.

Fig. 265. (p. 326.) G.

Fig. 266. (p. 326.) G.

Fig. 267. (p. 326.) G.

Fig. 269. (p. 327.) G.

Fig. 268. (p. 326.) G.

TERMINORUM DIAGRAMMATA.

Fig. 270. (p. 340.) G. Fig. 271. (p. 340.) G. Fig. 272. (p. 340.) G. Fig. 273. (p. 341.) G.

Fig. 276.
Fig. 274. (p. 341.) G. Fig. 275. (p. 341.) G. (p. 341.) G. Fig. 277. (p. 341.) G. Fig. 278. (p. 341.) G.

Fig. 279. (p. 341.) G.

Fig. 281. (p. 341.) G.

Fig. 280. (p. 341.) G.

Fig. 282. (p. 341.) G.

Fig. 286. (p. 341.) G.

Fig. 287. (p. 341.) G.

Fig. 283. (p. 341.) G.

Fig. 284. (p. 341.) G.

Fig. 288. (p. 341.) G.

Fig. 285. (p. 341.) G.

34

Fig. 289.(p.341.) G.

Fig. 290.(p.341.) G.

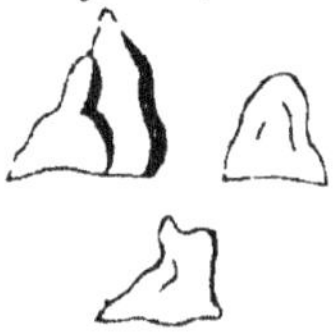

Fig. 291 (p.341.) G.

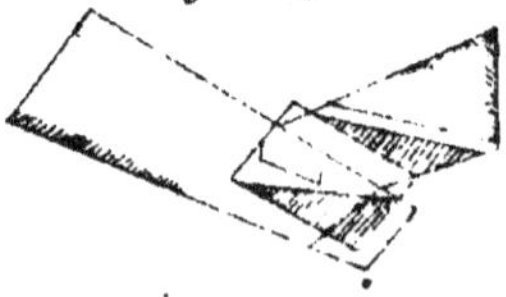

Fig. 292.(p.341.) G.

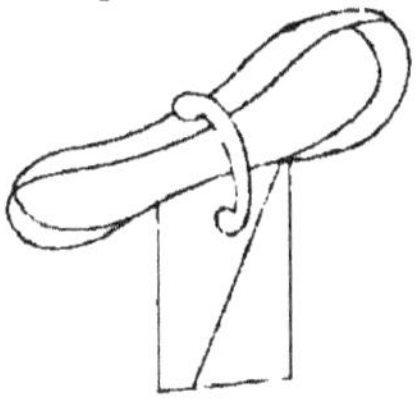

Fig. 293 (p.341.) G.

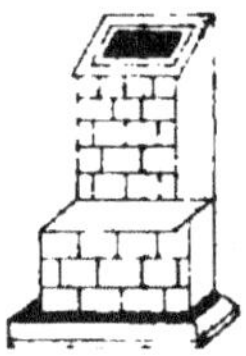

Fig. 294.(p.341.) G.

Fig. 295.(p.341.) G.

Fig. 296.(p.341.) G.

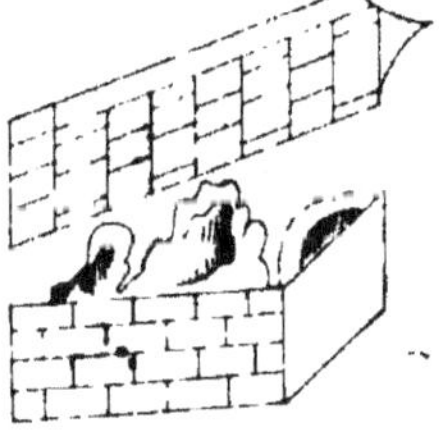

Fig. 297.(p.341.) G.

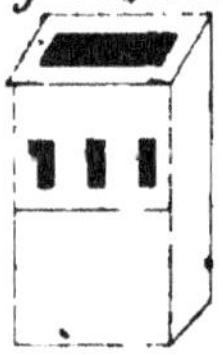

Fig. 298.(p.341.) G.

Fig. 300.(p.341.) G.

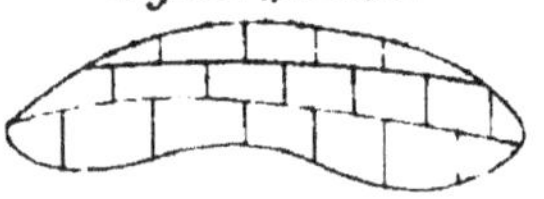

Fig. 299 (p.341.) G.

Fig. 301.(p.341.) G.

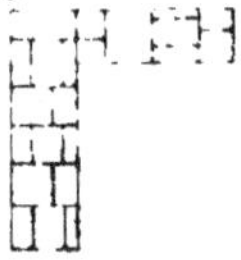

Fig. 302.(p.341.) G.

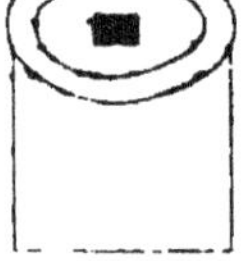

Fig. 304.(p.341.) G.

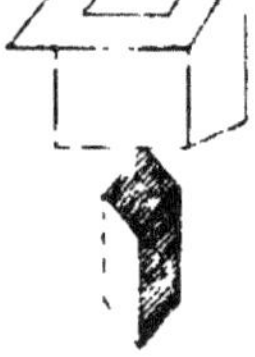

Fig. 303.(p.341.) G.

Fig. 305.(p.341.) G.

35

Fig. 306. (p. 342.) G. Fig. 307. (p. 342.) G. Fig. 308. (p. 342.) G. Fig. 309. (p. 342.) G.

  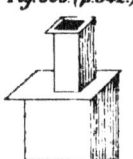

Fig. 310. (p. 342.) G. Fig. 311. (p. 342.) G. Fig. 312. (p. 342.) G. Fig. 313. (342.) G.

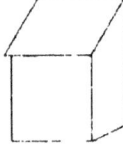 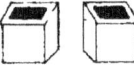 

Fig. 314. (p. 342.) G. Fig. 315 (p. 342.) G. Fig. 315a. (p. 342.) G.

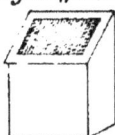 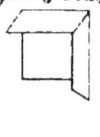 

ORDINES FINITIONUM

Fig. 316. (p. 342.) G. Fig. 317 (p. 342.) G.

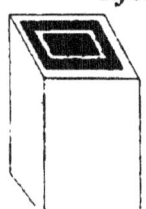  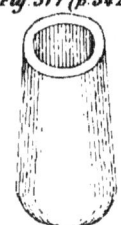

Fig. 318. (p. 342.) G.

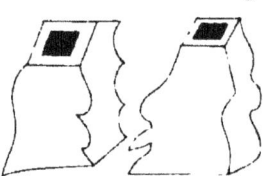 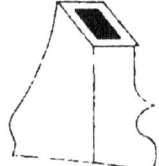 

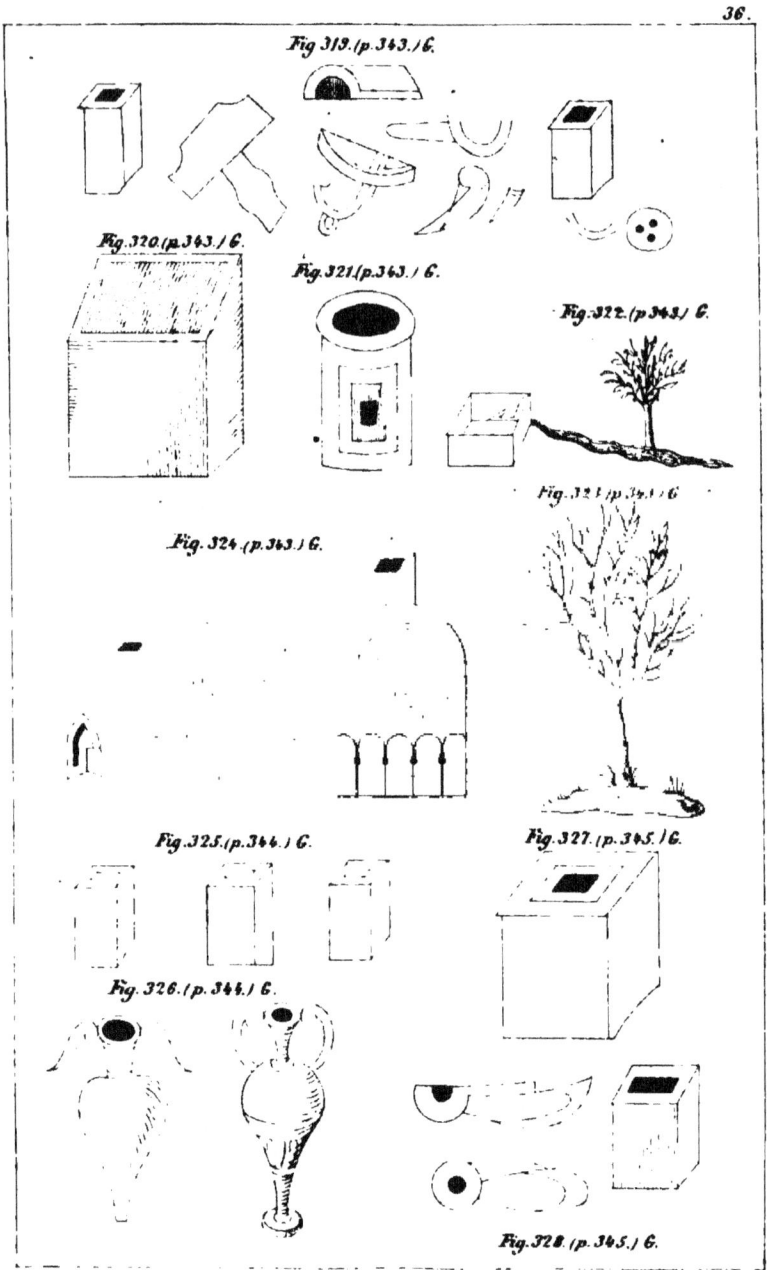

Fig. 319. (p. 343.) G.

Fig. 320. (p. 343.) G.

Fig. 321. (p. 343.) G.

Fig. 322. (p. 343.) G.

Fig. 323. (p. 344.) G.

Fig. 324. (p. 343.) G.

Fig. 325. (p. 344.) G.

Fig. 326. (p. 344.) G.

Fig. 327. (p. 345.) G.

Fig. 328. (p. 345.) G.

MAGO ET VEGOIA.

Fig. 329. (p. 348) G.

Fig. 330. (p. 349) G.

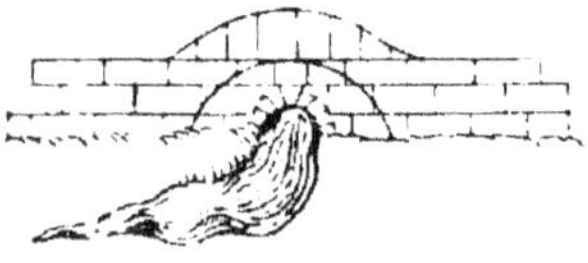

ARCADIUS.

Fig. 331. (p. 351) G.

Fig. 332. (p. 352) G.

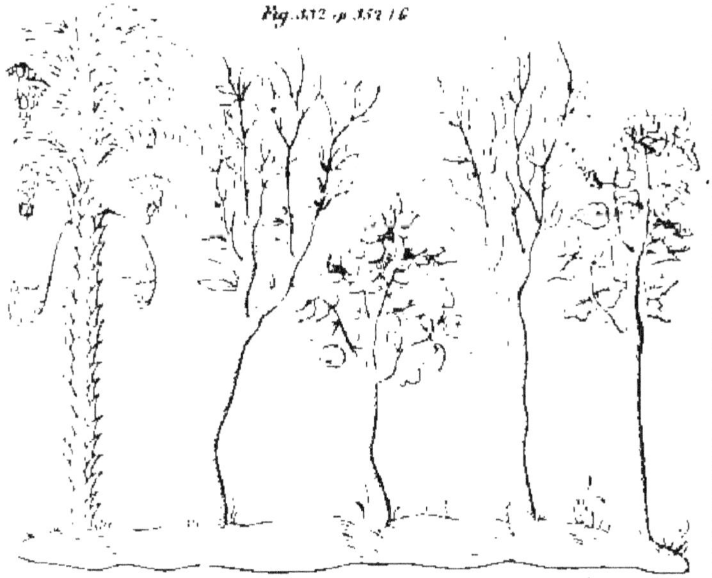

DE IUGERIBUS METIUNDIS

Fig. 333. (p. 353) G.

Fig. 334. (p. 354) G.

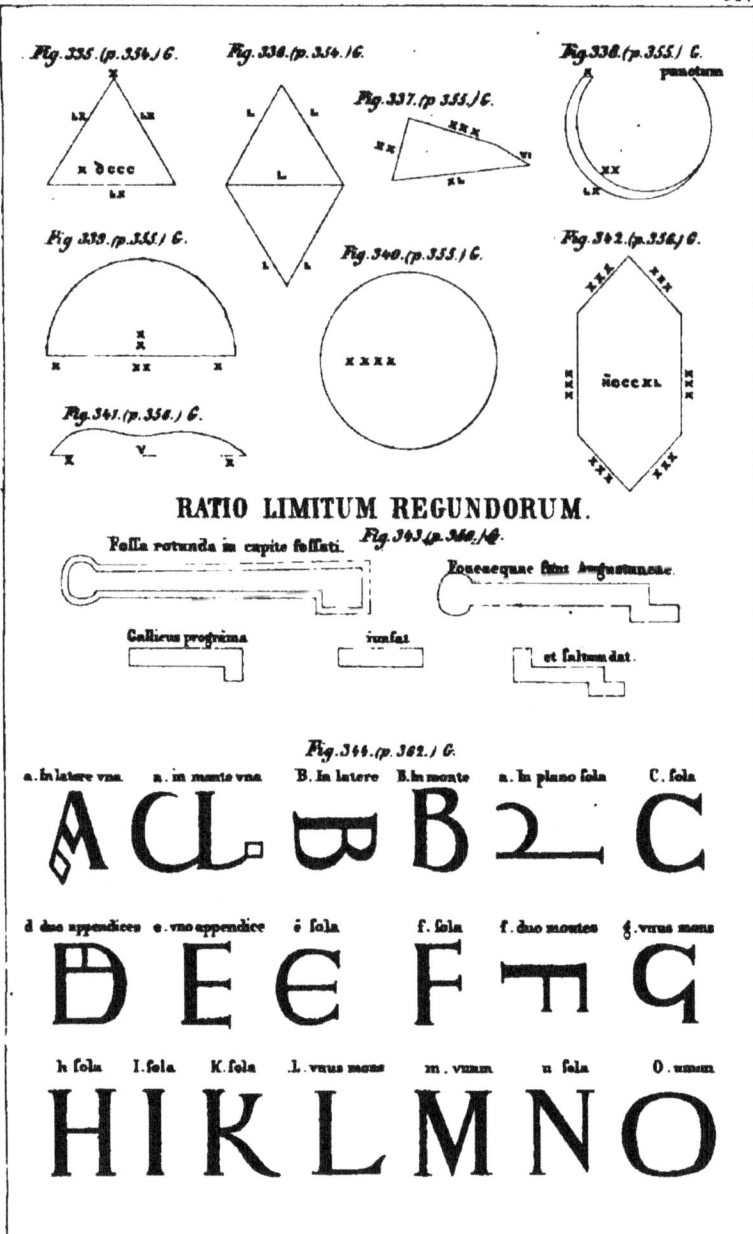

RATIO LIMITUM REGUNDORUM.

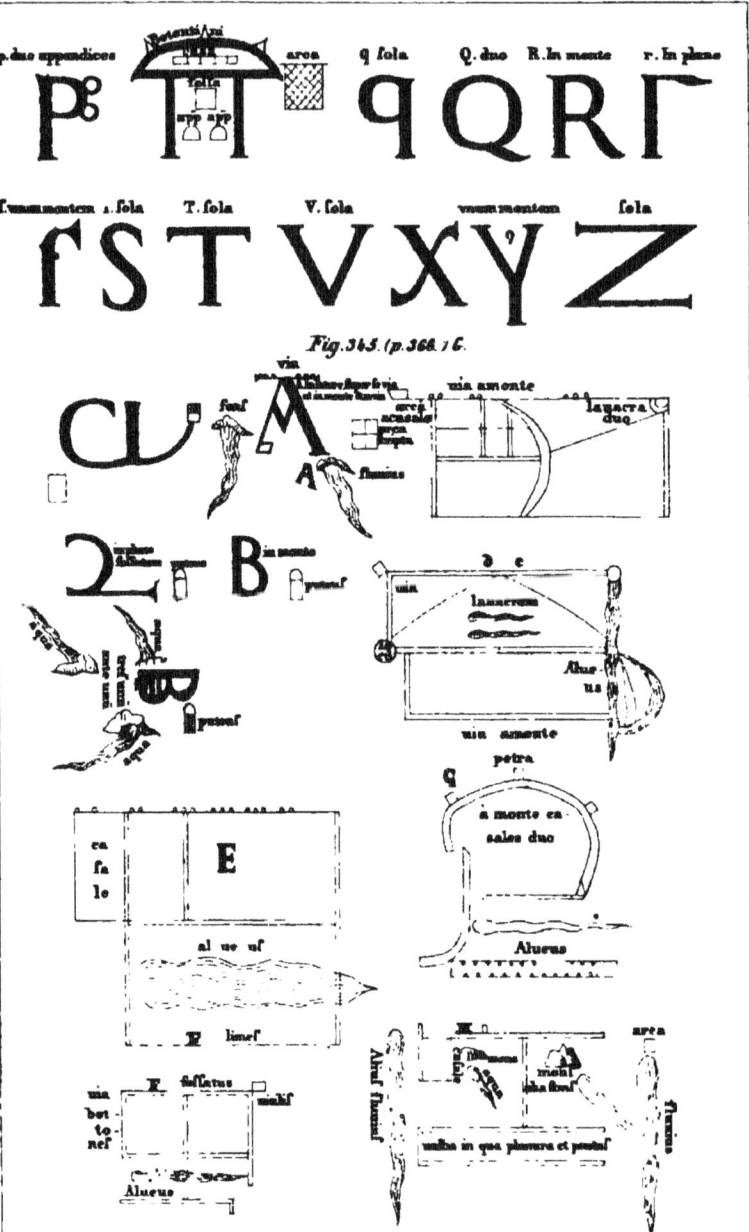

Fig.345.(p.368.)C.

CPSIA information can be obtained at www.ICGtesting.com
Printed in the USA
BVOW09s1019180215

388285BV00015B/171/P